低温等离子体杀虫灭菌技术

垄沟式土壤热力消毒技术

黄板诱杀技术

果实类蔬菜套袋控病降残技术

防虫网阻隔防虫技术

营养调控防病技术

生态调控防病技术

黄瓜霜霉病

黄瓜灰霉病

黄瓜根腐病

黄瓜根结线虫病

黄瓜枯萎病

黄瓜白粉病

黄瓜细菌性角斑病

黄瓜猝倒病

黄瓜黑星病

黄瓜蔓枯病

黄瓜炭疽病

黄瓜疫病

黄瓜菌核病

黄瓜靶斑病

黄瓜缺镁症状　　　　　　　　　　　黄瓜缺硼症状

黄瓜缺铜症状　　　　　　　　　　　黄瓜缺锰症状

黄瓜化瓜　　　　　　　　　　　　　黄瓜泡泡叶

黄瓜花打顶

黄瓜生长点消失症

黄瓜畸形瓜

白粉虱为害黄瓜

二斑叶螨为害黄瓜

茶黄螨为害黄瓜

潜叶蝇为害黄瓜

蚜虫为害黄瓜

番茄灰霉病

番茄早疫病

番茄晚疫病

番茄叶霉病

番茄白粉病

番茄菌核病

番茄斑枯病

番茄细菌性青枯病

番茄黄化曲叶病毒病　　　　　　　　　　　番茄褪绿病毒病

番茄条斑病毒病

番茄细菌性溃疡病

番茄黄头病

番茄筋腐病　　　　　　　　　　　　番茄脐腐病

番茄裂果病

番茄畸形果

番茄空洞果

番茄冻害

2,4-D 药害

茄子褐纹病

茄子绵疫病　　　　　　　　　茄子病毒病

茄子黄萎病

茄子灰霉病　　　　　　　　　茄子早疫病

茄子猝倒病　　　　　　　　　茄子菌核病

茄子根结线虫病　　　　　　　茄子裂果

烟粉虱为害茄子　　　蓟马为害茄子　　　棉铃虫为害茄子

辣椒病毒病

 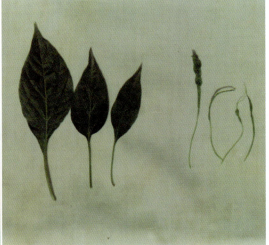

辣椒小叶病

辣椒疮痂病

辣椒疫病

辣椒炭疽病

辣椒枯萎病

辣椒白粉病

辣椒灰霉病

辣椒白绢病

辣椒软腐病

辣椒褐斑病

辣椒青枯病

辣椒根结线虫病

烟青虫为害辣椒

蚜虫为害辣椒

烟粉虱为害辣椒

茶黄螨为害辣椒

西葫芦病毒病

西葫芦白粉病　　　　　　　　　西葫芦银叶病

西葫芦灰霉病　　　　　　　　　西葫芦蔓枯病

西葫芦绵腐病　　　　　　　　　西葫芦软腐病

西葫芦细菌性叶枯病

西葫芦尖嘴瓜

斑潜蝇为害西葫芦

芹菜猝倒病

芹菜早疫病

芹菜斑枯病

芹菜黄萎病

芹菜叶斑病

芹菜软腐病

芹菜菌核病

芹菜灰霉病

芹菜心腐病

芹菜病毒病　　　　　　　　　　　　芹菜根结线虫病

蚜虫为害芹菜　　　　　　　　　　　斑潜蝇为害芹菜

甘蓝软腐病　　　　　　　　　　　　甘蓝黑腐病

甘蓝霜霉病　　　　　　　　　　　　甘蓝黑斑病

甘蓝根腐病

甘蓝枯萎病　　　　　　　　　　　　甘蓝灰霉病

甘蓝根肿病

甘蓝菌核病

斑潜蝇为害甘蓝

甘蓝夜蛾为害症状

蚜虫为害甘蓝

菜青虫为害甘蓝

韭菜灰霉病　　　　　　　　　　　　　韭菜白粉病

韭菜菌核病　　　　　　　　　　　　　韭菜疫病

韭菜黄叶症状　　　　　　　　　　　　韭菜黄条症状

迟眼蕈蚊为害韭菜

葱斑潜蝇为害韭菜

葱蓟马为害韭菜

菜豆病毒病

菜豆炭疽病

菜豆细菌性疫病　　　　　　　　菜豆根腐病

菜豆锈病　　　　　　　　菜豆白粉病

菜豆灰霉病

菜豆煤污病　　　　　　　　　　　　菜豆叶霉病

菜豆斑潜蝇　　　　　　　　　　　　菜豆蚜虫

设施蔬菜病虫害与绿色防控

Green Control for Diseases and Pests on Facility Vegetables

陈志杰 张淑莲 张 锋 等 著

科学出版社

北 京

内 容 简 介

本书是在作者从事设施蔬菜病虫害发生规律与绿色防控研究工作近30年取得成果的基础上，结合国内外设施蔬菜病虫研究的最新成果撰写而成，注重理论与实践的结合，以及防控技术的科学性、有效性、实用性和可操作性的有机统一。本书共分上、中、下三篇，主要围绕设施蔬菜病虫发生为害现状、成灾原因、绿色防控技术与预警理论进行了论述，并重点对北方地区黄瓜、番茄、茄子、辣椒、西葫芦、芹菜、甘蓝、韭菜、菜豆9种设施栽培蔬菜主要病虫种类及周边设施蔬菜产区已发生的危险性病虫做了详细阐述。书后附有设施蔬菜常用农药简介，农药浓度、稀释与计算，禁用、限用农药种类，以及设施蔬菜农药使用误区，以便读者查阅。

本书可供设施蔬菜科研和管理人员、植保技术人员、设施蔬菜种植者及农业院校师生学习参阅。

图书在版编目（CIP）数据

设施蔬菜病虫害与绿色防控/陈志杰等著. —北京：科学出版社，2018.5
ISBN 978-7-03-056639-3

Ⅰ. ①设⋯ Ⅱ. ①陈⋯ Ⅲ. ①蔬菜园艺–设施农业–病虫害防治–无污染技术 Ⅳ. ①S436.3

中国版本图书馆 CIP 数据核字(2018)第 038171 号

责任编辑：罗 静 / 责任校对：郑金红
责任印制：肖 兴 / 封面设计：北京铭轩堂广告设计有限公司

科学出版社 出版
北京东黄城根北街 16 号
邮政编码：100717
http://www.sciencep.com

中国科学院印刷厂 印刷
科学出版社发行　各地新华书店经销
*

2018 年 5 月第 一 版　　开本：787×1092 1/16
2019 年 1 月第二次印刷　　印张：31 1/2　插页：16
字数：750 000

定价：280.00 元
(如有印装质量问题，我社负责调换)

《设施蔬菜病虫害与绿色防控》著者名单

陈志杰　　张淑莲　　张　锋

李英梅　　洪　波　　刘　晨

苏小记　　杨兆森　　蒙　静

前 言

蔬菜是人们每天熟悉的、必不可少的重要食物，蔬菜质量对人体健康起着非常重要的作用。设施蔬菜的大面积发展，首先极大地丰富了城乡人们餐桌蔬菜的品种，改变了北方地区冬季萝卜白菜一统天下的消费习惯；其次可快速转移农村的剩余劳动力，增加农民收入；最后其已成为优质高产高效现代农业的重要标志，是科技在现代农业应用的成功典范。

设施蔬菜作为一个高投入、高产出、高效益的产业，也是一个有较高技术难度和风险的产业。随着设施蔬菜生产的发展，出现诸如病虫发生为害、土壤环境恶化、产品质量下降等问题，其中病虫发生为害尤为突出。主要体现在：①流行速度快，为害重。例如，黄瓜霜霉病从点片发生到全棚侵染仅需要5~7天，发病严重的损失50%以上，甚至绝收；番茄早疫病从零星发生到全棚侵染约需10天，每年约有3%的棚室绝收；番茄叶霉病从始发病到发病株率达100%，约需15天，叶片大量枯死，被迫提早拉秧。②病虫种类多，为害损失大。已查明设施蔬菜病虫达1500余种，病虫为害常年造成产量损失20%~30%，甚至造成有些棚室绝收，日光温室蔬菜种植中30%是亏本经营，其大多是由病虫为害造成的。③农药对环境和蔬菜产品的污染加重。蔬菜食品安全受到威胁，已引起社会的广泛关注。

为提高区域设施蔬菜病虫害防治技术水平，陕西省科学院在陕西省关中东部大荔县建立了专业化的设施蔬菜研究示范基地，组建了研究团队，并配备有固定的地头实验室和田间试验场。以设施蔬菜病虫害绿色防控与蔬菜质量安全为出发点，开展主要病虫发生规律、成灾机理、监测预警及防控技术等研究，取得了10余项省部级科技成果奖励，制定了12项地方标准，为减轻病虫灾害暴发、保障设施蔬菜生产安全提供了科技支撑。

本书是笔者从事设施蔬菜病虫研究近30年的成果总结，同时为增强本书的系统性，结合了国内外设施蔬菜病虫研究的最新成果与相关资料，最后撰写而成。本书共分上、中、下三篇，上篇（第1章至第3章）主要就设施蔬菜病虫发生为害现状及设施蔬菜病虫成灾原因进行了科学分析；中篇（第4章、第5章）主要就设施蔬菜病虫害绿色防控技术与预警理论进行了较为详细的论述；下篇（第6章至第14章）主要就北方地区黄瓜、番茄、茄子、辣椒、西葫芦、芹菜、甘蓝、韭菜、菜豆9种设施栽培蔬菜的常见病虫种类及周边产区已发生的危险性病虫的症状（形态）特点识别、为害性及发生特点做了详细阐述，并解析了影响病虫发生的关键因素。特别是提出将传统以病虫为对象改为以设施蔬菜为对象的病虫防控策略，树立绿色植保理念，统筹考虑整个生育期设施蔬菜病虫防治，将病虫害防治作为设施蔬菜生产过程中的一部分，纳入设施蔬菜生产技术体系，达到设施蔬菜高产优质高效的目的。

为使本书能在推动设施蔬菜产业健康、持续发展中发挥更大的作用，笔者在撰写的过程中特别注重设施蔬菜病虫理论与实践的紧密结合，突出试验性、基础性和技术的可操作性。全书重点就设施蔬菜病虫害绿色防控技术进行了较为系统的阐述。

需要特别说明的是，本书所涉及的农药使用剂量不能完全照搬，仅供参考。建议种植者在使用农药时，一定要阅读产品说明书，以确认所用农药的剂量、方法及用药应注意的问题。

在本书撰写的过程中，得到了陕西省科学院、陕西省生物农业研究所、中国科学院西北生物农业中心、陕西省科学院渭南科技示范基地等单位的大力支持和帮助。国家科技支撑计划项目（2014BAD14B006）、陕西省农业科技创新与攻关计划项目（2015NY035、2015NY018）、中国科学院院地合作（宁夏农业综合开发）项目（NTKJ2016-04-01）和陕西省科学院科技计划重点项目（2014K-03）为本书的有关研究内容及顺利出版等提供了资助。此外本书在撰写过程中引用了前人的大量资料，在此一并表示衷心感谢！

由于本书作者水平有限，书中难免出现不足之处，敬请读者批评指正。

作　者
2018 年 1 月

目 录

上篇　设施栽培蔬菜病虫害概论

第1章　设施栽培蔬菜的地位与作用 3
1.1　运用了现代农业科技成果 3
1.2　发展设施农业是转变农业发展方式、建设现代农业的重要内容 4
1.3　发展设施蔬菜保障了蔬菜周年供应 4
1.4　生产成本低，出口数量稳中有升 5
1.5　发展设施蔬菜是调整农业结构、实现农民持续增收的有效途径 5
1.6　巩固西北地区退耕还林还草生态环境建设成果 6

第2章　设施栽培蔬菜病虫发生为害现状 7
2.1　设施蔬菜病虫为害性 7
2.2　设施蔬菜病虫发生特点 7
2.3　设施蔬菜病害发生类型 9

第3章　设施栽培蔬菜病虫成灾及其原因分析 14
3.1　环境条件优越 14
3.2　轮作困难 16
3.3　寄主植物丰富 17
3.4　防治技术缺乏 18

中篇　设施蔬菜病虫害防控与预警

第4章　设施蔬菜病虫害绿色防控技术 21
4.1　植物检疫 21
4.2　健身栽培 22
4.3　理化诱控 34
4.4　生态调控 51
4.5　套袋控病降残 57
4.6　生物防控 63
4.7　化学防控 67

第5章　设施蔬菜病虫害预警技术 84
5.1　预警的概念 84

5.2 预警逻辑过程 85
5.3 预警特点 86
5.4 预警指标选择 87
5.5 预警方法 88
5.6 病虫害预警案例 90

下篇　主要设施蔬菜病虫害发生规律与绿色防控技术

第 6 章　黄瓜 103
6.1 病原病害 103
6.2 生理病害 153
6.3 虫害 168
6.4 黄瓜病虫害绿色防控技术体系 195

第 7 章　番茄 205
7.1 病原病害 205
7.2 生理病害 237
7.3 虫害 241
7.4 番茄病虫害绿色防控技术体系 258

第 8 章　茄子 266
8.1 病原病害 266
8.2 生理病害 281
8.3 虫害 282
8.4 茄子病虫害绿色防控技术体系 286

第 9 章　辣椒 293
9.1 病原病害 293
9.2 生理病害 317
9.3 虫害 320
9.4 辣椒病虫害绿色防控技术体系 327

第 10 章　西葫芦 334
10.1 病原病害 334
10.2 生理病害 348
10.3 虫害 350
10.4 西葫芦病虫害绿色防控技术体系 351

第 11 章　芹菜 356
11.1 病原病害 356
11.2 生理病害 368
11.3 虫害 370

11.4 芹菜病虫害绿色防控技术体系 ································· 375

第 12 章　甘蓝 ··· 382
12.1 病原病害 ··· 382
12.2 生理病害 ··· 398
12.3 虫害 ··· 399
12.4 甘蓝病虫害绿色防控技术体系 ································· 418

第 13 章　韭菜 ··· 426
13.1 病原病害 ··· 426
13.2 生理病害 ··· 432
13.3 虫害 ··· 434
13.4 韭菜病虫害绿色防控技术体系 ································· 441

第 14 章　菜豆 ··· 445
14.1 病原病害 ··· 445
14.2 生理病害 ··· 454
14.3 虫害 ··· 456
14.4 菜豆病虫害绿色防控技术体系 ································· 458

参考文献 ·· 462
附录 1 设施蔬菜常用农药简介 ······································ 471
附录 2 农药浓度、稀释与计算 ······································ 488
附录 3 设施蔬菜禁用、限用农药种类 ································ 490
附录 4 设施蔬菜农药使用误区 ······································ 492

上 篇
设施栽培蔬菜病虫害概论

第1章 设施栽培蔬菜的地位与作用

设施农业是优质高产高效现代农业的重要标志和成功典范，是科技和经济的结合点，是我国农业生产中最有活力的产业之一。设施农业是通过采用现代化农业工程和机械技术，改变自然环境，为作物种植生产提供相对可控制甚至最适宜的温度、湿度、光照、水肥和气候等环境条件，是在一定程度上为摆脱对自然环境的依赖而进行有效生产的农业。它具有高技术含量、高投入、高品质、高产量和高效益等特点，是最具活力的现代农业。设施农业生产是涵盖了建筑材料、机械装备、自动控制、农膜产业、品种、园艺、栽培和管理等学科技术的系统工程，其发展程度是体现农业现代化水平的重要标志之一。而设施蔬菜是设施农业的主要种植模式，种植面积占设施农业的95%以上，在质量效益型农业发展和"菜篮子工程"建设中起着极为重要的作用。目前的设施蔬菜生产有玻璃温室、塑料大棚、PV板温室和工厂化栽培等几个不同层次。发展和应用较多的是日光温室、塑料拱棚，也有极少量采用先进工程技术和智能化管理的连栋大型温室。设施蔬菜科学研究成果的不断涌现和应用，为产业的发展注入了新的活力，并取得了显著成效，既能大幅度提高单位土地面积的产出，又能为消费者提供质优量足的时令蔬菜，改变了北方地区冬季萝卜白菜一统天下的消费习惯，极大地提高了广大消费者的生活水平。发展设施蔬菜栽培是增加农民收入和解决农村剩余劳动力的重要措施，是满足人民生活水平日益增长的需要及提高土地产出率的重要途径，在西部生态环境建设及农村经济和农业发展中具有重要地位和作用，主要体现在以下几个方面。

1.1 运用了现代农业科技成果

设施蔬菜生产是科技进步和科技成果集成转化的集中体现，是运用现代工业技术成果和方法，用工程建设的手段为蔬菜种植提供可以人为控制和调节的环境条件，使光、热、土地等资源得到最充分的利用，形成农产品的工业化生产和周年生产，从而更加有效地保证蔬菜的周年供应，提高蔬菜质量、生产规模和经济效益，促进农业现代化。主要内容是与集约化种植业相关的园艺设施环境创造、环境控制技术及与其配套的各种技术和装备。设施蔬菜生产科技贡献份额已达到80%以上，高出传统粮食作物的40%左右。设施蔬菜将向精准化、轻简化、高效化、生态化方向发展，即利用物联网技术精确控制棚室内环境及肥水使用量，实现精准化；利用设施专用机械、专用卡具等省工设备减少劳动用工，实现轻简化；利用高效栽培技术提高单位面积产量，改善蔬菜产品品质，增加农民受益程度，实现高效化；利用上述综合技术减少农药、化肥使用量，实现生态化。

1.2 发展设施农业是转变农业发展方式、建设现代农业的重要内容

设施农业是一种区别于传统农业的生产模式，是现代农业发展的主要标志，其在生产集约化程度、农业技术含量、产品品质和种植效益等方面有着明显的比较优势，具有节水、省地、聚能、高产、高效等特点，对提高土地产出率、资源利用率和劳动生产率，以及增强农业综合生产能力具有重要的推动作用。其特点是对作物生长的自然环境条件加以适度的人为干预与调控，减少或避免不利的自然条件影响，创造有利的自然条件，以充分利用有利的自然条件并最大限度地发挥生物的潜能，在有限的土地上获得优质、高产、高效的农产品，实现农业"提高单位面积种植效益"的目标。发展设施农业可提高土地生产力，降低单位面积产出水资源、化学药剂的使用量和能源消耗量，显著提高农业生产资料的使用效率。发展现代农业的过程，就是不断转变农业发展方式，促进农业水利化、机械化、信息化，实现农业生产又好又快发展的过程。设施农业通过工程技术、生物技术和信息技术的综合应用，按照植物生长的要求控制最佳生产环境，具有优质、高产、高效、安全、周年生产的特点，实现了集约化、商品化、产业化，具有现代农业的典型特征，是技术高度密集的高科技现代农业产业。

1.3 发展设施蔬菜保障了蔬菜周年供应

设施蔬菜生产是随着农业现代化和农业种植业结构调整与市场需求而发展起来的新型产业。我国大面积发展节能日光温室始于 20 世纪 90 年代中期，西北地区始于 21 世纪初期。近 20 年来，中国的设施园艺栽培面积已突破 570 万 hm^2，与 1980 年相比增长了 800 多倍，与 2000 年相比增长了 3 倍以上，一跃成为世界设施园艺栽培面积最大的国家，因它具有以节约能源为特色的高效实用的生产技术体系，从而在世界设施园艺学术界中占有了重要地位。全国人均占有设施面积近 $25m^2$，每年人均消费蔬菜量的 40% 以上是由设施栽培生产提供的。设施蔬菜的发展基本上解决了中国北方地区长期以来蔬菜供应不足的问题，并实现了周年均衡供应，满足了淡季不淡、周年有余的需求。随着中国农业由传统农业向现代农业的转变，农产品由数量型向质量效益型转变，各种现代化装备也在不断地进入设施农业领域。据不完全统计，截至 2014 年，$1000m^2$ 以上的连栋温室在中国各省无一空白，设施生产的种类已由蔬菜扩展到了花卉、瓜果，以及畜禽、水产养殖、林木育苗、食用菌、中草药等领域。近年来，大型连栋温室以每年超过 $100hm^2$ 的速度增长，因此，温室生产和经营企业及相关产业均得到了快速发展。目前，国内从事温室制造的企业已从 20 世纪 80 年代的五六家发展到 300 余家。温室工程为解决中国城乡居民菜篮子和农民增收问题，以及推进农业结构调整发挥了重要作用，设施种植业已在农业生产中占据了重要地位。虽然设施农业地位如此重要，但作为一个新兴产业，在发展思路上，种植模式和管理技术等诸多方面尚需完善和提高。

1.4 生产成本低，出口数量稳中有升

中国蔬菜生产成本低，市场价格仅相当于发达国家的 1/8～1/5，但是在品种、产后处理和安全性上的竞争力还不强。因此，要依靠科技进步，发展无污染的绿色蔬菜基地，努力提高蔬菜品质；要大力提高采后清洗、分级、包装等商品化处理程度，推行净菜上市。对传统的蔬菜加工制品要改进加工工艺，更新机械设备，使其在产品包装、质量等方面达到一个新水平。中国优势类农产品主要包括蔬菜、水果等，其主要特点是价格竞争优势明显，品种资源丰富，属于劳动密集型产品，占全球产量的比例大，如 2011 年中国蔬菜总出口量为 755 万 t，同比增加 14.7%；出口价格为 1155 美元/t，同比增加 1.7%；出口金额为 87 亿美元，同比增加 16.6%。出口市场已经覆盖 150 多个国家和地区，遍布世界各地，主要出口市场为东亚及东南亚地区。蔬菜出口量位居前五的国家和地区依次为日本、中国香港、韩国、马来西亚和越南，出口量共计 344 万 t，占全年出口总量的 45.6%。日本目前仍是中国蔬菜出口的第一大市场，出口量为 97 万 t，占蔬菜出口总量的 12.9%。山东、黑龙江、广东、江苏、福建为我国蔬菜的主要出口省份。山东省出口量居全国首位，2011 年共出口蔬菜 329 万 t，占全国出口总量的 43.6%；出口金额为 33 亿美元，占全国蔬菜出口总额的 37.9%。蔬菜出口数量逐年稳中有升，2015 年中国蔬菜总出口量为 1018.72 万 t，出口金额为 132.6 亿美元，鲜冷冻蔬菜是我国蔬菜对外出口中最主要的类别。

1.5 发展设施蔬菜是调整农业结构、实现农民持续增收的有效途径

增加农民收入是农业和农村经济发展的基本目标，党的十八大报告高度重视农民收入问题，明确提出要着力促进农民增收，保持农民收入可持续较快增长。解决"三农"问题是当前全党工作的重中之重，而农民的收入问题则是"三农"的核心问题，农民收入的持续增加是保证社会和谐和稳定的基础，关系到全面建成小康社会宏伟目标的实现。发展设施蔬菜是大幅度提高土地生产力、快速增加农民收入的重要途径，中小拱棚生产蔬菜每亩[①]年收入在 6000～8000 元，大拱棚蔬菜每亩年收入在 1 万～2 万元，日光温室每亩年收入可达 3 万～6 万元。与种植粮食相比，单位面积设施蔬菜的收益是粮食收益的 10～15 倍，是棉花、辣椒等经济作物的 7～8 倍；与露地蔬菜相比，效益也显著增加。设施蔬菜用 22% 的播种面积，创造了 36.8% 的产量、63.1% 的产值。设施蔬菜平均每亩产值 10 154 元，比露地生产高出 3～5 倍，投入产出达到 1：4.45。同时，设施蔬菜的快速大面积发展，有效带动了餐饮业、零售业等相关产业的发展，加速了农村剩余劳动力的有效转移，加快了贫困地区农民脱贫致富，促进了贸易发展和农村精神文明建设，从而全面推动了农村及农业的发展。设施蔬菜潜能巨大，在区域农业和农村经济发

---

① 1 亩≈666.7m²

展中发挥着极为重要的作用。

优质高产栽培和无公害生产技术体系开发取得了可喜进展。通过温室适宜品种的选育和温室栽培技术的发展，涌现了一批日光温室蔬菜高产典型。近年来，蔬菜质量安全越来越成为人们选择消费的第一要素，社会各界强烈呼吁发展放心安全的食品，蔬菜产品质量问题已引起各级政府、职能部门的高度重视，各级政府及相关部门正采取措施加速推进蔬菜的安全化生产。

1.6　巩固西北地区退耕还林还草生态环境建设成果

中国西部地区尤其是西北地区大面积实施以退耕还林还草为主要内容的生态环境建设，在遏制森林资源退化、草原退化、水土流失、沙漠化、石漠化等方面发挥了极为重要的作用。然而，大面积退耕还林还草后，大量的农村劳动力集中到十分有限的川道土地上，如何促进农民增收、农村经济发展，以及确保退下来、稳得住、不反弹的退耕还林成果，设施蔬菜产业发展为破解这一难题开辟了有效途径，成为区域农业和经济的一个新的增长点。例如，生态环境建设重点地区——黄土高原地区的延安，自 1999 年开始大规模实施退耕还林还草生态环境建设工程以来，山坡地林草面积不断扩大，坡耕地种植面积不断减小，设施蔬菜种植成为该区农业发展一个新的支柱产业。仅以延安市宝塔区河庄坪镇为例，在 2000 年全镇耕地面积中，粮食作物占农耕地面积的 94.2%，而总产值仅占 71.5%；经济作物面积占 0.5%，而总产值占 0.9%；蔬菜面积 2.50%，而总产值占 12.0%。在 10 个川道村中，粮食作物面积占农耕地面积的 90.3%，而总产值仅占 54.1%；经济作物面积占 1.1%，而总产值占 1.7%；设施蔬菜种植面积仅占 4.2%，而总产值占到总收入的 20.8%。事实说明，以设施蔬菜为主体的设施农业具有投资风险小、土地生产率高、经济效益好、回报率高等特点，有长远而广阔的市场潜力优势，设施农业在农村可持续发展与生态环境持续改善中有不可替代的地位和作用。设施农业的发展也将推动该区农业的持续发展，巩固生态环境建设的成果。

第 2 章　设施栽培蔬菜病虫发生为害现状

2.1　设施蔬菜病虫为害性

蔬菜病虫种类多、为害重，直接影响设施蔬菜产业的发展。例如，陕西日光温室栽培黄瓜病害有 4 目 15 科 31 种，生理病害有 20 余种，虫害有 6 目 11 科 28 种；番茄病害有 5 目 16 科 35 种，生理病害近 20 种，虫害有 5 目 10 科 25 种。随着设施蔬菜的大面积发展，栽培年限的延长，与露地蔬菜相比，设施蔬菜连茬种植、周年生产，生长处于低温、高湿、封闭、寡照的环境条件，为病虫的滋生繁衍提供了理想的生态环境，导致病虫害发生种类多、为害日趋加重，甚至突发成灾。例如，蔬菜根结线虫病猖獗发生，导致一些菜农弃棚不种或改种其他粮食作物，中国每年仅为害蔬菜造成经济损失就达 200 亿元。番茄黄化曲叶病毒病在 2000 年左右传入我国境内，2005 年开始在我国南方大面积蔓延，流行速度十分迅速，2006～2007 年江苏省受害异常严重，温室内番茄发病率达 100%，所有番茄几乎绝收。时至今日，番茄黄化曲叶病毒病已在中国的山东、云南、广东、广西、上海、浙江、江苏、河南、甘肃、宁夏、山西、陕西、北京、天津、四川、河北、重庆、福建、安徽、辽宁、内蒙古等地发生。2009 年该病在山东省发生面积近 1.5 万 hm^2，发病田发病株率一般在 20%～30%，严重时达 60%～80%，其中近 0.7 万 hm^2 严重减产或绝收；全国 2009 年发生面积 20 万 hm^2，经济损失数十亿元。该病在陕西 2010 年突然暴发，在渭南、杨凌、西安、咸阳等地严重发生，发病田发病株率一般在 30%～40%，重的达 60%～80%，相当一部分棚室毁种，给菜农造成十分严重的经济损失。被世界昆虫学家称为"超级害虫"的烟粉虱，近年来在我国北方地区暴发成灾，发生高峰期，一般百株虫口密度达 50 万～80 万头，防治十分困难。葫芦科霜霉病、灰霉病及番茄晚疫病、十字花科的菜青虫等常发性病虫仅在陕西常年发生面积就达 800 万亩次以上，造成蔬菜产量损失达 20% 以上，病虫害已成为制约设施蔬菜生产的重要因素。且随着设施蔬菜面积的迅速扩张，种植年限的延长，病虫害的问题会越来越突出。而有关设施蔬菜病虫发生的理论研究基础较差，预警防治技术不力，尤其绿色防控适用新技术研究十分薄弱。做好病虫害的防治研究工作，是确保设施蔬菜优质、高产及可持续发展的关键，研究探讨设施栽培条件下蔬菜病虫害的发生规律和绿色防控技术，是当前亟待解决的重要课题。

2.2　设施蔬菜病虫发生特点

2.2.1　流行速度快，为害性大

在设施栽培条件下，低温高湿弱光的特殊环境及植株抗病性差的特点，会导致病害

快速流行，短时间内造成严重为害。例如，黄瓜霜霉病从点片发生蔓延到全棚仅需要5～7天，一般棚室产量损失10%～20%，发病严重的损失50%以上，甚至导致绝收；番茄早疫病从零星发病蔓延到全棚约需10天，每年约有3%棚室绝收；番茄叶霉病从始发病到发病株率达100%，约需15天，叶片大量枯死，被迫提早拉秧；韭菜灰霉病从点片发生蔓延到全棚不超过36h。

2.2.2 为害期长，损失大

在设施栽培条件下，适宜于病虫发生为害的生态环境条件十分优越，使一些病虫害的发生季节较露地栽培明显提前。例如，番茄灰霉病在1月就发生；以中后期发生为主的番茄叶霉病、早疫病则提早到苗期就开始流行为害，使病害的为害期明显延长。而温室白粉虱、烟粉虱、美洲斑潜蝇、甜菜夜蛾等害虫在设施栽培条件下得以周年繁殖，世代增加而且重叠，由过去常规种植下的季节性发生为害变为周年性发生为害，其发生为害期长达8～10个月。此外，调查结果显示，设施栽培蔬菜病虫为害造成的损失明显大于露地栽培，一般每公顷造成经济损失30 000～45 000元，较露地栽培损失增加25 000～35 000元。在30%左右种植经济效益比较差甚至亏本的日光温室中，约有70%是由病虫为害造成的。

2.2.3 病虫种类多，发生情况复杂

2.2.3.1 主要病虫仍猖獗为害

露地栽培蔬菜中的一些主要病虫仍在设施栽培条件下猖獗发生，如黄瓜霜霉病、细菌性角斑病、番茄早疫病、番茄晚疫病、辣椒疫病、辣椒炭疽病、蚜虫等病虫在设施栽培中仍严重为害，若防控不及时或防治方法不得当，往往造成比露地栽培更为严重的经济损失，甚至导致拉秧绝收。

2.2.3.2 次要病虫上升为主要病虫

露地栽培中的一些次要病虫上升为设施栽培条件下蔬菜的主要病虫，如黄瓜、番茄等蔬菜灰霉病在北方露地栽培条件下不发生或发生为害较轻，而在设施栽培中发生为害十分严重，而且防治技术难度很大，其为害造成的损失分别约占黄瓜、番茄病虫为害造成总损失的13.7%和14.8%，且为害有逐年加重的趋势。

2.2.3.3 土传病害发生日趋加重

由于设施栽培蔬菜连茬种植，病原菌逐年累积，导致黄瓜猝倒病、番茄猝倒病及黄瓜根腐病、黄瓜蔓枯病、黄瓜疫病、黄瓜枯萎病、蔬菜根结线虫病、辣椒疫病等典型的土传病害发生为害不断加重。例如，设施栽培黄瓜连作1年、2年、4年和8年，黄瓜疫病发病株率分别为6.7%、12.8%、23%和36.3%，黄瓜根腐病发病株率分别为0、5.6%、8.1%和17.3%。

2.2.3.4 新的病虫害不断出现

由于国内外流通贸易快速发展及南菜北调,加之植物检疫某些环节的缺失,一些新的病虫害不断出现。例如,蔬菜根结线虫病、黄瓜黑星病、瓜类褪绿黄化病毒病、甜瓜细菌性果斑病、南美斑潜蝇、美洲斑潜蝇、西花蓟马、烟粉虱、茶黄螨、番茄细菌性溃疡病、番茄黄化曲叶病毒病、番茄褪绿病毒病在北方地区设施栽培蔬菜生产中从无到有,发生面积和为害程度逐年加重,成为设施蔬菜生产中潜在的新的突出问题。

2.2.3.5 生理病害呈明显加重趋势

由于设施蔬菜生长环境处于亚适状态,加之土壤养分失衡,蔬菜自身根系发育受阻,蔬菜生理病害发生加重。例如,由温度不适宜引起的黄瓜生长点消失症发生面积十分广泛,发生后导致黄瓜 30~45 天产量很低甚至几乎没有产量,为害造成损失约占黄瓜病虫为害总损失的 20%;番茄脐腐病发生高峰期产量损失可达 70% 以上。

由于各种病虫的为害,设施蔬菜常年减产减收损失率达 20%~30%。控制病虫害的发生及为害已成为广大菜农迫切需要解决的问题,也是无公害食品蔬菜发展中最难解决的技术问题之一。

2.3 设施蔬菜病害发生类型

2.3.1 设施蔬菜病害的分类

设施蔬菜上发生的病害种类繁多,按照致病因素的性质分类,分为侵染性病害和非侵染性生理病害两大类,其中侵染性病害又分为真菌性病害、细菌性病害、病毒性病害、类病毒、线虫性病害及寄生性种子植物病害等;按照植物受害部位分类,分为根部病害、茎部病害、叶部病害、花部病害、果实病害、维管束病害等;按症状分类,可分为叶斑病、腐烂病、萎蔫病等;按照传播方式分类,分为气传病害、土传病害、种传病害、虫传病害等;按照病原物生活史分类,分为单循环病害、多循环病害;按照被害植物的类别分类,分为大田作物病害、经济作物病害、蔬菜病害、果树病害、观赏植物病害、药用植物病害等;按照病害流行特点分类,分为单年流行病害、积年流行病害。

2.3.2 侵染性病害田间分布特点

侵染性病害是由微生物侵染而引起的病害。蔬菜侵染性病害的发生发展包括以下 3 个基本环节:①病原菌与寄主接触后,完成初侵染。②初侵染成功后,病原菌数量得到扩大,并通过气流、水、昆虫及人为等途径传播,进行不断的再侵染,使病害不断扩展。③由于寄主组织死亡或进入休眠,病原菌随之进入越冬阶段,病原菌处于休眠状态。到翌年开春温度回升时,病原菌从其越冬场所经新一轮传播再对蔬菜进行新的侵染。

侵染性病害在田间的发生及分布具有如下特点。

循序性。病害在发生发展上有轻、中、重的变化过程,病斑在初、中、后期其形状、大小、色泽会发生变化，因此，在田间可同时见到各个时期的病斑。

局限性。田块一般有一个发病中心，即一块田中先有零星病株或病叶，然后向四周扩展蔓延，病健株会交错出现，离发病中心较远的植株病情有减轻现象，相邻病株间的病情也会存在差异。

点发性。除病毒、线虫及少数真菌、细菌病害外，同一蔬菜植株上，病斑在各部位的分布没有规律性，其病斑的发生是随机的。

有病征。除病毒和类菌原体病害外，其他侵染性病害都有病征。例如，细菌性病害在病部有菌脓物遗留，真菌性病害在病部有锈状物、粉状物、霉状物、棉絮状物等遗留。

2.3.3　侵染性病害田间症状特点

不同病原菌侵染同一种蔬菜的不同部位，表现症状不同；同一种病原菌侵染不同种类的蔬菜，表现症状也不同。

2.3.3.1　斑点

蔬菜受到病原菌的侵染，细胞和组织受到破坏而死亡，形成圆形、多角形、椭圆形等形状不同的病斑，在不同的器官上表现不同。在叶片上表现为角斑、环斑，如黄瓜霜霉病表现为多角形，番茄早疫病表现为同心轮纹形，辣椒炭疽病表现为圆形，黄瓜灰霉病表现为菱形或"V"字形病斑，瓜类蔓枯病表现为"V"字形或半圆形，黄瓜细菌性角斑病、辣椒疮痂病表现为坏死斑脱落形成穿孔。在果实枝条上表现为疮痂、蔓枯、溃疡，如辣椒疮痂病、黄瓜蔓枯病等。在茎上发生条斑或近地面处坏死，如番茄条斑型病毒病、辣椒疫病、各类蔬菜猝倒病、立枯病等。在根系上发生坏死，如蔬菜根腐病、茄科蔬菜青枯病等。斑点大多由真菌和细菌侵染引起的。

2.3.3.2　变色

蔬菜受害后植株全株或局部失去正常的绿色，包括褪绿、黄化等，如辣椒花叶病毒病、番茄褪绿病毒病、辣椒类菌原体病害、瓜类褪绿黄化病毒病等。变色大多是由病毒病侵染引起的。

2.3.3.3　腐烂

蔬菜受病原菌侵染后病组织坏死腐烂，主要表现为干腐、湿腐、软腐等，如茄子绵疫病、辣椒软腐病等。腐烂大多是由真菌和细菌侵染引起的。

2.3.3.4　萎蔫

因蔬菜植株的输导组织维管束被病原菌侵染破坏，使输导组织作用受阻，植株地上部分得不到充足水分，发生萎蔫现象，如黄瓜枯萎病、番茄青枯病、茄子黄萎病、辣椒疫病、十字花科蔬菜根肿病等。萎蔫大多由真菌和细菌侵染引起的。

2.3.3.5　畸形

蔬菜受病原菌侵染后细胞数量大量增多，生长过度或生长发育受到抑制引起畸形。

在枝条上表现为丛生；在叶片上表现为皱缩、卷叶、扭曲等，如茄果类蔬菜病毒病、辣椒类菌原体病害；在根部表现为根瘤、根肿等，如蔬菜根结线虫病、十字花科蔬菜根肿病。畸形大多由根结线虫、病毒侵染造成，少数由真菌和细菌侵染造成。

2.3.4 侵染性病害病征类型

2.3.4.1 霉状物

真菌病害的常见特征，常见有霜霉、灰霉、青霉、绿霉、煤霉、黑霉等不同颜色的霉状物，如黄瓜霜霉病、黄瓜灰霉病、番茄灰霉病、番茄叶霉病、豇豆煤霉病、番茄黑霉病、黄瓜黑星病等。

2.3.4.2 粉状物

真菌病害的常见特征，常见有白粉、黑粉、铁锈色等不同颜色的粉状物，如黄瓜白粉病、辣椒白粉病、茭白黑粉病、马铃薯黑粉病、葱类黑粉病、十字花科蔬菜黑粉病、豆类锈病等。

2.3.4.3 小黑点

真菌病害的常见特征，常见有分生孢子器、分生孢子盘、分生孢子座、闭囊壳、子囊壳等，如辣椒炭疽病、番茄早疫病、番茄晚疫病等。

2.3.4.4 菌核

真菌中丝核菌和核盘菌侵染引起的常见特征，病症表现面积较大、颜色较深，主要是越冬病原菌的形态结构，如葫芦科、茄科、十字花科蔬菜菌核病。

2.3.4.5 菌脓

细菌病害的常见特征，有菌脓（失水干燥后变成菌痂），如黄瓜细菌性角斑病、辣椒疮痂病、辣椒软腐病、白菜软腐病等。

由于病毒和类菌原体是细胞内寄生物，因此只有病状，而不产生病征，如番茄黄化曲叶病毒病、辣椒类菌原体病害等。

2.3.5 侵染性病害田间诊断方法

2.3.5.1 细菌性病害

病状主要表现为组织坏死（斑点和叶斑）和萎蔫两大类型。多数是点发性病害，以条斑（平行脉）、角斑（网状脉）、腐烂、枯萎、溃疡、畸形等类型最为常见。病部多呈水渍状或油渍状边缘、半透明。对光观察有透明感，腐烂组织常黏滑并有恶臭，枯萎组织的切口常有混浊液分泌，这是其他病害所没有的现象，如大白菜软腐病、黄瓜细菌性角斑病、豆类细菌性斑点病、番茄青枯病、辣椒疮痂病等。

其病征表现是高湿时分泌出淡黄色溢滴，即菌脓，干后呈鱼子状小胶粒或呈发亮的菌膜平贴于病部表面，无霉层。田间发病初期有发病中心。多有随工作人员行走方向传播蔓延趋势。苗势嫩绿、枝叶郁闭和湿度大最有利于发病。简而言之，细菌性病害有病斑，无霉层，有发病中心。

2.3.5.2 真菌性病害

病状多数是点发性病害。以茎、叶、花、果上产生各种各样的局部病斑最为常见，病部多呈斑点、条斑、枯焦、炭疽、疮痂、溃疡等；其次是凋萎、腐烂及各种变态、矮化等畸形，如黄瓜霜霉病、灰霉病、炭疽病、蔓枯病，辣椒炭疽病、疫病、猝倒病，甘蓝黑胫病，花椰菜灰霉病，番茄早疫病、晚疫病、叶霉病、枯萎病，茄子绵疫病、晚疫病、菌核病、白粉病等。

病部中后期大多长有霉状物、粉状物、锈状物、棉絮状物、颗粒状物等。田间发病初期常有发病中心。多有随大棚通风风向传播蔓延趋势。高温高湿、苗势嫩绿、枝叶郁闭、土质黏重、排水不良等都有利于多数真菌性病害的发生。简而言之，真菌性病害有病斑，有霉层，有发病中心。

2.3.5.3 病毒性病害

病状多数是系统侵染的全株性病害，几乎所有的蔬菜都可感染病毒性病害。初发时常从植株个别叶片或枝条开始，随后发展至全株。以枯斑、花叶、黄化、矮缩、簇生、畸形、萎缩、坏死等为常见，一般嫩叶比老叶更为鲜明。易受外界影响而发生变化，如花椰菜病毒病、番茄病毒病、茄子病毒病、辣椒病毒病、黄瓜病毒病、丝瓜病毒病、菠菜病毒病、芹菜病毒病等。病毒病发病症状中，没有脓溢、穿孔、破溃等现象，这是田间鉴别病毒病的主要依据之一，病部外表不显露病征。田间分布分散，病健株明显交错，无发病中心，但棚边四周有时发生较重，病情常与某些昆虫发生有关，或随种植年限延长而加重。定植期往往与病害的发生关系甚为密切。传播和侵染除可通过汁液摩擦传染和嫁接传染外，许多病毒还能借助昆虫介体而传染。简而言之，病毒性病害无病斑，无霉层，无发病中心。番茄和辣椒蕨叶型病毒病的症状与一些由植物激素引起的番茄和辣椒的药害症状的主要区别是前者叶片色泽不均匀，整体发黄，叶片变薄、柔软，叶脉扭曲，田间病健株往往交错分布，后者叶色往往变为深绿，叶片变厚、较硬，叶脉变粗、不扭曲、发白，病健株往往不交错出现，分布均匀，表现为全田发病。

2.3.5.4 线虫性病害

病状主要表现为叶片由下向上均匀发黄，生长衰弱，叶片稍萎垂，茎、芽、叶坏死，植株矮化、黄化，根部膨肿，呈瘿瘤、虫瘿、根结、胞囊状。病状以局部畸形为主，为害部位大多数在地下根部，如蔬菜根结线虫病等。

2.3.5.5 寄生性种子植物病害

按寄生物对寄主的依赖程度或获取寄主营养成分的不同，可分为全寄生和半寄生。全寄生是指从寄主植物上夺取它自身所需要的所有生活物质的寄生方式，如列当和菟丝子。半寄生，俗称"水寄生"。是指对寄主的寄生关系，主要是水分的依赖关系，具有叶绿素，还可以进行光合作用，如桑寄生和槲寄生。寄生植物寄生到蔬菜上后，吸取蔬菜水分、养分，导致蔬菜因缺少水分和养分而枝叶发黄，最后枯死。

2.3.6 非侵染性生理病害

非侵染性生理病害是由非生物因素（不适宜的环境条件）引起的，这类病害没有病原物的侵染，不能在蔬菜个体间互相传染。设施栽培条件下蔬菜生理病害的发生往往较露地栽培重，大多表现为复合症状，不易诊断，如番茄 2,4-D 产生的药害与辣椒、番茄等茄科蔬菜蕨叶型病毒病均表现为蕨叶现象；黄瓜缺素症与根结线虫为害均表现为叶片发黄；番茄褪绿病毒病与番茄缺镁症状均表现为叶脉间褪绿，症状极为相似，很难区分。非侵染性生理病害在田间的发生及分布具有以下几个特点。

突发性。非侵染性病害在发生发展上，发病时间多数较为一致，往往有突然发生的现象。病斑的形状、大小、色泽较为固定。

普遍性。发生面积比较大，普遍均匀，通常是整个棚普遍发生，常与温度、湿度、光照、土质、水、肥、废气、废液等特殊条件有关，无发病中心，相邻植株的病情差异不大，甚至附近某些不同的作物或杂草也会表现出类似的症状。

散发性。多数是整个植株呈现病状，且在不同植株上的分布比较有规律，若采取相应的措施改变环境条件，植株一般可以恢复健康。生理病害只有病状，没有病征。

第 3 章 设施栽培蔬菜病虫成灾及其原因分析

设施栽培是在人工创造的半封闭的特殊设施环境下进行的，与露地栽培环境有根本性的区别，这种特殊的设施环境，既有利于蔬菜周年生产和供应，又为病虫的发生和流行创造了良好的条件。随着设施栽培蔬菜的迅速发展，病虫种类增加，为害加重，并为露地蔬菜提供了菌原和虫口基数，反过来，露地蔬菜病虫的发生又加重了设施栽培蔬菜病虫的发生，二者互为因果，造成区域蔬菜病虫为害不断加重，使病虫成为设施蔬菜的重要生物灾害。综合分析认为，导致设施蔬菜病虫为害加重的原因主要有以下几个方面。

3.1 环境条件优越

3.1.1 温湿度变化幅度大

温湿度的变化特点有利于病虫的发生，设施内温度的变化呈现先高后低再高的特征，即蔬菜育苗期及生长发育初期温度较高，生长中前期低温，生长后期呈现高温状态，这种温度的变化特征适宜于不同病虫的发生，使蔬菜不同发育阶段主要病虫的种类不同，如温度较低的阶段主要有利于葫芦科和茄科蔬菜灰霉病、根腐病的发生；温度较高的阶段主要有利于葫芦科蔬菜白粉病和茄科蔬菜叶霉病的发生。空气湿度的变化特征是除了生长发育的后期外，其余时段设施内空气湿度基本处于高湿或饱和状态，湿度大，有利于病原菌的再侵染，喜湿性病害如黄瓜霜霉病、葫芦科和茄科蔬菜灰霉病的发生为害尤为严重。温湿度综合变化的特征是设施内昼夜温差变化大，高湿持续时间长，温度高的时段空气湿度一般比较小，温度低的时段湿度往往较高，就一天时段而言，温度的变化特征是由低变高再由高变低，湿度的变化特征是由高变低再由低变高。昼夜温差变化比较大，有利于植株表面结露。据测定，12 月至翌年 3 月以前，白天设施内的温度达 25～30℃，夜间温度低于 12℃且持续 10h 左右，叶面结露时间也在 10h 左右，对黄瓜霜霉病、灰霉病的发生十分有利。就蔬菜不同发育阶段而言，蔬菜生长发育的前期，温度较高，湿度较低；蔬菜生长发育的中期，温度较低，湿度较高；蔬菜生长发育的后期，温度很高，湿度较低。

3.1.2 光照强度降低

光照强度降低，蔬菜作物通过光合作用增加体积和干重，提高光合作用效率意味着增加开花率，提高产量和品质，促进蔬菜作物采后的活力。光照强度是影响蔬菜作物光合作用的强度和速率的关键因素之一，在一定范围内，光合作用的速率随着光照强度的增加而提高。而设施蔬菜由于塑料薄膜的覆盖，遮挡滤掉了部分阳光，作物接收的光照强度降低，蔬菜作物生长发育的前期，设施栽培系统内光照强度是自然光照强度的 85%左右，中期为 60%左右，后期不足自然光照强度的 50%。光照强度下降或不足，降低了植物的光合效率，影响了蔬菜作物的正常生长发育。

3.1.3 二氧化碳缺乏

二氧化碳是蔬菜作物进行光合作用的必需物质。空气中二氧化碳的浓度比较稳定，约为 300ppm[①]，能满足蔬菜作物正常进行光合作用的条件，而棚室内由于保温的需要，常常关闭棚室通风口，棚室内外气流交换缓慢，导致二氧化碳浓度处于较低水平。测定结果显示，棚室内晴天日出前二氧化碳浓度在 600ppm 或高于这个数值，日出后植株进行光合作用 1h 左右，约到上午 9:00 棚内二氧化碳浓度降至 100～200ppm，蔬菜常处于"饥饿"状态，低于蔬菜作物光合作用二氧化碳临界值，光合作用效率降低，不利于蔬菜作物的正常生长发育。

3.1.4 土壤养分不平衡

研究结果表明，棚室内土壤养分中大量元素 N、P、K 及有机质含量随着连作年限的增加而增高（表 3-1），其主要原因是与棚室内普遍施用大量化肥和有机肥有关。单从养分含量数值来看，不同连作年限的土壤养分并不缺乏。但如果从土壤养分含量的比例进行分析，棚外土壤的速效养分 N∶P∶K 平均为 1∶0.97∶6.77，棚室内土壤为 1∶1.41∶4.68。而蔬菜生长对养分的吸收 N、P、K 比例为 1∶0.3∶1.03（番茄 N∶P∶K 为 1∶0.27∶1.10，黄瓜为 1∶0.48∶1.27）。由此说明棚室内土壤养分比例严重失调，速效磷和速效钾呈高度富集状况，已出现次生盐渍化，且连作年限越长此现象越严重。因此可以认为，棚室生产在连作 3 年以后，土壤各项肥力指标虽然都有增加，但土壤中养分

表 3-1　不同连作年限对日光温室土壤养分含量的影响

地点	连作年限	有机质（g/kg）	速效 N（mg/kg）	速效 P（mg/kg）	速效 K（mg/kg）	Cu（mg/kg）	Zn（mg/kg）	Mn（mg/kg）	Fe（mg/kg）	pH
关中	0	2.42	52.5	52.35	346.06	1.46	5.85	10.18	8.81	7.87
	1	3.37	60.39	71.08	336.71	1.24	4.88	11.63	9.84	7.61
	3	4.56	73.35	102.93	354.47	1.59	5.95	13.44	14.75	7.17
	5	7.63	85.83	133.09	323.68	2.12	6.38	13.25	18.50	6.98
	7	8.30	103.26	148.32	351.82	3.45	7.79	14.47	23.49	6.85
	9	10.85	123.04	178.96	688.22	4.06	7.45	17.68	28.27	6.81
陕北	0	5.73	8.60	6.73	67.76	0.84	1.03	9.72	6.95	7.60
	1	6.41	11.52	16.97	82.61	0.72	0.94	7.14	5.13	7.45
	3	8.26	12.07	18.80	92.82	0.82	1.72	8.94	9.54	7.08
	5	10.37	13.96	24.07	106.80	0.96	1.55	8.57	10.21	7.12
	7	13.08	33.45	52.96	123.20	1.12	3.34	11.81	16.72	6.94
	9	14.50	49.65	48.90	188.84	1.28	2.91	10.05	24.27	6.63

---

① 1ppm=10^{-6}

比例与蔬菜作物生长所需养分不协调，这可能是多年连作后棚室生产力下降的主要原因，是盲目施用大量化肥所致。不同大量元素之间、不同微量元素之间及大量元素与微量元素之间比例失调，不利于蔬菜的生长发育，常常出现作物缺素症现象。

同样，棚室土壤中铜、锌、锰、铁等微量元素的含量也有随着连作年限的增加而增高的趋势，但相对含量有降低的趋势。分析比较结果表明，土壤中微量元素铜、锌、锰、铁的绝对含量全部处在土壤分级标准的中等到较高水平范围。单从土壤中微量元素的绝对含量来看，在本研究年限范围内，土壤微量元素的含量一般可以满足蔬菜作物生长的需要，不会影响蔬菜作物的正常生长，对土壤退化未产生影响。但微量元素相对含量较低，通过对不同连作年限蔬菜植株的微量元素分析，研究发现，随着连作年限的延长，其相对含量依次降低。结果说明，棚室土壤连作对作物吸收养分产生了明显的影响。

3.2　轮作困难

设施不易搬动，土壤位置相对固定，虽然适于设施栽培的蔬菜种类很多，但经济效益持续较好的只有黄瓜、番茄等少数种类，可供选择轮作的蔬菜种类非常有限，和其他作物轮作，虽然对病害具有较好的防治效果，但种植效益显著降低，导致实施轮作比较困难，连年种植黄瓜等同一种蔬菜使土壤中细菌和真菌数量大量增加，但放线菌数量减少（表 3-2）。有害微生物数量的增加，导致土传病害发生的概率增大。此外，微生物群落的变化，影响土壤中养分的转化过程，使作物吸收养分发生障碍，致使土传病害的发生十分严重，如黄瓜枯萎病、根腐病、根结线虫病等，从设施内零星发病到全田发病仅需 2～3 年；茄子黄萎病、辣椒疫病、番茄青枯病等病害的发生为害逐年加重，也与多年连作有关。另外，建造设施不易移动，栽培位置固定，有利于病（虫）原的累积。设施栽培优越的环境条件，为病虫提供了优越的越冬场所，病虫基数大。例如，根结线虫、烟粉虱、美洲斑潜蝇等病虫在北方自然条件下不能越冬，番茄晚疫病、番茄早疫病、黄瓜枯萎病、黄瓜根腐病等病害的病原菌及蚜虫即使能在北方自然条件下越冬，但设施条件下的环境更为优越，越冬或越夏病虫死亡率低，发生基数增大，也导致病虫发生时期提前，为害加重。

表3-2　不同连作年限日光温室微生物数量（每克干土微生物数量）

连作年限	细菌（$\times 10^7$）	真菌（$\times 10^2$）	放线菌（$\times 10^4$）
0	154.20a	381.60a	698.40a
2	176.86a	551.69b	554.84b
4	384.00b	659.02c	261.00c
6	390.58b	665.89c	187.36d
8	397.67b	675.19c	177.64d

注：表中同列数据后不同字母表示在 0.05 水平上差异显著

结果说明，不论是气传病害还是土传病害，均有随着连作年限的延长、发病率（发病程度）依次加重的趋势（图 3-1）。通过对土壤不同连作年限黄瓜病害发生率（发病程度）进行方差分析，结果表明，黄瓜灰霉病、霜霉病及生长点消失症连作 2 年与对照（0 年）发病率（发病程度）之间差异不显著，连作 4 年、6 年和 8 年与对照之间差异达极显著水平。根腐病、疫病等土传病害，连作 2 年均与对照发病率之间差异达极显著水平。说明土传病害对连作的反应比气传病害的反应敏感。

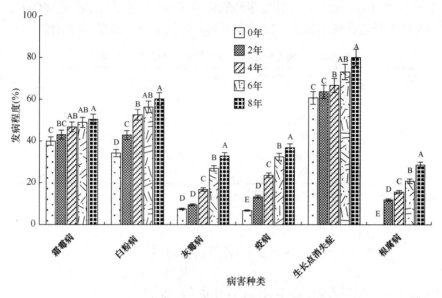

图 3-1　连作年限与黄瓜主要病害发生的关系

3.3　寄主植物丰富

设施内几乎常年有寄主植物存在，为病虫持续发生提供了丰富的寄主及食料条件，使病虫避免因寄主匮乏短缺而导致死亡率升高；而从寄主植物本身看，由于是在温湿度不能完全满足其生长发育条件下的强迫性生长，加之连作导致蔬菜作物生长发育受到影响，其长势弱，抗性及自然补偿能力比较差，有利于病虫的发生与为害。以设施栽培黄瓜为例，研究了连作对作物生长发育的影响，结果表明，随着连作年限的延长，黄瓜叶片中的叶绿素含量、可溶性糖含量、氨基酸总量及光合速率显著降低（表 3-3）。其原因

表 3-3　不同连作年限对黄瓜叶片中叶绿素含量、可溶性糖含量、氨基酸总量和光合速率的影响

年份	连作年限	叶绿素（mg/g）	可溶性糖（%）	氨基酸（%）	光合速率 [$\mu mol/(m^2 \cdot s)$]
2008	0	1.37a	11.36a	24.56a	8.24a
	2	1.46b	12.32b	26.75b	9.23b
	4	1.36a	11.18c	22.27c	7.71a
	6	1.30c	10.23d	20.26d	6.86c
	8	1.23d	9.65e	19.82d	6.61c
2009	1	1.46a	12.27a	27.10a	8.78a
	3	1.45a	12.01a	26.76a	8.33a
	5	1.34b	10.97b	23.51b	7.32b
	7	1.26c	9.98c	19.41c	6.02c
	9	1.22c	9.57c	19.02c	5.68c

注：表中同列数据后不同字母表示在 0.05 水平上差异显著

可能是连作造成黄瓜植株根系吸收障碍，植株营养水平降低，导致叶片中的叶绿素含量及光合速率下降，光合积累的初产物可溶性糖减少，影响糖转化为氨基酸的碳源和能量供应，植株长势变差。此外，连作使多酚氧化酶（PPO）、过氧化物酶（POD）、丙氨酸解氨酶（PAL）等几种酶的活性下降（表3-4），降低了黄瓜植株的抗病性。

表3-4 不同连作年限下黄瓜叶片几种保护酶的含量

连作年限	PPO [mg/(min·g FW)]	POD [μmol/(min·g FW)]	PAL [U/(min·g FW)]
0	0.96a	0.82a	0.68a
2	0.89a	0.78a	0.65a
4	0.78b	0.66b	0.52b
6	0.69bc	0.57bc	0.48bc
8	0.67c	0.52c	0.41c

注：表中同列数据后不同字母表示在0.05水平上差异显著

3.4 防治技术缺乏

设施蔬菜尚属新兴产业，截至目前，在中国北方地区大面积发展设施蔬菜尚不到20年，有些区域发展时间更短，政府往往重视规模的迅速扩张，对后续的种植技术问题、菜农的职业化培训等问题关注不够。对设施蔬菜尤其是病虫害有关发生规律及防控技术的研究工作显著滞后于产业的发展，现在设施蔬菜生产上应用的许多病虫防治技术还是从露地蔬菜生产中移植过来的。由于设施栽培的环境不同于常规露地栽培系统，病虫的发生规律与露地栽培条件下相比差异比较大，对其防治往往带有盲目性和缺乏科学性，有些防治技术在露地蔬菜中防效很显著，但在设施栽培条件下效果不显著或无效。另外，对一些病虫的防治尚缺乏有效技术，如对韭菜根蛆和生姜根结线虫的防治目前尚无可操作性强、防效显著、成本低廉的成熟技术，以致菜农在生产中常常采用"3911"、涕灭威等剧毒农药灌根防治，因此，技术缺乏是导致设施蔬菜病虫发生加重的主要主观因素。

中 篇

设施蔬菜病虫害防控与预警

第4章 设施蔬菜病虫害绿色防控技术

自从20世纪40年代开始人类使用化学合成农药以来,对害虫的治理就产生了全新的认识。化学农药因具有高效、速效、经济、简便等特点而被世界各国广泛使用,对保证农业丰收,以及菜、林、牧业增产和保证食物的有效供给起到了巨大的作用。然而随着其广泛及不科学地使用,农药对环境、人体的负面作用已逐渐凸显出来,尤其是设施栽培蔬菜产品中的农药残留已引起社会的广泛关注,农药中毒事件时有发生,消费者惊呼还有什么蔬菜可以放心吃,对食用设施栽培蔬菜产品产生恐惧心理,蔬菜产品也因农药残留问题影响对外出口。事实说明,病虫害防治尤其是蔬菜病虫害防治只注重防治效果和经济效益是远远不够的,还必须考虑防治所采取的措施对资源、环境和消费者安全的影响。既强调病虫作为蔬菜栽培中一类重要的生物灾害,对其采取的防治措施必须有效,又要保证防治措施对环境的安全性及其与大自然协调统一,确保菜田生态系统健康,才是安全、有效、协调和符合可持续发展的设施蔬菜病虫害绿色防控技术的内涵。进入21世纪,全球农业发展的一个重要趋势是更加注重农产品及食品的质量安全,绿色食品蔬菜满足人们追求天然健康食品的消费需求,符合国际消费大潮流,是顺应环境保护和可持续发展的要求,也是今后蔬菜产品市场竞争的焦点,病虫害绿色防控技术是实现绿色食品蔬菜生产的前提和基础,如果实现不了病虫害的绿色防控,就不可能实现蔬菜的绿色生产。病虫害绿色防控是从源头解决蔬菜的污染问题,是病虫害防治技术发展的崭新阶段和必然趋势,与传统的病虫害防治技术相比,更强调节约能源、与自然界的协调、不形成新的污染源,以保证提高消费者生活质量、改善生态环境的需求。

4.1 植物检疫

植物检疫就是由国家颁布法令,对某些农产品、种苗进行检验和控制,防止危险性病、虫、杂草在国际、国内的传播和蔓延,它们一旦传入新区,要组织人力、物力进行彻底消灭,达到保护农业生产、维护国家信誉和促进对外贸易发展的目的。病、虫、杂草的远距离传播和入侵新区,主要是通过农产品、种苗和包装材料的调运及贸易活动实现的,如马铃薯块茎蛾、蚕豆象、豌豆象是中华人民共和国成立前从国外传入的。就设施蔬菜而言,近年来黄瓜黑星病、瓜类褪绿黄化病毒病、甜瓜细菌性果斑病、番茄溃疡病、番茄黄化曲叶病毒病、番茄褪绿病毒病、马铃薯腐烂茎线虫、南美斑潜蝇、美洲斑潜蝇、花蓟马、烟粉虱等病虫害主要在国内一些省区之间大面积传播和蔓延。随着国内外交流的加强、商品经济和现代交通运输业的发展,检疫性病虫传入的风险性增加,传播速度加快,尤其是蔬菜品种的进入途径很多,其中很大一部分是通过民间引入,不像农作物品种进入渠道相对单一,检疫相对严格,加之种植者对植物检疫的重要性认识不到位,导致蔬菜外来有害生物不断传入,给蔬菜安全生产带来很大威胁。

植物检疫具有以下特点：①法制性。国家颁布检疫法规，授权检疫机构执行，是依靠行政手段和技术措施，控制病、虫、草害的传播和扩散。②预防性。实践证明，危险性病虫传入后很难被彻底消灭。植物检疫是一项以预防为主、防患于未然的工作，可以用较少的人力、物力实现保护农业生产的目标，获得长期的、根本的效果。③严格性。植物检疫，实行检查制度，采取严格的处理措施。经检验发现的疫情，采取严格措施进行除害处理；对于还没有安全有效处理办法的，立即销毁或退回。④地区性。植物检疫工作，需要国际、国内部门间、省际间的协作，应得到各级领导、蔬菜生产部门和生产者的重视与支持。

检疫对象的确定是根据每个国家或地区为保护本国或本地区农业生产的实际需要和病、虫、杂草的发生特点而制定的，不同国家或地区所规定的检疫对象是不同的，但都遵循一个共同的原则：首先是危险性的，即发生十分严重并难以控制的病、虫、草害；其次是局部发生的，即国内或地区内尚未发生或分布不广的病、虫、草害；最后是人为传播的，即主要依靠人为活动进行传播和蔓延的病、虫、草害。满足以上3个条件的病虫即可确定为检疫对象。各省（自治区、直辖市）可根据各自的情况制定补充对象，如北京、吉林、天津、山西、辽宁等省（直辖市）将黄瓜黑星病列为补充检疫对象，陕西将马铃薯环腐病作为补充检疫对象，进行检疫。

如何控制外来危险性病虫侵入，除了植物检疫部门加强检疫外，重点要提高对检疫工作的重要性的认识，在流通和贸易繁荣的今天，种子、种苗、有机肥等的进入渠道呈现多元化特点，给植物检疫增加了很大难度，如一些园区企业，乐于从外省甚至国外直接引进种苗，逃避植物检疫部门的检疫，加速了一些危险性病虫的传播和蔓延。尤其是农业行业的部分科技工作者，在私自引入蔬菜种子或种苗时，没有进行严格的检疫，将一些原产地的危险性病虫种类带入，造成不必要的人为损失，这种现象有愈来愈多的趋势，成为蔬菜危险性病虫传入的重要途径之一。

对于已经传入的危险性病虫，政府高度重视，投入大量的资金和人力，采取堵截、扑灭等措施，对其传播和蔓延起到了一定的减缓作用。无数事例说明，对于外来危险性病虫一味采取堵截、扑灭措施，成本高，也难以达到预期效果，作为一种生物，一旦进入某一区域并"定居"繁衍，作为生态系统中的一员，很难将其彻底消灭，科学的对策应该是首先对外来有害生物的风险性进行评估，并积极组织攻关协作组，研究其发生特点，明确其影响因素，寻求生育周期中的薄弱点，提出行之有效的控制措施，进行有效的管理，将其种群数量控制在经济阈值之下。

4.2 健身栽培

健身栽培防治法又称健康栽培防治法，是指在蔬菜丰产及营养学理论的指导下，从栽培措施入手，创造一个有利于蔬菜生长发育而不利于病虫害发生和蔓延的环境条件，使蔬菜生长健壮，提高蔬菜对病虫的抗病性和自然补偿能力。健身栽培是绿色食品蔬菜生产中最经济、最安全、最有效的一种病虫防治方法，既由设施栽培条件下蔬菜的生长发育及病虫发生特点所决定，又符合绿色食品蔬菜生产的需要。这是目前发达国家在蔬菜病虫防治上的新特点，也是保护利用自然控制因素的基础，应给予高度重视。

4.2.1 选用抗病、耐病品种

蔬菜品种的抗病性是蔬菜本身具有能够减轻病害为害程度的一种可遗传的生物学特性，由于具备这种特性，抗病品种与感病品种在同样栽培条件和病原数量的情况下，抗病品种不受害或受害较轻。抗病品种能避免或减轻病虫为害的损失，压低病虫的种群数量，特别是连年栽种，效果可以累积，更为稳定、显著。耐害性品种可以放宽经济阈值，减轻为害。种植抗病品种较感病品种更易获得较高的产量和优良的品质。品种是作物丰产和抗病的内因，是设施蔬菜健身栽培的前提和基础，尤其是在设施栽培温度、光照等环境因子不能满足蔬菜正常生长发育条件下，选用抗逆性强、丰产性好的品种显得更为重要。

所谓抗病品种，一般是指对某一种或几种病害具有显著抗性的品种，而不是对所有病害都具有抗性的品种，引进抗病品种时除了考虑对其引入地主要病害的抗性外，还要考虑丰产性及区域消费者的消费习惯。同一地区不同时期蔬菜作物的主要病害种类也会发生变化，引进品种时要求条件也随之发生变化，如 20 世纪末期在北方地区引进黄瓜品种时首先考虑是否抗黄瓜霜霉病，引进番茄品种时考虑是否抗番茄晚疫病和早疫病，而现阶段在引进品种时，除了考虑对上述病害的抗性外，还要考虑黄瓜是否抗根结线虫病、番茄是否抗根结线虫病和番茄黄化曲叶病毒病。特别需要注意的是，在引进蔬菜品种时一定要严格进行检疫程序，防止将危险性病虫人为引入。

由于近年来蔬菜根结线虫病和番茄黄化曲叶病毒病是北方地区设施蔬菜大面积发生的新的灾害性病害，因此在引进蔬菜品种时，我们重点针对不同品种对黄化曲叶病毒病和根结线虫病的抗性进行了评价（表 4-1，表 4-2）。

表 4-1　不同品种番茄对番茄黄化曲叶病毒病的抗性评价

番茄种类	品种	发病株率（%）	抗性评价
大番茄	布鲁尼 1288	0	I
	DRW7728	0	I
	惠裕	2	HR
	宝粉 298	32	MR
	金鹏 11 号	18	MR
	红丽	21	MR
	粉佳美	46	MS
	福美佳	38	MS
	金冠种苗	43	MS
	西农 2011	74	S
	中华 9 号	85	S
	圣帝	75	S
	茸毛 1 号	100	S
	粉帝	100	S
	中华粉王	100	S
	黑猫 19	92	S
	粉和平	62	S
	金妈妈	90	S
	红番硬果王	75	S

续表

番茄种类	品种	发病株率（%）	抗性评价
大番茄	瑞缇娜	92	S
	威敌	95	S
	世纪粉冠王	95	S
小番茄（圣女果）	抗TY千禧	0	I
	美红	0	I
	圣桃3号	0	I
	黄仙女	0	I
	粉秀	5	HR
	红仙女	19	MR
	圣桃6号	38	MR
	圣喜	26	MR
	红霞	15	MR
	北京樱桃	34	MR
	京丹1号	12	MR
	千福	47	MS

注：I. 免疫；HR. 高抗；MR. 中抗；MS. 中感；S. 感病

从表 4-1 看出，参试的 22 个大番茄品种有两个未发病，分别为布鲁尼 1288 和 DRW7728，抗性表现达到免疫水平；惠裕累计发病株率为 2%，表现为高抗水平；宝粉 298、金鹏 11 号和红丽抗性级别表现为中抗；粉佳美、福美佳、金冠种苗表现为中感；而中华 9 号、茸毛 1 号、粉帝、中华粉王和圣帝发病株率都在 50 以上，表现为感病。其中茸毛 1 号、粉帝、中华粉王发病较为严重，发病株率达 100%。免疫及高抗品种总共有 3 个，为参试品种的 15.0%。

参试的 12 个小番茄（圣女果）品种抗性同样表现为差异显著，免疫品种有 4 个，分别为抗 TY 千禧、美红、圣桃 3 号和黄仙女；粉秀为高抗品种；表现为中抗的品种共有 6 个，分别为红仙女、圣桃 6 号、圣喜、红霞、北京樱桃、京丹 1 号；千福为中感品种。小番茄（圣女果）免疫及高抗品种总共有 5 个，为参试品种的 41.7%。

表 4-2　陕西省主栽蔬菜品种对根结线虫病的抗性比较

蔬菜种类	品种	根结率（%）	发病株率（%）	抗性评价
黄瓜	津春2号	88.9	100	HS
	津春4号	87.6	100	HS
	津春3号	77.8	100	HS
	津优1号	89.1	100	HS
	津优2号	87.2	100	HS
	中农11号	80.5	100	HS
	农大12号	95.3	100	HS
	中研16号	91.8	100	HS
	寒秀912	93.6	100	HS
	博杰21	90.1	100	HS
	鲁圣顶峰1号	89.6	100	HS
	博耐15号	88.3	100	HS
	碧春	85.5	100	HS

续表

蔬菜种类	品种	根结率（%）	发病株率（%）	抗性评价
黄瓜	农城3号	87.4	100	HS
	金新地黄瓜	92.1	100	HS
番茄	欧盾	50.4	87.5	MS
	中杂9号	42.6	100	HS
	毛粉802	47.1	100	HS
	金棚1号	55.4	100	HS
	金棚11号	48.8	100	HS
	金棚M6	26.6	62.8	MR
	L402	37.5	90.5	MS
	西粉3号	58.7	100	HS
	双抗2号	52.2	100	HS
	世纪粉冠王	25.8	60.1	MR
	中研988	19.4	55.4	MR
	粉达	60.5	100	HS
	雷诺101	65.1	100	HS
	百利	34.7	89.5	MS
	金罗汉	40.5	85.5	MS
辣椒	湘研3号	33.5	100	S
	湘研13号	36.7	100	S
	福椒5号	42.8	100	S
	中椒2号	35.5	100	S
	新丰4号	45.4	100	S
	湘研11号	61.3	100	S
	津绿21号	55.8	100	S
	津绿22号	48.1	100	S
	丰力一号	40.9	100	S
	湘辣9502	42.2	100	S
	湘辣1号	39.9	100	S
	津研19号	54.6	100	S
	津椒5号	59.8	100	S
	西农981	49.0	100	S
	尖椒22号	17.1	57.2	MR
	日本朝天椒	0d	0	I
	旱美	0d	0	I
圣女果	千禧	0	0	I
	鑫禧	9.8	20.8	MR
	明泽3号	66.7	100	HS
	圣玛丽203	71.9	100	HS
	明泽81	62.1	100	HS
	圣玛丽新4号	59.2	100	HS
	金千禧	45.7	85.3	S
茄子	汉中紫茄	90.8	100	HS
	特大紫罐茄	95.7	100	HS
	田丰优长茄	95.8	100	HS
	老菜农绿茄	93.9	100	HS

续表

蔬菜种类	品种	根结率（%）	发病株率（%）	抗性评价
茄子	日本黑又亮	94.1	100	HS
	长黑海绵茄	95.3	100	HS
西葫芦	绿宝	28.8	100	S
	早青一代	42.2	100	HS
	法国冬玉	32.3	100	HS
	纤手2号	36.5	100	HS
	改良纤手	40.2	100	HS
	寒玉	33.8	100	HS
	金皮	25.9	100	S
南瓜	长胜白籽	91.1	100	HS
	新世纪拳王	89.7	100	HS
	强胜	88.1	100	HS
	南韩寿王 F1	93.2	100	HS
	世纪根王	92.6	100	HS
	云南黑籽	87.4	100	HS
	新龙美	92.1	100	HS

注：I. 免疫；HR. 高抗；MR. 中抗；MS. 中感；S. 感病；HS. 高感

从表 4-2 可看出，黄瓜是对根结线虫病最为敏感的作物之一，陕西省生产上目前常规种植的津春 2 号、津春 3 号、津春 4 号、津优 1 号、津优 2 号、中农 11 号、农大 12 号、中研 16 号、寒秀 912、博杰 21、鲁圣顶峰 1 号、博耐 15 号、碧春、农城 3 号、金新地黄瓜等 15 个黄瓜品种均为高感品种。目前用于黄瓜、西瓜、甜瓜嫁接的南瓜品种均表现高感。对根结线虫病高度敏感的番茄品种有：中杂 9 号、毛粉 802、金棚 1 号、金棚 11 号、西粉 3 号、双抗 2 号、粉达、雷诺 101；中度感病的品种有：欧盾、L402、百利、金罗汉；中抗的品种有：金棚 M6、世纪粉冠王、中研 988。对根结线虫病高度敏感的圣女果品种有：明泽 3 号、圣玛丽 203、明泽 81、圣玛丽新 4 号；感病的品种有：金千禧；中度抗病的品种有：鑫禧；免疫的品种有：千禧。辣椒感病的品种有：湘研 3 号、湘研 13 号、福椒 5 号、中椒 2 号、津研 19 号、津椒 5 号、新丰 4 号、湘研 11 号、津绿 21 号、津绿 22 号、西农 981、丰力一号、湘辣 1 号、湘辣 9502 等；中度抗病的辣椒品种有：尖椒 22 号；免疫的辣椒品种有：早美、日本朝天椒。生产上种植的茄子均为高感品种，未发现有抗病品种。生产上种植的西葫芦均为感病和高感品种，未发现有抗病品种。结果说明，抗根结线虫的蔬菜种子资源很少，可用于生产的抗病品种十分有限，仅在番茄、辣椒等少数蔬菜种类中有抗病品种可供选择。

4.2.2 培育壮苗

壮苗具有光合作用能力强，体内碳水化合物蓄积量多，碳、氮含量比例协调，生理活性及根系吸收力强，细胞内糖含量高等特性。壮苗定植后表现为发根力强，缓苗快，耐寒、耐盐碱、耐旱、耐病等抗逆性强。俗话说"秧好禾半"，培育壮苗是获得设施蔬菜丰产丰收的基础。在设施栽培的特殊环境条件下，由于环境的不适宜性，蔬菜作物常常处于亚健康状态，因此，培育壮苗显得尤为重要，壮苗对蔬菜的病害尤其是弱寄生性病害的控制效果十分显著,其效果往往大于药剂防治效果。

4.2.2.1 严把种子质量关

(1) 选种

选择肥大饱满、生活力强的种子是培育壮苗的基础。众所周知"母大子肥",饱满的种子积累的养分多,胚根粗,子叶肥,胚芽壮,种子生活力强,发芽率高,发芽势强,出苗快且整齐,幼苗较壮,抗性也较强。而瘦瘪的种子,其内含物少,发芽率和发芽势降低,出苗后植株弱小,抗性差,发病往往比较严重。

(2) 做好种子处理

1) 晾晒。由于种子的成熟度不完全一致,加之采收贮藏过程中受潮、高温、病虫为害等导致生活力降低,故播种前应进行粗选晾晒,并做好发芽率试验,要求发芽率、发芽势均在98%以上。

2) 温汤浸种。适于多种蔬菜种子的简易消毒。消毒时将种子放入55℃的温水中,用水量是种子体积的3~5倍,不断搅拌15~20min,待水温降至35℃时停止搅拌,继续浸泡4~6h,然后进行催芽。此法有利于播前种子吸水,软化种皮或种壳,可增强种子的发芽势,提高种子的发芽率,对附着在种子表皮上的真菌或细菌都具有较好的杀伤力,还可减轻苗期病害的发生,利于苗全、苗壮,提高产量。

3) 干热消毒。对温度忍耐力强的蔬菜种子,可用干热法进行消毒。例如,番茄、辣椒种子精选后,经充分晾晒,使种子含水量不高于7%,放入鼓风电控定温干燥箱的消毒器架子上(厚度2~3cm),60℃条件下通风干燥6h,然后在70℃条件下连续干燥3~4天,使附着在种子表面及内部的病毒及其他病原菌失去活性。对番茄溃疡病、病毒病的预防效果分别为65.6%、75.3%。不同干热消毒处理对辣椒种子发芽率的影响和病毒病的控制效果不同(表4-3)。结果表明,辣椒种子在70℃条件下处理48h的平均发芽率最高,随着存放时间的延长,种子发芽率呈逐渐下降的趋势;在70℃条件下处理72h,随着存放时间的延长,种子发芽率基本不变。在80℃条件下处理24h,随着存放时间的延长,种子发芽率呈逐渐上升的趋势;在80℃条件下处理48h,随着存放时间的延长,种子发芽率呈逐渐下降的趋势。处理温度与病毒病的发病株率关系比较密切,随着处理温度的升高,病毒病发病株率有降低趋势,但与种子处理后存放时间长短没关系,不论处理后存放多长时间,病毒病的发病株率均无明显差异。

表4-3 不同干热处理在不同存放时间辣椒种子发芽率及对病毒病的预防效果

不同存放时间	不同处理种子发芽率(%)					不同处理病毒病发病株率(%)				
	70℃/48h	70℃/72h	80℃/24h	80℃/48h	CK	70℃/48h	70℃/72h	80℃/24h	80℃/48h	CK
处理后7天	93.6	87.2	85.9	87.0	88.5	10.2	5.9	6.2	3.9	90.8
处理后60天	86.1	84.9	87.6	86.1	87.1	9.8	6.3	6.7	4.5	88.9
处理后120天	85.2	84.3	88.3	75.2	85.3	110	5.6	5.8	4.7	92.1

注:CK系指对照,不做处理

4) 热水烫种法。该方法适用于难以吸水的种子(如冬瓜、西瓜等),要求水温70~75℃,用水量为种子质量的3~5倍,种子要充分干燥,烫种时要用2个容器,将热水来回倾倒，最初几次动作要快，当水温降到55~60℃时，改为不断搅拌，保持此温度7~9min效果较好。

4.2.2.2 配制营养土

营养土是蔬菜幼苗赖以健康生长的基础，营养土配制合理与否与蔬菜培育壮苗密切相关。良好的营养土应具备有机质含量高、养分全、结构合理、保水保肥能力强、有益微生物活跃的条件，这样才能够满足蔬菜幼苗健康生长的要求。营养土既可自行配制，又可购买商品基质。若自行配制，其配制比例是：取没有种过蔬菜的肥沃田园表土60%与充分腐熟的有机肥40%混合均匀后过筛，然后加入速效氮150~300mg/kg、五氧化二磷200~500mg/kg、氧化钾400~600mg/kg。若使用市售的基质，使用前通过高温消毒，预防传带病虫，即在高温季节，将基质摊放在水泥地板上，厚度不超过20cm，上面用塑料薄膜覆盖，使其内部温度达到60℃以上，连续进行3~5天，可有效杀灭病原菌和虫卵。

4.2.2.3 调控温度

调控温度对培育蔬菜壮苗至关重要。蔬菜种类不同，种子萌芽对温度的要求也有差异。一般喜冷凉的蔬菜在3℃左右，番茄、南瓜在10~12℃，茄子、辣椒及其他瓜类在15℃左右才能发芽生长。一般蔬菜种子催芽温度在30℃以下，有些蔬菜发芽需要较低的温度，如菠菜为4℃、甘蓝为8℃、胡萝卜为18℃。也有一些蔬菜如莴苣（笋）、芹菜等在25℃以上时发芽困难或较差。通过变温处理，加快发芽，说明各种蔬菜各有其最适宜的温度要求。幼苗出土时，需要有较低的温度，若温度过高，呼吸作用旺盛，易引起徒长。在保护地（棚）育苗，由于光照条件较差，幼苗易徒长，因此应适当降低温度，防止幼苗徒长。真叶长出后，随着枝叶的生长而逐渐增加温度，其温度的高低与光照强度相适应，光照充足时，温度也相应较高，有利于幼苗进行光合作用，促进幼苗生长。光照不足时，如温度过高，呼吸作用增强，消耗养分过多，使幼苗徒长，生长纤细，抗逆能力减弱。蔬菜秧苗生育适宜的苗床温度为：黄瓜、茄子、辣（甜）椒白天25~30℃，夜间15~18℃，地温20℃左右；番茄白天20~25℃，夜间13~15℃，地温18~20℃；结球甘蓝白天20~25℃，夜间10~12℃，地温12~17℃。

另外，低温炼苗十分重要，原因是设施栽培蔬菜的育苗时间一般在温度较高的季节，而生长在温度较低的季节，通过苗期低温锻炼，可显著提高植株的抗寒性。越冬茬蔬菜在幼苗定植前7天左右进行低温炼苗，炼苗温度白天控制在18~20℃，夜间控制在10~12℃，短时间8~10℃低温可显著增强幼苗的抗逆性，定植后易成活；地温白天控制在17~18℃，夜间控制在10~12℃。早春茬栽培番茄定植前进行2~5℃条件下炼苗5~7天，在其全生育期病害发生很轻，几乎不造成为害。

4.2.2.4 控制水分

苗床过干过湿对幼苗生长都不利。若床土过湿，幼苗须根少，下胚轴伸长过快，造成徒长，同时易诱发猝倒病、立枯病等蔬菜苗期病害。床土湿度一般控制在持水量的60%~80%。在湿度过大的情况下，可采取通气、控制浇水、撒干细土及草木灰等措施降低湿度，使苗床表面"露白"，做到不"露白"不喷水，这样既可以控制下胚轴的伸长，又可促进根系向下深扎。空气湿度也不能过高，一般相对湿度以 60%～70% 为宜。当空气湿度过大时，通过通风降低空气湿度，通风时注意通气口一定要背风向，且通风不能过猛，以免引起"闪苗"。

4.2.2.5 改善光照条件

光照是蔬菜生命所需能量的来源。万物生长靠太阳，没有日光，蔬菜不能生长，蔬菜进行光合作用时，必须依靠阳光才能把空气中的 CO_2 和根系吸收的水、无机盐合成为碳水化合物。光合作用越强，制造的光合产物越多，幼苗的生活力越强，生长发育越好，抗病性越强。

光合作用的强度在一定范围内随着光照强度的增加而增加，苗床的覆盖物降低了光照强度。据测定，覆盖新的无滴膜，棚室内光照强度降低 15%～20%；使用 3 个月的无滴膜，降低 35%～45%；使用 1 年的无滴膜，降低 60%～70%。因此育苗棚室一定要选用新的无滴农膜。在育苗中，人们常错误地认为光照对幼苗的影响没有温度和水分重要，往往不重视光照条件的改善，这是育苗过程中普遍存在的问题。其实，光照不但通过光合作用直接影响幼苗，而且光照时数的多少与蔬菜幼苗的生长发育也有着密切的关系。例如，黄瓜生长要求较长的光照时数，在 10～12h 的长日照条件下才能发育良好，8h 以下短日照条件下可以促进雌花的发育，但不利于生长发育。

4.2.2.6 加强通气透气

对于蔬菜幼苗来说，CO_2 对蔬菜本身的光合作用起决定作用，蔬菜幼苗进行的呼吸作用主要通过根、茎、叶吸收苗床中的氧气进行，故空气中的 CO_2 和 O_2 对培育壮苗具有重要作用。由于设施栽培保温的需要，往往长期关闭棚室通风口，内外气流交流缓慢，CO_2 浓度缺乏，作物处于饥饿状态，加强棚室通风，可增加棚室内的 CO_2 浓度。研究结果表明，随着 CO_2 浓度增加，光合作用加强，光合速率依次提高；反之，若 CO_2 浓度降低，光合作用受到抑制，幼苗本身代谢也受到阻碍，幼苗生长较弱，抗病性也较差。另外，通风条件良好能降低棚室内的空气湿度，对控制幼苗病害的作用也非常明显。幼苗进行呼吸作用需要从空气中吸收 O_2，地下部分也需要 O_2，一般在设施蔬菜育苗期空气中的 O_2 不会缺乏。但幼苗的地下部分是从土壤中吸收 O_2，如果土壤长期处于板结和积水的情况下，可能导致根部缺氧，使植株吸收肥水的能力大幅度下降，影响幼苗的生长发育，甚至导致植株死亡。

4.2.3 清洁田园，降低病虫基数

设施蔬菜栽培位置相对固定，病虫易积累，易造成为害。大部分病虫会随植株残体在棚内度过寄主中断期，侵染为害下一茬蔬菜作物。通过及时清除田园枯枝落叶、残株残茬等并予以销毁，可以破坏其越冬场所和压低发生基数。另外，在设施蔬菜生长期间，及时摘除植株中下部的病虫叶，也具有较为显著的防治效果。例如，在黄瓜霜霉病发生严重的棚室，摘除植株中下部的病叶，一方面可降低病原菌数量，另一方面摘除病叶后，改善了通风透光条件，恶化了黄瓜霜霉病的发生条件，可显著提高药剂防治效果。

4.2.4 营养调控

通过研究矿质营养与蔬菜病害的关系、作用机制，结果表明，矿质营养不仅影响蔬菜的正常生长发育，而且还以多种方式间接地影响蔬菜的感病和抗病性，如病毒病与缺锌和缺硼有关，真菌性病害多与缺钾和缺硅有关，细菌性病害多与缺铜和缺钙有关。通过施足充分腐熟的有机肥、增施磷钾肥、补施微肥等施肥措施，调控土壤矿质营养水平，为蔬菜的生长创造最佳的土壤环境，促使蔬菜生长健壮，增强抗病虫和抗逆性能力。

通过对陕西省不同地区、不同发病程度黄瓜植株矿质营养的测定，结果表明，发病重的地区，发病重的黄瓜植株 Si、Ca、Mg、B、Fe、Mn 等矿质元素均随着发病程度的加重，有依次降低的趋势（表 4-4）。尤其是 Si、Fe、Zn 这 3 种微量元素影响最大，陕西渭南垆土地区（CK_1）微量元素的含量明显高于陕西陕北黄绵土地区（CK_2）。这一研究结果为进一步揭示陕西陕北等黄绵土地区设施蔬菜病害的发生程度、流行速度、防治难度大于陕西关中等垆土地区的机制，提供了科学依据。

表 4-4　温室黄瓜不同发病程度矿质营养含量分析结果

处理	P (%)	N (%)	K (%)	Si (%)	Ca (%)	Mg (%)	C (%)	B (mg/kg)	Cu (mg/kg)	Zn (mg/kg)	Mn (mg/kg)	Fe (mg/kg)	C/N
CK_1	0.40	4.11	2.18	1.77	4.02	1.34	39.4	83.43	12.45	114.1	380.3	601.2	9.62
CK_2	0.35	3.99	1.63	1.2	5.46	1.3	36.1	64.63	12.8	109.1	349	551.1	9.05
1 级	0.39	3.83	1.73	1.06	5.58	1.14	35.5	65.02	11.21	91.3	344.4	409.6	9.24
2 级	0.46	4.08	2.12	0.89	5.26	1.07	35.6	52.0	11.48	81.8	321.4	254.6	8.72
3 级	0.53	4.03	2.30	0.74	4.63	0.81	35.8	61.78	7.06	74.6	300.3	197.5	8.89

注：表中 1 级、2 级、3 级是指关中垆土地区温室黄瓜灰霉病轻、重和严重

施肥种类及水平对病虫害也有很大影响，过量的氮肥往往导致植株"疯长"，蔬菜植株抗性下降，病害发生为害加剧。现代农业强调施用有机肥，有机肥要求使用之前必须充分腐熟，以杀灭其中的病原菌和虫卵。未腐熟的有机肥对一些害虫如种蝇、韭蛆有吸引作用，施用未腐熟的有机肥往往加重其发生。

4.2.5 嫁接栽培

嫁接栽培也属于健身栽培范畴，设施蔬菜嫁接栽培是防治病害及克服土壤连作障碍的有效措施。例如，黄瓜与黑籽南瓜嫁接所用的砧木根系发达，入土深，活力高，生长旺盛，使蔬菜吸收养分的能力增强，植株新陈代谢功能旺盛，促进了蔬菜根、茎、叶等器官的生长，可有效防控枯萎病、青枯病、根腐病等土传病害，尤其是对黄瓜枯萎病的控制效果尤为显著，在不用其他措施的情况下即可有效控制黄瓜枯萎病的发生及为害；对黄瓜蔓枯病、灰霉病等地上部病害也起到了间接防治效果，增产显著。同时砧木根系对土壤环境条件要求不严格，具有较强的抗寒、耐热性。根系优良的生理生化特性可以克服日光温室盐分积累对植株形成的生理障碍，延长了作物的生育期和采收期，提高产量幅度可达 10.2%～30.8%，平均增产 21.8%。番茄嫁接栽培可有效控制根结线虫病的发生；茄子嫁接栽培可有效控制茄子黄萎病的发生。嫁接栽培既是设施蔬菜丰产栽培措施，

又是健身栽培防病措施。

4.2.6 合理土壤耕作

一方面，深耕冻垡或晒垡可将在地表越冬或越夏的病虫翻入土壤20cm深处，使其失活，达到控菌灭虫的效果，如深翻对黄瓜白粉病、斑潜蝇的蛹控制效果分别达到80%和98%以上。另一方面，深耕冻垡或晒垡在一段时间内可降低或提高土壤温度，达到害虫致死低温或者致死高温，消灭土壤中的病原菌和虫卵，如在陕西进行深耕冻垡或晒垡对蔬菜根结线虫病的控制效果均在90%以上。深耕冻垡或晒垡除了对设施蔬菜病虫害具有较显著的防治效果外，还能改善土壤结构，增强土壤的通透性，加速土壤有机质分解，激活被土壤固定的一些微量元素，改善设施蔬菜生长发育的土壤环境条件，提高植株的抗病性，增产效果十分显著。

4.2.7 适时中耕

定植前应深松土壤，蔬菜生长期间适时松土提温，增强土壤的通透性。蔬菜种植一般为宽窄行，由于菜农经常进行采摘果实、施药等农事活动，频繁的踩踏使土壤尤其是操作行土壤板结，通透性变差，根系生理功能易过早衰退，吸水吸肥能力变差，植株长势减弱，易出现结果疲劳及植株生长点因得不到足够的营养而消失。黄瓜、番茄定植后，每隔15~20天应中耕1次，深度15~20cm。试验结果表明，中耕处理条件下黄瓜生长点消失症的发生株率为5.6%~11.8%，平均6.9%；不中耕（对照）条件下黄瓜生长点消失症的发生株率为45.6%~68.2%，平均48.6%。中耕处理条件下番茄脐腐病病果率为4.1%~7.8%，平均5.2%；不中耕（对照）条件下番茄脐腐病病果率为11.2%~20.6%，平均14.9%。结果说明，适时中耕能为黄瓜、番茄等蔬菜的生长创造良好的土壤条件，可有效控制黄瓜生长点消失症及番茄脐腐病等生理病害的发生。

4.2.8 利用沼液防治病虫

沼气液（简称沼液）是一种优质有机肥，研究结果表明，用沼液作叶面肥进行根外喷施、浸种、浸根，以及用沼液作底肥、追肥，对蔬菜作物既具有增产、改善品质的作用，又具有很好的抗病虫效果，且成本低、无污染。使用沼液年限越长，对黄瓜枯萎病、根腐病等土传病害的防治效果越好。例如，连续2年、3年使用沼液拌钵土，枯萎病的发病率分别比未用沼液的对照降低24.2%和66.7%，防治效果依次为50.2%和72.1%。

沼液对蔬菜苗期蚜虫也具有显著的防治效果。沼液是在厌氧环境条件下形成的，发酵产物氧化还原电位低，还原性强，与蚜虫接触后有生理夺氧和去脂的作用。每亩设施栽培黄瓜喷施沼液60~80kg，对蚜虫的防治效果达55.2%~69.8%。陕西的延安、榆林等地区大面积发展沼气产业，无疑对改善设施蔬菜栽培的土壤肥力、提高蔬菜作物的抗逆性、发展绿色食品蔬菜具有重要的作用和意义。

4.2.9 摘除病花

灰霉病是保护地葫芦科和茄科等蔬菜的主要病害，一般被害率为5%~20%，严重时可达 30%以上，其为害性有逐年加重的趋势。一般药剂防治效果比较差，灰霉病已成为设施栽培蔬菜中防治难度最大的病害之一。我们通过系统观察，发现灰霉病菌侵染黄瓜的部位主要为开败的花瓣，其侵染数占总侵染数的 90.2%～93.0%，柱头及花萼侵染数占总侵染数的 6.9%～9.3%，番茄灰霉病侵染也具有这一规律性。根据这一侵染规律，首次提出摘花防治黄瓜和番茄灰霉病的新技术，并开展了摘花对黄瓜灰霉病防治效果及对黄瓜生长发育影响的研究，结果表明，摘花对黄瓜灰霉病的防治效果为 80.3%～94.7%（表 4-5）。适期摘花对黄瓜瓜条生长发育无明显副作用，且化瓜率降低 18.0%～20.6%（表 4-6）。

表 4-5　摘花防治黄瓜灰霉病的效果

处理	总瓜数	病瓜数	病瓜率（%）	防效（%）
花前摘除	492	6	1.2a	94.7
CK	496	113	22.8b	—
花期摘除	496	9	1.8a	92.2
CK	500	116	23.2b	—
花败后摘除	498	22	4.4a	80.3
CK	498	111	22.3b	—

注：同列数字后有不同字母者为在 0.05 水平上差异显著

表 4-6　摘花对黄瓜瓜条生长发育的影响

处理	瓜条长度(cm)	较CK（±%）	瓜条质量(g)	较CK（±%）	化瓜率(%)	较CK（±%）	畸形瓜率（%）	较CK（±%）
花前摘除	25.0	−4.2	156.9	−6.2	27.4	8.7	20.9	3.0
CK	26.1	—	167.3	—	25.2		20.3	
花期摘除	25.8	1.6	162.3	0.07	18.9	−20.6	18.2	−2.2
CK	25.4		161.2		23.8		18.6	
花败后摘除	27.0	0.04	169.4	0.07	19.6	−18.0	20.3	−6.0
CK	26.9	—	168.3	—	23.9		21.6	—

由表 4-6 可看出，摘花对黄瓜瓜条生长发育的效应因摘除时期不同而表现不同。花前摘除由于瓜条过小，易人为造成损伤，不论是瓜条长度、瓜条质量，还是化瓜率、畸形瓜率均表现为负效应。开花期至花败后 1～2 天摘花处理，黄瓜瓜条长，单个瓜条质量均与不摘花（对照，CK）无显著差异。说明这一时期是摘花防病的最佳时期，摘花时间以上午 9:00 后为宜，以利于摘除后伤口愈合。番茄摘花适期是授粉后花器萎蔫时。摘花不但能有效防治黄瓜、番茄灰霉病，提高产量及商品率，而且有利于实现无公害黄瓜、番茄的生产，具有重要的推广应用价值。

4.2.10　合理轮作

4.2.10.1　轮作概念及原理

轮作是一种栽培制度，是按照一定的生产计划，在同一区蔬菜地，按照一定的年限轮换种植几种不同性质的蔬菜或作物的种植制度。轮作是用地养地相结合的一种生物学措施，中国早在西汉时就实行休闲轮作。北魏《齐民要术》中有"谷田必须岁易""麻欲得良田，不用故墟""凡谷田，绿豆、小豆底为上，麻、黍、故麻次之，芜菁、大豆为下"等记载，已指出了作物轮作的必要性，并记述了当时的轮作顺序。同时，轮作也是耕作防治中历史最长、最环保、最成功和操作性比较强的防治病虫的方法。

轮作的基本原理：首先是根据病虫寄主局限性原理，目前还没发现某一种病虫为害所有的栽培蔬菜作物，基于此，轮作种植防治靶标的非寄主作物，切断病虫食物链，恶化病虫的食料条件，使其饥饿死亡，达到有效控制病虫的发生及为害的目的。其次轮作可以避免土壤养分的失衡。蔬菜作物在设施条件下多年连作，由于相对密闭的生态环境，施肥量大，并且长年覆盖或季节性覆盖，改变了自然状态下土壤水分的平衡和溶质的传输途径，得不到自然降雨对土壤溶质的冲刷和淋洗。长期种植一种蔬菜作物，因其根系总是停留在同一水平上，该作物大量吸收某种特需营养元素后，就会造成土壤养分的偏耗，使土壤营养元素失去平衡，加剧连作障碍的产生，导致蔬菜生长发育速度减缓，长势减弱，酶活性降低，光合作用下降，作物抗病性降低，病虫为害后自然补偿能力弱。若进行科学合理的轮作，利用不同蔬菜作物吸收土壤中营养元素的种类、数量及比例各不相同，根系深浅与吸收水肥的能力也各不相同，可以减轻或延缓土壤连作障碍的产生，提高植株抗性，减轻病虫对蔬菜作物的为害。另外，连作棚室施肥、灌溉、耕作等方式固定不变，会导致土壤理化性质恶化，土壤酸化，微生物群落组成发生变化，不利于蔬菜作物的健壮生长，其抗性降低，而轮作可以有效避免上述问题的发生。

4.2.10.2 合理轮作的年限和适宜的蔬菜种类

轮作的作物不能是病虫的寄主，轮作的时间长短取决于病虫在无食状况下的耐久力及该种蔬菜的病害尤其是土传病害发生的轻重，以及对土壤肥力、土壤理化性质的影响大小。轮作年限长比轮作年限短控病效果好，一般土传病害发生严重时轮作年限应适当延长，若无土传病害或土传病害发生较轻，轮作年限可适当缩短。在菜田轮作制度中，还要根据不同种蔬菜的连作为害程度，确定轮作年限，不同种蔬菜最长连作年限不同（表 4-7）。

表 4-7 设施蔬菜轮作的适宜年限和种类

作物种类	最长连作年限	轮作年限	宜轮作作物种类	不宜轮作作物种类
黄瓜	2~3	2~3	菜豆、玉米、豌豆	马铃薯、番茄、萝卜
番茄	2~3	3~4	洋葱、甘蓝、萝卜、韭菜、莴苣、丝瓜、豌豆等	玉米、马铃薯、黄瓜、苦瓜
西瓜	1	6~7	玉米、甘蓝、花椰菜等	黄瓜、西葫芦、南瓜、苦瓜
大白菜	4	2~3	黄瓜、番茄、茄子、西葫芦、芹菜、韭菜、洋葱、大葱等	青菜、菠菜、萝卜、生菜
辣椒	2~3	2~3	白菜、洋葱、大葱、大蒜	番茄、茄子
茄子	2	5~7	甘蓝、洋葱、大葱、大蒜	番茄、茄子、辣椒
莴苣	2~3	2~3		
毛豆	1~2	2~3	香椿、玉米、万寿菊	豇豆、菜豆
小白菜	3~4	1~2	黄瓜、番茄、茄子、西葫芦、芹菜、韭菜、洋葱、大葱	萝卜、青菜
甘蓝	3~4	1~2	薄荷、玉米、西葫芦	青菜、白菜、番茄
萝卜	3~4	1~2	豌豆、生菜、洋葱、大葱、大蒜	黄瓜、苦瓜、茄子
菠菜	3~4	1~2	豌豆、胡萝卜、生菜、洋葱、莴苣	
大葱	3~4	1~2	黄瓜、番茄、茄子、辣椒、西葫芦、芹菜、南瓜	洋葱
洋葱	3~4	1~2	黄瓜、番茄、茄子、辣椒、西葫芦、芹菜、南瓜	大葱
冬瓜	3~4	3~4	豌豆、菜豆、生菜、洋葱、大葱、大蒜	黄瓜、西葫芦
花椰菜	3~4	1~2	豌豆、菜豆、生菜、洋葱、大葱、大蒜	甘蓝、萝卜、白菜
菜豆	2~3	2~3	黄瓜、番茄、茄子、西葫芦、生菜、洋葱、大葱、大蒜、南瓜	豇豆、四季豆、豌豆

不同种蔬菜适宜连作蔬菜的种类和不适宜连作蔬菜的种类不同，同科蔬菜往往有同种类的病害发生，一般不宜连作。有些作物连作相互促进生长发育，即相生作用；有些作物连作相互抑制生长，即相克作用（他感作用）。例如，毛豆与水果、玉米间作可以互利共生，万寿菊与黄瓜间作能减少根结线虫的为害，大白菜后茬种植豆科作物，大白菜的残体分泌物质抑制豆科作物的生长，黄瓜后茬种植番茄或者番茄后茬种植黄瓜，其分泌物会抑制后茬作物的生长发育。

4.2.10.3 确定轮作的基本原则

（1）具有显著的防治效果

明确防治靶标的寄主范围，尤其是主要病虫的寄主范围，明确哪些是喜食种类，哪些是厌食种类。一般选择病虫厌食的蔬菜作物进行轮作，通过轮作达到对防治靶标有显著防治效果的目的。

（2）具有显著的经济效益

轮作是防治蔬菜病虫的一种手段，不是防治目的。防治目的是保证蔬菜作物健康生长，获得更好的经济效益。因此，衡量一种轮作模式合理与否，经济效益不降低或降低不明显是需要考虑的主要因素之一。设施蔬菜栽培是一种高投入、高产出的种植模式，有些轮作模式虽然对防治靶标很有效，但经济效益降低，在生产上难以推广应用。

4.3 理化诱控

理化诱控就是创造一种对病虫具有抑制或阻隔其侵入或诱集杀灭的方法。理化诱控的理论基础是依据于充分掌握病虫对环境条件中各种物理、信息激素等因素的反应和要求，如湿度、温度、光电、声色、趋避素、性激素、聚集素等。化学、理化诱控是一种收效迅速的方法，可以直接将病虫消灭在大量发生之前，或在病虫已经大量发生为害的当时作为应急措施。理化诱控的范围很广，内涵很丰富，主要包括以下几个方面。

4.3.1 低温等离子体杀虫灭菌

低温等离子体是无色略带臭味的气体，常温下半衰期约20min，易分解，易溶于水，是一种不稳定的强氧化剂。没有任何有毒残留，不会形成二次污染，被誉为"最清洁的氧化剂和消毒剂"。低温等离子体应用领域广泛，技术成熟，绿色环保。

低温等离子体在农业领域的应用无论时间还是程度都远不及在医疗等其他领域。1995~1996年日本、法国、澳大利亚相继立法允许食品加工行业应用，美国于1997年明确公告允许在食品加工业应用。目前我国主要在储粮上防霉变、杀虫和降解储粮表面上的农药残留，以及"十二五"规划中明确提出要在绿色储粮和装备中推广低温等离子体储粮防护技术。近年来低温等离子体在养殖业上广泛应用，目前陕西、山西、河南、河北等省将低温等离子体发生器（机）列入农机补贴项目，以此推动低温等离子体技术在养殖业中的广泛应用。在设施蔬菜上目前其尚处于试验示范阶段，主要利用相对密闭的环境条件，使用低温等离子体发生器释放低温等离子体，防治蔬菜灰霉病、霜霉病等气传病害，若该技术能得到大面积推广应用，必将丰富和发展病虫绿色防治技术的内容，为解决我国因防治病虫害引起蔬菜产品农药残留污染开辟一条新途径。目前低温等离子体已成为科技界的研究热点之一，不断有新产品、新技术问世，应用范围不断扩大，将成为实现绿色蔬菜生产的一条重要途径，其应用前景十分广阔。

4.3.1.1　低温等离子体产生原理

低温等离子体是世界公认的一种广谱高效特殊杀菌消毒剂。制备低温等离子体的方法有多种，应用比较广泛的是低温等离子体发生器放电氧化空气或纯氧气制成低温等离子体，即应用高能量交互式电流作用于空气中的氧气，使氧气分子电离成低温等离子体。中、高频高压放电式发生器是使用一定频率的高压电流制造高压电晕电场，使电场内或电场周围的氧分子发生电化学反应，从而制造低温等离子体。这种低温等离子体发生器具有体积小、功耗低、技术成熟、工作稳定、使用寿命长、低温等离子体产量大（单机可达 1kg/h）等优点，是目前国内外相关行业使用最广泛的低温等离子体发生器。世界最好的低温等离子体发生器的产品是来自德国安思罗斯公司 ANSEROS 的低温等离子体发生器和德国 WEDICO 的发生器。

4.3.1.2　低温等离子体作用机制

低温等离子体在空间扩散时，接触到作用靶标后，能迅速穿透细菌、真菌、昆虫、线虫等靶标的细胞壁、细胞膜，使细胞膜受到损伤，并继续渗透到细胞膜组织内，使靶标生物体蛋白质变性，酶系统破坏，正常生理代谢系统失调和终止，导致靶标生物的休克死亡，达到消毒灭菌和杀虫的效果。目前使用方法主要有：①空气消毒，即低温等离子体发生器接通电源后，激活空气中的氧气，使之变成低温等离子体，低温等离子体分解生成氧原子（强氧化剂），可杀灭靶标生物。②低温等离子体水叶面喷施或土壤灌施杀虫灭菌，即在盛有 10kg 不饱和脂肪酸的容器中，接入 DR03-B 低温等离子体发生器（10g/h）处理 20min，将其按照 10kg/m^2 灌施量直接灌施土壤或直接叶面喷施，溶于水中的低温等离子体缓慢释放，杀灭病原菌。③低温等离子体化油，即将低温等离子体发生器输出管通入食用油，低温等离子体分子可以与食用油中的不饱和脂肪酸发生反应，形成结构松散的氧化不饱和脂肪酸，该类脂肪酸在低温下状态稳定，可以贮备大量的活性氧原子，在使用时将其进行叶面喷施或在发病部位涂抹，缓慢分解释放低温等离子体，杀灭病原菌。该方法较空气消毒处理和低温等离子体水溶液处理的作用时间更长，作用效果更好。④低温等离子体聚合粉，即将低温等离子体发生器输出管通入食用油 5~6h，每 500g 油加入聚合粉 60g，制成含有大量低温等离子体的聚合粉，在蔬菜定植前按照 50~80kg/亩土施，在土壤中缓慢释放低温等离子体杀菌灭虫。另外聚合粉还含有各种微量元素，可促进作物生长发育。

4.3.1.3 低温等离子体对蔬菜作物病害的防治效果

（1）空气消毒对黄瓜气传病害的防治效果

在黄瓜霜霉病、白粉病、角斑病、灰霉病发生初期，在温室7天内隔天释放低温等离子体，每天释放3次，每次40min，浓度为1mg/kg。试验结果表明，释放低温等离子体对黄瓜霜霉病、白粉病、角斑病及灰霉病均具有一定的防治效果，与空白对照（CK）相比，最后一次释放低温等离子体7天后，防治效果分别为63.4%、53.6%、68.7%和65.0%。释放低温等离子体结合喷施化学药剂试验结果表明，在7天内第2次释放低温等离子体时喷施1次药剂，黄瓜霜霉病选用53%甲霜灵锰锌600倍液、灰霉病选用50%腐霉利500倍液、白粉病选用70%甲基硫菌灵800倍液、细菌性角斑病选用50% DT500倍液，最后一次释放低温等离子体7天后，防治效果分别为87.2%、81.9%、95.1%和92.7%，而单喷施上述化学药剂的防治效果分别为76.6%、57.7%、77.1%和76.6%（表4-8）。说明释放低温等离子体加化学药剂对病害的防治效果较好，并且能明显降低化学农药的使用次数和使用量。

表4-8 低温等离子体不同处理防治黄瓜病害的效果

处理	霜霉病		白粉病		角斑病		灰霉病	
	病情指数	防治效果(%)	病情指数	防治效果(%)	病情指数	防治效果(%)	病情指数	防治效果(%)
释放低温等离子体	8.7	63.4a	6.9	53.6a	2.6	68.7a	10.6	65.0a
释放低温等离子体+化学药剂	3.4	87.2c	2.7	81.9b	0.4	95.1b	2.2	92.7b
化学药剂	6.2	76.6b	6.3	57.7a	1.9	77.1a	7.1	76.6a
CK	26.5	—	14.9	—	8.3	—	30.3	—

注：同列数据后有不同字母者表示在0.05水平上差异显著

（2）低温等离子体水处理对黄瓜根腐病的抑制及在田间的控病效果

用直径为5mm的打孔器在预先培养的黄瓜根腐病典型代表菌株的菌落边缘打取菌块，置于加有饱和低温等离子体水和对照（不加低温等离子体水）马铃薯葡萄糖琼脂培养基（PDA培养基）上，25℃条件下培养，测量96h后处理与对照菌落直径，计算低温等离子体水处理对菌落生长的抑制效果。试验结果表明，低温等离子体水处理对温室黄瓜根腐病有明显的抑制作用。饱和低温等离子体水处理菌落直径为26mm，对照菌落直径为75mm，前者较后者降低65.3%（图4-1）。

田间试验结果表明，黄瓜结果初期（12月中旬）每隔10天灌1次饱和低温等离子体水（5kg/m^2），黄瓜根腐病的累计发病株率为9.9%，对照区累计发病株率为23.6%，前者较后者降低58.1%。

4.3.1.4 低温等离子体对蔬菜虫害的防治效果

（1）不同间隔时间释放对害虫的防治效果

室内试验结果（表4-9）表明，释放低温等离子体时间一定时，释放间隔时间越短，

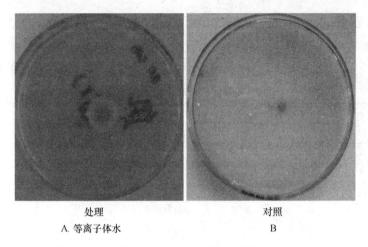

图 4-1　低温等离子体处理对黄瓜根腐病生长的影响

杀虫效果越好。当每次释放 30s、释放次数为 10 次、间隔时间为 50~90min 时，南美斑潜蝇成虫校正死亡率（防治效果）为 24.5%~67.1%；当间隔时间缩短至 30min 时，防治效果为 93.0%；当间隔时间为 10min 时，防治效果达 100%。其原因可能是低温等离子体是一种强氧化剂，但很不稳定，在生成的同时，实际又存在分解。因此，在进行杀虫时需间隔一定时间后给予补充释放，以保持较恒定的低温等离子体浓度，从而达到理想的杀虫效果。低温等离子体对烟粉虱成虫的防治效果与南美斑潜蝇基本相当（表 4-9）。在间隔时间和释放次数一定时，防治效果则随释放低温等离子体时间的延长而提高，如间隔 20min，释放 10 次，每次释放时间分别为 10s、30s、60s 时，对南美斑潜蝇的防治效果依次为 31.2%、72.4% 和 100%。

表 4-9　不同间隔时间释放低温等离子体对烟粉虱及南美斑潜蝇的防治效果

间隔时间 （min）	烟粉虱			南美斑潜蝇		
	供试虫数（头）	死亡虫数（头）	防治效果（%）	供试虫数（头）	死亡虫数（头）	防治效果（%）
10	332	332	100.0a	152	152	100.0a
20	346	346	100.0a	150	148	98.6a
30	341	325	95.1a	148	138	93.0a
40	398	240	59.1c	155	122	78.0b
50	315	204	55.2c	151	103	67.1c
60	298	150	48.8c	150	69	44.2d
90	325	119	34.7d	152	41	24.5e
CK	328	10	—	152	5	—

注：同列数据后有不同字母者表示在 0.05 水平上差异显著

（2）棚室内低温等离子体不同释放时间对害虫的杀灭效果

在蔬菜定植前，棚室内连续释放低温等离子体对烟粉虱、南美斑潜蝇、瓜蚜均有一定的杀伤作用。其防治效果随释放低温等离子体时间的延长及浓度的增加依次提高（表 4-10）。当释放时间为 30min、低温等离子体浓度为 0.4mg/kg 时，对烟粉虱、南美斑潜蝇、瓜蚜的防治效果分别为 28.4%、48.4% 和 62.1%。当释放时间延长到 60min、低温等离子体浓度为 2.5mg/kg 时，其防治效果依次为 75.3%、72.3% 和 84.9%。当释放时间延长到 120min、低温等离子体浓度为 5.0mg/kg 时，其防治效果依次为 92.4%、96.3% 和 98.0%。

表 4-10　低温等离子体不同释放时间对害虫的防治效果

处理时间（min）	浓度（mg/kg）	烟粉虱 防前虫口（头）	烟粉虱 防治效果（%）	南美斑潜蝇 防前虫口（头）	南美斑潜蝇 防治效果（%）	瓜蚜 防前虫口（头）	瓜蚜 防治效果（%）
30	0.4	169	28.4a	123	48.4a	30	62.1a
40	1.0	171	34.7a	108	54.4a	25	74.7b
60	2.5	184	75.3b	191	72.3b	27	84.9c
90	3.5	172	85.3b	121	85.6c	33	94.2d
120	5.0	185	92.4c	109	96.3d	38	98.0d
0（CK）	0	155	—	110	—	35	—

注：同列数据后有不同字母者表示在 0.05 水平上差异显著

4.3.1.5　低温等离子体处理对蔬菜作物的效应

（1）低温等离子体水对南瓜种子发芽的影响

将南瓜种子浸泡在 800ml 清水中，并使用低温等离子体发生器（西安德瑞生物有限责任公司生产的 R03-B 水处理型）在水中连续通入低温等离子体，活氧量 800mg/h。分别处理 0min、5min、15min、30min，试验结果（图 4-2）表明，低温等离子体不同处理时间对南瓜种子的发芽率、发芽势和发芽指数影响大小顺序为 15min>30min>5min>0min，说明用低温等离子体水处理种子，对发芽率、发芽势和发芽指数均有促进作用，增幅分别为 3%～21.9%、15%～45% 和 19.8%～62%，和清水处理间的差异达到显著水平。其中低温等离子体水处理 15min 的效果最好，发芽率达到 97.5%；而处理 30min 后，种子发芽指数降低，表明受到抑制作用。低温等离子体水处理 5min 和 30min 间的差异不显著。

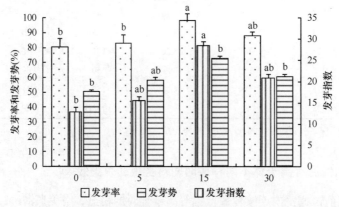

图 4-2　低温等离子体水浸种对南瓜种子发芽的影响
每组图上方列有不相同字母者表示在 0.05 水平上差异达到显著水平

(2) 低温等离子体水对南瓜幼苗生长的影响

不同处理对南瓜幼苗的株高、茎粗和叶面积影响大小顺序为 15min>30min>5min>0min（表 4-11），经低温等离子体水处理过的南瓜幼苗的株高、茎粗和叶面积较清水处理（0min）都有增加，增幅分别为 11.1%～18.8%、3.7%～18.4%和 13.3%～28.9%，差异达到显著水平。表明低温等离子体水提高了植株体内的氮含量，促进了幼苗生长。其中低温等离子体水处理 15min 的效果最好，而处理 30min 后生长受到抑制。低温等离子体水处理 5min、15min 与处理 30min 之间的株高、茎粗和叶面积差异不显著。幼苗鲜重的大小顺序为 15min>5min>30min>0min，低温等离子体水处理的幼苗鲜重比清水处理增加 9.3%～25.8%，处理 5min 与处理 15min 之间差异不显著，处理 5min 与处理 30min 之间差异达显著水平，处理 15min 与处理 30min 之间差异不显著。叶绿素含量的大小顺序为 0min>30min>5min>15min，各处理间差异明显。清水处理的叶绿素含量最高，低温等离子体水处理的叶绿素含量相对于清水处理降低 8.4%～23.3%。幼苗经过低温等离子体水处理第 40 天时，鲜重比清水处理增加 9.3%～25.8%，叶面积增加 13.6%～28.9%，叶绿素含量比清水处理降低 8.3%～23.3%。结果说明，使用低温等离子体水对南瓜种子进行短时间处理（5～30min），能够促进南瓜种子的萌发和代谢，促进幼苗生长，增加南瓜幼苗的壮苗指数，可作为培养南瓜壮苗的一项措施，在生产中有一定的实践意义。

表 4-11 低温等离子体水浇灌对南瓜幼苗生长的影响

处理时间（min）	株高（cm）	茎粗（mm）	叶面积（cm²）	鲜重（g）	叶绿素含量（mg/g）
0	11.40±0.12c	2.513±0.040c	17.26±2.12ab	1.286±0.087a	53.64±0.48a
5	12.66±0.23b	2.605±0.048bc	18.47±0.95a	1.586±0.058ab	48.66±1.05b
15	13.55±0.39a	2.976±0.078a	22.25±1.44a	1.617±0.175bc	41.12±1.10c
30	13.06±0.46ab	2.714±0.027ab	19.55±2.88a	1.405±0.254c	49.11±1.48b

注：同列数据后有不同字母者表示在 0.05 水平上差异显著

(3) 低温等离子体水对不同植物生长发育指标的影响

在棚室中种植 8 种作物，从苗期开始分别用低温等离子体水处理和清水对照进行浇灌，植株生长 60 天后，不同植物的株高、叶片数、叶长、叶宽和叶面积平均较对照增加 19.5%、6.8%、10.7%、10.6%和 24.2%（表 4-12）。

表 4-12 低温等离子体水处理对不同作物生长发育指标的影响

作物	株高（cm）		叶片数		叶长（cm）		叶宽（cm）		叶面积（cm²）	
	处理	对照	处理	对照	处理	对照	处理	对照	处理	对照
南瓜	21.1	17.0	7.9	7.5	23.80	23.40	25.80	25.40	449.65	392.05
辣椒	15.5	11.9	7.3	6.6	5.65	4.67	2.82	2.26	10.12	6.93
豇豆	18.1	16.0	3.9	3.8	8.78	9.06	4.01	3.82	23.99	24.15
西瓜	23.2	19.2	7.0	7.0	10.46	9.11	8.41	7.75	56.64	46.84
甜瓜	13.3	10.9	6.6	6.0	10.63	8.98	10.16	8.47	74.94	52.59
黄瓜	44.7	37.2	7.6	6.7	13.90	12.69	12.83	11.96	111.95	98.67
丝瓜	42.8	32.9	5.9	5.3	9.30	8.34	8.68	8.03	47.27	40.55
水果玉米	103.0	107.8	9.3	9.2	75.20	67.10	6.80	6.20	403.52	287.28

（4）低温等离子体对不同植株生长发育的伤害

在大棚内（拱棚长 25m，宽 4m，高 2m，体积约 157m³）使用低温等离子体发生器，型号为 R03-C2，活氧量 3000mg/h，低温等离子体排放管道位于拱棚顶部（图 4-3），晚上 8:00 到第二天早晨 6:00，分别设置每次释放低温等离子体 10min、15min 和 20min，其余时间停止排放，研究低温等离子体处理对 13 种蔬菜植株生长发育的伤害情况。

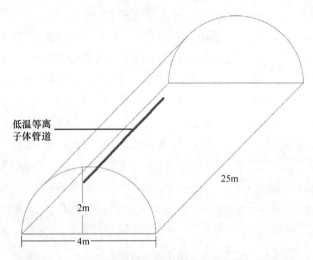

图 4-3 拱棚条件下低温等离子体管道布设示意图

低温等离子体在常温下的半衰期 τ 为 30min，忽略低温等离子体排出所需要时间，根据半衰期公式计算得出 T 小时后棚内低温等离子体量 Q：

$$Q = \frac{Q_0 \times 0.5^{\frac{1}{\tau}} \times (1 - 0.5^{\frac{T}{\tau}})}{1 - 0.5^{\frac{1}{\tau}}}$$

将每小时的初始排氧量作为 Q_0，计算得出每小时释放 10min、15min 和 20min 时，1h 后棚内低温等离子体浓度分别为 0.79mg/m³、1.18mg/m³ 和 1.58mg/m³；10h 后棚内低温等离子体浓度分别为 1.06mg/m³、1.59mg/m³ 和 2.12mg/m³。即每小时释放 10min、15min 和 20min 时，夜间棚内低温等离子体浓度分别为 0.79～1.06mg/m³、1.18～1.59mg/m³ 和 1.58～2.12mg/m³。

试验结果表明，当每小时释放低温等离子体 10min 时，对植株叶片几乎没有伤害；当每小时释放低温等离子体 15min 和 20min 时，对植株叶片有不同程度的伤害，伤害程度依据植株叶片受害面积的不同分为无、轻、较轻、中等、较重、重 6 级，分别表示为 0、1、2、3、4、5。从表 4-13 可以看出，释放 20min 时，受伤害程度最重的为圣女果、丝瓜、黄瓜、苦瓜、辣椒、蒜苗、韭菜等蔬菜作物，叶片已经大面积发黄、边缘卷曲；其次为西葫芦、豇豆，叶片大面积发黄，但没有发生卷曲；茄子、甜瓜、南瓜等作物受害较轻，叶片出现褪绿迹象；受害最轻的为西瓜，叶片基本没有任何变化。释放 15min 时受害程度低于 20min，且老叶受害程度高于新叶，由于低温等离子体密度高于空气，位于拱棚下部，对下部老叶伤害较严重；而位于植株上部的新叶与低温等离子体接触面积相对较少，且抗性较强，因此受害程度较低。

表 4-13　低温等离子体对各种蔬菜植株叶片的伤害程度

作用时间（min）	圣女果	丝瓜	黄瓜	苦瓜	蒜苗	韭菜	辣椒	西葫芦	豇豆	茄子	甜瓜	南瓜	西瓜
10	0	0	0	0	0	0	0	0	0	0	0	0	0
15	5	4	3	3	0	0	0	2	3	2	0	1	0
20	5	4	4	4	4	0	4	3	3	2	2	2	1

当夜间棚内低温等离子体浓度大于 1.59mg/m^3 时，对植株产生不同程度的伤害；而当浓度小于 1.06mg/m^3 时，对植株几乎没有伤害。因此，建议将棚内低温等离子体浓度调整到 0.8～1.0mg/m^3，即每小时释放低温等离子体 10min，工作时间 10h，以达到既能有效防治作物病虫害，又不会对蔬菜的生长发育产生伤害的效果。

4.3.1.6　低温等离子体防治的优缺点

（1）使用方便，成本低

低温等离子体可实现一施多用，低温等离子体灌施土壤，除防治根结线虫病外，还对其他土传病害有较好的兼治效果，而且防治费用低。与施用农药相比，使用低温等离子体更为方便、高效、安全，可大大减少农药的使用量，降低用药成本。

（2）对环境友好

低温等离子体在干燥的空气中不稳定，可很快分解还原为氧气，因此在植株内及果实中无污染、无残留，是实现无公害蔬菜生产的一条重要途径。

（3）提质增产

使用低温等离子体能明显提高蔬菜品质，如在温室番茄上使用低温等离子体后畸形果明显减少，含糖量提高，产量增加 5%～10%，且果实表面光滑、着色均匀、口感好；温室黄瓜上使用低温等离子体后畸形瓜少，瓜条顺直，外观品质好，商品率提高 10%～15%。

（4）对土壤中的有益微生物有杀灭作用

在同一田块连续使用，可导致土壤微生物多样性丧失和微生物数量下降，因此，利用低温等离子体处理土壤时需要充分考虑使用频次，以免过度使用影响土壤肥力和酶的活性。

4.3.2　防虫网阻隔技术

防虫网阻隔技术主要是构建人工隔离屏障，以物理防治为主的害虫防治新思路，实质就是将害虫"拒之门外"，属于自然控制范畴。研究结果表明，在陕西、宁夏应用防虫网覆盖栽培叶菜类蔬菜，完全可以实现在其整个生育期不施用杀虫剂；应用防虫网栽培辣椒、番茄、南瓜，成为防治病毒病最有效的方法；在日光温室的入口及通风口处设置防虫网，是控制在陕西、宁夏等北方地区自然条件下不能越冬的斑潜蝇、温室白粉虱、烟粉虱等害虫为害的有效技术措施。防虫网阻隔技术在以色列、日本、美国等国家广泛应用。在以色列,几乎所有园艺设施的门窗(通风口)均设置防虫网。在日本和我国台湾地区,蔬菜防虫网的应用也相当普遍,在深圳、北京和江苏等地,防虫网的使用面积已占蔬菜栽培面积的50%以上。据我们在陕西延安、渭南地区的试验示范和从国内外的应用情况来看,防虫网阻隔技术不失为当前乃至今后一段时期内我国蔬菜害虫的一项成熟且十分有效的防控技术。

4.3.2.1 防虫网阻隔技术对蔬菜病虫的控制效果

(1) 对叶菜类蔬菜害虫的控制效果

叶菜生育期比较短,一般病害的发生均较轻,而害虫的发生往往较重,化学农药的防治效果比较差。菜农为了提高防治效果,采用两种或多种农药混配使用,导致蔬菜产品中农药残留严重超标。因此,解决叶菜生产中害虫的防治问题,是实现绿色食品蔬菜生产的关键,防虫网覆盖栽培能有效地解决生产上这一突出问题。在陕西渭南、延安等地进行多点防虫网覆盖栽培叶菜试验,两地试验结果一致表明,应用50~60目防虫网覆盖栽培对甘蓝、小油菜、白菜等叶菜的生长无任何不良影响,对菜青虫、小菜蛾、甘蓝夜蛾的防治效果均达到100%,对烟粉虱、白粉虱、斑潜蝇、蚜虫等害虫的防治效果达90%以上。覆盖栽培甘蓝商品率提高20.8%~27.0%,每亩收入增加625.3~775.3元;覆盖栽培小油菜商品率提高31.0%~34.8%,每亩收入增加505.3~553.0元。甘蓝和小油菜全生育期不使用任何杀虫剂,而对照区甘蓝使用化学农药6~8次,小油菜上使用化学农药3~4次(表4-14)。

表4-14 防虫网在甘蓝、小油菜上的控制效果

地点	处理	甘蓝被害率(%)	商品率(%)	农药使用次数	收入(元/亩)	小油菜被害率(%)	商品率(%)	农药使用次数	收入(元/亩)
渭南	设防虫网	1.2	92.2	0	1882.1	1.8	95.6	0	1326.8
	对照	100	72.6	8	1256.8	95.2	70.9	4	821.6
	较对照	−98.2	+27.0	−8	+625.3	−98.1	+34.8	−4	+505.2
延安	设防虫网	0.8	94.5	0	2353.9	1.0	96.7	0	1821.6
	对照	100	78.2	6	1578.6	91.8	73.8	3	1268.6
	较对照	−99.2	+20.8	−6	+775.3	−98.9	+31.0	−3	+533.0

(2) 对黄瓜害虫的控制效果

研究结果表明,日光温室黄瓜上发生的主要害虫有斑潜蝇、烟粉虱和蚜虫,除了蚜虫外,其他两类害虫不能在陕西陕北和关中地区自然界越冬。通过在棚室入口和通风口处设置防虫网,一方面可推迟害虫的发生期,减轻对温室黄瓜的为害(表4-15);另一方面可以阻止害虫棚室内外转移为害,对压低这两类害虫的种群数量具有极其重要的作用。

(3) 对番茄病虫的控制效果

在日光温室通风口及入口处设置防虫网,对棉铃虫、甘蓝夜蛾等害虫的防治效果达100%,对斑潜蝇、白粉虱、烟粉虱、蚜虫等害虫的防治效果达90%以上。由于蚜虫、

烟粉虱传毒媒介种群数量显著减少，番茄病毒病的发病株率及病情指数均显著轻于对照（表 4-16）。

表 4-15　防虫网对温室黄瓜几种害虫的控制效果

地点	处理	始发期 距黄瓜定植期时间（天）			高峰期 距黄瓜定植期时间（天）			虫口密度		
		斑潜蝇	烟粉虱	蚜虫	斑潜蝇	烟粉虱	蚜虫	斑潜蝇	烟粉虱	蚜虫
渭南	设防虫网	135	140	125	160	165	160	2.2	1 285	12.2
	对照	10	5	25	115	125	130	28.9	13 865	461.2
	较对照	+125	+135	+100	+45	40	30	−92.4%	−90.7%	−97.4%
延安	设防虫网	155	145	155	165	170	160	5.2	911	7.2
	对照	10	5	20	130	140	140	85.8	9 195	354.1
	较对照	+145	+140	+135	+35	+30	+20	−93.9%	−90.1%	−98.0%

注：斑潜蝇虫口密度指为害指数；烟粉虱、蚜虫虫口密度指 100 株三叶虫口数量

表 4-16　防虫网对温室番茄几种病虫的控制效果

地点	处理	斑潜蝇为害指数	烟粉虱（头/百株）	棉铃虫果害率（%）	甘蓝夜蛾为害株率（%）	蚜虫（头/百株）	病毒病发病株率（%）	病毒病病情指数
渭南	设防虫网	1.2	245	0	0	10.5	2.8	0.1
	对照	13.2	3565	11.9	17.8	165.2	29.8	5.2
	较对照	−90.9	−93.1	−100.0	−100.0	−93.6	−90.6	−98.1
延安	设防虫网	1.1	215	0	0	7.5	4.2	0.6
	对照	15.6	2890	13.8	12.9	124.1	36.2	6.6
	较对照	−92.9	−92.6	−100.0	−100.0	−94.0	−88.4	−90.9

4.3.2.2　防虫网的架设方式

（1）浮面覆盖

即在夏秋蔬菜播种或定植后，将防虫网直接覆盖在地面或蔬菜作物上，待苗齐或定植苗成活后揭除。

（2）拱棚覆盖

根据拱棚大小将防虫网直接覆盖在拱架上，即全封闭的覆盖方式。

（3）温室局部设置

在棚室覆盖棚膜时，在前沿及顶部通风口设置宽度为 100～120cm 的 50～60 目防虫网，长度根据棚室的长度而定；此外，在棚室缓冲房门及棚室出入口悬挂防虫网；如果北墙留有通风口，在通风口处需要设置防虫网。

4.3.2.3　防虫网阻隔技术的特点

1）使用范围广。不受栽培方式、地域、气候条件等因素的限制。

2）防虫效果显著。对大型昆虫的防治效果可达到100%，对小型昆虫的防治效果可达到90%以上。

3）绿色环保，不污染环境和农产品。使用防虫网不会引起害虫产生抗药性，可生产A级绿色食品蔬菜，具有显著的生态及社会效益。

4）对不良环境适应性强，使用寿命长。防虫网是以高密度聚乙烯为主要原料，并添加防紫外线、抗老化等助剂，经过一定的机械加工编制而成的18~120目规格的网纱，具有耐拉强度大、抗热、耐水、耐腐蚀、抗老化、防紫外线、无毒、无味、废弃物易处理等优点。

5）投入产出比高。拱棚覆盖防虫网，每亩成本约2000元，使用寿命5年左右，年均费用400元左右；而使用化学农药，年均防治费用在200元左右；前者较后者增加200元左右，而覆盖防虫网栽培的增收效果则远大于所增加的费用。在陕西陕北、渭南等地覆盖防虫网种植小青菜，每亩平均每茬增产205.8kg，平均增收246.9元，年增收1334.5元，扣除使用成本，纯增收800余元。日光温室通风口设置防虫网，每亩费用仅为50~60元，明显低于喷施农药的费用。

4.3.2.4 应用防虫网应注意的事项

1）覆盖时间。必须在蔬菜全生育期覆盖。

2）选择适宜的规格。根据防治对象，选择相应规格的防虫网，若防治对象为棉铃虫、斜纹夜蛾、小菜蛾等体型较大的害虫，可选用20~25目的防虫网；若防治对象为斑潜蝇、白粉虱、蚜虫等小型昆虫，可选用30~40目的防虫网；防治烟粉虱可选用50~60目的防虫网。

3）清洁棚室内作物残体，做好棚室消毒。由于防虫网只能阻止棚室外的害虫迁入，对棚室内的害虫无法杀灭，因此在棚室覆盖防虫网后至蔬菜定植前，首先要清理棚室内前茬作物残体及杂草，然后要对棚室进行消毒处理，杀灭棚内的残留虫卵。

4.3.3 利用昆虫趋性诱杀

趋性是昆虫的重要习性之一，是以反射作用为基础的进一步的高级神经活动，是对任何一种外部刺激来源的定向运动，这些运动是带有强迫性的，不趋即避。

4.3.3.1 黄色诱虫板诱杀

利用斑潜蝇、温室白粉虱、烟粉虱、蚜虫等害虫具有趋黄性，以及蓟马的趋蓝性的特点，在棚室内悬挂黄色或蓝色诱虫板进行诱杀，具有不污染环境和蔬菜产品、害虫不产生抗药性等特点，符合害虫绿色防控的基本要求，协调了害虫的防治与绿色食品蔬菜生产的矛盾。

（1）不同颜色诱虫板对烟粉虱的诱杀效果

不同颜色诱虫板诱杀烟粉虱的效果明显不同，以黄色诱虫板诱杀效果最好，每天诱集量为 11～18.5 头/100cm^2，平均为 14.6 头/100cm^2；其次为黄绿诱虫板，每天诱集量为 2.5～12 头/100cm^2，平均为 7.3 头/100cm^2；再次为橙黄诱虫板，每天诱集量为 0～6.5 头/100cm^2，平均为 3.8 头/100cm^2；浅黄色诱虫板的诱杀效果最差，每天诱集量仅为 0～2.5 头/100cm^2，平均为 1.4 头/100cm^2。4 种不同颜色诱虫板相对诱集量之比为黄色：黄绿色：橙黄色：浅黄色=10.31：5.18：2.65：1。方差分析表明，不同颜色诱虫板对烟粉虱成虫的诱杀效果达到极显著差异（F=30.02，P<0.001）。

（2）黄板方向对烟粉虱成虫诱集量的影响

棚室内黄板不同悬挂方向对烟粉虱成虫的诱集量没有差异［表 4-17，$F_{(2,20)}$=0.35，P=0.707］。3 种不同悬挂方向从 7:00～18:00 对烟粉虱成虫的诱集量没有显著差异，但是板面平行作物行垂直悬挂黄色诱虫板的各日平均诱集量高于另外两种处理的诱集量（分别高 28.5%和 21.0%）。同时，板面平行作物行垂直悬挂对农事操作的影响小，因此，在生产实际中宜选择平行作物行垂直悬挂。

表 4-17　不同悬挂方向黄色诱虫板对烟粉虱成虫的诱集比较

日期（日/月）	烟粉虱成虫诱集量（头/600m^2）			方差分析结果		
	垂直作物行垂直悬挂	平行作物行垂直悬挂	水平悬挂	F	df	P
22/5	224.6±138.8a	264.2±125.8a	248.2±169.1a	0.15	2，20	0.861
23/5	582.0±288.0a	944.0±486.3a	810.4±514.6a	0.82	2，20	0.463
25/5	123.2±83.3a	181.4±94.5a	114.8±58.8a	0.96	2，20	0.412
26/5	76.0±46.6a	44.6±23.5a	34.4±14.5a	2.37	2，20	0.134
27/5	125.2±92.3a	154.4±75.6a	120.0±41.1a	0.46	2，20	0.640
28/5	90.2±36.1a	118.4±63.6a	107.2±79.9a	0.30	2，20	0.749
29/5	140.6±108.2a	197.8±96.7a	70.2±37.8a	3.67	2，20	0.057
平均	194.5±177.4a	272.1±304.0a	215.0±270.8a	0.35	2，20	0.707

注：同列数据后有不同字母者表示在 0.05 水平上差异显著

（3）黄色诱虫板大小对烟粉虱成虫诱集量的影响

黄色诱虫板大小对烟粉虱成虫的诱集量有显著影响［表 4-18，$F_{(2,20)}$=4.10，P=0.034］。一方面从各日平均诱集量来看，25cm×30cm 黄色诱虫板诱集量比 15cm×20cm 和 20cm×25cm 黄色诱虫板分别高 62.8%和 23.2%，并且 25cm×30cm 黄色诱虫板诱集量显著高于 15cm×20cm 黄色诱虫板。另一方面单位面积上 20cm×25cm 黄色诱虫板诱集量比 25cm×30cm 和 15cm×20cm 黄色诱虫板分别高 13.0%和 18.9%，但方差分析表明，黄色诱虫板大小对单位面积上烟粉虱成虫的诱集量没有显著影响［$F_{(2,20)}$=0.133，P=0.876］。另外，用烟粉虱成虫诱集量对黄色诱虫板面积进行拟合，得到回归方程为 $y=-0.0003x^2+0.463x-68.819$（$R^2$=1）。从拟合结果看，烟粉虱成虫诱集量随黄色诱虫板面积增大而增大，但是增长幅度逐渐减小。由于 20cm×25cm 黄色诱虫板与 25cm×30cm 黄色诱虫板的诱集量没有差异，且单位面积上的诱集量前者稍高于后者，因此 20cm×25cm 黄色诱虫板对烟粉虱成虫的诱集效率比较高。

表 4-18　不同大小黄色诱虫板对烟粉虱成虫的诱集比较

日期 (日/月)	烟粉虱成虫诱集量（头/600m^2）			方差分析结果		
	15cm×20cm	20cm×25cm	25cm×30cm	F	df	P
22/5	93.6±47.1a	243.4±150.2a	252.0±156.4a	2.06	2，20	0.170
23/5	80.2±56.7a	198.8±153.2a	136.4±80.5a	0.99	2，20	0.401
25/5	46.6±42.5a	58.6±35.7a	151.0±93.8b	5.54	2，20	0.020
26/5	14.8±6.4a	43.0±33.1b	50.8±36.0b	4.50	2，20	0.035
27/5	32.4±20.9a	27.2±13.7a	87.0±65.4b	4.50	2，20	0.035
28/5	9.8±5.4a	39.4±33.3ab	39.0±21.3b	3.48	2，20	0.064
29/5	37.2±26.3a	38.2±23.8a	128.4±98.7b	4.66	2，20	0.032
平均	44.9±31.6a	92.7±89.2ab	120.7±72.1b	4.10	2，20	0.034

注：同列数据后有不同字母者表示在 0.05 水平上差异显著

（4）黄色诱虫板高度对烟粉虱成虫诱集量的影响

烟粉虱的飞行受多种因素限制，其空间活动和分布特点决定黄色诱虫板不同悬挂高度的诱集量。诱集试验结果表明，黄色诱虫板高度对各日平均烟粉虱成虫的诱集量存在显著或极显著影响（表 4-19）。在所设置的 4 个高度中，随黄色诱虫板悬挂高度的降低，烟粉虱成虫诱集量逐渐增大，其中冠层上部 50cm 处黄色诱虫板的诱集量分别只有冠层和冠层下部 15cm 处黄色诱虫板诱集量的 23.7%和 19.0%，差异均显著；冠层上部 20cm 处黄色诱虫板的诱集量与冠层和冠层下部 15cm 处黄色诱虫板诱集量之间均没有显著差异，结果说明烟粉虱成虫主要在植株冠层附近活动，因此黄色诱虫板悬挂高度以黄板下缘与蔬菜作物冠层持平或略高于冠层为佳。

表 4-19　不同悬挂高度黄色诱虫板对烟粉虱成虫的诱集比较

日期 (日/月)	烟粉虱成虫诱集量（头/600m^2）				方差分析结果		
	冠层上部 50cm	冠层上部 20cm	与冠层持平	冠层下部 15cm	F	df	P
6/6	319.6±109.0a	578.2±203.4a	1761.0±719.0b	2285.0±904.3b	21.53	3，19	0.00
7/6	85.4±28.0a	287.4±94.9b	757.2±282.0c	957.4±350.3c	50.99	3，19	0.00
8/6	81.2±23.2a	177.2±50.1b	314.8±107.5c	354.8±64.9c	29.58	3，19	0.00
11/6	112.2±56.44a	225.0±113.2b	278.2±142.3b	317.0±73.2b	6.30	3，19	0.00
12/6	209.8±64.7a	234.4±57.5a	296.0±105.7ab	345.8±36.6b	3.60	3，19	0.036
平均	161.6±34.3a	300.4±61.5ab	681.5±260.5b	851.9±368.4b	4.78	3，19	0.015

注：同列数据后有不同字母者表示在 0.05 水平上差异显著

（5）温度和光照对黄色诱虫板诱集效果的影响

在一天当中，黄色诱虫板诱集量与光照强度无关，而与温度变化呈正相关。10:00 以前，温室内的温度较低，黄色诱虫板诱集量一直处于比较低的状态；12:00 以后，当温室内温度上升到 22.2℃以上时，随温度升高，黄色诱虫板诱集量迅速增加，至 15:00 达到高峰（表 4-20）。

表 4-20　光照强度和温度对黄色诱虫板诱集效果的影响

时段	9:00	10:00	11:00	12:00	13:00	14:00	15:00
温度（℃）	13.4	15.5	19.8	22.2	25.6	27.9	28.8
光照强度（lx）	890	1420	1520	1130	1250	1490	980
诱集量（头/100cm^2）	2.1	3.7	9.8	12.4	15.3	21.2	23.6

（6）黄色诱虫板悬挂密度对烟粉虱成虫种群的防治效果

在确定黄色诱虫板最佳悬挂方向、高度和黄色诱虫板大小的基础上，调查黄色诱虫板不同悬挂密度对烟粉虱成虫种群的控制效果。表 4-21 表明，每 10m^2 设置 2 块和 1.5 块黄色诱虫板时，第 5 天（4 月 11 日）时烟粉虱成虫虫口减退率达 56% 以上，第 10 天（4 月 16 日）时达到 84% 左右，撤除黄色诱虫板后第 5 天（4 月 21 日）时虫口减退率大幅度下降到 6% 以下；第 5 天和第 10 天的校正防效分别为 72% 和 89% 左右。每 10m^2 设置 1 块黄色诱虫板时，虫口减退率和校正防效均显著降低（表 4-21），而不设置黄色诱虫板的对照区烟粉虱成虫种群迅速增长。由此看来，每 10m^2 设置 1.5 块黄色诱虫板能够经济有效地控制烟粉虱成虫种群。

表 4-21　黄色诱虫板不同悬挂密度对烟粉虱成虫种群的防治效果

黄板数（块/10m^2）	基数（头/株）	虫口减退率（%）		校正防效（%）	
		11/4	16/4	11/4	16/4
2	492.3±137.6	58.7	85.4	72.8a	89.4a
1.5	452.8±120.3	56.0	83.8	71.1a	88.1a
1	301.5±65.7	30.7	36.2	54.4b	53.3b
0	305.5±103.9	−51.8	−36.6	—	—

注：同列数据后有不同字母者表示在 0.05 水平上差异显著，11/4、16/4 均为调查日期（日/月）

（7）蓝色诱虫板的田间诱集效果评价

蓝色诱虫板与同样大小的黄色诱虫板进行田间诱集试验，挂板 1 天后国内蓝色诱虫板上的西花蓟马数量为 107.0 头，约为黄色诱虫板的 4 倍，14 天后国内蓝色诱虫板上的累计虫量达到 1150.0 头，黄色诱虫板上为 412.0 头，两者相差近 2 倍。国内和国外生产的蓝色诱虫板比较试验结果表明，诱集效果最佳的是国内蓝色诱虫板，7 天后诱集到 624.0 头，其次为国内黄色诱虫板，为 412.1 头，国外蓝色诱虫板诱集的虫量最少，仅有 147.6 头（表 4-22）。

表 4-22　不同诱虫板对西花蓟马的诱集效果比较

时间（天）	诱集量（头）			国内较国外提高（%）	国内蓝色诱虫板较黄色诱虫板提高（%）
	国内蓝色诱虫板	国外蓝色诱虫板	黄色诱虫板		
1	107.0	31.2	26.8	242.9	299.3
7	624.0	147.6	412.1	322.8	34.0
14	1150.0	582.0	412.0	49.4	179.1

(8) 黄色诱虫板对斑潜蝇的诱集效果

黄色诱虫板对斑潜蝇具有较强的诱集效果（表4-23），从表4-23可以看出，在番茄植株不同高度诱集处理中黄色诱虫板诱捕成虫数量有差异，番茄植株高度为130cm处理诱集量达124头，与60cm、90cm（76头、90头）比较差异显著，而90cm与60cm高度处理，诱集量差异不显著，说明植株高，植物生长时间长，斑潜蝇发生数量大。而5种不同悬挂高度的黄色诱虫板成虫诱集量中，30cm和60cm高度的黄色诱虫板诱集成虫较多，分别为154头和126头，90cm高度的黄色诱虫板成虫诱集量次之，120cm和150cm诱集量较少，120cm、150cm比较差异显著；对植株高度和黄色诱虫板高度两者交互作用效应进行方差分析表明，两者之间的作用对成虫活动高度无效应（植株高度与黄色诱虫板高度关系的系数为0.684）。

表4-23　黄色诱虫板悬挂高度与对斑潜蝇诱集效果的关系

植株高度（cm）	不同悬挂高度黄色诱虫板成虫诱集量（头/板）					
	30cm	60cm	90cm	120cm	150cm	合计
60	32	28	10	7	5	76a
90	43	32	17	3	5	90ab
130	79	66	62	29	12	124c
合计	154	126	89	39	22	290

注：同列数据后有相同字母者表示在0.05水平上差异显著

(9) 黄色诱虫板对蚜虫的诱集效果

两年试验结果一致表明（表4-24），黄色诱虫板可诱到的蚜虫有萝卜蚜、桃蚜、甘蓝蚜和棉蚜，主要是萝卜蚜。处理后3天黄色诱虫板处理区对蚜虫的防效接近70%，处理后7天具有优于吡虫啉的防治效果，在0.05水平差异显著，处理后20天防效达到95%以上，具有良好的持效性，且均优于吡虫啉的防治效果。黄色诱虫板在田间的悬挂高度及放置方向与诱集效果显著相关（表4-25）。从表4-25可以看出，黄色诱虫板在田间的悬挂高度高于植物冠层10cm时，诱集效果最好，与冠层持平时诱集效果次之，低于冠层5cm时诱集效果最差。黄色诱虫板放置方向以与垄体呈30°夹角诱集效果最好，与垄体呈45°和60°诱集效果差异均达到极显著水平。

表4-24　黄色诱虫板对蚜虫的诱集结果比较

时间	处理	查前虫口	处理后3天			处理后7天			处理后20天		
			活虫数	校正防效	差异	活虫数	校正防效	差异	活虫数	校正防效	差异
2013年5月	黄色诱虫板	789	234	68.9%	aA	68	95.8%	aA	22	96.2%	aA
	10%吡虫啉	821	107	86.7%	bB	34	93.2%	bA	81	87.3%	bA
	对照	776	770	—		722	—		648	—	
2014年5月	黄色诱虫板	692	206	70.2%	aA	53	96.9%	aA	15	97.8%	aA
	10%吡虫啉	684	98	85.6%	bB	21	94.1%	bA	67	90.2%	bA
	对照	721	711	—		654	—		630	—	

注：活虫数、校正防效数据为3次重复的均值。小写字母为0.05显著差异水平，大写字母为0.01极显著差异水平

表 4-25 黄色诱虫板悬挂高度、放置方向与对诱集蚜虫效果的关系

	悬挂高度			与垄体放置夹角		
	高于冠层 10cm	与冠层持平	低于冠层 5cm	30°	45°	60°
防效（%）	89.2	72.3	54.6	86.1	62.7	58.8
差异显著性	aA	bB	cC	aA	bB	cC

注：小写字母为 0.05 显著差异水平，大写字母为 0.01 极显著差异水平

4.3.3.2 性诱剂诱杀

从蔬菜育苗期开始，在棚室外面每亩悬挂 2 个蛾类通用型诱捕器，距地面 1m 高（或比植物冠层高出 20～30cm），内放 1 枚甜菜夜蛾专用诱芯（每个生长季放 1 枚即可），诱杀雄成虫，雌虫由于无法正常交配，从而大大降低了田间的落卵量。经过多点试验结果表明，适时放置性诱剂诱杀成虫的棚室，甜菜夜蛾几乎不再用药防治，防治效果十分明显。

同样，试验结果表明，在不同的小菜蛾密度下，性诱剂均有明显的诱捕作用，且随时间的变化其诱集量的趋势相似。同时，小菜蛾卵量基数的变化同诱集效果也有密切的关系，总的趋势是卵量基数越大，诱集的雄蛾量越多。由幼虫和蛹的数量变化来看，均可显著地降低种群密度，压低种群的增长幅度，但在不同的卵量基数情况下，其压低的幅度变化差异较大。在诱集 10 天、20 天、30 天、40 天和 50 天时，在低密度卵量下的控制效果分别为 93.4%、84.8%、70.43%、77.1% 和 70.0%；在中密度下的控制效果分别为 76.3%、40.1%、38.2%、40.2% 和 38.6%；在高密度下的控制效果分别为 30.6%、22.9%、26.5%、25.7% 和 21.1%。由此表明，在低密度卵量下，小菜蛾性诱剂对小菜蛾种群具有很好的控制效果，而在中密度和高密度下的控制效果较差。

性诱剂对不同蔬菜种类上小菜蛾的控制效果不同，在菜心和上海青上，小菜蛾卵高峰期落卵量降低，总卵量分别减少 45.3%～50.1% 和 45.4%～51.7%，放置性诱剂盆 25 天时，菜心上幼虫和蛹的数量减少 48.6%～58.9%，上海青上减少 44.0%～54.6%；50 天时分别减少 39.7% 和 45.4%。而在甘蓝和大白菜，总落卵量分别减少 34.1%～42.1% 和 38.1%～44.6%，室内卵的孵化率分别降低 7.7% 和 9.3%，棚内分别降低 19.2%～28.9% 和 28.3%～35.5%；放置性诱剂盆 25 天时甘蓝幼虫和蛹减少 27.5%～33.0%，大白菜上减少 34.0%～42.2%；50 天时甘蓝和大白菜上分别减少 27.1% 和 31.8%。虽然在甘蓝和大白菜上诱集量较高，但控制效果没有在菜心和上海青上高（表 4-26）。这是由于小菜蛾在甘蓝和大白菜上适应性强，种群增长较快，因此相对控制效果不高，需要结合其他措施进行控制。

4.3.3.3 糖醋液诱杀

利用甜菜夜蛾、小地老虎、蝼蛄等害虫对糖醋液强烈的趋化性，对其进行诱杀。糖醋液具体配方是糖、酒、醋混合液（酒：糖：醋：水=1：3：4：2），或用甘薯、豆饼等发酵液加少量敌百虫诱杀。该方法对环境无污染，对非靶标昆虫无杀伤力，绿色环保。

表 4-26　不同蔬菜上性诱剂对小菜蛾的控制效果

蔬菜种类	大棚编号	诱集总量	卵高峰期落卵量	幼虫+蛹量（头/株）		控制效果（%）	
				25天	50天	25天	50天
菜心	1	429	2.98±1.64	2.18	4.88	58.23	42.79
	2	392	3.10±0.97	2.67	5.37	48.85	37.05
	3	457	2.83±1.24	2.42	5.18	53.64	39.27
	CK	—	5.67±2.03	5.20	8.53	—	—
甘蓝	1	826	9.36±3.31	8.06	11.49	31.87	28.94
	2	791	9.72±2.85	8.58	12.27	27.47	24.12
	3	858	8.23±2.14	7.93	13.07	32.97	19.17
	CK	—	14.21±3.54	11.83	16.17	—	—
大白菜	1	661	6.13±2.12	4.09	8.67	42.23	35.49
	2	601	5.88±1.80	4.67	9.64	34.04	28.27
	3	637	6.57±1.64	4.37	9.17	38.28	31.7
	CK	—	10.62±2.64	7.08	13.44	—	—
上海青	1	401	3.17±1.24	3.07	4.18	43.98	43.21
	2	437	2.98±1.69	2.49	4.07	54.56	44.70
	3	476	3.37±1.04	2.67	3.81	51.28	48.23
	CK	—	6.17±2.31	5.48	7.36	—	—

4.3.3.4　食饵诱杀

利用蝼蛄、地老虎等地下害虫对马粪、炒香的饼肥和麦麸的趋化性，可用麦麸、饼肥、马粪制成毒饵诱杀。具体方法：用 90%敌百虫 50g 溶于 0.5kg 温水中，拌入炒香的麦麸（炒香的米糠、炒香的饼肥、马粪）5kg，或用 90%敌百虫 100g 兑水 1kg，兑好后的药液拌入切碎的鲜草或菜叶 6~7kg，傍晚撒于菜地诱杀地老虎、蝼蛄等地下害虫。笔者实践中，发现采取点式集中施药，或利用害虫的潜伏习性，将毒饵放于菱蒿的桐树叶、杨树叶下，既能提高防治效果，又能延长毒饵的持效期。

4.3.3.5　潜所诱杀

利用害虫的潜伏习性和对越冬场所或栖息地的特殊要求诱杀害虫。例如，小地老虎幼虫喜欢潜藏在泡桐树叶下，可在菜田放置些泡桐叶，诱集小地老虎幼虫并集中消灭；菜田中插上菱蒿的杨树把，可诱集棉铃虫、烟青虫、斜纹夜蛾等的成虫，并于清晨捕杀。

4.3.3.6　利用驱避性驱避

驱避性是指驱避物引起昆虫离去的现象，如银灰色对大多数种类蚜虫具有较强的趋避作用，根据蚜虫的这一习性，可在菜田中利用银灰色地膜驱避蚜虫迁入菜田，减轻为害。具体方法：①地面覆盖，先按栽培要求整地，用银灰色薄膜代替普通地膜覆盖，然后再定植或播种蔬菜。②挂条，在番茄、白菜等蔬菜播种后立即搭建 0.5m 高的拱棚，每隔 0.3m 纵横各拉 1 条银灰色塑料薄膜，覆盖 18 天左右，当幼苗长出 6~7 片真叶时撤棚，避蚜效果达 80%以上。或在番茄、白菜等蔬菜定植搭架后，在菜田上方拉 2 条

10cm 左右宽的银膜（与菜畦平行），并随蔬菜的生长逐渐向上移动银膜条；也可在棚室周围的棚架上与地面平行拉 1～2 条银膜驱避蚜虫，防止蚜虫迁入棚内。③银灰色薄膜覆盖小拱棚或用银灰色遮阳网覆盖菜田，驱避蚜虫。

4.4 生态调控

4.4.1 温湿度调控

以生态学为指导，即以生态学为理论基础和指导思想，在设施蔬菜病虫治理中，要着眼于棚室设施栽培条件下特殊的生态系统，即它是一个独立、隔离、封闭或半封闭的单元，易于人为适当调控。生态调控技术正是利用棚室环境条件的可控性，通过排湿换气、地面覆盖栽培，调控棚室内的温湿度，创造适宜蔬菜生长发育的条件，最大限度地缩短适宜病虫发生的温湿度组合，达到促进蔬菜生长、控制病虫为害的目的。不同病虫害对环境条件的要求不尽相同，如霜霉病、角斑病、叶霉病、灰霉病等病害发病的先决条件是叶片上有水膜或水珠存在，在这种条件下，若温度适宜，病害就会发生或流行；相反，若棚室内高温干燥，则病害受到抑制。另外，粉虱、叶螨、蚜虫的发生需要高温低湿的环境条件。因此，生态调控应根据不同蔬菜病虫害发生的适宜温度和湿度条件（表 4-27），调整不同技术环节，形成有针对性的生态调控技术。

表 4-27　设施蔬菜主要病害发生的适宜温湿度条件

蔬菜种类	病害名称	适宜湿度（%）	适宜温度（℃）
黄瓜	霜霉病	≥95	20～26
	细菌性角斑病	≥90	18～26
	灰霉病	≥90	20～25
	菌核病	≥85	15～20
	黑星病	≥90	20～22
	白粉病	50～80	20～25
	炭疽病	≥90	22～27
甜瓜	蔓枯病	≥90	20～24
	白粉病	50～80	20～25
	炭疽病	90～95	20～24
番茄	叶霉病	≥80	20～22
	灰霉病	≥90	20～23
	疫病	≥98	18～20
	白粉病	50～80	20～25
茄子	灰霉病	≥90	16～20
	菌核病	≥90	20～25
	黑枯病	≥90	20～25
	白粉病	50～80	16～24
辣椒	灰霉病	≥90	20～27
	白粉病	50～80	20～22

4.4.2 覆膜栽培

设施栽培环境是相对密闭的生态系统，由于保温的需要，常常需要关闭通风口，气流交换缓慢，棚室内的空气湿度长期处于饱和或接近饱和状态，因此降低棚室内的空气相对湿度是设施栽培蔬菜管理的重要技术环节。覆膜栽培除了具有提高地温的作用外，更重要的是阻止地面蒸发，降低了棚室内的空气相对湿度（图4-4）。覆膜栽培能有效抑制棚室内黄瓜霜霉病、黄瓜灰霉病、番茄早疫病等病害的发生（表4-28）。

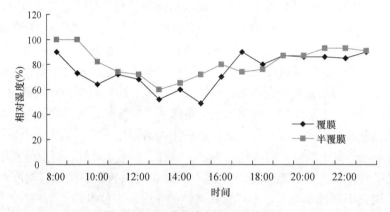

图 4-4　不同处理空气相对湿度变化

表 4-28　覆膜栽培对设施栽培蔬菜几种病害的控制效果

处理	黄瓜霜霉病		黄瓜灰霉病		番茄早疫病	
	病情指数	用药次数	瓜条被害率（%）	用药次数	病情指数	用药次数
覆膜	2.9	3	6.8	3	3.1	2
对照	13.8	7	14.9	8	12.5	5
较对照（%）	−79.0	−57.1	−54.4	−62.5	−75.2	−60

注：表中数字为3年的平均数

4.4.3 膜下暗灌

膜下暗灌技术是根据设施栽培特殊环境提出的一项灌水新技术，就是在蔬菜定植前先按大小行起垄，垄宽80cm，沟宽40cm，垄高15cm。然后在垄中间开沟，沟宽15cm，沟高15cm，垄上定植蔬菜，双垄覆膜。深冬初春浇水时，不浇大垄沟，而从膜下浇小垄沟，或者采用膜下铺管滴灌。膜下暗灌时，注意浇水量适中；使小垄沟均匀受水，南北两头见水；及时封闭进水口，尽量避免水逸出。该技术的优点是既能较大水漫灌节约水量50%左右，又能阻止水分快速蒸发，从而在满足蔬菜生长的情况下减少浇水次数，降低棚室里的空气相对湿度，抑制蔬菜病害的发生（表4-29）。同时，空气湿度小还可明显减少棚室内起雾的机会，改善光照条件，有利于提高棚室内温度，促进蔬菜的生长发育。

表 4-29　膜下暗灌对黄瓜几种主要病害的效应

年份	处理	霜霉病	灰霉病	根腐病	黑星病	细菌性角斑病
2014	膜下暗灌	14.8	8.9	4.6	21.2	6.9
	对照	35.1	14.5	8.1	45.1	13.8
	较对照（%）	-57.8	-38.6	-43.2	-53.0	-50.0
2015	膜下暗灌	16.2	9.5	5.1	19.1	7.2
	对照	38.2	16.2	8.7	46.1	12.9
	较对照（%）	-57.6	-41.4	-41.4	-58.6	-44.2

注：黄瓜霜霉病、细菌性角斑病是指发病高峰期病情指数；灰霉病是指平均病果率；根腐病、黑星病是指发病株率

4.4.4　合理灌水

灌溉可影响土壤湿度及棚室小气候，因而影响病虫害的发生，如采用滴灌可减轻土壤潮湿面积以减轻蔬菜作物病害的发生，大水漫灌是引起辣椒疫病（*Phytophthora cupsici* Leonian）暴发的主要原因，起垄栽培，达到渗灌的目的，可控制其为害。灌水与韭蛆的发生也具有密切的关系，虽说根蛆类不怕水，但发生根蛆的菜地还要勤浇。这是因为当土壤缺水的时候，本来以有机肥为食的根蛆因不耐干涸，被迫钻到韭菜根部，加重为害。如果前期忽视灌水，则蛆害开始显现，可用灌水的方法补救，利用水压使水侵入被害部位，通过上蒸下渗，蛀孔内外水满使根蛆无法出来，缺氧致死。试验结果表明，大蒜、黄瓜受种蛆为害，只要连灌两次"跑马水"就能控制根蛆为害，说明合理灌水能有效控制病虫的发生。

4.4.5　高温闷棚

利用一些病原菌和害虫不耐高温的生态习性及棚室的可控性，提高棚室温度，使之超过防治靶标致死高温的上限，达到杀灭病原菌和害虫的目的。

4.4.5.1　高温闷棚适用范围

适用于防治黄瓜霜霉病、白粉病、细菌性角斑病、蔓割病、灰霉病、蚜虫、斑潜蝇等病虫害。

4.4.5.2　高温闷棚前的准备

高温闷棚应选择晴天进行，闷棚前一天需浇1次水，并检查棚室的膜是否有破损，若有破损，需提前修补。闷棚时关闭棚室入口处和通风口，防止透风，并在棚室中间生产行分别离地面 0cm 处、植株 1/3 高度处、1/2 高度处、2/3 高度处和植株生长点高度处悬挂温度计。

4.4.5.3　高温闷棚最佳温度

高温闷棚对棚室内不同高度、不同方位的温度效应不同。距地面越近温度越低，地面处温度最低，距地面越高温度越高。当地面温度为 48℃时，距地面 200cm 处温度达

到53℃。高温闷棚时门口的温度比中间低1~2℃，迎风门口的温度比背风门口低1~2℃。闷棚时对温度的调控要考虑两个方面，一方面要保证蔬菜作物的安全，另一方面要考虑对病原菌和害虫的致死效应。蔬菜作物不同，对高温的忍耐程度也不同，同一蔬菜作物组织越幼嫩对温度越敏感，一般植株上部生长点处组织对温度最敏感，如黄瓜生长点（蔓梢处）忍耐最高温度为47.0~49.0℃，时间最长为2h，若超过这个温度，植株嫩叶会出现萎蔫现象，3天后叶缘干枯；下部老叶可忍耐52℃的高温。在确定最高温度时，应以大棚中间的温度为标准，这样才能确保蔬菜的安全。高温闷棚时棚内温度与棚外温度密切相关，当外界温度低于20℃时，棚内温度达不到47.0℃，不能进行高温闷棚。当外界最高温度为21℃时，上午9:00时开始闷棚，棚内11:30左右达到49℃左右；当外界最高温度为31℃时，上午8:00时开始闷棚，棚内9:30左右达到最高温度。因此夏季棚外气温过高时，闷棚开始时间应提前，需在中午高温到来之前进行；春秋两季棚室外气温较低时，闷棚开始时间要延后些，在中午高温到来时进行。

4.4.5.4 闷棚最佳持续时间和对病虫的防治效果

对温室黄瓜高温闷棚时，当棚室内最高温度达到47.0~49.0℃后，持续高温1.5~2h效果最好，每茬黄瓜高温闷棚次数应视病虫发展和黄瓜生长状况而定，两次间隔时间以12~15天为宜。高温闷棚3次后，霜霉病、白粉病得到控制，并且15天内不会发展，而蚜虫、斑潜蝇等害虫当即受到高温致死，同时也抑制了蔓割病、灰霉病的蔓延。

4.4.5.5 缓慢降温

当高温闷棚结束时（持续2h后），打开棚室顶部的通风口，缓慢通风。切忌打开棚室底部通风口以致降温过快，引起蔬菜失水，对蔬菜造成伤害。

4.4.6 低温杀虫灭菌

不同种类的病原菌和害虫的抗寒性都有一定的要求范围，即忍耐低温都有一定限度，根据病原菌和害虫这一生物学特性，利用北方地区冬季寒冷的气候条件，如陕西陕北地区冬季最低温度可达−25℃左右，将作物茬口进行调整，改一年一大茬种植模式为一年两大茬种植模式，使休闲期调整至最寒冷季节，通过低温杀灭部分病原菌及害虫。若采用闭棚，白盖晚揭保温设施造成棚内的低温条件杀虫灭菌效果更好，对温室白粉虱、烟粉虱、斑潜蝇、南方根结线虫的杀灭效果可达100%，对黄瓜白粉病、番茄早疫病及晚疫病等蔬菜病害也有一定的效果。

4.4.7 太阳能热力土壤处理

太阳能热力土壤处理（简称太阳能处理）技术是指在高温季节利用密闭环境通过较长时间吸收利用太阳光能，迅速提高棚室内土壤温度，从而杀死棚室内的各类土传病害及害虫的一种土壤处理方法，可避免药剂处理所造成的土壤有害物质残留、理化性质破坏等弊端。太阳能处理一改人们在寒冷季节用塑料薄膜给植物保温的传统，将之用于植物土传病害和害虫的防治并取得理想的效果,为植物保护提供了新的视角和活力。太阳能处理作为一种环境友好型的蔬菜土传病害防治技术,在国内外引起了广泛重视。其理论基础就是依据土传病原菌和害虫对高温的忍耐限度。该技术由于具有效果显著、可操作性强、对生态环境友好等诸多优点,其研究和应用日益受到人们的重视。随着时间的推移,太阳能处理不仅被证明为有效的土壤处理措施,而且在研究和应用技术的改进上也得到更快的发展。在设施蔬菜病虫防治中结合其他措施,不仅使太阳能处理技术体系更加完整丰富,还扩大了应用范围,延伸了它的含义。太阳能处理作为一种比较成熟的土壤处理技术,不但能够兼顾控制病虫和环境保护,而且成本低、易于操作、便于推广,成为首选的替代化学药剂防治病虫的几种技术之一。太阳能处理既能有效地控制蔬菜病虫害的发生及为害,又避免了化学农药对生态环境和蔬菜产品的污染,协调了病虫防治与绿色食品蔬菜生产的矛盾。

传统的太阳能热力土壤处理对棚室表面病原菌和害虫具有较高的防治效果,但对潜伏在较深层的病原菌和害虫防效较差,基于上述原因,经大量研究,我们提出了垄沟式太阳能土壤热力处理技术,即在夏季棚室休闲的高温季节,前茬作物收获完毕,清除地面上的残留蔬菜枝叶,然后灌水,待土壤合墒时(土壤手握成团,但未有水渗出)在棚室内南北方向作成波浪式垄沟,垄呈圆拱形,下宽50cm,高60cm;最后在垄上贴地面覆盖地膜,然后关闭温室通风口。垄沟式覆膜太阳能处理增加了采光面,提高了土壤深层的温度,较之垄沟式不覆膜(将垄沟作好后,在其上不覆膜,直接关闭棚室通风口,进行高温闷棚,其他操作方法与垄沟式覆膜太阳能处理相同)、平面式覆膜(前茬作物收获完毕,清除地面上的残留蔬菜枝叶,然后灌水,待土壤合墒时,深翻土壤20cm左右,然后贴地面覆膜)、平面式不覆膜(将棚室土壤翻整好后,不覆膜,直接关闭通风口,进行高温闷棚),温度显著提高,垄沟式覆膜处理棚室中部土壤10cm、20cm、30cm、40cm和50cm深的最高温度依次是59.1℃、57.7℃、57.6℃、48.9℃和47.6℃,较垄沟式不覆膜处理分别提高4.3℃、6.2℃、7.8℃、2.4℃和2.4℃;较平面式覆膜处理分别提高6.8℃、9.9℃、11.6℃、4.3℃和5.0℃;较平面式不覆膜处理分别提高9.4℃、13.1℃、12.1℃、7.4℃和7.8℃;较空白对照依次提高15.0℃、14.6℃、17.0℃、12.2℃和13.5℃。垄沟式覆膜处理土壤10cm深地温超过55℃、50℃和45℃的平均持续时间分别为5.5h、13h和17h;垄沟式不覆膜处理土温未达到55℃,超过50℃和45℃的平均持续时间分别为8.5h和16h;平面式覆膜处理最高温度也未达到55℃,超过50℃和45℃的平均持续时间分别为2.5h和10.5h;平面式不覆膜处理最高温度未超过50℃,超过45℃平均持续时间为8.5h;空白对照最高温度未超过45℃(表4-30~表4-34)。通过太阳能热力土壤处理,造成温室土壤50cm深温度不低于45℃的高温环境,杀灭土壤深层中的有害生物。该技术除了对土壤表面的土传病害和害虫具有显著的防治效果外,对土壤较深层的土传病害和害虫也有较好的防治效果。同时还能促进土壤中有机质的分解转化,改善土壤肥力水平,提高土壤中蔬菜必需营养元素的利用效率,进而提高蔬菜作物的产量和产品品质。该技术主要在温室前茬蔬菜拔蔓后的6~7月进行,此时正值北方干旱少雨季节,天气多以晴朗为主,具备大面积推广应用的环境条件,具有广阔的推广应用前景。

表 4-30　不同太阳能处理方式对温室 10cm 深土壤的温度效应　（单位：℃）

时间	垄沟式覆膜			垄沟式不覆膜			平面式覆膜			平面式不覆膜			对照		
8:00	42.8	42.6	41.2	38.5	37.1	36.9	42.6	41.2	40.7	37.2	36.5	35.8	26.8	25.9	25.3
10:00	43.9	42.5	41.4	41.3	39.6	38.8	42.8	41.5	41.4	38.4	38.0	37.8	35.5	33.8	32.7
12:00	47.2	47.3	46.5	45.9	45.3	44.1	45.5	45.2	44.1	45.3	44.3	42.7	41.3	40.3	39.9
14:00	55.1	54.5	52.4	52.0	51.3	50.9	49.4	49.1	47.9	48.6	47.3	46.6	44.8	43.9	43.3
16:00	59.9	58.8	58.6	55.3	54.8	53.1	52.5	51.2	49.8	50.0	49.7	48.5	46.3	44.1	42.6
18:00	60.8	59.1	58.0	54.5	53.2	52.8	53.9	52.3	51.4	49.0	48.6	47.3	44.9	43.9	43.2
20:00	58.6	56.8	56.8	51.8	50.9	49.0	50.8	49.9	48.4	47.6	46.8	46.3	41.6	40.7	39.0
22:00	54.2	53.6	53.0	49.8	49.0	48.5	46.8	46.2	45.3	45.6	44.8	43.7	34.9	33.7	32.2
0:00	51.1	50.0	49.8	49.9	48.7	47.2	44.8	44.0	43.2	44.8	43.6	43	32.4	31.6	30.5
2:00	49.3	48.8	47.4	46.3	45.5	44.3	42.1	41.5	40.3	41.8	40.6	39.1	31.0	30.2	29.7
4:00	47.2	45.8	45.3	43.0	42.6	41.6	40.7	39.3	38.5	40.5	39.7	38.6	27.1	26.5	25.4
6:00	45.3	44.4	43.5	42.3	41.1	40.5	39.0	38.2	37.7	39.0	38.5	37.1	25.5	25.2	24.3

注：表中同一处理 3 列数据系指棚南、中、北三个点温度值

表 4-31　不同太阳能处理方式对温室 20cm 深土壤的温度效应　（单位：℃）

时间	垄沟式覆膜			垄沟式不覆膜			平面式覆膜			平面式不覆膜			对照		
8:00	43.8	42.5	41.5	40.9	39.6	38.3	40.7	39.5	39.9	38.2	37	36.1	29.5	28.6	27.4
10:00	44.5	43.3	42.1	42.2	41.5	40.9	41.4	40.2	39.4	39.2	38.6	38.0	30.5	29.8	29.1
12:00	49.0	47.9	47.1	46.0	45.1	43.9	43.9	42.6	42.2	41.1	40.0	38.9	34.6	33.9	32.9
14:00	55.6	53.4	53	50.2	49.0	48.1	45.7	44.5	43.9	43.2	42.3	41.1	37.5	36.8	36.1
16:00	58.4	57.2	56.2	52.2	51.5	49.9	48.2	47	46.4	45.4	44.1	43.7	40.0	39.3	37.7
18:00	58.9	57.7	56.8	52.4	51.5	50.3	48.9	47.8	47	45.8	44.6	44	42.1	40.7	40.3
20:00	57.4	56	55.8	51.3	50.0	49.6	48.7	47.3	47.1	45.2	44.3	43.1	40.5	39.3	38.7
22:00	54.6	53.1	52.6	48.9	47.6	47.1	46.7	45.5	44.9	44.7	43.5	42.9	37.5	36.3	35.7
0:00	51.8	50.5	49.2	48.5	47.2	46.8	46.4	45.0	44.8	44.0	43.1	42.2	36.2	34.6	34.2
2:00	49.5	48.4	47.6	46.2	45.8	44.5	45.6	44.0	43.3	43.5	42.2	41.8	35.0	33.8	33.2
4:00	47.3	46.5	45.5	45.3	44.1	42.9	44.5	43.2	41.9	41.2	40.3	39.1	32.3	30.6	30.1
6:00	45.2	44.6	44.0	43.0	42.3	40.7	41.8	40.7	39.6	38.6	37.4	36.8	30.7	29.8	29.1

注：表中同一处理 3 列数据系指棚南、中、北三个点温度值

表 4-32　不同太阳能处理方式对温室 30cm 深土壤的温度效应　（单位：℃）

时间	垄沟式覆膜			垄沟式不覆膜			平面式覆膜			平面式不覆膜			对照		
8:00	43.5	42.7	41.6	42.5	41.6	41.0	42.4	41.6	41.1	40.8	39.2	38.5	29.3	28.8	27.4
10:00	44.0	43.5	42.4	43.0	42.2	42.0	43.1	41.6	41.0	41.3	39.8	39.2	31.1	29.6	28.7
12:00	49.0	48.1	46.9	45.5	44.8	44.4	42.9	42.1	41.6	42.3	41.9	40.6	34.6	33.9	32.9
14:00	53.2	54.1	52.7	47.2	46.9	46.0	45.5	44.9	44	43.5	42.8	42.4	39.8	38.5	38.1
16:00	57.6	56.8	56.0	48.8	47.7	47.3	46.8	46.0	44.8	44.8	43.5	42.9	41.6	40.9	39.5
18:00	58.5	57.6	56.1	50.0	49.8	48.3	47.3	45.9	45.1	47.0	45.5	45.6	44.3	43.1	41.6
20:00	57.4	56.5	55.3	50.5	49.8	48.8	46.5	44.7	43.8	44.9	42.3	43.4	42.2	41.3	41.0
22:00	54.3	52.9	52.1	47.2	46.9	46.0	45.2	44.5	43.8	44.4	43.6	43.1	38.6	37.3	36.6
0:00	51.2	50.5	49.8	47.0	46.7	45.5	45.0	43.9	43.4	43.8	43.1	42.4	37.0	36.3	34.7
2:00	49.6	48.1	47.7	46.6	45.1	44.4	45.0	44.2	43.4	43.8	42.0	41.7	35.1	33.5	32.4
4:00	47.0	46.5	45.4	44.6	43.9	42.6	44.2	43.5	41.9	43.0	42.0	41.6	31.9	31.1	30.0
6:00	45.7	44.5	43.6	43.9	42.5	41.4	43.1	42.6	41.2	40.2	39.8	38.8	31.0	29.9	28.5

注：表中同一处理 3 列数据系指棚南、中、北三个点温度值

表 4-33　不同太阳能处理方式对温室 40cm 深土壤的温度效应　（单位：℃）

时间	垄沟式覆膜			垄沟式不覆膜			平面式覆膜			平面式不覆膜			对照		
8:00	45.5	44.4	43.6	43.7	42.9	42.1	41.4	40.0	39.8	39.2	38	37.4	31.4	30.5	29.6
10:00	44.6	43.9	43.2	44.0	42.6	43.4	41.7	40.4	40.0	39.3	38.5	37.7	31.3	30.6	29.6
12:00	45.1	43.9	43.3	44.5	43.3	42.7	42.8	41.6	41.0	40.3	39.4	38.5	32.0	30.9	30.1
14:00	46.5	45.0	45.0	45.2	44.0	43.4	43.3	42.0	41.6	41.2	39.8	39.6	34.0	32.8	32.2
16:00	48.6	47.2	46.4	46.3	45.4	43.5	44.3	43.2	42.4	42.1	41.0	40.2	36.5	35.8	35.1
18:00	49.1	48.3	47.5	47.6	46.3	45.9	45.1	44.2	43.0	42.2	41.0	40.4	37.9	36.7	36.1
20:00	49.6	48.9	48.2	47.9	46.5	46.3	45.6	44.6	43.6	42.4	41.5	40.6	37.5	36.2	35.7
22:00	49.7	48.5	47.9	47.0	45.6	45.4	45.7	44.2	44.2	42.0	41.1	40.2	36.0	35.1	34.2
0:00	49.1	48.2	47.3	46.7	45.2	45.2	44.5	43.6	42.4	41.9	40.6	40.2	35.1	33.9	33.0
2:00	48.4	47.5	46.6	45.5	44.4	43.6	44.2	43.0	42.4	41.8	40.7	40.2	34.0	32.8	32.2
4:00	47.3	46.6	45.9	44.1	43.0	42.2	44.1	43.0	42.2	41.8	40.6	40.0	32.8	31.6	31.3
6:00	46.8	45.6	45.0	44.0	42.7	42.3	42.6	41.9	41.3	41.1	40.0	39.4	32.0	30.8	30.2

注：表中同一处理 3 列数据系指棚南、中、北三个点温度值

表 4-34　不同太阳能处理方式对温室 50cm 深土壤的温度效应　（单位：℃）

时间	垄沟式覆膜			垄沟式不覆膜			平面式覆膜			平面式不覆膜			对照		
8:00	45.3	44.6	43.9	42.9	42.1	41.6	40.0	39.3	39.5	37.8	36.9	36.9	31.0	30.0	29.6
10:00	45.5	44.8	44.1	43.7	42.8	41.3	41.5	41.2	40.0	38.6	37.3	36.6	30.9	30.2	29.8
12:00	44.9	43.4	42.8	43.2	42.0	41.4	42.0	41.4	39.9	39.9	38.7	38.1	31.1	30.2	29.6
14:00	44.9	44.6	42.8	43.6	42.0	41.3	43.2	41.5	39.9	39.0	37.9	37.7	31.9	31.4	30.6
16:00	46.1	45.3	44.8	43.8	42.6	42.3	42.0	41.8	40.4	39.1	38.8	37.9	34.0	33.7	32.8
18:00	47.0	46.2	45.8	44.5	43.5	43.4	42.2	41.8	41.1	40.2	39.3	37.5	34.7	34.1	33.2
20:00	48.5	46.8	46.7	45.5	44.8	43.5	42.8	42.0	40.7	40.4	39.8	38.6	34.8	33.4	33.5
22:00	48.5	47.5	46.2	45.7	45.2	43.2	42.6	41.7	40.5	39.5	39.1	33.8	33.3	32.5	
0:00	48.3	47.6	46.0	45.8	44.6	44	43.3	41.7	41.0	41.0	39.8	39.5	34.2	33.5	32.8
2:00	48.0	47.2	45.8	45.0	44.2	44	42.5	41.6	41.3	40.0	39.6	38.3	33.1	32.5	31.0
4:00	46.9	46.2	45.1	44.9	43.2	43.3	42.5	41.8	40.5	39.8	39.4	38.4	32.6	31.0	30.0
6:00	46.8	45.2	44.3	43.1	43.6	41.5	42.0	41.6	40.3	39.5	38.7	37.6	31.8	31.3	30.5

注：表中同一处理 3 列数据系指棚南、中、北三个点温度值

4.5　套袋控病降残

随着消费者生活水平的提高，人们对蔬菜的要求已从数量型向质量型和保健型转变，不仅要求要有良好的外观品质，还要求要有良好的内在品质。目前化学农药残留问题已成为影响设施蔬菜产品质量的主要因素之一。对于采摘间隔期短的黄瓜、番茄、茄子、西葫芦等果实类蔬菜，基本无安全用药间隔期可供选择，使用化学农药防治病虫时，往往是将化学农药直接喷洒在即将采摘收获的瓜条和菜果上，导致农药残留严重超标。为了解决农药污染这一难题，实现安全优质绿色食品蔬菜生产，率先提出并应用的是果实类蔬菜套袋控病降残技术。由于袋体的机械阻隔作用，避免或降低了病原菌对瓜果的侵染，降低了黄瓜、番茄、西葫芦等蔬菜的灰霉病及黄瓜菌核病、茄子褐腐病和绵疫病的发生为害程度。同时避免因喷施化学农药直接接触造成污染，显著降低了蔬菜中的化

学农药残留，为绿色食品蔬菜生产开辟了新途径。

4.5.1 套袋的温湿度、光照效应及对病害的控制效果

黄瓜套袋后其感受的温湿度及光照条件发生了较大的变化（表4-35）。由表4-35可看出，袋内日平均温度膜袋、纸袋分别较对照升高1.1℃和0.7℃，温度升高有利于黄瓜的生长发育。日平均相对湿度膜袋、纸袋较对照分别增加32.1%和17.4%。且袋内湿度在一天内变化幅度小，膜袋变化幅度为0～14%，纸袋为0～26%，而对照高达0～36%。日平均光照强度膜袋、纸袋较对照依次降低16.0%和74.6%。可见套袋黄瓜瓜条生长在相对封闭而稳定的微环境中，且各部位生长所处的环境基本一致，免受温湿度及光照剧烈变化的刺激。

表4-35 套袋黄瓜温度、相对湿度及光照效应测定

时间	温度（℃）			相对湿度（%）			光照强度（×10³lx）		
	膜袋	纸袋	CK	膜袋	纸袋	CK	膜袋	纸袋	CK
6:00	14.3	14.1	14.1	100	100	93	0	0	0
8:00	16.7	16.7	16.6	100	89	75	50	17	60
10:00	24.5	24.2	24.0	90	74	64	150	50	175
12:00	32.5	31.1	30.8	89	78	60	230	70	280
14:00	35.7	34.6	32.1	86	75	60	180	50	210
16:00	28.3	28.0	26.4	86	74	57	100	30	120
18:00	22.1	22.5	22.0	96	85	73	8	0.6	10
20:00	19.9	19.9	19.7	98	87	82	0	0	0
总和	194	191.1	185.7	745	662	564	718	217.6	855
平均数	24.3	23.9	23.2	93.1	82.8	70.5	89.8	27.2	106.9

4.5.2 不同袋型套袋对果实类蔬菜生长发育的效应

研究结果表明，不同袋型套袋对不同种类蔬菜的效应不同（表4-36）。套膜袋对黄瓜、西葫芦、番茄、茄子均表现为正效应，单瓜（果）重均显著增加，分别较对照依次增加18.3%、12.5%、10.2%和12.8%。套膜袋黄瓜、西葫芦、番茄畸形瓜（果）分别较对照降低65.6%、40.2%、61.8%；套纸袋依次降低52.1%、38.6%、52.8%。由于蔬菜果实套袋后，幼瓜（果）生长在相对封闭而稳定的小生境中，且各部位生长所处的环境基本一致，免受温湿度及光照剧烈变化的刺激，瓜（果）着色均匀一致，黄瓜瓜条端直，西葫芦瓜形周正，番茄、茄子果面光滑，商品率提高，口感好，品质佳，产量增加。

4.5.3 不同果实类蔬菜套袋适期

不同果实类蔬菜套袋适期不同（表4-37）。由表4-37可以看出，除西葫芦授粉（人工授粉）0天外，其余果实类蔬菜不同发育时期套袋瓜（果）大小及单瓜（果）重没有

表 4-36　不同袋型套袋对不同果实类蔬菜生长发育的影响

蔬菜种类	处理	果实纵径（cm）×横径（cm）	单瓜（果）重（g）	畸形瓜（果）率（%）
黄瓜	膜袋	30.8×4.8	143.9a	11.2
	纸袋	26.4×4.7	134.8b	15.6
	CK	25.3×4.3	121.6c	32.6
西葫芦	膜袋	21.8×6.14	629.7a	7.9
	纸袋	19.5×5.98	584.8b	8.1
	CK	17.9×5.90	559.6bc	13.2
番茄	膜袋	53.9×6.2	98.5a	3.4
	纸袋	4.80×5.8	78.4c	4.2
	CK	4.98×5.9	89.4b	8.9
茄子	膜袋	11.1×6.8	246.4a	—
	纸袋	11.1×6.8	231.2b	—
	CK	9.8×6.5	218.5c	—

注：表中同列数据后有不同字母表示在 0.05 水平上差异显著

表 4-37　果实类蔬菜不同发育时期套膜袋效应对比

蔬菜种类	处理	果实纵径（cm）×横径（cm）	单瓜(果)重(g)	化瓜(果)率（%）	畸形瓜(果)率（%）
黄瓜	开花前	28.9×4.9a	181.9a	11.4a	6.9a
	开花期	28.2×4.8a	179.8a	16.8b	8.7b
	花败	28.7×4.9a	182.1a	24.7c	12.1c
	CK	26.7×4.6b	162.4b	21.8d	23.1d
西葫芦	授粉后 0 天	16.6×5.2a	512.9	29.6a	5.7a
	授粉后 1~2 天	20.6×6.0b	612.4b	6.1b	5.7a
	授粉后 3~4 天	20.5×6.05b	614.2b	6.3b	6.4a
	CK	19.2×5.6c	576.3c	17.8c	9.7b
番茄	蘸花后 7~10 天	5.29×5.9a	102.3a	0.9a	6.2a
	蘸花后 10~15 天	5.27×5.85a	99.8a	13.4b	6.7a
	蘸花后 15~20 天	5.28×5.9a	100.9a	16.9c	6.9a
	CK	5.25×5.6b	90.1b	19.2b	16.8b
茄子	瞪眼前	11.9×6.8a	239.4a	11.3a	4.8a
	瞪眼期	12.0×6.8a	231.8a	12.6a	4.9a
	瞪眼后	11.8×6.9a	237.6a	12.5a	5.1a
	CK	11.2×6.8b	207.9b	16.4b	5.6a

注：表中同列数据后有不同字母表示在 0.05 水平上差异显著

显著差异。而不同发育时期套袋化瓜率差异显著。黄瓜开花前套袋，化瓜（果）率为 11.4%，开花期为 16.8%，花败后达 24.7%。其原因是花败后套袋，黄瓜菌核病（*Sclerotinia sclerotiorum*）、灰霉病（*Botrytis cinerea*）病原菌已侵染，加之套袋后的高温高湿小生境有利于菌核病、灰霉病的发生。西葫芦授粉后 0 天套袋无论瓜（果）大小、单瓜（果）重均低于授粉后 1~2 天及 3~4 天处理。番茄蘸花后 7~10 天套袋化瓜（果）率低于蘸花后 10~15 天及 15~20 天处理，其原因与黄瓜处理相同。茄子不同时期套袋处理化瓜

（果）率之间差异不明显。根据不同时期套袋瓜（果）大小、单瓜（果）重、化瓜（果）率、畸形瓜（果）率及降低化学农药效应 5 个指标综合评估，认为黄瓜开花前、西葫芦授粉后 1~2 天、番茄蘸花后 7~10 天、茄子瞪眼前为套袋适期。

4.5.4 套袋对不同果实类蔬菜营养物含量的效应

不同果实类蔬菜套袋栽培对其营养物含量的效应不同（表 4-38）。套膜袋后几种蔬菜的维生素 C（Vc）含量均显著提高，增加幅度最大的西葫芦为 152.9%，增加幅度最小的茄子为 11.0%。套纸袋后黄瓜、西葫芦 Vc 含量有降低趋势，但与对照（不套袋）之间差异不显著；番茄、茄子 Vc 含量显著提高，分别增加 14.4%和 39.8%。总糖含量除套膜袋黄瓜、番茄和套纸袋西葫芦较对照增加外，其余处理均表现为降低。可溶性固形物除套膜袋番茄有增加外，其余与对照差异不显著。研究结果表明，果实类蔬菜套袋对其营养物含量的影响既有正效应，又有负效应，但其正效应显著大于其负效应，尤其套膜袋的正效应明显。

表 4-38 不同果实类蔬菜套袋栽培营养物含量测定

蔬菜种类	处理	Vc（mg/100g）	总糖（%）	总酸（%）	可溶性固形物（%）
黄瓜	膜袋	8.42a	1.7a	—	9.8a
	纸袋	6.7b	1.4b	—	9.2a
	CK	6.9b	1.5b	—	9.3a
西葫芦	膜袋	0.43a	2.44b	—	4.26a
	纸袋	0.16b	2.72a	—	4.11a
	CK	0.17b	2.58a	—	4.16a
番茄	膜袋	17.34a	3.94a	0.61a	6.66a
	纸袋	15.64b	3.04b	0.58a	5.71b
	CK	13.67c	3.32c	0.57a	5.86b
茄子	膜袋	4.24b	2.58b	—	6.04a
	纸袋	5.34a	2.82b	—	5.84a
	CK	3.82c	3.04a	—	1.24a

注：表中同列数据后不同字母者表示在 0.05 水平上差异显著

4.5.5 套袋对果实类蔬菜病害的防治效果

连续 5 年系统试验结果表明，套袋对黄瓜、番茄、西葫芦的灰霉病的平均防治效果分别为 92.4%、85.6%和 75.4%。对茄子绵疫病（*Phytophthora parasitica*）、褐纹病（*Phomopsis vexans*）的平均防治效果分别为 93.2%和 72.5%，对番茄果实疫病（*Alternaria solani*）的防治效果为 82.3%。其原因是果实类蔬菜套袋栽培，袋体的机械阻隔作用避免或降低了病原菌对瓜果的侵染，从而降低了发病率、减轻了为害。这一措施的提出为黄瓜、番茄、西葫芦等蔬菜的灰霉病综合防控开辟了一条新途径。

4.5.6 套袋对黄瓜氨基酸含量的影响

氨基酸是蛋白质的基本结构单位，蛋白质营养价值高低不仅取决于各种必需氨基酸的种类、数量，而且还取决于各种必需氨基酸的比例。研究结果表明，袋型不同对黄瓜氨基酸的效应不同（表 4-39）。套膜袋、纸袋氨基酸含量（干重量）依次为 21.30%和 21.78%，较对照分别降低 2.9%和 0.7%。套同一种袋型对黄瓜不同种类的氨基酸效应也不同。套膜袋对黄瓜丝氨酸、谷氨酸、甘氨酸、缬氨酸、酪氨酸、苯丙氨酸表现为正效应，即套袋后其含量依次增加 14.6%、12.0%、13.5%、6.5%、14.3%和 1.4%。而对其他 8 种氨基酸表现为负效应，即套膜袋后氨基酸含量降低。套纸袋也表现出相类似的规律，只是表现出正效应的氨基酸种类及差异程度有别而已。从套不同袋型对黄瓜氨基酸含量的效应来看，套纸袋的负效应小于套膜袋。

表 4-39　套袋黄瓜氨基酸含量测定结果

氨基酸名称	氨基酸含量（干重量%）			较对照（CK±%）	
	膜袋	纸袋	CK	膜袋	纸袋
苏氨酸	0.77	0.57	0.85	−9.4	−32.9
天冬氨酸	1.78	1.84	2.12	−16.0	−13.2
丝氨酸	1.10	0.59	0.96	+14.6	−38.5
谷氨酸	6.07	6.65	5.42	+12.0	+22.7
甘氨酸	1.09	1.11	0.96	+13.5	+15.6
丙氨酸	1.04	1.27	1.13	−8.0	+12.4
缬氨酸	1.15	1.10	1.08	+6.5	+1.9
异亮氨酸	2.96	3.04	3.09	−4.2	−1.6
亮氨酸	1.99	2.06	2.25	−11.6	−8.4
酪氨酸	0.16	0.13	0.14	+14.3	−7.1
苯丙氨酸	0.73	0.65	0.74	−1.4	−12.2
赖氨酸	1.40	1.33	1.54	−9.1	−13.6
组氨酸	0.46	0.58	0.62	−25.8	+6.5
精氨酸	0.60	0.86	1.04	−42.3	−17.3
总计	21.30	21.78	21.94	−2.9	−0.7

4.5.7 套袋蔬菜货架期延长

以黄瓜为研究对象研究了套袋对蔬菜货架期的影响，研究结果表明，在日平均温度 18～22℃、日平均湿度 62%～88%条件下黄瓜贮藏 20 天，套膜袋、纸袋及不套袋黄瓜的硬度分别由 10.25kg/cm^2、10.22kg/cm^2、10.77kg/cm^2 降低到 9.77kg/cm^2、7.73kg/cm^2 和 6.11kg/cm^2，依次降低了 0.48kg/cm^2、2.49kg/cm^2、4.66kg/cm^2，日平均硬度依次降低了 0.024kg/cm^2、0.125kg/cm^2 和 0.233kg/cm^2，较贮藏前硬度分别降低了 4.6%、24.4%和 43.3%。套膜袋黄瓜鲜嫩如初，仅失重 5.0%；套纸袋失水、萎蔫，失重 18.5%，但可食用；而不套袋（对照）黄瓜变软，失重 34.2%（图 4-5），不可食用。其原因可能是套袋黄瓜带袋贮藏阻碍了 O_2 和 CO_2 交换，抑制了呼吸作用，阻止了黄瓜表面水分的蒸发，减少了失重。说明套袋黄瓜耐贮性增加，能有效地保持黄瓜的新鲜度，延长黄瓜采后的货架期，为长途运输销售提供了技术保障和科学依据。

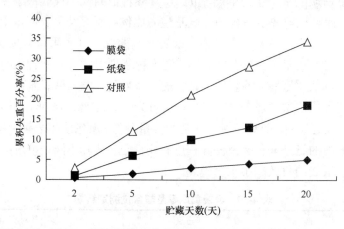

图 4-5　不同套袋处理黄瓜贮藏时间与失重的关系

4.5.8　套袋对果实类蔬菜中化学农药的残留效应

黄瓜、番茄、茄子、西葫芦等蔬菜具有连续采摘、连续生长及多为鲜食的特点，加之其病虫种类多、为害重，用药次数多，用药量大，因此，其受化学农药污染及对人体的负面影响尤为突出。化学农药对蔬菜的污染一方面是内吸药剂通过植物输导组织进入蔬菜可食部位，另一方面是田间喷洒化学农药时直接接触可食部位形成污染，这也是导致蔬菜中农药超标的主要污染源。实施套袋栽培后，瓜果在袋内生长，可完全避免田间喷洒化学农药时造成的直接接触污染，使果实类蔬菜中农药残留量显著降低（表 4-40），有利于实现果实类蔬菜无污染生产的目标。

表 4-40　套袋对降低果实类蔬菜中化学农药的残留效应

蔬菜种类	处理	高效氯氟氰菊酯	辛硫磷	敌敌畏	百菌清	甲基硫菌灵	残留总量	较 CK 减少（%）
黄瓜	膜袋	0.004	0.064	0.019	0.642	0.031	0.76	83.3
	纸袋	0.033	0.084	0.062	0.912	0.132	1.221	73.2
	CK	0.249	0.418	0.291	2.94	0.649	4.549	—
番茄	膜袋	0.002	0.042	—	0.596	0.017	0.657	84.5
	纸袋	0.003	0.058		0.712	0.098	0.871	79.9
	CK	0.212	0.367		0.124	0.543	4.26	—
西葫芦	膜袋	0.001			0.582	0.042	0.625	85.7
	纸袋	0.001			0.692	0.047	0.74	83.1
	CK	0.203			2.848	1.327	4.378	—
茄子	膜袋		0.042		0.397	0.042	0.481	79.7
	纸袋		0.056		0.598	0.0382	0.692	70.9
	CK		0.524		1.321	0.529	2.374	—

注：表中农药残留量单位为 mg/kg

4.5.9 果实类蔬菜套袋效益显著

黄瓜套袋栽培虽然增加了成本，套膜袋增加 2129.3 元/亩，套纸袋增加 2029.4 元/亩，但黄瓜套袋后，由于其生长发育的环境条件改变，畸形瓜减少，商品率提高，且有明显的增产效应，套膜袋增产 14.7%，纸袋增产 9.2%，黄瓜售出价提高 0.3~0.6 元。套膜袋、纸袋每亩新增效益分别为 4790.3 元和 3930.4 元（表 4-41）。方差分析结果表明，套膜袋、纸袋与不套袋（CK）相比，经济效益差异达到极显著水平，膜袋与纸袋之间的差异也达到极显著水平，说明黄瓜套袋栽培具有显著的经济效益，且套膜袋效益优于套纸袋。

表 4-41 套袋黄瓜经济效益对比分析

处理	产量（kg/亩）	较 CK 增产（%）	套袋成本（元/亩）	产值（元/亩）	纯收入（元/亩）	较 CK 差异	$P_{0.01}$
膜袋	12 500	14.7	2 129.3	20 000.0	17 870.0	4 790.3**	—
纸袋	11 900	9.2	2 029.4	19 040.0	17 010.0	3 930.4**	—
CK	10 900	—	—	13 080.0	13 080.0	—	15.07

注：套袋成本=购袋费+人工费；套袋黄瓜平均价格 1.6 元/kg，对照 1.2 元/kg；表中数据是 3 年平均数。**表示差异达极显著水平

目前，我国设施农业大多是以户为种植单元，种植规模小，且属于集约化农业。一般农户种植 1~2 个棚室，显然套袋栽培技术符合中国国情，具有广阔的推广应用前景。

4.6 生物防控

4.6.1 概念及优缺点

生物防治是蔬菜病虫害防治中对环境最安全、最友好的方法，是指利用生物（包括动物、植物、微生物）或生物代谢产物来控制蔬菜病虫害的技术，它是蔬菜病虫害持续控制不可缺少的组成部分，符合病虫可持续控制的发展方向。设施栽培的隔离、封闭或半封闭性及气象因子的可控制性的生态系统，也为蔬菜病虫的生物防治提供了得天独厚的有利条件和场所，使其在有害生物综合治理（IPM）中占有相当重要的地位，在蔬菜食品安全问题日益突出和全社会对食品安全要求愈来愈高的背景下，生物防治的地位显得尤为重要。推广应用病虫害的生物防治不但是蔬菜病虫害防灾减灾、蔬菜产品质量安全和农业可持续发展的需要，而且是人民健康、社会稳定和环境安全的需要，同时也是贯彻我国绿色植保理念的需要。

生物防治的优点：与环境友好，给环境不增加任何外来化学物质，风险很小，对环境和蔬菜产品无污染，能有效地保护自然天敌，发挥可持续控制作用，是解决蔬菜产品中农药残留最有效的途径之一。与此同时，生物防治的缺点也十分突出，主要是由于生物防治效果易受环境因素的影响，作用不如化学防治速效高效，控制效果较慢，尤其在害虫高虫口密度下或病害流行时使用不能完全达到迅速控制病虫为害的目的。且人工繁殖培养有益

生物的技术难度较高，能用于大量释放的天敌昆虫种类不多，多数天敌作用范围较窄，对害虫的捕食和寄生有选择性，这些缺点是制约生物防治大面积推广的主要限制因素。

农业部 2008 年提出推进绿色防控行动，计划到 2010 年生物防治比例达到 20%，2015 年力争达到 30%。从目前实施的结果看，还远远没有达到预期。其原因就在于生物防治的自身特点及广大种植者对生物防治的认识，因此要实现生物防治技术的突破或生物防治的跨越发展任重而道远。

4.6.2 设施蔬菜病虫害生物防治的主要途径

目前设施蔬菜病虫害生物防治主要侧重于害虫，在设施蔬菜病虫害生物防治方面无论在理论研究方面，还是在生产应用方面，研究均比较薄弱，尤其在生产上应用比较少。

4.6.2.1 利用天敌昆虫防治

天敌昆虫主要包括捕食性天敌和寄生性天敌。在自然界天敌资源十分丰富，种类多，数量大，对害虫控制效果明显。设施栽培蔬菜田由于环境的特殊性和蔬菜栽培系统的脆弱性，人为干扰作用比较大，自然天敌种类及数量比较少，控制害虫的效果不明显。目前主要通过人工引入天敌实现控制害虫，但由于人工饲养释放的天敌对自然环境适应性差，捕食害虫能力比较弱，成本高，实际应用防治效果低，种植者不乐意应用，目前仍处于试验及小范围示范阶段。

4.6.2.2 利用微生物防治

昆虫同人类一样也会遭受多种病原菌的侵染而死亡。这些微生物包括病毒、细菌、真菌及原生动物，在设施栽培条件下，棚室内的高湿环境及棚膜的阻光作用有利于微生物的种群繁衍及其活性的保持，利用微生物及其代谢产物防治设施蔬菜病虫的效果优于在大田使用，如利用白僵菌、蚜霉、苏云金杆菌（Bt）、昆虫病毒、昆虫病原线虫防治设施蔬菜小地老虎、甜菜夜蛾、甘蓝夜蛾、棉铃虫、烟青虫、蚜虫、白粉虱、烟粉虱等害虫均获得一定的防治效果。目前存在的问题主要是高效菌株单一，制剂的生物活性短，对环境条件的要求比较苛刻，防治效果不稳定，难以达到种植者对设施蔬菜病虫害防治效果的预期。

4.6.2.3 利用昆虫性信息素防治

自然界的各种昆虫都能向外释放具有特异性气味的微量化学物质，以引诱同种异性昆虫前来交配，这种在昆虫交配过程中起通信联络作用的化学物质称为昆虫性信息素（昆虫性外激素）。引诱用以防治害虫的性外激素或类似物，通称性诱剂。性诱剂的专一性可以保护自然天敌。其主要作用机制是迷向干扰雌雄害虫间的通信联系，干扰交配，降低产卵量和卵孵化率。生产上主要用于害虫的准确测报，准确了解害虫的发生始期、盛期和末期，指导防治。但因成本高，大面积用于防治受到限制。

4.6.2.4 利用抗生素防治

抗生素是微生物的代谢产物，是由真菌、细菌或其他生物在繁殖过程中所产生的一类具有抑制微生物生长或杀灭微生物的物质，也可用人工合成的方法获得，用很小的剂量就能有效杀灭病原微生物和害虫。其具有使用浓度低、用量少、来源广泛的特点。例如，浏阳霉素和阿维菌素是土壤中的灰色链霉菌在发酵过程中产生的杀虫和杀螨的活性物质，用于防治烟粉虱、白粉虱、介壳虫、菜蚜、瓜蚜、螨类。武夷菌素、农用链霉素、新植霉素对黄瓜霜霉病、黄瓜灰霉病、大葱疫病、番茄早疫病、番茄晚疫病、番茄青枯病、辣椒炭疽病、辣椒疮痂病、辣椒枯萎病、茄子枯黄萎病、蔬菜苗期立枯真菌性病害和细菌性病害均有较好的防治效果。

4.6.2.5 利用植物源杀虫剂防治

植物源农药以其高效、低毒、低残留、选择性高、有害生物不易产生抗药性等特点，成为农药研究的热点。主要研究集中在楝科、菊科、卫矛科、豆科、蓼科、百合科、十字花科、大戟科、豆鹃科和茄科等植物。其活性成分主要包括生物碱类、萜烯类、酮类和番茄枝内酯类。目前已生产出苦参碱、藜芦碱、藻酸丙二醇酯、楝素等商品制剂，并应用于农业生产中。

4.6.3 生物防治成功案例

（1）利用赤眼蜂防治棉铃虫、烟青虫、菜青虫

赤眼蜂寄生害虫卵，在害虫产卵盛期放蜂，每亩每次放蜂1万头，每隔5～7天放1次，连续放蜂3～4次，寄生率可达80%左右。利用赤眼蜂防治害虫技术最成熟，推广应用范围和面积最广，是以虫治虫的成功范例，赤眼蜂已被登记为动物源生物农药。

（2）利用丽蚜小蜂防治粉虱

丽蚜小蜂寄生粉虱的若虫和蛹体，寄生后害虫体发黑、死亡。当番茄或黄瓜每株有粉虱0.5～1头时，每隔2周释放1次丽蚜小蜂，每次释放3万头，释放3次，粉虱若虫寄生率可达75%以上。

（3）利用烟蚜茧蜂防治桃蚜、棉蚜

每平方米棚室甜椒或黄瓜释放烟蚜茧蜂寄生的僵蚜12头，初见蚜虫时开始释放僵蚜，每4天释放1次，共释放7次，释放45天内甜椒有蚜株率控制在3%～15%，有效控制期50天左右；黄瓜有蚜株率在0%～4%，有效控制期40天左右。

（4）利用Bt防治菜青虫、棉铃虫等鳞翅目害虫

在菜青虫卵孵盛期开始喷药，每亩用Bt可湿性粉剂25～30g或Bt乳剂100～150ml，7天后再喷施1次，防治效果可达95%以上；在棉铃虫2代、3代卵孵盛期喷药，每隔3～4天喷施1次，连续喷施2～3次，每次每亩用Bt可湿性粉剂50g或Bt乳剂200～250ml，防治效果可达80%以上；在小菜蛾3龄幼虫前，每亩用Bt可湿性粉剂40～50g或Bt乳剂200～250ml，每5～7天喷施1次，连续喷施2～3次，防治效果可达90%以上；在甜菜夜蛾卵期及低龄幼虫期，每亩用Bt可湿性粉剂50～60g或乳剂250～300ml，

防治效果可达 80%以上。

（5）利用 Bt 与病毒复配的复合生物农药防治菜青虫、小菜蛾

每亩用 50g 复配制剂，防治效果可达 80%以上。十字花科蔬菜苗期喷施 1 次，定植后每隔 3～4 天喷施 1 次，连续喷施 3 次。以后每隔 7 天喷施 1 次，对防治靶标具有显著的防治效果。

（6）利用座壳孢菌剂防治温室白粉虱

田间喷施每毫升含孢量 200 万个座壳孢菌的菌剂，对温室白粉虱若虫的防治效果可达 80%以上。

（7）利用 10%浏阳霉素乳油防治螨类及蚜虫

用 1000 倍液在叶螨发生初期开始喷施，每隔 7 天喷施 1 次，连续喷施 2～3 次，防治效果可达 85%～90%。该制剂触杀作用较强，对天敌安全，尤其在螨类暴发成灾时效果十分显著。

（8）利用阿维菌素乳油防治叶螨类、鳞翅目、双翅目幼虫

利用 1.8%阿维菌素乳油，每亩用 5～10ml 稀释 6000 倍，每 15～20 天喷施 1 次，防治茄果类蔬菜叶螨效果可达 95%以上；每亩用 15～20ml，防治美洲斑潜蝇初孵幼虫，防治效果可达 90%以上，持效期 10 天以上。用 1.8%阿维菌素乳油 5～10ml 和 15～20ml 分别稀释 3000～4000 倍，叶面喷施，对 1 龄、2 龄小菜蛾及 2 龄菜青虫幼虫的防治效果在 90%以上。

（9）利用武夷菌素防治蔬菜真菌性病害

在瓜类白粉病、番茄叶霉病、黄瓜黑星病、韭菜灰霉病等病害初发期，选用 2%武夷菌素水剂 150 倍液，间隔 5～7 天喷施 1 次，连续喷施 2～3 次，有较好的防治效果。

（10）利用农抗 120 防治蔬菜真菌性病害

在黄瓜、西瓜枯萎病初发期，每株灌施 250ml 2%农抗 120 的 150 倍液，间隔 7 天，连灌施 2 次，防治效果可达 70%以上；叶面喷施农抗 120 的 150 倍液对瓜类白粉病、炭疽病、番茄早疫病、晚疫病，以及叶菜类灰霉病，也有较好的防治效果。

（11）利用农用链霉素、新植霉素防治蔬菜细菌性病害

用链霉素、新植霉素 4000～5000 倍液喷雾防治黄瓜、甜椒、辣椒、番茄、十字花科蔬菜细菌性病害，防治效果可达 80%以上。

（12）利用病毒制剂防治茄果类蔬菜病毒病

在番茄、甜椒 1～2 片真叶分苗时洗去幼苗根部的土，浸在弱毒疫苗 100 倍液中，30min 后分苗移植；也可在每 100ml 稀释好的弱毒疫苗 N14 液中加入 0.5g 400～600 目的金刚砂，用手指蘸取加了金刚砂的稀释液，食指和大拇指夹住叶片轻抹一遍，金刚砂可使幼苗叶表面造成细微的伤口,利于接种疫苗;还可用 9 根 9 号缝衣针绑在竹筷头上,蘸稀释液后轻刺叶面接种,除了对番茄、辣椒病毒病有较好的防治效果外,还能刺激作物生长,有促进果实早熟增产的作用。

(13)利用 83 增抗剂或抗毒剂 1 号防治蔬菜病毒病

利用 83 增抗剂 100 倍液或抗毒剂 1 号 150 倍液,在番茄、甜椒、辣椒定植前和缓苗后喷雾,对病毒病防治具有一定的防治效果。

4.7 化学防控

21 世纪仍需要农药,农药尤其是化学农药在防治设施栽培蔬菜病虫方面具有不可替代性,以其使用方便、见效快、效果好的优点,成为菜农首选的病虫防治措施。但从设施蔬菜病虫化学防治技术研究来看,研究基础相对薄弱,目前使用的技术大多是从露地蔬菜病虫化学防治技术中移植过来的。因设施栽培和露地栽培环境条件迥然不同,病虫化学防治技术包括选择农药的种类、药剂组合、使用技术、施药器械等,都与设施栽培的特殊系统不相适应,导致一些在露地蔬菜上很有效的防治措施往往在设施栽培条件下效果较差或没效果,这也是导致设施蔬菜化学农药使用量比较大的重要原因之一。尽管利用化学农药防治病虫害,给蔬菜产品和环境带来污染、病虫易产生抗药性等诸多问题,但不论是过去、现在还是将来,化学农药在蔬菜病虫防治中仍占有相当重要的位置。依据目前科学技术发展水平,至少在今后几十年内,要确保设施蔬菜丰产丰收,就必须防治蔬菜病虫害,防治病虫害就必须使用农药。化学防治仍将是设施蔬菜病虫害防治的主要措施。设施蔬菜生产离不开化学农药,当谈到化学农药对环境和蔬菜产生的污染问题时,就否定化学农药的作用,这是不客观的,也是不现实的,特别是我国国情也是不允许的,问题的关键是如何对症、适时、科学地使用农药,如何达到精准化施药,如何研究农药使用新方法,开发新剂型,实现"高毒农药低毒化,低毒农药微毒化,微毒农药无毒化"目标,如何达到农药具有生物合理、环境兼容、经济可行的要求,如何加强监管、扬长避短,充分发挥化学农药的优点,总结提出适合设施栽培系统的化学农药使用技术体系,将其副作用降低到最低程度,这才是对化学农药的正确认识。

4.7.1 化学防治在设施蔬菜病虫防治中的地位

虽然在预防和控制农作物病虫防治中采取的措施有物理、农业、生态、生物、化学防治等措施,但化学农药以其见效快、效果好、用量少等特点,成为种植者防治病虫害的首选方法,在病虫防治、保证作物稳产高产中发挥着极为重要的作用。据估计,如果不使用化学农药,全世界粮食将减产 50%,使用化学农药将挽回 15% 的损失。据笔者研究结果表明,温室栽培黄瓜、番茄如果不使用化学农药,仅靠非化学防治措施,产量损失则分别高达 85% 和 65% 左右。说明化学防治是现阶段设施蔬菜病虫防治不可替代的有效措施。

4.7.2 农药对环境的效应

农药对环境的效应一般为负效应,即对环境造成污染。所谓农药环境污染,是指由于人类直接或间接地向环境中排入了超过其自净能力的农药,从而使环境的质量降低,以致影响人类及其他生物安全的现象。农药对生态环境的影响首先表现在它对土壤、水体和大气等环境介质的污染,进而引起生物多样性减少,危及食品安全和人体健康。设施蔬菜一般都是区域连片连年种植,有利于农药残留累积,且农药使用量一般比较大,对土壤、地下水源等都造成不同程度的污染,成为农业重要的面源污染之一,控制化学农药过量进入环境刻不容缓,现已引起社会的广泛关注和有关部门的高度重视。

4.7.2.1 农药对土壤的效应

土壤是陆地生态系统物质循环与能量交换的中心,更是农业生态系统物质循环和能量交换的枢纽,还是人类最宝贵的自然资源与赖以生存的基础,没有它,就没有一切。土壤具有数量有限、面积和分布趋于固定和不可替代的特征。随着我国社会经济与工业化进程的不断发展和推进,土壤作为人类生息的基本资源,对我国不但珍贵,而且承受极大压力。土壤是农药在环境中的"贮藏库"与"集散地",同时土壤又是一个"净化器",施入菜田的农药大部分进入土壤,通过土壤自净之后,剩余部分残留于土壤环境介质中。研究表明,使用农药80%~90%的量将最终进入土壤。设施蔬菜生产是在相对密闭的生态系统中进行的,避免了雨淋日晒,农药喷施后自然降解能力降低,使日光温室土壤中的农药残留逐年积累,土壤中的有益微生物数量减少,有害微生物数量增加,导致蔬菜的病虫害不断加重、用药量随之增加的恶性循环。调查结果显示,日光温室蔬菜连作种植年限越长,病虫害发生越重,农药使用量越大,农药对土壤的污染越重。在连作1年、4年、8年日光温室内种植黄瓜,在当年没有使用任何化学农药的情况下,于黄瓜结瓜盛期采样,测试结果表明,黄瓜中的农药残留总量分别为0.001mg/kg、0.005mg/kg和0.025mg/kg。说明在设施蔬菜生产中,化学农药对土壤具有一定的污染效应。随着设施蔬菜栽培面积的增加,连作种植年限的延长,这种负效应将进一步加剧。

4.7.2.2 农药对水体的效应

农药对水体的污染途径主要是:①直接向水体施药;②菜田使用的农药随雨水或灌溉水向水体迁移;③农药生产、加工企业废水的排放;④大气中的残留农药随降雨进入水体;⑤农药使用过程中,雾滴或粉尘微粒随风飘移沉降进入水体及施药工具和器械的清洗等。

各种水体受农药污染的程度和范围,因农药品种和水体环境不同而不同。一般说来,农药的水溶解度越大,性质越稳定(或降解速率越小),农药使用后进入水体的可能性大,在水体的残留浓度也就越高。目前,在地球地表水域中,大多受农药污染,因为大气传输早已使远离社会文明的南北极地区水域中染上了"文明"的烙印——农药残留,其区别只是污染的程度不同。不同水体遭受农药污染程度的次序依次为菜田水>农田水>田沟水>径流水>塘水>浅层地下水>河流水>自来水>深层地下水>海水。由此可见,菜田水受农药污染程度最大。

地表水体中的残留农药，可发生挥发、迁移、光解、水解、水生生物代谢、水生生物吸收富集和被水域底泥吸附/解吸等一系列物理化学过程，其环境行为如图4-6所示。

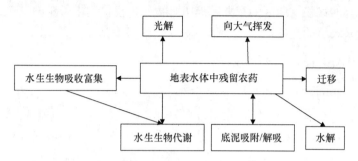

图 4-6　农药在地表水体中的环境行为示意图

中国科学院广州地球化学研究所应光国研究员、赵建亮博士和刘有胜博士研究小组，在流域水平上对我国珠江、长江、黄河、海河、辽河的多个断面水体和沉积物中二氯苯氧氯酚、三氯碳酰苯胺进行了系统监测。结果表明，二氯苯氧氯酚和三氯碳酰苯胺在我国河流的水体和沉积物中都具有较高的检出率，水体中最大浓度达到数百纳克每升，沉积物中最大浓度达到数千纳克每千克。

水是人民生活的必需品，水质的好坏，直接关系着人民生活的质量及身体健康。尤其在西部生态环境建设中，大面积退耕还林（草），发展设施农业，使农药等无机物投入相对集中，加之设施栽培环境的特殊性，农药对水体的污染日趋加剧，因此，要处理好建设小绿洲与保护"大生态"的关系。切忌绿了山，臭了水，顾此失彼。

4.7.2.3　农药对大气的效应

农药对大气污染的途径主要来源于：①地面喷雾或喷粉施药；②农药生产、加工企业废气直接排放；③残留农药的挥发等。大气中的残留农药漂浮物或被大气中的飘尘所吸附，或以气体与气溶胶的状态悬浮在空气中，空气中残留的农药将随着大气的运动而扩散，使大气中的污染范围不断扩大。而一些具有高稳定性的农药，如有机氯农药等能够进入大气对流层中，从而传播到很远的地方，使污染区域不断扩大。大气中的残留农药将发生迁移、降解、随雨水沉降等一系列物理化学进程，其行为可用图4-7来表示。

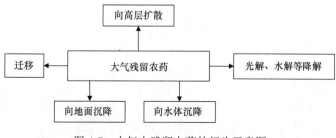

图 4-7　大气中残留农药的行为示意图

大气中的残留农药,主要通过大气传带的方式向高层或其他地区迁移,从而使农药对大气的污染范围不断扩大,目前,在远离农业活动的南北极地区及地球最高峰——喜马拉雅山峰顶上均发现有滴滴涕或六六六的残留,甚至在连终年居住在冰冻不化的、从来未接触过农药的格陵兰地区的爱斯基摩人体内,也已检测出微量的滴滴涕。设施蔬菜农药的使用量是农田的几倍甚至几十倍,对大气的污染是显而易见的。

4.7.2.4 农药对人体的负面影响

随着人类社会的发展,科学技术水平的提高,化学品对人们生活的影响越来越大。毫无疑问,化学品的使用给人们带来了许多好处,但同时也给人类带来了许多不利的影响。有研究表明,癌症疾病与致癌化学品的使用有关。农药是环境优先污染物,据有关资料显示,有96 000种化学物质进入了人类环境,在过去的100年间,人工合成的化学物质在全球的浓度从稍大于0增加到约1μg/g,如果工业产量每年以2%～3%的速度递增,那么可以预计全球化学物质的浓度在100年后将增加到ppm级,这是人类面临的严峻挑战。由此可见,控制化学物质进入环境是刻不容缓的任务。人类生活在化学的世界,因而长期暴露于化学品中。人体对农药吸收的途径和方式是多种多样的,通常是通过饮食、接触和呼吸三个途径(图4-8)。其中通过食物进入是主要途径,估计占80%以上。不同蔬菜作物对农药的吸收情况不一样,也就是说不同蔬菜作物体中农药残留有差异,对人体的负效应不同。研究结果表明,水溶性的农药要比脂溶性的农药容易被蔬菜作物吸收,根菜类和薯类作物吸收土壤中农药的能力要比叶菜类、果菜类强。通常最容易吸收土壤中农药的蔬菜作物是胡萝卜、菠菜、萝卜、马铃薯等,而像番茄、辣椒、卷心菜、白菜等吸收土壤中农药的能力较弱,但是黄瓜例外,对土壤中农药的吸收能力较强。

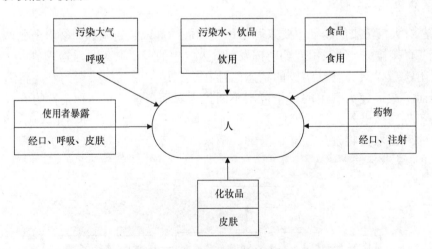

图4-8 农药进入人体的途径

残留于食物、蔬菜中的农药对人体的影响也与人们的饮食习惯和生活习性有关。例如,用水清洗蔬菜可以去除表面的残留农药。据试验,将蔬菜浸泡于水中20min,番茄中的二嗪磷去除率达80%以上,番茄和草莓中的倍硫磷去除率达40%以上,黄瓜中的百菌清、杀毒矾去除率分别为 30% 和 20% 以上。说明做好蔬菜食用前的清洗，可有效降低农药残留量，对人体健康有益。

农药对人体的为害分为急性为害和慢性为害两种。急性为害就是人体吸收一定剂量的农药，在短时间内表现出明显的不适症状，甚至出现危及生命的现象。不同农药中毒的临床表现特征不同，多表现为呼吸困难、体温下降或升高、寒战、过敏感、肌痛、口渴、食欲不振、皮肤过敏、流泪、瞳孔缩小或放大、头痛、恶心等。慢性为害就是人体吸收一定剂量的农药，短时间内表现症状不明显，通常没有明显症状，因此易被人们所忽视。慢性为害主要是对人体酶系统的影响，如有机磷农药对胆碱酯酶有抑制作用，从而对神经系统的功能产生影响。另外还有西维因对甲状腺功能的影响、有机磷对维生素 E 利用的影响等。其次是导致组织病理改变，如有机氯杀虫剂引起肝脏病变，有机磷农药引起神经中毒及运动失调。最后是引起"三致"作用，即致癌、致畸和致突变。如果使用的农药对脱氧核糖核酸（DNA）能产生损害作用，就可能干扰遗传信息的传递，引起子细胞突变。当致突变物质作用于生殖细胞，使生殖细胞发生变化时就会产生致畸，若引起细胞突变便可能致癌。

4.7.3 设施蔬菜农药使用现状及存在问题

通过深入陕西、宁夏、甘肃等北方省（自治区）设施蔬菜生产主产区实地调查、发放问卷等形式，走访蔬菜种植散户、专业合作社，对当地主要设施蔬菜病虫害防治、农药使用、农药管理现状进行全面调查，了解设施蔬菜的农药使用现状及存在问题，结果如下。

4.7.3.1 设施蔬菜农药使用现状

（1）化学农药防治仍占主导地位

调查结果显示，97% 的菜农表示防治病虫害以化学农药为主，约有 81% 的菜农认为喷施农药是最常用的防治病虫害方法，不用农药防治的几乎没有；物理、生物等病虫害防治措施有使用，但较少；约 84% 的人认为现有农药能有效防治蔬菜上的病虫害。

（2）菜农对农药使用有基本认识

菜农普遍认为，蔬菜使用农药和其他农作物相比有其特殊性，约有 69% 的人购买和使用农药时注意过农药毒性的高低，约 23% 的人有时注意，仅 8% 的人一般不注意；65% 的人不会选择毒性高、见效快的农药，但仍有 27% 的人表示会在病虫害发生严重时选择使用。

（3）化学农药使用种类分布情况

主要杀虫剂品种有吡虫啉、啶虫脒、高效氯氟氰菊酯、阿维菌素等 14 种；主要杀菌剂品种有腐霉利、异菌脲、嘧霉胺、多菌灵、甲基硫菌灵、百菌清等 27 种；植物生长调节剂主要有多效唑、乙烯利、赤霉素等 5 种，使用量中杀虫剂占 30%、杀菌剂占 65%、植物生长调节剂占 5%，除草剂极少使用。

4.7.3.2 设施蔬菜农药使用存在问题

(1) 农药使用水平低

农药使用水平比较低，主要体现在以下几个方面：一是任意加大用药量，仅有50%的人会按标签用量折算加药量，24%的人一般要高于标签用量，听经销商推荐使用量和凭经验用药各占13%，而且80%以上是徒手配药，加倍甚至超倍用药现象屡见不鲜。二是不能对症用药，选用农药与防治对象及作物安全需要不对应，甚至不是蔬菜登记用药，随意用药。三是防治适期把握不准，大多数菜农不掌握各类病虫害的防治适期，约52%的人见到病虫就打药，38%的人凭经验用药，10%的人选择咨询农技人员后用药；当防治效果不好时，59%的人会选择更换其他农药，22%的人选择多打几次或加大用量。四是使用方法掌握不当，约82%的人选择多种农药混合使用，55%的菜农喜欢选用兑水喷雾的农药产品，24%的人认为只要省时省力什么剂型都行，仅有18%的菜农挑选使用对人影响小的农药剂型。

(2) 安全用药意识仍有差距

在调查的菜农当中，93%的菜农知道高毒农药不能用在蔬菜上，但仅能说出其中1~5种，对国家规定蔬菜上禁限用农药品种不完全了解；32%的菜农知道农药安全间隔期，约57%的菜农知道略微，其余11%不知道；仍有41%的菜农打完药，根据农时该收就收，仅有8%的菜农听从农技人员指导采收。

(3) 用药监管和用药指导仍是薄弱环节

从调查结果来看，菜农对农药管理的部门及相关政策缺乏了解，对农药使用的相关要求也不清楚。基层农药管理部门主要以检查经营单位农药产品证件、标签为主，很少涉及使用监管，对农药质量管理缺乏应有的手段；90%以上受访菜农反映，农药使用技术是蔬菜生产各项技术中最难掌握的环节，只有不到一半的菜农参加过1~2次技术培训，而且培训的重点多为栽培技术，涉及农药使用的内容很少。

(4) 病虫害抗性问题突出

小菜蛾对溴氰菊酯的抗性高达10 000倍，对氰戊菊酯和马拉硫磷的抗性达3000倍，对氯氰菊酯的抗性也接近1000倍；菜蚜对抗蚜威的抗性高达6000倍，对氰戊菊酯的抗性超过500倍，对溴氰菊酯和马拉硫磷的抗性达400倍，对乐果、乙酰甲胺磷和敌敌畏的抗性达500倍，对氧化乐果的抗性达20倍。宣化、武汉、北京、云南的小菜蛾对阿维菌素的抗性倍数分别为3.7倍、5.7倍、15.7倍和22.3倍。抗性选育结果表明：小菜蛾对阿维菌素的抗药性随着选育代数的增加而增加，经27代后抗性已高达812.7倍。在使用苯并咪唑类杀菌剂2~5年后，灰霉病抗药菌株比例可达40%~100%，多菌灵等杀菌剂防治失效。

(5) 急需建立适合蔬菜质量安全生产需要的农药控制技术先进模式

设施蔬菜农药用量大、频次多、品种杂，长期以来，由于菜农安全用药意识淡薄，又缺乏科学的使用技术,大多从露地蔬菜病虫化学防治技术中移植过来,不能对症用药,不按安全间隔期要求采收;农药使用不当引起的蔬菜药害及贻误防治的事故频繁发生,不仅给蔬菜生产和农民收入带来严重损失,还影响农村的稳定。同时缺乏农药安全监管体系,违规滥用高毒农药。因此,设施蔬菜用药面临着既要充分发挥好农药的积极作用,防治病虫,保证产量,又要控制农药残留,最大限度地减少因使用农药影响蔬菜质量安全的两难抉择。如何集成植保、农药管理、农产品质量安全监管等各项措施,建立适合蔬菜质量安全生产需要的农药控制技术先进模式,并作为蔬菜无公害生产的重要内容进行示范推广,在优化农药使用结构,提高农药使用技术水平,实现科学、安全、经济有效使用农药的同时,降低农药残留、确保蔬菜质量安全,实现"保产保安全"的协调统一,已成为当务之急。

(6)农药残留问题已成为社会广泛关注的焦点

第二次世界大战以后,有机合成化学农药迅速兴起,不仅给农业生产带来革命性的变化,还给人类带来了不可估量的益处,它拯救了人类的生命,减轻了人们的痛苦,并给人们增添了经济上的收益。然而农药是把"双刃剑",它既可以保证农业免受有害生物为害,实现农业增收,又造成环境和农产品污染,甚至给人类带来"灾难性"的影响。如何科学地使用化学农药是保证设施蔬菜高产的关键措施之一,而使用不当就会对农产品质量安全和生态环境带来很大的负效应。近年来,因农药的过量及不科学使用引发的农产品质量安全问题已成为社会关注的焦点,海南的"毒豇豆"、青岛的"毒韭菜"、山东的"毒生姜""毒黄瓜"和陕西发生的激素黄瓜、催红番茄等事件均因农药问题引起。从农药残留超标到植物生长调节剂的使用,关于农药的安全话题,几乎每年都会有炒作,很多国民往往"谈药色变",甚至出现社会流传的"要想死得快,快吃大棚菜",渴望回到无化学农药的时代,尽管这些认识是对化学农药的误解和化学农药副作用的过度放大,但农药残留问题成为影响蔬菜质量安全的主要因素,这也是不争的事实,涂药黄瓜、有毒豇豆、甲醛白菜、农药违规使用、高毒农药泛滥,正在成为农产品质量安全的源头之祸,也成为设施蔬菜产业健康持续发展的关键,一旦出现因农药使用不当,造成重大蔬菜生产质量安全事故,就会对产业造成严重的创伤,如 2010 年海南"毒豇豆"事件曝光后,导致收购价暴跌,从每千克近 7.0 元降至不到 1.0 元,农民损失惨重,对产业造成致命打击。2013 年陕西渭南"失控农药"节目被央视《经济半小时》播出后,当地蔬菜价格暴跌,韭菜售价不足事件报道前的 20%。事实说明,发展无公害蔬菜生产任务十分艰巨,发展绿色蔬菜或更高端的有机蔬菜的难度可想而知。无论作为生产者、消费者、科技工作者还是管理者,都要清楚地认识到发展安全食品蔬菜的紧迫性和艰巨性。

4.7.3.3 设施蔬菜化学农药使用现状案例分析

为了客观准确地反映设施栽培蔬菜病虫防治的用药情况,选择具有代表性的日光温室栽培黄瓜,将其记载的黄瓜全生育期用药记录进行"拷贝"(表 4-42)。从表 4-42 可以看出,在黄瓜生长季节,农药使用次数十分频繁,黄瓜全生育期(定植—拔蔓,共 202 天)用药次数高达 39 次,在黄瓜产量形成的高峰期每隔 2~3 天喷施 1 次农药,甚至每隔 1 天喷施 1～2 种化学农药，这样做的结果一方面对环境和黄瓜造成了严重污染，另一方面增加了生产成本。此外，结合定点调查记录分析中还可以明确得出如下几点结论。

表 4-42　日光温室黄瓜农药使用情况记录表

时间(月/日)	农药种类	浓度倍数	药液量	施药方法	防治对象	时间(月/日)	农药种类	浓度倍数	药液量	施药方法	防治对象
11/6	杀毒矾	400	40	喷雾	霜霉	2/9	霜灰净烟剂	—	600	熏蒸	霜霉灰霉
11/15	多菌灵百菌清	500	40	喷雾	白粉+霜霉	2/11	金雷多米尔+康大壮	800	45	喷雾	霜霉
11/17	多菌灵百菌清	500	45	喷雾	白粉+霜霉	2/25	金雷多米尔	600	45	喷雾	霜霉
11/22	杀毒矾扑杀灵	400	37	喷雾	霜霉+斑潜蝇	3/1	白粉净	500	45	喷雾	白粉
11/30	无霜	400	45	喷雾	霜霉	3/2	金雷多米尔	600	45	喷雾	霜霉
12/4	杀毒矾	500	45	喷雾	霜霉	3/6	施佳乐	500	45	喷雾	灰霉
12/8	敌敌畏		800	熏蒸	斑潜蝇	3/7	金雷多米尔	600	45	喷雾	霜霉
12/11	多菌灵	300	300	灌根	根腐病	3/10	金雷多米尔	600		喷雾	霜霉
12/13	万霉灵杀毒矾	500	45	喷雾	霜霉根腐	3/18	金雷多米尔+康大壮	800	45	喷雾	霜霉
12/16	多菌灵代森锰锌	500	45	喷雾	白粉病+霜霉病+根腐病	3/26	金雷多米尔	600	45	喷雾	霜霉
12/17	万霉灵	500	45	喷雾	灰霉	4/3	金雷多米尔+绿菜宝	600	45	喷雾	霜霉病+斑潜蝇
12/18	黄瓜增长素	800	45	喷雾	生长点消失症	4/5	斑潜蝇净烟剂			熏蒸	斑潜蝇
12/23	万霉灵	500	45	喷雾	灰霉	4/10	金雷多米尔	600	45	喷雾	霜霉
12/26	百菌清	400	45	喷雾	霜霉	4/13	金雷多米尔	600	45	喷雾	霜霉
12/27	绿菜宝天力	800	45	喷雾	斑潜蝇	4/14	绿菜宝	800	45	喷雾	斑潜蝇
1/23	万霉灵	500	45	喷雾	灰霉	4/20	杜邦克露	600	45	喷雾	霜霉
1/29	立佳欣	600	45	喷雾	灰霉	4/23	百克	500	45	喷雾	霜霉
1/30	斑潜蝇净	800	45	喷雾	斑潜蝇	5/13	甲托	600	45	喷雾	白粉
2/3	万霉灵甲硫霉威	600	45	喷雾	霜霉	5/20	霜霉疫净	600	45	喷雾	霜霉
2/6	立佳欣高产素	800	45	喷雾	灰霉						

注：药液量的单位，液体为 ml，固体为 g

（1）农药用量大

定点调查 100 户种植黄瓜的菜农，每亩用药量 20kg 以上占 10%，10～20kg 占 20.9%，5～10kg 占 53.3%，5kg 以下仅占 6.7%。

（2）防治费用高

100 户种植黄瓜的菜农，每亩防治费用 2000 元以上、1000～2000 元、500～1000 元、300～500 元、300 元分别占 10%、20.9%、53.3%、9.1% 和 6.7%，平均防治费用约 820 元，占总收入的 8.9%。

（3）施药方式少

从施药方式来看，以喷雾方式为主，约占总施药次数的 85% 以上，烟剂熏蒸占 12%，其他施药技术应用很少，农药使用方法比较单一。

4.7.4 设施蔬菜中农药残留现状与原因分析

4.7.4.1 现状

笔者在黄土高原日光温室黄瓜棚采样，对黄瓜中农药残留量进行了测定，结果显示，高效氯氟氰菊酯、敌敌畏、甲基硫菌灵、百菌清的残留量依次为 0.26mg/kg、0.286mg/kg、0.628mg/kg 和 2.805mg/kg，分别是国际标准的 1.32 倍、1.26 倍、2.81 倍和 1.30 倍。韭菜中农药残留量问题也相当突出，有的菜农甚至采用国家明文禁止在菜田使用的剧毒农药"3911"进行根灌，造成蔬菜严重污染，结果导致消费者对食用黄瓜、韭菜等设施蔬菜产生了恐惧心理，提起蔬菜残留农药让人心惊肉跳。其他种类蔬菜农药使用及残留污染，尽管没有像黄瓜、韭菜生产中的问题突出，但残留超标问题依然存在。由于设施蔬菜栽培环境的特殊性，农药使用后自然降解能力显著下降而滞留于蔬菜产品中，蔬菜产品的农药残留量容易超标，并有逐年加重的趋势。居民"饭桌上的污染"日趋突出，因食用农药污染蔬菜而中毒的事件时有发生。设施蔬菜病虫防治的安全性及对生态环境的污染问题变得愈来愈突出，改变这种状况是十分紧迫而艰巨的任务。

4.7.4.2 蔬菜农药残留相关要素分析

农药残留量的大小，取决于使用农药品种、用药次数、农药使用量、安全间隔期等要素，也与高毒农药控制程度等管理措施有很大关系。综合分析认为，造成设施蔬菜农药残留问题，制约其无公害生产的关键因素有以下几个方面。

（1）使用农药品种结构不合理

设施蔬菜生产上使用的农药以常规品种为主，安全、高效、新型农药产品较少。生物制剂应用则更少。

（2）农药合理使用技术不到位

使用农药品种单一，每种蔬菜一个生长周期仅使用 3~4 个农药品种，甚至 1~2 个农药品种，使用次数超过 10 次以上，同功能的多种农药产品混用现象严重，不了解农药安全间隔期。

（3）农药使用追溯制度不严格

难以准确掌握农药使用状况，对农药残留超标无法进行追溯。

（4）高毒农药防范机制不健全

各蔬菜主产区基本建立了高毒农药防范有效机制，但缺乏相应的监管措施，在一些蔬菜集中生产区仍有蔬菜上禁止使用的农药销售，存在一定的安全风险。

4.7.5 设施栽培蔬菜病虫害化学防治策略

设施栽培蔬菜的生长环境温度变化幅度大，湿度高，植株生长处于亚健康状态，抗病性差，病害易流行。根据设施蔬菜病虫害种类、发生特点，按照"预防为主，综合防治"的原则，选取有代表性的黄瓜、番茄等蔬菜的主要病虫害种类进行了预防、治疗，以及预防和治疗不同用药策略的防效试验，结果见表4-43、表4-44。

表4-43 设施黄瓜主要病虫害不同用药策略防效对比

病虫种类	用药策略	药剂种类	制剂用量（ml/亩）	防效（%）
猝倒病	预防	6%春雷霉素可湿性粉剂	17.5	68
	治疗	70%敌磺钠可溶性粉剂	267	53
	预防+治疗	30%甲霜·噁霉灵水剂	330	72
立枯病	预防	2.5%咯菌腈悬浮种衣剂	0.2g/kg 种子	87
	治疗	70%敌磺钠可溶性粉剂	120	53
	预防+治疗	30%甲霜·噁霉灵水剂	330	95
霜霉病	预防	70%丙森锌可湿性粉剂	134	81
	治疗	250g/L嘧菌酯悬浮剂	12	59
	预防+治疗	68%精甲·锰锌水分散粒剂	80	85
灰霉病	预防	10%多抗霉素可湿性粉剂	140	75
	治疗	50%啶酰菌胺水分散粒剂	45	86
	预防+治疗	25%乙霉·多菌灵可湿性粉剂	61	88
炭疽病	预防	50%咪鲜胺锰盐可湿性粉剂	33.3	81
	治疗	10%苯醚甲环唑悬浮剂	7.8	71
	预防+治疗	40%多·福·溴菌腈可湿性粉剂	53.3	86
白粉病	预防	30%百菌清烟剂	267	71
	治疗	41.7%氟吡菌酰胺悬浮剂	12	87
	预防+治疗	30%己醇·醚菌酯悬浮剂	10	87
根结线虫	预防	35%威百亩水剂	6000	83
	治疗	10%噻唑膦颗粒剂	2000	25
	预防+治疗	35%威百亩水剂+10%噻唑膦颗粒剂	6000+2000	88
烟粉虱	预防	20%异丙威烟剂	200	42
	治疗	25%噻虫嗪水分散粒剂	12	87
	预防+治疗	6%联苯·啶虫脒微乳剂	30	90
斑潜蝇	预防	1.8%阿维菌素乳油	0.8	29
	治疗	75%灭蝇胺可湿性粉剂	10	88
	预防+治疗	25.9%阿维·灭蝇胺可湿性粉剂	5.5	92

根据试验研究结果和生产实践，提出了蔬菜不同病虫害的科学用药策略（表4-45），对一些病虫害必须以预防为主，若发生后进行治疗效果很差。例如，病毒病以种子处理和控制传毒介体进行预防为主；立枯病、猝倒病以种子和土壤处理进行预防；根结线虫、猝倒病、枯萎病、青枯病等土传病虫害必须在定植前做好土壤处理；番茄早疫病、晚疫

表 4-44　设施番茄主要病虫害不同用药策略防效对比

病虫种类	用药策略	药剂种类	制剂用量（g/亩或 ml/亩）	防效（%）
猝倒病	预防	35%威百亩水剂	1600	57
	治疗	70%敌磺钠可溶性粉剂	120	52
	预防+治疗	35%威百亩水剂+70%敌磺钠可溶性粉剂	1600+120	61
早疫病	预防	75%百菌清可湿性粉剂	100	84
	治疗	250g/L 嘧菌酯悬浮剂	80	69
	预防+治疗	560g/L 嘧菌·百菌清悬浮剂	100	90
晚疫病	预防	70%丙森锌可湿性粉剂	270	84
	治疗	722g/L 霜霉威盐酸盐水剂	45	80
	预防+治疗	678.5g/L 氟菌·霜霉威悬浮剂	76	88
灰霉病	预防	75%百菌清可湿性粉剂	100	66
	治疗	50%腐霉利可湿性粉剂	80	70
	预防+治疗	15%腐霉·百菌清烟剂	150	82
叶霉病	预防	3 亿 cfu/g 哈茨木霉菌可湿性粉剂	125	86
	治疗	10%氟硅唑水乳剂	40	78
	预防+治疗	47%春雷·王铜可湿性粉剂	115	85
病毒病	预防	0.5%氨基寡糖素水剂	30	60
	治疗	1.8%辛菌胺醋酸盐水剂	50	35
	预防+治疗	20%吗胍·乙酸铜可湿性粉剂	200	71
粉虱	预防	2.5%高效氯氟氰菊酯水乳剂	2	75
	治疗	70%啶虫脒水分散粒剂	3	89
	预防+治疗	6%联菊·啶虫脒微乳剂	30	93

表 4-45　设施栽培蔬菜常见病虫害防治策略

病虫种类	最佳用药时期	预防	治疗	预防+治疗
根结线虫	育苗或定植前土壤处理	√	×	×
黄瓜霜霉病	发病初期（有病斑出现）	√	×	√
各种蔬菜灰霉病	发病初期（花果期）	√	×	√
黄瓜根腐病	育苗或定植前土壤处理	√	×	×
黄瓜枯萎病	育苗或定植前土壤处理	√	×	×
黄瓜白粉病	发病初期（有病斑出现）	√	×	×
黄瓜黑星病	发现发病中心病株（初显病斑）	√	√	√
番茄早疫病	发病初期（有病斑出现）	√	×	√
番茄晚疫病	发病初期（有病斑出现）	√	×	√
番茄叶霉病	发病初期（有病斑出现）	√	×	√
番茄病毒病	未发病前	√	×	×
番茄青枯病	育苗或定植前土壤处理	√	×	×
番茄病毒病	未发病前喷增抗剂	√	×	×
猝倒病、立枯病	育苗前土壤处理	√	√	√
辣椒疫病	定植前	√	×	×
辣椒炭疽病	发病初期（有病斑出现）	√	×	√
辣椒病毒病	未发病前喷增抗剂	√	×	×

续表

病虫种类	最佳用药时期	预防	治疗	预防+治疗
茄子黄萎病	定植前处理土壤	√	×	×
韭菜疫病	在未发病前	√	×	×
韭菜灰霉病	在未发病前	√	×	×
芹菜斑枯病	在出现发病中心	√	×	√
粉虱	发生初期（未见3龄以上高龄幼虫）	×	√	×
斑潜蝇	单片叶幼虫3~5头，幼虫2龄前	×	√	×
叶螨	产卵前	×	√	×
蚜虫	百株1000~200头	×	√	×
棉铃虫、烟青虫	3龄前	×	√	×
斜纹夜蛾	3龄前	×	√	×
甘蓝夜蛾	3龄前	×	√	×
小菜蛾	3龄前	×	√	×
菜青虫	3龄前	×	√	×
蛴螬	定植前处理土壤	√	×	×
金针虫	定植前处理土壤	√	×	×
蝼蛄	定植前处理土壤	√	×	×

注：√表示采用，×表示不采用

病、灰霉病、叶霉病，黄瓜白粉病、霜霉病、灰霉病等侵染频繁、流行性强的病害在其发生前，采用保护剂预防为主，当田间出现病害症状时应选用具有预防和治疗作用的单剂或具有预防和治疗作用的两种药剂混用，否则，单纯采用预防或治疗性药剂很难控制病害流行；对于害虫的防治策略，强调在害虫发生初期喷药防治，如斑潜蝇、烟粉虱、白粉虱、蚜虫等应在初发期喷药，若在未发生时喷药或暴发后喷药，防治效果均比较差；防治潜叶蝇应在幼虫未蛀入叶片时施药；防治烟粉虱和白粉虱应在其发生初期未产卵前及时用药，即每株平均有成虫2~3头时进行；蚜虫应掌握为害叶片未卷曲前"点片"发生阶段即施药防治，才能获得事半功倍的效果，以上午7:00~11:00为最佳施药时间。

4.7.6 遵守农药使用准则，科学使用农药

目前使用的农药包括杀菌剂、杀虫剂、除草剂、杀螨剂、杀线虫剂及植物生长调节剂等。按其所含化学成分分为有机氯类、有机磷类、氨基甲酸酯类、拟除虫菊酯类等；按其对人畜和温血实验动物产生的毒害高低分为剧毒、高毒、中毒、低毒四类；按其对作用靶标的效果分为高效、中效和低效；按其在植物体内残留时间长短分为高残留、中残留、低残留和无残留；按照剂型分为水剂、水分散粒剂、可溶性液剂、可溶性粉剂、水乳剂、烟剂等。

4.7.6.1 农药安全使用准则

设施蔬菜农药使用和其他作物使用一样，必须严格遵守由原农牧渔业部（现农业部）、卫生部颁布的《农药安全使用规定》《农药安全使用标准》及国务院颁布的《中华

人民共和国农药管理条例》和《中华人民共和国农药管理条例实施办法》。

4.7.6.2 科学选择农药种类

在设施蔬菜中,应控制与防止农药污染蔬菜产品,确保蔬菜产品的安全生产,全面推广高效、低毒、无残留或低残留农药。以在蔬菜上取得登记的农药产品为基础,结合各类药剂生产应用情况(包括防治效果、存在问题、应用的普遍性等),允许使用中等毒性以下植物源农药、动物源农药和微生物源农药。在矿物源农药中允许使用硫制剂、铜制剂。有限度地使用部分有机合成农药,应按 NY/T 1276—2007、GB/T 8321.9—2009《农药合理使用准则(九)》、NY/T 393—2013《绿色食品 农药使用准则》的要求执行。严禁使用剧毒、高毒、高残留或具有"三致"(致癌、致畸、致突变)毒性的农药。筛选出适宜陕西地区设施黄瓜绿色生产的农药使用品种指导目录见第6章黄瓜最后附件。

4.7.6.3 选择适宜用药时间

针对设施蔬菜生产中用药时间合理性问题,我们以黄瓜和番茄几种病害为例,研究了喷药时间对防治效果的影响(表 4-46)。试验结果表明,在黄瓜、番茄不同生产时期上下午喷药防治效果差异很明显,4月上旬至10月上旬下午喷药防治效果略高于上午喷药,11月中旬至翌年3月下旬上午喷药防治效果显著高于下午喷药。分析其原因主要是设施栽培特殊的环境条件。设施栽培是一个半封闭系统,甚至在某一阶段几乎是全封闭系统,秋季蔬菜定植后,为了保温的需要,随着设施栽培蔬菜生育期的推进,每天的通风时间逐渐缩短,直至 1~3 月上旬每天的通风时间一般不超过 1h,致使棚室内空气湿度长时间处于饱和或接近饱和状态,而温度又低于黄瓜、番茄等蔬菜适宜的温度状态,甚至低于"黄瓜、番茄经济的最低温度"。此时若在上午喷药,可通过中午短时间通风,降低棚室内的湿度,避免因喷雾延长了棚室内空气饱和湿度持续的时间;若下午喷药,棚室内湿度饱和状态持续时间较上午喷药增加 3~4h,喷雾增加了棚室内的空气湿度,往往达不到预期的防治效果。

表 4-46 不同生产时期上下午喷药对黄瓜、番茄几种病害的防治效果对比

时间(日/月)	喷药时间	病害种类	农药种类及用量	防治效果
5/10	上午	黄瓜霜霉病	60%丙森·霜脲腈可湿性粉剂 45g	80.6%
		黄瓜灰霉病	40%嘧霉胺悬浮剂 36g	—
		番茄早疫病	75%肟菌·戊唑醇水分散粒剂 15g	81.1%
		番茄晚疫病	68%精甲霜·锰锌水分散粒剂 120g	79.2%
	下午	黄瓜霜霉病	60%丙森·霜脲腈可湿性粉剂 45g	86.6%
		黄瓜灰霉病	40%嘧霉胺悬浮剂 36g	—
		番茄早疫病	75%肟菌·戊唑醇水分散粒剂 15g	87.1%
		番茄晚疫病	68%精甲霜·锰锌水分散粒剂 120g	85.3%
5/11	上午	黄瓜霜霉病	60%丙森·霜脲腈可湿性粉剂 45g	82.9%
		黄瓜灰霉病	40%嘧霉胺悬浮剂 36g	—
		番茄早疫病	75%肟菌·戊唑醇水分散粒剂 15g	83.1%
		番茄晚疫病	68%精甲霜·锰锌水分散粒剂 120g	80.8%

续表

时间(日/月)	喷药时间	病害种类	农药种类及用量	防治效果
5/11	下午	黄瓜霜霉病	60%丙森·霜脲腈可湿性粉剂 45g	83.6%
		黄瓜灰霉病	40%嘧霉胺悬浮剂 36g	—
		番茄早疫病	75%肟菌·戊唑醇水分散粒剂 15g	85.7%
		番茄晚疫病	68%精甲霜·锰锌水分散粒剂 120g	83.1%
5/1	上午	黄瓜霜霉病	60%丙森·霜脲腈可湿性粉剂 45g	72.1%
		黄瓜灰霉病	40%嘧霉胺悬浮剂 36g	58.6%
		番茄早疫病	75%肟菌·戊唑醇水分散粒剂 15g	71.1%
		番茄晚疫病	68%精甲霜·锰锌水分散粒剂 120g	70.3%
	下午	黄瓜霜霉病	60%丙森·霜脲腈可湿性粉剂 45g	53.1%
		黄瓜灰霉病	40%嘧霉胺悬浮剂 36g	38.1%
		番茄早疫病	75%肟菌·戊唑醇水分散粒剂 15g	55.3%
		番茄晚疫病	68%精甲霜·锰锌水分散粒剂 120g	56.2%
5/3	上午	黄瓜霜霉病	60%丙森·霜脲腈可湿性粉剂 45g	70.6%
		黄瓜灰霉病	40%嘧霉胺悬浮剂 36g	63.8%
		番茄早疫病	75%肟菌·戊唑醇水分散粒剂 15g	75.8%
		番茄晚疫病	68%精甲霜·锰锌水分散粒剂 120g	74.1%
	下午	黄瓜霜霉病	60%丙森·霜脲腈可湿性粉剂 45g	58.5%
		黄瓜灰霉病	40%嘧霉胺悬浮剂 36g	45.3%
		番茄早疫病	75%肟菌·戊唑醇水分散粒剂 15g	60.1%
		番茄晚疫病	68%精甲霜·锰锌水分散粒剂 120g	57.8%
5/4	上午	黄瓜霜霉病	60%丙森·霜脲腈可湿性粉剂 45g	77.6%
		黄瓜灰霉病	40%嘧霉胺悬浮剂 36g	61.3%
		番茄早疫病	75%肟菌·戊唑醇水分散粒剂 15g	78.1%
		番茄晚疫病	68%精甲霜·锰锌水分散粒剂 120g	75.2%
	下午	黄瓜霜霉病	60%丙森·霜脲腈可湿性粉剂 45g	81.2%
		黄瓜灰霉病	40%嘧霉胺悬浮剂 36g	65.5%
		番茄早疫病	75%肟菌·戊唑醇水分散粒剂 15g	79.2%
		番茄晚疫病	68%精甲霜·锰锌水分散粒剂 120g	77.4%
5/5	上午	黄瓜霜霉病	60%丙森·霜脲腈可湿性粉剂 45g	80.2%
		黄瓜灰霉病	40%嘧霉胺悬浮剂 36g	65.1%
		番茄早疫病	75%肟菌·戊唑醇水分散粒剂 15g	81.6%
		番茄晚疫病	68%精甲霜·锰锌水分散粒剂 120g	77.2%
	下午	黄瓜霜霉病	60%丙森·霜脲腈可湿性粉剂 45g	88.1%
		黄瓜灰霉病	40%嘧霉胺悬浮剂 36g	72.5%
		番茄早疫病	75%肟菌·戊唑醇水分散粒剂 15g	87.4%
		番茄晚疫病	68%精甲霜·锰锌水分散粒剂 120g	84.8%

根据试验研究结果和生产实践，我们提出设施栽培蔬菜病虫害喷雾防治时间在 11 月中旬以后至第二年 3 月底以前这一时段，即夜间最低温度低于 12℃（白天打开通风口，夜间关闭通风口）时应以上午喷雾施药为宜，避免下午施药，以免造成棚室内夜间湿度

过大,加重病害的发生。11 月上旬以前和 4 月上旬以后时段内,即夜间最低温度高于 12℃(昼夜不关闭通风口)时,下午喷雾施药可提高防治效果。

4.7.6.4 选择合理施药方式

目前常用的施药方式包括喷雾法、喷粉法、熏蒸法、灌根法等。一般在大田条件下,喷雾法靶标部位受药均匀且剂量大,防效较好,为农药主要使用方法。而在棚室内,由于相对密闭,气流交换缓慢,空气相对湿度在大多时段内接近或处于饱和状态,在这种环境条件下若采用喷雾防治病虫害,其防治效果往往都比较差,因此施药方法与防治效果的关系甚为密切。为了找到适合设施棚室内的施药方式,我们选择黄瓜、番茄主要病虫害开展了不同施药方式研究,试验结果见表 4-47、表 4-48。

表 4-47 设施黄瓜主要病虫害不同施药方式防效比较

病虫害种类	施药方式	药剂处理	制剂用量	防效(%)
白粉病	土壤处理	64%噁霜·锰锌可湿性粉剂	203	26
	烟雾熏蒸	30%百菌清烟剂	267	73
	常规喷雾	41.7%氟吡菌酰胺悬浮剂	12	87
灰霉病	拌种	2 亿个/g 木霉菌可湿性粉剂	5g/100g 种子	31
	烟雾熏蒸	15%抑霉唑烟剂	300	84
	常规喷雾	50%啶酰菌胺水分散粒剂	45	86
根结线虫	土壤处理	35%威百亩水剂	40000	81.4
	灌根	95%噻唑膦乳油	2000	73
	常规喷雾	1.8%阿维菌素乳油	80	0
白粉虱蚜虫	灌根	10%氯噻啉可湿性粉剂	20	35
	烟雾熏蒸	20%异丙威烟剂	200	89
	喷雾	25%噻虫嗪水分散粒剂	12	87
细菌性角斑病	拌种	2%春雷霉素水剂	4g/100g 种子	36
	灌根	77%氢氧化铜可湿性粉剂	200	58
	喷雾	3%噻霉酮可湿性粉剂	88	83
霜霉病	土壤处理	68%精甲霜·锰锌水分散粒剂	80	30
	烟雾熏蒸	10%腐霉利烟剂	26.7	69
	常规喷雾	250g/L 嘧菌酯悬浮剂	12	88
猝倒病	灌根	20%乙酸铜可溶性粉剂	300	65
	苗床浇灌	722g/L 霜霉威盐酸盐水剂	85	58
	常规喷雾	722g/L 霜霉威盐酸盐水剂	66.6	53
炭疽病	土壤处理	40%多·福·溴菌腈可湿性粉剂	60	30
	灌根	10%苯醚甲环唑悬浮剂	12	22
	常规喷雾	10%苯醚甲环唑悬浮剂	7.6	71
斑潜蝇	土壤处理	0.5%阿维菌素颗粒剂	30	0
	烟雾熏蒸	20%异丙威烟剂	53	88
	喷雾	75%灭蝇胺可湿性粉剂	10	91

注:除表中标明外,液体药剂单位为 ml/亩,粉剂及烟剂为 g/亩

表 4-48　设施番茄主要病虫害不同施药方式防效比较

病虫害种类	施药方式	药剂处理	制剂用量	防效（%）
猝倒病	土壤处理	70%敌磺钠可溶性粉剂	120	63
	灌根	20%乙酸铜可湿性粉剂	250	46
	常规喷雾	3%甲霜·噁霉灵水剂	60	43
立枯病	拌种	2.5%咯菌腈悬浮种衣剂	20g/100kg 种子	89
	灌根	3 亿 cfu/g 哈茨木霉菌可湿性粉剂	5g/m²	84
	常规喷雾	50%多菌灵可湿性粉剂	90	75
灰霉病	土壤处理	50%二氯异氰尿酸钠可溶粉剂	15	49
	烟雾熏蒸	15%腐霉·百菌清烟剂	250	81
	常规喷雾	50%腐霉利可湿性粉剂	80	73
早疫病	土壤处理	722g/L 霜霉威盐酸盐水剂	40	54
	烟雾熏蒸	45%百菌清烟剂	200	91
	常规喷雾	560g/L 嘧菌·百菌清悬浮剂	100	83
病毒病	拌种	0.5%氨基寡糖素水剂	30	46
	灌根	20%吗胍·乙酸铜可湿性粉剂	200	33
	喷雾	1.8%辛菌胺醋酸盐水剂	50	52
斑潜蝇	烟雾熏蒸	10%异丙威烟剂	400	92
	常规喷雾	60%灭蝇胺水分散粒剂	20	86
粉虱	灌根	10%氯噻啉可湿性粉剂	20	33
	烟雾熏蒸	15%敌敌畏烟剂	240	92
	喷雾	25%噻虫嗪水分散粒剂	12	87

注：除表中标明外，液体药剂单位为 ml/亩，粉剂及烟剂为 g/亩

根据不同施药方式对病虫害防治效果的研究结果和多年的实践经验，提出设施蔬菜不同时期病虫害的合理施药方式：防治蔬菜种传和土传病原菌引起的根部病害，需要通过拌种或药剂处理土壤防治，达到更好的防治效果；若防治霜霉病、灰霉病、晚疫病等叶部发生的病害，在低温时期应用烟雾剂熏蒸或喷粉防治效果好，若在温度较高、棚内湿度较小的条件下应用喷雾防治效果更好。一般情况下，在陕西关中地区从 11 月中旬以后至第二年 3 月下旬以前以熏蒸法和喷粉法施药为主，10 月以前及第二年 4 月以后棚室通风口昼夜不关闭，棚室内空气相对湿度较低，施药应以喷雾法为主。

4.7.6.5　选用超低量喷雾器械

超低量喷雾是利用高速旋转的齿轮将药液甩出，形成 15～75μm 的雾滴，且可不加任何稀释剂或加少量稀释剂的一种喷雾方法，是农药使用技术的新发展。设施栽培，棚室相对密闭，具有超低量喷雾法应用的外部环境条件，对设施蔬菜病虫害的防治效果明显优于常规喷雾法。使用超低量喷雾器防治蔬菜病虫害，与常规的喷雾器械相比，超低量喷雾法有如下特点：①用水量少，功效高。超低量喷雾器用的是农药原液，或者只需经过极低倍数的稀释，因而它不需要大量的溶剂（水），喷雾防治的效率比传统的喷雾法提高 1～2 倍。②降低作业强度。每亩仅需喷施药液 100g 左右，而不是数十千克，甚至上百千克。因此，减轻了劳动强度，节省了劳动力。③雾滴均匀分布，药效期长。超

低量喷雾器不是将药液直接喷布在植物上，而是凭借风力使直径只有几十微米的雾滴分散飘移，再在植物周围的"微气流"作用下，将雾滴均匀分布在植物叶片及全株的正面、反面及侧面。该施药方法比加入大量水稀释后的药剂对害虫和病原菌的杀伤力高出几倍甚至几十倍，特别是对某些已产生抗药性的害虫效果更好，且药效期延长3～4天。④使用方法简便。手持超低量喷雾器喷药时机头始终保持在高出植物1m左右的高度上。由于这类喷雾器省去了药液喷头，药液在药瓶放下时自行流出。⑤避免或减轻了因喷雾防治增加棚室内的空气湿度。由于超低量喷雾法大大减少了水的使用量，避免了因喷雾防治增加棚室内的空气湿度，有利于提高防治效果。⑥减轻对土壤环境的污染。由于使用药液量减少，雾化程度高，药液流失量显著减少，减轻了对土壤环境的污染。

4.7.6.6　对症用药

设施蔬菜病虫种类繁多，农药的品种也越来越多，每种农药都有其主要防治对象，防治靶标对不同农药的反应也各不相同。因此，在确定具体防治靶标和了解农药性能的基础上，根据有害生物的不同种类，选准适宜的农药种类和使用方法才能做到对症用药，提高防效。在具体操作时要考虑到有害生物不同发育阶段对农药的反应不同，如害虫在低龄幼虫期对农药反应敏感，进入3龄后抗药性明显增强；针对病虫薄弱环节选择用药，如防治介壳虫时要在虫体表面蜡粉未形成之前用药，防治叶螨要以吐丝结网之前为用药最佳时期；根据有害生物的生理状态，选择适宜的施药适期，防治烟粉虱和白粉虱时要在早晨成虫活动比较弱时用药效果较好；防治病害时，一般发病初期为最佳用药时期，用药效果较好。在选用药剂时还要注意药剂的剂型，同一种农药的不同剂型效果不尽相同，一般乳油效果最好，可湿性粉剂、水剂次之，粉剂效果最差，但在蔬菜上为了降低农药残留一般不提倡使用乳油，建议使用可湿性粉剂和水剂。

4.7.6.7　适量用药

在设施蔬菜棚室栽培中，由于病虫为害重，农药使用量本身就很大，环境污染比较严重，若不科学用药，随意加大用量对环境造成的污染更大。因此在使用农药时一定要按照不同农药标签上推荐的剂量使用。随意增加用量，任意加大浓度，不仅造成浪费，增加成本，更重要的是加重对环境、蔬菜的污染。适量用药，首先要明确农药的有效成分含量及正确的稀释倍数，计算出准确的单位面积使用量。在此基础上，还要正确掌握施药次数和两次施药的间隔天数。

4.7.6.8　交替用药

交替使用农药，是农药合理使用的方法之一，在某一个地区某一种作物上对某一种防治靶标长期使用同一种农药，容易引起防治靶标对农药产生抗药性，尤其是一些菊酯类杀虫剂和内吸性杀菌剂，防治靶标会很快产生抗药性，使其防效降低或失去防治效果。交替用药可以延缓防治靶标对某种农药产生抗药性，延长农药使用寿命。

第 5 章 设施蔬菜病虫害预警技术

5.1 预警的概念

预警是一种以监测和预测为基础，研究病虫害流行的系统，突出作物重大的病虫害，重点研究病虫害发生和流行（负向发展）的趋势、速度和后果，主要描述病虫害流行系统的运行态势，包括演化方向、速度、状态、质变（突变）等，能够揭示平均趋势的波动、异常及突变点，并给出相应对策。

随着设施蔬菜生产面积逐年扩大，为病原物和害虫提供了良好的越冬及越夏场所，设施蔬菜病虫害的发生呈加重趋势。但在许多情况下，当病虫害显症时才开始进行防治已为时过晚，尤其是对于蚜虫和黄瓜霜霉病等暴发性病虫害来说更是如此，并且基于过去的数据进行预测，可能已经出现侵染症状而错过最好防治时机。近年来，关于植物病虫害预警系统方面的研究逐渐增多，此类系统明确要求在病虫害发生之前（显症前或侵染前）预先发出警报。

植保领域中应用病虫害预警系统始于 20 世纪 70 年代末期的美国，随后在世界各地得到较大发展，美国、日本、澳大利亚、法国、德国、荷兰、意大利等国都花费了大量人力和财力从事信息技术在农业生产病虫害预测中的应用研究。从美国伊利诺伊大学开发大豆病虫害诊断系统（PLANT/DS）及用于向棉花种植者推荐棉田管理和病虫害防治措施较为成功的一个农业专家预警系统（COMAX/GOS-SYM）、日本千叶大学研制的番茄病虫害诊断系统（MTCC）、瑞士开发出的谷物病害预测预报系统（EPRPRE），到德国病虫害预测预报计算机决策系统（PRO-PLANT），在农业生产病虫害的预测预报和诊断防治方面，研究应用农业病虫害预警系统取得了良好的实际效果。

20 世纪 80 年代以后，随着信息技术的不断进步及在植物保护研究领域的不断深入，我国也已开始发展计算机预报研究，经过近年来各地科技人员的努力，探索出多种利用计算机技术进行不同层面测报和诊断的理论与方法，并建立了一些软件系统。例如，浙江省农业科学院植物保护研究所、浙江省计算技术研究所等单位 1984~1986 年采用计算机建立稻瘟病和麦类赤霉病预测预报技术，对浙江 17 个县 29.3 万 hm^2 晚稻稻瘟病和 12 万 hm^2 麦类赤霉病的发生情况进行了预测预报，准确率分别达 80%和 75%。中国气象局新技术推广项目小麦条锈病日传染率预报模型及水稻稻瘟病和螟虫危害预报模型等已在小范围内应用。罗菊花的基于 GIS 的农作物病虫害预警系统，使用国产 SuperMap IS.NET 的 GIS 软件作为开发平台，以 C++语言作为编程语言，建立农作物病虫害预警系统，使用甘肃省庆阳地区西峰区 2002 年的小麦条锈病相关数据，展示该预警系统中病虫害预测功能的实现过程，并获得了与实际报道相吻合的预警结果。

在设施农业气象数据采集方面，孙忠富等（2001）研制了温室番茄生产实时在线辅助决策支持系统，不但能够对温室主要环境要素进行实时采集、存储、图表显示，而且能为用户提供实时管理信息服务，同时还能够对温室环境进行调控。中国农业大学 IPMist 实验室研制出气象和生物数据采集系统，能够对微小昆虫自动计时，同时在数据采集与温室控制方面对病虫害预测进行了探讨。

5.2 预警逻辑过程

借鉴其他领域预警研究，设施蔬菜病虫害预警过程从逻辑上可划分为明确警情、监测警兆、寻找警源、预报警度和排除警情等一系列相互衔接的过程。明确警情是预警的前提，是预警研究的基础；而监测警兆和寻找警源属于对警情的因素分析及定量分析；预报警度则是预警的目标所在；排除警情则是目标实现的过程。

5.2.1 明确警情

明确警情也就是明确预警的研究对象，通过系统分析的方法，确定系统的输入和输出。输入包括警兆和警源，输出主要指警情和排除警情的措施，最终形成预警指标体系。警情可以从构成指标和程度两个方面考察，预警一般采用发生期、发生率、严重度或病情（虫情）指数作为构成指标，而警情的程度通常分为无警、轻警、中警、重警和巨警5个警限级别，常见病害严重程度的等级划分即可作为警度划分的依据。其中，无警警限（安全警限）的确定最为关键，当警情指标的实际值不在安全警限范围内，则表明警情出现。结合具体情况，根据警情指标实际值来观测其落在哪一警限区域，以便检测其警度。

5.2.2 监测警兆

从警源产生到警情出现，其间必有警兆的出现。警兆是警情暴发之前的先兆，监测警兆是预警的基础。通常，同一警情指标往往对应多个警兆指标，而同一警兆指标也可能对应多个警源指标。对于设施蔬菜病虫害流行系统来说，寄主植物、病原物（害虫）、温室内外环境和栽培措施均与病虫害的发生有密切关系。由于涉及因素繁多，需要根据设施蔬菜病虫害流行学机制研究，结合生产实际，筛选确定关键的警兆指标，对整个生长季节进行持续监测，才能为预警系统提供可靠的数据来源。

5.2.3 寻找警源

警源是警情产生的根源。对于植物病虫害流行系统来说，感染的寄主植物、具有致病性的病原物（害虫）、发生环境和人类干预，即病害四面体是警情产生的根源。目前在预警的逻辑框架中，寻找警源的研究较少，主要依赖于经验判断；而这一中间环节承上启下，并决定是否报警及排除警情的方法，最终影响到产品安全。采用数据挖掘方法从大量历史数据中寻找警源与警兆的关系，结合专家知识构建寻找警源的方法，是构建设施蔬菜病虫害预警理论体系的关键。确定警兆之后，需进一步分析警兆与警情的数量关系，确定警区。

5.2.4 预报警度

预报警度是预警的目的。预报警度的主要任务是将警情信息通过各种通信手段及时传递给用户,提醒用户注意,重点是信息技术本身的问题。在预报警度中,需注意结合专家法和经验法提高报警精度。根据警兆变动情况,结合警兆变动区间,参照警情等级,运用定性和定量方法分析警兆报警区间与警情警限的实际关系,并结合专家意见及经验,便可预报实际警情的严重程度。

5.2.5 排除警情

排除警情是为用户排除警情提供决策支持。对于病虫害预警来说,就是按照"预防为主,综合防治,保护环境"的原则,针对每种警情向用户提出相应的对策建议,以排除警情。用户根据建议,选择适宜的防治方案并实施。实施的结果可以反馈给预警系统,以进行动态调节。

5.3 预警特点

5.3.1 病(虫)情累积性和突发性

设施蔬菜病虫害的发生是自然过程和人类活动影响下的结果,因此病虫害的发生程度会在时间和空间上有一个演替过程。在时间上表现为从量变到质变,在空间上表现为系统内部各要素的消长和进退。警情的累积性要求在农业病虫害预警分析中能涵盖一定的时间和空间范围,而警情的突发性则要求重在警情的预报,发现警兆并提出切实可行的措施。

5.3.2 警兆的滞后性

由于警情的累积性特征,病虫害为害产生的后果显露要相对滞后一段时间,当警兆表现出来以后,警情的为害性已经相当严重。因此,需要加强对蔬菜作物及其环境的实时动态监测,才能有效预防病虫害的发生。

5.3.3 预警的动态性

评价的取值一般是静态的、一次性的,结论也是一次性的,而预警的取值是多维的,是随不同时间而变化的序列,侧重对不同时间动态变化的分析,可加强动态描述。预警评价可以把握不同时期内不同病虫害所处状态及其演化趋势和速度。

5.3.4 预警的深刻性

预警的实现需要有评价和一般预测等大量工作作为基础,只有认识把握现状和演化趋势才能实现预警。预警阐明的环境问题对揭示环境本质及变化规律更为深刻、准确。可以说，预警研究的目的性、针对性更为集中、强烈，对环境的监督、管理作用更大，从而实现其警告与警示作用。

5.4 预警指标选择

5.4.1 预警指标筛选

预警指标体系是预警科学理论与相关专业理论结合的产物，也是两者沟通的桥梁。预警指标系统不仅可以独立作为预警系统使用，还可以为统计和模型预警系统提供变量基础。纵观和比较不同领域的预警指标体系，发现基本功能主要为监测—评价—预警。监测功能较为普遍，评价则多是基于量化的参数数值，以及采用专家打分法、因子分析法和层次分析法等确定的指标权重，通过加权平均得出综合预警指标值，再根据其所在值范围即可得出警情。但是农业生物灾害形成的因素相当复杂，简单的加权一般不能准确地反映警情。有的指标体系虽然考虑了病虫、寄主、气候与社会、经济及人为等诸多因素，但由于社会、经济因素的分级方法并不一定适合病虫害自然系统，因此在实际应用中还需检验。

预警指标的筛选应遵循以下 6 条原则。

（1）科学性

病虫害预警系统的指标选择应建立在科学的基础上，充分反映病虫害发生发展的内在规律，指标的定义和计算方法都要有科学依据，具有真实性和客观性。

（2）可操作性

病虫害发生机制复杂，影响因素繁多，在构建预警系统的指标体系时要考虑数据获得方便、计算简便等特点，使所构建的系统指标体系具有较强的可操作性。

（3）准确灵敏

准确指病虫害预警指标与其发生发展态势具有较高的关联度，指标的变化预示着病虫害的发生具有较高的灵敏度，能够准确、灵敏、迅速、及时地提供预警信号。

（4）简捷可靠

简捷指预警指标的选择既要全面又要避免繁杂，能够揭示警情的变化规律；可靠指预警指标数据的权威性和统计的一致性，统计数据的样本数量（时间序列）要足够大，以满足预警和不断调整的需要。

（5）互相匹配

互相匹配指预警指标要与具体的预警互相匹配，即警素不同，预警指标也各不相同。

（6）稳定性

稳定性指在病虫害变化过程中，预警指标随相对稳定的先行、同步和滞后的时间发生变化。

5.4.2 预警指标体系的内容

针对设施蔬菜病虫害的种群分布、空间分布及其时间分布特性，可将病虫害的预警指标体系主要分为警源指标、警兆指标和警情指标，它们之间密切相关。警情产生于警源，警源只有经过一系列的量变与质变过程，才能导致警情的暴发；警情在暴发之前总有一定的警兆出现；根据警兆指标的变化状况，联系警兆的报警区间，参照警素的警限确定警度。病虫害预警系统要以警情指标为对象，以警源指标为依据，以警兆指标为主体。其中警源指标以传染源和环境因素为主，警兆指标以病虫害症状为核心，警情指标以宏观表现（发病个体、发病率、空间分布）为核心。

5.4.2.1 警源指标

警源指警情产生的根源，用于描述警源的统计指标。从警源的生成机制来看，警源指标可分为两类：一类是作物本身因素的警源；另一类是由外部输入的警源，如温度指标、湿度指标和光照指标等。寻找警源既是分析警兆的基础，又是排除警患的前提。不同警素的警源指标各不相同，即使同一警素，在不同的时空范围内，警源指标也不相同。因此我们必须针对具体警素，寻根究底，顺藤摸瓜，直至找到问题的症结。病虫害预警警源指标为环境因素、管理因素和其他因素。环境因素包括光照指数、气温、湿度、土壤污染程度、降水量等；管理因素包括施肥次数、种植密度、浇水次数、人员管理水平等；其他因素包括作物的种植时间、作物品种、当前季节、种植坡度等。

5.4.2.2 警兆指标

警兆是指警素发生异常变化导致警情暴发之前出现的先兆，用于描述警兆的统计指标。一般不同的警素对应不同的警兆，相同的警素在特定时空条件下也可能表现出不同的警兆，因此必须建立起合理的警兆指标。警兆指标是预警指标的主体，是唯一能够直接提供预警信号的一类预警指标。警兆识别就是对预警指标进行时差分类、筛选，确定其中的先行指标。

5.4.2.3 警情指标

警情指标是预警体系研究对象的描述指标。警情是事物发展过程中出现的异常情况，也就是业已存在或将来可能出现的各种各样的问题，用于描述警情的统计指标。警情的严重程度可以采用警级来描述，一般分为五级：无警、轻警、中警、重警和巨警。

5.5 预警方法

预警方法指系统如何收集资料，进而如何分析整理资料，并提出预警信息，从而实现预警功能全过程的逻辑思想方法，按照不同的分类方式有不同的预警方法。

5.5.1 按照预警内容预警

按照预警内容可将预警分为发生期预警、发生量预警和灾害程度预警。

5.5.1.1 发生期预警

发生期预警指预警某种病虫害的状态或级别的出现期或危害期；对于具有迁飞、扩散习性的昆虫，预警其迁入或迁出本地的时期，并以此作为确定防治适期的依据。方法包括历期法、期距法、物候法和有效积温法。

历期法：根据某代或某虫态的发育历期，结合下段时间的温度等有关环境条件，推算出下一代或下一虫态的发生期，以确定未来的防治适期、次数和防治方法。

期距法：根据害虫某虫态或虫龄发生峰日相距防治适期的天数进行预警。

物候法：利用其他生物现象作为害虫发生期的预警指标。

有效积温法：每种昆虫完成某一发育阶段均需累积一定量的有效温度，即有效积温（K）。当环境温度（T）高于昆虫的发育起点温度（C）时，昆虫开始发育，通常有效温度（$T–C$）与完成某发育阶段所需的时间（D）成反比，其关系式为：$K=D/(T–C)$。

5.5.1.2 发生量预警

预警害虫的发生数量或田间虫口密度，估计害虫未来的虫口数量是否有暴发的趋势和是否会达到防治指标。发生量预警需要坚持多年积累有关资料，预警结果才具有可靠性。

5.5.1.3 灾害程度预警

在发生期、发生量等预警的基础上，根据作物栽培和害虫猖獗相结合的观点，进一步研究预警某种作物对病虫害最敏感的时期，是否完全与病虫害破坏力或侵入力最强且虫量日益增加的时期相遇，从而推断出病虫害程度的轻重或所造成损失的大小；配合发生量预警进一步划分防治对象田块，确定防治次数，并选择合适的防治方法，以争取病虫害治理的主动权。

5.5.2 根据时效预警

根据预警时效，可将预警分为短期预警、中期预警和长期预警。

短期预警：对病虫害几天以后的发生动态做出预警，一般为 7～10 天，也称为紧急预警。

中期预警：对病虫害 1 个月以上的发生动态做出预警，一般为 10～30 天，也称为警报。

长期预警：对病虫害几个月的发生动态做出预警，一般为 30 天以上。

5.5.3 预警方法分类

根据分析预警科学及各行业预警的研究情况，预警研究方法大体可以分为三类：一种是继承原有学科的预测方法,如植物病害流行与预测等理论和技术的预警研究,可称为经典预警方法;另一种是以分析警源、警情、警兆为理论核心的预警研究,可称为新预警方法;还有一种是以人工智能、光谱学等现代信息科学和分子生物学等现代生命科学理论方法为工具的预警研究,可称为现代预警方法。

对于预警方法的选择,要根据研究对象的不同灵活选择,甚至是三类方法综合使用。对于温室黄瓜霜霉病等重大病害,国内外植病流行学领域研究成果丰富,积累了大量研究数据和模型,可以采用经典预警方法来筛选指标和确定模型算法;新预警方法可以为模型提供逻辑框架,也有利于融合相关生产标准和操作规范;基于现代预警方法,如采用传感器实时监测警兆指标,用人工智能方法优化模型,用信息系统可视化的表达以促进预警体系的推广和利用。

5.6 病虫害预警案例

病虫害是制约设施蔬菜生产可持续发展的重要因子。病虫害预警系统是在病虫害预测预报的基础上发展起来的一种技术。病虫害预警的核心要求明确病虫害是否发生、什么时候发生,发生范围有多广、发生量有多大,对作物为害有多重,会造成多大的经济损失。本项目围绕设施蔬菜生产中重大病虫害为害频繁而预警技术薄弱的问题,以烟粉虱、美洲斑潜蝇和根结线虫 3 种主要病虫害为研究对象,在研究明确其种群的时间动态、空间动态和数量动态,作物受害所造成的产量和质量下降动态,作物补偿能力和群体动态,以及生物与非生物环境(如气象等)因子动态的基础上,做出科学的技术预警。

5.6.1 烟粉虱灾变预警技术

5.6.1.1 烟粉虱生长与温度的关系

(1) 生长速率与温度的回归方程

烟粉虱繁殖能力较强,繁衍周期短,在北方地区 1 年可发生 6~11 代,在低湿、高温条件下易暴发,耐高温能力较强,最佳发育温度为 18~21℃,可耐 40℃高温,完成 1 个世代需 19~31 天(表 5-1)。

表 5-1 烟粉虱世代历期与温度的关系

温度(℃)	18	24	27	33
世代历期(天)	31.5	24.7	22.8	18.7

根据烟粉虱各虫期(态)的生长速率(Y)与温度(X)之间的关系建立回归方程。表 5-1 表明,从总体上看,随着温度的升高,不同虫期的生产速率随之加快,并且各虫期比较相似,世代历期随着温度的上升,生长速率增加明显,生长速率与温度呈线性关系。

求得烟粉虱的生长速率(Y)随温度(X)变化的回归方程:

$$Y=0.0014X+0.0074 \ (R^2=0.9964)$$

(2) 发育起点温度和有效积温

烟粉虱完成其发育阶段需要从外界获得并积累一定热能。根据有效积温法则,当温度高于发育起点温度（C）时,烟粉虱开始发育,其完成某一发育阶段所需的总热量为有效积温（K）,采用最小二乘法求得发育起点温度和有效积温:

$$C = \frac{\sum V^2 \sum T - \sum V \sum VT}{n \sum V^2 - (\sum V)^2}$$

$$K = \frac{n \sum VT - \sum V \sum T}{n \sum V^2 - (\sum V)^2}$$

式中,T 为温度,V 为生长速率,n 为实验温度组数。

根据不同温度条件下烟粉虱的发育历期,计算出烟粉虱的发育起点温度和完成一个世代所需有效积温分别为 12.78℃ 和 278 日度。

根据气象资料查得大荔地区的日平均气温和温室大棚内 1～12 月的实测气温,分别计算烟粉虱的年有效积温和年发生世代数（表 5-2）。由表 5-2 可知,大荔地区在自然条件下烟粉虱年发生约 6.27 代,在温室大棚可越冬条件下,年发生世代可达 11.32 代。

表 5-2 烟粉虱在大荔地区的年发生世代数

栽培条件	年有效积温（日度）	世代有效积温（日度）	年发生世代数
自然条件	1743	278	6.27
温室大棚条件	3144	278	11.32

(3) 种群趋势指数

昆虫种群趋势指数是衡量一个昆虫种群增长率大小的参数,环境温度对烟粉虱的存活和繁殖均有明显的影响,根据不同温度下各发育期存活率和成虫繁殖力资料组建了烟粉虱实验种群特定年龄生命表（表 5-3）。

表 5-3 烟粉虱实验种群特定年龄生命表

发育阶段	温度（℃）						
	16	18	21	24	27	30	33
起始卵数	100	100	100	100	100	100	100
死亡率（%）	32.77	15.02	14.59	3.67	14.71	15.64	25.33
1～3 龄若虫期	67.23	84.98	85.41	96.33	85.29	84.36	74.67
死亡率（%）	26.71	15.79	11.31	4.76	9.72	18.59	16.44
进入伪蛹期	49.27	71.56	75.75	91.74	77.00	68.68	62.39
死亡率（%）	19.24	14.32	7.01	4.22	9.18	13.03	18.77
羽化成虫数	39.79	61.31	70.44	87.87	69.93	59.73	50.68
雌蛾数（性比1∶1）	19.90	30.66	35.22	43.94	34.97	29.86	25.34
世代存活率（%）	40.56	61.78	71.23	87.36	70.87	59.21	50.32
预计下一代卵量	0	1639.54	2837.33	3836.54	3399.01	2315.09	1756.67
种群趋势指数	0	16.40	28.37	38.37	33.99	23.15	17.57

根据烟粉虱实验种群生长的主要参数，计算各种温度下该虫的种群趋势指数，在所有实验温度（16℃除外）下，种群趋势指数均大于1，表明烟粉虱种群在处理温度下均为增长趋势。经回归计算，种群趋势指数（I）与温度（X）存在二次曲线关系：$I=210.3548+19.3394X-0.379613X^2$，$R=0.9728$；对回归关系的显著性进行方差分析，$F=35.27420$，显著水平$P=0.00288<0.01$，方程回归关系极显著。该曲线在$X=25.47$处有极值，$Y$最大值为35.96，这说明烟粉虱在恒温条件下种群趋势指数最大，可达到35.96。

5.6.1.2 烟粉虱种群预警模型

（1）烟粉虱存活率、产卵量与温度关系模型

不同温度下，烟粉虱存活率和产卵量见表5-4，结果表明：温度不仅影响烟粉虱的存活率，而且还影响其产卵量。在16～33℃，烟粉虱各虫态的存活率都在67%以上，说明此虫对温度的适应范围较宽。24℃时各虫态的存活率都比较高，在95%以上。

表5-4　烟粉虱不同虫态在不同温度下的存活率及产卵量

虫态	16℃	18℃	21℃	24℃	27℃	30℃	33℃
卵期（%）	67.23±1.2e	84.98±2.6b	85.41±1.9b	96.33±0.9a	85.29±1.2b	84.36±1.8b	74.67±1.2d
1～3龄若虫期（%）	73.29±1.6e	84.21±2.6c	88.69±2.3b	95.24±1.8a	90.28±2.3b	81.41±1.4d	83.56±1.1d
蛹期（%）	80.76±1.2d	85.68±2.3c	92.99±2.1b	95.78±1.9a	90.82±2.1b	86.97±1.7c	81.23±1.6d
成虫产卵前期（%）	73.25±1.2e	85.54±2.2c	86.12±1.3c	95.88±1.7a	89.32±2.2b	88.21±1.2b	79.32±1.5d
全世代（%）	40.56±1.3e	61.78±2.3c	71.23±1.7b	87.36±1.5a	70.87±2.3b	59.21±1.3c	50.32±1.6d
平均产卵量（个）	0	53.48±2.4f	80.56±1.8c	87.32±1.6b	97.21±2.4a	77.52±1.4d	69.32±1.7e

注：同列数据后有不同字母表示在0.05水平上差异显著

根据表5-4的数据，采用二次曲线拟合，得出不同温度（X）与烟粉虱存活率（Y）、产卵量（Y_1）关系的模型，各模型F值均达显著水平（$P<0.05$）。结果见表5-5，可以看出，通过对二次曲线方程求一阶导数，得到烟粉虱不同虫态的理论最适温度。卵期、1～3龄若虫期、蛹期、成虫产卵前期、全世代的理论最适温度分别为24.76℃、25.13℃、24.37℃、25.06℃和24.61℃，理论最适产卵温度为26.40℃。

表5-5　烟粉虱存活率、产卵量与温度之间关系的模型

虫态	预测模型	相关系数	F值	显著水平（$P<0.05$）	预测理论最适温度（℃）
卵期	$Y=-75.3576+13.5068X-0.2727X^2$	0.8949	8.0463	0.0396	24.76
1～3龄若虫期	$Y=-31.6741+9.8409X-0.1958X^2$	0.8700	6.2282	0.0490	25.13
蛹期	$Y=-16.6027+9.0761X-0.1862X^2$	0.9714	33.4185	0.0032	24.37
成虫产卵前期	$Y=-43.7198+10.9012X-0.2175X^2$	0.9284	12.4773	0.0191	25.06
全世代	$Y=-207.8722+23.3170X-0.4737X^2$	0.9313	13.0840	0.0176	24.61
产卵期	$Y_1=-457.4923+42.0243X-0.7959X^2$	0.9608	24.0498	0.0059	26.40

（2）烟粉虱种群增长模型

种群数量调查结果用种群增长模型$N_t=N_0 e^{rt}$（t为调查天数，N_t为烟粉虱种群数量）和逻辑斯蒂曲线$N_t=K/(1+e^{a-rt})$来拟合、分析。

将 2008 年和 2009 年在大荔地区温室和露地黄瓜植株叶片上连续调查的烟粉虱种群数量，用种群增长模型和逻辑斯蒂曲线进行拟合，求得烟粉虱在不同栽培条件下成虫的种群增长速率（r）和最大环境容纳量（K）值，结果见表 5-6 和表 5-7。

表 5-6 烟粉虱成虫在温室和露地黄瓜上的种群增长速率

种植条件	2008 年		2009 年	
	$\ln N_t = \ln N_0 + rt$	r	$\ln N_t = \ln N_0 + rt$	r
温室	$\ln N_t = 0.089t - 0.9365$ $R^2 = 0.9352$	0.089	$\ln N_t = 0.024t + 3.5617$ $R^2 = 0.9582$	0.024
露地	$\ln N_t = 0.073t - 0.7194$ $R^2 = 0.8370$	0.073	$\ln N_t = -0.017t + 4.2703$ $R^2 = 0.9582$	-0.017

注：$\ln N_t = \ln N_0 + rt$ 为种群增长模型 $N_t = N_0 e^{rt}$ 的转换形式

表 5-7 烟粉虱成虫在温室和露地黄瓜上的逻辑斯蒂增长模型

种植条件	2008 年		2009 年	
	$N_t = K/(1+e^{a-rt})$	K	$N_t = K/(1+e^{a-rt})$	K
温室	$N_t = 87.362/(1+e^{25.436-0.265t})$ $R^2 = 0.9775$	87.362	$N_t = 121.69/(1+e^{8.861-0.171t})$ $R^2 = 0.8920$	121.697
露地	$N_t = 16.417/(1+e^{482.63-5.43t})$ $R^2 = 0.8370$	16.417	$N_t = 18.291/(1+e^{-18.376+0.76t})$ $R^2 = 0.7659$	18.291

由表 5-6 和表 5-7 可知，温室中烟粉虱成虫的种群增长速率大于露地栽培，说明温室栽培的作物烟粉虱种群增长快于露地；温室中烟粉虱成虫的种群最大环境容纳量也大于露地栽培，说明露地栽培受环境及其他生物因子的影响较大，K 值较低，温室栽培受环境的影响较小，K 值相对较高。

（3）种群发生预测模型

2007～2008 年气温与烟粉虱诱量变化见表 5-8。大棚内烟粉虱周年发生，进入 6 月，即平均气温稳定在 18℃后，为快速上升期，一直到 6 月上旬其种群数量仍处于较高水平，之后由于旬平均气温持续保持在 26℃以上，种群数量有所回落。进入 9 月上旬，随着气温的再次适宜，其种群数量又回升成峰，并对秋季蔬菜造成严重为害。到 10 月中下旬种群数量锐减，并迁至大棚内活动。根据种群数量动态预测模型对气象要素筛选分析，平均气温与种群动态存在显著相关关系，并可建成中长期预测模型。运用生物统计分析，气温对烟粉虱种群数量的影响主要分为 4 个阶段。

表 5-8 2007～2008 年气温与烟粉虱诱量变化表

旬期	温度（℃）	单板诱量	旬期	温度（℃）	单板诱量	旬期	温度（℃）	单板诱量	旬期	温度（℃）	单板诱量
1 月上	-1.9	0	4 月下	19.6	235	7 月中	27.2	223	10 月上	15.6	137
1 月中	-1.6	0	5 月上	20.9	329	7 月中下	27.0	212	10 月中	13.3	101
1 月下	-0.9	0	5 月中	22.1	459	7 月下	26.8	207	10 月下	11.7	46
2 月上	0.7	0	5 月下	23.7	531	8 月上	25.6	167	11 月上	9.6	35
2 月中	0.8	3	6 月上	25.2	567	8 月中上	24.8	157	11 月中	8.0	20
2 月下	3.6	3	6 月中上	25.8	534	8 月中	24.2	136	11 月下	5.6	10
3 月上	6.6	5	6 月中	26.4	504	8 月中下	23.9	187	12 月上	3.1	8
3 月中	9.1	10	6 月中下	26.5	473	8 月下	23.5	248	12 月中	1.3	7
3 月下	12.6	11	6 月下	26.7	316	9 月上	22.5	447	12 月下	0.7	6
4 月上	16.4	47	7 月上	26.9	289	9 月中	21.0	371	1 月上	-0.6	6
4 月中	18.6	107	7 月中上	27.0	251	9 月下	18.9	306	1 月中	-0.9	5

1月上到6月下的平均气温（T_1）与诱量（M_1）呈显著正相关，其相关符合逻辑斯蒂模型：

$$M_1=588.2224/[1+\exp(14.2280–0.697T_1)] \qquad (R^2=0.9980)$$

6月上到7月中上的平均气温（T_1）与诱量（M_1）呈显著负相关，其相关方程为二次曲线：

$$M_1=–106\,344.6162+8363.1676T_1–163.5345T_1^2 \qquad (R^2=0.9643)$$

7月中到8月下的平均气温（T_1）与诱量（M_1）相关方程为二次曲线：

$$M_1=15\,515.5612–1214.8590T_1+24.006T_1^2 \qquad (R^2=0.8513)$$

9月上到翌年1月中的平均气温（T_1）与诱量（M_1）相关符合逻辑斯蒂模型：

$$M_1=601.4552/[1+\exp(5.8308–0.3047\,T_1)] \qquad (R^2=0.9982)$$

应用上述4种预测模型，不设置信区限进行直接回测，各模型吻合率平均为70.7%以上，总体上具有良好的预测拟合效果。

（4）烟粉虱防治指标（ET）的确定

防治指标（ET）的确定，首先取决于作物的经济损失允许水平（EIL），而经济损失允许水平的确定，又与生产水平（Y）、产品价格（P）、防治费用（CC）和防治效果（EC）等因素有关，但考虑到经济效益和生态效益，得失相当的防治往往是弊多利少，故增设校正系数（F），以提高防治费用1倍为原则，所以F值取2，则经济允许损失（EIL）为：EIL=(CC×F)/(Y×P×EC)×100%。

根据当前的一般生产水平（以渭南地区温室黄瓜和圣女果为例），黄瓜产量在5000kg/亩左右，圣女果在4000kg/亩左右，产品价格（P）每千克黄瓜平均为5元，圣女果为7元，防治费用为50元/亩，防治效果以85%计算，则经济损失允许水平为EIL$_{黄瓜}$=0.47%，EIL$_{圣女果}$=0.42%。

根据烟粉虱为害系数（Py）（经计算为2.63kg每叶1头）、防治成本（CC）、防治效果（EC）、害虫自然生存率（SC）、蔬菜价格（P），用以下公式计算防治经济阈值（ET）：ET=CC/(Py×EC×SC×P)。以2008～2009年渭南地区的实际情况为例，黄瓜：CC=50元，EC=85%，SC=79.03%，P=5；圣女果：CC=50元，EC=85%，SC=79.03%，P=7，则黄瓜经济阈值ET=5.66头/叶，圣女果经济阈值ET=4.04头/叶。

由于烟粉虱叶片背面为害，吸食汁液，其排泄物严重污染蔬菜下部叶，影响光合作用，也容易造成煤污病的发生，预测对产量的损失要大于直接为害，确定其污染指数为2，因此黄瓜上防治阈值要控制到5.66/2=2.83头/叶，圣女果上防治阈值要控制到4.04/2=2.02头/叶，经过田间应用证明，基本适用。

5.6.2 美洲斑潜蝇灾变预警技术

5.6.2.1 美洲斑潜蝇生长与温度的关系

（1）生长速率与温度的回归方程

在室内变温下饲养美洲斑潜蝇，根据日平均温度，利用有效积温法和最小自乘法，计算得出室内自然变温条件下各虫态发育起点温度和有效积温（表5-9）。

表 5-9　变温条件下美洲斑潜蝇各虫态的发育起点温度和有效积温

虫态	卵	幼虫	蛹	全世代
发育起点温度（℃）	14.0	12.0	8.4	12.7
有效积温（日度）	47.1	51.8	183.9	299.7

根据各虫态发育起点温度和有效积温，结合渭南地区气象资料推测：在渭南地区自然条件下，美洲斑潜蝇年发生约 5.3 代；温室大棚可越冬条件下，年发生世代可达 10.8 代。其发育适温区为 18～30℃，最适温度为 26～28℃，35℃为亚致死高温区，40℃为高温致死区，为预测预警奠定了基础。

通过室内变温饲养，得到了不同平均温度下该虫的世代发育历期（表 5-10），对美洲斑潜蝇各虫期（态）的生长速率（Y）与温度（X）之间的关系建立回归方程。

表 5-10　不同平均温度下美洲斑潜蝇的世代发育历期

温度（℃）	12.7	14.5	19.4	20.9	23.7	24.8	25.6	26.4	27.3
历期（天）	82.0	78.3	31.3	30.3	24.3	20.3	19.3	18.4	17.4

根据表 5-10 的资料，美洲斑潜蝇生长速率（v）与温度（t）的关系可用以下回归方程表示：

$$v = -0.03176 + 0.003225t \quad (R^2 = 0.9916)$$

可见，随着温度的升高，不同虫期的生产速率随之加快，并且各虫期比较相似，世代发育历期随着温度的上升，生长速率增加明显，生长速率与温度呈线性关系。

（2）种群趋势指数

昆虫种群趋势指数是衡量一个昆虫种群增长率大小的参数，环境温度对美洲斑潜蝇的存活和繁育均有明显的影响，根据不同温度下各发育期存活率和成虫繁殖力资料组建了美洲斑潜蝇实验种群特定年龄生命表（表 5-11）。

表 5-11　美洲斑潜蝇实验种群特定年龄生命表

发育阶段	温度（℃）						
	17.5	20.0	22.5	25.0	27.5	30.0	35.0
起始卵数	100	100	100	100	100	100	100
死亡率（%）	12.35	4.63	4.96	8.00	8.81	7.36	13.36
幼虫期	87.65	95.37	95.04	92.00	91.19	92.44	86.44
死亡率（%）	26.71	15.79	11.31	4.76	9.72	18.59	16.44
蛹期	64.22	80.31	84.29	87.53	82.33	75.26	72.23
死亡率（%）	25.96	17.11	5.56	5.00	18.89	17.14	100
羽化成虫数	47.55	66.57	79.20	83.17	66.78	62.36	0
世代存活率（%）	47.75	68.01	80.62	84.92	67.56	62.60	0
预计下一代卵量	0	2150.21	2728.44	3027.39	4113.65	3710.42	0
种群趋势指数	0	21.50	27.28	30.27	41.14	37.10	0

根据美洲斑潜蝇实验种群生长的主要参数，计算不同温度下该虫的种群趋势指数，在所有试验温度（17.5℃、35℃除外）下，种群趋势指数均大于 1，表明美洲斑潜蝇种群在处理温度下均为增长趋势。经回归计算，种群趋势指数（I）与温度（X）存在二次曲线关系：$I = -0.4843X^2 + 25.587X - 299.85$，$R^2 = 0.93$，对回归关系的显著性进行方差分析，$F$ 值为 35.274 20，显著水平 $P=0.002\ 88<0.01$，方程回归关系极显著，种群趋势指数最大，为 38.11。

5.6.2.2 美洲斑潜蝇种群预警模型

（1）美洲斑潜蝇存活率、产卵量与温度关系模型

不同温度下，美洲斑潜蝇的存活率和产卵量见表 5-12，结果表明：温度不仅影响美洲斑潜蝇的存活率，而且还影响其产卵量。在实验温度范围内，美洲斑潜蝇各虫态的存活率都在 70%以上，说明此虫对温度的适应范围较宽。25℃时各虫态的存活率都比较高，在 90%以上。

表 5-12 美洲斑潜蝇不同虫态在不同温度下的存活率及产卵量

发育时期	17.5℃	20.0℃	22.5℃	25℃	27.5℃	30℃	35℃
卵期（%）	87.65	95.37	95.04	92.00	91.93	92.44	86.44
1 龄幼虫（%）	78.69	85.30	90.31	97.24	89.30	73.84	81.74
2 龄幼虫（%）	69.59	83.51	86.38	92.15	92.25	84.90	83.51
3 龄幼虫（%）	71.58	83.82	92.37	96.32	89.30	85.50	85.43
幼虫期（%）	73.29	84.21	89.69	95.24	90.28	81.41	83.56
蛹期（%）	74.04	82.89	94.44	95.00	81.11	82.86	0
全世代（%）	47.75	68.01	80.62	84.92	67.56	62.60	0
平均产卵量（个）	0	64.6	68.9	72.8	123.2	119.0	0

由表 5-12 可知，温度对美洲斑潜蝇雌成虫的平均产卵量有明显影响。其平均产卵量（Y）与温度（X）之间的关系模型为：$Y = -4.8417X^2 + 269.3464X - 3315.2981$（$R^2=0.9693$），即抛物线方程加以拟合。通过对二次曲线方程求一阶导数，得到美洲斑潜蝇理论最适产卵温度，为 28.6℃。

（2）美洲斑潜蝇种群增长模型

种群数量调查结果用种群增长模型 $N_t=N_0 e^{rt}$ 和逻辑斯蒂曲线 $N_t=K/(1+e^{a-rt})$ 来拟合、分析。

将 2008 年和 2009 年在大荔地区温室和露地黄瓜植株叶片上连续调查的美洲斑潜蝇种群数量，用种群增长模型和逻辑斯蒂曲线进行拟合，求得美洲斑潜蝇在不同栽培条件下成虫的种群增长速率（r）和最大环境容纳量（K）值，结果见表 5-13 和表 5-14。

（3）种群发生预测模型

大棚内美洲斑潜蝇周年发生，进入 3 月，即平均气温稳定在 15℃后，为快速上升期，

表 5-13　美洲斑潜蝇成虫在温室和露地黄瓜上的种群增长速率

种植条件	2008 年		2009 年	
	$\ln N_t = \ln N_0 + rt$	r	$\ln N_t = \ln N_0 + rt$	r
温室	$\ln N_t = 0.027t + 5.839$　$R^2 = 0.912$	0.027	$\ln N_t = 0.038t + 7.396$　$R^2 = 0.908$	0.038
露地	$\ln N_t = 0.019t + 2.704$　$R^2 = 0.863$	0.019	$\ln N_t = 0.023t + 11.258$　$R^2 = 0.884$	0.023

注：$\ln N_t = \ln N_0 + rt$ 为种群增长模型 $N_t = N_0 e^{rt}$ 的转换形式

表 5-14　美洲斑潜蝇成虫在温室和露地黄瓜上的逻辑斯蒂增长模型

种植条件	2008 年		2009 年	
	$N_t = K / (1 + e^{a-rt})$	K	$N_t = K / (1 + e^{a-rt})$	K
温室	$N_t = 5.814 / (1 + e^{4.155 + 0.498t})$　$R^2 = 0.787$	5.814	$N_t = 6.431 / (1 + e^{9.811 + 0.509t})$　$R^2 = 0.792$	6.431
露地	$N_t = 3.124 / (1 + e^{3.585 + 0.169t})$　$R^2 = 0.678$	3.124	$N_t = 3.069 / (1 + e^{4.243 + 0.19t})$　$R^2 = 0.684$	3.069

一直到 5 月下旬由于棚内温度过高，种群数量迅速下降。进入 9 月下旬，随着气温的再次适宜，其种群数量又回升成峰，并对秋季蔬菜造成严重为害。到 10 月中下旬种群数量锐减，并迁至大棚内活动。根据种群数量动态预测模型对气象要素筛选分析，平均气温与种群动态存在显著相关关系，并可建成中长期预测模型。

根据黄瓜瓜生长期气温及黄板幼虫资料，运用生物统计分析，即可完成发生期、发生量和灾害程度预警。

发生量预警：采用种群动态模拟法预测，根据该种生命系统种群数量动态结构，以 Morris-Watt 数学模型预警，其方程为：$I = Se \times SL \times SP \times SA \times P_♀ \times F = N_1 / N_0$。

式中，I 为种群趋势指数；Se、SL、SP、SA 分别为卵、幼虫、蛹和成虫的存活率（%）；$P_♀$ 为雌性比（%）；F 为产卵量（粒/♀）；N_0 为当代虫口数量；N_1 为下代虫口数量。

美洲斑潜蝇从 $N_0 \to N_1$ 的过程中，其种群趋势指数受到世代、产卵历期、雌虫寿命、日平均温度等的影响，同时还需要蔬菜受害程度的数据，才能求 N_0 和预测的受害率。通过应用模拟表明，发生期预警准确率达 95.0%。

灾害程度预警：利用渭南各蔬菜产区 2007～2009 年的多点调查资料，通过对平均受害叶率和发生面积与为害损失相比较，将发生为害程度分为小发生、中等偏轻、中等、中等偏重和暴发 5 个等级。当作物平均受害叶率 10%以下、发生面积 20%以下时为小发生；平均受害叶率 11%～20%、发生面积 21%～30%时为中等偏轻发生；平均受害叶率 21%～30%、发生面积 31%～40%时为中等发生；平均受害叶率 31%～40%、发生面积 41%～50%时为中等偏重发生；平均受害叶率在 41%以上、发生面积在 51%以上时为暴发。但平均受害叶率预测值与实况相差 17.9%。

发生期预警：根据渭南地区各县植保植检站 2007～2009 年系统监测和田间调查发现，在重发区（虫叶率达 100%，虫情指数 60 左右），当虫叶率达 5%～10%，虫情指数为 1～2 时应立即防治；在轻发区（虫叶率 20%以下，虫情指数 5 以下）和较重发生区（虫叶率 20%～60%，虫情指数 5～15），该指标可分别放宽到虫叶率 10%～15%和 15%～20%，虫情指数分别为 3～5 和 5～6。

(4) 美洲斑潜蝇防治指标（ET）的确定

防治指标（ET）的确定，首先取决于作物的经济损失允许水平（EIL），而经济损失允许水平的确定，又与生产水平（Y）、产品价格（P）、防治费用（CC）和防治效果（EC）等因素有关，但考虑到经济效益和生态效益，得失相当的防治往往是弊多利少，故增设校正系数（F），以提高防治费用1倍为原则，所以F值取2，则经济允许损失水平（EIL）为：EIL=(CC×F)/(Y×P×EC)×100%。

根据当前的一般生产水平（以渭南地区温室黄瓜和圣女果为例），黄瓜产量在5000kg/亩左右，圣女果在4000kg/亩左右，产品价格（P）每千克黄瓜平均为5元，圣女果为7元，防治费用为50元/亩，防治效果以85%计算，则经济损失允许水平为$EIL_{黄瓜}$=0.47%，$EIL_{圣女果}$=0.42%。

根据美洲斑潜蝇为害系数（Py）、防治成本（CC）、防治效果（EC）、害虫自然生存率（SC）、蔬菜价格（P），用以下公式计算防治经济阈值（ET）：ET =CC/(Py×EC×SC×P)。以2008~2009年渭南地区的实际情况为例，黄瓜：CC=50元，EC=85%，SC=79.03%，P=5；圣女果：CC=50元，EC=85%，SC=79.03%，P=7，则黄瓜经济阈值ET=4.53头/叶，圣女果经济阈值ET=6.67头/叶。

由于美洲斑潜蝇吸食叶肉，直接影响光合作用，确定其污染指数为1，因此黄瓜上防治指标ET为4.53头/叶，圣女果上防治指标为6.67头/叶，经过田间应用证明，符合实际。

5.6.3 根结线虫病灾变预警技术

5.6.3.1 根结线虫病为害调查方法

2010~2012年每年3~8月，选择陕西棚室蔬菜主要产区共36个市县区40个样点，田间采用5点取样法，进行根结线虫发生为害调查，观察为害症状，详细记录不同设施类型受害株率、根结级别（0级：根系上无根结；1级：10%以下根系有根结，但根结间相互不连接；2级：11%~30%根系有根结，仅有少量根结连接；3级：31%~75%根系有根结，半数以下根结相互连接，部分主根和侧根变粗并呈畸形；4级：75%以上根系有根结，根结之间相互连接，多数主根和侧根变粗并呈畸形）及根结指数，并利用GPS记录各调查点的经纬度数据。

$$根结指数 = 100 \times \sum \frac{各级受害株数 \times 级别数}{总调查株数 \times 最高级别数}$$

5.6.3.2 人工神经网络模型的建立

使用人工神经网络（ANN）中的径向基神经网络对陕西省根结线虫病发生情况进行建模分析。根结线虫病预测的径向基神经网络结构如图5-1所示，针对不同的根结线虫发生相关的各项指标预测，输入向量及输出向量各有不同，其中x_i^q（i=1，2，…，m）表示输入层单元，即土壤温湿度、降水量、海拔等环境因子，$w1_{iq}$（i=1，2，…，m）表示输入层到隐藏层的权值,即各环境因子在根结线虫为害指标中的权重,$w2_i$($i=1, 2, \cdots, q$)表示隐藏层到输入层的权值,r_i^q($i=1, 2, \cdots, n$)表示第 i 单元的激励函数,y^q 表示输出值,即受害植株的根结指数。

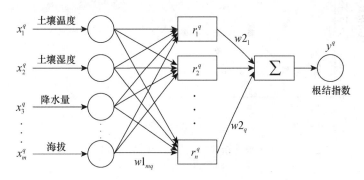

图 5-1 根结线虫病预测模型的径向基神经网络结构图

5.6.3.3 根结指数人工网络预测

用陕西省 2001~2010 年气象、环境资料及根结线虫的统计数据作为数据集,以根结指数作为输出向量,以受害株率、12 月~翌年 2 月土壤温度(表 5-15 简称为土温)、3~5 月土壤温度、7~8 月土壤温度、3~5 月土壤湿度(表 5-15 简称为土湿)、3~5 月降水量、海拔和土壤 pH 8 个指标作为输入向量,建立网络预测模型。

应用 MATLAB 编写径向基神经网络测试程序,通过编程循环测试,取 spread=800,原始数据集测试数据集均参见表 5-15。根结指数实测值与径向基神经网络预测值比较如图 5-2 所示。以误差≤3%为正确预测,根结指数的人工神经网络模型正确率为 80%,经过田间应用证明,符合实际。

表 5-15 根结线虫受害株率测试数据集

测试样本	12月~翌年2月土温(℃)	3~5月土温(℃)	7~8月土温(℃)	3~5月土湿(%)	3~5月降水量(mm)	海拔(m)	土壤pH	受害株率(%)
1	3.2	14.2	23.0	50	88.5	393	8.0	54.1
2	0.6	11.6	19.7	70	91.5	868	7.6	7.6
3	3.2	13.9	22.3	65	96.9	515	8.3	55.4
4	2.3	12.7	21.0	75	98.7	795	7.7	54.7
5	2.9	14.6	22.7	72	87.9	359	8.2	72.3
6	−0.4	11.7	20.4	55	78.6	1092	7.6	74.7
7	−1.8	11.7	21.1	45	66.3	1004	8.6	10.0
8	4.3	14.0	21.9	78	139.8	1051	6.8	60.1
9	5.2	14.6	22.8	80	142.2	466	6.6	42.2
10	6.1	15.3	23.5	85	179.7	318	6.1	43.1

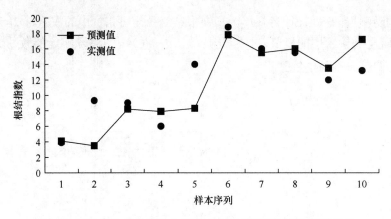

图 5-2　根结线虫根结指数实测值与径向基神经网络预测值比较

下 篇

主要设施蔬菜病虫害发生规律与绿色防控技术

第6章 黄　　瓜

　　黄瓜属于葫芦科一年生蔓生草本植物，原产于印度，是我国设施栽培蔬菜的主要品种之一，栽培模式包括日光温室、早春大棚、秋延后大棚、保护地越夏栽培等各种形式。目前设施栽培黄瓜已发现病虫害约 100 种，其中病害 70 余种，主要有霜霉病、灰霉病、白粉病、根腐病、细菌性角斑病、根结线虫病等；生理病害 20 余种，主要有畸形瓜、化瓜、花打顶、泡泡叶、生长点消失症等；虫害 10 多种，以烟粉虱、白粉虱、美洲斑潜蝇为主要害虫，是病虫种类最多、为害最重、防治难度最大、农药残留问题最突出的一种蔬菜。

6.1　病原病害

6.1.1　黄瓜霜霉病

　　1868 年在古巴最早报道瓜类作物霜霉病，1888 年在日本东京附近发现黄瓜感染霜霉病害，1889 美国也有相同报道。黄瓜霜霉病在我国广泛分布，俗称"跑马干""黑毛""火龙"，是一种气流传播，潜育期短，再侵染频繁，暴发性、流行性极强的叶部病害。霜霉病一旦侵染，如条件适宜，病情发展极为迅速，短时间内可造成叶片大量枯死。一般减产 20%～30%，重者达 40%～50%，甚至黄瓜未采收就拉秧而造成绝收。该病菌在自然条件下不仅侵染黄瓜，还对葫芦科的甜瓜、西瓜、南瓜、丝瓜、冬瓜、葫芦及蛇瓜等 12 种瓜类蔬菜造成为害，其中受害最严重的是黄瓜、甜瓜、南瓜和西瓜。目前瓜类霜霉病已成为世界各国瓜类作物的主要病害，成为黄瓜生产中最严重的流行性病害。

6.1.1.1　症状

　　霜霉病主要为害黄瓜叶片，偶尔也为害茎、卷须和花梗。苗期、成株期均可发病，苗期子叶发病，其正面初呈褪绿色黄斑，扩大后变黄褐色，潮湿时子叶背面产生灰褐色霉层，使子叶很快变黄枯干最后枯死。成株期发病，初发病时在叶片背面出现水浸状绿色透明小斑点，病斑扩展后因病斑受叶脉限制而呈多角形。早期呈水浸状绿色，以后变黄色至褐色，后期病斑及附近叶肉呈铁锈色。发病严重时叶片布满病斑，互相连片，致使叶缘卷曲干枯，最后叶片枯黄。病叶由下向上逐渐蔓延，严重时，全叶病斑连成片，呈黄褐色，全叶卷缩、枯死，植株生长受抑制，病株瓜条形小质劣。潮湿时病斑处密生黑色霉层（和黄瓜细菌性角斑病根本区别），即病原菌孢子囊及孢子梗。在温室栽培中，湿度大时叶面也能长出霉层。叶背病斑的坏死处会渗出无色或浅黄色小液滴。病斑很快扩展，1～2 天内因其扩展受叶脉限制而呈多角形，尤以早晨的水浸状角状病斑最明显，中午稍微隐退，利用这一典型症状可作为判断药剂喷施后病害是否得到控制的主要方法，即药剂喷施后于每天早晨棚室内露水未干前，翻看叶背面病斑周围水浸状的水晕是否存在，若存在说明病害还在不断地发展，需要继续喷药或者更换农药种类进行防治；若水浸状的水晕消失，说明病害已得到有效控制。抗病品种叶片褪绿斑扩展缓慢，病斑较小，呈多角形甚至圆形，病斑背面霉层稀疏或没有霉层。

6.1.1.2 病原

黄瓜霜霉病是由古巴假霜霉菌［*Pseudoperonospora cubensis*（Berk. et Curtis）Rostovzev］侵染所致，属于鞭毛菌亚门假霜霉属，是一种专性强寄生菌，寄生特点决定了侵染发病与寄主无明显直接关系。菌丝体无隔膜，无色，在寄主细胞间扩展蔓延，以卵形或指状分枝的吸器伸入寄主细胞吸收养分。无性繁殖产生孢囊梗和孢子囊。孢囊梗由寄主叶片的气孔伸出，单生或 2~5 根丛生，无色，大小为（200~460）μm×（4~9.5）μm。基部稍膨大，主干长 105μm，主干上有 3~5 次锐角分枝，分枝顶端产生孢子囊。孢子囊呈淡褐色，椭圆形或卵圆形，顶端具乳突，大小为（15~31.15）μm×（11.5~20）μm。孢子囊在水中萌发产生 6~8 个游动孢子，游动孢子无色，圆形或卵形，有 2 根鞭毛，在水中游动 30~60min 后形成休止孢，再萌发产生芽管，从寄主气孔侵入。孢子囊在较高温度和湿度不充足的条件下，也可以直接萌发产生芽管侵入寄主。曾有人报道该病菌产生有性孢子，但至今没有卵孢子萌发及接种成功的报道，且卵孢子在一般情况下又极少见，因此卵孢子在生活史和病害侵染循环中的作用尚不清楚。病菌适宜于高湿条件下生长繁殖，其孢子囊的产生、萌发及游动孢子的萌发、侵入均要求很高的湿度和水分。叶片上有水膜时，15℃下孢子囊经 1.5h 即可萌发，2h 后游动孢子随即萌发并侵入寄主。若叶片上无水膜，即使接种病菌也很难发病。在高湿时病斑上产生孢子囊的速度快、数量大，如空气相对湿度（RH）为 50%~60%时则不能产生孢子囊。在饱和湿度或叶面有水膜的条件下，可产生大型孢子囊。孢子囊在 5~32℃都可萌发，萌发适温为 15~22℃，温度升高孢子囊可直接萌发产生芽管。病菌在 10~26℃均可侵入寄主，侵入适温为 16~22℃，产生孢子囊的最适温度为 15~20℃。孢子囊抗逆性差，寿命短，一般只存活 1~5 天。24~25℃干燥条件下病叶上的孢子囊只存活 2~3 天。孢子囊的形成要求光照和黑暗交替，增加光照（特别是红光照和蓝光照）有利于孢子囊的产生。国外报道，病菌存在不同的专化型或生理小种，但是我国有的学者提出我国的黄瓜霜霉病菌不存在生理分化现象。

黄瓜霜霉病不能在人工培养基中培养和保存，只能用各种活体进行保存，主要保存方法有以下 5 种。

1）寄主活体保存：在适宜环境条件下，定期将病菌接到新的寄主上，这是一种简单却费时的方法，并且要求一定的设备，但可长期保存。

2）离体带菌叶保存：在-5℃条件下，可将病叶保存 26 天，但其孢子囊萌发率只有 3.5%。用含有 5%蔗糖液或者一定浓度激动素液的棉花保湿，可将病叶保存 30 天。

3）低温冷冻保存：低温（-20℃）降低了霜霉病菌孢子囊的致病力，低温时间越长，孢子囊的致病力越低，同时低温使潜育期延长。离体叶片冷冻保存 10 个月的霜霉病菌仍然具有致病力，但致病力下降，病情指数仅为 1.60，而对照病情指数已达 96.2，同时冷冻菌种潜育期长达117天,而对照潜育期为4天。

4)液氮保存:该方法需对孢子囊进行干燥预处理,处理不好孢子囊容易丧失致病性,且保存时需要有液氮设备,并常年存放于液氮中。

5)混合保存液保存:将黄瓜霜霉病菌离体孢子囊在10%二甲基亚砜加5%脱脂乳的混合保存液中预先冷冻(-20℃)24h,然后放入-70℃冰箱,12个月后仍然保持较高的致病力。这种方法从根本上解决了黄瓜霜霉病菌不能长期离体保存且致病力下降的问题。

6.1.1.3 侵染循环

黄瓜霜霉病菌是一种活体营养的寄生菌,必须靠植物生活的细胞才能进行寄生生活,细胞死亡后营养菌丝也随之死亡。每年初侵染的病菌来源因地区和黄瓜栽培情况而不尽相同,在南方地区,全年均有黄瓜栽培,病菌孢子囊在各茬黄瓜上不断侵染为害,周年循环。华北、东北、西北等黄瓜栽培区,冬季病菌在保护地黄瓜上侵染为害,并产生大量孢子囊,第2年逐渐传播到露地黄瓜上;秋季黄瓜上的病菌再传到冬季保护地黄瓜上为害并越冬,以此方式完成周年循环。产生的孢子囊主要是通过气流和雨水传播。孢子囊萌发后,从寄主的气孔或直接穿透寄主表皮侵入。田间发病多从通风不良、湿度比较大的大棚前沿开始发病,形成中心病株,并继续向四周扩大蔓延,特别是顺风一面蔓延很快。在适宜环境条件下,病菌自侵入至症状出现,其潜育期为4~5天,如果环境条件不适宜,潜育期可延长至6~10天。品种间虽略有差异,但差异不大。病斑的扩展长度与病斑日龄的关系为S形曲线(图6-1),病斑出现后在前4天增长较慢,每天病斑长度增长量不足0.3~0.7cm;在第5天和第6天病斑增长较快,每天病斑增长1.2~1.7cm;第7天病斑增长又变慢,每天增长量为0.7cm;第8天以后病斑基本不扩展。此外,病斑日龄与病斑产生游动孢子囊的多少关系也十分密切(图6-2),病斑为第1~7日龄时,随着病斑日龄的增加,病斑产生游动孢子的潜能逐渐增加,当病斑日龄为第8~10日龄时,随着病斑日龄的增加,病斑产生游动孢子的潜能则逐渐减少。病叶上产生的孢子囊成熟后随气流和雨水传播进行再侵染。

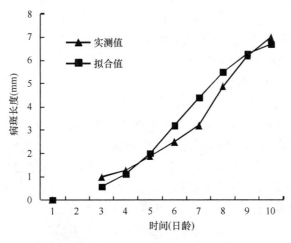

图6-1 病斑扩展长度与日龄的关系

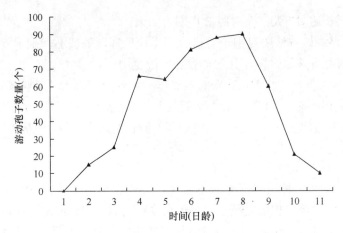

图 6-2　病斑日龄与产生的游动孢子潜能的关系

6.1.1.4　影响发生因素

研究结果表明，设施栽培条件下黄瓜霜霉病的发生和流行是由寄主（植株）、菌源和环境条件共同作用的结果，但各因素对霜霉病发生及流行的影响权重明显不同。对霜霉病的流行来说，环境条件起决定作用，其次是菌源的数量，再次是寄主的生长发育状况。在环境条件中，棚室内的空气湿度又是影响流行程度的主导因素。

（1）环境条件与霜霉病发生的关系

1）温度。田间试验观察结果表明，温度主要影响病害发生的时期和病原菌繁殖。孢子囊产生和侵染的适温为 15~20℃。病菌侵染以后，潜育期与温度的关系十分密切，平均温度为 15~16℃时，潜育期为 5 天，17~16℃时为 4 天，20~25℃时为 3 天。自然条件下，在满足湿度要求的条件下，气温为 10℃时，田间即可发病；20~24℃时最有利于病害发展；气温高于 30℃时，即使满足湿度条件，病害也不会发生，说明高温成为病害进一步发展的限制因子；在 RH>60%、温度>40℃时，病菌的致病力随着高温时间的延长而变弱；45℃以上的高温超过 1h，病菌基本上无致病力。

2）湿度。湿度对霜霉病的流行起决定性作用，主要左右病害流行的程度。叶片保湿时间与病斑产生游动孢子数量的关系甚为密切（图 6-3），保湿 6~8h，病斑产生游动孢子数量较少；保湿 10h 后开始产生大量游动孢子；在 24h 内，随着保湿时间延长，病斑产生游动孢子数量依次增多，二者呈显著直线相关关系，即 $y=-67.69+15.71x$（x 表示保湿时间，y 表示游动孢子产生数量），$r=0.9977$。特别是因为游动孢子的活动只能在水中进行，所以叶表水滴便成了病原菌侵入和病害流行的关键。设施栽培环境条件下黄瓜叶片水滴形成的途径主要有：①叶片结露。尽管夜间的蒸腾作用已经明显减弱，但仍可增加近叶表层的水气和降低叶片表层的温度。因此，在棚室内空气湿度较高（90%以上）但尚未达到 100%的情况下，密布刺毛的叶表层因湿度已饱和而开始结露。并由于叶背气孔比叶面多 1/2 左右，因此结露量也以叶背为多。②雾滴沉降。日落后，逐渐上升的棚内水气不仅被吸附成膜下水滴，而且还凝成细雾并不断沉降，结果使叶面的水滴总量多于叶背。③吐水扩散。叶缘吐水本来是在根压高、蒸腾弱的情况下,导管水从叶缘水孔泌出并陆续滴落的生理现象,而黄瓜叶缘吐水形成的原因主要是设施栽培条件下蒸腾残留物基本不受雨水冲刷,叶缘吐水向叶面扩散主要是蒸腾残留物的遇水溶解过程,当叶面水膜与吐出的水滴相遇时,水滴在引力的作用下向水膜扩散。另外,因受背面隆起叶脉的限制,吐出的水滴只能湿润叶背的边缘。

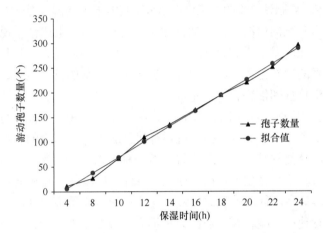

图 6-3　叶片保湿时间与病斑产生游动孢子数量关系

由于病原菌侵入以叶背气孔为主,叶背结露与病害流行的关系最大。而结露的时间和数量又取决于棚室内的空气湿度,当叶片所处环境湿度达到 90%后开始结露,高于95%时大量结露,棚室内湿度过高是霜霉病严重流行的主导因素。基于湿度对黄瓜霜霉病流行的影响如此之大,因此在棚室各项管理措施上,都必须以降湿为前提。

3)光照。光照对黄瓜霜霉病病斑产生孢子囊的潜能有一定的影响,在 12h 直射光和 12h 黑暗条件下黄瓜霜霉病病斑产生游动孢子囊数量最多,产孢子量为 323 个;在 12h 散射光和 12h 黑暗条件下病斑产生游动孢子囊数量次之,产孢子量为 267 个;在完全黑暗条件下产生游动孢子囊数量最少,产孢子量为 213 个。仅从光照条件来分析,设施栽培条件不利于孢子囊产生。

(2)菌源与霜霉病发生的关系

由于霜霉病侵染潜伏期短,侵染效率高,再侵染频繁,对温度适应范围广,具备流行病原的基本特点。因此,菌源不是影响霜霉病流行程度的主要原因,而只是能否流行的必备条件。黄瓜霜霉病病原菌的致病力受湿度等环境条件的严格制约,加之病原菌是只能在活体上寄生的强寄生菌,因此除对少数抗病品种外,病原菌的寄生力显著大于植株的抵抗力。

(3)寄主植物与霜霉病发生的关系

1)寄主植物的营养状况与病害发生的关系。试验结果表明,黄瓜植株长势及营养状况与霜霉病的发生没有直接关系。在黄瓜生长发育的初期,分别用矮壮素 1000 倍液灌根和 B9 500 倍液喷雾处理,结果显示处理较对照叶片明显增厚,叶色显著加深,处理后 30 天病情指数分别为 56.6 和 56.0，与对照病情指数（59.1）没有明显差异，并且在定植后 125 天因霜霉病严重而均拉秧。在黄瓜定植时每亩分别施基肥（有机肥）0kg、5000kg、10 000kg、15 000kg，在黄瓜生长期间进行同样比例追肥，结果卷须含糖量随基肥施用量的增加依次提高 1.06%、1.62%、2.62%和 3.67%，各处理均为发病后 25 天拉秧。在喷药时加葡萄糖液，结果与不加葡萄糖液相比发病无任何差异。黄瓜从播种开始不施用任何肥料，缺肥使 2/3 的黄瓜叶片变黄，但由于夜间湿度基本控制在 90%以下，在没施用任何防病药剂的情况下，病情指数始终没超过 5。上述结果说明，改善黄瓜植株营养状况与霜霉病的发生没有直接关系。对于黄瓜霜霉病而言，与其说植株生长发育的强弱是病害流行的内在原因，还不如说它是病原菌繁殖的营养条件，这是由黄瓜霜霉病病原菌的生物学特性和侵染特点决定的。

2）寄主植物（品种）抗病性。由于霜霉病为害的严重性和防治的困难性，生产者选用品种时，除了考虑丰产性外，抗不抗霜霉病已成为选用与否的首要条件。蔬菜品种抗性是蔬菜本身具有能够减轻病虫为害程度的一种可遗传的生物学特性，由于具备这种特性，抗性品种与敏感品种相比，在同样栽培条件、环境条件和相同霜霉病菌源的情况下，即使感染霜霉病，流行速度也比较慢，黄瓜不受害或受害较轻。抗性品种能避免或减缓霜霉病的流行速度，减轻霜霉病的为害损失。特别是连年种植，效果可以累积，更为稳定、显著。耐害性品种可以放宽经济阈值，减轻为害。近年来，与生产需求相比，免疫或高抗的黄瓜品种稀缺，甚至出现匮乏问题。现在生产上种植的品种对霜霉病大多表现为较抗或感病，品种间抗病性差异较大，由于霜霉病是黄瓜栽培过程中的最主要病害之一，因此选用抗病品种仍为霜霉病"综合防治"的一个重要组成部分。种植抗性品种或耐病品种已成为防治霜霉病的重要技术措施，具有预防霜霉病、减少农药使用、保护环境等作用。属于病虫绿色防控技术范畴，易与其他防治措施相协调，且无需增加防治成本。

6.1.2 黄瓜灰霉病

在气候干燥的北方地区，露地栽培条件下黄瓜灰霉病的发生很轻，一般不作为防治对象。但在设施栽培条件下由于低温高湿的环境条件，灰霉病的发生十分严重，对黄瓜瓜条的为害率几乎等于损失率，其为害有逐年加重趋势，由于该病原菌在土壤中度过寄主中断期，易对专一性杀菌剂产生抗药性，因此种植黄瓜年限越长的保护地该病原菌积累越多且发病越重，防治难度越大，一旦流行，一般药剂防效均比较差，往往造成严重为害。灰霉病菌对黄瓜的为害，除侵染花器引起瓜条发病逐年加重外，还表现为侵染部位不断地扩展。20 世纪 90 年代以前黄瓜灰霉病主要为害黄瓜瓜条，只有当感染灰霉病菌的花器落至茎秆或叶片上才引起发病，还未发现直接侵染黄瓜茎蔓和叶片，引起大面积发病。到 21 世纪初期后发现黄瓜生长中后期，该病直接从采摘后的伤口处侵染茎秆，大面积发病，导致黄瓜叶片枯死，植株死亡。一般为害造成损失 10%~15%，严重为害造成损失 30%以上。黄瓜灰霉病菌除为害黄瓜外，还为害西葫芦、番茄、甜椒、茄子、韭菜、菜豆、莴笋、辣椒、白菜、甘蓝、葱等多种蔬菜，目前已成为北方地区日光温室黄瓜生产中为害重、防治难度最大的真菌性病害之一。

6.1.2.1 症状

黄瓜灰霉病以为害黄瓜幼瓜为主，其次是花、叶和茎。幼苗受害，病菌常从叶缘侵入，空气潮湿时，表面产生淡灰色霉层。成株叶片或叶柄发病，一般是由脱落的病花或病卷须附着在叶片上引起发病，或病原菌直接从伤口侵染引起发病，叶部病斑从叶尖向基部呈"V"形扩展，初为水浸状，后呈浅灰褐色，病斑中间有时生出灰色斑，病斑大小不一，大的直径可达20～26mm，边缘明显，有时有明显的轮纹，病斑表面着生少量灰霉，发病严重的腐烂而使叶片萎蔫下垂。幼瓜发病，病菌多从花上开始侵入，使花瓣腐烂，并长出淡灰褐色霉层，进而向幼瓜扩展，致幼瓜顶端呈水浸状，使幼瓜迅速变软、萎缩、腐烂，表面密生灰色霉层，稍加触动可见烟雾粉状物飞散。大瓜条被害，一般于瓜条顶端首先发黄，后长白霉，白霉很快变为灰褐色，进而为害瓜条致使腐烂。若病瓜或病花附着在茎蔓时，能引起茎节发病腐烂，瓜蔓折断，植株枯死。被害部位均可见到灰褐色的霉状物。有时病菌可直接侵入果实，但不扩展，瓜条上形成外缘淡绿色、中央绿白色、直径1cm左右的小斑点，严重时果实畸形，果实品质变差。

6.1.2.2 病原

黄瓜灰霉病属于真菌性病害，其病原为灰葡萄孢（*Botrytis cinerea* Pers.），有性世代为［*Sclerotinia fuckeliana*（de Bary）Fuckel］，称为富克葡萄孢盘菌。病菌分生孢子梗直立，数根丛生，无色至褐色，顶端有1～2次分枝，分枝顶端着生大量分生孢子。分生孢子球形或卵圆形，单细胞。近无色，大小为（6.3～11.3）μm×（7.5～17.5）μm，平均9.6～15.2μm。孢子梗大小为（1200～2600）μm×（10～19.3）μm。菌核黑色，呈扁平鼠屎状。分生孢子萌发的温度为10～25℃，最适温度为20℃；在pH 3～12条件下均能萌发，最适pH为5；分生孢子在各种营养物质中均能萌发，在10%的蔗糖液中萌发最好，其次为黄瓜汁液；分生孢子的致死温度为56℃，5min。灰霉病菌在大多数培养基上均能良好生长，其中马铃薯葡萄糖琼脂培养基（PDA培养基）+黄瓜（1:1）培养基最适宜菌丝生长，产生孢子的最适培养基为PDA。病菌在5～30℃均能生长，适温为20～25℃，30℃以上时生长受抑制；在10～30℃条件下均能产生孢子，最适产生孢子温度为20℃；在pH 3～12条件下均能生长及产生孢子，适宜pH为4～7，最适pH为5。黑暗或交替光照条件，有刺激产生分生孢子的作用，交替光照条件下产生孢子效果最好。

6.1.2.3 侵染循环

在露地栽培条件下，病原菌以菌丝、菌核或分生孢子附着在病残体上，或遗留在土壤中越冬，分生孢子在病残体上存活4～5个月，翌年越冬病原菌遇到适宜的温湿度等环境条件，萌发侵染，成为第2年发病的初侵染源。在设施栽培条件下，棚室内周年有寄主存在，温湿度完全可以满足灰霉病病原菌的生长繁育，病原菌无明显的越冬现象，病害可周年发生。发病的瓜、叶、茎、花上产生的分生孢子依靠气流、灌水等农事作业传播，由伤口或花器等侵入，进行重复再侵染，黄瓜结瓜期是病原菌侵染和发病的高峰期。被害的雄花落在叶片、瓜条、茎蔓上造成快速侵染发病，或病原菌从伤口侵入引起发病。北方春季连阴天多的年份，气温偏低、棚室内湿度大，病害重。长江流域3月中旬以后棚室温度在10～15℃，加上春季多雨，病害蔓延迅速。气温高于30℃或低于4℃，相对湿度94%以下时病害停止蔓延。黄瓜结瓜初期、盛期和结瓜末期灰霉病初侵染部位均以残留花瓣为主，占总侵染数的90.7%～93.0%，侵染柱头占5.0%～6.3%，花萼处侵染仅占1.9%～3.4%（表6-1）。莴苣的花瓣和较老叶片的尖端坏死部分最容易受侵染。

表6-1 灰霉病菌初侵染黄瓜部位

黄瓜发育期	调查总数	侵染残留花瓣		侵染柱头		侵染花萼	
		侵染数	侵染率（%）	侵染数	侵染率（%）	侵染数	侵染率（%）
结瓜初期	325	296	91.1	18	5.5	11	3.4
结瓜盛期	516	480	93.0	26	5.0	10	1.9
结瓜末期	536	486	90.7	34	6.3	16	3.0

6.1.2.4 影响发生因素

（1）连作年限与灰霉病发生的关系

田间试验结果表明，黄瓜灰霉病的发病程度与连作年限呈显著正相关，即连作年限越长，发病越重。连作0年、2年、4年、6年，灰霉病病瓜率分别为7.4%、9.4%、16.7%和32.6%。方差分析结果显示，连作2年与0年发病程度之间差异均不显著，连作4年和6年与0年之间差异均达极显著水平。此外灰霉病始发期与连作年限也有密切关系，连作年限越长，灰霉病始发期越早，连作1年的黄瓜灰霉病始发期为3月15日，连作4年的黄瓜棚灰霉病始发期为2月25日；连作6年的黄瓜棚灰霉病始发期为2月5日，说明避免连作对推迟黄瓜灰霉病发生时间、减轻为害有显著效果。

（2）摘花与套袋对黄瓜灰霉病侵染率的影响

黄瓜摘花后灰霉病菌失去最佳侵染部位，套袋阻隔了病原菌的直接侵染，从而使黄瓜灰霉病侵染率降低（表6-2）。由表6-2可知，摘花与套袋处理时期不同对灰霉病侵染的

表6-2 摘花、套袋与黄瓜灰霉病发生的关系

处理	总瓜数	发病瓜数	病瓜率（%）	侵染率降低（%）
花前摘花	492	6	1.2	94.7
花前套袋	496	5	1.0	95.6
对照	496	113	22.8	—
花期摘花	496	9	1.8	92.2
花期套袋	497	10	2.0	91.4
对照	500	116	23.2	—
花败后摘花	496	22	4.4	80.4
花败后套袋	500	43	8.6	61.6
对照	496	111	22.4	—

影响不同,花前摘花及套袋对降低黄瓜灰霉病侵染机会效果最佳,侵染率分别降低94.7%和95.6%,花期摘花及套袋效果次之,花败后摘花及套袋侵染率降低。结果说明摘花和套袋能降低灰霉病的流行速度,减轻其为害。摘花及套袋时间越早,对降低侵染率效果越好。但从田间可操作性看,花前及花器萎蔫前分别为套袋及摘花的最佳时期,1天内摘花时间以上午9:00后为宜,以利摘花后伤口愈合。套袋时间应避开中午高温时段,以免高温灼伤幼瓜。

(3) 温湿度与灰霉病发生的关系

设施内温度16~20℃、相对湿度持续90%以上时、光照不足,最利于病菌的繁殖为害。持续的低温高湿是引起黄瓜灰霉病流行成灾的关键因子,北方冬春季节天气经常表现为低温寡照,设施内光照强度不足自然光照强度的50%,当年12月至第二年2月间阴雨雪天气占到40%以上,有些地区占到70%以上,若遇倒春寒,设施内温度、光照等环境条件更差,如此的环境条件非常适宜黄瓜灰霉病的发生及为害。

(4) 黄瓜长势与灰霉病发生的关系

黄瓜灰霉病病菌属于弱寄生菌,其发生与黄瓜的生长发育状况密切相关,黄瓜长势越差,发病越严重;反之长势越好,发病越轻。设施栽培深冬及早春棚室内环境条件不能较好地满足黄瓜正常生长发育,使黄瓜处于亚健康状态,长势比较弱,自身抗病性差,是导致黄瓜灰霉病严重发生的内因。

(5) 栽培管理水平与灰霉病发生的关系

棚室保温设施条件差,棚室结构不合理,通风不良或黄瓜生长期间放风不及时,大水漫灌,栽植密度过大(超过4500株/亩),造成黄瓜棚室湿度处于饱和或接近饱和状态。有机肥使用量少,不注意平衡施肥,单施氮磷钾,忽视微量元素的施用,营养不均衡,导致黄瓜植株生长发育不良,植株抗性降低,加重病害的发生。

6.1.3 黄瓜根腐病

温室是一个特殊的生态系统,黄瓜在低温、高湿、弱光的环境条件下强迫式生长,植株生长不健壮,处于亚健康状态,抗病性低。另外,棚室土壤位置相对固定,有利于根腐病病原菌累积,加之其发生的隐蔽性及土壤的屏障作用,又增大了防治难度,导致黄瓜根腐病的发生逐年加重,是继黄瓜疫病、枯萎病之后的又一毁灭性土传病害。该病一般在结瓜期发病,蔓延快、为害重、损失大,发病率轻者30%~40%,重者60%~70%。例如,2006年年初,由于持续的阴雪低温天气,陕西陕北地区温室黄瓜根腐病流行成灾,约5%的棚室越冬茬黄瓜绝收,20%的棚室黄瓜死秧率超过60%,50%的棚室死秧率超过30%,黄瓜根腐病的发病时期大多处于结瓜初期,其发病株率几乎等于损失率。由于根腐病的流行,部分菜农将棚闲置不种或改种其他大田作物,严重影响了设施栽培黄瓜的可持续发展。

6.1.3.1 症状

室内接种及大田观察结果表明，陕西黄瓜根腐病的为害表现有两种典型症状，其中陕西关中地区黄瓜根腐病症状表现为茎基部初期呈水浸状，后表皮变淡黄褐腐烂，且腐烂处的维管束变褐，不向上发展，茎基部萎缩不明显，后期根部腐烂，组织破碎，仅剩下丝麻状的维管束，产生粉红色霉状物。病株地上部初期症状不明显，随着发病时间的延长，开始白天叶片出现萎蔫，晚上或阴天尚可恢复，持续几天后，下部叶片开始枯黄，且逐渐向上发展，最后植株萎蔫枯死。陕西陕北地区黄瓜根腐病症状表现为茎基部不出现水浸和腐败症状，黄瓜的维管束也不变褐，取出根部可见细根基部变褐腐烂，主根和侧根的一部分也出现浅褐色至褐色，严重时根部全部变褐色和深褐色，后根基部全部发生纵裂，并在纵裂中间发现灰白色黑带状菌丝块，在根皮细胞可见到密生的小黑点。病株地上部症状与关中地区黄瓜根腐病没有差异。

6.1.3.2 病原

有关引起黄瓜根腐病的病原菌各地报道不一，说明黄瓜根腐病病原菌的分布具有一定的区域性。王惠哲（2003）研究认为，天津及周边地区引起黄瓜根腐病的主要病原菌包括甜瓜疫霉菌（*Phytophthora melonis*）、尖孢镰刀菌（*Fusarium oxysporum*）和茄病镰刀菌（*Fusarium solani*）。致病性测定结果表明，甜瓜疫霉是天津及周边地区黄瓜根腐病的主要致病菌。陈志杰等（2009）研究认为，陕西地区引起黄瓜根腐病的主要病原菌为甜瓜疫霉菌和尖孢镰刀菌。甜瓜疫霉菌落生长速度为 9.5mm/d，菌落呈灰白色，显微镜下观察，菌丝分支处稍缢缩，孢子囊卵形，顶生式，单生，孢子囊有乳头状突起，但突起较低，较扁平，黄褐色，大小为（45～55）μm×（27.5～37.5）μm，长宽比为（1.467～1.636）:1。无菌水中产生的孢子囊顶端平，没有乳突，大小为（22.5～55）μm×（15～35）μm。菌丝易产生瘤状或节状膨大菌丝体，为姜瓣状或不规则的圆形或近圆形，有时形成结节状菌丝，菌丝间不形成厚垣孢子。该种病原菌主要分布于陕西陕北地区。经过伤根接种处理的植株第 3 天即出现萎蔫现象，蘸根处理的植株第 5 天出现萎蔫现象，瓜秧顶部 4～5 叶中午下垂，早晚尚能恢复。3～5 天后，下垂叶片遍及全株，早晚不能恢复。茎基部不出现水浸和腐败症状，后细根基部全部发生纵裂，并在纵裂中间可发现灰白色黑带状菌丝块，在根皮细胞可见到密生的小黑点。尖孢镰刀菌菌落呈白色，带有粉色，生长速度为 10mm/d，大型分生孢子呈镰刀形，大小为（15.5～31.5）μm×（2.75～5.0）μm，顶部细胞较均匀地逐渐变尖，基部细胞略呈三角形，多数 3～5 隔；小型分生孢子无隔，呈卵形或者肾形，大小为（4.75～22.5）μm×（2.5～5.0）μm。产孢细胞短，单瓶梗；厚垣孢子很容易产生，球形，单生或对生，偶有串生，该种病原菌主要分布于陕西关中地区。经过伤根处理的植株在第 4 天出现根腐病早期症状，瓜秧顶部 4～5 叶中午下垂，早晚尚能恢复。3～5 天后，下垂叶片遍及全株，早晚不能恢复。第 10 天包括蘸根都出现全株枯萎。根茎基部典型症状是初呈水浸状，后表皮变淡黄褐腐烂，且腐烂处的维管束变褐，不向上发展。后期病部枯死，剩下维管束呈丝麻状，产生粉红色霉状物。

6.1.3.3 侵染循环

黄瓜根腐病是一种典型的弱寄生性土壤传播病害。露地栽培，病原菌以菌丝体、厚垣孢子或菌核在土壤中及病残体上越冬。设施栽培，尤其是温室栽培周年有寄主存在，病原菌没有越冬现象，严寒的冬季是其发生的高峰期。厚垣孢子可在土壤中存活 5~6 年或长达 10 年，成为主要初侵染来源，病菌从根部伤口侵入，在温湿度适宜条件下 5~6 天表现症状，后在病部产生分生孢子，借雨水或灌溉水传播蔓延，进行再侵染。在田间一旦发现发病植株，以发病植株为中心，迅速向四周扩展，尤其是水流方向扩展速度快。在棚室一般在地势相对低洼易积水的地方先发病，棚室前沿发病早而重，两种病原菌的生长最适 pH 均为 6。陕西越冬茬黄瓜 12 月中旬开始发病，1 月中旬至 2 月下旬是发病的高峰期。早春茬黄瓜 3 月中旬开始发病，一般是定植后 30 天左右，株高 1m 左右，处于开花初期时易发病，发病株率几乎等于损失率。秋延茬黄瓜 11 月上旬开始发病，12 月是发病高峰期。

6.1.3.4 影响发生因素

（1）黄瓜连作年限与根腐病发生的关系

土壤是黄瓜的根系环境，也是黄瓜根腐病病原菌的越冬场所。黄瓜连作年限与黄瓜根腐病的发生呈显著正相关，即随着棚室黄瓜连作年限的延长黄瓜根腐病发病依次加重。田间试验结果显示，连作 1 年、2 年、4 年、6 年、11 年，黄瓜根腐病发病株率分别为 0%、2.6%、7.5%、16.6% 和 26.6%。大田调查研究结果与小区试验研究结果基本一致，分析原因是随着土壤连作年限的延长，土壤中细菌和真菌数量随之增加，放线菌数量依次减少（表 6-3）。有害微生物数量的增加，使土传病害发生的概率增大。此外，微生物群落的变化影响了土壤中养分的转化过程，使作物养分吸收发生障碍，导致发病加重。

表 6-3 不同连作年限日光温室微生物数量（每克干土微生物数量）

连作年限	细菌（×10^7）	真菌（×10^2）	放线菌（×10^4）
0	154.20a	381.60a	698.40a
2	176.86a	551.69b	554.84b
4	384.00b	659.02c	261.00c
6	390.58b	655.89c	187.36d
8	397.67b	675.19c	177.64d

注：表中同列数据有不同字母表示在 0.05 水平上差异显著

（2）设施蔬菜栽培面积与根腐病发生的关系

田间调查结果表明，设施栽培条件下黄瓜根腐病的发生显著重于相同连作年限的露地栽培，其主要原因是一方面，在露地环境条件下，病原菌经过冬季低温冷冻和夏季高温暴晒，死亡率较高。在设施栽培条件下，温度周年能满足土壤微生物的生存和繁衍，使其为害时间延长，为害加重。另一方面，在设施栽培条件下，土壤位置相对固定，难于深耕改土，表土层中病原菌积累多，再加上设施内低温、高湿、寡日照等环境条件影响黄瓜的正常生长发育，黄瓜处于"亚健康"状态，抗性降低，利于由弱寄生菌引起的根腐病害的发生。

（3）种植模式与根腐病发生的关系

研究结果表明，同一种蔬菜连茬种植，其根腐病的发病株率均重于不同种（科）蔬菜种植模式。感病的不同种（科）蔬菜之间轮作，其发病株率明显高于与抗病蔬菜作物轮作模式（表6-4）。结果说明，不合理轮作也是设施栽培黄瓜根腐病害发生及为害逐年加重的原因之一。

表6-4 种植模式与根腐病发生及为害的关系

种植模式	发病株率（%）	产量损失（%）
越冬茬黄瓜—秋延茬黄瓜—越冬茬黄瓜	23.2a	20.3a
黄瓜—西葫芦—越冬茬黄瓜	19.6ab	17.6ab
越冬茬黄瓜—秋番茄—越冬茬黄瓜	15.6bc	13.5bc
越冬茬黄瓜—葱—越冬茬黄瓜	11.2d	9.6cd
越冬茬黄瓜—玉米—越冬茬黄瓜	19.2ab	16.3ab
越冬茬黄瓜—四季豆—越冬茬黄瓜	17.3bc	15.6bc
越冬茬黄瓜—小青菜—越冬茬黄瓜	22.5a	19.8a
越冬茬黄瓜—甘蓝—越冬茬黄瓜	23.7a	22.8a
越冬茬黄瓜—大蒜—越冬茬黄瓜	11.8d	8.8d
越冬茬黄瓜—休闲—越冬茬黄瓜	16.6bc	15.4bc

注：表中同列数据后字母不同表示在0.05水平上差异显著

（4）嫁接栽培与根腐病发生的关系

嫁接栽培是设施栽培黄瓜生产中的一项实用新技术，既能有效预防黄瓜根腐病的发生，又能克服土壤连作障碍，可显著提高黄瓜产量。但不同嫁接砧木对黄瓜根腐病的效应不同，试验结果显示，黄瓜与黑籽南瓜、白籽南瓜嫁接栽培，根腐病累计发病株率分别为21.6%和5.9%，实生苗栽培累计发病株率平均为23.7%，前者根腐病发病株率与实生苗栽培无明显差异，而后者发病株率低于实生苗栽培和黑籽南瓜嫁接栽培处理，且差异均达到极显著水平。结果说明，合理选择砧木进行嫁接栽培能有效控制黄瓜根腐病的流行及为害。

（5）温度与根腐病发生的关系

温度是决定黄瓜根腐病发生程度和流行速度的重要生态因子。两种致病菌的菌落在10℃下均能正常生长发育，随着培养温度的升高，菌落生长速度加快，两种病原菌在20~25℃均发育最快。尤其是在25℃培养条件下，第5天的菌落已经长满培养皿。当温度超过30℃时菌落生长速度减慢（表6-5）。疫霉致死温度为45℃，10min。在田间白天地温在20~25℃、夜间地温在15~16℃时，易发病，且流行速度快。

表 6-5 温度对黄瓜根腐病两种病原菌生长的影响

病原菌	接种后时间（d）	菌落直径（mm）				
		10℃	15℃	20℃	25℃	30℃
甜瓜疫霉菌	1	5	7	8	9	6
	2	5	14	20	26	17
	3	5	24	44	44	28
	4	6	36	64	80	44
	5	7	60	90	90	58
尖孢镰刀菌	1	5	7	9	9	6
	2	5	10	20	25	16
	3	5	16	38	40	26
	4	5	28	58	80	42
	5	6	40	80	90	70

（6）灌水方式与根腐病发生的关系

田间对比试验结果显示，不同的灌水方式对棚室土壤湿度、温度及空气湿度等生态环境的影响不同，对黄瓜根系生长环境的效应也不同。黄瓜根腐病发病始发期和发病严重度差异明显，滴水灌溉、隔沟交替灌溉、膜下灌溉和大水漫灌温室黄瓜根腐病始发期分别为 2 月 20 日、2 月 5 日、12 月 25 日和 12 月 15 日，累计发病株率依次为 11.2%、14.1%、19.7%和 25.3%。结果说明，灌水方式与黄瓜根腐病发生的关系十分密切，采用科学合理的灌水方式既能保证设施栽培黄瓜高产优质，又能有效地减轻黄瓜根腐病的发生及为害。

（7）根结线虫与根腐病发生的关系

根结线虫的虫口密度是影响黄瓜根腐病的重要因素之一，线虫的虫口密度越高，对黄瓜根系造成的伤口越多，黄瓜根腐病的发病株率越高。反之，虫口密度越低，对黄瓜根系造成的伤口越少，发病越轻，二者呈显著的线性关系（图 6-4），即 $y=15.71x+7.25$

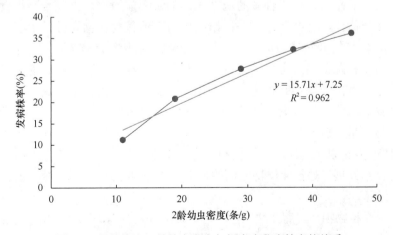

图 6-4 根结线虫 2 龄幼虫密度与根腐病发病株率的关系

(x 表示线虫虫口密度，y 表示根腐病发病株率），$r=0.9626$。其原因是黄瓜根系被根结线虫为害后，对黄瓜根系造成大量伤口，为根腐病病原菌的直接侵染提供了便利条件。

（8）施肥水平与根腐病发生的关系

施肥水平决定了黄瓜植株的营养水平，营养水平决定了黄瓜的生长发育状况，黄瓜的生长发育状况决定了植株的抗病性。黄瓜根腐病病原菌是弱寄生性病原菌，其发生程度与黄瓜的生长发育状况密切相关，黄瓜生长发育越好，生长越健壮，抗性就越强，根腐病的发生程度越轻；反之，黄瓜生长发育不良，抗性就越低，根腐病的发病程度越高。试验结果表明，施肥种类和数量对黄瓜根腐病有显著的影响，每亩棚室分别施腐熟有机肥 2500kg、5000kg、10 000kg 和 15 000kg，根腐病发病株率分别为 16.7%、12.2%、4.6%和 3.7%。每亩棚室基肥分别施腐熟有机肥 10 000kg 处理、氮肥 2.5kg+磷肥 15kg+钾肥 10kg 处理、氮肥 5kg+磷肥 15kg 处理、磷肥 15kg+钾肥 10kg 处理，根腐病发病株率分别为 5.0%、10.3%、6.6%和 6.1%。另外，有机肥腐熟程度与根腐病的发生也有一定的关系，施未腐熟有机肥发病重，反之则轻。

6.1.4 黄瓜根结线虫

线虫（nematode）属于动物界线虫动物门，是一类低等的无脊椎动物。种类多，分布广，生态多样，全世界线虫种类在 50 万种以上，其种类数量仅次于昆虫，位居第二，且许多种是植物的重要寄生有害生物。有超过 3000 种植物发生根结线虫为害，几乎每种植物都可被一种或几种线虫寄生为害，线虫尤其对葫芦科和茄科作物为害严重。

由于种植业结构调整，生态条件的改变，消除了限制根结线虫分布的原有地理隔离，形成了新的地理屏障，随之而来的是改变根结线虫现有的分布格局，打乱根结线虫的繁殖和生活节律，导致线虫的种间关系发生变化。小气候变化和寄主植物周年存在与其他变化因素协同作用，为本在北方地区不能越冬的南方根结线虫和爪哇根结线虫越冬创造了稳定的栖息场所及越冬所需的温度条件，并为根结线虫周年发生提供了充足的食料条件，使根结线虫周年繁殖，作物四季受害。因其广泛分布性、多寄主性、侵染性强和发生为害隐蔽，是世界性威胁农业生产的主要病原物。据联合国粮食及农业组织（FAO）保守估计，全世界每年因根结线虫为害给粮食作物和纤维植物造成的损失大约为 12%，给果树和蔬菜造成的损失超过 20%，直接经济损失超过 1570 亿美元；在我国，仅对各种蔬菜的为害损失就达 200 亿元。在陕西发生面积迅速上升，为害急剧加重。其为害寄主范围不断扩大，由开始的设施栽培蔬菜已扩展到露地蔬菜、中药材等大田作物。蔬菜产量损失一般达 20%～50%，严重的达 60%以上，有的甚至导致绝收；中药材产量一般损失 10%～20%，严重的达 30%以上。在陕西，各类作物发生为害面积在 50 万亩以上，且发生面积和为害程度有逐年加重的趋势，严重威胁陕西蔬菜产业的可持续发展。对各种作物造成的损失在 10 亿元以上，仅对蔬菜的为害损失就达 5 亿～6 亿元。

根结线虫是植物根系内寄生物，它广泛分布于世界各地，全世界报道根结线虫有 90 种，寄生于蔬菜、粮食作物、经济作物、果树、观赏植物及杂草等 3000 多种寄主上。

6.1.4.1 症状

(1) 地上部症状

根结线虫主要侵染黄瓜根系，刺激根系形成根结，破坏了根部组织的正常分化和生理活动，水分和养分的运输受到阻碍，导致植株矮小、瘦弱，近底部的叶片极易脱落，上部叶片黄化，类似肥水不足的缺素症状。为害较轻时，症状不明显。为害较重时，植株的地上部营养不良，植株矮小，叶片变小、变黄，光合作用降低，不结瓜或瓜条发育不良，畸形瓜条增多，在中午温度较高时黄瓜植株萎蔫，早晚气温较低或浇水充足时，暂时萎蔫又可恢复正常。随着病情的发展，萎蔫植株早晚不能复原，植株逐渐枯死。严重受害后，干旱时极易萎蔫枯死，造成减产。由于症状与黄瓜缺素症极为相似，生产上很难及时准确诊断。

(2) 地下部症状

黄瓜植株地下部的侧根和须根受害重，侧根和须根上形成大量大小不等的瘤状根结（瘿瘤），似根瘤菌，菜农常误认为是根瘤菌。根结大时使地面龟裂，根结外露。根结多生于根的中间，初为白色，后为褐色，表面粗糙，最后腐烂，完全丧失根系的功能。当根结线虫 2 龄幼虫侵染为害后造成伤口，常常诱发土壤中某些病原菌（如镰刀菌属及丝核菌属等真菌）的侵染，形成与黄瓜根腐病、枯萎病等土传病害的混合发生，使根系加速腐烂，植株提早枯死，加重为害。

(3) 影响症状表现的因素

根结线虫侵染后症状表现与初侵染虫口密度、温度条件、寄主特性等因素密切相关。在虫口密度一定的条件下，温度越高，症状表现时间越短，在田间 10cm 地温范围为 14.7~19.0℃时，南方根结线虫侵染后 20 天才表现症状，25 天后受害株率和根结数量最高分别为 20%和 11.2 个/株；10cm 地温在 23.4~27.7℃变化，最短 3 天后就表现明显症状，即根系上产生根瘤，25 天后受害株率和根结数量最高分别为 72.6%和 35.6 个/株。在温度一定的条件下，症状表现时间与南方根结线虫虫口密度呈显著负相关，在一定虫口密度范围内，虫口密度越高，症状表现所需时间越短，反之则长。例如，100g 土壤分别含 5 头、10 头、20 头、40 头、60 头和 160 头线虫时，症状表现时间分别为 30 天、20 天、15 天、10 天、7 天和 6 天。此外，不同寄主被侵染后症状表现时间差异也比较明显，西瓜、苦瓜、黄瓜、南瓜、西葫芦和大青菜比较短，一般 10 天左右表现出明显发病症状，最短 4~5 天表现症状；番茄、豇豆、茄子和甘蓝，15 天左右出现症状；芹菜、辣椒比较长，30 天以后才表现症状；而韭菜和葱 30 天仍未表现明显症状，一般在 60 天以后才表现轻微症状。同一种蔬菜，感病品种表现症状时间短，抗病品种表现症状时间相对较长。利用黄瓜易感染且短期内表现出明显症状的特点，可在待检测的有机肥和土壤中种植黄瓜，以简单快速地鉴别有机肥和土壤中是否带有根结线虫。

6.1.4.2 种类及形态特征

黄瓜根结线虫属于垫刃目（Tylenchida）、垫刃亚目（Tylenchina）、垫刃总科

(Tylenchoidea)、异皮科(Heteroderidae)、根结亚科(Meloidogyninae)、根结属(*Meloidogyne*)。世界上共报道了60多个有效种。其中南方根结线虫(*Meloidogyne incognita*)、爪哇根结线虫(*M. javanica*)、花生根结线虫(*M. arenaria*)和北方根结线虫(*M. hapla*)是热带、亚热带和温带地区最主要的种类,也是根结线虫中的优势种。4种常见根结线虫的数量占到群体总数的95%以上。南方根结线虫发生在平均气温20~30℃的地区;爪哇根结线虫发生在平均气温25~30℃的地区,以热带地区为主;花生根结线虫则发生于平均气温21~27℃的地区,与南方根结线虫分布区域相似。在北方寒冷地区,这3种根结线虫常发生在温室中,自然条件下以北方根结线虫为主。北方根结线虫主要发生在平均温度为0~15℃的地区,月平均气温高于27℃时难以见到北方根结线虫。世界范围内北方根结线虫适于长期生存在北美洲(美国北部和加拿大南部),欧洲北部和亚洲北部。在南美洲,分布于南纬40°附近地区及南美洲西部多山地区;在非洲,北方根结线虫可在1500m以上的高地生存。国际根结线虫协作组对70多个国家的1300个根结线虫种群样品进行统计,结果表明,在95%的样品中,至少有以上4种根结线虫中的一种。中国大部分地区属于温带气候,很适宜根结线虫生存,有根结线虫56种。其中南方根结线虫、爪哇根结线虫、花生根结线虫、北方根结线虫也是我国常见种类。陕西黄瓜根结线虫主要也是上述4种,南方根结线虫为我省黄瓜根结线虫的优势种。

根结线虫为雌雄异体。雄成虫为线状,线虫由此而得名,尾端稍圆,无色透明,雌成虫梨形,幼虫呈细长蠕虫状,卵囊椭圆形,通常为褐色,表面粗糙,常附着许多细小的砂粒。在我国,目前大多数人主要还是根据形态特征来鉴定根结线虫种类,主要将雌虫会阴花纹特征作为鉴别的主要依据(表6-6)。

表6-6 常见4种根结线虫会阴花纹特征

种类	侧区	背弓形状	侧线纹理	尾部
南方根结线虫	无明显侧线,有侧区	高,方形至梯形	线纹乱,较粗	较平滑,常有线纹
北方根结线虫	形成翼状突起,无或有侧线痕迹	低,圆或扁平	线纹细,背腹线不连续	有的有纹,但总有刻点存在
花生根结线虫	形成肩状突起,无侧线,有细纹	低,圆或略方	线纹不连续或者起伏较大	有的有轮纹
爪哇根结线虫	侧线明显	低或较低,圆形或略方	线纹密,常形成轮纹状	常有轮纹

6.1.4.3 生活史

根结线虫的生活史分为3个阶段,即卵、幼虫和成虫。卵由全部或部分埋藏在植株根内的雌虫产出,雌虫产卵时会分泌胶质介质,这种胶质物能将卵聚集在一起,形成卵块或卵囊。生活周期为3~4周,雌虫并不一定一次产下所有的卵,因此,同一个卵囊中的卵发育阶段也不完全相同,一个卵囊中一般包括几百甚至上千个卵。卵产下几小时后,如果条件适宜就开始发育。根结线虫的发育包括卵的发育及卵后发育。卵的发育从单个卵细胞分裂开始,一分为二,二分为四,直到完全形成一个具有明显口针卷曲在卵壳中的幼虫,这就是根结线虫的1龄幼虫,它在卵内就已经发育成熟,蜕皮后变为2龄幼虫并破壳而出。卵后发育从2龄幼虫开始,2龄幼虫具有侵染性,一经孵出后很快就离开卵块,孵出后主动寻找寄主的根以获取营养。一般情况下,2龄幼虫会受到根的分泌物质的诱导而找到寄主，通常从根尖侵入根内，一旦找到合适的寄主后就不再移动，永久定居在根内并长大，2 龄幼虫再蜕两次皮后变成 4 龄幼虫。这期间幼虫的体形会发生变化，从线形变成一头尖的长椭圆形，体内的生殖腺也逐渐发育成熟。4 龄幼虫在第 4 次蜕皮之后，雄虫变成细长形，进入土壤中活动，它具有发达的口针，但缺乏发育完整的食道腺体，因而不取食，成熟的雄虫一般存活几周。雌虫形状变成梨形，它具有完整的消化系统，继续留在根内寄生生活并产卵，完成其生活周期。如果雌虫身体完全埋在根内，则产下的卵也在根内，这些卵将进行孤雌生殖。如果雌虫阴门暴露在根外，则可与雄虫交配，进行有性生殖。有的雄虫成熟后，还留在根内，也会与根内的雌虫交配进行有性生殖，可以连续产卵 2~3 个月。至于雌虫的生命周期有多长还未有相关报道。

根结线虫在陕西温室黄瓜的整个生育期均可发生，越冬茬黄瓜 10 月定植后即可侵染，但棚室内温度低，侵染率较低，为害较轻。第二年 2 月下旬后随着棚室内温度的提高，侵染率增加，4 月上旬至 5 月下旬为侵染及为害的高峰期，6 月上旬以后由于寄主根系老化，侵染率下降。以卵或 2 龄幼虫随病残体在土壤中度过寄主中断期。在土壤中主要分布在 5~30cm 深土层，以 5~10cm 深土层分布数量最多，适宜土壤 pH 4~6。病土、病苗、灌溉水及病残体是近距离传播的主要途径，远距离传播途径主要是种苗、粪肥，其次是流水、风、病土搬迁和农机具等。

6.1.4.4 影响发生因素

（1）设施蔬菜栽培面积不断扩大，提供了适宜的栖息环境和周年发生的寄主植物

黄瓜根结线虫的优势种——南方根结线虫在北方地区不能正常越冬或越冬由于温度低，导致死亡率较高，设施栽培生态系统发生了重大变化，为南方根结线虫、爪哇根结线虫等不能正常在自然条件下越冬的根结线虫提供了适宜的栖息环境和周年发生的寄主植物，使根结线虫正逐渐北移，成为为害北方地区设施栽培黄瓜的优势种，致使北方地区黄瓜蔬菜根结线虫大面积发生为害。

在陕西，随着"百万亩设施蔬菜工程规划"的实施，到 2014 年，全省蔬菜面积已达 40 万 hm^2，设施栽培面积达 17.3 万 hm^2，约占蔬菜总面积的 43.3%。设施蔬菜栽培面积不断扩大，根结线虫发生面积也在不断扩大，为害加重，究其原因，一是设施栽培特别是温室蔬菜栽培使不能在陕西关中和陕北地区露地越冬的南方根结线虫冬季繁殖成为可能。南方根结线虫在陕西汉中、安康等地区可以自然越冬，因此，无论是设施栽培还是露地栽培的蔬菜均可造成为害。而在陕西陕北地区露地和地膜覆盖模式下根结线虫不能越冬，因此，对陕北露地和地膜覆盖栽培蔬菜不造成为害；在陕西甘泉县以北塑料大棚种植模式下根结线虫不能正常过冬，但无论是陕西的陕北还是关中，温室栽培模式均提供了蔬菜根结线虫冬季繁殖、为害的温度条件。据陕西省生物农业研究所调查发现，在陕西省最北部的神木县，日光温室黄瓜根结线虫的发生也十分严重，5 年以上温室大棚均有根结线虫的发生及为害，其平均受害株率为 69.5%，根结指数为 52.1，说明设施栽培扩大了根结线虫的发生区域。二是寄主丰富。温室和塑料大棚生产多为长季节、多茬次无缝衔接生产，棚室内寄主植物周年不断，使得黄瓜生长季节中根结线虫繁殖快，能进行多次再侵染，发生世代增加，为害时间延长，对黄瓜的为害加重。三是设施栽培有利于根结虫积累。土壤位置相对固定，难于深耕改土，使分布在5~10cm表土层中的根结线虫逐年积累，密度增大。四是设施栽培导致土壤酸化。连作年限长，且水肥大量投入，尤其是生理酸性肥料，导致土壤pH下降，营造了有利于黄瓜根结线虫发生的土壤环境条件。可见，温室大棚内无论是寄主，还是温度、湿度、土壤pH等都非常适于根结线虫的发生繁衍，设施栽培面积的不断增加与种植区域的扩大成为黄瓜根结线虫发生区域扩大和大面积成灾的主要原因。

（2）大面积种植感病品种，是造成黄瓜根结线虫大面积发生的重要原因

陕西黄瓜种植面积占整个蔬菜面积的20%以上，占设施蔬菜种植面积的30%以上，一旦根结线虫发生，将会快速流行形成灾害性为害，控制黄瓜根结线虫的发生和为害，最好的方法是选用抗线虫蔬菜品种。然而与番茄、辣椒等其他蔬菜相比，黄瓜抗线虫品种尚属空白。大面积栽培种植的黄瓜品种均是感病品种，这是导致黄瓜根结线虫病大面积成灾的重要因素。

2003~2016年，我们采用田间直接鉴定的方法，评价研究了陕西常用品种对根结线虫的抗性。即将主要蔬菜作物黄瓜不同品种种植于严重感染根结线虫的试验田中，为害高峰期或收获前拔出植株，调查受害株数，计算受害株率。结果表明，黄瓜是对根结线虫最为敏感的作物，没有发现抗病品种，陕西生产上目前常规种植的津春2号、津春3号、津春4号、津优1号、津优2号、中农11号、农大12号、中研16号、寒秀912、博杰21、鲁圣、顶峰1号、博耐15号、碧春、农城3号、金新地黄瓜等15个黄瓜品种均为感病品种，受害株率均为100%，根结率60%以上。

（3）高频次重茬连作，为根结线虫的流行创造了适宜的土壤环境条件

多年重茬种植同一蔬菜品种，也是发生根结线虫为害的主要原因之一。广大菜农为方便管理和销售，多年种植单一蔬菜，甚至单一品种，导致土壤中病原线虫逐年积累，形成庞大种群，并逐渐适应寄主植物，为害加重。研究结果表明，棚室连作年限的长短与黄瓜根结线虫的发生密切相关，均随棚室土壤连作年限的延长，根结线虫为害依次加重。其原因可能是连作年限越长，土壤环境越有利于蔬菜根结线虫的发生，且受根结线虫为害后自然补偿力降低。

同时，茬口安排不当，也是根结线虫迅速为害加重的重要原因之一。就高感根结线虫的蔬菜种植模式而言，同一品种蔬菜连茬种植无论其受害株率还是根结指数均重于不同种类（科）蔬菜轮作种植模式。例如，越冬茬黄瓜—秋延茬黄瓜—越冬茬黄瓜轮作模式，黄瓜受害株率为75.1%，根结指数26.9；越冬茬黄瓜—葱—越冬茬茄子轮作模式，黄瓜受害株率为49.5%，根结指数12.5。说明合理轮作可以有效防治蔬菜根结线虫。可见，高频次重茬连作，不合理轮作可感染根结线虫的蔬菜，加重了根结线虫的发生及为害。

（4）人为因素影响，是导致根结线虫远距离传播的重要途径

根结线虫靠自身移动或自然因素传播的距离很有限，通常主要通过人为因素进行远距离传播。首先,通过从蔬菜根结线虫发生区调运携带根结线虫的种苗或含有根结线虫的肥料传播。据调查,陕西关中、陕北及陕南最先发生根结线虫的蔬菜棚室均与施用山东某厂家生产的一种含有根结线虫的有机肥有关。这种传播极为高效,传入新区后,因新区环境条件适宜及自然天敌缺乏,在应急控制无力的情况下,根结线虫可以毫无阻挡地迅速繁殖及为害。其次,在线虫发生区用过的农具不经消毒处理即在无虫区继续使用;发生区的灌溉水流入未发生区;田园清洁不彻底及带虫植株残体未妥善处理,也会在一定程度上造成根结线虫病扩散或加重。最后,菜农或育苗企业在已感染根结线虫的温室育苗,或使用带有根结线虫的育苗基质育苗,提供带有根结线虫的种苗,造成黄瓜根结线虫迅速扩散,发生面积快速增加,为害加重。可见,人为活动贯穿于蔬菜生产的"产前、产中、产后"全过程,任何环节把关不严均可导致根结线虫发生蔓延。

(5)菜农不能及时识别和贻误防治时机,是导致根结线虫大面积为害的重要因素

根结线虫在土壤和植株地下部存活及为害,生活、发生为害方式隐蔽,不易引起注意,其为害形成的根结易与根瘤菌混淆,地上部症状与缺素症或枯萎病极为相似,不少菜农甚至基层技术人员不能正确识别诊断,未及早采取针对性防控措施,贻误防治时机,导致根结线虫为害加重。例如,2006年陕西蒲城县原任乡史家村种植50棚日光温室厚皮甜瓜,正值厚皮甜瓜膨大期的3月中下旬,出现植株叶片由下至上发黄萎蔫,瓜农以为是缺水缺肥所致,通过灌溉补水、土壤追肥和喷施叶面肥等措施,症状越来越严重,到4月中下旬瓜蔓开始大面积枯死,导致32棚厚皮甜瓜经济损失达60%以上,12棚厚皮甜瓜绝收。后经专家调查诊断,是根结线虫病为害所致,因群众不认识,没有对症及时防治,造成惨重损失,教训十分深刻。

(6)对温度具有较强的生态适应性,是导致根结线虫发生区域北移的重要内因

实验研究表明,南方根结线虫在土温25～30℃、土壤含水量为40%左右时,发育非常快,10℃以下时,幼虫基本停止活动。在55℃条件下瞬间死亡,44℃条件下半数致死时间需16.3min。当土温低于–1℃且持续一定时间时,南方根结线虫停止发育而死亡,且温度越低致死时间越短。例如,土温在–1℃条件下处理,2龄幼虫致死时间需要775.2h;当温度降到–5℃时,144h即可致死;温度降到–10℃时,仅16.6h就会致死。线虫和其他动物一样,对温度的变化也会产生一定的适应性,如定点调查发现,南方根结线虫2000年左右传入陕西关中地区时,在自然条件下0～30cm土壤中不能越冬,而现在在0～30cm土壤中可以正常越冬,在露地栽培条件下能形成有效种群,说明根结线虫对低温产生了一定的适应性,致使其发生范围扩大,为害加重。

6.1.5 黄瓜枯萎病

黄瓜枯萎病又称萎蔫病、蔓割病、死秧病,是一种防治困难的典型世界性根际土传病害。病原菌从黄瓜的根部或根颈部侵入,在维管束内繁殖蔓延,通过堵塞维管束导管和分泌有毒物质毒害寄主细胞,破坏寄主正常吸收输导机能,使养分、水分转运受阻,造成黄瓜枯萎、萎蔫,甚至死亡。除为害黄瓜外,还为害甜瓜,全国各地均有发生,尤以

棚室黄瓜生产上发生最普遍，为害最严重。实生苗连茬栽培，一般发病株率达10%～30%，发病严重发病株率达60%～90%，减产幅度较大，甚至可导致绝收。目前尚无有效杀菌剂进行防治，设施栽培轮作很难在生产中实现，现有的抗病品种仅有相对的抗病能力。而以南瓜为砧木，以黄瓜为接穗进行嫁接栽培，在生产上大面积推广后有效控制了黄瓜枯萎病的发生及为害。

6.1.5.1 症状

黄瓜从幼苗到成株均可感病，但以开花结果后发病比较重。幼苗期感病，幼苗茎基部变为黄褐色，子叶、幼叶呈失水状萎蔫，幼茎基部变褐色并缢缩，植株呈猝倒状，土壤湿度大时根颈处产生白色绒毛状物，有的幼苗未出土即已腐烂。成株期发病，植株生长缓慢，叶片自下而上逐渐由绿变黄，初期中午萎蔫，似缺水状，早晚恢复，以后萎蔫叶片不断增多，逐渐遍及全株，早晚不能复原，几天后整株枯死。有时植株半边发病半边健全。病株主蔓基部纵裂，纵横切开病茎，可见维管束变为黄褐色，这是枯萎病的典型特征。茎基部、节和节间出现黄褐色条斑，常有黄色胶状物流出，病株易被拔起。潮湿时病部表面产生白色至粉红色霉层（分生孢子）。该病与疫病的外部症状相似，病株均呈萎蔫状，不同点在于发生疫病的植株茎蔓维管束不变色，仅茎节表面变褐，并侵害果实引致果腐；而枯萎病不侵染果实，内部维管束变褐。与蔓枯病的主要区别在于：蔓枯病主要是叶、茎、瓜及卷须等地上部受害，不为害根部。蔓枯病茎部发病引起瓜秧枯死，但维管束不变色。茎部多在茎基部和茎节部感病，病部初生油浸状椭圆形病斑，后变白色，流出琥珀色胶状物，密生小黑点。茎基部病斑软化后表皮龟裂和剥落，露出维管束呈麻丝状。叶片多从边缘发病，形成黄褐色或灰白色扇形大病斑，其上密生小黑点，干燥后易破碎。病菌从花瓣、柱头侵染，引起花蒂部黄化萎缩。

6.1.5.2 病原

黄瓜枯萎病主要由尖镰孢菌黄瓜专化型（*Fusarium oxysporum* f. sp. *cucumerinum*）侵染所致。子囊壳群生，卵形或球形，子囊圆形或棍棒形，大小为（230～250）nm×（25～34）nm，子囊孢子卵圆形或椭圆形，双细胞，在无性世代分生孢子长椭圆形，有时候弯曲。该专化型仅侵染黄瓜和甜瓜，自然条件下不侵染西瓜、瓠瓜、南瓜、丝瓜。盆栽针刺接种试验结果表明，通过根部侵入的病原菌潜伏期较长，在侵入第21天开始表现症状；通过茎部维管束侵入的病原菌潜伏期较短，在侵入第9天便开始表现症状。

6.1.5.3 侵染循环

黄瓜尖镰孢菌在自然条件下以菌丝体、分生孢子器或菌核在未腐熟的有机肥或土壤中越冬，或附着在种子上越冬，病原菌也可附着在大棚温室的架杆、墙体表面上越冬。病菌生活力很强，在土壤中可存活5～6年，个别可达10年，病原菌这一生物学特性为轮作防治增加了困难。在日光温室栽培条件下无越冬现象，可以周年发生。土壤中病原菌是病害的初侵染主要侵染源，条件适宜时形成初侵染，翌年从根部伤口或根毛顶端细胞间隙侵入，进入维管束，在导管内发育，由下向上发展，堵塞导管并产生毒素，使细胞中毒，植株萎蔫。在病部产生分生孢子，通过风雨、土壤、昆虫、农具或灌溉水远距离传播，从气孔或伤口侵入进行再侵染。枯萎病通常地下部当年很少再侵染，主要以初侵染为主，其发生程度取决于土壤中的初始菌量。地上部的重复侵染主要通过整枝、绑蔓等农事操作。在陕西越冬茬黄瓜12月上旬至翌年5月为田间发病期，发病高峰期为1月上旬至3月中旬。田间一旦出现发病中心，蔓延很快，尤其是水流方向蔓延速度比较快，造成缺苗断条。

6.1.5.4 影响发生因素

(1) 连作年限与枯萎病发生的关系

土壤是黄瓜枯萎病病原菌的主要越冬场所。为了明确土壤连作与黄瓜枯萎病发生的关系，试验设黄瓜连作分别为1年、2年、4年、6年和11年的土壤，以露地玉米田土壤为对照(0年)，将其移入同一个日光温室，填入事先挖好的长方体土坑中(4.0m×0.7m×0.4m)，四周用塑料薄膜隔开，重复4次，小区随机排列。于10月初定植3叶1心黄瓜，缓苗后定期调查不同处理黄瓜枯萎病的发生情况。试验结果表明，黄瓜连作年限与黄瓜枯萎病的发生呈显著正相关，即随着棚室黄瓜连作年限的延长，黄瓜枯萎病发病依次加重。实生苗连作栽培0年、1年、2年、4年、6年和11年，黄瓜枯萎病累计发病株率分别为2.1%、6.1%、23.2%、49.6%、69.6%和75.6%。大田调查研究结果与小区试验研究结果基本一致，分析原因是随着土壤连作年限的延长，土壤中枯萎病病原菌数量依次增加，发生的概率增大。此外，随着连作年限的延长，微生物群落结构发生了变化，影响了土壤中养分的转化过程，使作物吸收养分发生障碍，黄瓜长势变弱，抗病性降低，导致发病加重。

(2) 温度与枯萎病发生的关系

适宜枯萎病发生的温度范围较宽，在6~34℃均能发病，以24~26℃条件最适宜发病。在设施栽培条件下，土壤温度、湿度等生态条件发生了很大变化，表现为温度升高，湿度增加，尤其是温度变化最为明显，但不同栽培模式温度变化幅度差异较大，以20cm土壤温度为例，陕北1月下旬温度最低时段，地膜栽培模式平均温度较露地高0.03℃，塑料大棚较露地高5.95℃，日光温室较露地高16.99℃（图6-5）。关中地区也表现出类似规律，从图6-5可以看出，设施栽培适宜黄瓜枯萎病发生的温度时间延长，地膜覆盖

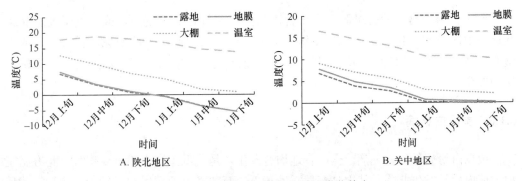

图6-5 不同栽培模式20cm地温变化特点

栽培模式延长时间不明显，塑料大棚栽培模式延长25天左右，日光温室栽培模式周年满足枯萎病发生所需的温度，较露地延长100天左右。此外，设施栽培土壤温度升高，一方面有利于病原菌越冬，土壤中枯萎病病原菌累积量大，侵染基数高；另一方面病原菌的潜伏期缩短，导致田间病害的发生加重，流行速度加快。

（3）品种与发病的关系

黄奔立等（2007）研究了黄瓜感枯萎病品种津研4号、抗枯萎病品种津春4号和云南黑籽南瓜根系分泌物对黄瓜枯萎病发生的影响。结果表明，接种4天后用感病品种（津研4号）根系分泌物浇灌的处理即开始出现病株，至接种后第10天时，用感病品种根系分泌物浇灌的发病株率已达16.5%，其次是用黑籽南瓜根系分泌物浇灌的处理，发病株率为10.0%，浇灌感病品种和黑籽南瓜根系分泌物均对发病具显著促进作用。而浇灌清水和津春4号抗病品种根系分泌物的发病株率仅分别为2.5%和1.0%。至接种后第15天时，用感病品种根系分泌物浇灌的发病株率为34.5%，仍为最高，而用抗病品种根系分泌物浇灌的处理发病株率为14.5%，为最低。至接种后第20天时，用清水和感病品种根系分泌物浇灌的发病株率均为41.0%，而用抗病品种根系分泌物浇灌的发病株率为24.0%，抗病、感病品种根系分泌物浇灌处理之间发病株率差异极显著。说明抗病品种根系分泌物对黄瓜枯萎病的发生有抑制作用，而感病品种根系分泌物则会促进黄瓜枯萎病的发生。

（4）线虫为害与枯萎病发生的关系

线虫为害后造成黄瓜根系大量伤口，一方面为枯萎病病原菌的侵入提供了便利条件，另一方面线虫为害使黄瓜长势比较差，抗病性降低，有利于弱寄生性病害枯萎病的发生。调查结果表明，土壤中根结线虫密度越大，为害越重，黄瓜枯萎病的发生就越重。例如，每100g土壤中含根结线虫分别为12头、19头、50头和63头时，根结指数依次为6.0%、23.6%、59.3%和67.9%，枯萎病发病株率分别为3.9%、6.2%、23.6%和49.6%。调查过程中还发现，嫁接栽培黄瓜在没有根结线虫为害的情况下，枯萎病发病株率几乎为零，但被根结线虫为害后，可以感染枯萎病，发病株率最高达12.6%，其机制有待进一步研究。

（5）其他栽培管理措施与枯萎病发生的关系

棚室施用未腐熟的有机肥，土壤含水量大，空气相对湿度高，或土壤湿度忽高忽低造成地面龟裂，拉断根系，根系伤口增加；棚室温度低，黄瓜受冻，长势弱，或土壤有机质含量低，缺钾，偏施氮肥，土质黏重造成植株根系发育不良等均会加重枯萎病的发生。

6.1.6 黄瓜白粉病

黄瓜白粉病俗称白毛病，全国各地均有发生，是黄瓜生产上的重要病害。北方温室和大棚内最易发生此病，其次是春播露地黄瓜，而秋播黄瓜发病相对较轻。除为害黄瓜外，也为害西葫芦、冬瓜、南瓜、甜瓜等。白粉病发生后，白色粉末状霉层覆盖叶面，影响叶片的光合作用，使正常新陈代谢受到干扰，造成早衰，对黄瓜的正常生长发育影响较大，一般年份减产10%左右，流行年份减产20%~40%。

6.1.6.1 症状

植株从苗期即可受害，但以中后期发病为多。主要为害叶片，其次是叶柄和茎，一般不为害瓜条。发病初期，叶片正面或背面产生白色近圆形的小粉斑，逐步扩大发展成圆形或椭圆形病斑。条件适宜时，逐渐扩大成片，成为边缘不明显的大片白粉区，甚至布满整个叶片，好像撒了层白面粉。抹去白粉状霉层，可见叶面褪绿，叶片枯黄。一般情况下下部叶片比上部叶片多，叶片背面比正面多。病叶自下而上蔓延，后期在白粉状霉层上聚生或散生黑色小粒点，即病原菌的闭囊壳。叶片逐渐变为灰白色至灰褐色，且质地变脆，失去光合作用能力，最后导致整个叶片枯黄坏死，但不脱落。茎蔓叶柄与叶片相似，但病斑较小，白色粉状物也少。

6.1.6.2 病原

黄瓜白粉病是由瓜单囊壳菌 [*Sphaerotheca cucurbitae*（Jacz.）Z. Y. Zhao]、葫芦科白粉菌（*Erysiphe cichoracearum*）侵染所致，均属子囊菌亚门。瓜单囊壳菌闭囊壳球形或扁球形，暗褐色，附属丝丝状，略带褐色，直径（70~120）μm，内有1个子囊，子囊内含6个子囊孢子，子囊孢子单胞，椭圆形，大小为（15~26）μm×（12~17）μm。葫芦科白粉菌闭囊壳球形，褐色，产于菌丝层，闭囊壳内有6~21个子囊，通常为10~15个，子囊内含2个子囊孢子，少数3个，子囊孢子单胞，椭圆形，大小为（19~36）μm×（11~22）μm。我国黄瓜白粉病的病原菌记载较为混乱，其种类需进一步研究和确定。病菌产生分生孢子的温度为15~30℃，在高于30℃或低于1℃条件下很快失去生活力。白粉病对湿度要求不严，最适宜发病湿度为75%。相对湿度达25%以上时，分生孢子就能萌发，孢子遇水时易吸水破裂，萌发不利。

6.1.6.3 侵染循环

北方寒冷地区，在露地栽培条件下，由于白粉病菌分生孢子寿命短，抗逆能力差，而菌丝又不能离开生活的寄主而生存，在没有设施栽培环境条件下，分生孢子和菌丝都不能正常越冬。病原菌常于秋末气温降低、寄主衰老的条件下，病株上的菌丝进行有性繁殖，形成闭囊壳并产生大量的子囊孢子，随病株残体越冬，翌年气温回升，条件适宜时释放子囊孢子，从黄瓜叶片直接侵入，完成初侵染。在冬季严寒的吉林、黑龙江等东北地区，在冬季很长一段时间露地不能种植黄瓜，每年春季黄瓜发生的初侵染源可能来自南部发病较早的邻近地区，尚未发现产生有性世代。在有设施种植黄瓜的北方地区，瓜类作物连茬的温室、大棚是病原菌的主要越冬场所，以分生孢子和菌丝在温室植株上不断进行再侵染，第二年春天产生的分生孢子通过气流等途径传播到早春栽植的大棚黄瓜上，后再传到早春露地黄瓜、夏秋茬黄瓜及秋季大棚黄瓜，最后又传到温室大棚内黄瓜上进行越冬。南方温暖地区，一年四季都可以种植黄瓜或其他瓜类作物，白粉病可以周年发生,病原菌不存在越冬问题,以菌丝或分生孢子在黄瓜上或其他瓜类作物上进行周年侵染为害,在该类地区白粉病很少产生有性世代。子囊孢子或分生孢子借气流或雨水传播,闭囊壳可随土壤、肥料移动传播,散落在寄主叶片上,先端产生芽管和吸器从叶片表皮侵入,菌丝体附生在叶表面,从萌发到侵入需24h,每天可长出3~5根菌丝,5天后在侵染处形成白色菌丝丛状病斑,7天后成熟,形成分生孢子飞散传播,进行频繁再侵染。条件适宜时,白粉病在几天之内就可迅速传遍整个大棚。温室大棚在淹水或干旱情况下,白粉病发病重,这是因为干旱降低了寄主表皮细胞的膨压,对表面寄生并直接从表皮侵入的白粉菌的侵染有利,尤其当高温干旱与高温高湿交替出现时,或持续闷热,白粉病极易流行。设施栽培黄瓜白粉病较露地黄瓜白粉病发生早而重。在陕西越冬茬黄瓜,白粉病发生高峰期在3月以后,早春茬大棚黄瓜在5月以后,春季露地黄瓜在6月以后,夏季黄瓜发生较轻,秋茬及秋延黄瓜在9月中旬以后。

6.1.6.4 影响发生因素

(1) 温湿度与白粉病发生的关系

白粉病病菌分生孢子的萌发需要较高的温度,以15~30℃为最适宜,低于10℃或高于30℃受到抑制,寿命短,很快失去活力,不能萌发再侵染。白粉病病菌对湿度的要求范围较宽,湿度升高更有利于白粉病病菌分生孢子的萌发和侵入,但由于白粉病病菌分生孢子的高渗透压,水滴的存在导致分生孢子吸水过多,膨压升高而使细胞壁破裂,对其萌发及侵入反而不利。当湿度降低到25%以下时,分生孢子仍可萌发并侵入为害。王爱英等(2003)研究认为,在持续降雨1h后的24h内,最低相对湿度不低于47%,温度在16~26.5℃,其中降雨是黄瓜白粉病流行的主导因素。温室或大棚黄瓜白粉病往往发生较重,其主要原因是温室或大棚容易达到白粉病发生的温湿度要求。高温干旱或过多降雨均会减缓白粉病的流行速度。

(2) 黄瓜品种与白粉病发生的关系

黄瓜品种与白粉病的发生关系密切。席亚东等(2009)研究了不同黄瓜品种(材料)对白粉病的抗病性,结果表明,供试的54份品种(材料)的病叶率介于0.51%~76.75%,病叶率在20%以上的品种(材料)占所有参试鉴定品种(材料)的75.93%;病叶率在40%以上的品种(材料)占所有参试鉴定品种(材料)的48.0%。参试鉴定的54份黄瓜品种(材料)的病情指数介于0.02~55.44,材料3的发病最重,病情指数为55.44,津春的病情指数为0.02,病叶率仅为0.51%,显著低于其余品种和材料(表6-7)。结果表明,生产上有抗白粉病的黄瓜品种(材料),但不同品种(材料)对白粉病病菌的抗性均有差异。在生产上选育和种植抗病品种是防治黄瓜白粉病的一项重要措施,对控制白粉病的发生具有重要作用。

宋英等(2012)采用单一接种(只接种白粉病病菌)和复合接种(同时接种白粉病病菌、霜霉病病菌和枯萎病病菌)评价了不同黄瓜品种对白粉病的抗性特征。结果显示(表6-8),单一接种供试品种对白粉病有抗性的有7个,其中高抗白粉病的有2个,分

表 6-7　黄瓜不同品种（材料）对白粉病的抗病性

品种（材料）	种子类别	病叶率(%)	病情指数	品种（材料）	种子类别	病叶率(%)	病情指数
材料 3	材料一代	61.04	55.44	皇冠俄	杂交种	36.02	10.19
材料 2	材料一代	76.75	51.12	春秋早黄瓜	不详	37.43	10.16
材料 1	材料一代	75.06	45.66	日本引进金田	杂交种	31.09	6.99
家乡亲杂	杂交一代	77.01	44.12	唐山秋瓜	不详	37.60	6.56
大白黄瓜	常规种	76.75	42.94	世纪青秀一代	杂交	34.22	6.26
材料 4	材料一代	62.03	41.65	圣保罗 F1	杂交种	34.40	6.31
极品大白黄瓜	常规种	72.76	41.44	材料 46	材料一代	43.17	6.20
精品白丝条	常规种	75.65	41.39	日本秋绿精品	不详	39.73	4.94
特早 5 号清白	不详	75.36	39.93	津瑞 100	杂交一代	37.64	4.56
川丰二早子	不详	73.04	39.53	中国龙系列 1 号	杂交新一代新组合	26.14	4.37
新选二早子	常规种	76.22	39.44	寒玉	一代杂交耐寒	26.47	4.35
材料 5	材料一代	71.91	37.40	津农优 1	杂交一代	31.36	3.92
白玉天使	不详	70.35	37.13	津研四号	常规精选种	16.63	3.69
精品二早子	常规种	74.02	36.56	津研四号	常规黄瓜种	20.61	3.61
清白早	常规种	76.40	36.13	秋棚世纪王 F1	杂交一代	15.31	3.31
川丰白丝条	不详	63.52	35.10	材料 54	材料一代	25.74	3.26
白丝条	常规种	71.76	32.64	新研四号	不详	15.32	3.25
唐山春秋	不详	62.69	31.63	蔬春宝秀 66	杂交一代	16.59	1.32
春秋地黄瓜	不详	63.96	31.20	耐热王	杂交一代	3.30	1.09
丰绿青皮大吊瓜	常规种	63.01	30.49	新津研七号	不详	9.69	0.79
一串铃	不详	63.76	26.53	材料 49	材料一代	6.33	0.63
冀美福星	杂交一代	69.06	25.06	材料 51	材料一代	5.40	0.57
株洲早白	杂交一代	51.09	16.64	鲜绿脆 4 号	不详	10.67	0.41
材料 6	材料一代	59.39	14.16	华黄瓜二号	杂交一代	1.70	0.13
春秋黄瓜	不详	36.61	12.97	霓虹春 4 号	不详	1.90	0.07
脆爽秋瓜	杂交	44.99	11.39	绿博十一号	杂交一代	1.67	0.06
金谷新四号	不详	34.33	10.35	津春	不详	0.51	0.02

表 6-8　单一接种和复合接种黄瓜不同品种对白粉病抗性鉴定

供试品种	单一接种		复合接种	
	病情指数	抗性评价	病情指数	抗性评价
6613	6.00	HR	39.65	MR
天使黄瓜	39.11	MR	60.64	S
奥美 1 号	57.76	S	57.53	S
长卡	70.22	S	75.70	S
辽研白峰	17.33	R	27.26	R
沪杂 6 号	7.56	HR	23.06	R
日本秋绿	25.33	R	45.66	MR
韩优瓜王	20.69	R	19.65	R
满田	50.67	MR	76.66	S
平望黄瓜	60.69	S	69.19	S
东山黄瓜	63.56	S	67.60	S
沂蒙 1 号	56.69	S	63.51	S
满冠	60.69	S	66.77	S

注：HR 为高抗，R 为抗病，MR 为中抗，S 为感病，HS 为高感

别为 6613 和沪杂 6 号；抗白粉病的有 3 个，分别为辽研白峰、日本秋绿和韩优瓜王；中抗品种为天使黄瓜和满田。复合接种抗性鉴定结果表明，抗白粉病的有 3 个，分别为辽研白峰、沪杂 6 号和韩优瓜王；中抗品种有 2 个，分别为 6613 和日本秋绿。相较于单一接种，大部分品种的病情指数都有所上升，且在田间也出现黄瓜受多种病害复合侵染后防治效果降低的现象，其原因主要是复合接种后，黄瓜植株受多种病原菌的复合侵染，其自身抗性降低，从而导致病情指数上升，防治效果降低，为害加重。

（3）栽培管理水平与白粉病发生的关系

栽培管理水平与白粉病的发生关系十分密切。管理水平高，有机肥充足，配方施肥，合理灌水，黄瓜生长发育健壮，合理密植，田间通风透光条件好，黄瓜白粉病发生期晚，发生为害程度比较轻；否则，棚室管理粗放，瓜秧衰弱或浇水不当，氮肥施用过多，栽植密度过大，均会加重白粉病的发生及为害。

6.1.7　黄瓜细菌性角斑病

黄瓜细菌性角斑病在全国各地均有发生，东北、华北发生重，在温室、大棚等保护地黄瓜上发生较为普遍，其发生症状容易与黄瓜霜霉病混淆，常常被误认为是霜霉病而贻误防治时机，造成较大的为害。黄瓜细菌性角斑病病菌除侵染黄瓜外，还侵染西葫芦、丝瓜、甜瓜、西瓜等。老菜区发病一般减产 10%～30%，严重的减产达 50%以上，甚至导致绝收。黄瓜受害，不但影响产量，而且降低品质。

6.1.7.1　症状

幼苗和成株期均可受害，但以成株期叶片受害为主。主要为害叶片、叶柄、卷须和果实，有时也侵染茎。子叶发病，初呈水浸状近圆形凹陷斑，后微带黄褐色干枯；成株期叶片发病，初为鲜绿色水浸状斑，后渐变为淡褐色，病斑受叶脉限制呈多角形，灰褐或黄褐色，湿度大时叶背溢出乳白色浑浊水珠状菌脓，干后具白痕，后期干燥时病斑中央干枯脱落形成穿孔，潮湿时病部产生乳白色菌脓，蒸发后形成一层白色粉末状物质，或留下一层白膜。茎、叶柄、卷须发病，侵染点水浸状，沿茎沟纵向扩展，呈短条状，湿度大时也可见菌脓，严重的纵向开裂呈水浸状腐烂，变褐干枯，表层残留白痕。瓜条发病，出现水浸状小斑点，扩展后病斑不规则或连片，病部溢出大量污白色菌脓。条件适宜时病斑向表皮下扩展，并沿维管束逐渐变色，并深至种子，使种子带菌。幼瓜条感病后腐烂脱落，大瓜条感病后腐烂发臭。瓜条受害常伴有软腐病病菌侵染，呈黄褐色水渍状腐烂。角斑病易与霜霉病混淆而用错药，使病害屡治不愈。二者的主要区别是：①病斑形状、大小。细菌性角斑病的叶部症状是病斑较小且棱角不像霜霉病明显，病斑周围有油渍状晕圈，有时还呈不规则形。霜霉病的叶部症状是形成较大的棱角明显的多角形病斑，后期病斑会连成一片。②叶背面病斑特征。将病叶采回，用保温法培养病菌，24h 后观察。病斑为水渍状，产生乳白色菌脓者，为细菌性角斑病。病斑长出紫灰色或黑色霉层者为霜霉病。湿度大的棚室，清晨观察叶片就能区分。③病斑颜色。细菌性角斑病变为白色膜状或粉末状、干枯、脱落为止。霜霉病病斑末期变为深褐色干枯为止。④病叶对光的透视度。有透光感觉的是细菌性角斑病，无透光感觉的是霜霉病。⑤穿孔。细菌性角斑病病斑后期易开裂形成穿孔，霜霉病的病斑不穿孔。⑥为害部位。黄瓜细菌性角斑病除为害叶片、叶柄、卷须和茎外，还为害瓜条，果实上的病斑可向果内扩展，沿维管束的果肉逐渐变色，腐烂有臭味，并使种子带菌。而黄瓜霜霉病主要为害叶片，偶尔为害茎、卷须和花梗，但不为害瓜条，发病组织也无臭味。

6.1.7.2 病原

黄瓜细菌性角斑病属细菌性病害，其病原菌为丁香假单胞杆菌黄瓜角斑病致病型[*Pseudomonas syringae* pv. *lachrymans*（Smith et Bryan）Young, Dye et Wilkie]。细菌短杆状，端生 1～5 根单级生鞭毛，链状连接，大小为（0.7～0.9）μm×（1.4～2）μm。革兰氏染色阴性，在金氏 B 平板培养基上，菌落白色，近圆形或略呈不规则形，扁平，污白色，有同心环纹，菌落直径 5～7mm，外缘有放射状细毛状物，具黄绿色荧光。不耐酸性环境，属于好气性细菌。发育适宜温度为 24～26℃，最高 39℃，最低 4℃，致死温度 49～50℃，10min；酸碱度（pH）范围 5.9～6.6，而以 pH 6.6 为宜。

6.1.7.3 侵染循环

病菌附着在种子内外，或随病株残体在土壤中越冬，成为翌年初侵染源，病菌存活期达 1～2 年。若选用本身带菌的种子播种后，种子萌发时即侵染子叶，病菌从伤口侵入的潜育期常较从气孔侵入的潜育期短，一般 2～5 天。发病后通过风雨、昆虫和人的接触传播，病菌从气孔、水孔及自然伤口侵入，进行多次重复侵染。棚室栽培时，空气湿度大，黄瓜叶面常结露，病部菌脓可随叶缘吐水及棚顶落下的水珠飞溅传播蔓延，反复侵染，因此当黄瓜吐水量多、结露持续时间长时，有利于此病的侵入和流行。露地栽培时，随雨季到来及田间浇水，病情扩展。北方越冬茬黄瓜细菌性角斑病一般有两个发病高峰，11 月中旬至 12 月上中旬为第一个小的发病高峰期，翌年 2 月下旬至 4 月中旬为第二个大的发病高峰期。北方早春大棚黄瓜 5～6 月为发病高峰期，早春露地黄瓜 7 月为发病高峰期，秋延茬露地黄瓜 10 月为发病高峰期。

6.1.7.4 影响发生因素

（1）品种与细菌性角斑病发生的关系

黄瓜品种抗性是黄瓜本身具有能够减轻白粉病为害程度的一种可遗传的生物学特性，抗性品种与敏感品种相比，在同样栽培条件和病原菌数量的情况下，能有效控制白粉病的流行，种植抗病品种，特别是连年种植，效果可以累积，更为稳定、显著。明确黄瓜品种的抗病性是选育与应用抗病品种的前提和基础。马柏壮等（2013）采用室内苗期人工喷雾接种鉴定方法，对我国现行推广的 222 个黄瓜品种和 52 份黄瓜种质资源进行了细菌性角斑病的人工接种抗病性鉴定。结果表明，222 个黄瓜栽培品种中，金满田黄瓜、绿丰园 6、新津春 4 等 3 个品种表现为高抗，占鉴定品种总数的 1.4%；56 个品种表现为抗病，125 个品种表现为中抗，30 个品种表现为感病，8 个品种表现为高感。从 52 份黄瓜种质资源中筛选出 13 份高抗细菌性角斑病的材料，分别为 D0616、C05-056、

F02-07.04、C05-36、D0327、C04-02、D0463、D0435-3、D0326、D0462、D2009-1、129 和北进，未发现免疫的材料。这说明生产中具有抗黄瓜细菌性角斑病的品种和种质资源，在生产上推广种植可以有效控制其流行与为害。

（2）温湿度与细菌性角斑病发生的关系

温湿度的高低既可影响病原菌侵染繁殖的全过程，又可影响寄主的正常生长发育，是决定细菌性角斑病流行速度的关键因素。细菌性角斑病对温度的适应范围较宽，在 10～30℃均可发生，适宜温度为 24～26℃。对湿度要求较为严格，病斑大小与湿度有关，夜间饱和湿度持续超过 6h 以上，病斑大；湿度低于 65%，或饱和湿度时间在 3h 以下，病斑小。相对湿度在 60%以上，叶面有水膜时极易发病。昼夜温差大，结露重且持续时间长时，易引起细菌性角斑病的流行。春、秋多雨闷热天气露地病害极易流行，蔓延迅速。

（3）栽培管理与细菌性角斑病发生的关系

日光温室结构不合理（如半地下日光温室），导致通风不畅，或日光温室在低温阶段，下午浇水，由于保温需要不能通风，夜间湿度过大，或虽是上午浇水，但浇水后放风不及时，造成湿度大，叶片有水膜的时间长；露地地势低洼积水，栽培密度过大，多年连作种植黄瓜，土壤有机质偏低，偏施氮肥，磷钾肥不足，微量元素缺乏，植株生长瘦弱，栽植带病种苗等，均可引起细菌性角斑病的流行。

6.1.8 黄瓜立枯病

黄瓜立枯病又称烂根、死苗，是一种严重为害黄瓜幼苗的土传病害。在自然界中广泛存在，分布于全世界的耕作和非耕作土壤中，且易从染病植株及土壤中分离得到。其寄主范围非常广泛，造成的经济损失十分严重。立枯病多发生于育苗床温度较高或育苗后期，是影响育苗质量和存活率的主要限制因子。随着设施栽培连作年限的增加，病原菌积累，为害逐年加重。尤其在育苗中后期发病严重，常造成大量死苗甚至全育苗床幼苗死亡。此病除为害黄瓜外，还为害其他瓜类、茄果类、豆类等各种蔬菜，是黄瓜生产中很难防治的土传病害之一。

6.1.8.1 症状

幼苗自出土至移栽定植都可以受害。早期病苗白天萎蔫，晚上可恢复。主要被害部位是幼苗茎基部或地下根部，初在茎基部出现暗褐色椭圆形病斑，并逐渐向里凹陷，边缘较明显，扩展后绕茎 1 周，致茎部萎缩干枯后，瓜苗死亡、倒伏，潮湿时病斑处长有灰褐色菌丝。根部染病多在近地表根颈处，皮层变褐色或腐烂。开始发病时苗床内仅个别幼苗在白天萎蔫，夜间恢复，经数日反复后，病株萎蔫枯死。发病初期与猝倒不易区别，但病情扩展后，病株不猝倒，死亡的植株是直立不倒伏，故称为立枯病，这也是有别于猝倒病的主要症状。另外，病部具轮纹或不太明显的淡褐色蛛丝状霉，即病菌的菌丝体或菌核，且病程进展较缓慢，这也有别于猝倒病。

6.1.8.2 病原

黄瓜立枯病主要是由立枯丝核菌（*Rhizoctonia solani*）引起的。立枯丝核菌属半知菌亚门无孢目丝核菌属真菌，适温17～26℃，在12℃以下或30℃以上时受限制。菌丝体早期无色，后期逐渐变为淡褐色，最后纠结成菌核。菌丝呈锐角分枝，分枝处有明显缢缩，距离分枝处不远有隔膜。菌核扁圆形、扁卵圆形或相互愈合成不规则形，表面与内部均呈褐色，表面粗糙，不产生分生孢子。当湿度高时，接近地面的茎叶病组织表面形成一层薄的菌膜，初为灰白色，逐渐变为灰褐色，上面着生桶形、倒梨形或棍棒形的无色担子，上生4个小梗，每个小梗顶端产生一个单细胞、无色、倒卵形的担孢子。立枯丝核菌主要以菌核体或菌核在土壤中长期营腐生生活，遇到适当的寄主时，病菌以菌丝体直接侵入幼茎或根部，在病部又可产生菌丝和菌核。

6.1.8.3 侵染循环

病菌以菌丝体或菌核在土壤中或病残组织上越冬，极少数以菌丝体潜伏在种子内越冬。病菌的腐生性较强，在土壤中可存活2～3年，带菌的土壤和病残体是主要初侵染源，主要通过流水、农具和带菌的有机肥等传播。以菌丝体从伤口或直接侵入黄瓜幼茎或根部。

6.1.8.4 影响发生因素

（1）温湿度与立枯病发生的关系

病菌生长适宜温度为17～28℃，12℃以下或30℃以上病菌生长受到抑制，故苗床温度较高或育苗后期发生，排水不良、土壤湿度偏高时发病重。

（2）幼苗发育阶段与立枯病发生的关系

立枯病发生与黄瓜幼苗发育阶段有密切关系，在幼苗发育的中前期很少发生，一般在育苗的中后期发生。由于幼苗茎秆木质化程度较高，即使病斑绕茎一周，幼苗也不倒伏，仍呈直立状。

（3）栽培管理水平与立枯病发生的关系

管理粗放，通风不良，重茬、播种过密、间苗不及时，黄瓜瓜幼苗生长瘦弱，发病比较重；或使用旧农膜，导致光照不足，光合作用差，植株抗病能力弱；基质营养不齐全、使用未腐熟的有机肥也容易导致发生较重。反之，发病较轻。

6.1.9 黄瓜黑星病

黄瓜黑星病在国内主要分布于河北、辽宁、内蒙古、宁夏、甘肃、山东、吉林、黑龙江、天津等省（自治区、直辖市）。除侵染黄瓜外，还侵染甜瓜、西葫芦、冬瓜、南瓜、西瓜等葫芦科蔬菜。

6.1.9.1 症状

黄瓜黑星病主要为害叶、茎和瓜条，尤以嫩茎、嫩叶和幼瓜被害最为严重。幼苗被害，子叶产生黄白色圆形病斑，重病株新叶枯萎，幼苗死亡。成株叶片被害，初为暗绿色近圆形斑点，直径 1～2mm，逐渐变为淡黄褐色，后期病斑内边缘产生裂纹形成穿孔，呈星芒状。叶片近叶脉处变黑，使叶片畸形，叶脉被害，病部生长受阻，致使叶片扭皱。叶柄被害，病部中央凹陷，形成疮痂状病斑，严重时病部溃烂。茎蔓顶端龙头发病，整个生长点萎蔫，变褐色腐烂，造成秃尖。茎蔓发病初期产生淡褐色水浸状斑点，以后变成圆形或不规则形褐色病斑，龟裂并流出透明胶状水珠，发展下去病斑凹陷、扩大，流出的胶状物似冒油，呈琥珀色。潮湿时，病斑表面产生烟黑色霉层，即病菌分生孢子梗和分生孢子，以幼瓜最易发病。最初瓜条上产生近圆形褪绿小斑点，病斑溢出透明胶状物，以后小斑点逐渐扩大呈污褐色圆形或不规则形凹陷的病斑。湿度大时，病斑上密生烟黑色霉层。瓜条接近采收时病斑有时呈疮痂状，空气干燥时龟裂，病瓜一般不腐烂。瓜条被害时，常因病斑影响，瓜条生长不均衡，而呈弯曲、畸形。

6.1.9.2 病原

黄瓜黑星病是由瓜疮痂枝孢霉（*Cladosporium cucumerinum* Ell. et Arthnr）侵染所致，属半知菌亚门真菌。分生孢子梗单生或丛生，直立，淡褐色，顶部、中部稍有分枝或单枝，产生分生孢子。分生孢子卵形或不规则形，褐色或橄榄绿色，单生或串生，单胞、双胞，少数三胞。适宜 pH 为 5.0～6.5，最适 pH 为 6；在散射光下培养有利于菌丝生长和产孢；孢子萌发需要营养，若加入少量的黄瓜汁液可提高分生孢子的发芽率，加入 1%～2%的糖液也可起到类似的作用。培养基碳源中，以葡萄糖和蔗糖最有利于病菌菌丝生长，以葡萄糖为碳源产孢最多；培养基氮源中，酵母提取物、硝酸钠、牛肉膏最有利于病菌菌丝生长和产孢。

6.1.9.3 侵染循环

病菌以菌丝体附着在病株残体上，在田间、土壤、棚架中越冬，成为翌年侵染源，也可以分生孢子附着在种子表面或以菌丝体潜伏在种皮内越冬，成为远距离传播的主要来源，主要靠雨水、气流和农事操作在田间传播。病菌从叶片、果实、茎表皮直接侵入，或从气孔和伤口侵入，在棚室内的潜育期一般为 3～10 天，在露地为 9～10 天，生长季节可反复侵染。在日光温室 11 月上旬至翌年 2 月上旬，晚上关闭通风口，棚室内虽然叶面结露时间长，但温度较低，不适宜病原菌侵染繁殖。2 月中旬以后，温度升高，黄瓜浇水间隔期缩短，浇水量加大，造成棚室内湿度较高，结露时间长，为分生孢子的萌发提供了极有利的条件，温湿度均适宜，有利于病原菌的侵染繁殖，病害的发生逐渐进入高峰期。4 月以后虽然温度适宜，但昼夜通风，叶面结露时间短或不结露，湿度条件不利于病原菌的侵染繁殖，病害发生减轻。进入 5 月，黄瓜植株生长变慢，组织老化，日光温室黄瓜黑星病进入衰退期，发生很轻或停止。

6.1.9.4 影响发生因素

（1）品种与黑星病发生的关系

黄瓜不同品种对黑星病的抗性存在明显差异，天津科润黄瓜研究所（原天津黄瓜研究所）培育的保护地品种津春1号高抗黑星病兼抗细菌性角斑病等多种病害，可在黑星病多发区推广使用，也可选用叶三、白头翁、津春1号、中农13号、吉杂2号等高抗黑星病品种。中农7号等保护地栽培品种对黑星病的抗性也较强。此外，农大14、长春密刺对黑星病也有一定的抗性。一般认为，寄主对病菌的抗性是病菌侵染抗病品种后激发了细胞壁木质素和富含羟脯氨酸糖蛋白（HRGP）的合成与沉积，进而在细胞壁外层形成一层防护性屏障，即寄主细胞壁的修饰。

（2）温湿度与黑星病发生的关系

黄瓜黑星病属于低温高湿病害，病原菌生长温度在5～30℃，最适温度在20～22℃，15～30℃容易产生分生孢子。相对湿度在93%以上容易产生分生孢子，相对湿度100%时产孢最多。湿度是病害发生发展的关键。分生孢子萌发需要植株叶面结露有水膜或水。试验证明，在无水滴情况下，即使相对湿度达到100%，孢子也不萌发，且分生孢子在蒸馏水中不萌发，在自来水中发芽率也很低。

（3）栽培管理水平与黑星病发生的关系

棚室管理粗放，病残株清理不干净，病原基数大，黄瓜栽植密度大，棚室结构不合理（如半地下室），通风不畅，形成高湿环境，偏施氮肥，植株生长不健壮，抗病性降低，导致发病加重。反之，合理密植，优化棚室结构，保持通风良好，采取地膜覆盖及滴灌等节水技术，及时放风，降低棚内湿度，缩短叶片表面结露时间，黑星病发生则轻。

6.1.10 黄瓜蔓枯病

黄瓜蔓枯病，又称蔓割病、黄瓜黑腐病。各地均有发病，常造成20%～30%的减产。除为害黄瓜外，还为害甜瓜、丝瓜、冬瓜、西瓜等，越冬茬、冬春茬及露地秋延茬黄瓜发病重，主要表现为死秧。随着设施栽培面积的增加，连作年限的延长，黄瓜蔓枯病为害有逐年加重的趋势。将会成为未来瓜类作物灾害性病害，应引起育种工作者和农业相关部门的重视。

6.1.10.1 症状

主要为害瓜蔓、叶，瓜条也可受害。以茎基部及嫩茎节部发病较多。一般由茎基部向上发展，以茎节处受害最常见。近地面茎基部发病，初呈暗绿色水浸状，长圆形或梭形。病部缢缩，其上的叶片逐渐枯萎，最后造成全株枯死。由于病情发展迅速，病叶枯萎时仍为绿色。节部被害，病部缢缩并扭折，受害部位以上枝叶枯萎，受害部位有时流出琥珀色树脂胶状物，发病严重时茎干皱缩纵裂成乱麻状物。叶片被害，病斑直径10～

35mm，少数更大。多从叶缘开始发病，形成黄褐色至褐色"V"字形病斑。湿度大时，病斑扩展很快，常常造成全叶腐烂。湿度小时，病斑边缘暗绿色，中部淡褐色，干枯易破裂穿孔。果实被害，形成暗绿色近圆形凹陷的水浸状病斑，很快扩展到全果。病果皱缩软腐，表面长有灰白色稀疏的霉状物。蔓枯病与枯萎病的主要区别是前者维管束不变色，后者维管束变为褐色，也不会全株枯死。

6.1.10.2 病原

黄瓜蔓枯病是由西瓜壳二孢菌（*Ascochyta citrullina* Smith）侵染所致，有性时期称为甜瓜球腔菌［*Mycosphaerella melonis*（Pass.）Chiu et Walker］，属子囊菌亚门真菌。菌落在马铃薯琼脂培养基（PDA培养基）上生长速度缓慢，菌落近圆形，初为乳白色，后期变为淡黄色，气生菌丝发达。分生孢子器多为聚生，初为埋生，后突破表皮外露，球形至扁球形，直径为（162.6~166.6）μm，平均为165.7μm；顶部呈乳状突起，孔口明显，直径为（26.1~29.9）μm，平均为29.0μm。分生孢子椭圆形或圆筒形，无色透明，双细胞，大小为（11.2~11.4）μm×（4.1~4.3）μm。子囊座半埋生于寄主茎蔓表皮下，子囊座中形成1个子囊腔。子囊腔球形至扁球形，直径为（126.4~133.2）μm，平均为130.6μm，顶部略外露，壁膜质，黑褐色，孔口周缘壁深黑色，孔口直径为26.6~30.6μm，平均为29.6μm。子囊多为圆筒形，无拟侧丝，无色，稍弯，大小为（100.9~106.9）μm×（11.1~11.5）μm。子囊孢子椭圆形，无色双胞，两细胞大小相等，分隔处缢缩明显，子囊孢子大小为（13.7~14.1）μm×（6.6~7.0）μm。菌丝生长适宜的温度范围是20~30℃，最适温度为25℃，低于20℃或高于30℃时菌丝生长速度明显下降。分生孢子萌发的适宜温度范围是20~30℃，最适温度为30℃左右，低于20℃或高于30℃时萌发率明显下降，分生孢子的致死温度为45.5℃。病菌分生孢子在pH 3~6均能萌发，最适为pH 5~6，pH高于6或低于5时，孢子萌发率迅速下降。

6.1.10.3 侵染循环

病菌主要以分生孢子器或子囊壳随病株残体在土壤中越冬，或以分生孢子附着在种子表面或黏附在架材、棚室骨架上越冬。种子也可带菌传播。翌春条件适宜时，病菌从水孔、气孔、伤口等处侵入，引起黄瓜发病。病部产生的分生孢子借风雨、灌溉水及农事操作传播进行再侵染，带菌种子可随种子调运进行远距离传播。陕西越冬茬黄瓜蔓枯病发生高峰期为4~5月，早春茬棚室黄瓜发生高峰期为5~6月，露地黄瓜发生高峰期为6~9月。长江中下游地区黄瓜蔓枯病发病盛期为5~6月和9~10月。

6.1.10.4 影响发生因素

（1）温湿度与蔓枯病发生的关系

蔓枯病病菌喜温暖、高湿条件，适宜温度为20~25℃，相对湿度适宜在65%以上。露地栽培若遇夏秋雨季，雨日多，或忽晴忽雨、天气闷热等气候条件下蔓枯病易流行。

(2) 连作年限与蔓枯病发生的关系

连作年限与黄瓜蔓枯病的发生有密切关系，连作年限越长，发病越重。连作0年、1年、3年、5年和7年，蔓枯病发病株率分别为0.6%、2.9%、12.6%、31.5%和51.9%。其原因是连作年限越长，土壤中累积的病原菌越多；另外连作年限越长，黄瓜长势越差，抗病性越低。

(3) 栽培管理与蔓枯病发生的关系

设施栽培通风不及时、种植密度过大、长势弱、光照不足时蔓枯病发病重。露地栽培排水不良、缺肥及瓜秧生长不良等均会加重病情。

6.1.11 黄瓜炭疽病

黄瓜炭疽病是黄瓜重要的叶部病害，其发生不断加重，防治难度较大。该病菌除为害黄瓜以外，还能为害西瓜、甜瓜、冬瓜、丝瓜、瓠瓜等葫芦科蔬菜。

6.1.11.1 症状

黄瓜炭疽病从幼苗到成株皆可发病，幼苗发病，多在子叶边缘出现半椭圆形淡褐色病斑，上生橙黄色点状胶质物，即病原菌的分生孢子团。重者幼苗近地面茎基部变为黄褐色，逐渐缢缩，致幼苗折倒。叶片上病斑近圆形，直径4~18mm，棚室湿度大，病斑呈淡灰色至红褐色，略呈湿润状，严重的叶片干枯。在高温或低温条件下，症状常具有不同表现型，易与叶斑病混淆。主蔓及叶柄上病斑呈椭圆形，黄褐色，稍凹陷，严重时病斑连接，绕茎一周，致植株一部分或全部枯死。瓜条染病，病斑近圆形，初呈淡绿色，后为黄褐色或暗褐色，病部稍凹陷，表面有粉红色黏稠物，后期常开裂。

6.1.11.2 病原

黄瓜炭疽病是由葫芦科刺盘孢真菌 [*Colletotrichum orbiculare* (Berk. et Mont.) Arx，异名 *C. lagenarium* (Pass.) Ell. et Halst.] 侵染所致，属半知菌亚门。分生孢子盘聚生，初为埋生，红褐色，后突破表皮呈黑褐色，刚毛散生于分生孢子盘中，暗褐色，顶端色淡，略尖，基部膨大，长90~120μm，具2~3隔。分生孢子梗无色，圆筒状，单胞，大小为(20~25)μm×(2.5~3)μm，分生孢子长圆形，单胞，无色，大小为(14~20)μm×(5.0~6.0)μm。分生孢子萌发产生1~2根芽管，顶端生附着孢，附着孢暗色，近圆形、椭圆形至不整齐形，壁厚，大小为(5.5~6.0)μm×(5.0~5.5)μm。

6.1.11.3 侵染循环

病原菌以菌丝体或拟菌核在种子上或随病残株在田间越冬。病残体内越冬的病原菌，翌年春季条件适宜时产生分生孢子盘，并产生大量的分生孢子，种子带菌可在种子萌发时直接侵入子叶，成为初侵染源。病菌借助风雨、灌溉水、农事操作及某些昆虫传播，引起再侵染。种子调运可造成远距离传播。适宜的温湿度条件下炭疽病潜育期仅需3天。早春棚室温度低，湿度高，叶面易结水珠，发病的湿度条件经常处于满足状态，易流行。露地条件下发病时期不一，南方为5～6月，北方为7～9月。

6.1.11.4 影响发生因素

(1) 温湿度与炭疽病发生的关系

炭疽病的发生与温湿度关系密切，其中湿度是决定发病的主导因素。田间发病适温为20～27℃，病菌最适生长温度为24℃。空气相对湿度大于95%，叶片有露珠时有利于发病，相对湿度低于54%时则不发病。低温多雨条件下易发生，气温超过30℃，相对湿度低于60%时病势发展缓慢。在露地栽培条件下，黄瓜受旱，突遇暴雨或几天连阴雨突然转晴，气温急剧上升，炭疽病常常快速流行。

(2) 栽培管理与炭疽病发生的关系

棚室通风不良，光照不足，连作年限长，土壤黏性大，排水不畅，偏施氮肥，过度密植，浇水过多等，均导致发病加重。

(3) 品种与发病的关系

品种是决定发病轻重的内因，如种植津研4号、早青2号、中农1101、夏丰1号等抗病品种或中农5号、夏青2号等较耐病品种，即使遇到适宜的环境条件时发病也较轻，病害流行速度也较慢；若种植感病品种，遇到适宜的环境条件时病害发生重，流行速度快。

6.1.12 黄瓜疫病

黄瓜疫病在全国各地黄瓜产区均有发生，可造成大面积死秧，是影响黄瓜产量的重要病害之一，早春黄瓜结瓜盛期若发病，损失严重。

6.1.12.1 症状

苗期至成株期均可染病，主要为害茎基部、叶及果实。幼苗染病多始于嫩尖，初呈暗绿色水渍状萎蔫，逐渐干枯呈秃尖状，不倒伏。成株发病，主要在茎基部或嫩茎节部出现暗绿色水渍状斑，后变软，显著缢缩，病部以上叶片萎蔫或全株枯死；同株上往往有几处节部受害，维管束不变色；叶片染病产生圆形或不规则形水浸状大病斑，直径可达25mm，边缘不明显，扩展迅速，干燥时呈青白色，易破裂，病斑扩展到叶柄时，叶片下垂。瓜条或其他任何部位染病，开始为水浸状暗绿色，逐渐缢缩凹陷，潮湿时表面长出稀疏白霉，迅速腐烂，发出腥臭气味。

6.1.12.2 病原

黄瓜疫病是由德氏疫霉（*Phytophthora drechsleri* Tucker）侵染所致，属鞭毛菌亚门真菌。菌丝丝状，无色，宽3.5～7.1μm，多分枝。幼菌丝无隔，老熟菌丝长出瘤状结节或不规则球状体,内部充满原生质。在瓜条上菌丝球状体大部分成串,常在发病初期孢子囊未出现前产生,从此长出孢囊梗或菌丝。孢囊梗直接从菌丝或球状体上长出,平滑,宽 1.5~3.0μm,长可达 100μm,中间偶现单轴分枝,个别形成隔膜。孢子囊顶生,卵球形或长椭圆形,大小为(36.4~71.0)μm×(23.1~46.1)μm,平均为 54.3μm×35.6μm。囊顶增厚部分一般不明显,孢子囊孔口宽达 6.6~17.6μm。游动孢子近球形,大小为 7.3~17.7μm。藏卵器穿雄生,淡黄色,球形,外壁 1.5~4μm。雄器无色,球形或扁球形。卵孢子淡黄色或黄褐色,大小为 15.7~32.0μm。厚垣孢子少见。病菌生长发育适温为 26~32℃,最高 37℃,最低 9℃。

6.1.12.3 侵染循环

该病为真菌性土传病害,以菌丝体、卵孢子及厚垣孢子随病株残体在土壤或粪肥中越冬,翌年条件适宜时长出孢子囊,借风、雨、灌溉水传播蔓延,寄主被侵染后,病菌在有水条件下经 4~5h 产生大量孢子囊和游动孢子。在 25~30℃条件下,经 24h 潜育即发病,病斑上新产生的孢子囊及其萌发后形成的游动孢子借气流传播,进行再侵染,使病害迅速扩散。

6.1.12.4 影响发生因素

(1) 温湿度与疫病发生的关系

温湿度与黄瓜疫病的发生关系十分密切,温湿度组合适宜时病害发生重,流行速度快;反之发病轻,流行速度慢。黄瓜疫病发病适宜温度为 26~30℃,在适宜温度范围内,土壤水分是疫病流行的决定因素。在设施栽培条件下,灌水次数多,灌水间隔时间短,土壤湿度大,通透性差,病害发生重,传播蔓延速度快。

(2) 连作年限与疫病发生的关系

黄瓜疫病是典型的土传病害,因此连作年限与病害的发生程度关系密切,连作年限越长,土壤中累积的疫病病原菌越多,发病株率越高,如连作 0 年、1 年、3 年、5 年和 7 年,黄瓜疫病发病株率依次为 1.1%、2.9%、10.9%、26.7%和 45.5%。

(3) 栽培管理与疫病发生的关系

基肥使用量少,植株营养生长不良,使用带病残物或未腐熟的厩肥,棚室保温性差,作物受冻,生长不健壮,实生苗栽培等,均会加重该病的发生。

(4) 品种与疫病发生的关系

栽培品种对疫病的发生或流行起到重要作用,在环境条件适宜情况下,若种植感病品种疫病就会发生或流行,若种植抗病品种疫病发生轻或流行速度慢。生产上可选种植抗病品种,设施栽培中抗病品种有中农 5 号、长春密刺等,露地栽培中抗病品种有早青 2 号、中农 1101、京旭 2 号、津杂 3 号、湘黄瓜 1 号、湘黄瓜 2 号等。

6.1.13 黄瓜灰色疫病

黄瓜灰色疫病，是一种针对黄瓜为害的专化型真菌病害。

6.1.13.1 症状

该病主要为害叶、茎和瓜条。叶片染病，产生圆形暗绿色病斑，后呈软腐状下垂。茎部染病，茎变细、发霉或呈暗绿色软腐状，后期稍微开裂，病部产生白色粉状霉。果实染病，果斑暗绿色圆形，呈水渍状，病部及其四周凹陷，发病早的在病部产生逐渐密集的白色霉状物或呈现紧密的污白色天鹅绒状霉，果实下部病班凹陷显著，近果梗的上半部不明显。

6.1.13.2 病原菌

黄瓜灰色疫病是由辣椒疫霉（*Phytophthora capsici* Leonian）侵染所致，属鞭毛菌亚门真菌。在胡萝卜琼脂培养基（CA 培养基）上菌落呈放射状或均匀絮状，气生菌丝中等或繁茂，菌丝宽 3～10μm；孢囊梗呈不规则或伞状分枝，细长，粗 1.5～3.5μm；孢子囊卵形至肾形或梨形至近球形、椭圆形至不规则形，形态变异大，大小为（40～61）μm×（29～52）μm，长宽比 1.4～2.7，乳突 1 个明显，个别 3 个，高 2.7～5.4μm，孢子囊基部钝圆形或渐尖，脱落后具长柄，柄长 17～61μm，萌发成菌丝或间接萌发释放游动孢子，每个含 14～36 个孢子；游动孢子肾形，大小为（10～15）μm×（6～10）μm，鞭毛长；休止孢子球形，大小为 6～10μm，间接萌发能形成卵形小孢子囊，大小为（6～13）μm×（6～8）μm，有的形成厚垣孢子，球形至不规则形，顶生或间生，大小为 16～26μm；藏卵器球形，大小为 22～32μm，平滑，柄棍棒状，偶圆锥形；雄器球形至圆筒形，无色，围生，大小为（10～20）μm×（9～14）μm；卵孢子无色，球形，平滑，直径为 21～30μm。病菌对淀粉的利用能力极强。生长最适温度为 24～26℃，最高为 36.5℃，最低为 7℃。寄生于辣椒、瓜类、番茄、茄子、木瓜等植物上。

6.1.13.3 侵染循环

在北方日光温室栽培，病原菌以卵孢子、厚垣孢子在病株残体或土壤及种子上度过寄主中断期。在露地栽培条件下该菌以卵孢子在病株残体上和土壤中越冬，菌丝因耐寒性差也不能成为初侵染源。在南方温暖地区病菌主要以卵孢子、厚垣孢子在病株残体或土壤及种子上越冬，其中土壤中病株残体带菌率高，是主要初侵染源。条件适宜时，越冬后的病菌经雨水飞溅或灌溉水传到茎基部或近地面果实上，引起发病。重复侵染主要来自病部产生的孢子囊，借雨水传播为害。

6.1.13.4 影响发生因素

（1）温湿度与灰色疫病发生的关系

田间 25～30℃，相对湿度高于 65%时发病重。一般雨季或大雨后天气突然转晴，气温急剧上升，病害易流行。土壤湿度95%以上，持续4～6h，病菌即完成侵染，2～3天就可完成一代，短时间内造成黄瓜灰色疫病流行成灾。

（2）栽培管理与灰色疫病发生的关系

老菜区连作栽培棚室，管理粗放，病株残体清除不干净，定植过密，通风透光不良，浇水过多或水量过大，地下水位高，地势低洼，平畦栽培，雨后不能迅速排水，均能加重黄瓜灰色疫病的发生。

6.1.14 黄瓜菌核病

菌核病是黄瓜生产中重要的真菌病害，广泛分布于各黄瓜产区。温室、大棚或露地栽培黄瓜均可发病，但以设施栽培黄瓜受害较重，随着设施栽培面积的增加，栽培年限的延长，其发生有逐年加重的趋势。

6.1.14.1 症状

苗期至成株期均可发病，以距地面5～30cm发病最多，瓜条被害后脐部形成水浸状病斑，软腐，表面长满棉絮状菌丝体。茎部被害，开始产生褪色水浸状病斑，逐渐扩大呈淡褐色，病茎软腐，长出白色棉絮状菌丝体，茎表皮和髓腔内形成坚硬菌核，植株枯萎。幼苗发病时在近地面幼茎基部出现水浸状病斑，很快病斑绕茎一周，幼苗猝倒。一定湿度和温度下，病部先生成白色菌核，老熟后为黑色鼠粪状颗粒。该病的发生与灰霉病类似，均从开败的花瓣及水分易积存的部位发生，花瓣落下附着的部分最易发病，与灰霉病的区别主要在于菌核病有白色棉絮状霉和菌核。

6.1.14.2 病原

黄瓜菌核病是由核盘菌［*Sclerotinia sclerotiorum*（Lib.）de Bary］侵染所致，属子囊菌亚门真菌。菌核由菌丝体扭集在一起形成，初白色，后表面变黑色鼠粪状，大小不等，长度3～7mm，宽度1～4mm或更大，有时单个散生，有时多个聚生在一起。干燥条件下，存活4～11年。在5～20℃条件下，菌核吸水萌发，产出1～30个浅褐色盘状或扁平状子囊盘，子囊盘长度一般为3～15mm，有的可达6～7cm，子囊盘伸出地面为乳白色或肤色小芽，逐渐展开呈杯状或盘状，成熟的或衰老的子囊盘呈暗红色或淡红褐色。子囊盘成熟后子囊孢子呈烟雾状弹射，高达90cm。子囊无色，棍棒状，内生6个无色的子囊孢子。子囊孢子圆形，单胞，大小为（10～15）μm×（5～10）μm。一般不产生分生孢子。菌丝生长温度范围为5～20℃，菌丝生长和菌核形成最适温度为20℃，最高35℃，50℃时5min即可致死。菌核有两种萌发方式，若土壤持续湿润，菌核萌发后产生子囊盘，由子囊盘产生子囊孢子；在土壤湿润度较低的条件下，菌核以产生菌丝体的方式萌发。

6.1.14.3 侵染循环

黄瓜菌核病以菌核留在土壤中或夹在种子中越冬或越夏，随种子远距离传播。菌核一般可存活两年左右，条件适宜时菌核即可萌发，在地表产生子囊盘、放出子囊孢子，随气流传播蔓延，孢子侵染衰老的叶片、花瓣、柱头或幼瓜，田间带病的雄花落到健叶或茎上经菌丝接触，侵入后病菌破坏寄主的细胞和组织，扩散和破坏邻近未被病原物侵染的组织，又引起发病，如此重复进行再侵染。直到条件不适宜繁殖时，又形成菌核落入土中或随种株混入种子中越冬或越夏。在陕西日光温室黄瓜 3~4 月为菌核病发生高峰期，露地黄瓜 6~9 月为菌核病发生高峰期。

6.1.14.4 影响发生因素

（1）温湿度与菌核病发生的关系

相对湿度高于 65%，温度在 15~20℃时利于菌核萌发和菌丝生长、侵入及子囊盘产生。因此，低温、高湿设施栽培环境及露地栽培的多雨早春或晚秋有利于该病的发生和流行。

（2）连作年限与菌核病发生的关系

黄瓜菌核病是典型的真菌弱寄生性土传病害，连作年限长，土壤中累积的病原菌多，发病重，若采取与菌核病非寄主蔬菜轮作，病害发生就轻。另外，连茬种植导致土壤障碍，黄瓜的生长发育不健壮，有利于弱寄生菌的寄生，也有利于菌核病的发生。

（3）栽培管理水平与菌核病发生的关系

棚室结构不合理或连作种植多年的老棚，保温条件差，温度较低，通风不良或黄瓜生长期间放风不及时，大水漫灌，栽植密度过大，有机肥使用量少，偏施氮肥，忽视微量元素，营养不均衡，导致黄瓜植株生长发育不良、长势较差、植株抗性降低等，均可加重病害的发生。

6.1.15 黄瓜斑点病

斑点病又名白星病、穿孔病、褐斑病、叶点霉斑等，在中国分布于吉林、辽宁、山西、河南、台湾、湖南、广西、云南等省（自治区），是一种为害轻微的次要黄瓜病害。因常与蛙眼病、破烂叶斑病、赤星病等叶斑病混生，不易区分。

6.1.15.1 症状

主要为害叶片，多在开花结瓜期发生，中下部叶片易发病，上部叶片发病机会相对较少。发病初期，病斑呈水渍状，后变为淡褐色，中部颜色较淡，逐渐干枯，周围具水渍状淡绿色晕环，病斑直径 1~3mm，后期病斑中部呈薄纸状，淡黄色或灰白色，质薄。棚室栽培时，多在早春定植后不久发病，湿度大时，病斑上会有少数不明显的小黑点。

6.1.15.2 病原

黄瓜斑点病由瓜灰星菌（*Phyllosticta cucurbitacearum* Sacc.）侵染引起，属半知菌叶

点霉属真菌。分生孢子器散生或聚生，球形至扁球形，黑褐色，膜质，具孔口，直径65～105μm。分生孢子椭圆形，略弯，单细胞，无色，大小为（5～7）μm×（2～3）μm。

6.1.15.3　侵染循环

黄瓜斑点病主要以菌丝体和分生孢子器随病株残体在土壤中越冬，翌年越冬病原菌遇到适宜条件即形成初侵染，发病后产生分生孢子借雨水溅射传播，进行再侵染，周年都有黄瓜种植的南方温暖地区及北方日光温室种植地区越冬期不明显。在陕西越冬茬黄瓜发生时间为3～4月，露地栽培为6～9月。

6.1.15.4　影响发生因素

（1）温湿度与斑点病发生的关系

高温多湿的环境条件有利于该病的发生，适宜温度为25～30℃，湿度65%以上有利于发病。

（2）栽培管理水平与斑点病发生的关系

连作年限长，栽植密度大，郁闭，大水漫灌，通风不及时，偏施氮肥，微量元素缺乏，黄瓜长势弱等，发病均比较重。

6.1.16　黄瓜白绢病

白绢病是黄瓜生产中为害较大的土传病害，其发生有逐渐蔓延的趋势，分布于全国各地。

6.1.16.1　症状

白绢病主要为害近地面的茎基部或瓜条。茎部染病，初为暗褐色，其上长出白色绢丝状菌丝体，多呈辐射状，边缘明显。后期病部生出许多茶褐色萝卜籽样小菌核。湿度大时，菌丝扩展到根部四周，或靠近地表的瓜条上，并产生菌核，植株基部腐烂后，致地上部茎叶萎蔫或枯死。

6.1.16.2　病原

黄瓜白绢病是由齐整小核菌（*Sclerotium rolfsii* Sacc.）侵染所致，属半知菌亚门真菌。菌丝体白色透明，较纤细，老菌丝粗为2～6μm，分枝不成直角，具隔膜。在马铃薯琼脂培养基（PDA培养基）上菌丝体白色茂盛，呈辐射状扩展。菌核外观初呈乳白色，略带黄色，后为茶褐色或棕褐色，球形至卵圆形，大小为1～2mm，表面光滑具光泽。菌核表层由三层细胞组成，外层棕褐色，表皮层下为假薄壁组织，中心部位为疏丝组织，后两组织都无色，肉眼观察呈白色。有性世代为罗氏阿太菌［*Athelia rolfsii*（Cruzi）Tu et Kimbr.］，属担子菌亚门真菌小菌核属。病菌对酸碱度适应范围较宽，在pH 1.9～6.4均能发育，pH 5.9时最适宜繁殖，光线能促进产生菌核。

6.1.16.3 侵染循环

白绢病病菌是一种根部习居菌，在露地栽培条件下主要以菌核或菌丝体在土壤中越冬，在日光温室栽培条件下主要以菌核或菌丝体在土壤中越夏，条件适宜时，菌核萌发产生菌丝，从寄主茎基部或根部侵入，气温 30～36℃时，经 3 天菌核即可萌发，再经 6～9 天又可形成新的菌核。菌核无休眠期，在不良条件下可以休眠，在土壤中能存活 5～6 年，在低温干燥的条件下存活时间更长。田间出现中心病株后，在病部产生大量菌丝，沿地表或病组织向四周扩展蔓延，借降雨或灌溉水传播，进行再侵染。

6.1.16.4 影响发生因素

（1）温湿度与白绢病发生的关系

病菌发育适温为 32～33℃，最高 40℃，最低 6℃。适宜相对湿度 95% 以上，特别是高温且湿度时高时低时有利于菌核萌发。特别是在连续干旱后遇雨可促进菌核萌发，增加对寄主侵染的机会。

（2）栽培管理与白绢病发生的关系

酸性至中性的土壤和沙质土壤中黄瓜易发病；连作地由于土壤中病原菌积累多，也易发病；管理粗放、不适时放风、黏土地、浇水过多、排水不良、肥力不足、未施腐熟有机肥、黄瓜生长纤弱或密度过大，发病重；根颈部受根结线虫为害的也易感病。

6.1.17 黄瓜黑斑病

黑斑病，异名黄瓜疮痂病，俗称烤叶病、烧叶病，是近年来设施栽培黄瓜新发生的病害，全国各地均有发生，主要发生在夏、秋季节及露地栽培的植株上。若防治不及时，可减产 20%～30%，严重时可达 60%～80%，甚至导致绝产，且对黄瓜的品质有较大的影响。该病有日趋严重趋势，除为害黄瓜外，还为害甜瓜、角瓜、南瓜、西瓜等葫芦科蔬菜。

6.1.17.1 症状

主要侵染黄瓜叶片，幼株、成株期均可发病，但以结瓜期发病为主，一般中下部叶片先发病，后逐渐向上扩展，重病株除心叶外，均可染病。病斑圆形或不规则形，中间黄白色，边缘黄绿色或黄褐色。叶面病斑稍隆起，表面粗糙，叶背病斑呈水浸状，病健部交界明显，且出现褪绿的晕圈，病斑大多出现在叶脉之间。重病田，数个病斑连片，叶肉组织枯死，叶缘向上卷起，整叶焦枯，似火烤状，但不脱落。湿度大时，可看到黑褐色霉层。重病田往往株株发病，每株除心叶和未展开的幼嫩叶外，其他叶片均发病。与黄瓜靶斑病的主要区别为前者病斑中间是黄白色，后者病斑中间是灰白色。

6.1.17.2 病原

黄瓜黑斑病是由瓜链格孢 [*Alternaria cucumerina* (Ell. et Ev.) Elliott] 侵染所致，属半知菌亚门真菌。病菌分生孢子梗单生或 3～5 根束生，正直或弯曲，褐色或顶端色浅，基部细胞稍大，具隔膜 1～7 个，大小为（23.5～70）μm×（3.5～6.5）μm；分生孢子多单生，有时 2～3 个链生，常分枝，分生孢子倒棍棒状或卵形至椭圆形，褐色，孢身具横隔膜 6～9 个，纵隔膜 0～3 个，隔膜处缢缩，大小为（16.5～66）μm×（7.5～16.5）μm，喙长 10～63μm，宽 2～5μm，最宽处 9～16μm，色浅，呈短圆锥状或圆筒形，平滑或具多个疣，0～3 个隔膜。在马铃薯葡萄糖琼脂培养基（PDA 培养基）上菌落初白色，后变灰绿色，背面初黄褐色，后为墨绿色，气温 25℃时，经 4～5 天能形成分生孢子。

6.1.17.3 侵染循环

黑斑病病原菌以菌丝体或分生孢子在病残体上或以分生孢子在病组织外，或黏附在种子表面越冬，成为翌年初侵染源，借气流或雨水传播。在室温条件下，种子表面附着的分生孢子可存活 1 年以上，种子中的菌丝体则可存活 1 年半以上，病残体上的菌丝体在室内保存可存活 2 年，在土表或潮湿土壤中可存活 1 年以上；生长期内病部产生的分生孢子借风雨传播，分生孢子萌发可直接侵入叶片，条件适宜时 3 天即显症，很快形成分生孢子进行再侵染。种子带菌是远距离传播的重要途径。

6.1.17.4 影响发生因素

（1）温湿度、光照与黑斑病发生的关系

该病的发生与温湿度、光照等生态因素密切相关。该菌在 3～45℃均可生长，较适宜温度为 25～35℃，最适宜温度为 26～32℃。在 pH 3.5～12 均可生长，最适宜 pH 为 6。孢子在 4～36℃均可萌发，最适宜温度为 26℃，相对湿度高于 73%均可萌发，相对湿度 65%时，萌发率高达 94%。晴天，日照时间长、强度大对该病有一定抑制作用。

（2）栽培管理水平与黑斑病发生的关系

设施栽培若通风不及时，尤其是灌水后遇到阴雨天气，造成湿度大时发病重。连作年限长，偏施氮肥，生长过嫩，土壤黏重，偏酸，大水漫灌，排水不良，湿气滞留，平畦栽培等，也会导致黄瓜黑斑病发生加重。

6.1.18 黄瓜猝倒病

猝倒病俗称"绵腐病""长脖子""小脚瘟""掉苗""倒苗""霉根"等，是世界性土传病害，不仅是黄瓜苗期的主要病害，还是其他各种蔬菜苗期的重要病害。严重时幼苗成片死亡，甚至造成毁苗，延误适期定植。结果期染此病菌，易造成烂果。

6.1.18.1 症状

主要为害幼苗，其次为害瓜条。幼苗期发病，茎基部有水渍状浅黄绿色病斑，很快病部组织腐烂干枯凹陷而缢缩为线状。苗床初见少数幼苗发病，几天后迅速蔓延，往往子叶尚未凋萎，幼苗即突然猝倒，致幼苗贴伏地面。有时瓜苗出土时胚轴和子叶已经腐烂，变褐枯死，严重时导致成片幼苗猝倒。苗床湿度大时，病苗近地表处可见有白色棉絮状的菌丝体。该病主要在幼苗1～2片真叶期发生，3片真叶后发病较少。尤其是幼苗子叶中储存的养分消耗已尽，新根尚未扎实之前是感病期。结果期若遇低温、弱光、湿度大的环境条件，果实易染病。初现水渍状斑点，后迅速扩大呈黄褐色水渍状病斑，与健康部分界明显，最后整个果实腐烂，果实病部表面有白色棉絮状物，即菌丝体。果实发病多始于脐部，也有的从伤口侵入，在其附近开始腐烂。

6.1.18.2 病原

猝倒病是由鞭毛菌亚门的真菌侵染所致，其中瓜果腐霉[*Phthium aphanidermatum* (Eds.) Fizsp.]、辣椒疫霉（*Phytophthora capsici* Leonian）、甜瓜疫霉（*Phytophthora melonis* Katsura）、烟草疫霉（*Phytophthora nicotianae* Breda et Haan）、刺腐霉（*Pythium spinosum*）、德里腐霉（*Pythium deliense* Meurs）、畸雌腐霉（*Pythium irregulare*）、德巴利腐霉（*Pythium debaryanum* Hesse）等真菌侵染均可引起猝倒病。其中瓜果腐霉、德里腐霉、畸雌腐霉3种真菌对黄瓜致病性较强，是黄瓜猝倒病的重要病原。

瓜果腐霉菌落在玉米粉琼脂培养基（CMA培养基）上呈放射状，气生菌丝棉絮状。菌丝发达，分枝繁茂，粗2.6～9.6μm。孢子囊由膨大菌丝或瓣状菌丝、不规则菌丝组成，顶生或间生，大小为（63～735）μm×（4.9～22.6）μm；出管长短不一，粗约4.2μm；泡囊球形，内含6～25个或更多的游动孢子；游动孢子肾形，侧生双鞭毛，大小为（13.7～17.2）μm×（12.0～17.2）μm；休止孢子球形，直径11.2～12.1μm。藏卵器球形，平滑，多顶生，偶有间生，柄较直，直径17～26μm。雄器袋状、宽棍棒状或屋顶状、玉米粒状或瓢状，间生或顶生，同丝生或异丝生，每一藏卵器有1～2个雄器，授精管明显，大小为（11.6～16.9）μm×（10.0～12.3）μm。卵孢子球形，平滑，不满器，直径19～22μm，壁厚1.7～3.1μm；内含贮物球和折光体各1个。

德里腐霉菌在马铃薯琼脂培养基（PDA培养基）和平板计数琼脂培养基（PCA培养基）上产生旺盛的絮状气生菌丝，孢子囊呈菌丝状膨大，分枝不规则；藏卵器光滑、球形，顶生，大小为16.1～22.7μm，藏卵器柄弯向雄器，每个藏卵器具1个雄器，雄器多为同丝生，偶异丝生，柄直，顶生或间生，亚球形至桶形，大小为14.1μm×11.5μm；卵孢子，大小为15.5～20μm。菌丝生长适温为30℃，最高40℃，最低10℃，15～30℃条件下均可产生游动孢子。与瓜果腐霉相比，瓜果腐霉的藏卵器柄不弯向雄器，而德里腐霉的藏卵器柄明显弯向雄器。

畸雌腐霉菌落在玉米粉琼脂培养基（CMA培养基）上呈放射状，气生菌丝蛛网状。菌丝发达，不规则分枝，粗1.6～7.7μm。孢子囊（近）球形、梨形或柠檬形，罕舌形，顶生或间生，大小为12～35μm。藏卵器球形，多间生，也有顶生，偶有2个串生，大小为 15~25μm；藏卵器壁上常有 1~3 个指状突起，高 2.3~10.6μm，基部宽 1.5~2.0μm。雄器多与藏卵器同丝生，少数异丝生，也有下位生，同丝生时常无柄，紧靠藏卵器生出，有柄时柄在藏卵器柄上的位置距藏卵器或远或近，大小为（6.5~15.4）μm×（6.2~9.2）μm；下位生雄器上偶有 1~2 个突起物，每一藏卵器有雄器 0~4 个。卵孢子球形，平滑，单生，偶有双生，直径为 19~22μm。卵孢子壁厚度为 0.6~2.3μm；内含贮物球和折光体各 1 个。

6.1.18.3　侵染循环

病菌以卵孢子在 12~16cm 表土层中越冬，并在土壤中长期存活。在自然条件下，翌年遇有适宜条件时萌发产生孢子囊，以游动孢子或直接长出芽管侵入寄主。此外，在土壤中营腐生生活的菌丝也可产生孢子囊，以游动孢子侵染瓜苗引起猝倒。田间的再侵染主要是由病苗的病部产生孢子囊及游动孢子，借灌溉水或溅水而附着到贴近地面的根颈或果实上，引起再侵染。菌丝体进入根部后在根内迅速扩展，有的从根内向外扩展，在根组织中的菌丝体沿根轴上下伸长，产生的分枝继续蔓延，并在根组织内形成藏卵器和雄器，以后根际周围又出现游动孢子，46h 后在根组织内产生卵孢子，72h 后卵孢子呈不满器状。所以此病一旦发现，蔓延很快。卵孢子也可在茎细胞内大量形成，菌丝体在茎内由一个细胞扩散到相邻的细胞，再继续生长。由于猝倒病病菌可在瓜苗皮层薄壁细胞中扩展，菌丝蔓延于细胞间或细胞内，后在病组织内形成卵孢子，随病残体越冬。在温室内病残体上病原菌直接侵染引起发病。

6.1.18.4　影响发生因素

（1）温度与猝倒病发生的关系

温度是影响黄瓜猝倒病发生的主导因素，引起黄瓜猝倒病的病原菌对温度要求范围较宽，在 10~30℃温度条件下均能活动，土温 15~16℃时病原菌繁殖很快，但在这个温度范围内对黄瓜的正常生长发育极为不利。随着温度的升高，有利于黄瓜的生长发育，发病有依次减轻的趋势（表 6-9）。早春育苗时，低温高湿的环境导致黄瓜幼苗生长瘦弱，抗性低，造成猝倒病的流行。

表 6-9　不同温度对黄瓜猝倒病发生的影响

温度（℃）	发病株率（%）	差异显著性	
		$SSR_{0.05}$	$SSR_{0.01}$
（20±1）~（25±1）	15.7	a	A
（15±1）~（20±1）	47.6	b	B
（10±1）~（15±1）	54.7	c	B

注：表中不同小写字母者表示在 0.05 水平上差异显著，不同大写字母者表示在 0.01 水平上差异极显著

（2）苗龄与猝倒病发生的关系

猝倒病的发生与黄瓜苗龄发育不同阶段有密切关系。幼苗出土后，组织幼嫩，病原菌极易侵入，加之在子叶期和 2 片真叶前种子内的养分消耗已尽，根系发育不健全，叶

面积小，光合作用能力差，幼苗的消耗大于积累，生长瘦弱，抗病能力差，遇到适宜的环境条件，病害会快速流行。随着幼苗的生长发育，3 叶期以后，根系不断发达，叶面积不断增大，光合作用能力增强，黄瓜茎秆木质化程度不断提高，抗病性增强，发病显著减轻。

（3）光照强度、通风与猝倒病发生的关系

光照强度与猝倒病的发生呈显著的负相关，即在一定光照强度范围内，光照强度越高，发病越轻；反之发病越重（表 6-10）。一般育苗都在设施保护下进行，通风不良，光照缺乏，加之育苗密度比较大，幼苗相互拥挤，病原菌传播效率高，尤其幼苗基部光照条件差，湿度大，组织木质化速度慢，抗性差。若采取营养钵稀育苗，幼苗光照条件、生长发育的环境条件改善，发病减轻，一般不会引起猝倒病的流行。

表 6-10　不同光照强度对黄瓜猝倒病发生的影响

光照强度（lx）	发病株率（%）	差异显著性	
		$SSR_{0.05}$	$SSR_{0.01}$
4.6	51.0	a	A
46	32.5	b	B
460	23.6	b	B
4600	3.7	c	C

注：表中不同小写字母者表示在 0.05 水平上差异显著，不同大写字母者表示在 0.01 水平上差异极显著

（4）栽培管理与猝倒病发生的关系

选用种子饱满度不高，出苗后幼苗瘦弱，育苗前灌水量过大，造成土壤湿度过高，出苗后大水漫灌，育苗密度过大，分苗不及时，采用重茬土育苗，施用未腐熟的粪肥等，均有利于发病。

6.1.19　黄瓜棒孢叶斑病

黄瓜棒孢叶斑病又称靶斑病、褐斑病，俗称黄点子病。1906 年欧洲首次报道该病（Gussow，1906），1957 年美国北卡罗来纳州报道该病发生（Winstead et al.，1957），戚佩坤等（1966）报道了该菌在我国黄瓜上的发生为害。20 世纪 90 年代在辽宁省瓦房店市该病大面积连年严重为害，成为当地保护地黄瓜的主要病害。随着设施蔬菜种植规模的不断扩大，该病蔓延趋势明显，现已遍及全国。此外，由于该病易与黄瓜霜霉病、细菌性角斑病和黄瓜炭疽病混淆，往往造成防治不及时、不对症，加之许多化学农药防治效果很差，常常造成减产 20% 左右，严重者达到 70%，已成为设施栽培黄瓜生产中亟待解决的叶部病害之一。

6.1.19.1　症状

黄瓜棒孢叶斑病多在黄瓜生长中期、后期发生，以为害叶片为主，严重时蔓延至叶柄、茎蔓。叶片正、背面均可受害，叶片发病多在盛瓜期，中下部叶片先发病，再向上

部叶片发展。初期病斑为黄褐色小点,直径约 1mm。当病斑直径扩展至 1.5~2.0mm 时,叶片正面病斑略凹陷,病斑近圆形或稍不规则形,外围颜色稍深,黄褐色,中部颜色稍浅。当病斑扩展至 3~4mm 时,多为圆形,少数多角形或不规则形,叶片正面病斑粗糙不平,隐约有轮纹,病斑整体褐色,中央灰白色、半透明,叶片背面病部着生大量黑色霉层,正面霉层较少,对光观察病部叶脉呈黄褐色网状。条件适宜时,病斑扩展迅速,边缘水渍状,失水后呈青灰色。后期病斑直径可达 10~15mm,圆形或不规则形,对光观察叶脉色深,网状更加明显,病斑中央有一明显的眼状靶心,严重时多个病斑连片,呈不规则状。发病严重时,病斑面积可达叶片面积的 95%以上,叶片干枯死亡。重病植株中下部叶片相继枯死,造成提早拉秧。

黄瓜棒孢叶斑病的典型症状与细菌性角斑病的主要区别是:黄瓜棒孢叶斑病病斑叶片两面色泽相近,湿度大时上生灰黑色霉状物;而细菌性角斑病叶片背面有白色菌脓形成的白痕,清晰可辨,两面均无霉层。与霜霉病的区别是:黄瓜棒孢叶斑病病斑枯死,病健交界处明显,并且病斑粗糙不平;而霜霉病病斑叶片正面褪绿、发黄,病健交界处不清晰,病斑很平,受叶脉限制为多角形。

6.1.19.2 病原

黄瓜棒孢叶斑病是由多主棒孢霉 [*Corynespora cassiicola*(Berk. et Curt.)Wei] 侵染引起。多主棒孢霉的菌落颜色、结构及分生孢子的大小、形状存在丰富的变异,不仅表现在不同寄主、不同地理来源的菌株之间,还表现在同一菌株的不同菌落上。该类病原真菌是一种寄主范围广泛、非寄主专化型病原菌。目前国内外一些研究者通过研究不同来源的菌株在不同寄主上致病力分化的分析,认为该病原菌具有典型的寄主专化型特征,多主棒孢霉具有明显的致病力分化现象;并且发现寄主来源同致病力分化之间具有显著的相关性,黄瓜是多主棒孢霉最为敏感的寄主之一,来自黄瓜的多主棒孢霉种内菌株之间存在丰富的遗传变异、致病力分化现象。

6.1.19.3 侵染循环

在北方地区,露地栽培黄瓜棒孢叶斑病病原菌主要以菌丝体或分生孢子随病株残体、杂草在土壤中或随其他寄主植物越冬存活,病原菌还可以产生厚垣孢子及菌核,度过不良环境。病原菌在病残株中存活 2 年,在种皮附着状态下存活 6 个月以上,成为黄瓜棒孢叶斑病的初侵染源。翌年病原菌遇到适宜的温湿度条件,萌发产生芽管,从气孔、伤口或直接穿透表皮侵入,潜育期 5~7 天,产生分生孢子成为初侵染菌源。在田间分生孢子借风雨向周围蔓延,进行再侵染。在南方地区和北方设施栽培黄瓜棒孢叶斑病没有明显的越冬现象,周年发生分为始发期、始盛期、盛发期、终止期及休眠期 5 个时期。

6.1.19.4 影响发生因素

(1)病原菌的传播方式与棒孢叶斑病发生的关系

黄瓜棒孢叶斑病的传播途径广,种子可以远距离传播。在田间的分生孢子借风、雨和农事操作传播进行再侵染，控制传播途径难度大。

（2）温湿度与棒孢叶斑病发生的关系

温湿度与黄瓜棒孢叶斑病的发生有密切的关系，病原菌具有喜温好湿的特点，高温、高湿有利于该病的流行和蔓延。病原菌菌丝生长最适温度为28℃，产孢的最适温度约为30℃，相对湿度90%以上，水滴中萌发率最高。叶面结露、光照不足、昼夜温差大，病原菌繁殖快，为害重。

（3）管理水平与棒孢叶斑病发生的关系

施用过量氮肥，造成植株徒长或多年连作，均有利于发病；通风透光差时病害发生严重；多雨、凉夏时发病重；病株残体处理不彻底、通风排湿不及时、种子带菌率高且未经过处理，均可导致病害发生加重。

6.1.20 黄瓜细菌性缘枯病

黄瓜细菌性缘枯病主要在我国北方局部地区的设施条件下发生，低温季节最易发病。

6.1.20.1 症状

黄瓜细菌性缘枯病主要为害叶、叶柄、茎、卷须和果实。多从下部叶片开始发病，在叶片边缘水孔附近产生水浸状小斑点，逐渐扩大为带有晕圈的淡褐色至灰白色不规则斑，或由叶缘向叶中间扩展的"V"形斑，逐渐沿叶缘连接成带状枯斑。也有的病斑不在叶缘，而在叶片内部，呈圆形或近圆形，直径5～10mm。病斑很少引起龟裂或穿孔，与健部的交界处呈水浸状，从而与其他病害加以区别。茎、叶柄和卷须上的病斑呈褐色水浸状。瓜条多由瓜柄处侵染，形成褐色水浸状病斑，瓜条凋萎，失水后僵硬。空气湿度大时病部常溢出菌脓。

6.1.20.2 病原

黄瓜细菌性缘枯病由边缘假单胞菌黄瓜边缘致病变种（*Pseudomcnas marginalis* pv. *marginalis*）侵染所致，属于细菌，在普通琼脂培养基上菌落呈黄褐色，表面平滑，具光泽，边缘波状，细菌短杆状，极生鞭毛1～6根，无芽孢，革兰氏染色阴性。

6.1.20.3 侵染循环

病原菌在种子上或随病株残体在土壤中越冬，成为翌年初侵染源。病菌从叶缘水孔、皮孔等处侵入，靠风雨、田间操作传播蔓延和重复侵染。该病在陕西越冬茬日光温室栽培中发病盛期在3～4月，秋延栽培发生盛期在9～10月。在我国北方地区早春和晚秋昼夜温差较大，且不能及时放风，容易使棚室内湿度偏大，每到夜里随气温下降，湿度不断上升至70%以上或饱和，且长达7～8h，这时笼罩在棚室中的水蒸气遇露点温度，就会凝降到黄瓜叶片或茎上，致使叶面结露，这种饱和状态持续时间越长，细菌性缘枯病的水浸状病斑出现越多，容易引起病害流行。与此同时，黄瓜叶缘吐水也为该菌的活动、侵入和蔓延提供了有利条件。

6.1.20.4 影响发生因素

（1）温湿度与细菌性缘枯病发生的关系

细菌性缘枯病病菌喜低温高湿的环境，早春及晚秋阴雨多时发病比较重，最适发病环境温度为6~20℃，相对湿度95%以上；通常在设施栽培早春低温期间发病，当棚室温度超过25℃时病害即会受到抑制。

（2）栽培管理水平与细菌性缘枯病发生的关系

连作年限长、定植过密、通风不及时、肥水管理不当等，均会加重病害的发生。

6.1.21 黄瓜细菌性叶枯病

细菌性叶枯病是黄瓜生产上常见的细菌性病害，常年发生较轻，但在有些年份若遇到适宜的环境条件，病株率高达90%以上，流行成灾，严重者毁棚绝收。在北方地区，保护地栽培发生重于露地栽培。

6.1.21.1 症状

黄瓜细菌性叶枯病主要为害叶片，也可为害幼茎和叶柄。幼叶染病时症状不明显，成叶染病时叶面出现黄化区，叶背出现水渍状小斑点，病斑扩展为圆形或近圆形，直径1~2mm，病斑处叶面凸起、变薄，白色、灰白色、黄色或黄褐色，病斑中间半透明，病斑边界不明显，具黄色晕圈，病叶背面不易见到菌脓，别于细菌性角斑病。幼茎染病，病茎开裂。果实染病，在果实上形成圆形灰色斑点，其中有黄色干菌脓。除为害黄瓜外，还可侵染西瓜、西葫芦，症状与黄瓜相似。

6.1.21.2 病原

黄瓜细菌性叶枯病是由油菜黄单胞菌黄瓜致病变种 [*Xanthomonas campestris* pv. *cucurbitae* (Bryan) Dye，异名 *X. cucurottae* (Bryan) Dowson] 侵染所致，属于细菌。菌体两端钝圆杆状，大小为 0.5μm×1.5μm。极生一根鞭毛，革兰氏染色阴性，发育适温为25~26℃，36℃以上能生长，40℃以上不能生长，耐盐临界浓度为3%~4%。49℃经10min致死。

6.1.21.3 侵染循环

该病主要以种子带菌远距离传播，也可随病残体遗留在土壤中作为初侵染源，但若病残体完全腐烂，则病菌无法存活。病菌通过水溅或其他接触，从幼苗子叶或真叶水孔或伤口侵入，引起发病。真叶染病，细菌经扩繁后，通过维管束可导致其他叶片染病，直至进入幼瓜导致瓜种带菌。往往初发阶段即带有系统发病现象，即一株黄瓜从下部到中部均有症状，而且随着叶片的增加，病叶也逐渐增加，这就说明病原菌可在维管束内移动。棚室前缘、棚内低凹处和有滴水处往往形成发病中心。

6.1.21.4 影响发生因素

(1) 温湿度与细菌性叶枯病发生的关系

设施栽培棚内夜间饱和湿度时间 7h 以上，植株表面结露时间越长，水浸状病斑出现的越多。黄瓜叶面吐水也为病菌的侵入和蔓延提供了有利条件。病菌喜低温高湿的环境，适宜发病的温度范围为 3～30℃，最适发病温度为 20～23℃，相对湿度 95% 以上。

(2) 栽培管理水平与细菌性叶枯病发生的关系

栽植密度过大、大水漫灌、通风不及时等，造成棚室内湿度大，使叶面结露、叶缘吐水，发病重，反之发病则轻。

6.1.22 黄瓜花叶病毒病

黄瓜花叶病毒病（Cucumber mosaic virus，CMV）是一种非常严重的病毒病害，病毒可以到达除生长点以外的任何部位。黄瓜花叶病毒是寄主范围最多、分布最广、最具经济重要性的植物病毒之一。全世界所有黄瓜种植区均有该病毒的分布和为害，在世界上广泛分布于英国、德国、丹麦、俄罗斯、印度、日本、韩国、希腊、罗马尼亚、匈牙利、捷克、保加利亚、巴西、爱尔兰、摩尔多瓦、瑞典、芬兰、波兰等地区。国内各黄瓜种植区均有其发生。

6.1.22.1 症状

整个生育期均可感病。苗期染病，子叶变黄、枯萎，幼叶现浓绿、淡绿相间的花叶斑驳。成株染病，发病初期叶脉呈半透明状，几天后就出现浓淡不均的典型花叶。病叶小且皱缩，叶片变厚，严重时叶片反卷；茎部节间缩短，茎畸形，严重时病株叶片枯萎；瓜条呈现深绿及浅绿相间的花色，表面凹凸不平，瓜条畸形。重病株簇生小叶，叶片扭曲畸形，叶尖细长呈鼠尾状，叶基伸长，侧翼变窄变薄甚至完全消失，发病早的植株明显矮缩。病株根系发育不良。不结瓜，致萎缩枯死。在田间普通花叶病与黄瓜花叶病很相似，难以区别，需要进行血清学及电子显微镜鉴定。

6.1.22.2 病原及发生特点

黄瓜花叶病毒病主要是由黄瓜花叶病毒（CMV）和甜瓜花叶病毒（MMV）侵染引起的。病毒不能在病残体上越冬，主要在日光温室栽培蔬菜及多年生宿根植物上越冬。主要传毒媒介是棉蚜、桃蚜等蚜虫。发病适温为 20℃，气温高于 25℃时多表现隐症。CMV 可通过蚜虫和摩擦传播，有 60 多种蚜虫可传播该病毒，黄瓜田以棉蚜为主。CMV 可侵染 36 科双子叶植物和 4 科单子叶植物（约 124 种植物），主要在越冬黄瓜、番茄等蔬菜及多年生树木、农田杂草上越冬。

翌春 CMV 通过有翅蚜迁飞传到黄瓜上。蚜虫以非持久性传毒方式传播该病毒，在病株上吸食 2min 即可获毒，在健株上吸食 15～120s 就完成接毒过程。与番茄、甜椒等蔬菜相邻的黄瓜田，蚜虫较多时发病重。蚜虫进入迁飞高峰后10天左右，开始出现发病高峰。冬季及早春气温低，降雪量大，蚜虫数量少，黄瓜花叶病毒病发生轻。

6.1.22.3 影响发生因素

（1）温湿度与花叶病毒病发生的关系

引起黄瓜花叶病毒病的病毒均比较耐高温，一般温度越高发病越重，田间发病适宜温度为20~25℃。此外，高温、干旱的气候条件，有利于传毒昆虫的繁殖和迁飞，株间转移为害频繁，传毒机会增加，则发病重。

（2）传毒昆虫虫口密度与花叶病毒病发生的关系

调查结果表明，蚜虫等昆虫虫口密度与花叶病毒病发病株率和发病程度呈显著的正相关，即虫口密度越高，发病越重。其原因是蚜虫等昆虫是黄瓜花叶病毒病的主要传播途径，密度越大传毒机会越高，传毒量越大，发病越重，为害性越大。

（3）管理水平与花叶病毒病发生的关系

肥水不足、管理粗放、植株缺肥，生长势衰弱，发病重；田间整蔓、打叶等农事操作造成伤口多，或操作不当造成人为传播，导致发病加重。

6.1.23 黄瓜褪绿黄化病毒病

黄瓜褪绿黄化病毒病是检疫对象，日本于2004年首次发现，直至2010年世界上首次正式报道该病的发生。2007年在我国宁波、上海等地发现，2009年鉴定出病原，2011年正式发布。现广泛分布于我国江苏、浙江、山东、海南、广西和台湾，近年来在我国部分蔬菜产区暴发造成严重为害，国内外研究资料较少，仅有日本学者做了病原鉴定、传播途径、防治方法等较为系统的研究。

6.1.23.1 症状

开始在叶片上有不明显的褪绿小斑点发生，以后斑点增加并黄化，斑点扩大后呈斑状的黄化叶，叶片有时卷曲。随着症状的进展，除剩下斑点状的绿色部分外，叶片全部黄化，似缺素症。在黄瓜上叶缘向下卷，叶片黄化，光合作用降低，生长势下降，产量降低。在甜瓜上表现果实变小，质量降低，糖度下降，品质变差。症状表现以甜瓜最明显，西瓜和黄瓜略轻，但发病重时西瓜黄化也极为明显。

6.1.23.2 毒源种类和发生特点

通过从病叶提取总RNA，对病毒基因 *HSP* 克隆和序列分析，结果表明引起黄瓜褪绿黄化的毒源为瓜类褪绿黄化病毒（Cucurbit chlorotic yellows virus，CCYV），属于长线形病毒科毛形病毒属的新病毒。病毒颗粒为长线形，基因组由RNA1（6607nt）和RNA2（6041nt）组成。该病毒通过烟粉虱传毒，可感染甜瓜、黄瓜、南瓜、苦瓜、葫芦、丝瓜、越瓜、冬瓜、西葫芦、西瓜，茄科烟草属的3种植物，藜科的菠菜、苋色藜、昆诺藜，豆科的豌豆，日本天剑科的牵牛花，紫苏科的稻薐菜，以及红瞿麦科植物。自然感染的只有甜瓜、黄瓜、西瓜。黄瓜苗期易感染，定植2~3周时即可表现症状。发病季节通常在秋季。该病由烟粉虱半持久性进行传毒，烟粉虱卵、汁液、土壤、农事操作、种子不传播。

6.1.23.3 影响发生因素

（1）传毒昆虫虫口密度与褪绿黄化病毒病发生的关系

截至目前，研究结果表明，黄瓜褪绿黄化病毒病只能通过烟粉虱传播，汁液、土壤、种子和嫁接均不传播。在田间烟粉虱虫口密度越大，发病越重，反之发生轻。

（2）栽培管理水平与褪绿黄化病毒病发生的关系

杂草丛生，管理粗放，传毒媒介数量大，发病重；偏施氮肥、黄瓜受旱、栽植密度过大等，造成黄瓜长势弱，抗病性差，发病重。

6.1.24 黄瓜绿藻病

绿藻有350余属6000多种，主要生活在土壤、岩石、树皮上及池塘、湖泊和海洋中。李润霞等（2002）率先报道了绿藻在黄瓜上的发生及为害，是黄瓜生产中新发生的一种病害。在北方地区绿藻病主要发生在连作年限比较长、地下水位比较高且通风透光条件差的棚室。

6.1.24.1 症状

主要为害黄瓜的叶片和靠近地面的茎秆及小瓜，由下向上蔓延。为害叶片先由叶缘开始，逐渐向叶片中央蔓延。以叶片背面为多，叶片受害严重时易破碎。被害的茎部易开裂，被害的瓜条易化瓜。被害部位表面敷一层绿色毛状物。绿藻和黄瓜争夺水分和养分，可导致黄瓜叶片干枯甚至死亡。

6.1.24.2 病原

黄瓜绿藻病由绿藻门（Chorophyta）中的绿藻（*Ulothrix* sp.）侵染所致。

6.1.24.3 侵染循环

病原物随病残体在土壤中越冬，第二年黄瓜移栽后7~10天即可发病。在陕西发病初期约在4月中旬、下旬，发病盛期为5月中旬至6月中旬。在田间主要通过空气、流水水滴反溅传播。

6.1.24.4 影响发生因素

（1）温湿度与绿藻病发生的关系

绿藻病的发生与温湿度有密切的关系。绿藻的发育温度为10~35℃，最适温度为25~30℃，高于35℃时绿藻迅速死亡。其对湿度的要求也较为严格，湿度越大，越有利于其生长发育，适宜相对湿度 90%以上。

（2）光照强度与绿藻病发生的关系

光照强度是影响绿藻生长发育的重要因素之一，适宜的光照强度是 6000lx，在适宜光照强度范围内，增加光照强度可使绿藻光合速度加快，从而有利于藻细胞的生长。

（3）栽培管理水平与绿藻病发生的关系

通风不及时，造成棚室内湿度过大时，发病重；反溅水多，发病重；栽植密度大，株间通风不良，湿度大，植株生长幼嫩，发病重。设施栽培的发生往往重于露地栽培。

6.2 生 理 病 害

凡是由气候、灌水、施肥及喷药等非生物因素引起的病害均属于黄瓜生理病害范畴。在黄瓜生产中，菜农对生理病害则是辨别不准、诊断不清，随意猜、盲目治，往往治疗效果不佳，结果造成很大损失。尤其是设施栽培黄瓜，由于栽培环境的特殊性，黄瓜生理病害具有普遍性和多样性，且随着设施栽培黄瓜面积的增加，连作年限的延长，黄瓜生理病害的发生将日趋严重，成为制约设施栽培黄瓜优质高产高效发展的重要瓶颈。

6.2.1 缺素症或过剩症状引发的生理病害

6.2.1.1 缺氮和氮素过剩症

（1）症状

氮素缺乏症表现为植株矮化，叶色褪绿呈黄绿色，偶尔主脉周围的叶肉为绿色。严重时叶片呈浅黄色，全株呈黄白色，茎细，发脆。开花结瓜少，瓜条短小，呈亮黄色或灰绿色。多刺品种的瓜条常呈畸形，瓜体淡黄色。

氮素过剩症表现为茎节伸长，开花节位提高，雌花分化推迟，容易落花落果，果实上常出现浓淡相间的纵条纹，瓜弯曲，多氮容易出现苦味瓜。

（2）发生原因

氮素缺乏的主要原因是种植前施入大量未腐熟的作物秸秆或有机肥，碳素多，其分解时夺取土壤中的氮。另外棚室黄瓜产量高，收获量大，从土壤中吸收的氮多，而菜农仍然按照露地栽培黄瓜的施肥量使用导致缺氮。

氮素过剩大多发生在黄瓜生长发育的中前期，由于前期瓜秧小，消耗少，而菜农施用铵态氮肥过多，特别是遇到低温或将铵态氮肥施入消毒的土壤中，硝化细菌或亚硝化细菌的活动受抑制，铵在土壤中积累的时间过长，引起铵态氮过剩。易分解的有机肥施用量过大，也容易引起氮素过剩。

6.2.1.2 缺磷和磷素过剩症

（1）症状

磷素缺乏症表现为植株生长受阻，矮化，叶片小，颜色浓绿，叶片平展并微向上挺，老叶有明显的暗紫红色斑块，有时斑点变褐色，下位叶片易脱落。全株萎缩，果实小，成熟慢。在土壤氮素含量过高的情况下，缺磷症状除表现为叶片小、浓绿和矮化外，叶片还表现为皱曲。在氮磷同时缺乏时植株表现为生长缓慢，叶片小，化瓜严重，但是叶片不浓绿。若苗床缺磷则苗细软，根系发育差，花芽不能正常分化，开花结果明显减少，有的甚至不能开花。

磷素过剩症表现为叶脉间的叶肉上出现白色小斑点，病健部分界明显，外观上与某些细菌性病害类似。磷素过多能增强作物的呼吸作用，消耗大量碳水化合物，叶肥厚而密集，系统生殖器官过早发育，茎叶生长受到抑制，引起植株早衰。由于水溶性磷酸盐可与土壤中的锌、铁、镁等营养元素生成溶解度低的化合物，降低上述元素的有效性，因此磷素过多容易引起缺锌、缺铁、缺镁等的失绿症。

（2）发生原因

磷素缺乏的主要原因是有机肥施用量小，磷肥用量少。一般地温低，对磷的吸收就少，因此，大棚等设施栽培冬春或早春易发生缺磷现象。磷素过剩的主要原因是定植前菜农使用磷素肥料量大，在施用过磷酸钙后，还施用多元素复合肥，在计算施肥量时忽视了多元素肥料中的磷素，从而导致磷素过剩。

6.2.1.3 缺钾和钾素过剩症

（1）症状

黄瓜缺钾症状表现为植株矮小，节间短，叶片小呈青铜色，叶缘渐褪淡变黄绿色。主脉下陷，后期脉间失绿更严重，并向叶片中间扩展，随后叶片坏死，叶缘干枯，但主脉仍保持一段时间绿色，病症从植株基部向顶部发展，老叶受害最重，有时产生大量大肚瓜。

与氮相同，易于吸收过剩，但不易出现过剩症，土壤钾素过剩时，抑制黄瓜对镁、钙的吸收，导致黄瓜这些元素的缺乏。

（2）发生原因

土壤中含钾量低，施用有机肥料和钾肥少，易出现缺钾症。地温低、日照不足、过湿、施氮肥过多等阻碍对钾的吸收。

钾素过剩主要是使用量过大，菜农按照经验施肥，黄瓜对钾素的需求量明显低于番茄对钾素的需求，若使用同样数量的钾肥在番茄可能不会造成过剩，但在黄瓜上就表现过剩。

6.2.1.4 缺钙症

（1）症状

上部叶片呈降落伞状，叶片变小，叶脉间黄化，叶缘失绿呈"镶金边"状，向内侧或向外侧卷曲，生长点附近的叶片叶缘卷曲枯死。叶缘和叶脉间呈透明腐烂斑点，严重时叶脉间失绿。根系发育不良，甚至枯死，植株矮化，嫩叶上卷，花小呈黄白色，瓜小无味。

（2）发生原因

缺钙的主要原因是氮钾过量、土壤干燥等，这些均会阻碍植株对钙的吸收。空气湿度小，蒸发快，水分补充不足时也易发生缺钙。

6.2.1.5 缺镁症

（1）症状

生育初期，结瓜前叶片失绿时，一般不是缺镁，可能是与气体为害有关。失绿发生在上位叶时，可能是其他元素缺乏造成。缺镁主要发生在盛瓜期，下部叶片叶脉间开始褪绿黄化，进而只在叶缘残留绿色形成"绿环叶"。叶脉间均黄化，但不卷缩。下位叶叶脉间黄化，叶缘仍保持绿色，是黄瓜缺镁的典型症状。有时失绿区好似下陷病斑，最后这些斑块坏死，叶片枯萎。

（2）发生原因

土壤本身含镁量低，或钾、氮肥用量过多，阻碍了对镁的吸收。设施栽培黄瓜收获量大，而没有施用足够量的镁肥发生缺镁。

6.2.1.6 缺铁症

（1）症状

上位大叶呈现鲜黄色，但叶缘正常，叶脉失绿较轻，叶片出现网状花纹，生长并不停滞；新叶畸形、萎缩、叶缘枯死是比较典型的症状。严重时，心叶完全变成黄白色，最后叶子干枯。缺铁症状是从顶部向下发展。

（2）发生原因

黄瓜植株中铁与叶绿素合成有关，植物缺铁，影响光合作用。引起缺铁因素很多，如施硼、磷、钙、氮过多，或钾不足，均易引起缺铁。磷肥施用过量，碱性土壤，土壤中钙、锰过量，土壤过干、过湿，温度低，也易发生缺铁。

6.2.1.7 缺硼和硼过剩症

（1）症状

缺硼症状表现为生长点停止生长发育，萎缩，叶脉一部分变为褐色。中下部叶片轻度失绿，并出现水浸状斑纹。幼瓜有时萎缩，正在膨大的瓜条畸形。常有纵向的白色条纹。严重时顶芽和腋芽顶端死亡，幼嫩的叶片卷曲，最后死亡。枯死组织呈灰色。果实上有污点，瓜条表皮出现木质化。

硼过剩症状表现为中下部叶片叶缘失绿黄化，并逐渐沿叶脉向中脉扩展，直至全叶。叶面上有时出现棕褐色斑点。顶芽生长受抑制，严重时褐变枯死。

（2）发生原因

在酸性的沙壤土上，一次施用过量的碱性肥料，易发生缺硼症状。土壤干燥影响对硼的吸收，易发生缺硼。有机肥施用量少，土壤 pH 高的田块易发生缺硼。施用过多的钾肥，影响了植株对硼的吸收，易发生缺硼。

硼过剩现象一般发生比较少，主要是前茬作物施用较多的硼砂，或是含硼的工业污水流入田间，导致土壤中硼过量，从而出现黄瓜植株硼过剩症。

6.2.1.8 缺锰和锰过剩症

（1）症状

缺锰症状表现为植株顶部及幼叶叶脉间失绿，呈浅黄色斑纹，初期末梢仍保持绿色，叶片呈现明显的网纹状。后期除主脉外，全叶片均呈黄白色，并在叶脉间出现下陷坏死斑。老叶白化严重，并最先枯死。萌芽的生长严重受阻，常呈黄色。新叶细小，蔓较短。

锰过剩症状表现为老叶叶脉渐呈深红色或红褐色，并在叶脉间出现透明斑点。随着失绿的发生，坏死组织扩大，叶片坏死。症状从下部叶片向上蔓延。锰急剧过量时植株矮化，茎、叶柄和叶片布满各种紫色斑点。

（2）发生原因

棚室栽培黄瓜缺锰现象比较少，个别棚室土壤酸化造成缺锰。大多数发生过剩现象，主要是黄瓜上使用的大多农药都含有锰元素，造成锰过剩。

6.2.1.9 缺锌症

（1）症状

黄瓜缺锌症状表现为植株矮化，叶片较小，叶缘扭曲或皱缩，叶脉两侧变为黄白色，边缘仍为绿色。心叶发黄并伴有黄白色斑点，继而叶片坏死。后期这种症状向老叶蔓延。

（2）发生原因

光照过强易发生缺锌。若吸收磷过多，植株即使吸收了锌，也表现缺锌症状。土壤 pH 高，即使土壤中有足够的锌，但其不溶解，也不能被作物吸收利用。

6.2.1.10 缺铜症

（1）症状

节间变短，全株呈丛生状。幼叶小，老叶叶脉间失绿，但不像缺铁和缺锰那样在叶片上产生棋盘格子或网状病症。后期叶片变褐色，并出现坏死，叶片枯萎。失绿由老叶向幼叶发展。

（2）发生原因

缺铜现象大多发生在新建棚室，一般建棚时将地表肥沃的土壤移走，菜农一般又不给土壤补充铜元素，导致缺铜。连作年限比较长的棚室几乎不缺铜，主要原因是防治黄瓜病害喷施的化学农药中有铜元素，导致土壤中铜离子累积。

6.2.1.11 缺硫症

（1）症状

与氮素缺乏症相类似。但缺氮是从下位叶开始，而缺硫是从上位叶开始，下部叶健康。叶未见卷缩、叶缘枯死、植株矮小等症状。叶脉间与叶肉的颜色未有明显差异。

（2）发生原因

在硫酸铵、硫酸钾、过磷酸钙等肥料中，含硫较多，栽培中普遍施用这些肥料，所以很少出现缺硫症状。若长期施用无硫酸根的肥料，可能缺硫。

6.2.1.12 缺钼症

（1）症状

黄瓜植株缺钼的早期症状与缺氮相似，叶片小，新叶扭曲，叶脉间的叶肉出现不明显的黄斑，后期叶面凹凸不平，浓淡相间，且有枯死斑出现，叶缘卷曲或叶片枯萎，新叶扭曲。

（2）发生原因

在生产中很少使用微量元素钼，但设施栽培黄瓜产量高，消耗量比较大，有机肥粪中钼也满足不了黄瓜生长的需求，导致缺钼。另外，与土壤的酸度有密切关系，土壤酸性强，钼的可供给性降低，导致黄瓜缺钼。

6.2.1.13 缺氯和氯过剩症

（1）症状

首先叶片尖端出现凋萎，而后叶片出现失绿，进而呈青铜色，逐渐由局部遍及全叶而坏死。根系生长不良，表现为根细而短，侧根少，生长受抑，还表现为不结果。

氯过剩症主要表现为叶缘似烧伤，早熟性的发黄及叶片脱落。

（2）发生原因

氯的来源广泛，仅大气、雨水中所带的氯就远超过作物每年的需要量，因此在正常生产条件下，极少发生缺氯症。若使用过多的氯化钾等含氯元素肥料，造成土壤中氯过量，导致黄瓜植株出现氯过剩症。

6.2.2 温度和光照不适引发的生理病害

6.2.2.1 低温为害

设施栽培黄瓜最易出现冻害，在秋末、冬季和早春，遇强寒流、霜冻、连阴雾天、降雨降雪等异常天气时，黄瓜容易受到低温伤害。

（1）根部受冻害

根部受冻害表现为根毛不再发生，根系不再伸长，黄瓜根系伸长最低温度为6℃、根毛生长最低温度为12℃，受冻后植株矮小，节间变短，生长点生长停滞、萎缩或消失，叶缘收紧下翻，形成"降落伞"。

（2）叶片受冻害

叶片受冻害表现为叶缘呈暗绿色，失水，逐渐干枯；冷风突袭后黄瓜叶片立即变成镀铝样的银灰色；夜温低、空气湿度大时，容易形成"泡泡叶"。

（3）花器受冻害

遭遇低温冻害轻则引起落花落果，重则引起幼瓜和花器直接坏死。

由于黄瓜腋芽生长缓慢，受到冻害后恢复十分缓慢，因此，黄瓜受到低温伤害，一旦生长点坏死，应立即拔除，重新种植黄瓜或改种其他作物。

6.2.2.2 高温为害

（1）高温影响花芽分化

温度是花芽性型分化的主导因素，高温尤其是高夜温（高于16℃）时黄瓜呼吸消耗过大，不利于雌花花芽分化，推迟雌花出现时间，雄花增多。低温特别是低夜温可以促使花芽向雌性方向转化，夏茬黄瓜花芽分化受到高温的影响，一般雄花多，雌花少，生产上在黄瓜2~3片真叶时采用叶面喷施200mg/L乙烯利等措施促使雌花形成。

（2）高温影响坐果率

高温时黄瓜夜间消耗过大，使光合产物在瓜条中积淀不足，瓜条出现营养不良现象，易引起化瓜及畸形瓜。进入5月，温室黄瓜由于棚室内高温（白天35℃以上，夜间也高于25℃），化瓜现象特别严重，棚室黄瓜坐瓜率一般低于20%。

（3）高温灼伤

超过36℃的高温易使黄瓜叶部和瓜条发生日灼，初期受害部位褪色，后变为乳白色，最后变黄枯死。

6.2.2.3 光照不足

设施栽培黄瓜由于棚膜的阻隔作用，加之冬季自然光照状况较差，棚室内的紫外线不足，易引起黄瓜幼苗徒长。黄瓜生长发育的中后期棚膜老化，透光率降低，致使黄瓜全生育期光照强度不足，光合产物少，黄瓜生长缓慢，易落花，"化瓜率"严重，畸形瓜增多，产量降低。尤其是管理比较差的棚室，光照不足引发的生理病害尤为严重。

6.2.3 水分状况不适引发的生理病害

6.2.3.1 土壤缺水

土壤缺水导致黄瓜叶片萎蔫，花器凋谢，叶片变小，节间缩短，并引起黄瓜日灼、花打顶、畸形瓜等生理病害。

6.2.3.2 土壤水分过多

在设施栽培条件下,棚室内土壤水分过多,土壤孔隙被水挤占,供氧明显不足,黄瓜根系正常的生命活动受到严重影响,同时土壤微生物在无氧呼吸下易产生大量有害物质,毒害根系,根系表皮变为淡褐色至深褐色,根毛数量减少,降低其吸收功能,导致地上茎叶枯黄,甚至死亡,生产上采取膜下灌溉技术的黄瓜生长发育中后期,靠近生产行内侧黄瓜根系很少,甚至无新的根系,其原因就是膜下灌溉导致土壤湿度接近饱和或达饱和状态,氧气不足。

冬季和早春,灌水过多降低地温,易发生沤根,春夏引起植株徒长倒伏,土壤忽干忽湿,水分变化剧烈,易引起落花和化瓜。

6.2.4 有害气体引发的生理病害

6.2.4.1 氨气（NH_3）为害

施肥不当可引起氨气为害,在棚室撒施能够直接产生氨气的肥料,如碳酸氢铵、生鸡粪等;或撒施经过发酵或转化能够释放氨气的肥料,如尿素、饼肥等,均可使棚室内氨气浓度过量,引发为害。黄瓜对氨气比较敏感,温室内氨气浓度高于 $5\mu l/L$ 时,黄瓜叶片便出现水渍状斑,细胞失水死亡,留下枯死斑。当氨气浓度达 $40\mu l/L$ 时,黄瓜发生急性伤害,叶肉组织坏死,叶绿素解体,叶脉间出现点、块状褐色伤害斑。受害黄瓜植株中部叶片首先表现症状,后逐渐向上、向下扩展,受害叶片的叶缘、叶脉间出现水浸状斑点,严重时呈水烫状大型斑块,而后叶肉组织白化、变褐,2~3天后受害部干枯,病健部界限明显。叶背面受害处有下凹状。受到过量氨气为害的黄瓜,突然揭去覆盖物时,则会出现大片或全部植株如同遭受重霜或强寒流侵袭状,植株最终变为黄白色。

6.2.4.2 亚硝酸（NO_2）为害

黄瓜是亚硝酸盐的敏感作物,空气中亚硝酸气体浓度达到 $2mg/kg$ 后,就可使黄瓜的叶片受到伤害,进而使叶绿体遭受破坏而呈现白色斑,浓度高时叶脉也会受害变白,病部与健部界限清晰。一般在棚龄时间比较长的棚室中发生,原因是连年大量施用氮素化肥,导致土壤呈强酸性或土壤中有大量氨的积累,在土壤微生物的作用下挥发出亚硝酸气体。清晨用广泛 pH 试纸测定棚膜水滴的酸碱度,当 pH≤6 时,表明已有亚硝酸气体积累。

6.2.4.3 二氧化硫（SO_2）为害

棚室内有机物腐烂产生的硫化氢在空气中氧化生成二氧化硫,有些农药分解也产生二氧化硫。当浓度超过一定剂量时可对黄瓜产生毒害,受害叶片表现为叶缘及叶脉间失绿变白,发白部分随着接触二氧化硫时间的延长而逐渐扩展到叶脉,随后干枯;叶片受害严重时,花器一般仍能保持完好。

6.2.4.4 塑料薄膜挥发有害气体为害

由于不合格农膜中的聚氯乙烯成分不稳定，在使用中温度过高就会释放出乙烯，当空气中乙烯浓度达到 0.05mg/kg 时，就会对黄瓜产生毒害。其症状通常是黄瓜叶尖和叶缘表现出症状，幼嫩的心叶最先受害，表现为叶片褪绿、变黄、变白，严重时全叶干枯甚至枯死。

6.2.5 农药使用不当引起的生理病害

黄瓜是使用农药最多的设施蔬菜种类，且黄瓜对农药也是比较敏感的作物，药害症状因药剂种类不同而不同，即使同一药剂，在黄瓜不同发育阶段表现症状也不同。按农药的使用到药害表现时间的长短，药害分为急性、慢性两种：急性药害表现为喷药后几小时至 3~4 天出现明显症状，发展迅速，症状主要表现为烧伤、凋萎、落花、化瓜等；慢性药害是指在喷药后较长时间才引起明显反应，生理活动受到抑制，恢复时间比急性药害所需时间长，其为害性往往比急性药害大。其症状与病原病害或因缺素引起的生理病害容易混淆。

6.2.5.1 症状

（1）斑点

斑点主要发生在叶片上，有时在茎秆或瓜条表皮上，常见的有褐斑、黄斑、网斑等。药害引发的斑点与病害引发的斑点不同，病害引起的斑点在植株上的分布没有规律，整个棚室发生有轻有重，药害引起的斑点通常发生普遍，植株出现症状的部位较一致。与真菌性病害引发的斑点相比，药害引发的斑点大小、形状变化大，一般不受叶脉限制，没有发病中心，斑点上没有霉层。例如，多菌灵、甲基硫菌灵在黄瓜上的药害表现为褪绿白色斑点。

（2）黄化

黄化主要发生在黄瓜的茎叶部位，以叶片居多。引起黄化的主要原因是农药破坏了叶片内的叶绿素，轻者叶片发黄，重者全株发黄。与病毒病引起的黄化主要区别是前者往往整个叶片发黄，病斑与健壮部分分界明显，常常伴随落叶落花，在田间分布没有规律性；后者病斑与健壮部分分界不明显，在田间有发病中心。

（3）畸形

由药害引起的畸形可发生在黄瓜茎叶、瓜条和根等部位，常见的有卷叶、丛生、肿根、瓜条畸形等。药害引起的畸形与病毒病引起的畸形不同，前者发生普遍，植株上表现为局部症状；后者往往零星发生，表现为系统性症状，并且常伴有花叶、皱叶等症状。例如，锰中毒时，黄瓜叶片色深，厚而硬且变脆，大部分发生在植株中下部。

（4）枯萎

由药害引起的枯萎往往是整株都有症状，一般是由除草剂施用不当造成的。药害引起的枯萎与植株染病引起的枯萎症状不同，前者没有发病中心，且发生过程较迟缓，先黄化后死苗，输导组织无褐变；而后者多是根茎输导组织堵塞，当阳光照射、黄瓜植株水分蒸发量大时，植株萎蔫后失绿、死苗，根茎导管常发生褐变。

（5）生长停滞

由药害造成的植株生长缓慢症状与由低温造成的发僵症状或缺素症相比，前者往往伴有斑点或其他药害症状；而低温引起的发僵常表现为根系生长差，缺素症引起的则表现为叶色发黄或呈暗绿色。

6.2.5.2 药害发生原因

调查结果表明，设施栽培黄瓜生产中药害发生的面积和为害大于露地栽培，其原因与设施栽培黄瓜自身生长发育状况、病虫发生特点及农药（包括植物生长调节剂）使用技术不合理等有密切关系。

（1）与设施栽培黄瓜自身生长发育状况的关系

设施栽培黄瓜尤其是越冬茬黄瓜是在环境条件不能完全满足黄瓜生长发育情况下强迫生长的，其长势比较弱，抗逆性比较差。在同一使用浓度的条件下，设施栽培黄瓜较露地栽培黄瓜容易产生药害，尤以植物生长调节剂表现明显。例如，多效唑在露地栽培黄瓜上使用 25～30ppm 抑制黄瓜旺长，调节黄瓜营养生长与生殖生长，浓度适宜，调节效果好。而在日光温室黄瓜使用该浓度，对黄瓜的抑制过重，使黄瓜生长发育基本停止，节间短缩，叶片变厚，叶色加深，瓜条粗短，失去商品价值（表 6-11）。据陕西省科学院渭南科技示范基地试验，多效唑在日光温室黄瓜上使用的适宜浓度为 10ppm 左右，与露地栽培使用浓度相差 2 倍多，说明设施栽培黄瓜对农药的反应较露地栽培敏感。药害的发生还与设施栽培黄瓜不同的生育阶段有关，一般来说在黄瓜的幼苗期、开花期等生育阶段及细嫩组织部位比较敏感、耐药力差，容易发生药害。

表 6-11 多效唑同一浓度对露地栽培黄瓜和日光温室黄瓜的效应

处理	浓度（ppm）	日生长量（cm）	叶色	叶面积（cm²/片）	瓜条长（cm）	单瓜重（g）
日光温室黄瓜	30	0.3	深绿	33.2	11.6	90.6
露地栽培黄瓜	30	3.5	浅绿	66.6	26.9	176.9
前者较后者减少		−3.2		−33.4	−15.3	−86.3

（2）与农药使用量及使用技术的关系

设施栽培黄瓜病虫发生种类多，流行速度快，如黄瓜霜霉病从点片发生蔓延到全棚仅需 5 天左右，且常常是多种灾害性病虫混合发生，为了控制病虫的为害，菜农过分依靠化学农药，农药使用量大。据调查，温室黄瓜每亩农药用量最高达到 20kg 以上，一般使用量在 5~10kg，使用次数过多，间隔时间太短，在病虫发生的高峰期每隔 2~3 天喷施 1 次农药，甚至隔 1 天喷施 1~2 种或多种农药；任意提高使用浓度，菜农为了提高防治效果，常常多种农药混合使用，且任意提高农药使用浓度，超过了黄瓜对农药的忍耐极限；农药使用时稀释不均匀，尤其是国产可溶性粉剂农药，其溶解性比较差，菜农一般不进行二次稀释，直接兑水使用，农药稀释不均匀造成药害；对农药特性不掌握，如九二〇等植物生长调节剂在低浓度时对黄瓜有促进作用，在高浓度时有抑制作用，而菜农不了解农药本身特性，不根据使用目的选择使用浓度，结果造成药害；使用方法不当，菜农在中午 12:00~15:00 温度最高时喷施农药，易产生药害。

（3）与设施栽培环境的关系

由于设施栽培黄瓜环境的特殊性，农药使用后，避免或减轻了雨水冲刷及紫外线的照射，农药自然降解能力减弱，累积能力增强。例如，辛硫磷，在设施栽培条件下使用半衰期较露地栽培延长 2 天，因此在同一使用浓度条件下，设施栽培黄瓜则容易产生药害。

（4）与使用农药质量的关系

药害的发生与使用的农药质量差、杂质多或贮存过久变质或混杂其他药剂有很大关系。商品农药绝大部分是经过加工制成的制剂，加工质量和加工所用的辅助原料（如溶剂、乳化剂、湿润剂和各种填料等因素）对能否发生药害都有直接的关系，如乳油的乳化不良、分层、上有浮油、下有沉淀、上下浓度不一致等。此外在加工和销售中，如管理不严、剂量不准、误将药剂相互混杂，使用过期的农药，则会造成大面积药害的发生。药害的发生还与农药的加工剂型有关系，一般来说，超低容量的喷雾剂较可湿性粉剂、粉剂容易引起药害，颗粒剂、烟剂对作物是比较安全的剂型。说明农药质量的优劣及剂型与黄瓜药害的产生有密切关系。

6.2.6 黄瓜生长点消失症

生长点消失症是温室黄瓜特有的新发生的生理病害，且随着温室黄瓜种植面积的增加，连作年限的延长，其发生有逐年加重的趋势，目前已成为西北地区日光温室黄瓜发生面积广、为害最重、经济损失较大的一种生理病害。

6.2.6.1 症状

黄瓜生长点消失症的典型症状是黄瓜生长点逐渐变小，最终消失，即"无头现象"。其发生常常伴有"泡泡叶"（叶脉间普遍隆起，叶面凹凸不平，多向叶片正面鼓泡）。叶片往往较正常叶片大而肥厚。该病容易与黄瓜花打顶混淆，其主要区别是前者叶片往往随着黄瓜叶片叶位的升高，叶片变大，叶色深绿，叶间距短缩明显，植株长势旺盛，茎秆变粗或变化不明显，至少不变细，有的茎秆呈扁平状，瓜条色泽深绿；后者往往随着叶位的升高叶片逐渐变小，叶色黄绿，叶间距也短缩，但没有前者明显，长势较弱，植株茎秆愈往上愈变细，瓜码较多，瓜条生长速度比较慢，且细而小，瓜条色泽黄绿色。

二者发生时间不同，前者主要发生于 3~4 月，后者可在温室黄瓜整个生育期发生，主要发生于黄瓜发育的前期和后期。发病的原因也不同，前者主要是温度管理不合理，影响营养物质的运输而导致；后者主要是栽培管理措施不当，导致黄瓜营养生长过弱与生殖生长过强而不协调。

6.2.6.2 为害性

据陕西省科学院渭南科技示范基地调查，黄瓜生长点消失症的发生面积占调查面积的 63.3%，其中发病株率在 95%以上的占发生总面积的 31.5%，发病株率在 60%以上的占发生面积的 72.6%，发病株率在 20%以下的仅占 15.6%。从发生到恢复正常结瓜需 50~60 天，一般棚室同期产量降低 50%~60%，严重者产量降低 90%以上。黄瓜全生育期产量下降 10%~20%，严重者达 30%以上，占温室黄瓜病虫害为害总损失的 20%~25%，居温室黄瓜各种病虫害为害造成损失之首。且随着温室黄瓜种植面积的增加，种植年限的延长，其为害有逐年加重的趋势。

6.2.6.3 影响因素

（1）品种

不同黄瓜品种生长点消失症的发病株率、发生程度及发生后的恢复时间长短不同，如博耐、新泰密刺、吉选 2 号等品种发生较轻；津春 3 号、中农系列、农城 5 号等品种发生较重。

（2）连作年限

由于连作年限愈长，棚室保温性能愈差，土壤营养状况就愈差，导致发病株率提高，发病程度加重，产量损失增大，如连作 0 年、4 年、6 年和 11 年，生长点消失症平均发病株率依次为 42.5%、53.6%、66.2%和 76.1%。

（3）温度管理

温度是影响温室黄瓜生长点消失症的最主要因素。土壤温度过低，根系正常生理活动受到抑制，影响温室黄瓜的正常生长发育。此外温度与光合产物的运输有密切的关系，温度过低，同化物质运输受阻，黄瓜叶片白天制造的营养物质只有 25%左右在白天运输到根、茎、花和瓜条等部位，75%左右的营养物质的运输在前半夜进行，营养物质的运输适宜温度为 20~25℃，温度低于 15℃，营养物质的运输便停止，使养分积累于叶片中（叶片出现凹凸不平、皱缩，出现"泡泡叶"），黄瓜生长点得不到足够的营养，导致生长点"饥饿"而萎缩，逐步退化，最终消失。

6.2.7 花打顶

6.2.7.1 症状

黄瓜花打顶俗称瓜打顶，是保护地黄瓜生产中经常遇到的问题。黄瓜植株的生长点分化为花的器官，生长点不再生长和伸长，顶端小叶片密集，在很短的时间内形成雌雄花相间的花簇,最后形成自封顶,植株不再有新叶和新梢长出,上部茎秆变细,叶片变小,中下部叶片浓绿,表面多皱缩和突起,花开后瓜条停止生长,无商品价值。

6.2.7.2 发生原因

此病多发生在结瓜前期和结瓜后期,结瓜前期出现花打顶的主要原因是:黄瓜定植水浇量不足,土壤缺水干旱,蹲苗时间过长;土壤盐分浓度过高,根系发育不良或施肥过多造成沤根,导致黄瓜根系吸收能力减弱;昼夜温差大,夜间温度低,向新生部位(龙头)输送营养量少,植株营养生长受抑制,生殖生长超过营养生长。以上三方面原因均可导致花打顶。

结果后期花打顶发生的原因主要是下部结果过多,瓜条生长过大,消耗养分过多造成"结果疲劳",营养生长过弱。另外,黄瓜生长后期棚室内温度较高,耗水量比较大,往往灌水不及时,造成土壤缺水,使黄瓜营养生长受到抑制,导致花打顶。

6.2.8 苦味瓜

6.2.8.1 症状

苦味瓜瓜条外观表现与正常商品瓜条无明显差异,主要是瓜条中苦味素积累过多造成瓜条味苦,尤其是生食时口感涩麻味苦,且瓜条两端苦味强于中间部分,熟食时无苦味。

6.2.8.2 发生原因

(1)氮、磷、钾肥比例失调

氮肥过多,磷、钾肥不足,特别是一次性施氮肥过多,易出现苦味瓜;黄瓜对氮、磷、钾的吸收比例基本遵循 5∶2∶6,否则当氮肥比例过高时,造成徒长,易出现苦味瓜。

(2)环境因素

低温寡照,地温长期低于13℃,特别是连阴天时,黄瓜的根系活动受到障碍,吸收的水分和养分少,瓜条生长极为缓慢,往往在根系和下部瓜条中积累更多的苦味素。另外,当棚室温度高于32℃以上时,同化能力减弱,损耗过多,营养失调;越冬茬和冬春茬栽培的黄瓜进入春末高温期,或由于植株根系的老化,会在瓜条上积累较多的苦味素,形成苦味瓜。土壤干旱,或土壤盐溶液浓度过高,使根系发育不良,抑制养分和水分的吸收,苦味素在干燥条件下进入果实。

(3)品种

黄瓜发生苦味瓜与品种有密切关系,苦味的产生有遗传性。一般叶色深绿的品种较叶色浅的品种更容易发生苦味瓜。

6.2.9 畸形瓜

6.2.9.1 症状

畸形瓜主要包括：细腰瓜，果柄基部和顶端正常，在瓜条中间部分缢缩；弯曲瓜，瓜条不顺直，弯曲，严重时不具备商品价值；尖嘴瓜，果柄附近粗，先端细；大肚瓜，瓜条前端部分肥大，而中间及基部变细。

6.2.9.2 发生原因

细腰瓜形成的主要原因：一是光照、湿度有时不适宜，土壤养分、水分供应时足时缺，导致植株同化产物的积累供应不均匀，形成细腰瓜；二是开花坐果前植株缺硼，雌花子房发育不充分，从幼瓜开始就细腰；三是雌花授粉不好或时间过迟，则授粉的先端先膨大，加之果实膨大前期营养供应不足或遇干旱形成细腰瓜。

弯曲瓜形成的主要原因：昼夜温差过大，夜间结露多，幼瓜不同部位挂露的轻重和时间长短不一致，使不同部位膨大速度差别较大，形成弯曲瓜；另外，在磷肥施用较多及坐果期适逢干旱条件，易出现弯曲的瓜条。

尖嘴瓜形成的主要原因：单性结实力强的品种不经授粉，在营养条件差的情况下形成尖嘴瓜；在营养条件好的情况下，瓜条发育正常，瓜条顺直，粗细均匀。

大肚瓜形成的主要原因：雌花授粉不充分，授粉的先端肥大。另外，营养不足，水分不均，中间及基部发育迟缓，也可造成大肚瓜。

6.2.10 化瓜

6.2.10.1 症状

化瓜即刚坐住的幼瓜和正在发育中的瓜条生长停滞，由瓜尖至全瓜逐渐变黄、干瘪，最后干枯。设施栽培黄瓜中经常发生化瓜，特别是冬春茬黄瓜化瓜很多，严重时半数以上幼瓜发生化瓜，对产量的影响极大。

6.2.10.2 发生原因

黄瓜化瓜是由多种原因造成的，总的来说是因为幼瓜在生长过程中没有得到足够的营养物质，停止发育。越冬茬黄瓜育苗和生育前期昼夜温差大，黄瓜植株营养生长差，幼瓜营养不良引起化瓜。棚室内白天温度高于32℃、夜间温度高于16℃时，黄瓜呼吸消耗增加，从而导致营养不良而化瓜。结瓜初期，茎叶生长迅速，瓜条生长缓慢，如果此时连续出现20℃以上的高夜温，养分就会大量向茎叶分配，造成瓜秧徒长而化瓜。栽植密度过大，通风不良，造成郁闭，幼瓜长期不长，发生大量化瓜。黄瓜生长期间遇低温冷害，尤其是地温过低，导致黄瓜根系发育不良，吸收能力降低，使瓜条营养供应不足而化瓜。喷药时正处在花期及有毒气体的伤害等，也会引起化瓜。植株营养生长与生殖生长失去平衡，下部瓜不及时采收，造成上部的幼瓜化瓜。黄瓜生长后期，根系老化，吸收养分的能力差，养分供应不足，引起化瓜。此外，化瓜与品种也有关系。一般单性结实弱的品种容易化瓜。

6.2.11 黄瓜有花无果

6.2.11.1 症状

黄瓜植株上只开雄花，没有雌花出现。

6.2.11.2 发生原因

由黄瓜植株体内细胞分裂失调所致。黄瓜植株在生长过程中茎蔓失调疯长，破坏黄瓜植株体的分枝能力，从而导致黄瓜植株只开雄花不开雌花，或只在蔓梢处开有限的几朵雌花。主要发生在露地夏茬和秋延茬黄瓜。

6.2.12 黄瓜叶烧病

6.2.12.1 症状

多发生在植株的中上部叶片，尤其是接近或触及棚膜的叶片更为严重。叶烧初期叶绿素减少，叶片的一部分变成漂白色，后变成黄色，枯死。叶烧轻者叶缘烧伤，重者半个叶片或整个叶片烧伤。

6.2.12.2 发生原因

黄瓜对高温的耐力较强，32~35℃条件下不会对叶片造成为害，特别是在空气相对湿度高、土壤水分充足时，容易维持植株体内的水分平衡，温度即使达到42~45℃，短时间内也不会对叶片造成大的伤害。而在空气相对湿度低于60%时，遇到40℃的高温就容易产生高温伤害，尤其是在强光照的情况下更为严重。另外，高温闷棚控制霜霉病时，如处理不当也极易烧伤叶片。

6.2.13 黄瓜沤根

黄瓜沤根一般在移苗或定植初期发生，导致植株根系生长不良，不长新根，从而引起秧苗死亡，给生产带来较大损失。

6.2.13.1 症状

沤根是育苗期常见病害，主要发生于冬季和早春。发生沤根时，植株生长极为缓慢，根部不生新根或不定根，根皮发锈后腐烂，致地上部萎蔫，且容易拔起，子叶或真叶呈黄绿色或乳黄色，叶缘开始枯焦，严重的整叶皱缩枯焦，成片干枯，似缺素症。在子叶期出现沤根，子叶即枯焦；在某片真叶期发生沤根，这片真叶就会枯焦，因此从地上部瓜苗表现可以判断发生沤根的时间。

6.2.13.2 发生原因

当土壤温度低于12℃、土壤相对湿度大于75%且持续时间较长时，可造成黄瓜根部呼吸困难，细胞生长受阻，并且由于无氧呼吸产生酒精等物质，细胞腐烂死亡。在苗床浇水过量或遇连阴雨天气，苗床温度和地温过低时，瓜苗出现萎蔫，萎蔫持续时间一长，就会发生沤根。

6.2.14 黄瓜花斑叶

6.2.14.1 症状

俗称"蛤蟆皮叶"，初期叶脉间出现深浅不一的花斑，而后花斑中的浅色部分逐渐变黄，叶面凹凸不平，凸出部分褪绿，呈白色、淡黄色或黄褐色。最后整个叶片变黄、变硬，叶缘向下卷曲。

6.2.14.2 发生原因

黄瓜花斑叶主要是受温度、植株缺硼缺钙等因素影响，黄瓜叶片光合产物运输受阻而在叶片中积累所致，而叶片变硬和叶缘下垂则是由光合产物积累和生长不平衡共同导致。叶片在白天进行光合作用所制造的糖分通常是在前半夜从叶片中输送出去的，如果夜温尤其是前半夜温度低于15℃时，则输送受阻。另外，低温特别是定植初期地温偏低，会阻碍根系发育，导致叶片老化，也会出现花斑叶。再者，钙、硼不足同样会影响碳水化合物的正常外运。

6.2.15 黄瓜焦边叶

6.2.15.1 症状

黄瓜焦边叶是设施栽培黄瓜常发性生理病害。黄瓜植株叶片均可发生，但以中部叶片最重。发病叶片，多是在大部分边缘或整个边缘发生干枯。

6.2.15.2 发生原因

土壤盐分浓度过高，造成盐害，影响黄瓜根系正常吸水功能；在棚室内高温高湿情况下，突然放大风，叶片失水过急所致；喷施农药时，药液浓度偏大，药液过多，滞留于叶缘造成药害。受到化学伤害的叶子边缘一般呈污绿色，干枯后变褐。

6.2.16 黄瓜褐脉叶

6.2.16.1 症状

首先是黄瓜叶的网状脉变褐，接着是支脉变褐，然后是主脉变褐。透着阳光观察叶片，可见叶脉变褐部坏死。也有的沿叶脉出现黄色小斑点，并扩大成条斑，近似于褐色斑点。

6.2.16.2 发生原因

①低温多肥引起。在低温多肥的情况下，沿叶脉出现黄色小斑点，逐渐扩大为条斑，近似于褐色斑点。其发病多在下部的老叶，而且是从叶片的基部主叶脉开始，集中在几条主叶脉上，呈现向外延伸状。②锰过剩引起。叶片锰的含量过高，网状的支脉出现褐变，然后发展到主脉。如果锰的含量继续增高，则叶柄上的刚毛变黑，叶片开始枯死。

6.2.17 黄瓜叶片急性凋萎

黄瓜叶片急性凋萎也称急性萎凋，俗称"青枯"，设施栽培和露地栽培黄瓜都有发生。一旦发生，处理不及时或处理不当，即可造成大面积植株死亡，损失严重。

6.2.17.1 症状

黄瓜植株生长发育正常，但在短时间内，少则几小时，多则一两天，黄瓜整株叶片萎蔫，随之茎叶凋萎而死，死后瓜秧仍保持绿色，故俗称"青枯"。

6.2.17.2 发生原因

引起黄瓜叶片急性凋萎的原因很多，最常见而重要的原因是设施栽培黄瓜遇连续雨雪天气，由于保温需要，草苫不能揭开，黄瓜不能进行光合作用，植株处于饥饿状态，土温低，根系活动很微弱。天气暴晴，揭开草苫，棚室内温度上升过快，空气湿度下降，黄瓜叶片蒸腾量大，蒸腾速度加快，而土温低，根系弱，不能充分吸水补充叶片蒸腾消耗的水分，使叶片出现急性萎蔫。如不及时采取措施，叶片则会由暂时萎蔫迅速进一步发展成永久萎蔫，造成茎叶凋萎。露地栽培黄瓜在夏季高温干燥的炎热中午突降暴雨后转晴，此时地面积水，使土壤中气体不能有效排放，导致根系吸收功能失调，而气温又较高，蒸腾量又比较大，植株缺水，出现急性萎蔫。再加上气温、土温很高，致使植株不能正常地调节"体温"，黄瓜植株"体温"失常，从而引起整株叶片突然萎蔫，严重时急性凋萎。

6.2.18 黄瓜苗"带帽"

6.2.18.1 症状

黄瓜在出苗时种皮夹在子叶上不脱落，俗称"带帽"，"带帽"的种苗子叶被种皮夹住不能张开，真叶生长受到影响，光合作用效能减低，造成幼苗生长不良或形成弱苗。

6.2.18.2 发生原因

黄瓜是双子叶植物，顶土能力比较差，易发生"带帽"。其主要原因是：种皮干燥，覆盖的营养土干燥，致种皮易变干；揭开保湿保温的覆盖材料过早或中午揭开，导致种皮在脱落前已经变干；播种太浅，覆土厚度不够；种子成熟度差，生命力弱，顶土能力差，也容易发生"带帽"。

6.3 虫 害

6.3.1 斑潜蝇

斑潜蝇是典型的 R 类昆虫，已扩散至北美洲、中美洲和加勒比地区、南美洲、大洋洲、非洲、亚洲的许多国家和地区。20 多年来，美洲斑潜蝇已在美国、巴西、加拿大、巴拿马、墨西哥、智利、古巴等 30 多个国家严重发生，造成巨大的经济损失，并有继续扩大蔓延的趋势,许多国家已将其列为最危险的检疫害虫。在我国,斑潜蝇是蔬菜、花卉、瓜类等作物上的重要害虫。自 1694 年建立斑潜蝇属以来,世界迄今已知 370 余种,约有 75%的种类是单食性或寡食性的,大约 150 种可为害或取食栽培作物和观赏植物,其中 23 种具有重要的经济意义。尤其是 20 世纪 90 年代初传入我国的美洲斑潜蝇（*Liriomyza sativae* Blomhard）、南美斑潜蝇（*L. huidobrensis* Blomhard），现已广泛分布于中国所有省份。随着设施蔬菜栽培面积的增加及生态条件的改变,分布区域不断北移,为害逐年加重,成为黄瓜生产上发生面积大、为害重、防治难度大的害虫之一。

6.3.1.1 为害特点

温室黄瓜全生育期均受斑潜蝇为害,美洲斑潜蝇和南美斑潜蝇均以雌成虫飞翔刺伤叶片,取食汁液并产卵于其中,卵期 2～4 天,孵出的幼虫即潜入叶片和叶柄取食为害。美洲斑潜蝇以幼虫取食叶片正面叶肉,形成先细后宽的蛇形弯曲或蛇形盘绕虫道,其内有交替排列整齐的黑色虫粪,老虫道后期呈棕色的干斑块区,一般 1 虫 1 道,1 头老熟幼虫 1 天潜食形成虫道 3cm 左右。南美斑潜蝇的幼虫主要取食叶片背面叶肉,多从主脉基部开始为害,形成 1.5～2mm 较宽的弯曲虫道,虫道沿叶脉伸展,但不受叶脉限制,若干虫道可连成一片形成取食斑,后期变枯黄。两种斑潜蝇成虫为害基本相似,在叶片正面取食和产卵,刺伤叶片细胞,形成针尖大小的近圆形刺伤"孔",造成为害。"孔"初期呈浅绿色,后变白,肉眼可见。幼虫和成虫的为害可导致幼苗全株死亡,造成缺苗断垄；成株受害,可加速叶片脱落,造成减产。番茄斑潜蝇（*Liriomyza bryoniae* Kaltenbach）幼虫孵化后潜食叶肉,呈曲折蜿蜒的食痕,苗期 2～7 叶受害多,严重的潜痕密布,致叶片发黄、枯焦或脱落。虫道的终端不明显变宽,这是该虫与南美斑潜蝇、美洲斑潜蝇相区别的一个特征。豌豆潜叶蝇（*Phytomyza horticola* Gourean）在栅栏组织和海绵组织交替钻蛀,隧道在叶正反两面,无论是叶正面还是叶背面观察隧道都时隐时现,幼虫老熟后在隧道内化蛹,不钻出叶片。

斑潜蝇为害后形成蛇形弯曲不规则的白色隧道,破坏叶绿素,影响光合作用。陈志杰等（2004）研究表明,叶片被害为 I 级（虫道面积占叶片面积的 1/3 以下）、Ⅱ级（虫道面积占叶片面积的 1/3～1/2）、Ⅲ级（虫道面积占叶片面积的 1/2～2/3）、Ⅳ级（虫道面积占叶片面积的 2/3～3/4）和 V 级（虫道面积占叶片面积的 3/4 以上）时,光合作用分别较对照下降 0.6%、9.6%、27.6%、56.4%和 73.6%,产量依次降低 1.2%、10.2%、25.6%、57.9%和 63.4%,畸形瓜分别增加 0.5%、5.4%、17.2%、57.9%和 75.4%。在田间斑潜蝇为害一般产量降低 5%～10%,严重者达 20%以上,其为害性仅次于黄瓜生长点消失症和霜霉病,约占病虫害造成总损失的 15%,且有逐年加重的趋势。防治费用占总防治费用的 20%左右。

6.3.1.2 形态特征

在陕西,为害黄瓜的斑潜蝇有美洲斑潜蝇、南美斑潜蝇、番茄斑潜蝇、豌豆潜叶蝇 4 种,优势种是美洲斑潜蝇。不同种类斑潜蝇在陕西不同生态区种群组成比例及为害性不同（表 6-12）。

表 6-12　陕西不同生态区温室黄瓜斑潜蝇种群组成比例及为害性

地点	海拔(m)	总虫数(头)	不同种所占比例（%）			为害指数		
			美洲斑潜蝇	南美斑潜蝇	其他	美洲斑潜蝇	南美斑潜蝇	其他
临渭区	360	352.2	63.1	33.4	3.5	6.7	2.2	0.2
大荔县	560	291.4	61.8	34.1	4.1	9.6	2.4	0.3
商州区	900	305.6	53.1	40.2	6.7	15.4	2.7	0.4
洛南县	820	306.9	55.8	37.2	7.0	13.1	2.5	0.5
宝塔区	1050	316.4	70.2	29.8	0	35.2	3.4	0
榆林市	1150	286.3	68.4	31.6	0	30.7	3.1	0

（1）美洲斑潜蝇

成虫：虫体较小，体长为 2.0mm，翅长 1.3~2.2mm，前翅具有一个小的中室。头额、颊和触角为黄色，头顶鬃着生处黑色，上眼眶鬃 2 根，等长，下眼眶鬃 2 根，细小，中鬃不规则排列 4 行，中侧片黄色，足基节、腿节、跗节暗褐色。中胸部以黄色为主。

卵：米色，半透明，大小为（0.2~0.3）mm×（0.1~0.15）mm。

幼虫：蛆状，初无色，后变为浅橙黄色至橙黄色，长 3mm。

蛹：椭圆形，橙黄色，腹面稍扁平，大小为（1.7~2.3）mm×（0.5~0.75）mm。美洲斑潜蝇的形态与番茄斑潜蝇极相似，前者蛹后气门 3 孔，而后者蛹后气门 7~12 孔。

（2）南美斑潜蝇

成虫：体长 2.6~3.5mm，较美洲斑潜蝇与其他种类大，翅长 1.7~2.3mm，头额部黄色，上眼眶鬃 2 根，等长，下眼眶鬃 2 根，较短，中鬃散生，不规则排列 4 行。中侧片大部分黑色，仅上部黄色。触角 1~2 节黄色，第 3 节褐色。足的基节、腿节有黑纹且为黑色。雄性外生殖器，端阳体与骨化强的中阳体前部之间以膜相连，呈空隙状，中间后段几乎透明。精泵黑褐色，柄短，叶片小，背针突具 1 齿。

卵：椭圆形，乳白色，微透明，大小为（0.27~0.32）mm×（0.14~0.17）mm。散产于黄瓜叶片上下表皮之下。

幼虫：初孵化时半透明，随着虫体长大，渐变为乳白色，老熟幼虫体长 2.3~3.2mm，后气门突起具 6~9 个气孔。

蛹：初期呈黄色，逐渐加深直至深褐色，后气门突起与幼虫相似，后气门 7~12 孔，大小为（1.7~2.3）mm×（0.5~0.75）mm。

（3）番茄斑潜蝇

成虫：翅长约 2mm，除复眼、单眼三角区、后头及胸、腹背面大体黑色外，其余部分和小盾板基本黄色；成虫内、外顶鬃均着生在黄色区，蛹后气门 7~12 孔。

卵：米色，稍透明，大小为（0.2~0.3）mm×（0.1~0.15）mm。

幼虫：蛆状，初孵无色，渐变黄橙色，老熟时长约 3mm。

蛹：卵形，腹面稍平，橙黄色，大小为（1.7~2.3）mm×（0.5~0.75）mm。

（4）豌豆潜叶蝇

成虫：虫体小，似果蝇。雌虫体长 2.3~2.7mm，翅展 6.3~7.0mm。雄虫体长 1.6~

2.1mm, 翅展 5.2~5.6mm。全体暗灰色而有稀疏的刚毛。复眼椭圆形, 红褐色至黑褐色。眼眶间区及颅部的腹区为黄色。触角黑色, 分3节, 第3节近方形, 触角芒细长, 分成2节, 其长度略大于第3节的2倍。

卵: 长卵圆形, 长 0.30~0.33mm, 宽 0.14~0.15mm。

幼虫: 虫体呈圆筒形, 外形为蛆形。

蛹: 围蛹, 长卵形略扁, 长 2.1~2.6mm, 宽 0.9~1.2mm。

6.3.1.3 生活史

美洲斑潜蝇是20世纪90年代初传入我国的一种多食性斑潜蝇。1994年在陕西首次发现, 在陕西年发生 14~15 代, 日光温室黄瓜上发生 16~18 代, 世代重叠, 以各种虫态在温室内取食为害并越冬, 但不能在田间自然条件下越冬。10月中旬至翌年6月下旬主要为害温室蔬菜, 高峰期为 3~5 月。10月上旬温室黄瓜出苗后, 斑潜蝇逐渐迁入并在黄瓜上产卵为害, 11 月下旬为第一个发生高峰期, 有虫株率 30%~60%, 为害指数 1.6~4.9。进入12月, 随着气温的下降, 斑潜蝇种群数量也随之下降。老熟幼虫2月下旬开始化蛹, 2月中旬羽化, 出现越冬代成虫, 3月虫口密度逐渐上升。3月下旬以后, 种群数量急剧增加, 3月下旬至 5 月中旬为第二个发生高峰期, 有虫株率 100%, 为害指数 17.6~29.4。5月下旬由于棚内温度过高, 寄主植株组织老化, 不适宜其栖息和取食, 种群数量迅速下降（图 6-6）, 并迁至棚外, 为害露地作物。在温度 23~27℃、相对湿度 37%~52%的条件下, 美洲斑潜蝇的蛹期为 6~7 天, 成虫寿命为 5~6 天, 卵的发育历期为 2~3 天, 幼虫的发育历期为 3~5 天。在田间 4~5 月, 完成1代只需 15~20 天, 在 6~7 月美洲斑潜蝇发生1代需要 22~25 天, 这主要是因为温室温度过高, 不利于美洲斑潜蝇的发育。当气温高达 35℃时, 蛹的羽化率受到一定的抑制作用, 这与田间 6~7 月虫口密度极小的现象相吻合。在冬季低温时, 完成1代需 70 天左右。

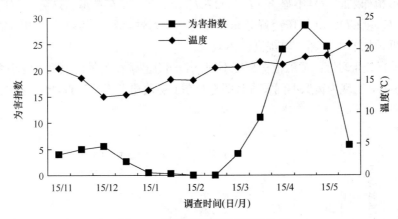

图 6-6 美洲斑潜蝇田间消长动态

南美斑潜蝇的发生期和美洲斑潜蝇基本相似, 但在日光温室黄瓜生长发育前期发生量比较小, 2月以后随着棚内日平均温度的升高, 发生数量逐渐增加, 其发生高峰期较美洲斑潜蝇第二个发生高峰期推迟 10~15 天, 一般只有一个发生高峰。

番茄斑潜蝇发生量很少, 3月中旬在温室黄瓜出现, 5月中旬至6月上旬是发生高峰期，露地栽培黄瓜番茄斑潜蝇发生高峰期是 9 月上旬至 10 月中旬。一般白天活动，活动高峰是 6:00~8:00 及 14:00~16:00。雌成虫产卵的临界温度为 11℃，最适温度为 25℃。在 15~30℃，随着温度的升高，发育速率加快，各虫态及整个世代的发育速率均是在 30℃条件下最快，15℃条件下成虫寿命 10~14 天，卵期 13 天左右，幼虫期 9 天左右，蛹期 20 天左右；30℃条件下成虫寿命 5 天左右，卵期 4 天左右，幼虫期 5 天左右，蛹期 9 天左右。该虫在田间分布属于扩散型，发生高峰期全田被害。

豌豆潜叶蝇在陕西温室内 1 年发生 4~5 代，露地发生 2~3 代，以蛹在棚室内黄瓜或露地油菜、豌豆及苦荬菜等叶组织中越冬；在南方温暖地区或北方温室内，冬季可继续繁殖，无固定虫态越冬。豌豆潜叶蝇有较强的耐寒力，不耐高温，夏季气温 35℃以上就不能存活或以蛹越夏。豌豆潜叶蝇成虫耐低温，幼虫和蛹发育适温都比较低，一般成虫发生的适宜温度为 16~18℃，幼虫 20℃左右。当气温在 22℃时发育最快，完成 1 代只需 19~21 天（卵期 5~6 天；幼虫期 5~6 天；蛹期 6~9 天）；温度在 13~15℃时，则需 30 天（卵期 4 天；幼虫期 11 天；蛹期 15 天）；温度升高至 23~26℃时，发育期缩短至约 14.2 天（卵期 2.2 天；幼虫期 5.2 天；蛹期 6.6 天）。高温对其生长发育不利，超过 35℃不能生存，因此，夏季气温升高，是幼虫、蛹自然死亡率迅速上升的原因之一。

6.3.1.4 生活习性

（1）垂直分布习性

幼虫垂直分布习性：美洲斑潜蝇幼虫在黄瓜植株上的垂直分布极不均匀，具有明显的层次性，植株下部 6 叶美洲斑潜蝇数量占全株总量的 65.6%，中部 6 叶占 30.4%，上部 6 叶仅占 3.6%，以下部分布密度最大。将不同田块及植株上各层害虫量的比率采用平方根反正弦转换（$\sin^{-1}\sqrt{p}$）进行方差分析，结果表明，不同叶层上美洲斑潜蝇数量比率在黄瓜植株之间差异不显著（$F=0.527<F_{0.05}=2.7$），而在黄瓜植株各叶层间差异显著（$F=157.6>F_{0.05}=2.7$）。其他斑潜蝇分布也具有这一习性。掌握其习性，田间施药时应重点喷施黄瓜植株的中下部，以提高防治效果。

成虫垂直分布习性：黄瓜植株高度不同，美洲斑潜蝇在黄色诱虫板上的垂直分布特点不同（图 6-7），表现为黄瓜不同发育时期都有在上层顶端飞翔活动的习性，根据这一习性，

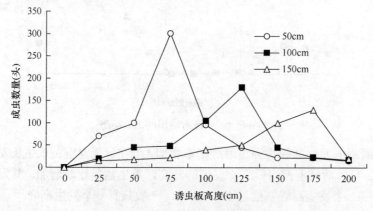

图 6-7 美洲斑潜蝇成虫垂直分布

在应用黄色诱虫板监测和诱杀时,其高度应和黄瓜植株高度一致,或略高出植株高度。

(2) 扩散迁移习性

在温室黄瓜全生育期,美洲斑潜蝇的扩散迁移分为 4 个阶段:①迁移定居期,田间呈聚集分布,C_A(负二项分布指数 k 的倒数)=0.527>0,M^*/m(M^* 为平均拥挤度,m 为平均值)=2.126>1;②扩散急剧增加期,种群数量迅速上升,为害加重;③扩散稳定期,株间扩散不断进行,使单株种群密度趋于均衡,田间呈均匀分布,C_A= –0.429<0,M^*/m=0.713<1;④种群数量减退期,温室黄瓜生长后期,植株衰老,茎叶营养减退,温度升高,不适宜成虫迁飞活动及幼虫为害,便向棚外露地作物上迁移,种群数量迅速下降,为害减轻。南美斑潜蝇也具有这一习性。

(3) 抗逆性

在 0~30℃,随着温度的升高,美洲斑潜蝇羽化率依次提高;当温度超过 30℃时,随着温度升高,羽化率依次下降;当温度超过 35℃时,蛹孵化率明显受到抑制;当温度超过 45℃时,蛹完全被致死。羽化对土壤相对湿度的要求偏低,当土壤相对湿度分别为 50%、60%、70%、80%、90% 和 95% 时,其羽化率依次为 53.4%、68.9%、62.4%、74.9%、16.5% 和 1.5%。土壤相对湿度达 100%,超过 20h 时,蛹不能羽化。且随着湿度的提高,抗高温能力依次下降。掌握这一生态习性,对指导田间高温闷棚灭蛹及制定综合防治措施具有重要指导意义。

(4) 对不同颜色的趋性

试验观察结果表明,美洲斑潜蝇对不同颜色的趋性有显著差异(表 6-13)。以浅黄色、中黄色诱集效果最佳,分别占总诱集量的 40.2% 和 31.7%;橘黄色诱集效果次之,占总诱集量的 26.6%;白色、红色诱集效果最差,分别占诱集总量的 0.8% 和 0.7%。说明美洲斑潜蝇对浅黄色、中黄色有显著的趋向性,对白色、红色几乎无趋向性。

表 6-13 5 种色板诱集美洲斑潜蝇成虫结果

处理	不同重复诱集量(头/1200cm^2)			总诱集量（头）	占总诱集量比（%）	差异性	
	重复 1	重复 2	重复 3			SSR$_{0.05}$	SSR$_{0.01}$
浅黄色	76	70	97	243	40.2	a	A
中黄色	50	63	79	192	31.7	a	AB
橘黄色	56	59	46	161	26.6	ab	AB
白色	2	2	1	5	0.8	b	AB
红色	1	2	1	4	0.7	b	B

注:表中同列数据有不同小写字母者表示在 0.05 水平上差异显著,有不同大写字母者表示在 0.01 水平上差异极显著

(5) 对寄主植物的选择

①对寄主植物组织的选择。斑潜蝇的幼虫通常取食含有叶绿素的黄瓜植株绿色组织。不同种斑潜蝇对寄主不同组织的嗜好性不同,美洲斑潜蝇和三叶斑潜蝇喜好栅栏组

织，南美斑潜蝇对栅栏组织和海绵组织均可取食，更喜好海绵组织，番茄斑潜蝇主要将卵产于叶片背面。大部分斑潜蝇在取食过程中回避植物的维管束组织，如叶脉、叶柄和茎秆。②对植物不同部位叶片的选择。通常雌虫会选择植株上部的叶子进行取食和产卵。主要是由于上部的叶片较嫩，雌虫的产卵器可以轻松地刺入叶肉组织。③对同种植物不同品种的选择。对某一寄主植物的不同品种，斑潜蝇的选择也有所不同。例如，斑潜蝇在不同品种黄瓜上的取食孔数、产卵数、幼虫数不同，而且在有的品种上，有幼虫死亡率高、成蛹数减少、幼虫发育时间延长的现象，这些指标可以显示出寄主植物抗虫力的强度。④对不同寄主植物的选择。多食性斑潜蝇虽然寄主范围广泛，但它们对不同寄主植物的选择性及不同植物对其生存的适合度存在明显的差别，如美洲斑潜蝇的寄主虽然有16科29种栽培植物、11种野生植物，但其中以葫芦科、茄科和豆科的种类居多，根据适合度将美洲斑潜蝇的寄主植物划分为适宜寄主、较适宜寄主和次要寄主等3种类型。

6.3.1.5 影响发生因素

（1）种植方式

设施黄瓜种植方式与美洲斑潜蝇种群数量及为害性密切相关。一年一大茬黄瓜种植方式较间作或套种（前茬未收获、后茬蔬菜育苗或在宽行内种植其他蔬菜作物）方式，美洲斑潜蝇发生量小，始发期晚，为害高峰期推迟。前者始发期为11月25日，为害高峰期为第二年的4月25日，有虫株率65.7%，有虫叶率37.6%，为害指数16.4。后者始发期为10月5日，有虫株率26.7%，有两个发生高峰期，第一个高峰期为11月20日，有虫株率62.3%，有虫叶率30.4%，为害指数10.6；第二高峰期为第二年的4月5日，有虫株率100%，有虫叶率53.9%，为害指数40.4。其主要原因是一年一大茬种植方式前后两茬作物之间有2～3个月休闲期，棚内无寄主植物，虫源基数小；后者由于棚内一直有寄主植物存在，黄瓜定植前也难以进行高温或药物处理，加之寄主植物丰富，为美洲斑潜蝇提供了稳定的栖息场所及充足的食料条件，虫源基数大，发生早而重。

（2）温度

温度是影响斑潜蝇种群数量的重要因素之一。一方面影响其发育速率，在一定温度范围内，温度越高，发育速率越快，各种虫态发育历期缩短，二者呈逻辑斯蒂（Logistic）曲线关系。例如，美洲斑潜蝇在15～31℃各种虫态均能正常发育，31℃温度条件下完成1代只需13.64天，而15℃温度条件下完成1代历时长达59.36天，证明低温对发育有明显抑制作用。在-15℃低温下，随着蛹发育时间的增加，致死中时有减少的趋势，1天期蛹对低温的耐受力最强。3天期蛹在接近其过冷却点的-10℃条件下，致死中时为42.19h，而在低于过冷却点的-15℃条件下，致死中时骤然降至0.14h。表明当环境温度低于昆虫的过冷却点时，极易引起昆虫迅速死亡。0℃和4～6℃条件下，蛹致死中时分别为5～6天和16天，即在不同的低温条件下，美洲斑潜蝇蛹的耐寒能力不同。在35℃高温条件下，成虫仍然正常取食产卵，卵和幼虫均能正常发育，但蛹不能羽化，故不能完成世代发育。另一方面也影响其发生期，在陕西的陕北及关中地区，该虫不能在自然条件下越冬,在温室内日平均温度为 15~17℃的 10 月中旬至 11 月下旬,出现第一个发生高峰;到 12 月上旬至翌年 2 月上旬,当日平均温度为 13~15℃时,斑潜蝇基本处于滞育状态;当日平均温度提高到 16~20℃的 3 月中旬至 5 月上旬,出现第二个发生高峰,发生数量最大,为害严重。但到 6 月上旬以后日平均温度达到 24℃以上时,不适宜其发生,种群数量迅速下降,便迁移至露地作物上为害。

(3) 设施蔬菜栽培面积

随着西北地区设施蔬菜栽培面积迅速扩大,为不能在田间自然条件下越冬的美洲斑潜蝇提供了适宜的栖息场所,导致斑潜蝇发生面积不断扩大,为害不断加重。设施蔬菜的种植多以集中连片,棚内常年有寄主植物,为不具备远距离迁飞能力的美洲斑潜蝇提供了充足的食料条件。多年菜区发生及为害重于新建菜区,前者发生高峰期为害指数为 45~55,后者≤20。连片种植为害性明显重于零星种植区。

(4) 天敌因素

天敌是制约害虫种群数量的关键因素之一。往往许多种害虫由暴发到种群衰退,不是人为因素导致,而是自然天敌有效控制的结果。由于美洲斑潜蝇传入我国时间比较短,因此其天敌种类还比较少。陈志杰等(2007)多年在陕西调查研究发现,美洲斑潜蝇的主要天敌有丽灿姬小蜂(*Chysonotomyia formosa*)、黄潜蝇釉姬小蜂(*Chysocharis oscinidis*)、底比斯釉姬小蜂(*Chysocharis pentheus*)、异角亨姬小蜂(*Hemiptarenus varicornis*)等 4 种寄生蜂,其寄生率仅为 5.6%~13.2%,平均 7.1%,还未发现其他能有效控制该虫的天敌种群。这也是斑潜蝇近几年在陕西迅速暴发成灾的重要原因之一。

6.3.2 粉虱

粉虱被称为小白蛾,是典型的 R 类害虫,两性成虫均有翅,身体及翅上覆有白色蜡粉,此为其科名由来。温室白粉虱[*Trialeurodes vaporariorum*(Westwood)] 1975 年始发于北京,现除南极洲外,该虫在其他各大洲均有分布。烟粉虱[*Bemisia tabaci*(Gennadius)]在我国 1949 年就有记载。在很长一段时间内,烟粉虱并不是我国的重要害虫,仅在台湾省、云南省有过烟粉虱严重为害棉花的记录,在海南省有中等为害棉花的记录。但近几年来,我国的烟粉虱暴发成灾。在广东省,自 1997 年烟粉虱在东莞发生为害以来,逐年加重,至 2000 年在广东部分地区暴发。1996 年此虫在新疆地区被发现,随后扩散至周围地区。1999 年新疆农业科学院吐鲁番长绒棉研究所试验地的棉花受到烟粉虱的严重为害,棉花棉絮布满蜜露,纤维污染和煤污病都非常严重。2000年在华北地区,烟粉虱也大面积暴发,包括了北京、天津、河北、山西等地。2005 年左右在陕西发现,近年来种群数量很大,在菜粮棉混作区为害十分严重,目前在陕西区域内呈岛屿状分布。随着我国越冬设施蔬菜的发展,目前该害虫的分布已遍及我国北方绝大多数地区。粉虱为害范围广,寄主植物达 65 科 260 多种,除严重为害黄瓜外,还对甜瓜、西瓜、番茄、辣椒、甘蓝、白菜、油菜、萝卜、莴苣、芹菜、菜豆等蔬菜造成严重为害。

6.3.2.1 为害特点

烟粉虱和温室白粉虱对黄瓜的为害特点基本一致,其为害性均表现在两个方面,一是直接为害,以若虫和成虫刺吸黄瓜叶片的汁液,使黄瓜叶片出现黄白色斑点,造成黄瓜植株衰弱干枯,瓜条畸形;二是间接为害,粉虱的若虫和成虫吸食黄瓜植株汁液的同时,还分泌大量蜜露,诱发煤污病,严重时黄瓜叶片呈黑色,影响黄瓜的光合作用,导致黄瓜生长不良,大大降低了黄瓜的产量和品质。在生产中,烟粉虱和温室白粉虱对黄瓜的间接为害往往大于直接为害。对于其他作物为害性而言,烟粉虱和温室白粉虱差异比较大,前者能够传播 70 多种病毒,是许多病毒病的重要传毒媒介,可引起多种植物病毒病,造成植株矮化、黄化、褪绿斑驳及卷叶,并且分泌大量蜜露,污染叶片,诱发煤污病。现在有学者认为,西葫芦、南瓜等蔬菜银叶病是烟粉虱为害所致,所以又称它为银叶粉虱;而后者则只能传播几种病毒,分泌少量蜜露。

6.3.2.2 形态特征

(1) 烟粉虱

成虫:雌成虫体长(0.91±0.04)mm,翅展(2.13±0.06)mm;雄虫体长(0.65±0.05)mm,翅展(1.61±0.06)mm。虫体淡黄白色至白色,复眼红色,肾形,单眼 2 个,触角发达 7 节。翅白色无斑点,被有蜡粉。前翅有 2 条翅脉,第一条脉不分叉,停息时左右翅合拢呈屋脊状。足 3 对,跗节 2 节,爪 2 个。

卵:椭圆形,有小柄,与叶面垂直,卵柄通过产卵器插入叶内,卵初产时淡黄绿色,孵化前颜色加深,呈琥珀色至深褐色,但不变黑。卵散产,在叶背分布不规则。

幼虫:1～3 龄若虫椭圆形。1 龄体长约 0.27mm,宽 0.14mm,有触角和足,能爬行,有体毛 16 对,腹末端有 1 对明显的刚毛,腹部平,背部微隆起,淡绿色至黄色,可透见 2 个黄色点。一旦成功取食合适寄主的汁液,就固定下来取食直到成虫羽化。2 龄、3 龄体长分别为 0.36mm 左右和 0.50mm 左右,足和触角退化至仅 1 节,体缘分泌蜡质,固着为害。4 龄若虫又称伪蛹,淡绿色或黄色,长 0.6～0.9mm。

蛹:蛹壳边缘扁薄或自然下陷,无周缘蜡丝;胸气门和尾气门外常有蜡缘饰,在胸气门处呈左右对称。背蜡丝的有无常因寄主而异。管状肛门孔后端有 5～7 个瘤状突起。

(2) 温室白粉虱

成虫:成虫体长 1～1.5mm,淡黄色。翅面覆盖白蜡粉,停息时双翅在体上合成屋脊状,但较平,如蛾类,翅端半圆状遮住温室白粉虱整个腹部,翅脉简单,沿翅外缘有一排小颗粒。

卵:长约 0.2mm,侧面观长椭圆形,基部有卵柄,柄长 0.02mm,从叶背的气孔插入植物组织中。初产淡绿色,覆有蜡粉,而后渐变褐色,孵化前呈黑色。

幼虫:1 龄若虫体长约 0.29mm,长椭圆形,2 龄约 0.37mm,3 龄约 0.51mm,淡绿色或黄绿色,足和触角退化,紧贴在叶片上营固着生活;4 龄若虫又称伪蛹,体长 0.6～0.7mm,椭圆形,初期体扁平,逐渐加厚呈蛋糕状(侧面观),中央略高,黄褐色,体背有长短不齐的蜡丝，体侧有刺。

蛹：体色为半透明的淡绿色，附肢残存；尾须更加缩短。随着发育进度推进，体色逐渐变为淡黄色，背面有蜡丝，侧面有刺。蛹末期，呈匣状，复眼显著变红，体色变为黄色，成虫在蛹壳内逐渐发育起来。

6.3.2.3 生活史

（1）烟粉虱

烟粉虱在北方地区 1 年发生 10～12 代，在自然条件下不能越冬，多以伪蛹在温室大棚作物上越冬，在温室栽培的蔬菜和花卉等作物上度过越冬阶段的烟粉虱是翌年春季的主要虫源。以烟粉虱平均密度作为种群数量动态的测定指标，以聚块性指数和丛生指标作为种群空间动态的 2 个测定指标，将温室大棚烟粉虱种群划分为 3 个阶段，即建立期、发展期和暴发期。3 月随着棚室内温度的升高，烟粉虱数量逐渐增加，4 月下旬以后数量剧增，到 5 月下旬数量达到全年最高峰。进入 6 月，棚室内温度升高，寄主植物组织老化，不适宜烟粉虱的栖息，成虫开始向棚室外逐渐迁移，6～9 月在露地作物上造成严重为害。10 月以后，随着气温下降及露地作物组织老化，不适宜其发生，成虫死亡率增加，部分成虫转入温室大棚，露地虫口数量急剧减少，从而完成全年的发生循环。温室内烟粉虱 11 月发生数量较大，是温室内全年发生的第一个高峰，随着温度降低，数量减少，12 月中旬以后棚室内数量很少，大多以伪蛹在棚室内越冬，个别温度较高的棚室偶尔见到烟粉虱成虫，但数量较少。烟粉虱在棚室黄瓜上，其主要为害时期为晚春初夏和晚秋初冬 2 个季节。烟粉虱成虫个体间相互吸引，分布的基本成分是个体群；成虫在一切密度下均是聚集的，聚集强度与密度有关。成虫在空间上始终都是处于"聚集—扩散—再聚集—再扩散"的动态过程中。

（2）温室白粉虱

在中国北方地区，温室白粉虱在温室内 1 年可发生 10 余代。其不能在自然条件下越冬，以各虫态在温室越冬，无滞育、休眠现象，在温室内仍能继续为害。成虫羽化后 1～3 天可交配产卵，平均每雌产 142.5 粒。也可进行孤雌生殖，其后代为雄性。温室白粉虱卵以卵柄从气孔插入叶片组织中，与寄主植物保持水分平衡，极不易脱落。若虫孵化后 3 天内在叶背可做短距离游走，当口器插入叶组织后就失去了爬行机能，开始营固着生活。温室粉虱发育历期：16℃31.5 天、24℃24.7 天、27℃22.6 天。各虫态发育历期，在 24℃时，卵期 7 天，1 龄 5 天，2 龄 2 天，3 龄 3 天，伪蛹 6 天。温室白粉虱繁殖的适温为 16～21℃，在温室条件下，约 1 个月完成 1 代。冬季温室作物上的温室白粉虱是露地春季蔬菜上的虫源，进入 3 月，随着温度的升高，温室白粉虱数量增加，4 月中旬以后数量急剧增加，5 月温室内数量达到全年发生最高峰。进入 6 月，温度升高，寄主植物组织老化，营养条件恶化，种群竞争加剧，通过温室通风或随菜苗向露地移植而使温室白粉虱迁移扩散至露地。7～9 月在露地作物严重为害。进入 10 月，随着温度降低，寄主植物组织老化，湿度增加，不适宜其发生，死亡率提高，数量下降，部分成虫迁移到温室继续为害。11 月为温室白粉虱全年发生为害的第一个高峰。温室白粉虱的蔓延，人为因素起着重要作用。温室白粉虱的种群数量，由春至秋持续发展，夏季的高温多雨抑制作用不明显，到秋季数量达高峰，集中为害瓜类、豆类和茄果类蔬菜。在北方由于温室及露地蔬菜生产紧密衔接和相互交替，可使温室白粉虱周年发生。此外，温室白粉虱还可随花卉、苗木运输远距离传播。

6.3.2.4 生活习性

（1）趋嫩性

烟粉虱和温室白粉虱成虫均有趋嫩性，在黄瓜植株上随着植株的生长不断追逐顶部嫩叶产卵，在黄瓜植株上自上而下的分布为：新产的绿卵、变黑的卵、初龄若虫、老龄若虫、伪蛹、新羽化成虫。了解这一习性，对指导田间施药、悬挂黄色诱虫板诱杀或监测虫情具有重要指导意义。

（2）趋黄性

趋性是以反射作用为基础的进一步的高级神经活动，是对任何一种外部刺激来源的定向运动，这些运动带有强迫性，不趋即避。田间试验结果表明，烟粉虱对黄、绿、红、青、紫、蓝、灰、黑、粉红和白色等10种不同颜色的诱虫板趋性差异显著。在44天内，黄板的诱集效果最好，占总诱集量的55.1%，其次为绿板和红板，分别占总诱集量的26.7%和10.5%，其余7种色板对烟粉虱几乎没有趋性。温室白粉虱具有类似的趋黄习性。

（3）抗逆性及光敏感性

烟粉虱和温室白粉虱对高温适应能力不同，前者对高温适应能力更强，可忍耐40℃高温，这是烟粉虱在夏季高温季节依然猖獗的主要原因。而温室白粉虱对高温敏感，一般只忍耐33~35℃，在高温的夏季种群受到抑制。烟粉虱对低温的适应性显著低于温室白粉虱。烟粉虱成虫在4℃和0℃暴露时的致死中时分别为13.9h和12.1h；在–2℃和–6℃暴露时的致死中时分别为4.7h和1.7h；在2℃条件下暴露12天，卵、2~3龄若虫、伪蛹均不能存活，成虫暴露4天后全部死亡。而温室白粉虱卵、伪蛹在2℃条件下暴露12天后，其存活率均超过45%，成虫在2℃条件下暴露7天后仍有60%以上的存活率。崔洪莹等（2011）研究认为，烟粉虱在我国的自然越冬北界分布线为浙江省金华市—江西省南昌市—湖北省仙桃市—四川省和云南省。基于温室白粉虱对低温适应性更强，因此自然越冬范围更宽。显然，烟粉虱和温室白粉虱在陕西乃至西北地区自然条件下不能越冬。陈夜江等（2003）研究发现，光周期对烟粉虱种群增长的影响显著，表现为光照时间越长（9~16h），越有利于该虫的发育，其发育速率、存活率、成虫寿命、产卵量、种群趋势指数都随之增大。至少在12h以上的光照条件下，才有利于烟粉虱种群的增长。

（4）对寄主的选择

烟粉虱是一种寄主范围非常广泛的世界性害虫，寄主包括74科420多种植物。除为害十字花科、茄科、葫芦科蔬菜外，还可为害玉米、棉花、花卉、豆作物等。烟粉虱对寄主的选择是通过嗅觉、视觉和味觉共同参与的一个决策过程，以寄主植物的气味、颜色和质量为线索，逐步定位到适宜的寄主植物上，因此在寄主选择过程中存在很大的可塑性。例如，在棉花、烟草、番茄、甘蓝4种寄主共同存在时，烟粉虱成虫喜欢取食烟草，排列顺序为：烟草>番茄>棉花>甘蓝。产卵量排列顺序为：烟草>番茄>甘蓝>棉花。当只有番茄和烟草两种寄主植物时，烟粉虱成虫则趋向于取食烟草，但在番茄上产卵。只有烟草和甘蓝时，烟粉虱倾向于取食烟草并产卵。只有棉花和番茄时，烟粉虱对两种寄主没有明显的趋向。只有棉花和烟草时，烟粉虱显著地喜好在烟草上产卵。只有棉花和甘蓝时，烟粉虱趋向在棉花上取食产卵，但没有达到显著水平。同样只有番茄和甘蓝时，烟粉虱喜好在番茄上取食产卵，但没有达到显著水平。温室白粉虱的寄主范围没有烟粉虱宽泛，主要为害十字花科、茄科、葫芦科蔬菜。

6.3.2.5 影响发生因素

(1) 设施蔬菜种植面积

设施蔬菜种植面积与烟粉虱和温室白粉虱的发生密切相关，从烟粉虱和温室白粉虱在陕西、宁夏等西北地区的自然分布特点看，烟粉虱和温室白粉虱分布区域均有设施农业种植，且集中连片种植区其发生数量显著重于零星种植区，老菜区发生重于新菜区。其原因是设施蔬菜的种植为在自然条件下不能越冬的烟粉虱和温室白粉虱创造了适宜的越冬条件，并提供了周年发生所需的食料条件。

(2) 种植方式

田间调查结果表明，前后两茬作物间休闲期明显的棚室烟粉虱和温室白粉虱发生时期晚，发生数量比较少；作物插花种植，烟粉虱发生期早，发生数量比较大。后者烟粉虱和温室白粉虱有两个发生高峰期，始发期分别为黄瓜定植后10天和15天，第一个发生高峰期百株三叶虫口数量分别为1650头和460头；第二个发生高峰期虫口数量分别为21 000头和6500头。前者有一个发生高峰，始发期分别为翌年5月5日和4月25日，发生高峰期虫口数量分别为12 500头和2350头。其原因是后者棚室内一直有作物存在，黄瓜定植后烟粉虱和温室白粉虱就地转移到黄瓜上，因此发生基数大，为害重；前者主要是棚室内黄瓜定植前无寄主存在，发生基数小，为害也比较轻。

(3) 温湿度

1) 温度。温度是影响烟粉虱发育历期、发生时期和发生数量最为关键的生态因子。不同虫态对温度的适应性存在很大差异，在一定温度范围内，发育历期随着温度的升高而缩短，反之则延长。在20~32℃，寿命随温度的升高而随之缩短，20℃时雌虫平均寿命为36.4天，但32℃时只有12.5天。温度对烟粉虱各虫态的存活率也有显著影响，在26℃条件下烟粉虱从卵发育到成虫的存活率最高，达67.3%，而在35℃条件下仅为27.6%。温度对烟粉虱产卵量的影响则是随着温度升高，产卵量随之下降，单雌最高产卵量出现在20℃时，达163.5粒；在32℃时最少，仅为79.6粒。温度对温室白粉虱的发育历期、存活率、产卵量等的影响表现出较为类似的规律。但二者对高温和低温的忍耐能力有差异，烟粉虱耐高温能力比较强，能忍受40℃以上高温，在干、热的气候条件下种群暴发，为害成灾，夏季高温干旱常常使烟粉虱种群呈指数式增长，出现猖獗为害。在棚室内由于棚膜的阻隔作用，大雨或暴雨季节避免了雨水对烟粉虱的冲刷作用。温室白粉虱由于耐高温的能力较差，但忍耐低温能力比较强，在5℃时成虫、幼虫能继续存活。在夏季高温干旱季节种群数量降低，为害减轻。

2）湿度。湿度是影响烟粉虱的又一重要生态因子，对烟粉虱的寄主选择和生命表参数均有显著影响，湿度过高或过低都可抑制烟粉虱的新陈代谢而使发育延缓。湿度对成虫选择寄主的表现为 60%>100%>40%。湿度对卵的孵化率影响表现为 60%>100%>40%；产卵前期存活率表现为 60%>40%>100%；对成虫和幼虫的存活率影响表现为 60%>40%>100%；对成虫的寿命影响表现为 60%>40%>100%；对成虫产卵量影响表现为 60%>40%>100%；对种群增长影响表现为 60%>40%>100%。可见，60%左右的相对湿度有利于烟粉虱的生长发育和种群增长。温室白粉虱对空气相对湿度变化的响应与烟粉虱基本一致。高温闷杀烟粉虱和温室白粉虱时空气相对湿度均设定为45%~55%。相对湿度低于或高于这一范围，均影响高温对烟粉虱和温室白粉虱的闷杀效果。

（4）天敌因素

烟粉虱和温室白粉虱的主要天敌有：南方小花蝽（*Orius similis*）、食虫齿爪盲蝽（*Deraeocoris punctulatus*）、东亚小花蝽（*Orius saunteri*）、微小花蝽（*Orius minutus*）、龟纹瓢虫（*Propylaea japonica*）、六斑月瓢虫（*Chilomenes sexmaculata*）、双带盘瓢虫（*Coelophora biplagiata*）、四斑月瓢虫（*Chilomenes quadriplagiata*）、异色瓢虫（*Leis axyridis*）、中华草蛉（*Chrysopa sinica*）、青翅蚁形隐翅虫（*Paederus fuscipes* Curtis）、八斑球腹蛛（*Theridion octomaculatum*）、华丽肖蛸（*Tetragnatha nitens*），以上这些捕食性天敌均可捕食烟粉虱和温室白粉虱各种虫态。寄生性天敌有：双斑蚜小蜂（*Encarsia bimaculata*）和丽蚜小蜂（*Encarsia formosa*）。尽管烟粉虱和温室白粉虱有上述多种天敌，但由于棚室内人为活动影响大，生态系统不稳定，天敌种群数量小，对其控制效应十分有限。

6.3.3 叶螨

叶螨是一种广泛分布于世界各地的农林害螨，在我国各地均有发生，属蛛形纲蜱螨目叶螨科。叶螨属杂食性，寄主很多，已知有110多种植物，在蔬菜上主要为害黄瓜、茄子、豆类等，也为害番茄、辣椒、马铃薯；除此之外也是棉花、月季、茉莉、玉米等植株上的重要害螨。其主要在夏、秋季或高温干旱季节发生。过去在中国北方地区棚室内几乎不发生，近年来种群数量增长很快，常常在一些管理比较粗放的棚室引起黄瓜叶片干枯死亡，造成严重减产。

6.3.3.1 为害特点

以成螨和若螨吸食黄瓜嫩梢、嫩叶、花和幼瓜的汁液，被害部位出现许多细小白点，被害嫩叶、嫩梢变硬缩小，茸毛呈灰褐色或黑褐色，导致失绿枯死，叶背叶螨吐丝结网，影响光合作用。植株生长缓慢，节间缩短。幼瓜受害后亦硬化，毛变黑，造成化瓜。

6.3.3.2 形态特征

(1) 朱砂叶螨（*Tetranychus cinnabarinus*）

成螨：雌成螨体长 0.42～0.52mm，体色变化大，一般为红色，有的紫红色甚至为黑色，梨形，在身体两侧各具一倒"山"字形黑斑，体末端圆，呈卵圆形。雄成螨：体色常为深红色，体两侧有黑斑，椭圆形，较雌螨略小，体后部尖削。

幼螨：近圆形，有足 3 对。越冬代幼螨红色，非越冬代幼螨黄色。越冬代若螨红色，非越冬代若螨黄色，体两侧有黑斑。

若螨：有足 4 对，体侧有明显的块状色素。

卵：圆球形，初产乳白色，后期呈乳黄色，越冬卵红色，产于丝网上。

(2) 截形叶螨（*Tetranychus truncatus*）

成螨：雌成螨体长 0.55mm，体宽 0.3mm。体椭圆形，深红色，足及颚体白色，体侧具黑斑。须肢端感器柱形，长约为宽的 2 倍，背感器约与端感器等长。气门沟末端呈"U"形弯曲。各足爪间突裂开为 3 对针状毛，无背刺毛。雄成螨体长 0.35mm，体宽 0.2mm；阳具柄部宽大，末端向背面弯曲形成一微小端锤，背缘平截状，末端 1/3 处具一凹陷，端锤内角钝圆，外角尖削。截形叶螨与朱砂叶螨十分相似，只能从雄虫的阳具来区分。

(3) 二斑叶螨（*Tetranychus urticae* Koch）

成螨：雌成螨体长 0.42～0.59mm，椭圆形，体背有刚毛 26 根，排成 6 横排。生长季节为白色、黄白色，体背两侧各具 1 块黑色长斑，取食后呈浓绿色、褐绿色；当密度大，或种群迁移前体色变为橙黄色。在生长季节绝无红色个体出现。滞育型体呈淡红色，体侧无斑。与朱砂叶螨的最大区别为在生长季节无红色个体，其他均相同。雄成螨体长 0.26mm，近卵圆形，前端近圆形，腹末较尖，多呈绿色。与朱砂叶螨难以区分。

卵：球形，长 0.13mm，光滑，初产为乳白色，渐变为橙黄色，将孵化时现出红色眼点。

幼螨：初孵时近圆形，体长 0.15mm，白色，取食后变暗绿色，眼红色，足 3 对。

若螨：前若螨体长 0.21mm，近卵圆形，足 4 对，色变深，体背出现色斑。后若螨体长 0.36mm，与成螨相似。由于二斑叶螨体色和山楂叶螨的幼若螨体色相近，且二者均有吐丝结网习性，故常被误认为山楂叶螨的后期若螨。

6.3.3.3 生活史

(1) 朱砂叶螨

在露地蔬菜田条件下朱砂叶螨 1 年可发生 20 代左右，在日光温室 1 年发生代数比露地多 2～3 代。其以受精的雌成虫在土块下、杂草根际、落叶中越冬，在日光温室条件下无越冬现象，但一般不造成严重为害。翌年 3 月中旬成虫出蛰。随着棚室通风量加大，湿度降低，温度升高，其种群数量迅速增加，3 月下旬至 6 月上旬是温室黄瓜朱砂叶螨发生高峰期。5 月下旬随着棚室内黄瓜植株组织老化，温度升高，迁移至棚室外蔬菜或其他作物上为害。6月上旬至8月下旬是露地蔬菜发生高峰期。9月初以后，由于湿度增加，种群数量迅速下降。成螨产卵前期1天，产卵量50～110粒，所产卵受精卵为雌虫，不受精卵为雄虫。

（2）截形叶螨

在露地蔬菜田条件下截形叶螨年发生10～20代。西北、华北地区以雌螨在土缝中或枯枝落叶上越冬；华中地区以各虫态在多种杂草上或树皮缝中越冬；华南地区由于冬季气温高继续繁殖为害。在西北、华北地区日光温室内虽然没有明显越冬现象，但由于冬季棚室内温度偏低，湿度高，不适宜截形叶螨繁殖，不造成为害。在露地自然条件下，翌年早春最低气温高于10℃时，越冬成螨开始大量繁殖，有的于4月中下旬至5月上中旬迁入为害，先是点片发生，后向周围扩散。在植株上先为害下部叶片，后向上蔓延，繁殖数量多及暴发时，常在叶或茎、枝的端部群聚成团，滚落地面在风力作用下扩散蔓延。一般6～8月为害重，相对湿度高于70%时繁殖受抑。在日光温室3月上旬开始繁殖，3月中下旬随着通风量加大，棚室内湿度降低，温度升高，截形叶螨种群数量迅速增加，5月上旬种群数量达到高峰，5月下旬随着温度升高，黄瓜植株组织老化，不适宜其繁殖与为害，逐步向棚室外露地蔬菜或其他作物迁移。

（3）二斑叶螨

二斑叶螨在北方地区露地菜田1年发生12～15代。在日光温室1年发生16～20代。在自然界以雌成虫在土缝、枯枝落叶下或旋花、夏枯草等宿根性杂草的根际等处吐丝结网潜伏越冬。2月均温达5～6℃时，越冬雌虫开始活动，3月均温达6～7℃时开始产卵繁殖，卵期10余天。成虫开始产卵至第1代幼虫孵化盛期需20～30天。以后世代重叠。随气温升高繁殖加快，在23℃时完成1代13天；26℃时完成1代6～9天；30℃以上完成1代6～7天。越冬雌虫出蛰后多集中在早春寄主（主要是宿根性杂草）上为害繁殖，待出苗后便转移为害。6月中旬至8月上旬为露地蔬菜猖獗为害期。进入雨季，虫口密度迅速下降，为害基本结束，如后期仍干旱可再度猖獗为害，至9月气温下降后陆续向杂草上转移，10月陆续越冬。在日光温室黄瓜上二斑叶螨没有明显越冬现象，只是在12月至翌年2月棚室内湿度常处于高湿（大于90%）状态时，不适宜二斑叶螨的繁殖与为害，3月以后棚室通风量加大，湿度降低，二斑叶螨种群数量增加，3月下旬至5月下旬是日光温室黄瓜发生为害严重时期，6月上旬棚室温度升高，寄主老化，不适宜二斑叶螨发生，便向棚外迁移，为害露地蔬菜。过去二斑叶螨在温室内几乎不造成为害，2014年在陕西陕北、关中温室黄瓜上普遍发生，严重棚室4月上旬黄瓜植株枯死，造成严重为害。

6.3.3.4 生活习性

（1）垂直分布习性

朱砂叶螨在黄瓜植株上的垂直分布极不均匀，具有明显的层次性，植株下部5叶朱砂叶螨数量占全株总量的26.4%，中部5叶占59.6%，上部5叶以上占13.6%，以中部分布密度最大。将不同田块及植株上各叶层的螨量比率进行方差分析，结果显示，不同叶层上螨量比率在温室黄瓜株间差异不显著，而在黄瓜植株各叶层间呈极显著差异。其他害螨分布也具有此现象。了解和掌握这一习性，对指导田间取样和喷药防治具有重要指导意义。

（2）田间分布

在棚室内靠近门口、北墙处，朱砂叶螨密度较高，随着距北墙距离的增加，叶螨数量显著减少，如北墙边百株三叶朱砂叶螨数量为 31 645.6 头，距北墙边 2m、4m、6m 处虫口数量分别为 20 166.5 头、1114.6 头和 656.6 头。朱砂叶螨发生初盛期这一规律尤为明显。另外两种叶螨具有类似的特点。

（3）扩散迁移习性

系统观察结果显示，在黄瓜整个生育期朱砂叶螨扩散迁移分为 4 个阶段，即：①迁移定居期，田间呈聚集分布（$C_A>0$，$M^*/m>1$）。②扩散急剧增加期，害螨种群数量迅速上升，为害加重。③扩散稳定期，株间扩散不断进行，使单株种群密度趋于均衡，田间呈均匀分布（$C_A<0$，$M^*/m<1$）。④数量急剧减少期，温室黄瓜生长后期，植株衰老，茎叶营养减退，同时棚室内温度升高，小气候环境不适合朱砂叶螨的栖息繁殖，便向棚室外迁移，种群数量迅速下降，为害减轻。朱砂叶螨在黄瓜植株上的垂直扩散靠爬行，并以上迁为主，株间迁移以吐丝垂飘，靠风力传播，造成由点到面扩散为害。其他两种叶螨也具有上述扩散迁移习性。

（4）繁殖为害习性

3 种叶螨均进行两性生殖，不交尾也可产卵，未受精的卵孵出均为雄虫。一般每雌可产卵 50~110 粒，最多可产 200 粒以上，不同种类叶螨产卵量略有差异。喜群集叶背主脉附近并吐丝结网于网下为害，暴发或食料不足时常数百头群集叶端成一团。高温、低湿环境有利于繁殖和为害。

6.3.3.5 影响发生因素

（1）黄瓜长势

黄瓜长势不同，田间小气候差异明显，长势好的一类黄瓜棚室，田间郁闭，黄瓜植株中部温度 32.9℃，空气相对湿度 95.3%，光照 45 000lx，百株三叶朱砂叶螨 9269.2 头，二斑叶螨 4696.2 头，截形叶螨 2492.6 头，枯叶株率及单株平均枯叶数均为 0。长势稍差的二类黄瓜棚室，黄瓜植株中部温度 34.0℃，空气相对湿度 84.9%，光照 72 000lx，百株三叶朱砂叶螨 15 666.6 头，二斑叶螨 6221.6 头，截形叶螨 3661.1 头，枯叶株率 15.2%，单株平均枯叶数为 0.5。长势最差的三类黄瓜棚室，黄瓜植株中部温度 35.5℃，空气相对湿度 71.4%，光照 630 000lx，百株三叶朱砂叶螨 19 637.4 头，二斑叶螨 11 696.2 头，截形叶螨 6621.7 头，枯叶株率 41.2%，单株平均枯叶数为 1.6，由此可见，长势越差，越有利于叶螨的发生，应加强对长势差棚室黄瓜的害螨防治。

(2) 黄瓜栽植密度

黄瓜栽植密度与害螨的发生有密切关系。以黄瓜栽植密度 x（千株）为自变量，以害螨发生高峰日百株三叶螨 y（万头）为应变量，分别建立朱砂叶螨（y_1）、二斑叶螨（y_2）、截形叶螨（y_3）的直线回归方程：$y_1=5.760–1.26x_1$，$r_1=–0.916$；$y_2=2.653–0.496x_2$，$r_2=–0.931$；$y_3=1.571–0.415x_3$，$r_3=–0.940$。说明黄瓜栽植密度愈大，害螨种群数量愈小，黄瓜受害愈轻，否则反之。其实质是栽植密度高的黄瓜棚室湿度大、光线弱所致。因此，黄瓜应合理密植，创造不适宜害螨发生的生态环境，达到控制其为害的目的。

(3) 棚室内温湿度

害螨种群的消长与温度、湿度等气象因子有密切关系。对于特定地区来说，棚室内同时期的温度在年度和不同棚室间差异不十分明显，湿度在年度和不同棚室间有显著差异。选择害螨发生期间（4~5月）相对湿度大于90%极端高湿出现时间的长短作为自变量，以此期间百株三叶朱砂叶螨累计为应变量，作回归直线方程 $y=35.65–0.726x$，$r=–0.912$。结果说明，朱砂叶螨种群数量与极端高湿出现时间的长短呈显著负相关，即极端高湿出现时间越长，害螨种群数量越小；反之出现时间越短，种群数量越大。同时揭示了日光温室黄瓜在12月至翌年2月叶螨发生轻的原因，即在这一时段内，因保温需要，棚室通风量比较小，通风时间也比较短，从而使棚室内相对空气湿度处于高湿状态或饱和状态，尽管温度还适宜叶螨的繁殖与为害，但棚室内空气湿度极不利于叶螨的繁殖与为害，因而，叶螨在这一时段内种群数量少，常年不会造成为害。

6.3.4 茶黄螨

茶黄螨 [*Polyphagotarsonemus latus*（Banks）]，别名侧多食跗线螨、茶半跗线螨、茶嫩叶螨、阔体螨、白蜘蛛，属蛛形纲蜱螨目跗线螨科。主要以成螨和幼螨集中在蔬菜幼嫩部分刺吸为害，是为害蔬菜较重的害螨之一，食性极杂，寄主植物广泛，已知寄主达70余种。主要为害黄瓜、茄子、辣椒、马铃薯、番茄、瓜类、豆类、芹菜、木耳菜、萝卜等蔬菜。主要分布在北京、江苏、浙江、湖北、四川、贵州、台湾等地。近年来随着北方地区设施蔬菜的大面积发展，茶黄螨发生面积越来越大，对设施蔬菜的为害日趋严重，轻则损失15%~30%，重则损失50%以上。

6.3.4.1 为害特点

成螨、幼螨集中在黄瓜幼芽、嫩叶、花、幼果等幼嫩部位刺吸汁液，尤其是尚未展开的芽、叶和花器。植株矮缩，被害叶片增厚僵直、皱缩、变小或变窄，叶背面呈灰褐色，具油质光泽，叶正面呈现黄白色小斑点，叶毛发白，叶色从叶缘开始呈黄色，向叶内逐渐颜色变淡，叶缘向上卷曲。幼茎扭曲变形，呈秃尖。花蕾畸形，不能正常开花，瓜条被害表面粗糙、僵硬，变为黄褐色至灰褐色，无光泽，局部有木质化斑，生长停滞。由于茶黄螨虫体较小，肉眼常难以发现，往往贻误防治时机。

6.3.4.2 形态特征

成螨：雌成螨长约 0.21mm，体躯阔卵形，体分节不明显，淡黄色至黄绿色，半透明有光泽。足 4 对，沿背中线有一白色条纹，腹部末端平截。雄成螨体长约 0.19mm，体躯近六角形，淡黄色至黄绿色，腹末有锥台形尾吸盘，足较长且粗壮。

卵：长约 0.1mm，椭圆形，灰白色、半透明，卵面有 6 排纵向排列的泡状突起，底面平整光滑。

幼螨：近椭圆形，躯体分 3 节，足 3 对。

若螨：半透明，棱形，是一静止阶段，被幼螨表皮所包围。

6.3.4.3 生活史及生活习性

1 年发生 25~30 代，一般以雌成螨越冬，冬季温暖地区及温室栽培条件下，周年能生长繁殖，越冬期不明显。在北方日光温室黄瓜上周年可以发生，但冬季一般不造成为害，进入 3 月，随着棚室内温度升高，种群数量增加；进入 4 月，数量增加速度加快，为害加重；4~5 月是温室黄瓜为害高峰期；进入 6 月，随着温度升高，寄主组织老化，不适宜其繁殖与为害，便向棚外迁移；6~9 月是露地蔬菜为害的高峰。雌螨可以重复交尾，交尾后第二天开始产卵，产卵期一般 3~5 天，单雌产卵量为 17~35 粒，多散产于嫩叶背面和嫩芽、果实的凹陷处，3~5 天孵化。一般进行两性生殖，偶尔有孤雌生殖，但未受精卵孵化率较低。幼螨及若螨期较短，2~3 天发育成成螨，且活动范围较小。成螨活动能力强，特别是雄螨活动能力更强，靠爬迁或自然风力扩散蔓延。大雨对其有冲刷作用。该螨喜温好湿，具有极强的趋嫩性。往往在温室内通风不良、湿度较大的地方发生，然后向四周传播。远距离可通过风力扩散；近距离传播靠人为携带及靠自身爬行。天敌主要有尼氏钝绥螨、德氏钝绥螨、具瘤长须螨、蓟马、小花蝽等。

6.3.4.4 影响种群数量因素

（1）温湿度

温暖潮湿的环境有利于茶黄螨的发生，温度为 16~23℃、相对湿度为 80%~90%时，是茶黄螨发育最适宜的温湿度组合。在一定范围内，温度越高，完成一个世代所需时间越短，18~20℃温度条件下，7~10 天完成 1 代；22~26℃温度条件下，6~8 天完成 1 代；28~30℃温度条件下，4~5 天完成 1 代。棚室内温度超过 36℃时，卵孵化率显著降低，且幼螨和成螨死亡率提高，34~36℃持续 2~3h，幼螨及成螨死亡率均达到 60%以上。湿度对成螨影响不大，在湿度 40%时仍可正常繁殖为害，但卵只能在相对湿度 60%以上条件下孵化。

（2）光照强度

适宜的光照强度能促进茶黄螨的生长发育，光照过强则能明显抑制茶黄螨的发育，光照强度过弱或长时间光照强度过低则不利于茶黄螨的发生和繁殖。深冬及早春季节温室靠近北墙处发生数量大,为害相对严重,这与靠近北墙光照强度、温度高有关。

(3) 栽培管理水平及种植模式

施用未腐熟的有机肥,特别是未腐熟的秸秆和枝叶发生重;田间管理水平差,杂草滋生发生重;多种蔬菜间作、套种发生重。据调查结果显示,多种作物混作,黄瓜茶黄螨发生为害初期为2月25日,高峰日为3月15日,当日百株三叶茶黄螨数量为95 346头,秃顶率为56.6%。非混作棚室茶黄螨发生为害初期为3月20日,高峰日为4月15日,当日百株三叶茶黄螨数量为15 346头,秃顶率为11.2%。其原因是多种作物混作棚室内一年四季均有茶黄螨的寄主,发生基数大,因而发生重;而非混作棚室前后两茬作物之间有一定休闲期,茶黄螨发生基数低,发生晚,发生为害轻。

6.3.5 蓟马

蓟马别称蓟虫,是一种靠植物汁液维生的昆虫,属于昆虫纲缨翅目。全生育分为卵、若虫、成虫三个阶段,属于不完全变态类型昆虫。因本目昆虫有许多种类常栖息在大蓟、小蓟等植物的花中,故名蓟马。个体小,行动敏捷,能飞善跳,多生活在植物花中取食花粉和花蜜,或以植物的嫩梢、叶片及果实为生,成为农作物、花卉及林果的重要害虫。全世界已知约3000种,中国已知约300种。在黄瓜上发生为害的主要种类有烟蓟马(*Thrips tabaci*)、黄蓟马(*Thrips flavus* Schrank)。

6.3.5.1 为害特点

两种蓟马均以成虫、若虫在黄瓜植株幼嫩部位吸食为害,黄瓜心叶被害后常失绿而呈现黄白色,或常留下褪色的条纹或片状银白色斑纹,组织变硬、变脆,甚至呈灼伤般焦状,不能正常展开,皱缩变形。嫩芽被害,常出现丛生现象,甚至干枯无顶芽,植株生长缓慢,节间缩短,虫口密度大时黄瓜生长点和嫩芽枯死。花朵受害后常脱色,呈现出不规则的白斑,严重的花瓣扭曲变形,甚至腐烂。幼瓜被害后瓜条硬化、畸形,茸毛变为灰褐色或黑褐色,生长缓慢,瓜条表面粗糙呈锈皮色,失去商品价值。

6.3.5.2 形态特征

(1) 烟蓟马

烟蓟马别称葱蓟马、棉蓟马、葡萄蓟马。

成虫:雌成虫体长1.2~1.4mm,两种体色即黄褐色和暗褐色。触角第1节淡;第2节和第6~7节灰褐色;第3~5节淡黄褐色,但第4~5节末端色较深。前翅淡黄色。腹部第2~6背板较暗,前缘线暗褐色。头宽大于长,单眼间鬃较短,位于前单眼之后、单眼三角连线外缘。触角7节,第3~4节上具叉状感觉锥。前胸稍长于头,后角有2对长鬃。中胸腹板内叉骨有刺,后胸腹板内叉骨无刺。前翅基鬃6~7根,端鬃4~6根;后脉鬃15~16根。腹部第2~6背板中对鬃两侧有横纹,背板两侧和背侧板线纹上有许多微纤毛。第2背板两侧缘纵列3根鬃。第6背板后缘梳完整。各背侧板和腹板无附属鬃。

卵：初期肾形，乳白色，后期卵圆形，黄白色，可见红色眼点。

若虫：共 4 龄，各龄体长分别为 0.3～0.6mm、0.6～0.8mm、1.2～1.4mm 及 1.2～1.6mm。体淡黄，触角 6 节，第 4 节具 3 排微毛，胸、腹部各节有微细褐点，点上生粗毛。4 龄若虫翅芽明显，不取食，但可活动，称其为伪蛹。

（2）黄蓟马

黄蓟马别称菜田黄蓟马、棉蓟马。

成虫：体长 1.1mm，体黄色。触角第 3～5 节端半部较暗，第 6～7 节暗褐色。头宽大于长，短于前胸；单眼间鬃间距小，位于前、后单眼的内缘连线上。触角 7 节，第 3～4 节上具叉状感觉锥，锥伸达前节基部。前胸背板中部约有 30 根鬃，前外侧有 1 对鬃较粗，后外侧有一对鬃粗而长；后角 2 对鬃较其他鬃长得多。后胸背板有一对钟形感觉孔，位于背板后部，且间距小。中胸腹板内叉骨具长刺，后胸腹板内叉骨无刺。前翅前缘鬃 26 根；前脉基鬃 7 根，端鬃 3 根；后脉鬃 14 根。腹部第 5～6 背板两侧具微弯梳，第 6 背板后缘梳完整，梳毛细而排列均匀；第 2 背板侧缘各有纵排的 4 根鬃；第 3～4 背板鬃 2 比鬃 3 短而细。雄成虫相似于雌成虫，但较小而淡黄，腹部第 6 背板缺后缘梳；腹部第 3～7 腹板有横腺域。

卵：长椭圆形，长 0.2mm，淡黄色。

若虫：黄白色，1～2 龄若虫无翅芽，行动比较活泼。3 龄若虫触角向两侧弯曲，复眼红色，鞘状翅芽伸达第 3～4 腹节，行动缓慢。4 龄若虫触角往后折于头背上，行动迟缓，鞘状翅芽伸达腹部近末端。

6.3.5.3 生活史

烟蓟马多为孤雌生殖，雄虫极罕见，国内尚未发现。在我国华北地区 1 年发生 3～4 代，山东 1 年发生 6～10 代，华南地区 1 年发生 10 代以上；在陕西露地蔬菜 1 年发生 6～7 代，日光温室 1 年发生 10～11 代。以成虫越冬为主，也有若虫在葱、蒜叶鞘内侧、土块下、土缝内或枯枝落叶中越冬，还有少数以"蛹"在土壤中越冬。在华南地区和北方日光温室无越冬现象。成虫极活跃，善飞，怕阳光，早、晚或阴天取食强。初孵若虫集中在叶基部为害，稍大即分散。在 25℃和相对湿度 60%以下时，有利于烟蓟马发生，高温高湿则不利其发生。在陕西日光温室 12 月至翌年 2 月棚室内温度较低，湿度常高于 60%，不适宜其发生，2 月下旬开始为害黄瓜，3 月以后通风量加大，通风时间延长，棚室内空气湿度降低，温度升高，环境适宜其发生，数量急剧增加，为害加重，以 3～5 月为害最重。5 月下旬从温室迁往露地黄瓜或其他寄主上为害，露地栽培黄瓜以 6～8 月为害最重。进入 9 月虫量明显减少，10 月早霜来临之前，大量蓟马迁往温室继续为害或在附近的葱、蒜、白菜、萝卜等蔬菜田越冬。

黄蓟马在华中、华东地区 1 年可发生 14～16 代；在北方地区 1 年可发生 6～12 代。以成虫潜伏在土块、土缝下或枯枝落叶间越冬，少数以若虫越冬。在华南地区和北方日光温室没有明显越冬现象。4 月越冬虫态开始活动，5～9 月进入发生为害高峰期，以秋季最为严重。在陕西日光温室黄瓜上，一般 3 月上旬开始为害，3 月下旬至 5 月下旬是为害高峰期。

6.3.5.4 生活习性

(1) 活动习性

成虫活跃，能飞善跳，扩散快，怕强光，白天喜隐蔽于黄瓜生长点及幼瓜茸毛内栖息取食，少数在叶背面，极少在叶面出现，夜间或阴天在叶面上为害。成虫需取食补充营养，一般2天后开始产卵，卵多产在叶背皮下或叶脉内。初孵若虫不太活动，多集中在叶背的叶脉两侧为害。2龄若虫后期，常转向地下，在表土中经历"前蛹"及"蛹"期。化蛹深度一般位于地下3~5cm。

(2) 趋嫩性

趋嫩性极强，成虫多集中在黄瓜植株上部，并且隐蔽于黄瓜生长点附近或幼瓜茸毛内取食，幼虫多在叶背为害。据调查结果显示，黄瓜心叶及第二叶蓟马数量占总数量的74.6%，幼瓜占16.6%，其他部位仅占6.6%。

(3) 趋蓝性

蓟马对蓝色具有较强的趋性。生产上利用蓟马这一习性，采用蓝板诱杀防治，即将涂胶（也可以涂凡士林、黄油等）的蓝板悬挂于黄瓜植株上方约10cm处，引诱蓟马飞向蓝板，利用黏胶将其黏住捕杀，从而控制其为害。此方法具有成本低、简便易操作、无毒无害、安全环保等特点。

6.3.5.5 影响发生因素

(1) 温湿度

温湿度对蓟马的生长发育有显著影响。温度过高（高于35℃）或过低（低于15℃）时种群数量受到抑制。气温低于25℃，相对湿度60%以下时适宜烟蓟马发生。在25~26℃温度条件下，卵期5~7天，1~2龄若虫期6~7天，前蛹期2天，"蛹期"3~5天，成虫寿命6~10天。黄蓟马发育需要较高的温度和湿度，在26.9℃、62.7%湿度条件下，卵期3.3~5.2天，1~2龄若虫期3.5~5天，3~4龄若虫期3.7~6天，成虫寿命25~53天。在中国北方地区，日光温室栽培改善了温湿度条件，为蓟马的周年发生提供了稳定的栖息环境和丰富的食物条件，较露地栽培发生期早，为害时间长，为害性大。

(2) 栽培模式及黄瓜管理水平

栽培模式与蓟马的发生及为害程度有十分密切的关系。混作或套种棚室蓟马发生早而重；反之，单作发生晚而轻。其原因是混作或套种，作物收获期不一，常年棚室内有寄主存在，蓟马发生基数高，发生重；而单作，作物单一，拔蔓收获期一致，棚室休闲期间没有寄主，下茬黄瓜栽植时蓟马发生基数低，因而发生晚而轻。此外，棚室黄瓜管理精细，发生比较轻；相反，管理水平比较差，杂草丛生，发生重。

(3) 土壤含水量

土壤湿度与蓟马的入土和羽化有密切关系，土壤含水量在 6%～10%羽化率较高，高于或低于此范围都不利于其羽化。在棚室内大水漫灌不利于其羽化，在露地黄瓜田 6～7 月若遇几天大雨，显著影响其羽化。秋季若多雨其羽化率降低，发生轻；若遇相对少雨年份羽化率高，发生重。

(4) 天敌

蓟马的自然天敌有小花蝽（*Orius similis*）、微小花蝽（*O. minuius*）、东亚小华蝽（*O. saunteri*）、中华微刺盲蝽（*Campylomma chinensis*）、七星瓢虫（*Coccinella septempunctata*）、横纹蓟马（*Aeolothrips fasciatus*）、中华草蛉（*Chrysoperla sinica*）、叶色草蛉（*Chrysopa phyllochroma*）等，其中小花蝽捕食能力较强，一天每头小花蝽可捕食蓟马 300 头以上。但由于棚室内高湿的环境及作物换茬时间短，生态系统不稳定，自然天敌数量较少，加之天敌的滞后跟随效应，在生产实际中自然天敌的控制作用十分有限。

6.3.6 蚜虫

蚜虫又称腻虫、蜜虫，是地球上最具破坏性的害虫之一，在世界范围内的分布十分广泛，但主要集中于温带地区。目前已经发现的蚜虫总共有 10 科约 4400 种，大约有 250 种是农林业和园艺业为害严重的害虫。为害黄瓜的蚜虫主要是棉蚜（*Aphis gossypii*）。

6.3.6.1 为害特点

棉蚜是黄瓜生产中的主要害虫之一，分布十分广泛，在北纬 60°至南纬 40°范围内均有分布，寄主有 70 多科近 300 种植物，越冬寄主包括石榴、花椒等多种木本植物和夏枯草等草本植物，第二寄主主要是果、菜、花卉等多种作物，其中以棉花和瓜类为主要寄主。棉蚜为害黄瓜主要在黄瓜叶背面或幼嫩茎芽上群集，以刺吸式口器刺吸黄瓜叶背面或嫩头组织汁液，黄瓜顶端形成"龙头"，叶片卷缩畸形，造成节间变短、弯曲，根系不发达，生长停滞，植株矮小。蚜虫为害时还排出大量的蜜露污染叶片和果实，引起煤污病菌寄生，影响光合作用。蚜虫在直接为害黄瓜的同时还传播病毒病，往往造成的为害大于蚜虫直接为害。

6.3.6.2 形态特征

成虫：无翅胎生雌蚜体长不到 2mm，体色黄、青、深绿、暗绿等。触角长度约为身体的一半。复眼暗红色。腹管黑青色，较短。尾片青色。有翅胎生蚜虫体长不到 2mm，体色黄、浅绿或深绿。触角比身体短，翅透明，中脉三岔。

卵：初产时橙黄色，6 天后变为漆黑色，有光泽。卵产在越冬寄主的叶芽附近。

若蚜：无翅若蚜与无翅胎生雌蚜相似，但体型较小，腹部较瘦。有翅若蚜形状同无翅若蚜，2 龄出现翅芽，向两侧后方伸展，端半部灰黄色。

6.3.6.3 生活史

在陕西自然条件下 10 月底至 11 月中下旬有翅雄蚜与无翅有性蚜在花椒等越冬寄主上交配、产卵后越冬。在北方日光温室内及长江以南地区没有明显越冬现象。3 月中下旬越冬卵在越冬寄主上孵化为干母，干母在越冬寄主上胎生无翅蚜 2~3 代，5 月上中旬无翅胎生雌蚜、有翅胎生雌蚜迁飞至黄瓜等作物上为害，直至 10 月中旬至 11 月上旬一部分有翅蚜迁飞到越冬寄主上胎生无翅有性雌蚜和有翅雄蚜。一部分迁移到温室黄瓜等作物上继续为害。12 月下旬至翌年 2 月下旬由于温室内湿度较大，温度较低，不适宜蚜虫繁殖为害。3 月中旬以后随着棚室通风量加大，棚室内湿度降低，温度升高，蚜虫繁殖速度加快，数量增加，4 月中旬至 5 月下旬是温室黄瓜蚜虫发生为害的高峰期。6 月上旬以后棚室内寄主植物老化，不适宜蚜虫的为害，便向棚室外黄瓜等寄主植物上迁移。

6.3.6.4 生活习性

（1）繁殖习性

棉蚜属于典型的 R 类害虫，具有极强的繁殖力，1 头棉蚜在条件适宜的情况下，经过 1 个月即可繁殖到 100 万头，棉蚜生活史很短，在温室 5 月以后和在自然条件下夏季若蚜经过 4 次蜕皮即变为成蚜。

（2）迁飞扩散习性

棉蚜每年迁飞 3~5 次，春季由越冬寄主、温室黄瓜向大田作物上迁飞，秋末由大田作物向越冬寄主和温室黄瓜上迁飞。黄瓜生长期间在作物间的迁飞扩散次数、时间与环境条件、黄瓜长势和棉蚜种群密度等因素有关系。

（3）趋黄性

趋性是以反射作用为基础的进一步的高级神经活动，是对任何一种外部刺激来源的定向运动，这些运动是带有强迫性的，不趋即避。蚜虫对黄色具有强烈的趋性，生产上常利用这一趋性进行蚜虫种群动态监测和防治。

6.3.6.5 影响发生因素

（1）温湿度

温湿度对棉蚜种群数量有显著的影响。棉蚜发育最适宜温度是 23~27℃，温度超过 29℃时抑制棉蚜种群的增加。棉蚜对湿度的适宜范围较广，适宜相对湿度 40%~60%，高湿使棉蚜容易流行蚜霉病。在自然条件下强降雨对棉蚜种群有显著的抑制作用。

（2）天敌

棉蚜的天敌种类很多，其中捕食性天敌主要有七星瓢虫（*Coccinella septempunctata*）、龟纹瓢虫（*Propylea japonica*）、中华草蛉（*Chrysoperla sinica*）、丽草蛉（*Chrysopa phyllochroma*）、小花蝽（*Orius similis*）、草间小黑蛛（*Hylyphantes graminicola*）、八斑球

腹蛛（*Theridion octomaculatum*）。其中草间小黑蛛和龟纹瓢虫的时空生态位宽度较大，发生期较长、分布范围较广，八斑球腹蛛、龟纹瓢虫与棉蚜的时间生态位重叠度较大，八斑球腹蛛、草间小黑蛛与棉蚜的空间生态位重叠度较大。与棉蚜的时间生态位×空间生态位重叠度排序依次为八斑球腹蛛、龟纹瓢虫、草间小黑蛛、其他天敌。寄生性天敌主要有卵形异绒螨（*Allothrombium ovatum*）、黄足蚜小蜂（*Aphelinus flavipe*）。棉蚜自然天敌的虫源地是麦田，是棉蚜的重要天敌库。虽然棉蚜自然天敌种类较多，但天敌大多都是跟随效应，即蚜虫暴发之后发挥控制作用，在实际应用中受到限制。由于棚室环境稳定，释放人工饲养天敌不失为一种有效办法。

（3）棚室管理水平

调查结果显示，管理比较精细的棚室蚜虫发生比较轻；反之，则重。氮肥使用过多，造成黄瓜生长幼嫩，蚜虫发生量大，为害重。单作棚室蚜虫发生期晚，发生量小，为害轻；混作或套种棚室发生期早，发生量大，为害重。

6.3.7 黄守瓜

黄守瓜 [*Aulacophora indica*（Gmelin）]，别名印度黄守瓜、黄足黄守瓜、黄虫、黄萤，属叶甲科萤叶甲亚科，是萤火虫的一种。在中国分布广泛，大部分省区均有记载；朝鲜、日本、西伯利亚、越南等地也有分布，是设施栽培黄瓜的重要害虫之一。

6.3.7.1 为害特点

黄守瓜食性广泛，可为害19科70余种植物。几乎为害各种瓜类，受害最严重的是黄瓜、西瓜、南瓜、甜瓜等，也为害十字花科、茄科、豆科、向日葵、柑橘、桃、梨、苹果、朴树、桑树等蔬菜和果树。

黄守瓜的成虫、幼虫都能为害。成虫喜食黄瓜叶片和花瓣，还可为害黄瓜幼苗皮层，咬断嫩茎和食害幼苗。叶片被食后形成圆形缺刻，影响光合作用；瓜苗被害后，常带来毁灭性灾害。幼虫在地下专食瓜类根部，重者使植株萎蔫而死，也蛀入瓜的贴地部分，引起腐烂，使瓜条丧失食用价值。若每株黄瓜有1头或超过1头黄守瓜，则黄瓜苗难以成活，3～4天瓜苗被毁；若是南瓜苗、丝瓜苗、冬瓜苗有1头或超过1头，则生长不正常。

6.3.7.2 形态特征

成虫：体长6～7mm。体橙黄色或橙红色，有时略带棕色。上唇栗黑色。复眼、后胸和腹部腹面均呈黑色。触角丝状，约为体长的一半，触角间隆起似脊。前胸背板宽约为长的2倍，中央有一弯曲深横沟。鞘翅中部之后略膨阔，刻点细密，雌虫尾节臀板向后延伸，呈三角形突出，露在鞘翅外，尾节腹片末端呈角状凹缺；雄虫触角基节膨大如锥形，腹端较钝，尾节腹片中叶长方形，背面为一大深洼。

卵：圆形，长约1mm，淡黄色。卵壳背面有多角形网纹。

幼虫：体长约12mm，初孵时为白色，以后头部变为棕色，胸、腹部为黄白色，前胸盾板黄色。各节生有不明显的肉瘤。腹部末节臀板长椭圆形，向后方伸出，上有圆圈状褐色斑纹，并有纵行凹纹 4 条。

蛹：纺锤形，长约 9mm。黄白色，接近羽化时为浅黑色。各腹节背面有褐色刚毛，腹部末端有粗刺 2 个。

6.3.7.3　生活史

黄守瓜每年发生代数因不同地区而有差异。我国北方地区每年发生 1 代；广东、广西每年发生 2~4 代；台湾每年发生 3~4 代。各地均以成虫越冬，常十几头或数十头群聚在避风向阳的田埂土缝、杂草落叶或树皮缝隙内越冬。翌年春季温度达 6℃时开始活动，10℃时全部出蛰。黄瓜瓜苗出土前，先在其他寄主上取食，待黄瓜瓜苗长出 3~4 片真叶后就转移到黄瓜苗上为害。各地为害时间也有所差异。在陕西 10 月进入越冬期。北方早春茬黄瓜受害较重，黄瓜的苗期与黄守瓜发生期相吻合。日光温室黄瓜受害较轻，主要在黄瓜生长发育的中后期取食黄瓜叶片，对产量没有明显的影响。越冬成虫寿命长，在北方可达 1 年左右，活动期 5~6 个月，但越冬前取食未满 1 个月者，成虫积蓄能量不够，则在越冬期死亡。

6.3.7.4　生活习性

（1）日活动习性

成虫喜在温暖的晴天活动，一般以上午 10 时至下午 3 时活动最强烈，阴雨天很少活动或不活动。

（2）取食习性

初孵幼虫先为害寄主的侧根，3 龄以后可钻入主根或根茎内蛀食，也能钻入贴近地面的瓜果皮层和瓜肉为害，引起腐烂。取食黄瓜叶片时，常以身体为半径旋转咬食，使叶片留下半环形的食痕或圆洞，成虫受惊后即飞离逃逸或假死，耐饥力很强，初龄幼虫可耐 4 天，2 龄幼虫可耐 6 天，3 龄幼虫可耐 11 天。

（3）产卵习性

雌虫交尾后 1~2 天开始产卵，聚产或散产在靠近寄主根部或黄瓜植株下的土壤缝隙中。产卵时对土壤有一定的选择性，喜产在湿润的壤土中，黏土次之，干燥沙土中产卵很少。产卵量与温湿度也密切相关，20℃以上开始产卵，24℃最适宜产卵，此时湿度愈高，产卵愈多。

（4）喜温喜湿，耐热怕寒

在 41℃下处理 1h，成虫死亡率不到 16%。在 45℃下处理 1h，孵化率仍可达 44%。卵浸水 144h 后还有 75%孵化。耐寒性较差，在-6℃以下，12h 后即全部死亡。

（5）具有趋黄性和假死习性

黄守瓜对黄色具有较强的趋性，成虫遇到惊动出现假死，在生产上可利用趋性和假死性进行防治。

6.3.7.5 影响发生因素

（1）温湿度

凡早春气温上升早，成虫产卵期雨水多，发生为害期提前，当年为害可能就重。卵的历期因温度而异，日平均气温 15℃时为 26 天，35℃时只有 6.5 天。幼虫期为 19~36 天，蛹期 10 天左右。成虫活动最适温度为 24℃左右，幼虫孵化需要高湿，在温度 25℃时，相对湿度 75%时不能孵化，相对湿度 90%时孵化率仅 15%，相对湿度 100%时能全部孵化。幼虫和蛹不耐浸水，若浸水 24h 就会死亡。

（2）土壤类型和栽培模式

黏土或壤土由于保水性能好，适于成虫产卵和幼虫生长发育，受害也较沙土为重。连片早播早出土的黄瓜苗较迟播晚出土的受害重。设施栽培有利于黄守瓜越冬，发生数量较露地多。

（3）栽培管理水平

棚室管理水平粗放，棚室周围杂草丛生，黄守瓜发生为害严重；反之发生为害较轻。

6.3.8　种蝇

种蝇（*Delia platura* Meigen），又名灰地种蝇、菜蛆、根蛆、地蛆，是多食性害虫，为害多种蔬菜和大田作物。为世界性害虫，在中国各蔬菜产区均有发生。其成虫（蝇）一般不会直接为害蔬菜，以幼虫为害黄瓜幼苗，所以被列为蔬菜的地下害虫之一。

6.3.8.1 为害特点

以幼虫在土壤中为害播下的黄瓜的种子，取食胚乳或子叶，引起种芽畸形、腐烂而不能出苗；钻食黄瓜植株根部，引起根茎腐烂或全株枯死。除为害黄瓜外，还为害豆类、十字花科蔬菜、菠菜、葱蒜等蔬菜。

6.3.8.2 形态特征

成虫：体长 4~6mm，雄虫比雌虫稍小。雄虫体色暗黄色或暗褐色，两复眼几乎相连，触角黑色，胸部背面具黑纵纹 3 条，前翅基背鬃长度不及盾间沟后的背中鬃的一半，后足胫节内下方具 1 列稠密末端弯曲的短毛；腹部背面中央具黑纵纹 1 条，各腹节间有一黑色横纹。雌虫灰色至黄色，两复眼间距为头宽的 1/3；前翅基背鬃同雄蝇，后足胫节无雄蝇的特征，中足胫节外上方具有刚毛 1 根；腹背中央纵纹不明显。

卵：长约 1mm，长椭圆形，稍弯，乳白色，表面具网纹。

幼虫：蛆形，体长 6~7mm，乳白而稍带浅黄色；尾节具肉质突起 7 对，1~2 对等高，5~6 对等长。

蛹：长 4~5mm，红褐色或黄褐色，椭圆形，腹末有 7 对突起可辨。

6.3.8.3 生活史

在我国由北到南 1 年发生 2~6 代,在北方露地栽培蔬菜以蛹在土壤中越冬,在南方长江流域及北方日光温室黄瓜棚室冬季可见各种虫态。在北方露地菜田,越冬蛹于第 2 年 4 月中旬羽化成虫,产卵于白菜、甘蓝留种株上,孵化出的幼虫即为害其叶片或根颈,造成腐烂。当田间黄瓜定植后,陆续产卵于植株周围土缝中,幼虫则为害其种子或根部。5 月下旬左右大部分幼虫老熟后潜入土壤中化蛹,蛹期 20 多天。夏季为害不明显,到秋季时,常常与萝卜蝇(又称萝卜地种蝇)混合发生,但数量比较少。在南方地区及北方日光温室,越冬蛹于第 2 年 1 月开始羽化,2 月中下旬至 3 月中旬羽化比较多,3 月上旬始见幼虫为害,3 月下旬至 5 月上旬是为害盛期,以后为害减轻。有的年份,9 月底至 10 月上旬为害越冬茬黄瓜苗。

6.3.8.4 生活习性

(1) 产卵习性

种蝇的卵一般产在黄瓜植株或幼苗附近表土中,有在湿土(如新耕翻过的地,或定植、拔苗等农事操作新翻上来的新土,或浇水后的地)上产卵的习性,在生产上可充分利用这一习性进行防治。

(2) 趋性

种蝇营腐食性生活,并非专食农作物,对人粪尿和厩肥具有强烈趋性,常喜聚于臭味重的粪堆上,早晚和夜间凉爽时躲藏于土缝中或其他隐蔽场所。

(3) 避光和喜湿性

幼虫具有强烈的避光习性,喜欢潮湿,常在土面下边活动。幼虫的活动性很强,特别是 1 龄幼虫,能找到埋在 15cm 深砂土层下的食物。因此在北方地区日光温室为其发生创造了适宜的环境条件,发生数量比较大,为害严重。

6.3.8.5 影响发生因素

(1) 温度

幼虫发育的适宜温度为 15~25℃,高温对种蝇各虫态发育均不利。在 35℃时,卵不能孵化,幼虫和蛹全部死亡。种蝇完成 1 个世代,在 25℃条件下完成 1 代需要 19 天,春季平均气温 17℃左右时约需 42 天,秋季温度降到 12~13℃时则需 52 天。

(2) 湿度

潮湿环境(如土壤潮湿)有利于成虫、幼虫的发生。但实际上往往在土壤干燥的情况下为害加重,这是由于土壤缺水,不利于幼虫生活,而生长的蔬菜含水量大,成为它们理想的食物,使之为害加重。刚翻耕的潮湿的土壤易招引成虫产卵,若翻耕时间恰好与成虫产卵盛期吻合,就会造成严重为害。

（3）施肥

棚室内施入未腐熟的厩肥，有利于该虫的发生，或将粪肥中的蝇卵或幼虫随肥料施入田间，也易使黄瓜受害。

6.4 黄瓜病虫害绿色防控技术体系

黄瓜病虫害防治必须贯彻"预防为主，综合防治"植保方针，树立病虫害绿色防控新理念，协调病虫害防治与绿色食品生产的矛盾。病虫害防治是手段，黄瓜高效、安全生产是目的，改传统的以病虫为对象为以黄瓜为对象，将病虫害防治融入黄瓜生产体系之中，终极目标是使黄瓜受为害程度降低到最低，黄瓜产量和效益达到最大化。在具体措施上要优先采取农业、物理、生态、生物等非化学防治措施，化学防治作为辅助手段，用于其他非化学措施不能有效控制病虫发生情况下的应急措施。化学农药种类应选用低毒微毒农药品种（附录1）。

6.4.1 休闲期

6.4.1.1 清洁田园

黄瓜拉秧后，及时彻底清除棚室内黄瓜植株残体，集中销毁或深埋处理，减轻病虫害发生的基数。

6.4.1.2 垄沟式太阳能土壤热力处理

前茬蔬菜作物拉秧清田后到定植前（6月中旬至8月下旬），选连续晴天，在棚室内南北方向做成波浪式垄沟，垄呈圆拱形，下宽50cm，高60cm；在垄面上覆盖地膜，然后闭棚升温到60~65℃，持续7~10天，再将沟垄倒翻重复1次，可有效杀灭根结线虫、斑潜蝇、温室烟粉虱、白粉虱及黄瓜根腐病、蔓枯病、疫病等害虫和病原菌。

6.4.1.3 轮作倒茬

轮作是耕作防治中历史最长也是最成功的方法，轮作对于黄瓜白粉病、黄瓜疫病、黄瓜灰霉病、黄瓜蔓枯病等黄瓜弱寄生性病害及传播能力有限的土栖害虫防效显著。轮作的作物不能是病虫的寄主，轮作的时间长短取决于病虫在无食状况下的耐久力。一种成功的轮作模式应具备两个条件，即对靶标具有较好的控制效果，经济效益比较显著。日光温室栽培模式，待前茬蔬菜作物拔蔓后，利用休闲时间，种植生育期短的水果型玉米或普通玉米，玉米成熟收获后将秸秆粉碎翻入土壤中，或种植生物量大的玉米或豆科作物，待其长到60~70cm时翻青，增强土壤有机质，平衡土壤养分，提高黄瓜抗病性，减轻黄瓜弱寄生性病害的发生。

6.4.1.4 休闲期用药组合

休闲期以防治土传病害为主，土壤消毒处理是防治的关键环节，选择药剂以"兼治"

为原则。同药剂同剂量土壤处理效果显著优于灌根处理。因此做好药剂处理对土传病害防治极为重要。其用药组合见表6-14。

表6-14 黄瓜棚室休闲期用药组合方案

防治对象	用药组合	用药方式	用量*	兼治对象	备注
根结线虫	96%棉隆微粒剂或35%威百亩水剂	土壤处理	棉隆20 000 威百亩4000~5000	猝倒病、立枯病、根腐病、地下害虫	注意施药深度,轻度发病区施药深度0~20cm;中度发病区0~30cm;重度发病区0~40cm。使用棉隆、威百亩等药剂时注意其安全性,在育苗或定植前做安全性发芽试验

*药剂用量单位液剂是指ml/亩,粉剂及烟剂是指g/亩

6.4.2 育苗期

6.4.2.1 选用抗病品种

(1) 选用抗病品种的原则

黄瓜选用抗病、优质、丰产、抗逆性强、适应性广、商品性好的品种;日光温室冬春茬栽培,选择耐低温、耐弱光、抗病性强、生长势强、品质好、产量高的品种,如新泰密刺、长春密刺、津春3号、甘丰8号等。越夏茬黄瓜栽培,选择抗热、抗病、耐强光、高产、生长势强的品种,如津研2号、津研4号、津研5号、津春4号、夏丰1号、MK160、拉迪特等。秋延茬栽培,选择抗病、耐高温、耐低温、抗逆性强的品种,如秋棚1号、津杂2号、津研4号、晚秋等。

嫁接砧木南瓜选用综合抗性较强的白籽南瓜,其种子不宜选用当年采收的种子,因其发芽率较低,宜选用前一年采收的种子,发芽率较高。

(2) 种子质量

纯度≥95%,净度≥96%,发芽率≥95%,水分≤6%。

6.4.2.2 培育无病虫壮苗

(1) 选择优质的基质

育苗基质是培育壮苗的关键因素。育苗基质的功能应与土壤相似,这样才能保证幼苗快速生长。市售基质种类繁多,质量良莠不齐,优质的基质常是棕色或褐色,色泽一致,粗细均匀,质地疏松柔软,富有弹性,不粘手,杂质少,无霉变和结块。在没有商品基质的情况下可自行配制营养土,具体方法为:用未种过瓜类的园土和腐熟圈肥经过筛后按6∶4或5∶5配制,装入营养钵育苗。

(2) 苗床地址及育苗盘的选择

育苗苗床地址选择根据育苗时间确定,在晚秋早春和冬季育苗应选光热条件较好的日光温室中间部位,夏季温度较高季节育苗,育苗床址应选在温度相对较低的温室两端。育苗盘选择根据不同茬口选择不同规格的育苗盘,早春茬黄瓜育苗宜选择50孔育苗盘,越夏茬和秋延茬黄瓜育苗宜选用70孔育苗盘。科学选用育苗盘,既能保证黄瓜苗生长

有足够的营养面积,又能保证在移栽时营养土不散开,缩短缓苗时间,保证定植后健壮生长,提高抗病性。

(3) 种子处理

晒种:选择晴天晒种2~3天,促进种子后熟,提高发芽势。切忌在水泥地板上晒种,尤其夏秋季,以免烫伤种子,影响发芽率。

温烫浸种:将晒过的黄瓜种子放入50~55℃温水(重量约为种子量的2~3倍)中并不断搅拌,至水温降到30℃时停止,继续浸泡6~12h。

药剂消毒:用50%多菌灵可湿性粉剂500倍液在常温下浸种25~30min,再用清水冲洗2~3遍。

(4) 催芽

浸种后先将种子经1~2℃低温处理2~3h,再按常规方法进行催芽,经过低温锻炼,提高植株的抗寒性。

(5) 播种期

播种期因地区和茬口不同而有所差异,在北方地区一般冬春茬在9月下旬至10月上旬育苗,苗龄35~40天;秋冬茬在6月下旬至7月上旬育苗,苗龄25天左右;早春茬在2月下旬至3月上旬育苗,苗龄25~30天。

(6) 嫁接栽培

以白籽南瓜为砧木,采用靠接法或插接法嫁接。充分利用白籽南瓜发达的根系,提高黄瓜植株的抗寒性和抗病性。

(7) 苗床管理

嫁接苗采用昼高(30℃)夜低(12~14℃)大温差管理。定植前6~7℃低温条件下炼苗3~4天。

6.4.2.3 育苗期用药组合

育苗期主要抓好苗床土及种子处理,为培育无病壮苗奠定基础。其用药组合见表6-15。

表6-15 黄瓜育苗期用药组合方案

防治对象	用药组合	用药方式	用量*	兼治对象	备注
烟粉虱	70%啶虫脒水分散粒剂	喷雾	41~42	白粉虱、斑潜温室蝇、蚜虫、蓟马	烟粉虱繁殖快,对其药剂防治要做到防早、防少
猝倒病+地下害虫	70%敌磺钠可溶性粉剂+35%威百亩水剂	苗床土处理	敌磺钠2000~3000 威百亩4000~5000	立枯病、根腐病	猝倒病属典型土传病害,做好土壤处理是控制该病流行的关键
根结线虫	10%噻唑膦颗粒剂		噻唑膦2500~3000		
猝倒病	①72%甲霜灵·锰锌可湿性粉剂 ②75%百菌清粉剂	喷雾	甲霜灵·锰锌106~150 百菌清112.5~150	立枯病 霜霉病	上午喷药
	③70%甲基硫菌灵水分散粒剂	灌根	甲基硫菌灵600~1000倍液	立枯病、霜霉病、白粉病	若不是包衣种子,用药剂处理后常温下浸种20~25min

*药剂用量单位液剂是指ml/亩,粉剂及烟剂是指g/亩

6.4.3 定植期

6.4.3.1 定植密度

黄瓜定植密度对病害影响较大，定植过密，通风透光条件比较差，株间湿度比较大，易引起黄瓜霜霉病、灰霉病等喜湿性病害发生；定植过稀，虽然通风透光条件改善，但株数不够，产量较低，收益比较差。合理密植既可保证黄瓜的通风透光条件，又能保证黄瓜的产量和收益。定植密度因茬口和品种而异，越冬茬黄瓜生育期比较长，植株比较大，宜稀植；早春茬和秋延茬黄瓜生育期比较短，宜密植。黄瓜中小叶品种宜密植，行株距 60cm×50cm×25cm，每亩栽植 4000 株左右为宜；大叶品种茎叶健旺，宜稀植，行株距 60cm×50cm×30cm，每亩栽植 3500 株左右为宜。

6.4.3.2 设置防虫网

定植前 15~20 天，在通风口及出入口安装 40~50 目防虫网，然后盖膜，阻隔棚室外烟粉虱、温室白粉虱、蚜虫等害虫迁入棚内，对繁殖力强且不能在北方地区越冬的粉虱、斑潜蝇等害虫控制效果尤为显著。

6.4.3.3 低温等离子体杀虫灭菌

在黄瓜秧苗定植前 7 天左右，每日分 2 次，每次 2~3h，释放低温等离子体（3~5mg/kg）连续 2~3 天，灭杀棚室内残留的各种病虫，压低发生基数，减轻对黄瓜的为害。这种消毒方法具有绿色环保、使用方便等特点。

6.4.3.4 配方施肥

做好配方施肥是保证黄瓜健壮生长及提高抗病性的基础。具体原则是重施有机肥，增施磷钾肥，补施微肥，禁用硝态氮肥。具体施肥量为每亩施腐熟有机肥 4000~5000kg，磷肥 60~100kg，硫酸钾 15~20kg，隔年施锌肥、硼肥、硅肥各 1kg（在实际操作中，根据具体的日光温室的土壤养分测定结果对施肥方案进行适当调整）。

6.4.3.5 覆盖栽培，降湿控病

黄瓜采取高垄栽培、垄两肋定植，栽植时全田覆盖地膜，或生产行采取地膜覆盖，操作行采取秸秆覆盖，阻止土壤水分蒸发，降低棚室内空气湿度，控制病害的发生。

6.4.3.6 改变灌水方式

灌水与黄瓜病害发生关系十分密切，科学灌水可有效降低病害的发生。有条件采取滴灌、渗灌的灌水方式，若无条件采取滴灌，可采取膜下暗灌，避免大水漫灌，降低棚室内空气湿度，改善黄瓜根系水分供应和透气状况，可促进黄瓜根系健壮生长，提高植株抗病性，尤其是土传病害发生显著减轻。

6.4.3.7 定植缓苗期药剂组合

这一时期比较短,黄瓜苗由苗床移至棚室,根系受伤,环境条件改变,黄瓜长势变弱,抗逆性降低,主要喷施 S-诱抗素、寡糖等叶面肥提高抗性,并喷施保护剂预防霜霉病的发生,对确保壮苗早发具有重要作用。其用药组合方案见表 6-16。

表 6-16 黄瓜定植缓苗期用药组合方案

防治对象	用药组合	用药方式	用量*	兼治对象	备注
根结线虫+根腐病	10%噻唑膦颗粒剂+50%多菌灵	土壤施药	噻唑膦 2500～3000 多菌灵 2000～25 000	立枯病	在没有做药剂处理土壤情况下使用
霜霉病	①3%多抗霉素可湿性粉剂 ②10%苯醚菌酯悬浮剂 ③75%百菌清可湿性粉剂	喷雾	多抗霉素 75～112.5 苯醚菌酯 50～60 倍液 百菌清 50～60 倍液	立枯病、炭疽病	喷药后第二天早晨黄瓜叶片上露水未干时检查,若发现叶片背面病斑周围还有水浸状水晕,说明霜霉菌仍在侵染,需要重新喷药

*药剂用量单位液剂是指 ml/亩,粉剂及烟剂是指 g/亩

6.4.4 田间生长期

6.4.4.1 张挂反光幕

冬季低温来临前,在日光温室北墙张挂 1.5～2.0m 的镀锌反光幕。这种方法可增强棚室内的光照强度,提高温度,有利于黄瓜植株的健康生长,增强抗病性。

6.4.4.2 变温管理

利用棚室环境条件的可控性,对黄瓜实行 4 段变温(湿)管理,即上半天棚室温度 25～30℃,空气相对湿度 30%～70%;下半天温度 25～30℃,湿度 65%～90%;前半夜温度 20～15℃,湿度 90%～95%;后半夜温度 15～10℃,湿度 95%～100%。实行变温(湿)管理,既能缩短适宜病虫发生的温湿度组合时间,又有利于黄瓜养分的制造和积累,达到促生长控病害的目的。

6.4.4.3 黄板诱杀

棚室内悬挂黄色诱虫板或黄色板条,诱虫板或板条外套透明塑料膜涂机油或粘虫胶,诱杀烟粉虱、温室白粉虱、斑潜蝇、蚜虫等成虫。黄板大小为 30cm×40cm,每亩悬挂 30～40 块,下缘高出黄瓜植株生长点 5cm 左右。若防治目标是粉虱类,尤其是烟粉虱时,黄板诱杀一定要和设置防虫网结合起来,方可起到事半功倍的效果。

6.4.4.4 高温闷棚

在黄瓜霜霉病发生严重且药剂难以控制病害流行时,可选择晴天,上午灌水,中午闭棚,使黄瓜生长点处温度升到 44～45℃,持续 2h,可使黄瓜霜霉病病斑"钙化"。高温闷棚结束时,应缓慢通风,使温度逐渐恢复到正常温度,否则通风量过大,降温过快,黄瓜叶片气孔来不及关闭,可能导致黄瓜叶片失水,轻则黄瓜生长发育受到影响,重则

黄瓜叶片干枯，植株死亡。

6.4.4.5 松土提温

在棚室黄瓜生产行，由于农事操作，人经常走动，加之土壤湿度比较大，导致土壤板结，通透性比较差，植株根系生理功能过早衰退，吸水吸肥功能变差，长势弱，易出现结瓜疲劳或生长点消失现象。因此，在黄瓜定植后，每隔15～20天应中耕1次，深度15～20cm，这种方法既能提高土壤温度，又能破除土壤板结，改善土壤透气状况，为黄瓜生长发育创造良好的土壤条件，提高植株的抗病性，能显著减轻生长点消失、花打顶等生理病害以及弱寄生病害的发生及为害。

6.4.4.6 及时摘除老病叶

黄瓜生长期间及时摘除植株中下部的老叶和病叶，既能减少养分无效的消耗，又能增强黄瓜植株下部通风透光条件，减轻病害的发生。尤其是在黄瓜霜霉病流行时，在药剂很难控制的情况下，及时摘除发病叶片，并落蔓，然后叶面喷药，效果较不摘除病叶喷药控制效果显著。

6.4.4.7 摘除残余的花瓣

黄瓜花器是灰霉病侵染的主要部位，占侵染总数的95%以上，及时摘除黄瓜花器，使灰霉病菌失去最佳侵染部位，尤其在12月至翌年2月，阴雪天气比较多，棚室内湿度比较大，喷药防治效果较差，摘除黄瓜花器对控制灰霉病的发生效果极为显著。同时摘花还可以有效降低黄瓜化瓜率。

6.4.4.8 叶面喷施微肥

在黄绵土地区，每隔7～10天喷施1次0.1%硅酸钠和0.2%硫酸亚铁混合液，连续喷施2～3次对预防或控制黄瓜灰霉病等黄瓜真菌性病害的效果十分显著。

6.4.4.9 套袋

黄瓜雌花未萎蔫前于上9:00～11:00，或下午3:00～5:00套袋，3月以前套膜袋，3月以后套纸袋。一方面可预防黄瓜灰霉病、黑星病、菌核病等病害的发生，另一方面避免了喷药对黄瓜直接造成污染，有利于绿色食品黄瓜的生产。

6.4.4.10 隔沟干湿交替灌水

根据温室黄瓜根系分布特征，改传统的长期在生产行灌溉为生产行和操作行干湿交替（局部根系供水）灌溉，生产行和操作行交替灌水，提高水分的利用率，以增强土壤的通透性。尤其在黄瓜生长发育的中后期，内侧根系分布较少，若在生产行灌水，黄瓜得不到足够的水分，影响其生长发育，黄瓜出现早衰，抗病性降低，自然补偿能力减弱。

6.4.4.11 生长期用药组合

结瓜初期（11月初至12月上旬）：这一时期大约1个月，黄瓜以营养生长为主，棚室温度比较适合黄瓜的生长发育，一般病害发生比较轻，以叶面喷施保护剂为主，预防黄瓜霜霉病。害虫主要是烟粉虱，以防治成虫为主，做到产卵前喷药防治，防止烟粉虱在黄瓜上产卵，压低发生基数。其用药组合方案见表6-17。

表6-17　黄瓜结瓜初期用药组合方案

防治对象	用药组合	用药方式	用量*	兼治对象	备注
霜霉病+烟粉虱	①60%三乙磷酸铝可湿性粉剂+10%吡虫啉可湿性粉剂②250g/L吡唑醚菌酯乳油+25%啶虫脒水分散粒剂	叶面喷雾	三乙磷酸铝144～192 吡虫啉15～30 啶虫脒37.5～46.66	白粉病、斑潜蝇、炭疽病	烟粉虱要在产卵前喷药防治，若在成虫在黄瓜上产卵后再喷药防治效果较差。喷药时间以早晨露水未干前为宜
烟粉虱	①12%哒螨·异丙威烟剂①22%敌敌畏烟剂	熏蒸	哒螨·异丙威600～900 敌敌畏300～400	白粉虱、斑潜蝇、蓟马	无霜霉病采用此配方
霜霉病	56%甲霜灵·锰锌可湿性粉剂	喷雾	甲霜灵·锰锌67～104	白粉病、炭疽病	若无烟粉虱采用此配方

*药剂用量单位液剂是指ml/亩，粉剂及烟剂是指g/亩

结瓜前期（12月中旬至翌年2月上旬）：这一阶段以防治气传病害为主，是棚室温度最低、湿度处于饱和时间最长的阶段，虫害一般不发生，主要发生一些低温高湿性病害。这一时期喷药时间宜在上午露水干后喷药，避免下午喷药，以免增加棚内湿度。根腐病是这一时期主要病害，若有发生及时拔除，药剂已很难控制其发生，一般不提倡使用药剂灌根防治。其用药组合方案见表6-18。

表6-18　黄瓜结瓜前期用药组合方案

防治对象	用药组合	用药方式	用量*	兼治对象	备注
霜霉病+细菌性角斑病	①70%甲霜·福美双可湿性粉剂+2%春雷霉素水剂②70%丙森锌可湿性粉剂+77%氢氧化铜可湿性粉剂	喷雾	甲霜·福美双67.5～105 春雷霉素42～52.5 丙森锌105～150 氢氧化铜115.5～154	炭疽病	若无角斑病用前一种药剂
霜霉病+灰霉病	①10%腐霉利烟剂②10%百菌清烟剂	熏蒸	腐霉利烟剂200～250 百菌清烟剂500～600	炭疽病	以防治灰霉病为主，优先采用烟雾剂熏蒸
	③1.0%多抗霉素可湿性粉剂④50%啶酰菌胺水分散粒剂	喷雾	多抗霉素150～210 啶酰菌胺16.7～23.3		

*药剂用量单位液剂是指ml/亩，粉剂及烟剂是指g/亩

结瓜盛期（2月中旬至5月上旬）：这一时期比较长，以防治气传病害和害虫为主。在这一时期棚室内温度随着时间的推移依次升高，黄瓜采摘间隔期逐渐缩短，是病虫发生种类最多、为害最重的时期，且多种病虫常常混合发生，因此，使用化学农药防治时，首先选择生物制剂，其次选择低毒化学农药品种，若两种或两种以上病虫混合发生时，尽量选用防治谱广的农药品种，或采用两种农药混配使用，减少喷施农药次数。喷施农药除防治烟粉虱、斑潜蝇上午喷施以外，其余均以下午喷施防效最佳。其用药组合方案见表6-19。

结瓜后期（5月中旬至翌年6月下旬）：黄瓜进入生长发育的后期，病虫为害后自然补偿能力差，造成的产量降低比较明显。农药防治策略基本与结瓜盛期相同。其用药组合方案见表6-20。

表 6-19 黄瓜结瓜盛期用药组合方案

防治对象	用药组合	用药方式	用量*	兼治对象	备注
灰霉病+霜霉病	①60%三乙磷酸铝可湿性粉剂+3%多抗霉素可湿性粉剂 ②50%烯酰吗啉可湿性粉剂+50%啶酰菌胺水分散粒剂 ③25%嘧菌酯悬浮剂+50%腐霉利可湿性粉剂 ④72.2%霜霉威水剂+40%嘧霉胺悬浮剂 ⑤60%丙森·霜脲腈可湿性粉剂+25%乙霉·多菌灵可湿性粉剂	喷雾	三乙磷酸铝 144~192 多抗霉素 75~112.5 烯酰吗啉 15~20 啶酰菌胺 16.7~23.3 嘧菌酯 15~22.5 腐霉利 35~50 霜霉威 33.3~72.2 嘧霉胺 30~37.5 丙森·霜脲腈 36~46 乙霉·多菌灵 53.6~75	黑星病、炭疽病、疫病、菌核病	注重田间调查，若只有某一防治对象，只选防治其对象的药剂
霜霉病+蔓枯病+烟粉虱	①25%甲霜·霜霉威可湿性粉剂+20%啶虫脒可溶液剂 ②56%代锌·甲霜灵可湿性粉剂+10%吡虫啉可湿性粉剂 ③25.6%多抗·福美双可湿性粉剂+20%啶虫脒可溶液剂 ④75%丙森·霜脲腈水分散粒剂+25.9%阿维·灭蝇胺可湿性粉剂 ⑤64%恶霜·锰锌可湿性粉剂+40%啶虫脒可溶粉剂	喷雾	甲霜·霜霉威 31.3~41 啶虫脒 25~37.5 代锌·甲霜灵 45~70 吡虫啉 15~30 多抗·福美双 36.7~51.5 啶虫脒 24~36 丙森·霜脲腈 30~45 阿维·灭蝇胺 3.9~5.2 恶霜·锰锌 110~130 啶虫脒 21.6~32.4	灰霉病、黑星病、炭疽病、菌核病、斑潜蝇、白粉虱、蚜虫、蓟马、叶螨、茶黄螨	
霜霉病+白粉病+烟粉虱	①56%甲霜·锰锌可湿性粉剂+10%苯醚甲环唑水分散粒剂+40%啶虫脒可溶液剂 ②64%恶霜·锰锌可湿性粉剂+70%甲基硫菌灵可湿性粉剂+1.6%阿维·啶虫脒微乳剂 ③60%锰锌·腈菌唑可湿性粉剂 ④20%二氯异氰尿酸钠可溶粉剂+6%氟硅唑微乳剂+40%啶虫脒可溶粉剂	喷雾	甲霜·锰锌 67~104.4 苯醚甲环唑 75-135 啶虫脒 21.6-32.4 恶霜·锰锌 110~130 甲基硫菌灵 22.4~33.6 阿维·啶虫脒 0.54~1.1 二氯异氰尿酸钠 37.5~50 氟硅唑 60~72 啶虫脒 21.6~32.4	炭疽病、蔓枯病、疫病、斑潜蝇、蓟马、蚜虫、叶螨、茶黄螨	
	①20%异丙威烟剂（熏蒸） ②12%哒螨·异丙威烟剂（熏蒸）	熏蒸	异丙威 600~900 哒螨·异丙威 540~720		

*药剂用量单位液剂是指 ml/亩，粉剂及烟剂是指 g/亩

表 6-20 黄瓜结瓜后期用药组合方案

防治对象	用药组合	用药方式	用量*	兼治对象	备注
霜霉病+白粉病+烟粉虱	①45%代森铵水剂+43%戊唑醇悬浮剂+16%高氯·杀虫单水乳剂 ②75%百菌清可湿性粉剂+5%阿维·高氯可湿性粉剂 ③64%恶霜·锰锌可湿性粉剂+1.5%阿维菌素 ④16%霜脲·百菌清悬浮剂+70%啶虫脒水分散粒剂	喷雾	代森铵 25~45 戊唑醇 90~112.5 高氯·杀虫单 6~12 百菌清 133.3~200 阿维·高氯 1~2 恶霜·锰锌 110~130 阿维菌素 0.72~1.44 霜脲·百菌清 31.5~36 啶虫脒 41~42	炭疽病、蔓枯病、疫病、斑潜蝇、白粉虱、叶螨、茶黄螨	以防治白粉病为主。结合叶面肥喷施，提高植株的抗病性
	①20%异丙威烟剂 ②12%哒螨·异丙威烟剂	熏蒸	异丙威 600~900 哒螨·异丙威 540~720		
叶螨	①1.6%阿维菌素乳油 ②73%克螨特乳油 ③2.5%浏阳霉素悬浮剂	喷雾	阿维菌素 0.72~1.44 克螨特 600~1200 浏阳霉素 20~25	蓟马、茶黄螨、蚜虫	

*药剂用量单位液剂是指 ml/亩，粉剂及烟剂是指 g/亩

附件：

适宜陕西地区设施黄瓜绿色生产的农药使用品种指导名录

防治对象	药剂名称	有效成分	含量；剂型	登记用量（g/hm²）	使用方法	毒性
白粉病	己唑醇	己唑醇	5%微乳剂	22.5～33.75	喷雾	低
	戊唑醇	戊唑醇	430g/L悬浮剂	96.75～116.1	喷雾	低
	腈菌唑	腈菌唑	12.5%乳油	37.5～60	喷雾	低
	醚菌酯	醚菌酯	50%水分散粒剂	100～150	喷雾	低
	苯醚菌酯	苯醚菌酯	10%悬浮剂	10～20	喷雾	低
	几丁聚糖	几丁聚糖	0.5%水剂	100～500倍液	喷雾	微
	苯醚甲环唑	苯醚甲环唑	10%水分散粒剂	75～135	喷雾	低
	甲基硫菌灵	甲基硫菌灵	70%可湿性粉剂	336～504	喷雾	低
	氟吡菌酰胺	氟吡菌酰胺	41.7%悬浮剂	37.5～75	喷雾	低
	烟酰胺·醚菌酯	烟酰胺，醚菌酯	300g/L悬浮剂	202.5～27	喷雾	低
	双胍三辛烷基苯磺酸盐	双胍烷基苯	40%可湿性粉剂	200～400	喷雾	低
霜霉病	百菌清	百菌清	10%、20%、30%、45%烟剂	750～1 200	烟熏	低
	丙森锌	丙森锌	70%可湿性粉剂	1 575～2 250	喷雾	低
	代森锌	代森锌	60%水分散粒剂	960～1 200	喷雾	微
	嘧菌酯	嘧菌酯	250g/L悬浮剂（兼防白粉）	120～160	喷雾	低
	烯酰吗啉	烯酰吗啉	40%、60%水分散粒剂	225～300	喷雾	低
	吡唑醚菌酯	吡唑醚菌酯	250g/L乳油（兼防白粉病）	75～150	喷雾	中
	三乙磷酸铝	三乙磷酸铝	90%可溶粉剂	2 025～2 700	喷雾	微
	二氯异氰尿酸钠	二氯异氰尿酸钠	20%可溶粉剂（兼防根腐病）	562.5～750	喷雾	低
	烯酰·锰锌	烯酰吗啉，代森锰锌	69%可湿性粉剂	1 035～1 360	喷雾	低
	噁霜·锰锌	噁霜灵，代森锰锌	64%可湿性粉剂	1 650～1 950	喷雾	低
	精甲霜·锰锌	精甲霜灵，代森锰锌	66%水分散粒剂	1 020～1 224	喷雾	微
	丙森·霜脲氰	丙森锌，霜脲氰	75%水分散粒剂	450～675	喷雾	低
灰霉病	腐霉利	腐霉利	50%可湿性粉剂	525～750	喷雾	低
	木霉菌	木霉菌	2亿个/g可湿性粉剂	1 675～3 750	喷雾	低
	嘧霉胺	嘧霉胺	40%悬浮剂	450～540	喷雾	低
			60%水分散粒剂	360～540	喷雾	低
	多抗霉素	多抗霉素	10%可湿性粉剂（兼防白粉病）	150～210	喷雾	低
	啶酰菌胺	啶酰菌胺	50%水分散粒剂	250～350	喷雾	低
	枯草芽孢杆菌	枯草芽孢杆菌	1000亿个/g可湿性粉剂(兼防白粉病)	525～625	喷雾	微
	乙霉·多菌灵	乙霉威，多菌灵	25%可湿性粉剂	603.6～1 125	喷雾	低
枯萎病	春雷霉素	春雷霉素	6%可湿性粉剂	160～270	喷雾	低
	甲霜·噁霉灵	甲霜灵，噁霉灵	3%水剂（兼防猝倒病）	42.9～60	喷雾	低
细菌性角斑病	春雷霉素	春雷霉素	2%水剂	42～52.5	喷雾	低
	氢氧化铜	氢氧化铜	77%可湿性粉剂	1 732.5～2 310	喷雾	低
	噻霉酮	噻霉酮	3%可湿性粉剂	32.65～39.6	喷雾	低
	琥铜·霜脲氰	琥胶肥酸铜，霜脲氰	50%可湿性粉剂	500～700倍液	喷雾	低

续表

防治对象	药剂名称	有效成分	含量；剂型	登记用量（g/hm²）	使用方法	毒性
烟粉虱蚜虫	吡虫啉	吡虫啉	10%可湿性粉剂	15~30	喷雾	低
	异丙威	异丙威	10%、20%烟剂	450~600	烟熏	低
	啶虫脒	啶虫脒	40%水分散粒剂	21.6~32.4	喷雾	低
			20%可溶液剂	12~36	喷雾	低
	噻虫嗪	噻虫嗪	25%水分散粒剂	37.5~46.66	喷雾	低
猝倒病	乙酸铜	乙酸铜	20%可湿性粉剂	3 000~4 500	灌根	低
	霜霉威盐酸盐	霜霉威	722g/L水剂（兼防霜霉病）	3.6~5.4g/m²	苗床浇灌	低
根结线虫	阿维菌素	阿维菌素	0.5%颗粒剂	225~262.5	穴施	低
	噻唑膦	噻唑膦	10%颗粒剂	2 250~3 000	撒施	中
	威百亩	威百亩	35%水剂	21 000~31 500	沟施	微
斑潜蝇	灭蝇胺	灭蝇胺	75%可湿性粉剂	112.5~166.75	喷雾	低
			60%水分散粒剂	160~216	喷雾	低
	阿维菌素	阿维菌素	1.6%乳油（兼防茶黄螨）	10.6~21.6	喷雾	低
	阿维·灭蝇胺	阿维菌素，灭蝇胺	25.9%可湿性粉剂	56.3~77.7	喷雾	低
蔓枯病	嘧菌酯	嘧菌酯	250g/L悬浮剂（兼防白粉）	225~337.5	喷雾	低
炭疽病	咪鲜胺锰盐	咪鲜胺锰盐	50%可湿性粉剂	450~600	喷雾	低
	苯醚甲环唑	苯醚甲环唑	10%悬浮剂	75~112.5	喷雾	低
	硅唑·咪鲜胺	氟硅唑，咪鲜胺	20%水乳剂	165~210	喷雾	低
	多·福·溴菌腈	多菌灵，福美双，溴菌腈	40%可湿性粉剂	600~900	喷雾	低

第7章 番　　茄

番茄，别名西红柿、洋柿子、六月柿等，是茄科番茄属一年生或多年生草本植物，原产于南美的秘鲁、厄瓜多尔、玻利维亚等国的高原地带。番茄含有丰富的营养，又有多种功能，被称为神奇的菜中之果，是保健蔬菜之王；是人们喜食的蔬菜，富含维生素A原，在人体内转化为维生素A，能促进骨骼生长，对防治佝偻病、眼干燥症、夜盲症及某些皮肤病有良好的功效；含有果酸，能降低胆固醇的含量，对高脂血症很有益处；含有苹果酸和柠檬酸等有机酸，还有增加胃液酸度、帮助消化、调整胃肠功能的作用。番茄所含的"番茄红素"，有抑制细菌的作用，是一种强抗氧化剂。最近，据美国《全国癌症研究所杂志》报道，多食番茄具有较强的防癌作用，甚至对胃癌、结肠癌、直肠癌、口腔癌、乳腺癌和子宫癌等也有一定的食疗作用。

早在15世纪末，印第安人就开始种植番茄。18世纪初，番茄传入欧洲。18世纪末，人们开始食用番茄。大约在17世纪，番茄传入我国，因其果实有特殊味道而没有被大量栽培，到20世纪初才逐渐为我国城郊栽培食用。20世纪50年代初，番茄迅速发展成为我国主要果菜之一，目前已成为我国设施蔬菜生产中的主栽品种，其栽培面积占设施蔬菜栽培面积的30%以上。随着设施栽培技术的推广与应用，番茄实现了周年供应。但是由于设施栽培相对稳定的土壤条件，积累了大量的菌源和虫源，极易形成适宜病虫害发生的生态条件，病虫害发生逐年加重。

7.1　病　原　病　害

7.1.1　番茄灰霉病

番茄灰霉病是为害保护地番茄的重要侵染性病害。自20世纪80年代以来，随着我国保护地蔬菜种植面积的不断扩大，该病已成为番茄生产的限制性障碍。在国内各地均有发生，对设施栽培番茄的为害极大，具有发生时间早、蔓延速度快、持续时间长、病菌易产生抗药性、经济损失大的特点。除为害番茄外，还可为害茄子、辣椒、黄瓜、瓠瓜等20多种蔬菜。因其主要为害果实，往往造成极大的经济损失。发病后一般减产20%～30%，严重时大量烂果，可减产50%以上，严重制约着设施栽培番茄的持续发展和增产、增收。

7.1.1.1　症状

番茄苗期、成株期均可发病，为害花序、果实、叶片及茎，以青果受害较重。苗期染病，子叶先端变黄后扩展至幼茎，产生褐色病变，病部缢缩，折断或直立，湿度大时，发病部位表面产生灰色霉层，即病原菌分生孢子梗及分生孢子。真叶染病，产生水渍状白色不定形病斑,后呈灰褐色水渍状腐烂。幼茎染病,呈水渍状缢缩,变褐变细,幼苗折倒。成株叶片受害,多自叶尖向内呈"V"字形扩展,初水渍状,后边缘褐色,长出大型灰褐色水渍状病斑,湿度大时病部生有灰色霉层,干燥时病斑灰白色,隐约可见不规则轮纹。茎及叶柄上的病斑呈长椭圆形,初灰白色水渍状,后呈黄褐色,有时可见病处因失水而出现裂痕。果实染病,病菌多数先侵染青果蒂部残存花瓣、花托和柱头,后向幼果侵染。幼果和绿果发病,多从果顶萼片开始,向果面和果柄扩展,病部呈灰白色、水渍状,果实发软,最后腐烂,长满厚厚的灰色霉层,即灰霉病分生孢子梗及分生孢子。病果一般不脱落,继续扩展,果实与果实之间可以相互感染,往往第1穗果受害最重。

7.1.1.2 病原

番茄灰霉病是由灰葡萄孢(*Botrytis cinerea* Pers.)侵染引起,属半知菌亚门真菌。孢子梗数根丛生,具隔,褐色,顶端呈 1~2 次分枝,梗顶稍膨大,呈棒头状,其上密生小柄并着生大量分生孢子。分生孢子圆形至椭圆形或水滴形,单细胞,大小为(6.25~13.75)μm×(6.25~10.00)μm。在寄主上通常少见菌核,但当田间条件恶化时,则可产生黑色片状菌核。该菌寄生性强,腐生性也很强。

7.1.1.3 侵染循环

病菌主要以菌核在土壤中或以菌丝及分生孢子在病残体上越冬或越夏。条件适宜时,菌核萌发,产生菌丝体、分生孢子梗及分生孢子。分生孢子成熟后脱落,借气流、雨水或露珠及农事操作进行传播,萌发时产生芽管,从寄主伤口或衰老的残花及枯死的组织上侵入,进行初侵染,后在病部产生分生孢子进行频繁再侵染。花期是侵染高峰期,尤其是在番茄果实膨大期浇水后,病果大量增加,是烂果高峰期。冬春季低温季节或寒流期间棚室内发生较为严重。

从冬春茬番茄灰霉病的病果空间分布来看,通过调查统计番茄植株下层三穗果发病情况,结果表明,病果在植株上自下而上垂直分布,病果率有由重变轻的趋向,即头穗果最重,平均病果率达 50.3%;二穗果较轻,平均病果率为 14.9%;三穗果最轻,平均病果率为 4.3%。而从病果发病部位来看,统计 600 个灰霉病病果番茄,结果表明,灰霉病病果发病部位主要集中在柱头、花萼与果面夹缝处,分别占病果的 64.0%和 24.3%,全果腐烂及果面上则较少,两者仅占 11.7%。可见,病菌多是先侵染残留的花瓣和花托,进而向果实扩展。这一结论为花期利用药剂控制番茄灰霉病发生提供了理论依据。

在番茄生长期间,当温室内温度在 20℃左右,相对湿度高于 90%,低温高湿持续时间长的条件下灰霉病就容易发生。温室内温度在 15~25℃,相对湿度超过 85%持续 8h,番茄灰霉病能持续发生。研究表明,在日光温室生产条件下,番茄被迫生长于湿度大、光照弱且相对密闭的生态环境中,植株抗病性及受病虫为害后自然补偿能力降低,若灰霉病得不到及时控制,则会快速流行,短时间内造成严重为害。番茄灰霉病一般年份发生在元月底至 5 月,高峰期多在 3 月中旬至 5 月上旬。不同茬次番茄灰霉病的发生与番茄生育期所处的环境有关。对于日光温室冬春茬、早春茬及早春大棚番茄,从定植至盛果期前,番茄植株均处在灰霉病发生适宜的环境中,发病规律表现为由下部叶片向上部叶片、下层果向上层果发展的趋势。而秋延后茬、秋冬茬番茄植株前期处在低湿、后期处在高湿环境下，病害延缓发生或发生较轻。

7.1.1.4 影响发生因素

（1）低温是设施栽培番茄灰霉病发生的重要因素

在相对湿度大于90%以上的高湿条件下，番茄灰霉病病菌分生孢子在10~25℃均可萌发，20℃时萌发率最高。病菌致死温度为58℃，5min。病菌在5~30℃均能生长，适温为20~25℃，30℃以上时生长受抑制；在10~30℃条件下均能产孢，最适产孢温度为20℃。说明该病菌具有喜低温高湿的特点，低温、高湿有利于该病的流行及蔓延。

在陕西日光温室栽培条件下，从2月上旬至翌年4月中旬，温度长期偏低，日均温度一般都在20℃以下，番茄生长在低温的环境中。从2010~2012年连续3年每年的详细统计（表7-1）可以看出，在日光温室中，日气温低于20℃、时间在13h以上，日气温高于30℃、时间在2h以下时，是番茄灰霉病发生的适宜温度，造成了番茄灰霉病的暴发。该病初发生期提前至2月下旬，发生为害高峰在3~4月。以果实受害为主，并呈由下层果向上层果发展的趋势，尤其以第1、第2穗果层发病率高，为害损失严重。2011年统计，渭南大荔日光温室番茄灰霉病发生高峰期发病株率为70.3%，果实发病率为17.8%，造成产量损失15.4%。

表7-1 大荔番茄冬春茬日光温室温度与灰霉病发生的关系

年份	平均温度	平均温度<15℃时间（d）	最低气温<10℃时间（d）	日气温<20℃时间（h）	最高气温>30℃时间（d）	日气温>30℃时间（h）	高峰期发病株率（%）	高峰期病果率（%）
2010	19.6	18	32	13.6	48	3.5	55.6	10.4
2011	17.4	29	47	16.6	39	2.6	70.3	17.8
2012	18.1	24	39	14.7	47	3.5	54.4	12.3

注：表中数据为2010~2012年每年2月5日至4月20日调查数据的平均值

（2）持续高湿是设施栽培番茄灰霉病暴发的关键条件

环境高湿和植株表面的自由水是促进灰霉病发生和流行的重要因子，在日光温室内，番茄生长前中期相对湿度始终保持在较高水平，这为病菌孢子的萌发、侵染、扩展提供了优越的生态条件，使灰霉病的发生季节较露地栽培明显提前。在我国北方日光温室中湿度居高不下，平均相对湿度都在80%以上，甚至持续在90%以上的高湿状态，很容易诱发灰霉病。研究表明，若连续24h，空气相对湿度大于90%持续8h以上时，灰霉病菌就能完成侵染、扩展和繁殖。

在陕西日光温室生产条件下，从1月中旬到翌年4月下旬，平均相对湿度均在80%以上，接近90%。而且日相对湿度高于90%的时间平均在12h以上，日相对湿度低于80%的时间在6h以下（图7-1），整个温室内属于高湿的小气候，是番茄灰霉病发生的适宜湿度。在这种低温高湿的气候中，只要有带病幼苗或病原菌进入番茄棚室，随着时间的延长，孢子量就逐渐积累，为灰霉病的发生提供了适宜的温湿度条件，初发生期提前至

1月，为害高峰在2~3月，以果实受害为主，并呈由下层果向上层果发展的趋势，尤其以第1、第2穗果层发病率高，为害损失严重。直到4月20日左右，白天温度上升到30℃以上时，温室开始通风，白天温室内湿度开始逐渐降低，但此时昼夜温差很大，白天通风时间短，棚室内仍然维持较高的相对湿度，并未使病叶率和病果率得到降低。5月5日以后，气温上升，白天温室加大通风时间，湿度急剧下降，植株表面干燥无结露，病果率大大下降，发病程度减轻。由此可见，持续高湿是日光温室番茄灰霉病暴发的关键因子。

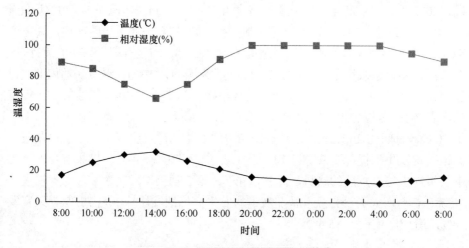

图7-1 日光温室内温湿度日变化曲线

（3）幼苗带病与否可直接影响后期病害的发生

调查发现，在温室温湿度适宜的条件下，病苗是番茄灰霉病的重要侵染源，是影响番茄后期叶部、果实病害发生的重要因子。如果温室当年定植时苗期病情重，后期叶部和果实的病情也较重，反之亦然。不同年份之间，还受温度、湿度等因子的影响。

（4）农事操作不当，加重病害的发生

如2,4-D等激素蘸花，或整枝打杈、摘除病果等，也是重要的人为传播途径，加速了灰霉病的蔓延。同时，种植密度过大、管理不当、通风不良，都会加快病情的发展。

7.1.2 番茄早疫病

早疫病在各番茄区均有发生，为番茄生产中的常发性病害。为害严重时，引起落叶、落果和断枝，尤其是在大棚、温室中发病严重一般可减产20%~30%，严重时减产高达50%以上。

7.1.2.1 症状

早疫病又称轮纹病，可侵染叶、茎、花、果实。此病大多在结果初期开始发生，结果盛期发病较重。老叶一般先发病。苗期染病，茎部变黑褐色。成株期染病，发病叶片初呈针尖大的小黑点，后发展成近圆形褐色或黑褐色小病斑，并逐渐扩大呈黑褐色轮纹斑，边缘深褐色，中央灰白色，稍凹陷，有同心轮纹，再后多个病斑融合造成叶片变黄干枯。茎部病斑多数在分枝处发生，灰白色，椭圆形，稍凹陷，病株后期茎秆上常有布满黑褐色的病斑；果实染病，多在果柄处或脐部形成黑褐色病斑凹陷，有同心轮纹，病果提前脱落。

7.1.2.2 病原

番茄早疫病是由茄链格孢菌［*Alternaria solani*（Ellis et Martin）Jones et Grout.］侵染所致，属半知菌亚门链格孢属真菌。分生孢子梗单生或簇生，圆筒形，有 1~7 个隔膜，大小为（40~90）μm×（6~8）μm。分生孢子棍棒状，顶端有细长的嘴胞，黄褐色，具纵横隔膜。

7.1.2.3 侵染循环

病菌主要以菌丝体及分生孢子随病残组织遗留在田间越冬，或附着在种子上越冬，成为翌年初侵染源。当棚室温度平均达 15℃、相对湿度 75%以上时，越冬菌源便可产生新的分生孢子，分生孢子在室温下可存活 17 个月。病菌一般从番茄叶片、花、果实等的气孔、皮孔侵入，也能从表皮直接侵入，形成初侵染循环。病菌侵入寄主组织后只需 2~3 天就可以形成病斑，再经 3~4 天在病部就可以产生大量分生孢子，通过气流和雨水飞溅传播，进行多次再侵染，导致病害不断扩大蔓延。病菌生长发育温度范围（1~45℃）很广，最适温度为 26~28℃。该病菌潜伏期很短，分生孢子在 26℃水中经 1~2h 即萌发侵入，在 25℃条件下接菌 24h 即可发病。适宜相对湿度 31%~96%，相对湿度 86%~98%时萌发率最高。

7.1.2.4 影响发生因素

番茄早疫病的发生和流行是变温、变湿与病原菌的寄生能力、致病力综合作用的结果。研究结果表明，在日平均温度 26~30℃、夜间平均温度 16~20℃时，最有利于发病，相对湿度与发病呈正相关，如棚内相对湿度 70%~80%持续 10h 以上时即可发病，相对湿度持续时间越长，病情发展越快、越重。栽培管理与发病的关系也十分密切。一方面，栽植密度过大导致叶片交叉互相遮阴，光照不足，通风差，湿度高，特别是阴天及夜晚温度高、湿度大，加之氮肥使用过量时最易徒长，植株生长衰弱，易感病，发病就重。而密度适宜、肥水管理好时，则植株发育健壮，发病轻。另一方面，重茬年限的长短与发病呈正相关，种植过 5 年以上茄科作物的重茬棚种植番茄，其感病株率达 90%以上，而新茬口大棚温室番茄早疫病发生率明显减轻。

7.1.3 番茄晚疫病

晚疫病是番茄上的重要病害之一。无论露地栽培，还是设施栽培番茄晚疫病均普遍发生，并造成严重为害。在大流行条件下，可使番茄减产 20%~40%。

7.1.3.1 症状

番茄幼苗、叶、茎和果实均可受害，以叶片和处于绿熟期的果实受害最重。从幼苗开始发病，叶片出现暗绿色水浸状病斑，叶柄处腐烂，由叶片向茎部发展，呈黑褐色，腐烂，潮湿时病斑边缘会产生稀疏的白色霉层，病斑扩大后，叶片逐渐枯死。幼茎基部呈水浸状缢缩，导致幼苗萎蔫，植株折倒枯死。成株期叶片染病，多从植株下部叶尖或叶缘开始发病，初为暗绿色水浸状病斑，扩大后转为褐色。高湿时，病斑背面病健交界处长出稀疏白色霉层。茎秆和叶柄上病斑呈水浸状，褐色，凹陷，后变为黑色腐败状，导致植株萎蔫。青果期易被害，果实上病斑有时有不规则云纹，最初近果柄处形成油渍状暗绿色病斑，后渐变为暗褐色至棕褐色，边缘明显，微凹陷。病果质地坚硬，不变软，在潮湿条件下，病斑上有少量白霉。

7.1.3.2 病原

番茄晚疫病是由致病疫霉菌 [*Phytophthora infestans*（Mont.）de Bary] 侵染所致，属鞭毛菌亚门真菌。病菌菌丝分枝，无色无隔，较细，多核。孢子囊梗无色，单根或多根成束，大小为（624~1136）μm×（6.27~7.46）μm。孢子囊梗从气孔伸出，具节状膨大。该菌菌丝体能产生分枝的无限生长的孢囊梗，孢子囊顶生或侧生，卵形或近圆形，顶端有乳突，基部具短柄。菌丝体发育适温为24℃，最高30℃，最低10~13℃。孢子囊形成温度3~36℃，相对湿度大于90%；最适温度18~22℃，相对湿度100%。孢囊梗在产生孢子囊处膨大是该菌的重要特征。该病菌只为害番茄和马铃薯，但对番茄致病性较强。

7.1.3.3 侵染循环

晚疫病病菌主要以菌丝体在马铃薯块茎及棚室越冬茬或长季节栽培的番茄、茄子等植株上越冬，或以卵孢子、厚垣孢子或菌丝体随病残体在土壤中越冬。当土壤潮湿且温度适宜时，卵孢子、厚垣孢子萌发产生游动孢子，菌丝体也进一步生长产生孢子梗释放游动孢子。这些游动孢子在土壤中游动，当接触到感病的番茄寄主时侵染根部。低温潮湿时菌丝体和游动孢子产生则多，使病害进一步发展。干旱炎热或过于寒冷时病菌以卵孢子、厚垣孢子或菌丝体存活，春季借气流或雨水传播到番茄植株上，从气孔或表皮直接侵入，也可以从茎的伤口、皮孔侵入，在田间形成中心病株，病菌的营养菌丝在寄主细胞间或细胞内扩展蔓延，经3~4天潜育，病部长出菌丝和孢子囊，借风雨传播蔓延，进行多次重复侵染，引起病害流行。

7.1.3.4 影响发生因素

（1）病原基数是发病的重要诱因

番茄种植区域地势相对平坦，水肥条件好，近年来，随着露地番茄和设施棚室多茬次的栽培，使土壤中的病菌逐年积累，为害加重。再加上菜农对田间的病株处理不彻底，植株病残体堆积田间地头，没有进行深埋或烧毁，落叶残果随处可见，造成田间积累了足够的菌源。只要田间出现浇水过大，或种植密度过大，或通风不及时，或偏施氮肥过量，加之温度合适、湿度高时就有利于其发生，往往造成晚疫病大流行。

（2）低温高湿、昼夜温差大是发病的决定条件

晚疫病病菌喜好低温度、高湿度条件，在此环境下容易发生病害。晚疫病病菌生长温度范围为 10～30℃，适宜温度为 20℃左右，病菌萌发侵染的温度范围为 6～15℃，适宜温度为 10～13℃，20～23℃时菌丝在寄主体内繁殖速度最快，潜育期最短。棚室内的空气湿度达到 85%～97%时，有利于病害的发生，特别是叶面有露水时，病菌容易萌发侵染番茄（叶面有水滴是发病的决定条件）。一般在白天温暖但不超过 24℃，夜间冷凉但不低于 10℃，早晚露水多或连日阴雨，棚内空气湿度长时间在 75%～100%时，晚疫病就会发生并容易流行。研究表明，日光温室、大棚白天温度在 22℃左右，相对湿度高于 95%，持续 8h，夜间温度 10～13℃，叶面结露或叶缘吐水持续 12h，致病疫霉菌即可完成侵染发病。气温 15～20℃，相对湿度高于 85%，持续 2h 时，晚疫病严重发生。设施番茄生产中，从 11 月中旬到翌年 3 月底，棚室内平均温度多在 16～22℃，且相对湿度居高不下，甚至处于饱和状态，最适于晚疫病的发生和流行。因此，无论是反季节番茄还是长季节栽培的番茄都会发生晚疫病，且持续时间越长，流行越广，成灾为害越严重。

（3）管理技术不当是发病的间接媒介

在栽培上，凡是地势低洼，土质黏重，灌水过多过量，植株茂密徒长，偏施氮肥，搭架、打杈、去除老叶和绑蔓不及时，病害都容易发生。土壤贫瘠，管理跟不上，植株生长瘦弱，喷药防病不及时，均会降低对病害的抵抗力而加重病害的发生。

（4）病菌抗性是发病的有利温床

生产中不合理的用药可导致病菌抗药性的迅速增强。通过调查与田间观察发现，番茄晚疫病普遍对 50%烯酰吗啉水分散粒剂、72%霜脲·锰锌可湿性粉剂、58%甲霜灵·锰锌可湿性粉剂、72.2%霜霉威盐酸盐水剂、68.75%易保水分散粒剂等药剂产生了一定的抗药性。

7.1.4 番茄叶霉病

番茄叶霉病在我国大多数番茄生产区均有发生，是棚室番茄栽培中的又一主要病害，且仅为害番茄，以叶片受害为主。温室内光照弱，通风不良，湿度过大，有利于病菌繁殖，田间从开始发病到流行成灾，一般仅需 15 天左右。与露地栽培相比，该病由番茄结果后期（4～5 月）发生提早到结果盛期（2～3 月）流行为害，使病害的为害期显著延长，造成严重损失。一般可造成减产 20%～30%。

7.1.4.1 症状

主要为害叶片，严重时也为害叶柄、茎、果实。叶片感染，初期叶片正面出现不规则或椭圆形淡黄色褪绿斑，边缘不明显，叶背部初生白色霉斑，霉斑多时，布满叶背并相互融合，颜色变成灰紫色或墨绿色，湿度大时，叶片正面病斑叶长出霉层。随着被害叶片背面病斑的扩大，正面病斑逐渐由绿变黄，直至整个叶片枯黄。随着病情扩展，叶片自下而上逐渐卷曲，病株下部叶片先发病，后逐渐向上蔓延，使整株叶片呈黄褐色干枯，发病严重时叶片卷曲。病花常在坐果前枯死。茎染病症状与叶片相似。果实染病多围绕果蒂形成黑色硬质病斑，凹陷不能食用。

7.1.4.2 病原

番茄叶霉病是由黄枝孢菌［*Cladosporium fulvum* Cooke，异名褐孢霉 *Fulvia fulva* (Cooke) Cif.］侵染所致，属半知菌亚门真菌。分生孢子梗成束从寄主气孔中伸出，多隔，稍具分枝，有 1~10 个隔膜，许多细胞上端向一侧膨大，其上产生分生孢子，分生孢子串生，孢子链通常分枝，分生孢子圆形或椭圆形，大小为 (10~45) μm× (5~8.8) μm。

7.1.4.3 侵染循环

病菌以菌丝体、菌丝块及分生孢子在病残体和种子上越冬。冬季温室番茄上可连续为害，并成为早春菌源。病株产生的分生孢子通过气流传播，叶面有水湿条件即萌发，长出芽管经气孔侵入，菌丝蔓延于细胞间，后在病斑上产生分生孢子进行扩大再侵染。病菌发育温度界限为 9~34℃，最适温度为 20~25℃。在温度低于 10℃或高于 30℃时，病情发展可受到抑制。而光照充足，温室内短期增温至 30~36℃时，对病害有明显的抑制作用。在温度 22℃左右、相对湿度高于 90%的条件下，病菌迅速繁殖，病害严重发生。在 10℃时叶霉病潜育期为 27 天，20~25℃时为 13 天，30℃以上时潜育期延长，不利于病菌扩展。

7.1.4.4 影响发生因素

（1）湿度是叶霉病发生的关键因素

相对湿度大于 80%时有利于病菌侵入和孢子形成，相对湿度大于 90%且温度 20~25℃的高温高湿条件下，10~15 天就可使全棚番茄普遍发病，流行成灾，甚至出现大量干枯叶片。但若相对湿度低于 80%，则不利于分生孢子形成及病菌侵入和病斑扩展。春季大棚遇上连阴雨雪天气，加之通风不及时，棚内温度高，湿度大，可使病害迅猛发展蔓延。而晴天光照充足，棚内短期增温至 30~36℃时，对病菌有明显的抑制作用。

（2）栽培管理与发病的关系

栽培密度过大，植株生长过旺，田间郁闭，通风透光不良，也是加重病害蔓延为害的重要条件。在陕西及北方设施栽培条件下，温室、大棚环境，尤其是早春温室、秋延大棚番茄生产，湿度高、光照差，特别有利于病害的发生。因此，一般年份，3~5 月和 8~10 月正是病原发育适温期，也是叶霉病发生为害的高峰期，发病明显重于露地栽培番茄。例如，2012 年番茄叶霉病 3 月 25 日开始发病，到 4 月 15 日调查，病株率达 100%，病情指数 34.5，且迅速蔓延，达到难以控制的程度，到 5 月上中旬叶片已大量枯死，被迫提早拉秧。

7.1.5 番茄菌核病

番茄菌核病在全国番茄种植区均有发生，是棚室等保护地栽培番茄的主要病害之一,以温室番茄发病严重。

7.1.5.1 症状

菌核病主要为害番茄叶片、茎、花和果实。叶片染病始于叶缘,初呈水浸状,淡绿色,湿度大时长出少量白霉,后病斑呈灰褐色,蔓延速度快,致全叶腐烂枯死。花托上染病,病斑环状,包围果柄周围。果实染病始于果柄,由果柄向果面蔓延,致未成熟青果似热水烫过,受害果实上产生白霉,后在霉层上产生黑色的菌核,大小为1~5mm,多呈鼠屎状。茎染病多由叶片蔓延所致,先由叶柄基部侵入,病斑灰白色稍凹陷,后期表皮纵裂,边缘水浸状,病斑长达病株高的4/5。病部表面往往产生白霉,霉层聚集后,在茎表面产生黑色的菌核,剥开茎部,可发现大量菌核,严重时可导致植株枯死。

7.1.5.2 病原

番茄菌核病是由核盘菌 [*Sclerotinia sclerotiorum* (Lib.) de Bary] 侵染引起,属子囊菌亚门真菌。菌核鼠屎状或球形至豆瓣形,直径1~10mm,可产生子囊盘1~20个。环状的子囊盘展开后呈盘形,盘梗长一般为3~15mm,最长者达50mm。子囊棍棒状或圆筒形,内含8个子囊孢子。子囊孢子梭形或椭圆形,单胞,大小为(8.7~13.7)μm×(5.0~8.1)μm。菌核无休眠期,抗逆性很强,在温度18~20℃、有光照和水湿足够的条件下即萌发,产生菌丝体或子囊盘。菌核萌发时先产生小突起,约经5天伸出土表形成子囊盘,开盘经4~7天放射孢子后凋萎。

7.1.5.3 侵染循环

病菌以菌核在土壤中或混在种子中越冬或越夏,存活可达3年,是该病的初侵染来源。土壤中或病残体上的菌核,遇有适宜条件时萌发,萌发的菌核发生菌丝,形成子囊盘,放射出子囊孢子,借风雨随种苗或病残体进行传播蔓延。子囊孢子落于衰老的叶及尚未脱落的花瓣上,萌发后产生芽管,芽管与寄主接触处膨大,形成附着器,再从附着器下边生出侵入丝,穿过寄主的角质层侵入,并分泌果胶酶致寄主组织腐烂。田间再侵染由病叶果与健叶果接触进行。此外,该病还能以菌丝通过染有菌核病的灰灰菜、马齿苋等杂草传播到附近的番茄植株上。子囊孢子的萌发温度为0~35℃,适温为5~10℃;菌丝在0~30℃均可生长,适温为20℃;菌核萌发适温为15℃,在50~65℃条件下5min可致死。

7.1.5.4 影响发生因素

湿度是影响番茄菌核病发生为害的关键因素。湿度左右子囊孢子的萌发和菌丝生长,当相对湿度高于85%时子囊孢子方可萌发,菌丝才得以生长。深冬季节,棚室因昼夜温差较大,为保温而通风时间过短,相对湿度大,故一般菌核病发生较重。

7.1.6 番茄斑枯病

7.1.6.1 症状

番茄斑枯病又称白星病。番茄各生长发育阶段均可发病,但以开花结果期发病率较高。病菌侵害叶片、叶柄、茎、花萼及果实。接近地面的老叶先发病，逐渐蔓延到上部叶片。叶片染病，初在叶背面形成水浸状小圆点，后在叶片正面和背面形成边缘暗褐色、中央灰白色圆形或近圆形而凹陷的很多小斑点，直径为 1.5～4.5mm，斑面散生少量小黑点，进而汇合成大的枯斑，有的病部组织脱落，造成叶斑处穿孔，严重时中、下部叶片全部干枯，仅剩上部少量健叶片。果实和茎上的病斑近圆形或椭圆形，略凹陷，病斑中央灰白色，边缘暗褐色，其上散生少量黑色小斑点。

7.1.6.2 病原

番茄斑枯病是由番茄壳针孢菌（*Septoria lycopersici* Speg.）侵染引起，属半知菌亚门真菌。分生孢子器扁球形，黑色，大小为（180～200）μm×（100～200）μm，初着生于寄主表皮下，后逐渐突破表皮而外露。当分生孢子器内的分生孢子大量形成时，在分生孢子器的顶端形成一个孔口。分生孢子无色，丝状，有多个隔膜，大小为（60～120）μm×（2～4）μm。

7.1.6.3 侵染循环

病菌主要以分生孢子器或菌丝体在病残体、多年生茄科杂草、冬暖棚室内茄科蔬菜作物或附着在种子上越冬，成为翌年初侵染来源。分生孢子器吸水后从孔口涌出分生孢子团，借风雨传播或被雨水反溅到番茄植株上，从气孔侵入后在病部产生分生孢子器及分生孢子进行扩大再侵染。在田间进行农事操作时可以通过人手、衣服和农具途径等进行传播。

7.1.6.4 影响发生因素

棚室温湿度是影响发病的主要因素。病菌菌丝的生长适温为 25℃，最低 1.5℃，最高 34℃。分生孢子形成的适温为 25℃，最低 1.5℃，最高 28℃。在温度 25℃和饱和的相对湿度条件下，48h 内病菌即可侵入寄主组织。在温度 20～25℃时，病斑发展快且易产生分生孢子器，而在 15℃时，分生孢子器形成慢。在适宜的温湿度条件下，病害潜育期为 4～6 天，10 天左右即可形成分生孢子器。温暖潮湿和光照不足的阴天，有利于斑枯病的发生。同时土壤缺肥、植株生长衰弱，病害易流行。在高温干燥的情况下，病害受到抑制。

7.1.7 番茄细菌性青枯病

番茄细菌性青枯病一般零星发生，造成部分被害植株死亡，个别地区发生严重。

7.1.7.1 症状

番茄细菌性青枯病又称细菌性枯萎病，该病发生于番茄开花结果的关键时期，且发病急，蔓延快，往往造成植株成片青枯死亡，导致严重减产。番茄苗期不表现症状，主要发生在成株期，先是叶片顶端萎蔫下垂，后下部叶片凋萎，最后中部叶片凋萎，也有一侧叶片先萎蔫或整株叶片同时萎蔫的，发病初期白天萎蔫，傍晚复原，病叶变浅绿，如此反复几天后，致使全株凋萎，青枯死亡。下垂病株基部表皮粗糙不平，有小突起，并长出不定根，剖开茎部发现木质部变褐色。严重时茎内维管束变褐色，对其挤压可流出白色菌脓。病程发展迅速，病株7～8天即青枯死亡。

7.1.7.2 病原

该病是由青枯假单胞杆菌［*Pseudomonas solanacearum*（Smith）Smith］侵染引起，属细菌。菌体短杆状单细胞，两端圆，单生或双生，大小为（0.9～2.0）μm×（0.5～0.8）μm，极生鞭毛1～3根，在琼脂培养基上菌落圆形或不正形，稍隆起，污白色或暗色至深褐色，平滑具亮光。

7.1.7.3 侵染循环

病原细菌主要随病株残体在田间或马铃薯块上越冬，无寄主时，病菌可在土壤中腐生生活1～6年，成为该菌初侵染源。病菌借助于水活动传播，病薯块或带菌肥料可携带病菌传播，从根部或茎基部伤口侵入，在维管束组织中扩展，以致将导管阻塞或穿过导管侵入邻近的薄壁细胞组织，使之变褐腐烂。整个输导管被破坏后，茎叶因得不到水分的供应而萎蔫。

7.1.7.4 影响发生因素

田间温湿度与发病关系密切，高温和高湿环境适于青枯病的发生。当土壤温度为20℃左右时病菌开始活动，田间出现少量病株，土温达到25℃左右时病菌活动最盛，田间出现发病高峰。另外雨水多、湿度大也是发病的重要条件，降雨不但可以传播病菌，而且雨后土壤湿度加大，根部容易腐烂产生伤口，有利于病菌侵入。同时，土壤多年连作、低洼排水不畅的田块发病重。

7.1.8 番茄病毒病

番茄病毒病在全国番茄种植区均有发生，依据发生症状可分为花叶型、蕨叶型、巨芽型、斑萎型、条斑型、褪绿型和黄化曲叶型等，是棚室栽培番茄生产的大敌，主要在秋季发生为害。

番茄黄化曲叶病毒病（Tomato yellow leaf curl virus，TYLCV）是番茄生产中具有毁灭性的病害。近年来，该病在我国自南向北蔓延迅速，为害甚重，在华南、华东、华北等番茄产区也大范围发生，并不断蔓延。2009～2010年再次在中国江苏、山东、河南等省大面积暴发，发病地块减产严重，个别严重的发病地块甚至绝收。该病害已是造成番茄产量减少和品质变坏的最主要因素之一。陕西2009年以前零星发生，2010年在渭南、杨凌、西安、咸阳等设施蔬菜种植区栽培的番茄突然暴发番茄黄化曲叶病毒病，且主要为害日光温室秋延茬、秋冬茬番茄。据调查，在泾阳县发生面积为133.33hm^2，发病棚室83栋，病株率一般为30%～50%，给设施栽培的番茄造成严重的为害和巨大的经济损失。渭南地区当年发病棚室达到2000多栋，发病棚室发病株率最低达45%，最高可达85%以上，大量温室番茄因感病而拉秧拔蔓，经济损失3000多万元。与其他病毒病相比较而言，该病毒具有暴发突然、扩展迅速、为害性强、无法治疗的特点，是一种毁灭性的番茄病害。该病发生时，特别是花前感病，植株不结果或少量结果，且果实不能成熟，对番茄产量和商品价值影响较大，严重时几乎绝产。

此外，番茄斑萎病毒病（Tomato spotted wilt virus，TSWV）作为一种新型入侵病害，造成的损失比目前已经发生的病毒病都要严重。虽然该病在我国出现较晚，但随着蓟马特别是西花蓟马的为害范围逐年扩大，番茄斑萎病毒病也开始发生，而且为害日趋严重，已受到植物病理学界的高度重视。番茄斑萎病毒病对番茄的影响最大，虽被列为检疫病害，但在一些省份已经发生，且有加重趋势，如在我国的云南地区，番茄斑萎病毒病已经是番茄生产上的头号杀手，对农民造成了巨大损失。山东省番茄的种植面积占茄科蔬菜面积的 1/3 以上，而番茄斑萎病毒的传播介体——西花蓟马在山东已经暴发，使山东保护地番茄斑萎病毒病的发生存在高风险。陕西目前还未检测到番茄斑萎病毒发生为害，但有西花蓟马的发生区域，因此应提高警惕，加强监测，防止该病的入侵与暴发。

7.1.8.1 症状

花叶型：叶片上出现黄绿相间，或深浅相间斑驳，以叶片皱缩、凹凸不平、叶脉透明、病株较健株略矮为典型症状。

蕨叶型：以纤细并扭曲的线状叶片及植株矮化、簇生为主要特征，易和 2,4-D 或防落素蘸、喷花后形成的蕨叶型药害混淆，应正确区别。

巨芽型：顶部及叶腋长出的芽大量分枝或叶片呈线状，色淡，致芽变大且畸形，病株多不能结果，或呈圆锥形坚硬小果。

条斑型：可发生在叶、茎、果上，病斑形状因发生部位不同而异。在叶片上为茶褐色斑点或云纹斑，在茎、果上为黑褐色斑块，且仅在表层组织不进入茎果内部。这类症状往往由烟草花叶病毒及黄瓜花叶病毒或其他 2 种病毒复合侵染引起，在高温与强光照下易发生。

斑萎型：苗期染病，幼叶变为铜色上卷，后形成许多小黑斑，叶背面沿叶脉呈紫色，有的生长点死掉，茎端形成褐色坏死斑条，病株仅半边生长或完全矮化或落叶呈萎蔫状，发病早的不结果。坐果后染病，果实上出现褪绿环斑，绿果略凸起，轮纹不明显，青果上产生褐色坏死斑，呈瘤状突起，果实易脱落。成熟果实染病轮纹明显，红黄或红白相间，褪绿斑在全色期明显，严重的全果僵缩，脐部症状与脐腐病相似，但该病果实表面变褐色坏死有别于脐腐病。

受番茄斑萎病毒属（*Tospovirus*）病毒染病时，幼叶产生小的黑褐色病斑，染病植株的叶片褪绿，变为明黄色，茎部和叶柄出现暗褐色条纹。染病果实的典型症状表现为：果皮产生白色至黄色同心环纹，环纹中心突起导致果面不平。番茄斑萎病毒病的重要诊断特征是在红色成熟果实上有非常明显的明亮黄色环纹。

黄化曲叶型：番茄黄化曲叶病毒病是一种由烟粉虱传播的暴发性、毁灭性病害。植株在被 TYLCV 侵染之后的 7~10 天开始发病，在番茄植株上的早期表现为植株生长发育迟缓，甚至停滞，使植株变矮、节间缩短、叶片缩小，出现褶皱并向上卷曲、厚度增加、叶质脆硬、保持直立，其边沿至叶脉部分开始黄化，上部叶片最明显，下部老叶不显症；中期表现为可以开花，但成果率低，花果多为畸形；后期表现为叶片的形状改变，呈焦枯状，叶背面的叶脉为紫色，新生叶上布有斑块，呈现黄绿不均，且因皱缩或变形而有凹凸不平感，重发时叶片变细，植株过早衰变。生长发育早期染病植株严重矮缩，无法正常开花结果；生长发育后期染病植株，仅上部叶和新芽表现症状，后期表现坐果少，果实变小，膨大速度慢，成熟期果实着色不均匀（红不透），常常出现"半边脸"，基本失去商品价值。番茄植株感病后，尤其在开花之前感病，果实产量和商品价值均大幅下降。

褪绿型：苗期染病，叶片叶脉间表现局部褪绿斑点，症状不明显，较难辨认；定植后，多在番茄开花后开始显症，主要表现症状为上部3、4片叶出现黄化，其中顶叶呈鲜黄色，从第2片叶开始呈斑驳黄化，越往下斑驳症状越明显，同时叶片变厚，但小叶症不明显；进入结果期，感病植株叶片表现出明显的脉间褪绿黄化，边缘轻微上卷，且局部出现红褐色坏死小斑点；后期叶脉浓绿，脉间褪绿黄化，变厚变脆且易折，最后叶片干枯脱落，果实小，颜色偏白，不能正常膨大，失去商品价值。

番茄褪绿病毒病是由B型烟粉虱、Q型烟粉虱、A型烟粉虱、温室白粉虱、银叶粉虱和纹翅粉虱等介体传播的病害。该病的症状与生理和营养失调症非常类似，常因误诊而延误防治。该病影响植株长势但并不是停止生长，一般只是影响2、3穗果实的生长，随着气温降低及对植株长势的调控，还有恢复正常的可能性。

番茄褪绿病毒病是近年来在我国番茄上的一种新发生病害，引起番茄产量和品质的下降，成为我国番茄生产中又一重要病毒病害。2014年以来，该病在陕西渭南、咸阳等多地发生普遍，以秋冬茬番茄受害严重，温室栽培发病株率为20%～100%，减产20%～40%，造成果实商品性下降，给当地的番茄生产造成了严重为害。

7.1.8.2 病原

引起番茄病毒病的毒源有20多种。番茄花叶型病毒症状是由烟草花叶病毒（Tobacco mosaic virus，TMV）侵染引起。其病毒粒子杆状，大小约为280μm×25μm，失毒温度90～93℃10min，体外保毒期72～96h，在无菌条件下致病力达数年。

蕨叶型病毒病是由黄瓜花叶病毒（Cucumber mosaic virus，CMV）侵染引起。其病毒粒体球状，直径约35nm，失毒温度65～70℃10min，体外保毒期为3～4天，不耐干燥，与其他病毒混合侵染，也会出现多种症状。

条斑型病毒病是由烟草花叶病毒（TMV）与马铃薯病毒（PVD）等其他病毒混合侵染引致，或黄瓜花叶病毒与其他病毒混合侵染，或烟草花叶病毒和黄瓜花叶病毒共同侵染所致。尤其在强光高温条件下，易产生条斑症状。

番茄黄化曲叶病毒是由番茄黄化曲叶病毒（Tomato yellow leaf curl virus，TYLCV）侵染引起，是双生病毒科（Geminiviridae）菜豆金色花叶病毒属（*Begomovirus*）的成员之一。双生病毒为单链DNA病毒，是一类极易重组的病毒。越来越多的此类病毒的分离物在全球范围内被分离出来，TYLCV是最初在以色列被分离出的双生病毒的名称，随着被发现的分离物不断增多，只用TYLCV作为该类复杂病毒的名称显然不完全准确。根据2003年病毒分类命名的国际原则，国际病毒分类委员会将菜豆金色花叶病毒属中侵染番茄并造成其黄化曲叶症状的病毒划分为TYLCAxV、TYLCCNV、TYLCIDV、TYLCGuV、TYLCKaV、TYLCMLV、TYLCMaIV、TYLCTHV、TYLCSV、TYLCVNV、

TYLCV 等几种，其中每种病毒又包含多种不同的株系（表 7-2）。

表 7-2　番茄黄化曲叶病毒病分类

病毒	全称	株系
TYLCAxV	Tomato yellow leaf curl Axarquia virus	TYLCAxV
TYLCIDV	Tomato yellow leaf curl Indonesia virus	TYLCIDV
TYLCKaV	Tomato yellow leaf curl Kanchanaburi virus	TYLCKaV
TYLCMaIV	Tomato yellow leaf curl Malaga virus	TYLCMaIV
TYLCVNV	Tomato yellow leaf curl Vietnam virus	TYLCVNV
TYLCGuV	Tomato yellow leaf curl Guangdong virus	TYLCGuV
TYLCCNV	Tomato yellow leaf curl China virus	TYLCCNV-Bao、TYLCCNV-Bea、TYLCCNV-Chu、TYLCCNV-Dal、TYLCCNV-Hon
TYLCMLV	Tomato yellow leaf curl Mali virus	TYLCMLV-ET、TYLCMLV-ML
TYLCSV	Tomato yellow leaf curl Sardinia virus	TYLCSV-Sar、TYLCSV-Sic、TYLCSV-ES
TYLCTHV	Tomato yellow leaf curl Thailand virus	TYLCTHV-A、TYLCTHV-B、TYLCTHV-C
TYLCV	Tomato yellow leaf curl virus	TYLCV-Gez、TYLCV-IR、TYLCV-IL、TYLCV-Mld

番茄斑萎病毒病是由番茄斑萎病毒（Tomato spotted wilt virus，TSWV）侵染所致，属于布尼亚病毒科（Bunyaviridae）番茄斑萎病毒属（*Tospovirus*）成员之一。病毒粒子呈球形，直径约 85μm，表面包裹有一层膜，膜外层由突起层组成，突起层厚 5μm，几乎连续。粗汁液钝化温度为 40～46℃（10min），稀释限点为 $2×10^{-3}～2×10^{-2}$，离体病毒的体外存活期为室温下 2～5h。

7.1.8.3　侵染循环

烟草花叶病毒在田间可和其他病毒复合侵染，形成多样性症状。此病毒可在多种植物上越冬，种子也可带毒，成初侵染来源，并主要通过汁液接触传染。黄瓜花叶病毒主要由蚜虫传染，汁液也可传染，冬季病毒多在须根杂草上越冬，并由蚜虫迁飞传播，引致番茄发病。

番茄黄化曲叶病毒在烟粉虱和番茄植株内均可存活，自然条件下只能由烟粉虱传播。机械摩擦和种子不能传播。据田间观察发现，越冬茬番茄黄化曲叶病毒在 30 天苗龄（3 叶期）的番茄少数幼苗上出现发病症状。定植后 15 天番茄生长前期，可以发现一些感病植株，定植后 30 天即 10 月中下旬至 11 月上中旬，田间发现大量的番茄黄化曲叶病毒病发病植株，此时番茄生育期处于开花期和坐果初期。11 月下旬以后温度低，虫量少。番茄新增的发病植株很少，翌年 2 月以前一般不再出现新增病株，表明越冬茬番茄生育期进入坐果期以后，病毒不再产生明显为害症状。根据烟粉虱传播双生病毒的特性，番茄在 2～3 叶幼苗期，在气温 25℃条件下，接毒后约 30 天发现明显的症状。9～10 月平均温度在 20～25℃，因此推断关中地区越冬茬番茄的主要感染期在苗龄 30 天以上，即 9 月下旬至 10 月上旬。关中地区番茄黄化曲叶病毒病的侵染循环过程如下：关中地区越冬茬番茄 8 月中下旬至 9 月上中旬播种，烟粉虱传播双生病毒，感染番茄幼苗，少量幼苗出现发病症状，定植大棚后 10 月中下旬出现明显的发病症状。日光温室内烟粉虱不断世代繁殖，11 月下旬后由于气温较低烟粉虱种群数量减少，12 月至翌年 2 月烟粉虱几乎不为害番茄和传播病毒病，3月以后，随着温度升高，烟粉虱种群数量增加，直到越冬茬番茄6月底生长结束，7月携带病毒的烟粉虱主要在大田早春茬番茄、茄子、辣椒等茄科蔬菜作物及杂草植株上继续繁殖生存，一直到8月中下旬转移侵染越冬茬的番茄苗，从而完成其侵染循环过程。

番茄斑萎病毒属病毒的传播介体为蓟马。前人研究结果表明，能有效传播番茄斑萎病毒的蓟马种类为8种，分别是：西花蓟马（*Frankliniella occidentalis*）、番茄蓟马（*F. schultzei*）、褐花蓟马（*F. fusca*）、禾花蓟马（*F. tenuicornis*）、台湾花蓟马（*F. intonsa*）、佛罗里达花蓟马（*F. bispinosa*）、首花蓟马（*F. cephalica*）、烟蓟马（*Thrips tabaci*），其中西花蓟马是最主要的传播媒介。番茄斑萎病毒以循环增殖型传播方式传播，传播介体一旦携带病毒，则终生带毒。该病毒能在介体昆虫体内以自行复制的方式提高其传播效率。西花蓟马的若虫和成虫均能传毒，若虫取食感病植株时感染病毒，若虫和成虫携带病毒转移取食，可在寄主植物之间传毒。但获毒只在若虫阶段，成虫阶段不能获毒。若虫通常需要在染病植株上取食15~30min或者以上时间才能有效获毒；若虫获取该病毒后，无法立即传播，通常需要在西花蓟马体内复制增殖72h以上才能有效传播，携毒西花蓟马的传毒能力可保持22~30天，但不会经卵传到后代。该病毒能感染超过82科900种植物。除为害番茄外，还为害包括烟草、马铃薯、茄、花生、辣椒等作物。

7.1.8.4 影响发生因素

（1）播期与番茄黄化曲叶病毒病发生的关系

不同栽培季节番茄黄化曲叶病毒病的发生程度存在显著差异，高温季节栽培的夏秋茬番茄发病严重，低温季节的越冬茬番茄发病较轻。6~7月播种的夏秋茬番茄发病重，8~9月播种的越冬茬番茄发病轻。一般从个别植株出现异常到大部分植株发病要经过14~20天。研究表明，在25℃条件下番茄黄化曲叶病毒病侵染至植株发病需20天左右，而在冬季低温季节则需1~2个月。高温干燥条件下不仅有利于其传毒，也有利于病毒在寄主体内迅速增殖。

播期与番茄黄化曲叶病毒病的发生程度关系密切。8月25日播种，番茄黄化曲叶病毒病在定植20天、40天和60天时的发病株率分别为60%、100%和100%，病情指数分别为12.2%、45.8%和57.3%；9月15日播种，在定植20天、40天和60天时的发病株率分别为0、100%和100%，病情指数分别为0、52.7和60.5；10月5日播种，在定植20天、40天和60天时的发病株率分别为10.3%、15.7%和20.6%，病情指数分别为2.2、6.1和11.4；10月25日播种，在定植20天、40天和60天时的发病株率分别为0、0和15%，病情指数分别为0、0、5.4；11月15日播种，在定植20天、40天和60天时的发病株率分别为0、0和10%，病情指数分别为0、0、3.8。可见随着播期的推迟，番茄黄化曲叶病毒病发病株率和病情指数依次降低（图7-2）。因此生产上应该尽量避免在8月播种，适当推迟到9月中下旬以后播种为宜。

（2）种植品种与番茄黄化曲叶病毒病发生的关系

利用番茄自身抗性是番茄黄化曲叶病毒病综合防控的关键途径，但目前国内种子市

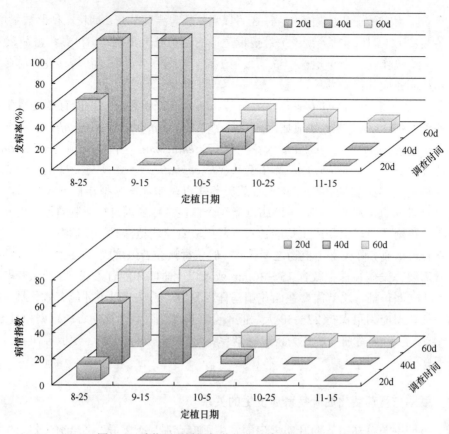

图 7-2 番茄不同播期与黄化曲叶病毒病发生的关系

场上抗番茄黄化曲叶病毒病的品种较少,有些品种虽然抗病性较强,但丰产性较差,适宜在生产上推广应用的抗病品种很少。就陕西而言,生产上主栽品种如欧盾、普罗旺斯、芬达、宝冠、中杂 9 号、毛粉 802、金棚 1 号、金棚 11 号、L402、西粉 3 号、世纪粉冠王等均不抗黄化曲叶病毒病,属中度或高度感病品种,为该病的发生流行创造了适宜的寄生条件。可见大面积种植感病品种是导致病害流行的主要因素。

而市场上标注的抗黄化曲叶番茄品种经抗性评价(表 7-3),参试的 10 个番茄品种有 2 个品种未发病,分别为布鲁尼 1288 和 DRW7728,抗性表现达到免疫水平;宝粉 298 和红丽抗性级别表现为中抗,其发病率分别为 42%和 21%,10 月病情指数分别为 12 和 8;粉佳美为中等感病品种,其发病率为 46%,病情指数为 26;而中华 9 号、茸毛 1 号、粉帝、中华粉王和圣帝等品种 10 月病情指数都在 50 以上,表现为感病品种,其中茸毛 1 号、粉帝、中华粉王发病较为严重,发病率达 100%。可见不同番茄品种对黄化曲叶病毒的抗病性差异显著。

参试的 12 个圣女果品种有 4 个品种未发病,分别为抗 TY 千禧、美红、圣桃 3 号和黄仙女,抗性表现达到免疫水平;粉秀表现为高抗,病情指数为 3。红仙女、圣桃 6 号、圣喜、红霞、北京樱桃和京丹 1 号表现为中抗,其发病率为 12%~38%,10 月病情指数为 8~23。千福为中等感病品种,其发病率为 47%,10 月病情指数为 35。

表 7-3　不同品种对番茄黄化曲叶病毒病抗性的评价

番茄种类	品种	发病率（%）	病情指数			抗性级别
			8月	9月	10月	
番茄	布鲁尼1288	0	0	0	0	I
	DRW7728	0	0	0	0	I
	宝粉298	42	0	5	12	MR
	红丽	21	0	3	8	MR
	粉佳美	46	0	15	26	MS
	中华9号	85	6	26	51	S
	圣帝	75	3	19	50	S
	茸毛1号	100	9	34	60	S
	粉帝	100	4	40	59	S
	中华粉王	100	5	34	71	S
圣女果	抗TY千禧	0	0	0	0	I
	美红	0	0	0	0	I
	圣桃3号	0	0	0	0	I
	黄仙女	0	0	0	0	I
	粉秀	5	0	0	3	HR
	红仙女	19	0	4	8	MR
	圣桃6号	38	0	15	23	MR
	圣喜	26	0	9	14	MR
	红霞	15	0	3	9	MR
	北京樱桃	34	0	7	15	MR
	京丹1号	12	0	5	8	MR
	千福	47	2	20	35	MS

注：HR 为高抗，MR 为中抗，S 为感病，MS 为中等感病，I 为免疫

（3）烟粉虱与番茄黄化曲叶病毒病发生的关系

烟粉虱 [*Bemisia tabaci*（Gennadius）] 是番茄黄化曲叶病毒传播的唯一途径。传毒特性研究发现，烟粉虱短时间取食感病植株后即可带毒，且病毒在烟粉虱体内可终生存留并终生传毒，烟粉虱高效、持久的传毒与带毒特性极易导致 TYLCV 的流行暴发。研究表明，带毒的烟粉虱成虫可将病毒传于健康番茄植株，当虫口密度由每株 1 头增加至 5 头时，植株的感病率便由 10% 上升到 81%；虫口密度增加到每株 20 头时，植株感病率达到 97% 以上。陕西泾阳县 2010 年 7~8 月温度一直较高，温差小，气候干燥，8 月下旬至 9 月初烟粉虱暴发，平均单株虫量 40~200 头，当年番茄黄化曲叶病毒病大暴发，发病株率近 100%，几乎全发病。2013 年在渭南地区调查不同感病番茄品种上烟粉虱与番茄黄化曲叶病毒病的发生动态，结果表明，在 5 月初，渭南地区棚室内烟粉虱成虫活动数量很少，6 月中下旬成虫数量明显增多，在 7 月上旬形成明显的高峰期，其后田间拔蔓，烟粉虱转入大田在其他寄主上为害。从监测数据之间的关系来看，烟粉虱田间种群在不同感病品种上的发生量与番茄黄化曲叶病毒病病情指数呈线性相关，圣帝、中华粉王、圣桃 6 号和千福的回归方程决定系数（R^2）分别为 0.8962、0.7871、0.8056 和 0.7588

（表 7-4）。可以看出，从 5 月上旬到 7 月中旬随着烟粉虱种群发生量不断增加，番茄黄化曲叶病毒病也在不断加重。

表 7-4 番茄不同感病品种烟粉虱动态与黄化曲叶病毒病发生相关性

时间 （日/月）	圣帝		中华粉王		圣桃 6 号		千福	
	单株虫口	病情指数	单株虫口	病情指数	单株虫口	病情指数	单株虫口	病情指数
5/5	0	0	0	0	0	0	1	0
12/5	0	0	1	0	0	0	1	0
19/5	0	1.1	1	0	3	0.8	1	1.1
26/5	7	3.2	6	2.2	4	2.3	4	2.1
3/6	23	3.5	38	5.1	34	6.7	23	4.7
10/6	28	4.1	17	9.2	72	9.2	36	6.2
16/6	106	10.2	28	15.3	110	15.1	52	8.1
24/6	430	25.6	262	42.6	588	16.4	670	8.7
1/7	596	30.7	292	56.7	698	17.3	622	18.4
9/7	486	50.4	424	66.1	800	18.5	686	33.5
16/7	662	50.4	952	71.2	956	23.6	806	35.3
相关方程	$y=0.0694x+1.4125$ $R^2=0.8962$		$y=0.0877x+7.5975$ $R^2=0.7871$		$y=0.0209x+3.4654$ $R^2=0.8056$		$y=0.0325x+1.9824$ $R^2=0.7588$	

（4）环境条件与番茄黄化曲叶病毒病发生的关系

番茄黄化曲叶病毒病的发生与环境条件关系密切。一般高温干旱天气，利于发病；土壤瘠薄、黏重、板结及排水不良发病重；施用氮肥过多，植株组织幼嫩，易感病害。另外，晚秋遇高温天气，冬天温度偏高，春天气温回升过快，均有利于烟粉虱等害虫越冬繁殖及为害传毒；此外烟粉虱特别偏嗜番茄幼苗，植株受害愈早，发病愈重。

（5）栽培管理与番茄黄化曲叶病毒病发生的关系

播种过早，栽植密度过大，株行间郁闭，有利于烟粉虱的发生，番茄黄化曲叶病毒病发生重；多年重茬、肥力不足、氮肥施用太多，植株抗病性差，有利于病害的发生；管理粗放，棚室周边杂草丛生，烟粉虱数量大，发病重。

（6）杂草、蓟马与番茄斑萎病毒病发生的关系

番茄斑萎病毒病是番茄病毒病的一种，番茄斑萎病毒病之所以为害严重，是因为该病毒的越冬特性及传播特性。番茄斑萎病毒能够依靠野生品种及多种杂草进行越冬，而杂草的主要生物学特性是繁殖力强，难于根除，造成该病毒越冬寄主丰富，不会因为寒冷的冬季而降低侵染数量，保证了翌年的侵染源。同时该病毒的传播介体是多种蓟马，蓟马数量大、繁殖快、难于防治、迁飞能力强，而且一旦获毒终生带毒，为该病毒的传播提供了良好的介体。同时由于蓟马的活动性，该病毒的传播距离及传播速度大幅上升，因此易造成短时间内暴发。

7.1.9 番茄猝倒病

猝倒病是番茄苗期的重要病害之一，在全国各地都有发生，以冬、春季苗床发生较为普遍，轻者导致苗床死秧缺苗，严重时引起幼苗大面积成片倒伏死亡，延误农时，影响蔬菜生产。该病除为害番茄外，辣椒、茄子、黄瓜、莴苣、芹菜、甘蓝和洋葱等蔬菜幼苗也严重受害。

7.1.9.1 症状

该病为苗期病害，常见症状有烂种、死苗、猝倒。烂种是播后苗前即遭受病菌侵染，导致种子腐烂、死亡。死苗是种子胚轴及子叶已抽生，但在出土前后即死亡。猝倒是幼苗出土后，被病菌侵染，在幼苗茎基部呈现黄褐色水浸状暗斑，继而绕茎扩展，渐缢缩成线状，幼苗地上部倒地死亡。苗床湿度大时，在病苗上常密生白色棉絮状菌丝。

7.1.9.2 病原

番茄猝倒病是由瓜果腐霉菌（*Pythium aphanidermatum*）侵染所致，属鞭毛菌亚门真菌。菌丝丝状，无分隔，菌丝上产生不规则形、瓣状或卵圆状的孢子囊。孢子囊呈姜瓣状或裂瓣状，生于菌丝顶端或中间。孢子囊萌发产生有双鞭毛的游动孢子。

7.1.9.3 侵染循环

病原菌腐生性很强，可以卵孢子随病残体在土壤中越冬，在土壤中特别是在富含有机质的土壤中可长期存活。条件适宜时，病苗上可产生孢子囊或游动孢子，借雨水、灌溉水、带菌粪肥、农具、种子传播。幼苗多在低温时发病，土温15～16℃时病菌繁殖较快，30℃以上时繁殖受抑制。当苗床温度低、湿度大时易发生猝倒病。

7.1.9.4 影响发生因素

苗床浇水后积水或棚顶滴水处，往往最先形成发病中心。苗床因漫水灌溉、放风不当等造成苗床闷湿也可诱发病害。此外，地势低洼、排水不良和黏重土壤等田块，也容易导致幼苗发病。光照不良，幼苗瘦弱、徒长，发病重。幼苗子叶中养分快耗尽而新根尚未扎实之前，幼苗营养供应不良，抗病力最弱，若此时遇到寒流或连阴低温雨雪天气，苗床保温不好、幼苗光合作用弱、消耗加大时病菌乘机而入，就会突发此病。

7.1.10 番茄煤污病

番茄煤污病主要是由温室白粉虱、烟粉虱、蚜虫及风雨等传播的一种病害。

7.1.10.1 症状

主要为害叶片、叶柄、茎及果实。叶片染病后背面产生淡绿色近圆形或不定形病斑，边缘不明显，斑面生出褐色绒毛状霉，即病菌的分生孢子梗及分生孢子。霉层扩展迅速，可覆盖整个叶背，叶片正面出现淡绿色至黄色周缘不明显斑块，后期病斑褐色。发病严重时，植株枯萎，叶柄、茎及果实也长出褐色绒毛状霉层。

7.1.10.2 病原

番茄煤污病是由煤污假尾孢菌（*Pseudocercospora fuligena*）侵染引起，属半知菌亚门真菌。出芽短梗霉菌丛生于叶面，霉层可厚到成片揭下来，严重影响光合作用，造成早期落叶。该菌在麦芽浸膏琼脂培养基（MEA 培养基）上 24℃培养 7 天，呈墨绿色至黑色。菌丝初无色，薄壁，后变成褐色，壁厚，分隔处有缢缩。褐色菌丝长可断裂成菌丝段。分生孢子梗分化不明显，在菌丝上突出的小齿，即产孢细胞顶端产生分生孢子。产孢细胞位置不定，为内壁芽生瓶梗式产孢。分生孢子形态变化大，多呈长椭圆形或长筒形，两端钝圆，单胞无色，还可芽殖产生次生分生孢子。厚垣孢子椭圆形，两端钝圆，深褐色，1~2 个细胞。

7.1.10.3 侵染循环

病菌主要以菌丝体及分生孢子在土壤内及植物残体上越冬，环境适宜时菌丝体产生分生孢子，借风雨、烟粉虱、温室白粉虱、蚜虫等传播、蔓延。

7.1.10.4 影响发生因素

高温高湿是煤污病发病的关键。棚室光照弱、湿度大、温度高，易导致病害流行，且多从植物下部叶片开始发病。

温室白粉虱、烟粉虱、蚜虫等是该病的主要传播媒介。番茄生长期，传播媒介发生量和病害的严重程度呈正相关，传播媒介发生高峰期过后 7~10 天，番茄煤污病发生为害最重。

7.1.11 番茄白粉病

番茄白粉病是一种普遍发生的真菌性病害。20 世纪 80 年代在欧洲首次发现该病，并且迅速蔓延到世界各地，对番茄产量造成严重影响。我国最早报道发生番茄白粉病的地区是台湾，新疆、黑龙江、云南和辽宁等地也曾有发生。近年来随着大面积保护地番茄的发展，为白粉病的越冬提供了良好的场所，造成番茄白粉病有逐年蔓延之势，发生越来越严重。据 2006~2010 年调查，陕西春、秋棚室番茄白粉病发病率平均为 34%，严重时 10 天内可造成番茄叶片干枯，植株早衰，减产 20%~50%。

7.1.11.1 症状

番茄白粉病通常发生在番茄生长的中后期。病害发生在叶片、叶柄、茎及果实上。叶片染病，主要为害中下部叶片，初在叶面出现褪绿小斑点，后扩大为不规则形粉斑，表面产生白色絮状物，即病菌的菌丝、分生孢子梗及分生孢子。发病部位起初霉层稀疏，渐增多呈毡状，病斑扩大连片或覆盖全叶面。有时病斑也可发生于叶背，其正面为边缘不明显的黄绿色斑，后期病叶变褐枯死。叶柄、茎及果实染病时，病部表面产生白色粉状霉斑。

7.1.11.2 病原

番茄白粉病是由鞑靼内丝白粉菌（*Leveillula taurica*）侵染引起的真菌性病害，属子囊菌亚门真菌。菌丝内生，分生孢子棍棒状，单个顶生于从气孔伸出的分生孢子梗顶端，无色，大小为（40~80）μm×（12~21）μm。有性态闭囊壳埋生在菌丝中，近球形，直径为140~250μm，附属丝丝状与菌丝交织，不规则分枝；可内含子囊10~40个，近卵形，大小为（80~100）μm×（35~40）μm，大多内含2个子囊孢子。

7.1.11.3 侵染循环

病菌以闭囊壳随病残体在田间越冬，北方主要在冬茬番茄上越冬。第二年条件适宜时，闭囊壳散出的子囊孢子靠气流传播蔓延，以后寄主病部产生分生孢子后通过气流进行重复再侵染。常年种植番茄时，病菌则无明显的越冬现象。

番茄白粉病在田间的扩展流行，存在群体间的水平扩展和个体上的垂直扩展两种形式。即中心病株是由下向上作垂直传播，表现为下部叶片的病叶率和病情指数均高于上部叶片，当病菌传播到植株上部叶片后，病原菌随即水平扩散到邻近植株的上部叶片，造成上部叶片的病情指数大于下部叶片。田间观察还发现，无论栽培行是东西走向还是南北走向，白粉病的传播均为顺垄传播快，而垄间传播较慢，这可能是顺垄气流流畅、田间农事操作顺垄走动、灌水，再加上植物间接触密切，有利于白粉病分生孢子顺垄传播，使顺垄传播的距离较垄间传播的距离远得多。

7.1.11.4 影响发生因素

番茄白粉病的发病程度与田间温湿度关系密切。病菌发育的适宜温度是15~30℃，在25~28℃和干燥条件下该病易流行。在潮湿的环境条件下，病害的发生及流行会明显地受到抑制。另外与栽培品种有一定关系，不同品种抗病性有明显差异，但目前生产上高抗或免疫的番茄品种较少，也是该病逐年加重的原因之一。同时，栽植密度过大，行间距较小，也有利于病菌传播蔓延。

7.1.12 番茄根结线虫病

20世纪90年代以来，随着保护地蔬菜的大面积发展，受番茄连作种植及人为因素的影响，根结线虫病发生为害日趋严重。在北京、河南、山东、黑龙江、陕西、天津等几乎所有的北方省份都有发生，成为设施栽培番茄毁灭性植物根部土传病害，一般减产20%~30%，严重时达70%以上，甚至导致绝收。而我国的温室蔬菜正成为北方农业经济中的支柱产业之一，根结线虫的为害已成为制约其发展的重要因素。在陕西，蔬菜根结线虫2000年首次发生，现已广泛分布于关中、陕北和陕南等不同的蔬菜生态区，除为害番茄外，还可为害黄瓜、厚皮甜瓜、茄子、甘蓝等30多种蔬菜作物。

7.1.12.1 症状

地上部症状：根结线虫侵染番茄根系，形成根结，破坏了根部组织的正常分化和生理活动，水分和养分的正常运输受到阻碍，导致植株矮小、瘦弱，近底部的叶片极易脱落，上部叶片黄化，类似肥水不足的缺素症状。为害较轻时，症状不明显；为害较重时，植株地上部营养不良，植株变矮，叶片变小、发黄，不结实或结实不良，遇干旱则中午萎蔫，早晚恢复。严重受害后，未老先衰，干旱时极易萎蔫枯死，造成减产。

地下部症状：地下部的侧根和须根受害重，侧根和须根上形成大量大小不等、形状不定的瘤状根结（瘿瘤）。根结多生于根的中间，初为白色，后为褐色，表面粗糙，有时龟裂。根结的大小与形状因侵染的线虫种类、数量和寄主的不同而有差异，剖开根结有乳白色线虫。一般在根结上可产生细弱的新根，再侵染后形成根结状肿瘤。番茄受害后侧根根尖形成小根结，根结上丛生很多小须根。后期根结变成褐色，整个根肿大粗糙，呈不规则形。

由于地上部症状似缺素症，加之地下部症状的隐蔽性，菜农不易识别，往往贻误防治时机，造成严重为害。同时，当根结线虫的 2 龄幼虫侵入时，往往与蔬菜枯萎病、黄萎病、立枯病等土传病害共同发生，形成复合为害而加重损失。

7.1.12.2 病原

番茄根结线虫病是由根结线虫（*Meloidogyne*）侵染所致，这是一类低等的无脊椎动物，属于动物界线虫门。种类较多，因区域不同而不同。在陕西设施番茄上发生的根结线虫主要有南方根结线虫（*Meloidogyne incognita*）、爪哇根结线虫（*M. javanica*）、北方根结线虫（*M. hapla*）和花生根结线虫（*M. arenaria*），其中以南方根结线虫为优势种。

南方根结线虫为雌雄异体，幼虫细长呈蠕虫状。雌虫体白色，呈卵圆形或鸭梨形，体形不对称，颈部通常向背部弯曲，排泄孔位于口针基部球处，会阴花纹呈卵圆形或椭圆形，背弓扁平至圆形、平滑至波浪状，典型的是背线与腹线相交成角度，形成叉状纹，或间有断裂，但无明显侧线，无翼，无刻点，腹部较平而圆，光滑。雄虫细长，虫体透明，交合刺长 31.3（28.3～32.2）μm。头冠中等高，与头区等宽或略窄。口针很长，口针基部球泪珠状，口针基部球到背食道腺口的距离大于 4μm，口针锥体末端宽于基杆。

然而由于根结线虫种类较多，其形态特征在种内存在变异性，在鉴定过程中主要依靠会阴花纹特征判别（表 7-5）。其他鉴别特征所起的作用是很有限的，而在种间又存在重叠性，这些特征对鉴定只能起到辅助作用。

表 7-5　常见 4 种根结线虫会阴花纹特征

种类	侧区	背弓形状	侧线纹理	尾部
南方根结线虫	无明显侧线，有的侧区线纹乱	高，方形至梯形	线纹乱，较粗	较平滑，常有轮纹
北方根结线虫	形成翼状突起，无或有侧线痕迹	低，圆形或扁平	线纹细，背腹线不连续	有的有轮纹，但总有刻点存在
花生根结线虫	形成肩状突起，无侧线，有细纹	低，圆形或略方	线纹不连续或者起伏较大	有的有轮纹
爪哇根结线虫	侧线明显	低或较低，圆形或略方	线纹密，常形成轮纹状	常有轮纹

7.1.12.3 侵染循环

根结线虫多以 2 龄幼虫或卵随植株残体在 5～30cm 深土层越冬，无寄主条件下可存活 1～3 年。条件适宜时，越冬卵孵化为幼虫，继续发育后侵入番茄根部，刺激根部细胞增生，产生新的根结或肿瘤。根结线虫发育到 4 龄时交尾产卵，雄线虫离开寄主钻入土壤中后很快死亡。产在根结中的卵在条件适宜时就开始发育，卵的发育从单个卵细胞分裂开始，一分为二，二分为四，直到完全形成一个具有明显口针卷曲在卵壳中的幼虫，这就是根结线虫的 1 龄幼虫，它在卵内就已经发育成熟，蜕皮后变为 2 龄幼虫并破壳而出。卵后发育从 2 龄幼虫开始，2 龄幼虫具有侵染性，一经孵出后很快就离开卵块，孵出后就主动寻找寄主的根以获取营养。一般情况下，2 龄幼虫会受到根的分泌物质的诱导而找到寄主，通常从根尖侵入根内，一旦找到合适的寄主后就不再移动，永久定居在根内并长大，2 龄幼虫再蜕两次皮后变成 4 龄幼虫。这期间幼虫的体形会发生变化，从线形变成一头尖的长椭圆形，体内的生殖腺也逐渐发育成熟。4 龄幼虫在第 4 次蜕皮之后，雄虫变成细长形，进入土壤中活动，它具有发达的口针，但缺乏发育完整的食道腺体，因而不取食，成熟的雄虫一般存活几个星期。雌虫形状变成梨形，它具有完整的消化系统，继续留在根内营寄生生活并产卵，完成其生活周期。如果雌虫身体完全埋在根内，则产下的卵也在根内，这些卵将进行孤雌生殖。如果雌虫阴门暴露在根外，则可与雄虫交配，进行有性生殖。有的雄虫成熟后还留在根内，也会与根内的雌虫交配进行有性生殖。雌虫可以连续产卵 2～3 个月。田间发生的初始虫源是带虫的土壤或种苗。

根结线虫无论是寄生在作物根部还是生存在土壤中，其自身移动速度非常有限。主动迁移大多发生在根际，在整个生长季节的移动距离通常仅 20～30cm，不超过 100cm。因此在田间经常呈不规则的斑块状或片状分布，同一个温室也经常会出现发生程度轻重不一的情况。根结线虫的近距离传播主要通过各种农事活动，即土壤的翻耕、灌溉水会使根结线虫传播于整个棚室，而串水灌溉、互用农机具、人员来往、虫苗移动等活动均会引起根结线虫在不同棚室之间的传播蔓延。远距离、跨地区的传播则通常是通过带虫的苗木、肥料。

研究发现（图 7-3），棚室内南方根结线虫 2 龄幼虫的数量动态与 10cm 地温变化关系密切，南方根结线虫适宜温度为 24～28℃，35℃以上高温（30%含水量）和 5℃以下低温对南方根结线虫形成抑制，12℃时线虫发育十分缓慢。在 1～2 月温度较低，降低

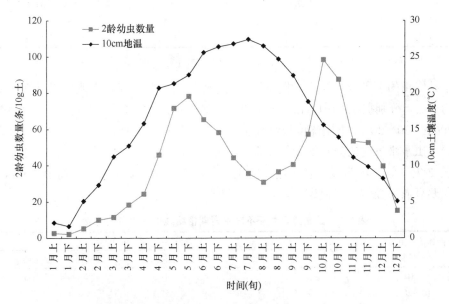

图 7-3　棚室内南方根结线虫 2 龄幼虫消长动态（渭南，2006）

了 2 龄幼虫的越冬数量；在 6 月下旬至 8 月上旬，10cm 以上地温一定时期超过了 35℃，同时由于棚室内寄主的缺失，限制了根结线虫的发生。在陕西关中、陕北的日光温室和大棚番茄，根结线虫 1 年可发生 5～6 代，一般在 3 月开始为害，为第 1 代。第 2～3 代在 5～6 月发生，出现世代重叠，为害达到高峰。6 月下旬至 8 月上旬发生为害降低，为第 4 代。在 8 月下旬至 10 月随着温度的适宜为第 2 个为害高峰期，为第 5 代和第 6 代。

根结线虫垂直分布于 0～30cm 深度土层中，而且大多数情况下分布于距离地表 0～20cm 的范围内，随着土层深度的增加，分布数量依次减少，发生严重的棚室 50cm 深度以下的深层土壤也有分布。日光温室番茄不同生育期土壤中根结线虫的垂直分布规律表现为：番茄开花盛期、结果期、结果盛期等不同生育时期根结线虫在棚室不同深度土壤中分布的数量不同（表 7-6）。在开花盛期时，0～5cm 土层线虫数量最多，达 92.2 条/cm^3，5～10cm 土层为 44.2 条/cm^3，10～15cm 土层为 30.6 条/cm^3，15～20cm 土层为 22.1 条/cm^3，表现出随着土层的加深线虫数量依次减少的趋势。0～5cm 土层与 10～15cm、15～20cm 两土层线虫数量在 0.05 水平上有显著性差异，其他土层之间线虫数量在 0.05 水平上无显著性差异。结果期线虫数量最多的土层仍然是地表 0～5cm，为 66.1 条/cm^3，最低的也是 10～15cm 土层，数量为 36.0 条/cm^3，也表现出随着土层的加深线虫数量明显减少的趋势。结果盛期也表现出随着土层的加深线虫数量明显减少的趋势，0～5cm 土层为 47.2 条/cm^3，5～10cm 土层为 33.8 条/cm^3，15～20cm 土层为 17.0 条/cm^3。0～5cm 土层与 10～15cm、15～20cm 两土层及 5～10cm 土层与 10～15cm、15～20cm 两土层的线虫数量均在 0.05 水平上有显著性差异。但 0～5cm 与 5～10cm 两土层的线虫数量在 0.05 水平上无显著性差异。

表 7-6 日光温室番茄不同生育期根结线虫垂直分布数量

土壤深度 (cm)	平均线虫数量（条/cm^3）		
	开花盛期	结果期	结果盛期
0～5	92.2a	66.1a	47.2a
5～10	44.2ab	45.2a	33.8a
10～15	30.6b	36.0a	11.5b
15～20	22.1b	41.0a	17.0b

注：表中同列数据后有不同字母者表示在 0.05 水平上差异显著

根结线虫的水平分布受番茄根系特征的影响，番茄从开花盛期到结果盛期，以番茄植株为中心，分别按照 0～10cm、10～20cm、20～30cm 的水平方向对土壤中 0～10cm、10～20cm、20～30cm 不同深度根结线虫的分布数量进行统计，结果表明，不同深度土层根结线虫水平方向的分布均无规律性，不同生育时期在土壤中的水平分布没有明显差异（表 7-7），这是因为线虫在土壤中的主动移动距离非常微小，每天约为 2mm，传播途径主要靠农事操作或其他媒介。

表 7-7 日光温室番茄不同生育期根结线虫水平分布数量

距离植株中心 (cm)	平均线虫数量（条/cm^3）		
	开花盛期	结果期	结果盛期
0～10	54.4	40.3	21.3
10～20	51.1	52.4	27.7
20～30	25.7	47.7	31.0

7.1.12.4 影响发生因素

(1) 土壤环境与根结线虫病发生的关系

番茄根结线虫的发生特点,决定了它的生存、取食、繁殖、运动、寄生等生命活动都离不开土壤,其生活史的大部分时间是生活在土壤中。虽有一段时间是寄生在作物根部,但时间比较短,土壤是其越冬、越夏等休眠期的唯一生存环境。在设施栽培条件下,环境变化比露地栽培稳定,几乎周年有寄主存在,夏季寄主使地表土壤湿度相对较高,温度较低,避免了高温干旱环境条件的出现,冬季设施栽培使土壤温度常常处在根结线虫致死低温之上,说明设施栽培为根结线虫的种群繁衍提供了丰富的寄主和适宜的栖息场所,是导致根结线虫在中国北部地区发生面积迅速扩大和为害加重的最主要原因。

1) 土壤温度对根结线虫发生的影响。根结线虫发育的最适温度为15~30℃,在5~15℃和30~40℃发育受到抑制,当土壤温度低于5℃或超过40℃时对线虫有杀伤、致死作用。南方根结线虫2龄幼虫的不适宜低温范围是10℃以下,不适宜高温范围是40℃以上。2龄幼虫存活的最适温度为20~25℃。土壤温度的高低也与根结线虫生活史长短密切相关。南方根结线虫平均温度在17.2℃(14~25.5℃)时,经过44天完成寄生阶段生活史,总积温756.4天·℃。当土壤平均温度在19.1℃时,爪哇根结线虫在番茄上45天完成寄生阶段生活史(雌成虫开始产卵),总积温858.8天·℃。

对陕西省大荔县自然条件下的全年月均温和日光温室月均温进行比较,可以看出(表7-8),自然条件下10cm土壤最低月均温为(-1.03±8.25)℃,最高月均温为(25.83±8.87)℃,其波动幅度较大。而日光温室10cm土壤月均温最低为(14.70±2.60)℃,最高温度为(27.65±3.11)℃,说明根结线虫可以在一个很宽的温度范围内生存,数量迅速繁殖。

表7-8 陕西省大荔县露地、拱棚、日光温室10cm土壤温度

月份	露地10cm土壤温度(℃)	拱棚10cm土壤温度(℃)	日光温室10cm土壤温度(℃)
1月	-1.03±8.25	1.84±7.25	14.70±2.60
2月	3.77±7.63	6.19±5.19	15.80±2.23
3月	8.84±8.35	12.45±6.78	18.98±3.84
4月	17.09±8.24	18.37±6.52	19.00±3.41
5月	19.62±8.41	21.39±6.34	24.68±3.95
6月	23.74±7.33	25.99±5.02	26.08±3.30
7月	25.83±8.87	26.92±5.24	27.65±3.11
8月	24.51±7.59	25.61±3.88	27.35±2.39
9月	20.10±6.36	21.21±4.90	23.36±2.80
10月	13.12±6.65	15.38±5.43	17.42±2.48
11月	7.08±7.41	11.97±7.87	15.85±3.92
12月	3.30±8.35	6.68±7.11	17.51±3.50

2) 土壤湿度对根结线虫发生的影响。田间湿度是影响根结线虫孵化和繁殖的重要条件。土壤湿度适于蔬菜生长时,也适于根结线虫活动,有利于孵化和侵染。当土壤湿

度在根结线虫的适宜生长发育范围时，根结线虫死亡率低，繁殖率高，种群数量增加；反之，若土壤湿度高于或低于根结线虫的适宜生长发育范围时，死亡率提高，繁殖率降低，种群数量减少。

极端潮湿的土壤可以对根结线虫的活动产生抑制作用，浸水、漫灌可以杀死根结线虫。干旱的土壤环境同样也不利于根结线虫的生存。在侵染发生的自然状态下，土壤湿度在10.7%时，幼虫可以存活2～5天，线虫数量明显减少。土壤湿度在29%时，多数存活。土壤湿度降低时，北方根结线虫的活动能力也随之降低。干燥条件可以抑制线虫的活动，但不一定能杀死线虫。花生根结线虫卵的孵化在干燥的条件下受抑制，但卵可以存活，当湿度增加时卵仍可孵化。

在自然条件下，土壤湿度对根结线虫的作用受土壤温度的影响，土壤湿度不是孤立的参数，土壤温度和湿度二者互相影响。不同的土壤湿度对土壤温度的变化有显著的影响，土壤越干燥，温度的昼夜波动幅度也越大。土壤湿度大小也影响根结线虫的性别比例，在较干燥条件下（田间持水量占总持水量的50%）雄虫与雌虫的比例比在潮湿条件下（田间持水量占总持水量的125%）更接近1∶1。干燥条件更适于雄虫的产生或存活。综合温度和湿度两个影响因子，则显示出任何湿度条件下的低温和高温高湿（>35℃、含水量>30%）条件对南方根结线虫都有抑制作用。当温度为25～35℃时，土壤含水量对线虫的存活影响不大；当土壤温度达到40℃，且土壤含水量低时，线虫的死亡率高；而当温度升高到45～50℃时，线虫的死亡率随着土壤含水量的提高而增加。

3）土壤酸碱度对根结线虫发生的影响。土壤酸碱度对土壤肥力及植物生长影响很大，进而也影响蔬菜根结线虫的取食、繁殖、运动、寄生等生命活动。试验结果表明，当pH在5～8时，南方根结线虫卵孵化率与2龄幼虫存活率均比较高；当pH小于5或大于8时，卵孵化率与2龄幼虫存活率都呈逐渐递减趋势（表7-9）。由此可见，南方根结线虫对土壤pH的适应范围较广，但最适于在弱酸和中性土壤环境中生长发育。

表7-9 不同pH溶液对南方根结线虫的影响

pH	2	3	4	5	6	7	8	9	10	11
卵孵化率（%）	10.8	41.3	72.4	81.1	84.1	81.3	80.3	68.2	45.1	35.1
2龄幼虫存活率（%）	11.2	32.4	66.9	80.9	82.9	81.4	80.6	63.5	31.6	34.6

（2）番茄品种与根结线虫病发生的关系

根结线虫必须寄生于寄主植物根系并获取所需的全部营养，才能完成其完整的生活史。这种寄生行为会对植物造成一定的伤害，而寄主植物的反应也会对根结线虫产生显著的影响，从而引发根结线虫的高度专化性适应。

在陕西，番茄是蔬菜的主栽品种，常年种植面积在5.3万hm^2以上，其中设施栽培面积超过2万hm^2。番茄也是对根结线虫高度敏感的栽培作物之一，目前生产上有一定面积的主栽品种有15个，其中对根结线虫高度敏感的品种有：中杂9号、毛粉802、金棚1号、金棚11号、西粉3号、双抗2号、粉达、雷诺101；敏感的品种有：欧盾、L402、百利、金罗汉；仅有世纪粉冠王、中研988、金棚M6等3个为抗根结线虫品种

（表 7-10）。这些高感及感病品种的大面积种植，是导致番茄根结线虫大面积成灾的主要原因。而目前较为抗根结线虫的品种如奥妮娜、春桃、尼瑞萨、L420 等番茄品种，由于品种品质（如厚皮红果型）和当地群众消费习惯不符，不受市场欢迎，菜农也不愿意种植，目前生产面积很小。

表 7-10　陕西省主栽番茄品种对根结线虫的敏感性比较

品种	根结率（%）	受害株率（%）	抗性评价
欧盾	50.4	87.5	感
中杂 9 号	42.6b	100	高感
毛粉 802	47.1a	100	高感
金棚 1 号	55.4	100	高感
金棚 11 号	48.8	100	高感
金棚 M6	26.6	62.8	抗
L402	37.5	90.5	感
西粉 3 号	58.7	100	高感
双抗 2 号	52.2	100	高感
世纪粉冠王	25.8	60.1	抗
中研 988	19.4	55.4	抗
粉达	60.5	100	高感
雷诺 101	65.1	100	高感
百利	34.7	89.5	感
金罗汉	40.5	85.5	感

7.1.13　番茄绵疫病

7.1.13.1　症状

绵疫病又称褐色腐败病、番茄掉蛋。主要为害果实，也为害叶片。先在近果顶或果肩部出现表面光滑的淡褐色斑，有时长有少许白霉，后逐渐形成同心轮纹状斑，渐变为深褐色，皮下果肉也变褐。湿度大时，病部长出白色霉状物，病果多保持原状，不软化，易脱落。

7.1.13.2　病原

番茄绵疫病是由寄生疫霉（*Phytophthora parasitica*）、辣椒疫霉（*P. capsici*）、茄疫霉（*P. melongenae*）复合侵染所致，均属鞭毛菌亚门真菌。

寄生疫霉，菌丝体为气生菌丝团，白色。雄器多围生；卵孢子球形，平滑，满器。非专性寄生。

辣椒疫霉，在 CA 上菌落呈放射状、絮状，气生菌丝中等到繁茂。菌丝形态简单，粗 3~10μm。孢囊梗不规则分枝或伞形分枝，细长，粗 1.5~3.5μm。孢子囊形态变化甚大，从近球形、卵形、肾形、梨形到长卵形、椭圆形和不规则形，大小为（40~80）μm×（29~52）μm；长宽比值为 1.4~2.7，平均 1.86；具明显乳突 1~3 个，乳突高 2.7~5.4μm；

孢子囊基部圆形或渐尖；孢子囊脱落后具长柄，柄长17～61μm；孢子囊成熟后直接萌发成厚垣孢子，球形或不规则形，顶生或间生，直径18～28μm。藏卵器球形，直径22～32μm，壁薄，一般厚0.5～2.0μm，平滑，柄多为棍棒状，少数为圆锥形。雄器球形或圆筒形，围生，无色，大小为（10～20）μm×（9～14）μm。卵孢子球形，直径21～30μm；壁薄，一般厚0.5～2.5μm，无色，平滑，不满器。

茄疫霉，菌丝白色，无隔膜，具分枝。孢囊梗从气孔伸出，细长，无隔膜，不分枝，顶生孢子囊。孢子囊球形或卵圆形，大小为（20～72）μm×（25～125）μm。孢子囊顶端乳头突起明显。孢子囊萌发产生双鞭毛游动孢子，游动孢子卵形。在水分不足或温度较高时，孢子囊萌发直接产生芽管。

7.1.13.3 侵染循环

病菌以卵孢子或厚垣孢子随病残体遗落在土壤中存活过冬，借助于雨水或灌溉水传播，成为翌年病害初侵染源，发病后，病部产生的孢子囊和游动孢子作为再次侵染菌源完成再侵染。

7.1.13.4 影响发生因素

阴雨连绵、相对湿度在85%以上，平均气温在25～30℃的天气条件下，特别是雨后转晴天，气温骤升时，最有利于绵疫病的流行。春番茄在4～5月常发生绵疫病。菜田低洼、土质黏重、整地和管理粗放、种植过密、田间通风透光性差等均有利于绵疫病的流行。

7.1.14 番茄细菌性溃疡病

番茄细菌性溃疡病是番茄生产中的一种毁灭性检疫病害，1909年在美国首次发现，20世纪30年代、60年代和80年代，番茄细菌性溃疡病在美国和加拿大的一些番茄主产区暴发，所造成的产量损失高达80%以上，目前番茄细菌性溃疡病已成为世界性的重要病害，全世界60多个国家都有番茄细菌性溃疡病发生的报道。刘泮华等1985年在北京平谷县发现该病，以后相继在黑龙江、吉林、辽宁、内蒙古、河北、山西、山东、上海、海南等省（自治区、直辖市）出现了番茄细菌性溃疡病发生的报道。近几年随着北方气候的异常变化及冷棚越夏硬果型番茄种植面积的扩大，国外引种数量增加，品种不断更换及多年连作导致番茄细菌性溃疡病呈逐年加重发生趋势，对番茄生产构成严重威胁。

7.1.14.1 症状

番茄细菌性溃疡病从育苗到收获期均可发生。幼苗发病时，先从叶片边缘部位开始，病叶发生向上纵卷，逐渐萎蔫下垂，似缺水，病叶边缘及叶脉间变黄，叶片变褐色枯死。有的幼苗在下胚轴或叶柄处产生溃疡状凹陷条斑，发病严重时植株矮化或枯死。茎秆受害时，病菌由茎部侵入，从韧皮部向髓部扩展。初期，下部凋萎或纵向卷缩，似缺水状，一侧或部分小叶凋萎，茎秆内部变褐色，病斑向上下扩展，长度可达一至数节，后期产生长短不一的穿腔，最后下陷或开裂，茎略变粗，生出许多不定根，在多雨水或湿度大时，从病茎或叶柄病部溢出菌脓，菌脓附在病部上面，形成白色污状物，后茎内变褐色而中空，全株枯死，枯死株上部的顶叶呈青枯状。果实受害时病菌由果柄进入，果柄受害多由茎部病菌扩展而致其韧皮部及髓部呈现褐色腐烂，可一直延伸到果内，致幼果滞育、皱缩、畸形，使种子不正常和带菌，有时从萼片表面局部侵染产生坏死斑，病斑扩展到果面。潮湿时病果表面产生圆形"鸟眼斑"，周围白色略隆起，中央为褐色木栓化突起，单个病斑直径3mm左右。有时许多"鸟眼斑"在一起形成不定形的病区。"鸟眼斑"是番茄细菌性溃疡病病果的一种特异性症状，其发病特点有以下几个方面。

（1）发病时期独特

田间系统调查发现，番茄细菌性溃疡病在番茄生长期有两个明显的发病期。第一次发病在幼苗期，以子叶期至2叶1心期易发病，可造成幼苗枯死。第二次发病在第3穗果实膨大至成熟期，越接近采收期发病越重。例如，2014年对某地冷棚越夏硬果型惠裕番茄调查，定植到第3穗花期，溃疡病零星发生，第4穗花后病株率开始上升，病株率3%~8%，病棚率35%，进入采摘盛期，番茄细菌性溃疡病发病达到高峰期，重病田病株率50%以上，造成番茄严重减产。

（2）保护地重于露地

由于保护地轮作倒茬相对露地比较困难，长期连作加重了番茄细菌性溃疡病的发生。据多年来田间观察发现，该病有两个明显的发病高峰期。第一个发病高峰期是3月下旬至4月中旬在温室越冬茬番茄上，此时番茄正值采收盛期，植株营养严重失调，加重了该病的发生。第二个发病高峰期是6月下旬至7月中旬在冷棚越夏硬果型番茄上，病棚率高达30%以上，个别棚室发生严重。而露地分散种植番茄，不成规模，面积较少，年年轮作倒茬，细菌性溃疡病发生较轻。

（3）发病快，为害损失重

番茄细菌性溃疡病在番茄生长中后期发病，出现中心病株后，数日内病情迅速蔓延。一旦发病较难防治，目前该病只能预防，没有特效化学药剂。轻者造成番茄减产20%~30%，暴发时棚室减产达50%以上，给菜农造成很大的经济损失，严重制约着硬果型番茄产业的发展。

7.1.14.2 病原

番茄细菌性溃疡病是由密执安棒杆菌密执安亚种[*Clavibacter michiganensis*（Smith）Davisetal, subsp. *michiganensis*（Smith）Davisetal]侵染所致，该病为细菌性维管束病害。病原菌为细菌，无芽孢，棒杆状。细胞大小为（0.4~0.7）μm×（0.7~1.2）μm，以单个或成对方式存在。碳水化合物氧化代谢，不解脂，硝酸盐还原阴性，脲酶阴性，明胶液化慢，水解七叶苷，水解淀粉能力很弱或不水解。病菌生长缓慢，形成具光泽、圆形、边缘规则的黄色菌落，也存在粉红色、白色、红色及橙色的变异菌落。病原菌是一种好气、不游动、革兰氏阳性、无孢子形成的弯曲形杆状细菌。适宜pH为7；1~33℃条件下均可发生，最适温度为25~27℃，寄主范围仅限于茄科的一些属种，如番茄属、辣椒属、烟草属等 47 种。

7.1.14.3 侵染循环

病原菌存在于土壤中的病残组织中，可存活 2~3 年。在田间或温室，病原菌通过水、培养料、整枝打杈、中耕、蘸花、疏果或施用带有病残体的未腐熟的有机肥传播。病原菌由植株的伤口、叶毛、根、气孔和其他自然孔口或幼嫩果实表面侵入植物组织，通过韧皮部在寄主体内迅速扩散。果实上的病斑是通过风雨或喷灌时从病株叶片上滴下的带菌水传播的。花柄染病后病菌经维管束进入果实的胚，侵染种脐或种皮，致种子内带菌，病健果混合采收时，病菌黏附在种子上致使种子带菌，种子内外层都可带菌，在种子中可存活 8 个月以上，种子带菌率一般为 1%~5%，严重时可达 50%以上，种子带菌率 1%时能迅速引起病害流行。如果苗床土壤带菌，病株率可达 50%以上。远距离传播靠带菌种子、种苗。发病维管束中含有黏性的颗粒状沉淀及植物侵填体和细菌团块。同时，病菌产生具有生物活性的毒素肽。

7.1.14.4 影响发生因素

（1）种子带菌是病害发生的主导因素

研究表明，番茄种子内外都可带菌，种子传病率一般为 1%左右，如果带菌种子到幼苗的传病率能达到 0.01%，若环境条件适宜，就可引起病害在田间的大流行。不同番茄品种细菌性溃疡病发生差异较大。在番茄细菌性溃疡病流行期间，硬果型番茄品种感病严重，而常规软果型系列品种感病较轻，如中蔬 4 号、佳粉 1 号、佳粉 2 号、毛粉 802、金棚系列的粉番茄品种不感病。

（2）连作是病害发生的重要因素

田间调查发现，如果苗床土壤带菌，造成的发病株率可达 50%以上。番茄种植规模大、连作年限越长，越有利于细菌性溃疡病的发生。塑料大棚种植一般在 4 月下旬定植，7 月上旬进入采收期，一年一季，没有倒茬的时间，造成细菌性溃疡病菌在土壤中逐年积累，加重了该病的发生。

（3）温暖、潮湿的气候条件是病害发生的首要诱因

番茄细菌性溃疡病病菌生长适温为 25~30℃，温暖、潮湿有利于病害的发生，连阴雨及暴雨或棚室结露持续时间长发病重。资料报道，河北承德 2012 年 6 月下旬保护地越夏硬果型番茄 5~6 穗果，连续多日降雨、寡照，加之田间小气候适宜，造成番茄细菌性溃疡病暴发、流行。据 6 月 29 日田间定点及大面积普查，50%以上棚室发生，有 70%的棚室发病株率在 30%以上。

7.1.15 番茄黑斑病

7.1.15.1 症状

番茄黑斑病各地均有发生，有时为害较重。主要为害果实，近成熟的果实最易受害。

果实染病时，果面产生一个或几个病斑，大小不等，圆形或椭圆形，灰褐色或淡褐色，稍凹陷，边缘整齐。湿度大时病斑产生黑色霉状物。后期病果腐烂。

7.1.15.2 病原

番茄黑斑病是由茄斑链格孢菌（*Alternaria melongenae*）侵染所致，属半知菌亚门真菌。分生孢子梗 2 根至数根束生，暗褐色，顶端色淡，基部稍大，隔膜颇多，不分枝。

7.1.15.3 侵染循环

病菌以菌丝体或分生孢子随病残体在土壤中越冬。田间病菌靠分生孢子进行初侵染、再侵染，依靠气流传播，从伤口侵入致病。病菌腐生性较强，通常是在植株生长较弱、抵抗力降低时才侵染，而且多从伤口侵入。

7.1.15.4 影响发生因素

病菌喜温暖湿润环境，在 23~25℃、相对湿度 85%以上时容易发病。生产中，以高温多雨季节有利于发病。另外，种植密度过大、株间通风不良、管理粗放、肥水不足、植株生长衰弱时易发病。

7.1.16 番茄黄头病

番茄黄头病是一种发生在番茄上新的毁灭性病害。2012 年在宁夏设施番茄主产区的中卫、银川等地开始出现，2013 年已有部分农户因为黄头病发生导致番茄绝收，到 2014 年大面积流行，导致区域设施番茄损失惨重，种植面积锐减。2014~2015 年连续 2 年秋延茬和越冬茬番茄，有 10%左右的菜农在 2 个月之内连续拔掉两茬定植苗，最后改种其他作物，损失十分惨重。截至 2016 年，无论发生面积还是发生程度都进一步加重，已成为宁夏番茄生产中亟待解决的问题。但有关该病的报道甚少，发生规律不清，给防治带来很大困难。

7.1.16.1 症状

发病番茄植株矮化，顶部生长点发黄下弯，植株上部叶片发黄，群众形象地称为黄头病。发病初期，叶片出现圆形或不规则形的灰黑色病斑，随后颜色逐步变深为黑色，多个病斑连接成片导致叶片枯死，酷似番茄早疫病，有的病斑外围有黄色晕圈。果实表面出现白色病斑，病斑中间有针孔状斑点。茎秆纵剖可见木质部有褐色病变，根系不发达，根毛稀少。有的植株全株感染发病，有的植株中下部叶片正常，上部叶片发病严重。个别植株仅在中部叶片发病，上部新生叶片又可正常生长。

7.1.16.2 病原

该病病原种类目前还不确定。2015~2016 年，陕西省生物农业研究所通过采样、分离培养及形态学鉴定，初步认为引起番茄黄头病的病原菌是一种肠杆菌属的细菌（*Enterobacter* sp.）（图 7-4、图 7-5）。通过基因测定分析，结果表明，引起该病害的病原菌与肠杆菌属较接近,相似度均为 99% 以上,与成团泛菌 B1(*Pantoea agglomerans* strain,肠杆菌的一种)、克雷伯菌属的 GX17、XW721、弗氏柠檬酸杆菌(*Citrobacter freundii*)CFNIH1、解鸟氨酸拉乌尔菌(*Raoultella ornithinolytica*)NB1、非脱羧勒克菌(*Leclercia adecarboxylata*)PSB8、2376、PSB10 等菌相似度也较高,为 97%～99%。

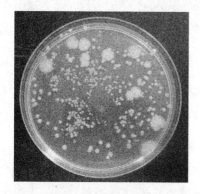
图 7-4　菌落生长状况

图 7-5　杆状菌体

7.1.16.3　侵染循环

目前有关该病的研究资料甚少,侵染循环还不清楚。但研究发现,番茄黄头病全年均有发生,其中 7 月中旬至 9 月中旬是一年中发生为害的高峰期。早春茬和越夏茬主要发生在番茄生长发育的中后期;秋延茬自番茄苗期就发生,结果中前期是发病高峰期;越冬茬发生高峰期主要为番茄生长发育的中前期。不同茬口虽然均有黄头病发生,但不同茬口的发生程度有显著差异,早春茬发生最轻,发病高峰期平均发病株率为 2.8%;其次是越夏茬和越冬茬,发病高峰期平均发病株率分别为 15.8% 和 7.8%;秋延茬发病最重,发病高峰期平均发病株率为 78.9%。

7.1.16.4　影响发生因素

(1) 品种与发病的关系

研究表明,番茄品种与黄头病的发生没有直接关系。田间调查显示,在发生区域所涉及的番茄品种如惠裕、博瑞 5 号、欧宝 1 号、欧宝 5 号、卡特 2 号、巴特、黄金 606、茉莉亚、诺努瓦、9029、107、7738、7846 等,每个品种都有番茄黄头病的发生,且不同品种间没有明显差异,未发现抗病品种。

(2) 病原积累

番茄黄头病从 2012 年开始就在宁夏的部分番茄产区发生,2013 年已有部分农户因为该病导致番茄绝收,2014 年发生区域扩大,为害加重,为翌年该病的大面积发生积累了病原。

(3) 定植期与黄头病发病的关系

定植时间和该病害的发生有密切关系。研究表明(表 7-11),定植时间在 6 月 30 日～

7月20日的番茄黄头病发生比较严重,特别是6月30日～7月10日定植棚室,番茄黄头病发病株率高达50%以上,甚至拔蔓清园,导致绝收;而在7月15日以后,特别是7月底、8月初定植的番茄发病较轻,棚室发病株率大多在10%以内。说明合理地推迟定植期,可有效控制该病害的发生。在目前对该病尚无有效措施的情况下,调整定植期不失为防治番茄黄头病的有效防治措施。

表7-11 不同定植期番茄黄头病发病情况

定植时间 (日/月)	发病株率(%)			病情指数		
	7月20日	8月20日	9月20日	7月20日	8月20日	9月20日
30/6	28.6	37.5	52.4	12.6	35.6	55.3
10/7	32.1	42.6	55.8	18.4	43.7	60.4
20/7	0	18.6	31.5	0	17.9	44.7
30/7	0	15.8	23.7	0	10.2	22.8
10/8	0	0	12.3	0	0	11.8
20/8	0	0	3.6	0	0	2.1
CK(10/7)	32.1	42.6	55.8	18.4	43.7	60.4

(4)气候因素

从环境因素分析,由于夏季持续高温干旱,高温加速番茄叶片的蒸腾作用,菜农为了降温增加灌水量和灌水次数,高湿的土壤环境容易引起番茄根部缺氧,影响根系的正常生长发育,抗逆性、抗病性均降低,更有利于病害的流行。

7.2 生 理 病 害

7.2.1 番茄脐腐病

番茄脐腐病又称黑膏药病、顶腐病、蒂腐病等,是棚室栽培番茄生理病害中发生普遍、为害较重、产量损失最大的生理病害。

7.2.1.1 症状

该病只发生于果实上,幼果至成熟果期均可发生,但多在幼果和青果期发生。发病初期在幼果或青果脐部出现水渍状暗绿色病斑,后病斑逐渐扩大,变成暗褐色或黑色;病斑通常直径1～2cm,严重时扩展到半个果面,扩至果顶部,使果顶凹陷、变褐;病部组织崩溃收缩。在遇到潮湿条件下,因腐生霉菌寄生,病部表面形成黑色或红色霉状物。一般病果的健部提前转色变红。此病多发生于第一、第二花序的果上,同一花序的果实几乎同时发病。

7.2.1.2 发病原因

一种普遍的观点认为,番茄脐腐病发生的根本原因是缺钙。一般认为果实中钙的浓度低于0.08%(以干重计)时往往就发生此病。植株缺钙不一定是土壤缺钙,有时土壤黏重、瘠薄的石灰性土壤也易产生脐腐病。土壤盐基含量低、酸化，尤其是沙性较强的土壤供钙不足。在盐渍化的土壤中，虽然土壤含钙量较高，但因土壤可溶性盐类浓度高，根系对钙的吸收受阻，也会缺钙。另外，使用铵态氮肥或磷肥和钾肥过多时也会阻碍植株对钙的吸收。在土壤干旱、空气干燥、连续高温时易出现大量的脐腐病果。

另一种观点认为发病的原因是水分供应失调。干旱条件下供水不足，或忽干忽湿，使番茄根系吸水受阻，由于蒸腾量大，果实原有的水分被叶片夺走，导致果实大量失水，果肉坏死，病害发生。

7.2.2 番茄筋腐病

番茄筋腐病又称条腐病、带腐病，俗称"黑筋""乌心果"等，各地普遍发生，且日趋严重。

7.2.2.1 症状

该病多发生在植株下部的果实上，从幼果开始发病，直到果实膨大期。果面着色不均，继而出现局部褐变，切开果实，可看到果肉内的维管束变为黑褐色或茶黑色。横切后可见果肉维管束组织呈黑褐色。发病较轻的果实，部分维管束变褐坏死，果实外形没有变化，但维管束变褐部分不转红；发病较重的果实，果肉维管束全部变为黑褐色。病果胎座组织发育不全，部分果实伴有空腔发生，严重时发病部位呈淡黄色，表面凹凸不平，不堪食用，症状与晚疫病类似。除轻微发病的果实外，均无商品价值。发病植株的茎、叶没有明显变化。

7.2.2.2 发病原因

番茄筋腐病的病因十分复杂，至今尚有许多不明之处，有待进一步研究。从目前的研究结果综合分析认为，番茄植株体内碳水化合物不足和碳氮比下降，引起代谢失调，致使维管束木质化，是发病的直接原因。不良环境，如光照不足、气温偏低或过高、连阴天、高湿、空气不流畅、二氧化碳不足、昼夜温差小、夜间温度偏高、地温低、土壤湿度过大或过小等，都会造成植株体内碳水化合物不足。有机肥施用过少，偏施或过量施用氮肥，特别是氨态氮肥过剩时，缺钾、硼、钙等元素，植株对土壤养分的吸收不平衡，也会使体内碳氮比下降。另外，浇水过多，土壤潮湿，通透性不好，均会妨碍番茄植株根系吸收营养，导致体内养分失去平衡，阻碍铁的吸收和转移，也是产生筋腐病的原因。

7.2.3 番茄畸形果

番茄畸形果也称变形果，以保护地番茄发生较多。

7.2.3.1 症状

一般正常果实为球形或扁球形，4~6个心室，放射状排列。而畸形果各式各样，田间常见有纵沟果、扁圆果、椭圆果、偏心果、指突果、桃形果、豆形果、菊形果、乱形果等。形成畸形果的花、萼片和花瓣数量较多,子房形状不正。

7.2.3.2 发病原因

畸形果的发生主要是由于环境条件不适宜。其中,扁圆果、椭圆果、偏心果等畸形果发生的直接原因是在花芽分化及花芽发育时,营养土中化肥过多,造成土壤中速效养分含量过高,根系吸收的大量养分集中在生长点,肥水过量,影响花芽的正常分化与发育,致使花器畸形,番茄心室数量增多,而生长又不整齐,从而产生畸形果。

指突果是在子房发育初期,由于营养物质分配失去平衡,而正常心皮分化出独立的心皮原基而产生的。

桃形果是由于植株老化,营养物质生产不足引起心室减少,子房畸形发育而成。使用 2,4-D 等激素蘸花时,浓度过高,会加剧病情,增加桃形果数量和严重度。有人认为,番茄的花向下开放,蘸花或喷花后,多余的生长激素药滴残留在花的幼小子房尖端,使果实不同部位发育不均匀,引起子房畸形发育,形成桃形果。

豆形果是因为营养条件差,本来要落掉的花虽然经蘸花处理抑制了离层形成,勉强坐住了果,但因幼果得到的光合产物少,不能正常生长发育,从而形成豆形果。

菊形果是心室数多,在施用氮、磷过量或缺钙、缺硼时易产生。

7.2.4 番茄空洞果

7.2.4.1 症状

番茄空洞果也称空心果,主要表现是果实的胎座发育不充分、种子少或无种子、种子周围果胶汁少,果肉不饱满而出现的果皮与胎座分离的空腔现象。外表上,果实带棱、不充实、重量轻,食用味淡无汁,甚至无酸味,品质差。

7.2.4.2 发病原因

番茄空洞果实果肉部与果腔部生长速度不协调,果肉部生长过快,而果腔部生长慢,形成空洞。造成空洞果的主要原因是受精不良,即花粉形成时遇到弱光、低温或高温等不良环境,使花粉不饱满、花粉少或花药不能正常开放散粉,导致不能正常授粉,无法形成种子,因此不能坐果,即使坐果也难于膨大。生产上通常要对这些花进行药剂处理,促进坐果及果实肥大,但由于不能形成种子,胶质物部分不发达,因此易形成空洞果。尤其是用 2,4-D 或番茄灵抹、蘸花时,浓度过高,处理时花蕾较小,或重复处理时很容易形成空洞果。

另外,当番茄叶片面积较小时,上部果实得不到充足的营养,也可能产生空洞果。同一花序的果,先开的花和后开的花相互争夺营养物质,迟开的花就易形成空洞果。氮素肥料使用过多,容易发生空洞果。大果型品种,营养不足时也容易形成空洞果。

在环境条件中,光照不足影响最大。光照不足伴高夜温,空洞果就会增多。这是因为在这样的条件下,花粉中难于形成淀粉粒,花粉发育不良。棚室秋冬季节栽培时,果实膨大期处于弱光时期，空洞果产生多。温度超过33℃时，受精不良，夜温高，呼吸消耗大，易产生空洞果。

7.2.5 番茄生理性卷叶

7.2.5.1 症状

番茄从开始生长至采收期均可发生生理性卷叶，但多发生在番茄采收前至采收果实盛期。开始第一果枝的叶片稍卷，第二、第三果枝的叶片卷叶显著，严重时发展到全株的叶片都卷，有些叶片卷成筒状且变脆，因叶片卷成筒状，致果实暴露于阳光下，影响果实膨大，有的果实发生日灼。往往在阴而不雨或阴天大棚内干旱未浇水，当骤然转晴遇高温时，此病突然发生。

7.2.5.2 发病原因

番茄生理性卷叶发生的主要原因是水分和温度管理。当干旱又遇高温时，番茄关闭气孔，以减少水分蒸腾，导致叶片收拢或卷缩而出现生理性卷叶。另外，有些品种也很容易产生卷叶。

7.2.6 番茄冻害

7.2.6.1 症状

番茄冻害多发生在春茬番茄栽培早期和秋茬番茄栽培晚期。植株遭受低温冻害，生理代谢失调，生长发育受阻。因受害程度和受害时间不同，症状表现也不尽相同。一般表现为叶片扭曲、叶面出现淡褐色或白色斑点、叶缘干枯等，严重时植株枯死。

7.2.6.2 发病原因

番茄在气温高于10℃时开始生长，13℃以上能正常坐果，生产上白天温度24~26℃，夜温13℃以上时可充分发育。当气温低于13℃时生长发育迟缓，低于10℃时茎叶停止生长；长时间低于6℃时植株将因冻害而死亡；–3~–1℃时受冻，植株迅速死亡。如若植株生长弱或养分消耗过多，2℃时也会受冻。

7.2.7 番茄 2,4-D 药害

7.2.7.1 症状

2,4-D 药害的症状主要表现在果实上。果实顶端出现乳突，俗称"桃形果"或"尖头果"。叶片受害表现为向下卷曲、僵硬、细长，小叶不能展开，纵向皱缩，叶缘扭曲畸形。受害茎蔓突起，颜色变浅。生产中若 2,4-D 药液浓度过高，涂抹花梗后，在涂抹处会出现褪绿环痕，即通常说的"烧花"，这些花大多会早落。

7.2.7.2 发病原因

低温季节的番茄栽培,为促进坐果,往往使用 2,4-D 处理番茄的花序,但如果处理不当,就会产生药害。生产上常见的不当措施是:一是 2,4-D 浓度过高;二是重复涂抹;三是不管什么时间处理花序均采用相同的浓度,不是随温度升高而降低使用浓度。叶片、茎蔓产生药害,是 2,4-D 直接蘸滴到嫩枝或嫩叶上所致。有时附近田块使用 2,4-D 飘逸过来,或用喷洒过 2,4-D 而没有洗净的喷雾机喷洒农药、叶面肥,均能造成 2,4-D 药害。

7.3 虫 害

7.3.1 温室白粉虱

温室白粉虱(*Trialeurodes vaporariorum* Westwood),俗称小白蛾,又称白粉虱、温室粉虱,属同翅目粉虱科。该虫寄主范围广,食性杂,寄主植物达 121 科 898 种,为害作物达 200 多种。除为害番茄等茄科蔬菜外,对黄瓜、冬瓜、甜瓜、西葫芦等各种瓜类和豆科、花卉等也为害严重。近年来,随着设施栽培的普及发展,温室白粉虱已成为温室和大棚栽培蔬菜特别是茄果类、瓜类、豆类等生产上的重要害虫,发生为害逐年加重,已成为蔬菜生产中的重要隐患。

7.3.1.1 为害特点

温室白粉虱是一种多食性害虫,以成虫和若虫群集在叶片背面刺吸汁液为害。白粉虱成虫善飞,常集中在植株中上部嫩叶背面取食,直接影响植物的光合作用和生长发育,被害叶片褪绿黄化,甚至枯死。若虫集中在植株中下部老叶背部固定取食。成虫、若虫能排泄蜜露,使植株易感染煤烟病,影响植株生长,污染农产品,降低商品率,还使花卉植物失去观赏价值。此外,温室白粉虱还能传播多种病毒病。

温室白粉虱最喜食番茄、黄瓜、茄子、架豆。芹菜是不适宜寄主。菠菜、韭菜、结球莴苣为非寄主植物。在番茄、黄瓜混栽的温室、塑料棚内,白粉虱种群数量大,为害重。在单一种植或混栽不适宜寄主如芹菜,则种群数量少,为害轻。成虫、若虫在叶片背面吸食植物汁液,使其叶片褪绿、变黄、萎蔫,甚至全株枯死。

陕西省生物农业研究所从 2000～2005 年连续 5 年定点在温室环境条件下调查温室白粉虱的为害状况,结果显示,2001～2002 年温室番茄上可见到少量白粉虱,5 月初在番茄上调查,平均单叶虫量为 0～1.5 头;2003 年发生较轻,5 月初在番茄上调查,平均单叶虫量为 3～5 头;2004 年发生稍重,同期调查,平均单叶虫量为 8～11 头;2005 年严重发生,同期调查,平均单叶虫量为 85～135 头,最高达 200 头。温室大棚蔬菜均有白粉虱为害,对番茄、黄瓜、茄子、辣椒等蔬菜为害严重,对蔬菜生产造成较大损失。

7.3.1.2 形态特征

成虫:体亮白色,体长 1.2～1.5mm,雌雄均有翅,翅面覆有白色蜡粉,停息时双翅合拢,平覆在腹部上,翅端半圆状遮住整个腹部,沿翅外缘有一排小颗粒。

卵：长椭圆形，长径 0.2～0.25mm，侧面观为长椭圆形，基部有卵柄，从叶背的气孔插入植物组织中；卵产于叶背面，初产时为淡绿色，覆有蜡粉，而后渐变为褐色，孵化前呈黑色。

若虫：1～3 龄若虫体色淡绿色或黄绿色，足和触角退化，紧贴在叶片上营固着生活。3 龄若虫体长约 0.5mm，扁平，椭圆形，黄绿色。

伪蛹：4 龄若虫称伪蛹，体长 0.7～0.8mm，椭圆形，初期身体扁平，以后身体逐渐加厚，从侧面看呈蛋糕状，中央略高，黄褐色，体背有长短不齐的蜡丝，体侧有刺。

7.3.1.3 生活史

在陕西等北方温室条件下，1 年内可发生 10～12 代。研究表明，每年 4～6 月和 8～9 月出现两个为害高峰。冬季在室外不能存活，而以各虫态进入温室、大棚越冬并繁殖为害。翌年春，即 4 月中下旬，日平均气温稳定在 10℃以上，夜间无霜冻时，温室内的越冬成虫可以通过通风口、门窗逐渐外迁至阳畦和露地蔬菜，其由温室向四周扩散的方式是由点到面、由近到远；5 月下旬至 6 月中旬，日平均气温在 18℃以上时，该虫的繁殖速度逐渐加快，虫口密度迅速上升；6 月下旬，日平均气温在 24℃以上时，温室白粉虱的繁殖速度进一步加快，大量繁殖；8 月中旬出现卵和若虫高峰期，达到全年最高值；8 月下旬进入成虫高峰期，且高峰期可持续到 9 月上旬；8～9 月为害严重，9 月下旬以后，日平均气温降至 18℃以下时，各虫态的密度逐日下降，部分成虫迁回棚室。冬季温室蔬菜上的白粉虱，是春季塑料棚和露地蔬菜的虫源。

7.3.1.4 生活习性

（1）繁殖习性

温室白粉虱虫体虽小，但发育速度快，繁殖力极强，有明显的世代重叠现象。成虫多于早上羽化，刚羽化的成虫体嫩黄色，翅半透明，停息于羽化处，待翅硬后再飞到嫩叶上取食。成虫夜晚 20:00～22:00 活动活跃，密集在上部嫩叶活动。成虫交配 1～3 天开始产卵，在较平滑的叶背面产的卵多排列成圆环状；在绒毛较多的叶背产的卵排列成半环状；在叶背绒毛较厚的番茄、烟草上产卵时均散产。每个雌虫平均产卵 142.5 粒，在 24℃时卵期 7 天，若虫孵化后 3 天内在叶背可做短距离游走，当口器插入叶组织后就失去了爬行的机能，开始营固着生活。也可以进行孤雌生殖，但后代均为雄性。其繁殖适宜温度为 20～28℃，在低于 7.2℃或高于 30℃以上时其卵和若虫死亡率高，成虫寿命短，产卵少，甚至不繁殖。在温室生产条件下，约 1 个月完成 1 代。当温度为 18～22℃，相对湿度 70%以上时，卵期 8 天，若虫期 13 天，伪蛹期 5 天，成虫 14 天。在 24℃时，各龄若虫发育历期：1 龄 5 天，2 龄 2 天，3 龄 3 天，伪蛹 8 天。世代发育历期为 18℃ 31.5 天，24℃ 24.7 天，27℃ 22.8 天。温室白粉虱成虫喜欢较低湿度条件，一般相对湿度 45%～55%适宜其生存；而若虫则喜欢高湿环境，能在相对湿度 95%～98%时长期生存。

（2）趋嫩性

白粉虱成虫有明显的趋嫩习性，因此总是随着植株的生长而到顶部嫩叶处群居和产卵。白粉虱在作物上自下而上的分布为：新产的嫩卵、变黑的卵、初龄若虫、老龄若虫、伪蛹、新羽化的成虫。了解这一习性，对于指导田间施药、悬挂黄板诱杀或监测虫情具有重要的指导意义。

（3）趋黄性

温室白粉虱成虫飞翔力很弱，具有强烈的趋黄性，忌避白色、银灰色。黄板诱杀就是利用这一习性而提出的。另外，温室白粉虱对寄主有选择性，在不同寄主上种群数量有差异。

7.3.1.5 影响发生因素

（1）白粉虱的自身因素

温室白粉虱繁殖力强，在温室条件下无明显越冬现象，终年虫源不断。单头雌成虫一生平均产卵 200～300 粒；且两性生殖与孤雌生殖并存，有利于其大量繁殖，发生数量呈指数曲线增加，即在较短的时间内就能达到很大的数量。

（2）寄主丰富，食性杂

温室白粉虱的寄主十分广泛，能够为害多种蔬菜。大棚、露地周年种植的蔬菜品种较多，为其提供了丰富的食料，而白粉虱又具备迁飞习性，使其可以在不同寄主之间、保护地和露地之间进行种群迁移，对其生存、繁殖非常有利。

（3）世代重叠，防治难度大

温室白粉虱在田间卵、若虫、成虫同时出现，每一次用药都不能彻底将其消灭。另外，温室白粉虱成虫、若虫均在叶片背面为害，体型小，易于隐蔽，易于躲避农药药液的附着，正常施药对其防治效果不好，这都给防治增加了一定的难度。

（4）生态环境因素

随着种植业结构的调整，近两年来大棚蔬菜种植面积迅速增加，同时也为温室白粉虱提供了许多有利的越冬场所，越冬存活率高，使得虫源数量逐年增加。

7.3.2 烟粉虱

烟粉虱（*Bemisia tabaci*）属同翅目粉虱科小粉虱属，原产于北非、中东地区，是热带、亚热带保护地及大田作物的主要害虫之一，具有寄主范围广、存活率高、产卵量大、传播病毒广泛的特点。自 20 世纪 80 年代以来，在世界各地迅速扩散并暴发成灾，大量取食为害番茄等重要经济作物，传播双生病毒引发植物病毒病蔓延成灾，造成大片作物严重减产和绝收，其为害已经超过温室白粉虱，严重为害种植业的持续发展和食品安全。被称为"超级害虫"，受到全世界学者的关注。

7.3.2.1 为害特点

烟粉虱寄主范围广泛，寄主植物达 74 科 500 余种，甚至连温室白粉虱不嗜好的十字花科植物也是烟粉虱的寄主。烟粉虱对蔬菜等寄主作物的为害主要表现在 3 个方面：一是烟粉虱若虫、成虫直接刺吸植物韧皮部汁液，导致植物衰弱、干枯。同时，若虫和成虫分泌大量蜜露，污染植物器官和产品，诱发煤污病的发生，严重时叶片呈黑色，使植物光合作用受阻，导致植株生长不良，大大降低了蔬菜作物的经济价值。二是传播病毒病。烟粉虱是许多病毒病的重要传播媒介，能在 30 多种植物之间传播 70 多种病毒病，以双生病毒组的病毒最甚，在葫芦科、豆科、大戟科、锦葵科及茄科上最易传播双生病毒，通常是烟粉虱大暴发后不久，病毒病随之暴发。三是引起植物生理异常。烟粉虱若虫取食后可导致多种植物生理异常，如茄受害严重时出现不规则成熟，表皮颜色淡化或有条纹；有时表皮颜色正常，而内部组织白化、硬化，未成熟；西葫芦受害后产生银叶现象，导致植株变白，产品质量下降。

自 20 世纪 80 年代以来，烟粉虱在世界各地迅速扩散并暴发成灾，造成巨大的经济损失。据资料报道，1990～1991 年烟粉虱在美国的加利福尼亚、亚利桑那、佛罗里达、得克萨斯等州大暴发，造成的经济损失达 5 亿美元，仅棉花的损失就达 4743t。20 世纪 90 年代，伴随全球范围贸易往来的加强，烟粉虱借助花卉及其他经济作物苗木成功侵入中国，相继在许多地区暴发成灾并造成重大经济损失，对我国农作物和园林花卉生产构成严重威胁。目前烟粉虱可为害 600 多种田间和温室作物，包括蔬菜、棉花及观赏植物，被称为"超级害虫"。近几年烟粉虱在北京对黄瓜、番茄、茄子、甜瓜和西葫芦等所造成的损失严重时可达 70%以上。2003～2005 年陕西因烟粉虱为害对大棚蔬菜、草莓、葡萄等造成的损失在 15%～50%，严重时可导致毁棚绝收；对大田棉花、豆类等作物造成的损失一般在 10%～20%，严重时可达 30%。2010 年以来，陕西烟粉虱暴发导致棚室秋冬茬番茄黄化曲叶病毒病暴发流行，所造成的为害比直接刺吸植物汁液要严重得多。

7.3.2.2 形态特征

成虫：体型较温室白粉虱小，大小随寄主有差异，体长 0.7～1.2mm，体翅覆蜡粉，淡黄白色至白色，两翅合拢时呈屋脊状，通常两翅中间可见黄色的腹部，雌雄虫多成对排列。

卵：长梨形，卵长小于 0.2mm，有小柄，与叶面垂直，大多散产于叶片背面。初产时淡黄绿色，后依次变为黄色或琥珀色，孵化前颜色加深，呈深褐色。

若虫：共 3 龄，淡绿色至黄色。1 龄若虫有触角和足，能爬行迁移。第一次脱皮后，触角及足退化，固定在植株上取食。3 龄若虫脱皮后形成蛹，脱下的皮硬化成蛹壳，是识别粉虱种类的重要特征。

烟粉虱蛹壳的基本特征，种间变化较大，同一种类具有无数不同的形态，每种形态都与不同的寄主相联系。在有茸毛的植物叶片上形状不规则，多数蛹壳背部生有刚毛，有时边缘强烈凹入，气门冠齿硬化不太明显，皿状孔接近末端处没有横脊纹；而在光滑的植物叶片上，多半蛹壳在发育中没有背部刚毛，其形态上也有体型大小和边缘不规则的差异。在分类上，伪蛹是重要的分类依据，其主要特征是：管状孔三角形，长大于宽，孔后端有小瘤状突起，孔内缘具不规则齿。孔外有一盖瓣，下方有一舌状器，盖瓣半圆形可覆盖孔约 1/2，舌状器明显伸出于盖瓣之外，呈长匙形，末端具两根刚毛。腹沟清楚，由管状孔后通向腹末，其宽度前后相近。肛门开口于管状孔内，肛门能分泌大量蜜汁，积于舌状器上。

烟粉虱与温室白粉虱的区别：烟粉虱属同翅目粉虱科小粉虱属；温室白粉虱属同翅目粉虱科蜡粉虱属。烟粉虱与温室白粉虱二者虫体微小，仅靠肉眼观察进行区别有一定的难度，可借助显微立体解剖镜进行镜下观察以区别，也可以借助生物化学与现代分子生物学技术进行区别，主要体现在以下几方面。

成虫：第一，烟粉虱体长较温室白粉虱短，前者体长 0.7~1.2mm；后者体长 1.2~1.5mm。第二，烟粉虱前翅脉不分叉，静止时左右翅合拢呈屋脊状；温室白粉虱前翅脉有分叉，静止时左右翅合拢较平坦。

蛹壳：第一，烟粉虱蛹淡绿色或黄色，蛹壳边缘扁薄，无周缘蜡丝；温室白粉虱蛹白色至淡绿色半透明，蛹壳边缘厚，周缘排列分布均匀，有光泽的细小蜡丝。第二，烟粉虱蛹背有无蜡丝常随寄主而异；温室白粉虱大多蛹背具直立蜡丝。

盛发期：烟粉虱在温室中的盛发期在 5~7 月和 8~10 月，呈双峰型，10 月底开始陆续迁入温室为害；温室白粉虱盛发期为 7~8 月，呈单峰型。

酶系：烟粉虱的羧酸酯酶活性与谷胱甘肽转移酶活性都显著高于温室白粉虱，烟粉虱的乙酰胆碱酶活性低于温室白粉虱。温室白粉虱的酯酶酶谱可分为 2 组区带，过氧化物酶酶谱可分为 5 组区带；烟粉虱的酯酶酶谱可分为 5 组区带，过氧化物酶酶谱可分为 4 组区带。

PCR 鉴定：通过特异引物进行 PCR 扩增，可以帮助区分烟粉虱与温室白粉虱，如谭周进等（2004）已报道了 4 对引物，能够扩增出烟粉虱的内共生菌基因，而不能扩增出温室白粉虱的内共生菌基因。

7.3.2.3 生活史

烟粉虱在陕西等北方日光温室内 1 年可发生 10~12 代，冬季在室外不能存活，以各虫态在温室、大中棚内越冬，在温室内冬季可继续为害，以卵柄从气孔插入叶片组织中，与寄主植物保持水平平衡，不易脱落。若虫孵化后 3 天内在叶背可做短距离游走，当口器插入叶组织后就失去了爬行的机能，开始营固着生活。烟粉虱对番茄的为害在 1 天和 1 年内均出现 2 个高峰期，即 1 天中的 10:00~12:00 和 13:00~17:00，1 年中的 5 月中旬至 7 月中旬和 9 月下旬至 10 月中旬，作物受害程度因种类不同而存在差异。世代历期因温度不同而异，即 18℃时 31.5 天，24℃时 24.7 天，27℃时 22.8 天。烟粉虱繁殖的适温为 18~21℃，在温室生产条件下，约 1 个月完成 1 代。冬季温室作物上的烟粉虱是露地春季蔬菜上的虫源，通过温室通风口或菜苗向露地移植而使烟粉虱迁入露地，因此，烟粉虱的蔓延，人为因素起着重要作用。烟粉虱的种群数量由春至秋持续发展，夏季的高温多雨对其抑制作用不明显，到秋季数量达到高峰，集中为害番茄等茄果类蔬菜。在北方由于温室及露地蔬菜生产紧密衔接和相互交替，因此烟粉虱周年发生，给防治工作带来很大困难。

烟粉虱的发育分为卵、若虫、成虫 3 个阶段。若虫 3 龄，通常将 3 龄若虫脱皮后形成的蛹，称为伪蛹或拟蛹，脱下的皮硬化成蛹壳。每雌产卵 120 粒左右，卵多产在植株中上部嫩叶上。成虫喜欢无风温暖天气，有趋黄性，气温低于12℃时停止发育，14.5℃时开始产卵，气温在21～33℃时则随气温升高，产卵量增加，高于40℃时成虫开始死亡。相对湿度低于60%时成虫不能产卵。

大棚内烟粉虱周年发生，露地烟粉虱始见期为5月初。进入6月即平均气温稳定在20℃后，大棚与露地种群消长同步，数量基本一致，为快速上升期，一直到7月中旬其种群数量仍处于较高水平，之后由于旬平均气温持续保持在30℃以上，种群数量有所回落。进入9月上旬，随着气温的再次适宜，其种群数量又回升成峰，并对秋季蔬菜产生严重为害。到10月中下旬种群数量锐减，露地和大棚内种群数量均较低，并迁至大棚内活动。

烟粉虱种群时序数量变化主要呈双峰型曲线变化，其中夏季高峰期盛发时间长，发生为害较重，大棚为5月中旬至7月中旬，露地为5月中旬至9月上旬，单板旬诱量保持在100头以上，其高峰虫量大棚4995头，露地3547头，分别占全年总量的71.6%和64.0%；9月中下旬出现低谷，大棚单板旬诱量分别仅为66头和60头，露地单板旬诱量分别为79头和95头；棚室9月中旬至10月上旬形成秋季高峰，时间相对较短，单板旬诱量持续保持在100头以上，其峰量大棚1577头，露地1734头，分别占全年总量的22.6%和31.3%。

7.3.2.4 生活习性

（1）趋嫩性

和温室白粉虱一样，烟粉虱成虫也有明显的趋嫩性，在番茄植物上随着植株的生长不断追逐顶部嫩叶产卵，在番茄植株上自上而下的分布为：新产的黄绿卵、变黑的卵、初龄若虫、老龄若虫、伪蛹、新羽化的成虫。田间顶部施药技术及悬挂黄板高度正是利用这一特点而提出实施的。

（2）趋黄性

趋性是以反射作用为基础的进一步的高级神经活动。研究结果表明，烟粉虱对黄、绿、红、青、紫、蓝、灰、黑、粉红和白色等10种不同颜色的诱虫板趋性差异显著。在44天内，黄板的诱集效果最好，占总诱集量的55.1%；其次为绿板和红板，分别占总诱集量的26.7%和10.5%；其余7种色板对烟粉虱几乎没有趋性。

（3）耐高温性强

烟粉虱对高温的适应能力更强，可忍耐40℃高温，这是烟粉虱在夏季高温季节依然猖獗的主要原因。烟粉虱成虫在4℃和0℃暴露时的致死中时分别为13.9h和12.1h，在−2℃和−6℃暴露时的致死中时分别为4.7h和1.7h，在2℃条件下暴露2～12天，各虫态存活率迅速下降，卵、2～3龄若虫、伪蛹在2℃条件下暴露12天均不能存活，成虫2℃条件下暴露4天后全部死亡。研究表明，烟粉虱在陕西乃至西北地区自然条件下不能越冬。

(4) 分布习性

烟粉虱成虫水平分布习性：为了更好地描述烟粉虱的水平分布，将各调查 4 行，每行栽植番茄 24 株，共 96 株番茄秧，根据其距离后墙的距离分为后 32 株（温室后部，距后墙 0.7～2.7m）、中 32 株（温室中部，距后墙 2.8～4.7m）、前 32 株（温室前部，距后墙 4.8～6.7m），来说明烟粉虱的水平分布（表 7-12）。11 月 27 日和 12 月 3 日 2 次调查结果显示，烟粉虱成虫在日光温室中的水平分布未表现出明显的趋势。其主要原因是受番茄秧苗所带烟粉虱卵及若虫的影响，定植后有虫苗分布趋于均匀化；12 月 21 日至翌年 4 月 2 日调查，81.3%～91.6%的烟粉虱成虫分布在日光温室后部；分布在中部、前部区域的分别仅占 7.4%～18.6%和 0%～7.4%。此期烟粉虱成虫向后聚集，因为温室后部温度高、湿度小。调查结果表明，烟粉虱成虫主要分布在日光温室后部，越靠近后墙分布数量越大。

表 7-12　日光温室内烟粉虱成虫的水平分布

调查日期 （日/月）	总虫量 （头）	距后墙 0.7～2.7m		距后墙 2.8～4.7m		距后墙 4.8～6.7m	
		虫量（头）	比率（%）	虫量（头）	比率（%）	虫量（头）	比率（%）
27/11	45	24	53.3	4	8.9	17	37.8
3/12	11	1	9.1	5	45.5	5	45.5
21/12	16	13	81.3	2	12.5	1	6.3
23/1	31	28	90.3	3	9.7	0	0
4/2	108	92	85.1	8	7.4	8	7.4
7/3	43	35	81.4	8	18.6	0	0
21/3	117	95	81.2	20	17.1	2	1.7
2/4	107	98	91.6	8	7.5	1	0.9

烟粉虱成虫垂直分布习性：11 月 27 日、12 月 3 日、12 月 21 日 3 次调查，烟粉虱成虫在上部 4 片叶上的虫量占全株各叶片上总虫量的比率分别为 88.9%、100%和 100%；翌年 1 月 23 日、2 月 4 日 2 次调查，上部 4 片叶上的烟粉虱成虫虫量所占比例有所下降。这是因为位于下部叶片上的烟粉虱若虫羽化；3 月 7 日、3 月 21 日、4 月 2 日 3 次调查，上部 4 片叶上的烟粉虱成虫虫量所占比例又明显增加，达到 83.8%～97.2%（表 7-13）。

2008 年 11 月 27 日至 2009 年 4 月 2 日总计对植株每片叶的虫量 8 次调查（表 7-13），自上至下第一片叶到第六片叶及第七片以下其他叶上的烟粉虱成虫虫量分别为 128 头、136 头、64 头、24 头、8 头、6 头和 112 头。表现为叶片从上至下，烟粉虱成虫虫量依次明显递减，从而证实了烟粉虱成虫具有趋上部叶片的特点。这种分布规律与温室白粉虱趋嫩性类似，即喜欢在顶部具有高渗透压的叶片上取食，成虫一般集中在维管束密度高、叶片集中的部位取食，特别是维管束靠近叶片表面的部位。根据烟粉虱在各种植物上的选择差异性，在综合治理烟粉虱时，应该尽量减少种植或阻断烟粉虱喜食的植物；或利用其喜好植物间作，以吸引大量粉虱，重点防治，保护主栽植物。

表 7-13 日光温室烟粉虱成虫的垂直分布

调查日期 （日/月）	各叶位叶片虫量（头/3 行）								第一至第四片叶	
	第一片叶	第二片叶	第三片叶	第四片叶	第五片叶	第六片叶	其他叶	合计	虫量（头）	占总虫量比率（%）
27/11	7	9	16	8	1	3	1	45	40	88.9
3/12	5	3	2	1	0	0	0	11	11	100
21/12	11	5	0	0	0	0	0	16	16	100
23/1	2	2	0	1	1	0	25	31	5	16.1
4/2	6	17	12	4	4	1	64	108	39	36.1
7/3	15	13	6	5	1	0	3	43	39	90.7
21/3	32	46	18	2	1	2	16	117	98	83.8
2/4	50	41	10	3	0	0	3	107	104	97.2
合计	128	136	64	24	8	6	112	478	352	73.6

（5）昼夜节律

昆虫的绝大多数行为活动均具有固定的节律性，这是对环境因素规律性变化的一种适应。研究结果表明，晴天烟粉虱成虫昼夜在番茄植株上的成虫数，以早晨6:00（温度≤17.5℃，相对湿度≥79.0%）最高，之后单株虫口密度逐渐减少，于中午12:00（温度≥34.5℃，相对湿度≤46.5%）达到最低点。12:00之后，番茄的单株虫口密度开始增多，14:00或18:00之后又逐渐下降（图7-6A）。黄板诱集与番茄植株上成虫数动态变化规律基本一致（表7-14）。据统计分析，一日内番茄单株虫口密度与气温的相关系数为–0.5193（2008年）和–0.7916（2009年）；与空气相对湿度的相关系数为0.7582（2008年）和0.9539（2009年）；与温湿度系数的相关系数为0.9124（2008年）和0.9693（2009年）；与光照强度的相关系数为–0.2675（2008年）和–0.5284（2009年）。对两年的观察结果进行 χ^2 适合性检验，2008年和2009年烟粉虱成虫昼夜在植株上的种群波动趋势一致（$\chi^2=0.82<\chi^2=0.057$）。空中捕虫试验结果表明，以早晨6:00捕虫量最低，上午10:00捕虫量最高。空中捕虫量与光照强度的相关程度最高（$r=0.5741$），与气温的相关程度次之（$r=0.4627$），与温湿度系数的相关程度居第三（$r=–0.4118$），与空气相对湿度的相关程度最低（$r=–0.3744$）。

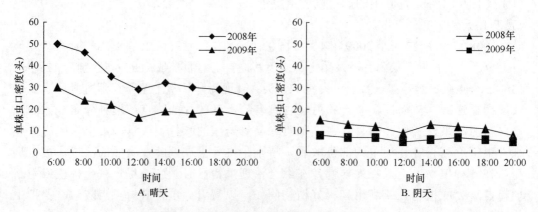

图 7-6 烟粉虱成虫在番茄植株上的种群动态

表 7-14　一日内黄板在不同时段对烟粉虱成虫的诱集比例

日期 (日/月)	烟粉虱成虫诱集比例（%）					
	6:00~8:00	8:00~10:00	10:00~12:00	12:00~14:00	14:00~16:00	16:00~18:00
27/4	12.7	42.4	14.3	8.3	10.5	11.8
28/4	15.4	18.6	17.0	21.9	16.0	11.1
29/4	18.1	22.1	16.7	11.4	16.3	15.4
30/4	13.3	19.6	13.9	11.4	17.9	24.0
1/5	12.5	26.0	16.5	12.9	16.3	15.8
平均	14.4	25.7	15.7	13.2	15.4	15.6

阴天烟粉虱成虫昼夜在植株上的种群波动幅度较小（图 7-6B），同时在空中的捕虫量极低（表 7-15），仅占晴天总捕虫量的 5.9%。另外，还观察到烟粉虱成虫在早晨、夜间和雨天多停留在植株的叶背，其反应迟钝、活动能力较差。

表 7-15　烟粉虱成虫在空中的种群动态

天气	捕虫板朝向	时间							
		6:00	8:00	10:00	12:00	14:00	16:00	18:00	20:00
晴天	东	0.0	0.3	19.7	8.3	3.0	2.3	1.7	0.0
	西	0.0	0.0	8.3	4.7	5.0	0.0	5.0	0.0
	南	0.0	0.3	26.7	13.7	8.7	1.7	1.7	0.3
	北	0.0	0.0	1.7	1.7	6.3	3.3	4.0	0.3
	总虫量	0.0	0.6	56.4	28.4	23.0	7.3	12.4	0.6
阴天	东	0.0	0.0	0.0	0.0	0.0	0.0	0.0	0.0
	西	0.0	0.0	0.0	0.0	2.3	0.0	0.0	0.0
	南	0.0	0.0	0.0	0.0	0.3	0.7	0.0	0.0
	北	0.0	0.0	0.0	0.0	1.7	1.7	0.0	0.0
	总虫量	0.0	0.0	0.0	0.0	4.3	2.4	0.0	0.0

烟粉虱成虫在低温下的昼夜活动规律（图 7-7）与上述观察结果相似，仍以早晨植株上的单株虫口密度最高，中午单株虫口密度较低；17:00 后单株虫口密度再次下降。同时还观察到，在低温条件下烟粉虱成虫几乎不在空中活动，从 7:00~21:00 共在空中捕到成虫 3 头，且都出现在 11:00~17:00 这个时段。

黄板南、北面对烟粉虱成虫诱集的比较：首先，诱集期内，黄板南面平均诱集量为（352.5±186.1）头/（板·d），是北面［(160.7±90.4)头/（板·d）］的 2.2 倍。黄板南、北面烟粉虱成虫诱集量之间存在明显差异。其次，各时段黄板南面诱集量均高于北面，除 6:00~8:00 和 16:00~18:00 两时段以外，其余时段南面诱集数量明显高于黄板北面数量。最后，诱集量南面对北面的比值随时间的推进增长很快，到 10:00~12:00 时达到最大值（5.3），之后开始下降（图 7-8）。这种结果和烟粉虱成虫的趋黄性有关，由于黄板是板面朝东西方向垂直悬挂，黄板南面反射的光照强度高，因而诱集烟粉虱成虫的机会也就大。特别是在中午时分（10:00~12:00），南、北面反射的光照强度差别最高，因此诱集量比值也达到最大值。

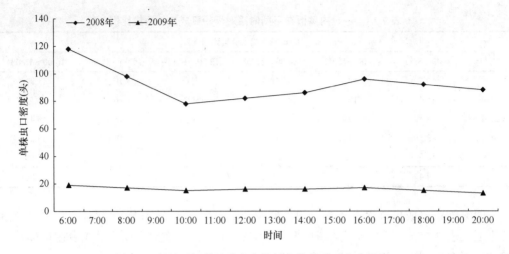

图 7-7 低温下烟粉虱成虫在植株上的种群动态（晴天）

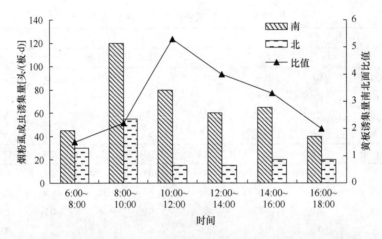

图 7-8 温室内黄板南、北面在各时段内对烟粉虱成虫的诱集量

烟粉虱成虫昼夜在植株和空中的种群动态是个复杂的过程，具体表现在：①在植株上的种群动态受温、湿度的综合影响较大，如空气湿度较低的晴天，早晨 6:00 以后烟粉虱逐渐脱离植物体，在空中活动；而空气湿度较高的晴天，尤其是雨后的次日，即使到中午 12:00，害虫也多停留在植株上。②烟粉虱在空中的数量变化，尽管直观分析其受光照强度的影响较大，但实际上害虫在空中的活动必须建立在它脱离营养体的基础之上。例如，空气湿度较大或温度较低的晴天，即便光照强度较高，在空中也很难捕到成虫。由此进一步说明烟粉虱在空中的活动规律受光照强度和温、湿度的综合影响。

7.3.2.5 影响发生因素

（1）对不同寄主植物的偏好性

烟粉虱在不同园艺植物上的发生状况：在混栽温室内，不同栽培植物上烟粉虱的发生程度不同，在最主要的蔬菜番茄、黄瓜和北方最主要的花卉月季、一串红上，烟粉虱的发生都非常严重，而几种单子叶植物上都未发现烟粉虱（表 7-16）。

表 7-16 不同园艺植物上烟粉虱的发生

发生程度	蔬菜	花卉
严重发生	茄子、番茄、黄瓜、菜豆、莴苣	旱金莲、月季、一串红
一般发生	小白菜、羽叶甘蓝、红茎甜菜、菠菜	一品红、菊花、万寿菊、秋海棠、大丽花
未见发生	韭菜、落葵	朱顶红、苏铁、仙人掌

不同发育期的烟粉虱在6种寄主植物上的分布：烟粉虱在6种寄主植物上的分布不同，这说明烟粉虱对不同寄主植物的选择性有差异。在供试的6种植物中，烟粉虱的卵分布最多的是黄瓜，每单位面积达到20.7头，最少的是羽叶甘蓝，卵数量分布依次为黄瓜、番茄、小白菜、一品红、菊花和羽叶甘蓝；烟粉虱若虫在各植物上的分布也有明显差异，黄瓜和番茄上若虫显著多于其他植物，菊花、小白菜、一品红、羽叶甘蓝上若虫依次为两两之间差异不显著，羽叶甘蓝最少，单位面积平均仅1.1头；伪蛹是烟粉虱在叶片上相对静止的时期，在各植物上的数量分布也有明显差异，黄瓜上的伪蛹显著多于其他植物，番茄次之，菊花、小白菜、一品红、羽叶甘蓝上伪蛹的分布两两之间差异不显著；成虫在6种植物上的分布数量显著不同，黄瓜和番茄上成虫显著多于其他植物，一品红、小白菜与菊花和羽叶甘蓝上成虫的分布差异显著，成虫在菊花和羽叶甘蓝上的分布最少，烟粉虱成虫对6种寄主植物的选择性依次为黄瓜、番茄、一品红、小白菜、菊花和羽叶甘蓝（表7-17）。

表 7-17 6种园艺植物上不同虫态烟粉虱的分布 （单位：头/2.25cm^2）

寄主植物	卵	若虫	伪蛹	成虫
黄瓜	20.7±2.1a	10.3±1.1a	11.1±1.1a	9.5±1.0a
番茄	17.5±2.2b	9.4±1.8a	7.6±1.0b	9.1±1.0ab
一品红	8.1±1.6c	1.3±0.7cd	3.3±0.5c	6.6±0.9bc
小白菜	8.4±1.3c	4.3±0.5bc	1.3±0.9c	5.0±0.8c
菊花	7.5±1.3c	5.5±0.5b	3.5±0.5c	2.2±0.7d
羽叶甘蓝	3.9±1.0d	1.1±0.3d	1.7±0.5c	1.8±0.6d
F 值	26.6	15.11	22.51	12.36

注：表中数据为单位面积的头数（平均值±标准误差），采用 Duncans 多重比较，不同字母表示差异显著（$P<0.05$）。$F_{0.05(5, 114)}=2.29$

昆虫选择植物首先通过嗅觉辨识植物，再通过营养和代谢以适应植物化学组分来建立种群。尽管烟粉虱的寄主植物达800多种，但对不同寄主植物的偏好仍然存在差异性。寄主种类调查结果表明菊科最多，达34种；其次是豆科24种、茄科21种、葫芦科和蔷薇科各13种。Roditakis 1987年的研究也表明烟粉虱的主要寄主是菊科、茄科、锦葵科、豆科和葫芦科植物。即使在同一科的不同植物间烟粉虱的嗜好也有差异，如烟粉虱对茄科蔬菜偏好性依次为茄子>番茄>辣椒。对其寄主选择植物的行为研究发现，烟粉虱在不同寄主植物上的穿刺时间也有差异，穿刺黄瓜的速度快、取食时间短，穿刺番茄的速度慢但取食时间相对较长。

（2）对高温适应性更强

烟粉虱原产于热带、亚热带地区，适应沙漠性气候，能忍受40℃以上高温，据报道温室白粉虱在33℃时单雌平均产卵量由18℃时的319.5粒降到5.5粒，至9℃时停止产卵，而烟粉虱在32.2℃时单雌产卵量仍可达72粒，至14.9℃时停止产卵。结果说明，烟粉虱对高温的适应性更强。近年来，北方地区夏季高温干旱有利于烟粉虱种群的快速增长，导致烟粉虱连年暴发。

（3）烟粉虱的自身因素

烟粉虱繁殖力强，在温室条件下，发生数量呈指数曲线增加，即在较短的时间内就能达到很大的数量。据观察，烟粉虱在番茄上60天、90天的增殖倍数分别为240倍和3500倍。烟粉虱食性杂，能够为害多种蔬菜，大棚、露地周年种植的蔬菜品种较多，为其提供了丰富的食料，对其生存、繁殖非常有利。烟粉虱世代重叠，在田间卵、若虫、成虫同时出现，每一次用药都不能将其彻底消灭。另外，烟粉虱成虫、若虫均在叶片背面为害，具有隐蔽性，正常施药对其防治效果不好，这都给防治增加了一定的难度。

（4）设施农业种植面积

烟粉虱在北方地区露地不能越冬，只能借助设施栽培创造的环境条件越冬。烟粉虱过去在陕西发生很轻，近年来随着设施农业种植面积的扩大，发生日趋严重，现在不但是设施农业发展中的灾害性害虫，而且是棉花等大田作物的重要害虫。陕西棚室蔬菜多镶嵌在农田作物中，棚室作物与露地作物生产相互衔接，镶嵌种植，寄主植物与生态环境的多样性为烟粉虱提供了丰富的食料及栖息环境，使虫源迅速蔓延，逐年增加。说明设施农业的发展是导致该虫在陕西大面积发生的主要原因之一。

（5）天敌不能有效控制

烟粉虱的天敌资源非常丰富，据资料统计，在世界范围内有55种寄生性天敌，主要是恩蚜小蜂属（*Encasia*）和浆角蚜小蜂属（*Eretmocrus*）；有114种捕食性天敌，主要是瓢虫（Coccinellidae）、草蛉（Chrysopidae）、花蝽和一些捕食螨等；有7种虫生真菌，主要是蜡蚧轮枝菌（*Verticillium lecanii*）、粉虱座壳孢（*Aschersonia aleyrodis*）、玫烟色拟青霉（*Paecilomyces fumosoroseus*）、白僵菌（*Beauveria bassiana*）等。据陕西省生物农业研究所设施农业研究团队初步调查，陕西烟粉虱有19种寄生性天敌，主要是恩蚜小蜂属（*Encasia*）和浆角蚜小蜂属（*Eretmocrus*）；18种捕食性天敌，主要是瓢虫（Coccinellidae）、草蛉（Chrysopidae）、花蝽；4种虫生真菌，为蜡蚧轮枝菌（*Verticillium lecanii*）、粉虱座壳孢（*Aschersonia aleyrodis*）、玫烟色拟青霉（*Paecilomyces fumosoroseus*）、白僵菌（*Beauveria bassiana*）。天敌种类虽然较多，但大多没形成控制烟粉虱为害的有效种群，在短期内依靠自然天敌还难以控制烟粉虱的为害。

（6）烟粉虱抗药性强

1. 不同药剂对烟粉虱不同龄期若虫的毒力测定

从表7-18可以看出，吡虫啉对烟粉虱1龄若虫的毒力最高，半数致死浓度（LC_{50}）为1.209mg/L，相对毒力是啶虫脒的3.45倍，但4种药剂对烟粉虱的毒力范围在1.209~

4.168mg/L，差异不显著，对烟粉虱均有较高的防效。从表 7-19 可以看出，对烟粉虱 2 龄若虫毒力最高的是噻嗪酮，LC_{50} 为 2.102mg/L，是啶虫脒的 12 倍，同时 4 种药剂的 LC_{50} 明显高于对烟粉虱 1 龄若虫的 LC_{50}。从表 7-20 可以看出，对烟粉虱 3 龄若虫毒力最高的仍是噻嗪酮，LC_{50} 为 23.174mg/L，同时 4 种药剂的 LC_{50} 明显高于对烟粉虱 1 龄若虫的 LC_{50}，但 4 种药剂对烟粉虱 3 龄若虫的毒力差异不显著。

表 7-18　4 种药剂对烟粉虱 1 龄若虫的毒力

杀虫药剂	回归式	R	LC_{50}（mg/L）	相对毒力
啶虫脒	$Y=4.090+1.462x$	0.995	4.168	1.00a
吡虫啉	$Y=4.860+1.679x$	0.990	1.209	3.45a
噻嗪酮	$Y=4.671+2.037x$	0.991	1.458	2.86a
阿维菌素	$Y=4.048+1.0547x$	0.982	2.023	2.06a

表 7-19　4 种药剂对烟粉虱 2 龄若虫的毒力

杀虫药剂	回归式	R	LC_{50}（mg/L）	相对毒力
啶虫脒	$Y=2.328+1.463x$	0.991	25.231	1.00c
吡虫啉	$Y=3.582+1.310x$	0.994	12.101	2.08b
噻嗪酮	$Y=4.541+1.473x$	0.996	2.102	12.0a
阿维菌素	$Y=3.543+1.427x$	0.991	14.022	1.80bc

表 7-20　4 种药剂对烟粉虱 3 龄若虫的毒力

杀虫药剂	回归式	R	LC_{50}（mg/L）	相对毒力
啶虫脒	$Y=2.468+1.662x$	0.991	33.643	1.00a
吡虫啉	$Y=2.243+1.827x$	0.990	32.157	1.05a
噻嗪酮	$Y=1.981+2.211x$	0.993	23.174	1.45a
阿维菌素	$Y=1.242+1.884x$	0.986	24.533	1.37a

2. 几种药剂对烟粉虱成虫的毒力测定

通过玻璃管药膜法进行测定，将啶虫脒、吡虫啉、噻嗪酮和阿维菌素 4 种药剂对烟粉虱成虫的毒力测定结果列于表 7-21。从表 7-21 可以看出，以上 4 种药剂差异不大，吡虫啉的效果最高，LC_{50} 为 0.284mg/L，啶虫脒、噻嗪酮和阿维菌素差异不显著。对成虫的 LC_{50} 比对若虫低，效果好。以上 4 种药剂对烟粉虱成虫均有较好的防治作用。

表 7-21　4 种药剂对烟粉虱成虫的毒力

杀虫药剂	回归式	R	LC_{50}（mg/L）	相对毒力
啶虫脒	$Y=5.210+1.939x$	0.994	0.783	1.53b
吡虫啉	$Y=6.112+1.920x$	0.996	0.284	4.23a
噻嗪酮	$Y=4.882+1.631x$	0.998	1.201	1.00b
阿维菌素	$Y=4.182+1.556x$	0.990	1.022	1.18b

7.3.3　斑潜蝇

斑潜蝇是蔬菜、花卉、瓜类等作物上的重要害虫。主要有两种：美洲斑潜蝇和南美斑潜蝇，尤其是20世纪90年代初传入我国的美洲斑潜蝇（*Liriomyza sativae* Blanchard），俗称蔬菜斑潜蝇。原分布在巴西、加拿大、美国等30多个国家，我国1994年在海南首次发现，现已扩散到我国大部分省区，主要为害黄瓜、番茄、辣椒、豇豆、菜豆、芹菜、西瓜等蔬菜作物。

7.3.3.1 为害特点

棚室番茄全生育期均受斑潜蝇为害，以雌成虫飞翔刺伤叶片，取食汁液并产卵于其中，卵期2~4天，孵出的幼虫即潜入叶片和叶柄取食为害。美洲斑潜蝇以幼虫取食叶片正面叶肉，在叶表面组织形成蛇形弯曲不规则的白色隧道，隧道先端常较细，随幼虫长大，后端隧道较粗。虫道内有交替排列整齐的黑色虫粪，老虫道后期呈棕色的干斑块区，一般1虫1道，1头老熟幼虫1天可潜食3cm左右。南美斑潜蝇的幼虫主要取食叶片背面叶肉，多从主脉基部开始为害，形成1.5~2mm较宽的弯曲虫道，虫道沿叶脉伸展，但不受叶脉限制，若干虫道可连成一片形成取食斑，后期变枯黄。两种斑潜蝇成虫为害基本相似，在叶片正面取食和产卵，刺伤叶片细胞，形成针尖大小的近圆形刺伤"孔"，造成为害。"孔"初期呈浅绿色，后变白，肉眼可见。幼虫和成虫的为害可导致幼苗全株死亡，造成缺苗断垄；成株受害，可加速叶片脱落，造成减产。美洲斑潜蝇主要是为害番茄的叶片，破坏叶绿素，影响光合作用。在田间斑潜蝇为害一般产量降低5%~10%，严重者达20%以上，且有逐年加重的趋势。

2011~2012年，在陕西省科学院渭南科技示范基地日光温室冬春茬番茄生长期间，研究了不同虫情指数下斑潜蝇对番茄产量的为害影响。其中叶片受害程度分级标准：0级叶片无虫道；1级为害面积占整个叶面的5%以下；3级为害面积占整个叶面的6%~10%；5级为害面积占整个叶面的11%~20%；7级为害面积占整个叶面的21%~50%；9级为害面积占整个叶面的50%以上。虫情指数=[Σ（叶片被害等级×该等级被害叶片数量）/（调查叶片总数×叶片被害最高级别）]×100。结果表明，虫情指数为10.5时，番茄产量损失率6.8%；而当虫情指数为35.5时，番茄产量损失率就上升到18.6%。可见，斑潜蝇对番茄的为害是随着虫情指数的增大，番茄产量下降，产量损失率增高。

7.3.3.2 形态特征

美洲斑潜蝇属双翅目蝇科，成虫体小，淡灰黑色，虫体结实，体长1.3~2.3mm，雌虫较雄虫体稍长。小盾片鲜黄色，外顶鬃着生在黑色区域；前盾片和盾片亮黑色，内顶鬃着生在黄色区域。卵很小，米色，轻微半透明，产在番茄植株叶片内，田间很难见到。幼虫无头，蛆状，初无色，渐变淡橙黄色，后期橙黄色，共3龄，最长可达3mm。有一对形似圆锥的后气门，每侧后气门开口于3个气孔，锥头端部有1孔。蛹椭圆形，腹面稍扁平，长2mm左右，橙黄色至金黄色。

南美斑潜蝇也称拉美斑潜蝇，形态特征与美洲斑潜蝇相近。成虫：体长2.6~3.5mm，较美洲斑潜蝇与其他种类大，翅长1.7~2.3mm，头额部黄色，上眼眶鬃2根，等长，下眼眶鬃2根，较短，中鬃散生，不规则排列4行。中侧片大部分黑色，仅上部黄色。触角1~2节黄色，第3节褐色。足的基节、腿节有黑纹且为黑色。幼虫：初孵化时半透明,随着虫体长大,渐变为乳白色,老熟幼虫体长2.3~3.2mm,后气门突起具6~9个气孔。雄性外生殖器:端阳体与骨化强的中阳体前部之间以膜相连,呈空隙状,中间体后段几乎透明。精泵黑褐色,柄短,叶片小,背针突具1齿。蛹:初期呈黄色,逐渐加深直至呈深褐色,后气门突起与幼虫相似,后气门7~12孔,大小为(1.7~2.3)mm×(0.5~0.75)mm。卵:椭圆形,乳白色,微透明,大小为(0.27~0.32)mm×(0.14~0.17)mm,散产于黄瓜叶片上下表皮之下。

7.3.3.3 生活史

美洲斑潜蝇在北纬35°以北地区自然环境下不能越冬,但可以蛹在储藏室或温室大棚内越冬。由南到北,年发生世代数逐渐减少,种群发生高峰依次推迟。一般雄虫较雌虫先出现,成虫羽化后24h交尾,一次交尾即可使所有产下的卵受精。雌虫刺伤寄主叶片,作为取食、产卵场所。斑潜蝇造成的伤口中约有15%含有活卵。雄虫不能刺伤叶片,但可在雌虫刺伤的叶片伤口上取食。卵产于叶片表皮下,2~4天孵化。幼虫在叶片内取食叶肉组织,形成不规则弯曲的蛇形虫道,幼虫排泄的黑色粪便交替排列在虫道两侧,幼虫期4~7天,末龄幼虫咬破叶表皮,在叶片外部或土表化蛹。高温干旱对化蛹均不利。化蛹后7~14天羽化为成虫。美洲斑潜蝇飞行能力有限,自然扩散能力弱,主要靠卵和幼虫随寄主植物或蛹随盆栽土壤、交通工具等远距离传播。

据报道,该虫在我国海南1年发生21~24代,周年发生,无越冬现象,以当年11月至翌年4月发生量最大。在山东、山西、河南和北京等地露地自然条件下不能越冬,在温室、大棚等保护地内可持续为害并越冬,全年发生10~13代,其中露地8~9代,保护地2~4代,每年4月气温回升时,越冬蛹开始羽化,随日光温室频频放风飞向露地,6~9月为露地发生高峰期。由于美洲斑潜蝇在不同寄主、温度和湿度等条件下各虫态历期差异较大,因此世代重叠现象严重。

该虫1994年在陕西首次发现,年发生14~15代,日光温室内发生6~10代,世代重叠,以各虫态在日光温室内取食为害并越冬,但不能在田间自然条件下越冬。10月中旬至翌年6月下旬主要为害温室蔬菜,高峰期为3~5月。10月上旬温室番茄出苗后,斑潜蝇逐渐迁入并在叶片上产卵为害,11月下旬至12月上旬形成第一个发生高峰期,有虫株率30%~80%,为害指数4.5~5.5。进入12月中旬后,随着气温的下降,斑潜蝇种群数量也随之下降。2月下旬以后,种群数量急剧增加,3月下旬至5月上旬为第二个发生高峰期,有虫株率100%,为害指数12.3~28.6。5月中旬以后,由于棚内温度过高,种群数量迅速下降(图7-9)。并迁至棚外,为害露地作物。

南美斑潜蝇的发生期和美洲斑潜蝇基本相似,但在日光温室黄瓜生长发育前期发生量比较小,2月以后随着棚内日平均温度的升高,发生数量逐渐增加,其发生高峰期较美洲斑潜蝇第二个发生高峰期推迟10~15天,一般只有一个发生高峰期。

7.3.3.4 生活习性

(1)垂直分布习性

美洲斑潜蝇幼虫在番茄植株上的垂直分布具有明显的层次性,以下部密度最大,中部次之，上部最小。南美斑潜蝇也具有这一习性。而美洲斑潜蝇成虫则主要在植株的上层飞翔活动。

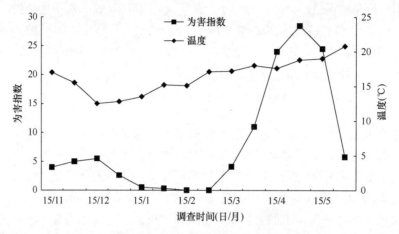

图 7-9　美洲斑潜蝇田间消长动态

（2）扩散迁移习性

美洲斑潜蝇的扩散迁移分为 4 个阶段：①迁移定居期，田间呈聚集分布；②扩散急剧增加期，种群数量迅速上升，为害加重；③扩散稳定期，株间扩散不断进行，使单株种群密度趋于均衡，田间呈均匀分布；④种群数量减退期，温室黄瓜生长后期，植株衰老，茎叶营养减退，温度升高，不适宜成虫迁飞活动及幼虫为害，便向棚外露地作物上迁移，种群数量迅速下降，为害减轻。南美斑潜蝇也具有这一习性。

（3）抗逆性

见第 6 章黄瓜部分。

（4）趋黄性

见第 6 章黄瓜部分。

7.3.3.5　影响发生因素

（1）温度与湿度

温度是影响美洲斑潜蝇种群数量的重要因素之一。一方面温度影响美洲斑潜蝇的生长发育。据报道，美洲斑潜蝇的世代发育起点温度与有效积温分别为 8.77℃ 和 295.69 日度，适宜温度为 20~30℃，在此温度范围内，各虫态的发育历期随温度升高而缩小，在 35℃ 高温下，幼虫可以继续发育，而蛹不能发育。因此，35℃ 是美洲斑潜蝇发育的上限温度。温度对成虫寿命也有一定影响，在 15℃ 时雌、雄虫寿命分别为 21.0 天和 11.5 天，30℃ 时分别为 14.3 天和 8.6 天。另一方面也影响发生期，在陕西的陕北及关中地区，该虫不能在自然条件下越冬，在温室内日平均温度为 15~17℃ 的 10 月中旬至 11 月下旬，出现第一个发生高峰；12 月上旬至翌年 2 月上旬，当日平均温度为 13~15℃ 时，斑潜蝇基本处于滞育状态；当日平均温度提高到18～20℃的3月中旬至5月上旬，出现第二个发生高峰，发生数量最大，为害严重。但到6月上旬以后日平均温度达到24℃以上时，不适宜其发生，种群数量迅速下降，便迁移至露地作物上为害。

湿度是影响美洲斑潜蝇蛹生长发育与存活的主要因素。研究表明，相对湿度和土壤含水量对成虫羽化有显著影响，高温低湿及高温高湿对成虫羽化均不利，20～30℃时，蛹存活及羽化最适宜的相对湿度分别为65%和85%，相对湿度低于45%或者高于95%时羽化率都低于60%；土壤含水量在25%时，成虫羽化率在84%以上，当含水量达到40%时，大部分蛹都不能正常羽化。在30℃条件下，相对含水量60%的土壤最适宜蛹的发育，其蛹期最短，羽化率最高；而相对含水量100%和0%的土壤均不利于蛹的发育，其蛹期延长，羽化率较低。

（2）种植方式

温室蔬菜种植方式与美洲斑潜蝇种群数量及为害性密切相关。番茄单作种植方式较间作或套种（前茬未收获、后茬蔬菜育苗或在宽行内种植其他蔬菜作物）方式，美洲斑潜蝇发生量小，始发期晚，为害高峰期迟。前者始发期为11月25日，为害高峰期为第二年的4月25日，有虫株率85.7%，有虫叶率37.8%，为害指数16.4。后者始发期为10月5日，有虫株率28.7%，有两个发生高峰期，第一个高峰期为11月20日，有虫株率82.3%，有虫叶率30.4%，为害指数10.6；第二高峰期为第二年的4月5日，有虫株率100%，有虫叶率53.9%，为害指数40.4。其主要原因是单作种植方式前后两茬作物之间有2～3个月休闲期，棚内无寄主植物，虫源基数小；后者由于棚内一直有寄主植物存在，定植前也难以进行高温或药物处理，加之寄主植物丰富，为美洲斑潜蝇提供了稳定的栖息场所及充足的食料条件，虫源基数大，发生早而重。

（3）温室蔬菜栽培面积

近年来，陕西温室蔬菜栽培面积迅速扩大，截至2010年全省温室栽培面积约280万亩，多以集中连片种植，棚内常年有寄主植物，为在陕西自然条件下不能越冬的美洲斑潜蝇提供了稳定的栖息场所及充足的食料条件。陕西冬春季番茄及夏秋季豆类蔬菜作物种植面积大，较易诱发该虫高密度发生为害。多年菜区发生及为害重于新建菜区，前者发生高峰期为害指数45～55，后者≤20。连片种植为害性明显重于零星种植区。

（4）天敌因素

见第6章黄瓜部分。

7.3.4 棉铃虫

棉铃虫（*Heliothis armigera*）属鳞翅目夜蛾科，别名棉铃虫实夜蛾。该虫是棉花种植区铃期害虫的优势种。进入20世纪90年代后期，随着种植结构的调整，设施蔬菜面积的不断扩大，近年来棉铃虫在番茄上为害较重，特别是早春茬番茄可造成产量损失18%～27%，严重的达45%以上，已成为番茄生产中的主要虫害之一。

7.3.4.1 为害特点

棉铃虫以幼虫蛀食番茄植株的蕾、花、果，偶也蛀茎，并且食害嫩茎、叶和芽。但主要为害形式是蛀果。棉铃虫对番茄的为害，在不同的器官上表现是不一的。一是对成熟的果实只蛀食果内的部分果肉，但常因蛀孔在降水或喷灌进水后溃烂，或蛀孔易受病菌侵入而引起果实腐烂、脱落，有的为害果虽不脱落，但已严重失去果实的商品价值；二是幼果先被蛀食，然后逐步被掏空或引起腐烂而脱落；三是幼蕾受害后，萼片张开，进而变黄脱落；四是蚕食部分幼芽、幼叶和嫩茎，常使嫩茎折断。一头幼虫可食害3~5果，最多为8果，早期幼虫喜食青果，老熟时则喜食成熟果及嫩叶。一旦大量发生，番茄的产量和品质会受到严重影响。

7.3.4.2 形态特征

成虫体长14~18mm，翅展30~38mm。复眼球形，绿色。背及前翅雌虫红褐色，雄虫灰绿色。前翅斑纹模糊，中横线由肾形斑下斜至翅后缘，末端达环形斑中部正下方。外横线很斜，末端达肾形斑中部下方。亚缘线锯齿较均匀，与外缘近于平行，外缘7个小黑点有白色基底，外围稍大。后翅灰白色，脉黑色透明，沿外缘有黑褐色宽带，在宽带中央有两个相连的灰白色斑不靠边缘，中间为褐色隔开。卵半球形，高大于宽，卵壳上纵棱达底部，具纵横网络。老熟幼虫体长40~50mm，背线一般有2条或4条，气门上线（体两侧）可分为不连续的3~4条，体表布满长而尖的小刺，明显较粗糙。蛹长17~21mm，黄褐色，气门较大，气孔高而突起。

7.3.4.3 生活史及生活习性

棉铃虫在陕西1年发生4代。以蛹越冬，翌年第1代卵多见于4月上旬至中旬，第2代幼虫在5月中下旬春番茄盛花期、挂果期为发生为害盛期，第3代幼虫在6中下旬为发生为害盛期，这两代均为春番茄主害代，第4代幼虫发生盛期在7月下旬至8月上旬，8月下旬至9月中旬为第5代幼虫为害期，这两个世代一般发生较轻。

棉铃虫成虫产卵有趋嫩性，喜欢在幼嫩的植株上部叶片上产卵；对新鲜的杨树枝有较强的趋化性，因此生产上常用杨树枝把诱杀成虫。幼虫为害番茄果实时，多从基部蛀入果实，在内取食，并能转移为害。转移时间多在夜间和清晨，这时施药易接触到虫体，防治效果最好。

7.3.4.4 影响发生因素

棉铃虫是喜温喜湿性害虫，其发生与气候、栽培条件及天敌因素息息相关。凡番茄地植株生长茂密、温湿度适宜时，必定发生严重。

7.4 番茄病虫害绿色防控技术体系

在设施番茄栽培中，主要有日光温室冬春茬、早春茬及日光温室秋冬茬、早春大棚、秋延后大棚等种植模式。病虫害作为设施番茄生产中的重要生物灾害，随着气候条件、生长季节、管理方式的不同，其病虫的发生为害情况也有所不同。因此，应紧密结合生产实际，制定科学有效的病虫害绿色防控技术体系，对于提高番茄产量、维护设施系统生态环境、降低农残污染、生产优质安全番茄产品至关重要。

7.4.1 育苗期

在番茄育苗期，病虫害严重影响着番茄出苗和幼苗的正常生长，此阶段主要有猝倒病、立枯病、灰霉病、早疫病、晚疫病、菌核病、黄化曲叶病毒病、溃疡病、根结线虫、白粉虱、烟粉虱、斑潜蝇等，有时也有一些地下害虫为害。因此，育苗期防治病虫是培育壮苗、保证番茄生长的一个重要环节。

（1）选用抗病品种

因地制宜地选择适合保护地的番茄抗病优良品种，大果型番茄如：中杂 9 号、L402、西粉 3 号、双抗 2 号、毛粉 802、金棚 1 号、中蔬 4 号、中蔬 5 号、仙客 1 号、世纪粉冠王、中研 988、金棚 M6 等。樱桃番茄（圣女果）品种有：抗 TY 千禧、美红、圣桃 3 号、黄仙女、粉秀、红仙女、情侣、圣喜、红霞、北京樱桃和京丹 1 号等。生产中应根据品种试验结果做适当添加。

（2）种子清毒处理

播种前用 50～55℃温水浸种 10～15min，也可以用杀菌剂药液浸种，再用 10%磷酸三钠（Na_3PO_4）溶液或 0.1%高锰酸钾水溶液浸种 10～20min 后清洗催芽，清除种间或种内病菌。在番茄溃疡病发生严重的区域，选用 72% 农用链霉素可溶性粉剂 2000 倍液浸种 2h 或用 1.05%次氯酸钠浸种 30min，然后用清水冲净，晾干催芽。

（3）培育无病虫壮苗

采用防虫网（40～50 目）、室内 72 孔育苗盘育苗，基质选用商品基质，夏季高温处理，冬季采取低温处理，杀灭基质中的病原菌和虫卵。加强苗床管理，育苗苗床内温度应控制在 20～30℃，地温保持在 16℃以上，注意提高地温，降低土壤湿度。出苗后尽量不要浇水，必须浇水时应选择晴天洒水，切忌大水漫灌。冬季低温育苗要提温降湿，培育壮苗。发病初期可拔除病株，中午揭开覆盖物后立即将干草木灰与细土混合撒入，控制病害流行。夏季高温季节育苗，应加盖防虫网，防治蚜虫、粉虱、斑潜蝇等的侵入为害，预防病毒病的发生。同时注意维护棚膜的透光性，避免光照过弱导致幼苗徒长。定植前低温（6～7℃）炼苗，增加养分积累，提高抗逆性。

（4）育苗期用药组合

育苗前主要抓好苗床土及种子处理，为培育无病虫壮苗奠定基础。烟粉虱要治早，出苗后及时喷施杀虫剂及抗病毒制剂，预防黄化曲叶病毒病。由于秋延茬和越冬茬番茄育苗在高温期，喷药应选择在下午喷药；早春茬育苗在低温期，喷药应选择在上午喷药，无论下午还是上午喷药，要求病害部位均匀受药。其用药组合方案见表 7-22。

表 7-22　番茄育苗期用药组合方案

防治对象	用药组合	用药方式	兼治对象	备注
猝倒病+根结线虫	70%敌磺钠可溶性粉剂+10%噻唑膦颗粒剂	基质处理	立枯病	猝倒病、根结线虫属典型土传病害，做好育苗基质处理是控制该病流行的关键。在基质没经过高温或低温处理时采用
猝倒病+根结线虫	10%噻唑膦颗粒剂+70%敌磺钠可溶性粉剂			
猝倒病	70%敌磺钠可溶性粉剂或50%多菌灵可湿性粉剂或72%霜脲·锰锌可湿性粉剂	基质处理		
	50%多菌灵可湿性粉剂或72%霜脲·锰锌可湿性粉剂	种子处理		按种子量的0.3%拌种，摊开晾干后播种
早疫病+菌核病	①50%克菌丹可湿性粉剂 ②70%恶霉灵可湿性粉剂 ③3%恶霉·甲霜水剂 ④25%甲霜灵可湿性粉剂+50%福美双可湿性粉剂	浸种处理	立枯病 猝倒病	早疫病、菌核病、枯萎病等可由种子带菌传播。通过浸种20~30min，可有效地杀灭种子表面的病菌
猝倒病+立枯病	①72%霜脲·锰锌可湿性粉剂+75%百菌清可湿性粉剂 ②70%丙森锌可湿性粉剂+20%氟酰胺可湿性粉剂 ③70%恶霉灵可湿性粉剂+70%敌磺钠可溶性粉剂	喷雾		番茄出苗1~4叶期，以防治番茄猝倒病为重点，兼治其他病害。苗床一旦发现病苗，要及时拔除，并喷药控制
早疫病+烟粉虱+黄化曲叶病毒病	①65%代森锌水分散粒剂+70%吡虫啉水分散粒剂+0.5%氨基寡糖素水剂 ②65%代森锌可湿性粉剂+70%啶虫脒水分散粒剂+20%盐酸吗啉胍可湿性粉剂 ③30%醚菌酯悬浮剂+10%高效氯氰菊酯可湿性粉剂+50%烯酰吗啉水分散粒剂	喷雾	立枯病 晚疫病 斑潜蝇	早疫病是典型气病害，再侵染频繁，流行性强，当田间病害出现流行时，很难控制其为害，做好预防至关重要
早疫病+烟粉虱	①30%醚菌酯悬浮剂+10%氯噻啉可湿性粉剂 ②250g/L嘧菌酯悬浮剂+25%噻虫嗪水分散粒剂 ③500g/L异菌脲悬浮剂+2.5%高效氯氟氰菊酯水乳剂	喷雾	晚疫病 斑潜蝇	烟粉虱在未产卵前对成虫重点进行防治，即"治早"，主要采用熏蒸剂熏杀，尽量避免产卵。若有卵、若虫时采取叶面喷雾，喷药时间应选择早晨，此时成虫活动性小。一般杀虫剂喷雾时应加黏着剂。若已产卵则选择对卵有较强触杀作用的杀虫剂
烟粉虱	①15%敌敌畏烟剂 ②20%异丙威烟剂	熏蒸	斑潜蝇 蚜虫	
烟粉虱+黄化曲叶病毒病	①25%噻虫嗪水分散粒剂+1.8%辛菌胺醋酸盐水剂 ②2.5%高效氯氟氰菊酯水乳剂+0.5%氨基寡糖素水剂	喷雾		

7.4.2　定植期

（1）设置防虫网

防虫网防虫是一种物理防治方法，是通过构建人工隔离屏障，切断害虫传播途径，将害虫"拒之门外"。研究表明，定植前5~7天盖棚膜前，在棚室的入口及通风口设置40~50目银灰色防虫网，然后盖膜，防止害虫在生长期进入棚室，减少直接为害，是控制在自然条件下不能越冬的斑潜蝇、粉虱最有效的技术措施，控制害虫效果达90%以上。同时，可以减少害虫传毒机会，防止病毒病的发生。该技术不污染环境和农产品，不会引起害虫产生抗药性，具有显著的生态及社会效益。

（2）棚室消毒

利用设施生产棚室相对密闭的特殊环境条件及臭氧具有的强氧化性，于番茄秧苗定植前或拉秧后，采用长时间（4~6h/d）、高浓度（≥2ppm）释放臭氧连续 3~5 天杀虫灭菌，可有效消灭或减轻设施内病虫源发生基数。研究结果表明，臭氧在一定浓度下可在较短时间内破坏病虫的生理结构，使之失去生存或发育能力，从而达到杀灭病虫的目的。因臭氧在密闭棚室内释放，不与人体直接接触，且臭氧极不稳定，释放后 30min 即可分解，故对人体及环境不造成伤害和污染。该技术具有无二次污染、安全、有效、不留死角、使用方便等特点，有效地解决了硫黄等药物消毒对棚内一些设施的破坏及对生态环境污染的难题，已成为日光温室蔬菜病虫防治新技术，丰富了病虫防治内容，是设施蔬菜无公害生产技术体系中的一项重要措施，为绿色食品蔬菜生产提供了技术支撑。

此外，可配合使用敌敌畏、百菌清闭棚熏蒸，降低棚室残留病虫基数。

（3）配方施肥

由于棚室番茄生长周期长，产量高，土壤中的多种微量元素在逐渐减少，硅、钙、镁、硼、铜等缺失严重，从而诱发各种病害发生。例如，土壤中缺钙，可导致番茄脐腐病的发生；土壤中缺铜，可使蔬菜植株矮小，失绿，叶片褐色枯萎；微量元素硼缺乏，可造成番茄果实的锈色斑等；营养元素缺乏可直接影响到植株的正常生长，降低植物抵抗力，从而影响到产量和品质。

配方施肥是依据设施栽培番茄受环境、土壤等因素的限制，得不到足够的营养，其长势比较弱、抗性差的特点，在明确棚室番茄植株矿质营养丰缺与病害发生的关系的基础上，通过测土配方施肥，增施有机肥、补施微量元素，解除蔬菜植株限制营养，即重视应用充分腐熟的农家肥 2000~5000kg/亩，优先使用生物菌肥，合理使用化肥，控制氮肥，增施磷钾肥，提高植株抗病力，达到控制番茄灰霉病、早疫病、根结线虫病等病害的发生。

（4）定植期用药组合

番茄种子价格昂贵，因此应做好定植前的土壤处理，预防番茄苗期病害的发生，确保全苗、齐苗和壮苗早发。此阶段用药组合方案见表 7-23。

表 7-23　番茄定植期用药组合方案

防治对象	用药组合	用药方式	兼治对象	备注
根结线虫+根腐病	10%噻唑膦颗粒剂+70%甲基硫菌灵水分散粒剂	土壤施药	立枯病	在休闲期未进行物理和药剂处理情况下采用
早疫病+烟粉虱+黄化曲叶病毒病	75%百菌清可湿性粉剂+6%联菊·啶虫脒微乳剂+20%吗胍·乙酸铜可湿性粉剂	喷雾	晚疫病	病毒病应在发病前预防

7.4.3　生长期

生长期可分为生长前期、生长中期和生长后期。生长前期即移植缓苗后到开花结果期，此时番茄植株生长旺盛，多种病害开始侵入，害虫开始发生；生长中期即番茄开始采摘到盛果期，此时营养生长与生殖生长并存，多种病虫同时发生，混合为害，生理病害现象发生普遍，病虫直接影响番茄的产量和质量；生长后期即植株衰老期，此时植株逐渐衰老，抗病性及病虫为害后自然补偿能力降低，病虫害流行和繁殖速度快，为害重。

番茄整个生长期发生的主要病虫害有灰霉病、早疫病、晚疫病、叶霉病、白粉病、菌核病、黄化曲叶病毒病、斑枯病、细菌性溃疡病、根结线虫、白粉虱、烟粉虱、斑潜蝇等，生理病害有番茄蒂腐病、筋腐病、空洞果、2,4-D 药害、生理性卷叶等。此期控制病虫发生为害，对确保棚室番茄丰产丰收、提高种植经济效益尤为关键。

（1）张挂镀铝聚酯膜反光幕

在日光温室冬春季番茄生长期，由于气温低，日照时间短，大棚温室内光、温分布不均匀，其中温室中部光照强，气温、地温高，温室前部、后部光照弱，气温、地温低，蔬菜产量也低。若在温室靠北墙张挂高 1.5～2.0m、东西延长的镀铝聚酯膜作为反光幕，则可改变温室的光照分布，增加后部弱光处的光照强度，使温室内光、温分布相对均匀，有促进植株生长、增强抗病力的作用，可使蔬菜增产 10%～20%。温室内一般在每年的 11 月末到翌年 3 月张挂反光幕效果较为理想。

（2）黄板诱杀

针对番茄白粉虱、烟粉虱、斑潜蝇、蚜虫等害虫具有的趋黄性，在害虫发生期张挂黄板，外套透明塑料膜涂机油或粘虫胶诱杀成虫。黄板大小为 30cm×50cm 左右，每 8～10m^2 挂一块，悬挂高度以高出番茄生长点 5cm 为宜。该技术可以避免和减少使用化学农药给人类、其他生物及环境带来的为害，是一种高效环保的虫害防治方法，已被广泛应用于设施大棚防治蔬菜、花卉等经济作物上。

（3）实施变温管理

即晴天上午晚放风，使棚室温度迅速升温到 33℃时，开始放顶风，降低灰霉病、晚疫病等的产孢量。当温度在 25℃以上时中午继续放风，下午棚室温度保持 20～25℃，20℃时开始关闭通风口，使白天棚内温度保持 20～33℃、夜间保持 15～20℃为宜。阴天也要进行短期通风排湿，创造有利于番茄生长而不利于病害发生的生态条件，达到生态控病的目的。

（4）控湿防病

环境高湿及植物表面的自由水是许多病害发生的关键条件，因此，降湿对控制病害的发生尤为重要。该技术是针对温室、大棚环境条件的可控性，通过膜下暗灌、全田覆盖、科学地排湿换气、调控温湿度等措施，创造有利于蔬菜生长发育但又不利于病害发生的湿度条件，达到促进蔬菜生长、控制病虫为害的目的。在设施番茄栽培中，利用实施双垄栽培，地膜全程覆盖，膜下暗灌或滴灌、渗灌，降低棚室内的湿度，对控制番茄灰霉病、早疫病、晚疫病、叶霉病等高湿病害的发生效果显著。

（5）高温控病

当田间灰霉病、叶霉病、晚疫病等发生较重难以控制时，可采用药后短时间闷棚升温抑菌技术，即选择晴天中午闷棚，高温闷棚 2h，温度控制在 36～40℃，不超过 40℃，隔10天1次,连续2~3次,能明显抑制病菌生长,控制病害的发展与蔓延。

(6) 摘除病叶、病果及残余花瓣和柱头

生长期及时摘除植株中下部的病叶、病果,带出田外深埋或烧毁,减少传染病源,降低病害传播。对灰霉病要及时摘除残余花瓣和柱头,方法是当幼果长至黄豆到花生米粒大小时,将残余花瓣和柱头摘掉,阻断病菌的侵染途径,对灰霉病的控制效果可达80%以上。

(7) 生长期用药组合

发棵期用药组合(缓苗后—采摘初期):这一时期大约70天,番茄以营养生长为主,主要做好"两病一虫"的防治工作,以叶面喷雾为主,下午喷药为宜。其用药组合方案见表7-24。

表7-24 番茄发棵期用药组合方案

防治对象	用药组合	用药方式	兼治对象	备注
早疫病+烟粉虱+黄化曲叶病毒病	①30%苯醚甲环唑悬浮剂+10%高效氯氰菊酯可湿性粉剂+80%盐酸吗啉胍水分散粒剂 ②50%烯酰吗啉水分散粒剂+70%丙森锌可湿性粉剂+7.5%高氯·吡虫啉悬浮剂	喷雾	晚疫病斑潜蝇	使用杀菌剂的原则是保护剂和治疗剂交替使用。可按照治疗剂—保护剂—治疗剂—保护剂的顺序施药。病毒病的预防:①要防治好烟粉虱,预防害虫传播病毒。②整枝打杈时,要注意先后顺序,先做健康无毒病植株。③在预防病毒病的药剂中,加入高质量的叶面肥,提高植株的抗病能力
早疫病+烟粉虱	①30%王铜悬浮剂+200g/L吡虫啉可溶液剂 ②60%锰锌·福美双可湿性粉剂+70%吡虫啉水分散粒剂	喷雾	晚疫病蚜虫	
烟粉虱+黄化曲叶病毒病	①3%啶虫脒微乳剂+1.8%辛菌胺醋酸盐水剂 ②200g/L吡虫啉可溶液剂+10%盐酸吗啉胍可溶粉剂	喷雾	蚜虫	
烟粉虱	①10%异丙威烟剂 ②20%异丙威·敌百虫烟剂 ③22%敌敌畏烟雾剂	熏蒸	蚜虫	连阴雨雪天气使用,杀虫剂每亩用量250~300g,杀菌剂400~800g,夜间熏蒸6~8h
早疫病	10%百菌清烟剂	熏蒸	晚疫病	
细菌性溃疡病	①72%农用硫酸链霉素 ②40%DT(琥珀酸铜)杀菌剂 ③77%氢氧化铜可湿性粉剂 ④50%琥胶肥酸铜水剂	灌根	青枯病	

采摘前期用药组合:这一阶段是病虫害发生种类最少的阶段,但往往是病害为害最重的阶段,生产上以防治灰霉病为主,灰霉病的防治要贯穿这个时期的始终。此时是棚室温度最低、湿度处于饱和时间最长的阶段,虫害一般不发生,防治病害优先采用烟雾剂,尽量减少喷雾防治,以免增加棚室内的湿度。若要采用喷雾防治,喷药应选择晴天,露水干后上午用药,避免下午用药,以最大限度地降低喷雾带来的副作用。其用药组合方案见表7-25。

采摘中期用药组合:立春以后日照时间逐渐延长,温度逐渐升高,番茄生长发育加快,采摘间隔期逐步缩短,进入高产时期。病虫害防治要充分考虑产品的安全问题,在番茄采摘之后用药,选择农药优先考虑生物制剂,其次选用低毒低残留农药。其用药组合方案见表7-26。

表 7-25　番茄采摘前期用药组合方案

防治对象	用药组合	用药方式	兼治对象	备注
灰霉病	①15%腐霉·百菌清烟剂 ②15%异菌·百菌清烟剂	熏蒸	叶霉病	番茄灰霉病主要侵染萎蔫的花瓣，花期是预防番茄灰霉病的关键时期。在蘸花或喷花时加入灰霉病药剂，预防病菌从腐败的花器侵染到果面
	①2,4-D 蘸花时加入 0.3%的 50%腐霉利 ②2,4-D 蘸花时加入 0.1%的 40%嘧霉胺 ③2,4-D 蘸花时加入 0.1%的 50%异菌脲	涂抹或局部喷施	叶霉病	
	①50%腐霉利可湿性粉剂 ②40%嘧霉胺悬浮剂 ③50%异菌脲可湿性粉剂	喷雾	叶霉病	
青枯病	①72%硫酸链霉素可溶性粉剂 ②20%噻森铜悬浮剂	灌根		常规采用药剂灌根防治技术，在设施栽培条件下控制效果不明显，建议不宜采用

表 7-26　番茄采摘中期用药组合方案

防治对象	用药组合	用药方式	兼治对象	备注
灰霉病+早疫病	①40%双胍三辛烷基苯磺酸盐可湿性粉剂+75%肟菌·戊唑醇可湿性粉剂 ②250g/L 嘧菌酯悬浮剂+10%多抗霉素可湿性粉剂	喷雾	叶霉病 晚疫病	喷雾时间：3 月中旬以前上午喷药，3 月下旬以后下午喷药，若两种或两种以上病虫同时发生，可选择能混合使用的杀虫剂和杀菌剂
灰霉病+早疫病+烟粉虱	30%己唑醇悬浮剂+50%二氯异氰尿酸钠可溶粉剂+70%吡蚜酮水分散粒剂	喷雾	叶霉病 晚疫病	
早疫病+烟粉虱	①10%多抗霉素可湿性粉剂+10%氯噻啉可湿性粉剂 ②50%克菌丹可湿性粉剂+25%噻虫嗪水分散粒剂	喷雾	叶霉病 晚疫病	

采摘后期用药组合：番茄生长发育进入后期，植株逐渐衰老，抗病性及病虫为害后自然补偿能力降低，病虫害流行和繁殖速度快，为害重，务必将病虫害控制在流行之前，防治病虫时结合叶面喷肥，改善植株营养状况。采摘后期，主要是预防叶霉病、早疫病和晚疫病，要做到保护剂与治疗剂交替使用。烟粉虱、斑潜蝇用药时间应选择在上午清晨，防治病害喷药时间应选择在 17:00 以后。其用药组合方案见表 7-27。

表 7-27　番茄采摘后期用药组合方案

防治对象	用药组合	用药方式	兼治对象	备注
早疫病+晚疫病+烟粉虱	①47%春雷·王铜可湿性粉剂+25%噻虫嗪水分散粒剂 ②678.5g/L 氟菌·霜霉威悬浮剂+70%吡蚜酮水分散粒剂	喷雾	早疫病 炭疽病	叶霉病是再侵染频繁、流行性强的气传病害。3 天内可以从无到有，并且严重发生，如不采取措施控制，一周内可致毁棚、绝产，用药时期对防治效果影响极大。发病初期及时用药极为关键
叶霉病+烟粉虱	①10%氟硅唑水乳剂+70%吡蚜酮水分散粒剂 ②40%腈菌唑水分散粒剂+10%氯噻啉可湿性粉剂	喷雾		

7.4.4　休闲期

（1）清洁田园

在拉秧后，及时清除棚室内的病株残体，集中烧毁或深埋，减少下茬病虫源基数。

(2) 高温闷杀

在拉秧清田后或定植前 10~15 天,选择连续晴天,严闭棚膜,使棚室内温度达到 60~70℃,持续 5~7 天,对杀死田内残留的病菌、害虫,以及抑制斑潜蝇蛹羽化有显著效果。

第 8 章 茄 子

茄子属茄科茄属一年生草本植物,在热带为多年生灌木,古称酪酥、昆仑瓜,原产于印度。茄子是我国设施栽培蔬菜的主栽品种之一,在陕西等西北地区进行设施茄子栽培,多采用塑料薄膜拱棚或温室等设施,主要栽培模式分为秋冬茬栽培、越冬茬栽培、冬春茬栽培、塑料薄膜拱棚的早春栽培。由于在设施环境条件下,受棚室内空气湿度大、光照弱等不利因素影响及茄子的连作栽培,病虫害发生严重。在茄子上常见的病害包括褐纹病、绵疫病、黄萎病、灰霉病、根结线虫病、根腐病、枯萎病等;常见的虫害包括粉虱、斑潜蝇、蚜虫、茶黄螨、蓟马等。

8.1 病原病害

8.1.1 茄子褐纹病

茄子褐纹病又称褐腐病、干腐病,是茄子的常见病害,在北方与茄子绵疫病、黄萎病一起被称为茄子三大病害。在我国各地普遍发生,其发生程度因气候和区域而异。常引起幼苗猝倒、叶斑、枝枯和果腐等,以果腐损失最大,常年造成产量损失达20%~30%,严重年份高达80%以上。其中,以大棚栽培的茄子发病较重,果腐率高达50%以上。

8.1.1.1 症状

茄子褐纹病主要侵染为害子叶、茎、叶片和果实,苗期到成株期均可发病,常造成烂叶、烂果,对产量影响很大。幼苗受害时,茎基部出现缢缩水浸状病斑,而后变黑凹陷,上生黑色小粒点即病原菌的分生孢子器,条件适宜时,病斑迅速扩展,茎基部缢缩变细,造成幼苗折倒或立枯。生产中常把苗期此病称为立枯病。成株期受害,先在下部叶片上出现苍白色圆形斑点,而后扩大为圆形或近圆形病斑,边缘变为褐色,中间浅褐色或灰白色,有轮纹,后期病斑上轮生大量小黑点,最后病斑连片,常干裂、穿孔,叶片枯萎、脱落。茎部产生水浸状梭形病斑,而后逐渐扩大为暗褐色中央灰白色的干腐状溃疡斑,其上散生小黑点,后期皮层脱落,露出木质部,容易折断。病斑较多时,可连结成大的坏死区域。果实发病,表面产生圆形或椭圆形凹陷斑,淡褐色至深褐色,其上布满同心轮纹状排列的小黑点,病斑不断扩大,可达半个果实。发病严重时,果实上布满病斑并相互连接,天气潮湿时病果极易腐烂,有时干缩成僵果而不脱落。

8.1.1.2 病原

茄子褐纹病是由茄褐纹拟点霉(*Phomopsis vexans*)侵染所致,属半知菌亚门真菌。病斑上产生的黑色小点是病原菌的分生孢子器,初埋生于寄主表皮下,成熟后突破表皮而外露。孢子器单独着生于子座上，呈凸透镜形，具有孔口。其大小为（55~400）μm×（45~250）μm，可随寄主部位和环境条件而变化。分生孢子有两种，在叶片上分生孢子椭圆形，单胞，无色，内有2~3个油球；在茎上分生孢子线形，单胞，无色，稍弯曲。

8.1.1.3 侵染循环

病菌主要以菌丝体和分生孢子器在土表病残体上越冬，同时也可以菌丝体潜伏在种皮内或以分生孢子附着在种子表面越冬。通常病菌在种子上可存活2年，在土表病残体上可存活2年以上，成为翌年的初侵染源。播种带菌种子，能引起幼苗直接发病，猝倒或立枯；病残体及土壤带菌能引起基部溃疡。病苗及茎基溃疡上产生的分生孢子为当年再侵染的主要菌源，然后经反复多次的再侵染，造成叶片、茎秆上部及果实大量发病。分生孢子在田间主要通过风雨、昆虫及人工操作进行传播和重复侵染。种子是远距离传播的主要途径之一。病菌可在12h内入侵寄主，其潜育期在幼苗期为3~5天，成株期则为7~10天，发病部位即可产生分生孢子。

8.1.1.4 影响发生因素

（1）温湿度与发病的关系

病菌发育最适温度为28~30℃，相对湿度高于80%，棚室温度低，叶面结水珠、叶片吐水病害发生重，高温高湿条件下病害容易流行。一般春季保护地种植后期发病概率高，流行速度快。北方春末夏初棚室栽培、露地发病重。

（2）田间环境与发病的关系

管理粗放也是病害发生的因素之一，应引起重视。植株生长衰弱，多年连作，通风不良、土壤黏重、排水不良、管理粗放、幼苗瘦弱、偏施氮肥时发病严重。

（3）品种与发病的关系

茄子不同品种的抗病性也有差异，解决褐纹病为害最经济有效的措施是选育抗病品种，一般长茄较圆茄抗病，白皮茄、绿皮茄较紫皮茄抗病。

8.1.2 茄子绵疫病

茄子绵疫病，俗称"掉蛋""水烂"，又称烂茄子。在各菜区普遍发生，露地茄子、保护地茄子的各生育阶段皆可受害，损失可达20%~30%，甚至超过50%，是茄子的主要病害之一。

8.1.2.1 症状

从苗期到成株期均可发病，盛果期为发病盛期，为害果实、叶、茎、花，主要为害果实。幼苗被侵害，胚茎基部呈水渍状坏死，引起猝倒。叶片被侵害，产生不规则或近圆形水渍状褐色病斑，有明显轮纹，潮湿时边缘不明显，病斑上产生稀疏白霉；干燥时病斑边缘明显，不产生白霉。花被侵害，表现为湿腐，并向嫩茎蔓延，形成水渍状、暗绿色或紫褐色凹陷病斑，缢缩或折断，湿度大时产生稀疏白霉，其上部叶片萎垂。果实被侵害，近地面果实先发病，果表面初为水渍状圆形或近圆形、黄褐色至暗褐色稍凹陷病斑，后逐渐扩大蔓延至整个果实表面，果实内部褐变腐烂，湿度大时病斑表面产生白色棉絮状菌丝，果实内部变黑腐烂，病果脱落或失水成僵果残留在枝上。

8.1.2.2 病原

茄子绵疫病为真菌性病害，病原为寄生疫霉菌（*Phytophthora parasitica* Dastur）和辣椒疫霉菌（*Phytophthora capsici* Leonian）。菌丝白色，棉絮状，无隔，分枝多，气生菌丝发达，病组织和培养基上易产生大量孢子囊，孢囊梗无色，纤细，无隔膜，一般不分枝；孢子囊无色或微黄，卵圆形、球形至长卵圆形，大小为（30～70）μm×（20～60）μm；孢子囊顶端状突起明显，大小为 6.8μm×6.2μm。菌丝顶端或中间可产生大量黄色圆球形厚垣孢子，直径为 20～40μm，壁厚为 1.3～2.6μm，单生或串生。有人认为茄疫霉（*Phytophthora melongenae* Sawada）也是该病的致病菌，其特点是棉毛状菌丝较长。

8.1.2.3 侵染循环

病菌主要以卵孢子在土壤中病残组织上越冬，翌年卵孢子可直接侵染茄子幼苗，在根颈部位以芽管侵入幼嫩的茎基，导致幼苗的猝倒。借灌溉、风雨、流水等传播为害，萌芽的孢子囊或卵孢子侵染植株，首先致植株下部被侵染的果实或叶片发病；初生菌丝侵入寄主细胞吸收养分，造成寄主腐烂并迅速扩大，病部长出大量长而密的菌丝；菌丝成熟后顶端生成卵圆形孢子囊，孢子囊是主要侵染体，它散落在寄主组织上，条件适宜时，萌发成许多游动孢子，游动孢子在水滴中产生两根鞭毛，经过30～40min游动，选定新寄主后，失去鞭毛，萌发出芽管侵入寄主组织进行侵染；如果水分不足，孢子囊就不产生游动孢子而直接萌发出芽管侵染寄主细胞；周而复始，扩大侵染，最后又形成卵孢子越冬。

8.1.2.4 影响发生因素

（1）温湿度与发病的关系

病菌对温度适应范围广，18～38℃均可生长，发育适温为25～35℃；相对湿度86%左右时，有利于病菌孢子形成。发育最适温度为28～30℃，空气相对湿度95%以上时菌丝体发育良好。高温高湿、暴风雨或时雨时晴的天气有利于病害的发生和流行，造成病害暴发。在保护地湿度大、植株上有水（侵染水）、空气相对湿度85%以上、气温25～35℃条件下，发病较迅速。

（2）栽培技术与发病的关系

地势低洼、排水不良，重茬地、土壤黏重的地块易发病；栽培密植过大、通风透光不良，畦面积水、潮湿等易诱发病害发生。同时偏施氮肥、管理粗放、长果型品种发病较重。另外，大水漫灌及地表施用未腐熟的厩肥发病严重。

8.1.3 茄子黄萎病

茄子黄萎病又称半边疯、凋萎病、黑心病，是茄子生产上一种典型的土传病害，全国各地均有发生。在茄子生长前期一般不表现症状，多在门茄坐果后才开始表现症状，所以常常延误防治时机，造成较大损失。随着保持地栽培面积的扩大，近年来该病有加重发病的趋势，不仅为害茄科蔬菜，还为害葫芦科、十字花科等多种蔬菜。

8.1.3.1 症状

茄子黄萎病在茄子整个生长期均可发生，一般 5～6 叶开始发病，门茄坐果后表现症状，进入盛果期急剧增加。田间主要有以下几种症状类型。

黄色斑块型：这是茄子黄萎病最典型的症状，发病时多见此症状。主要发生在成株期，病情自下向上发展，初期叶缘及叶脉间出现不规则的褪绿黄斑，然后黄斑不断扩大和联合，逐渐发展到半边叶或整叶发黄，颜色也不断由黄色变为褐色，最后呈失水萎蔫状。发病初期病株在晴天中午萎蔫，早晚尚能恢复，经一段时间后不再恢复，叶缘上卷，叶片变褐脱落，并不断由植株下部向上方发展，病株逐渐枯死。由于黄萎病症状常常发生在半个叶片或半边植株上，再由半叶向全叶发展或由植株一侧向另一侧发展，故有"半边疯"之称。严重发病时，全株叶片会落光。纵切根茎部，可见维管束变为黄褐色或棕褐色。

网状斑纹型：病株叶片上的叶脉变黄，病斑呈网状斑纹型。此症状在田间发生较少。

萎蔫型：发病植株叶片自下向上呈现失水萎蔫状，下部叶片枯死，上部叶片萎蔫。

矮化型：发病植株茎节间缩短，有的病株整株矮缩枯死，叶片全部脱落。发病严重的多见此症状。

8.1.3.2 病原

通过形态特征及生物学特性对黄萎病病原菌鉴定，结果表明，引起茄子黄萎病的病原菌主要有大丽轮枝菌（*Verticillium dahliae* Kleb.）、黑白轮枝菌（*Verticillium albo-atrum* Reinke et Berth.）、变黑轮枝菌（*Verticillium nigrescens* Pethybr.）等。茄子黄萎病病菌的种群组成、地理分布与茄子品种有关。我国大部分地区茄子黄萎病是由大丽轮枝菌引起的，部分地区是由黑白轮枝菌（黄萎轮枝菌）引起的，而嫁接茄子黄萎病是由大丽轮枝菌引起的。菌丝初无色，老熟时转为灰黑色，有隔膜。菌落一般近圆形，边缘光滑，中心微突且有明显的黑色或灰黑色交替的同心轮纹。分生孢子单细胞，长椭圆形，无隔，无色透明；分生孢子梗无色纤细，基部略膨大，常由 2～3 层轮状的枝梗及上部的顶枝或 1 层轮枝和 1 个顶枝组成。

8.1.3.3 侵染循环

病菌以休眠菌丝、厚垣孢子、微菌核随病株残余组织在土壤中越冬，成为翌年的初次侵染源，黄萎病病菌在土壤中可存活 6～8 年，其中微菌核可存活 14 年左右。因此，带菌土壤是该病的主要侵染源，带有病残体的肥料也是该病的重要来源之一。病菌也能以菌丝体和分生孢子在种子内越冬，是病害远距离传播的主要途径之一。但在干燥休闲的土壤中只能存活 1 年，在土壤水分饱和的情况下很快死亡。病菌另一个传染途径是田间灌溉水、农具、农事操作，翌年茄子幼苗移栽时，病菌在适宜的环境条件下，从根部伤口或直接从幼根的表皮和根毛侵入，在植株的维管束内繁殖，不断扩散到植株枝叶及根系，引起植株系统性发病，最后干枯死亡。

8.1.3.4 影响发生因素

(1) 温湿度与发病的关系

茄子黄萎病病菌的发育适温为 20~25℃，最高 30℃，最低 5℃。气温在 28℃时病害受到一定抑制，菌丝、菌核在 60℃时经过 10min 后可致死。如早春气温偏低，定植时根伤口愈合慢，有利于病菌侵入；从茄子定植到开花，日均温度低于 15℃，持续时间长，发病早而重。

(2) 前茬作物与发病的关系

黄萎病属土传病害，若前茬为茄子、辣椒、番茄、马铃薯等易受黄萎轮枝孢菌侵染的蔬菜时重茬病害加重；而前茬为葱、蒜、韭菜、芹菜等蔬菜时不利于发病。

(3) 土壤环境与发病的关系

地势低洼，容易渍水，土壤黏性重的田块，天旱时易龟裂，引起断根，造成大量伤口，发病加重。同时，土壤线虫和地下害虫为害重时有利于茄子黄萎病的发生发展。

(4) 栽培技术与发病的关系

施用未腐熟的有机肥或缺肥，生长不良，定植时或中耕除草时等农事操作伤根多，病害发生重。偏施氮肥，植株生长幼嫩，抗病力差，发病重。

8.1.4 茄子枯萎病

茄子枯萎病是茄子的主要病害之一，随着保护地栽培面积的扩大和重茬年限的延长，近年来有加重发病的趋势。

8.1.4.1 症状

茄子枯萎病多发生在成株期，病株叶片自下向上变黄枯萎，病症多表现在一、二层分枝上，有时同一叶片仅半边变黄而另外半边健康如常，开始是叶脉变黄，最后整个叶片变黄，但枯黄的叶片不脱落。剥开病茎，可见维管束变为褐色，与黄萎病相似。

8.1.4.2 病原

茄子枯萎病是由尖镰孢菌茄子专化型（*Fusarium oxysporum* f. sp. *melongenae*）侵染引起，属半知菌亚门真菌。菌丝体透明，有分隔；在 PDA 培养基上菌丝生长旺盛，底物呈白带紫色。菌丝、菌核在 60℃条件下 10min 可致死。

8.1.4.3 侵染循环

病菌主要以菌丝体或厚垣孢子随病残体在土壤中或黏附在种子上越冬,有较长时间的营腐生生活。在田间主要借助水流、灌溉水传播和农事操作等传播途径进行再侵染。条件适宜时,厚垣孢子萌发的芽管从茎基部自然裂口或根部的伤口、自然裂口或根冠侵入,进入维管束,堵塞导管,影响水分、养分的正常运输,并产出有毒物质镰刀菌素,导致病株叶片黄枯而死。

8.1.4.4 影响发生因素

多年连作、土壤低洼潮湿、土温高、氧气不足、根系伤口较多或施用未腐熟的土杂肥等,皆易诱发病害的发生。

（1）温湿度与发病的关系

茄子枯萎病病菌喜温暖、潮湿的环境,发病最适宜的条件为土温24～28℃,21℃以下或33℃以上时病情扩展缓慢。土壤含水量低于65%时发病重,土壤含水量18%～27%时发病率为72%,土壤含水量44%～65%时为78%,土壤含水量高达70%～80%时发病率为12.6%,土壤含水量100%时发病率为3.1%。春、夏多雨的年份发病重;秋季多雨的年份栽培的茄子发病重。

（2）栽培管理与发病的关系

多年连作、排水不良、雨后积水、酸性土壤、地下害虫为害重及栽培上偏施氮肥等的田块发病较重。

（3）茄子生长发育进程与发病的关系

虽然茄子整个生育期均可受到枯萎病病原菌的侵染为害,但不同生育期发病差异十分明显,以茄子开花坐果期最为敏感。

8.1.5 茄子病毒病

茄子病毒病是茄子常见的病害之一,各菜区都有发生,露地栽培、保护地栽培均可发生为害,对茄子生产造成较大损失,除为害茄子外,还侵染番茄、辣椒等茄科植物。

8.1.5.1 症状

茄子病毒病的症状类型复杂,常见有3种症状。花叶型:整株发病,叶片黄绿相间,形成斑驳花叶,老叶产生圆形或不规则形暗绿色斑纹,心叶稍显黄色。坏死斑点型:病株上位叶片出现局部侵染性紫褐色坏死斑,大小为0.5～1.0mm,有时呈轮点状坏死,叶面皱缩,呈高低不平萎缩状。大型轮点型:叶片产生由黄色小点组成的轮状斑点,有时轮点也坏死。

8.1.5.2 病原

引起茄子病毒病的毒源主要有烟草花叶病毒（Tobacco mosaic virus，TMV）、黄瓜花叶病毒（Cucumber mosaic virus，CMV）、蚕豆萎蔫病毒（Broad bean wilt virus，BBWV）、马铃薯 X 病毒（Potato virus X，PVX）等。烟草花叶病毒、黄瓜花叶病毒主要引起花叶型症状，蚕豆萎蔫病毒引起坏死斑点型症状，马铃薯 X 病毒引起大型轮点型症状。

8.1.5.3 侵染循环

TMV、CMV、PVX 的传播途径与番茄病毒病相同，即 TMV 由接触摩擦传毒，CMV 靠蚜虫传毒，BBWV 主要靠蚜虫和汁液摩擦传毒。烟草花叶病毒在多种作物上越冬，种子也带毒，土壤中的病残体、田间越冬寄主残体均成为初侵染源，通过汁液接触传染，只要寄主有伤口，就可侵入。

8.1.5.4 影响发生因素

高温干旱、蚜虫量大、管理粗放、田间杂草多，发病重。发病高峰出现在 6~8 月高温季节。土壤瘠薄、黏重、板结及排水不良，发病重；施用氮肥过多，植株组织幼嫩，易感病害。

8.1.6 茄子灰霉病

灰霉病是茄子的重要病害，该病流行时一般减产 20%~30%，重者可达 50%。其适发季节一般在夜间室内外温差小、浇水量较大的春天或深秋初冬。

8.1.6.1 症状

茄子苗期、成株期均可发病，但主要发生于成株期。花、叶、茎枝、果实均可受害，尤其门茄和对茄受害最重。幼苗染病后子叶先枯死，后扩展到幼茎缢缩，折断枯死；成株期叶片染病，多在叶面或叶缘产生近圆形至不规则形或"V"字形病斑，斑上有褐色与浅褐色相间的轮纹型病斑，湿度大时病斑密生灰色霉层，发病后期，如果条件适宜，病斑则相连成大斑，致使整个叶片干枯；茎染病，初生水浸状不规则形病斑，灰白色或褐色，病斑可绕茎枝一周，其上部枝叶萎蔫枯死，病部表面密生灰白色霉状物；花器被害后萎蔫枯死，湿度大时均生稀疏至密集的灰白色或灰褐色霉；果实染病，多从幼果蒂部残存的花瓣或脐部残留柱头首先被侵染，发生水浸状褐色病斑，并向果面或果柄扩展，导致幼果凹陷腐烂，湿度大时密生灰色霉状物。

8.1.6.2 病原

与番茄、辣椒等茄果类蔬菜一样，茄子灰霉病同样是由灰葡萄孢（*Botrytis cinerea* Pers.）侵染引起，属半知菌亚门真菌。菌丝放射状，初无色，后呈浅褐色。分生孢子梗分枝或不分枝，具隔褐色，顶端呈 1~2 次分枝，梗顶稍膨大，呈棒头状，其上密生小柄并着生大量分生孢子。分生孢子圆形至椭圆形或水滴形，单细胞，大小为（6.25~13.75）μm×

（6.25~10.00）μm。在寄主上通常少见菌核，但当田间条件恶化时，则可产生黑色片状菌核，以增强病原菌对不适环境的适应。该菌寄生性、腐生性都很强。

8.1.6.3 侵染循环

病菌以菌核在土壤中或以菌丝体及分生孢子在病残体上越冬，成为翌年初侵染源。条件适宜时，菌核萌发，产生菌丝体、分生孢子梗及分生孢子，成熟的分生孢子萌发时产生芽管，从寄主伤口或衰老的残花及枯死的组织上侵入，进行初侵染。后在病部产生分生孢子，借气流、雨水或露珠及农事操作传播蔓延，形成频繁再侵染。病菌多在开花后侵染花瓣，再侵入果实引起发病，也可由果蒂部侵入，花期是侵染高峰期，尤其在门茄和对茄膨大期浇水后，病果大量增加，是烂果高峰期。冬春季低温季节、深秋初冬季节或寒流期间棚室内发生较为严重。

8.1.6.4 影响发生因素

茄子灰霉病病菌喜低温高湿。持续较高的空气相对湿度是造成灰霉病发生和蔓延的主导因素，光照不足，气温较低，湿度大，结露持续时间长，都适于灰霉病的发生。同时，保护地多年连作，种植密度过大，有机肥不足，氮肥偏多，灰霉病容易流行。植株长势较弱时病情加重。

8.1.7 茄子早疫病

近年来茄子早疫病在保护地栽培中发生较多，有些年份和地区其来势猛、蔓延迅速，特别是苗期受害尤为严重，给茄子生产造成了严重的影响。

8.1.7.1 症状

茄子早疫病主要为害叶片，也为害茎及果实。叶片发病，被害初期病斑褐色至黑色，呈圆形或近圆形至不规则形小斑点，后逐渐扩大，直径为 2~10mm，边缘深褐色，中央灰褐色，具同心轮纹。湿度大时，病斑上长出微细的灰黑色霉状物，后期病斑中央脆裂，病斑自下向上逐渐蔓延，发病严重时病叶早期脱落。茎秆发病症状同叶部。果实发病，产生近圆形或圆形凹陷斑，初期果肉褐色，后长出黑绿色霉层。

8.1.7.2 病原

茄子早疫病病菌属半知菌亚门交链孢属茄链格孢菌[*Alternaria solani*（Ellis et Martin）Jones et Grout]。分生孢子梗单生或丛生，圆筒形褐色，有 1~5 个横隔。分生孢子梗顶端单生或串生分生孢子。分生孢子倒棍棒状，黄褐色，具有纵横隔膜，横隔 6~12 个，纵隔 0~3 个。分生孢子顶端有喙孢，喙孢浅色或近透明。

8.1.7.3 侵染循环

病菌主要以菌丝体在病残体内或潜伏在种子皮下越冬，成为翌年初侵染源。当棚室温度平均达 15℃、相对湿度 75%以上时，越冬菌源便可产生新的分生孢子，分生孢子在室温下可存活 17 个月。病菌一般从番茄叶片、花、果实等的气孔、皮孔侵入，也能从表皮直接侵入，形成初侵染循环。病菌侵入寄主组织后只需 2～3 天就可以形成病斑，再经 3～4 天在病部就可以产生大量分生孢子，通过气流和雨水飞溅传播，进行多次再侵染，导致病害不断扩大蔓延。病菌生长温度范围很广（1～45℃），最适温度为 26～28℃。该病菌潜伏期很短，分生孢子在 26℃水中经 1～2h 即萌发侵入，在 25℃条件下接菌，24h 后即可发病。适宜相对湿度为 31%～96%，相对湿度 86%～98%时萌发率最高。

8.1.7.4 影响发生因素

（1）温湿度与发病的关系

棚室内湿度较大，容易满足发病条件，只要日均温度达到 15～23℃，就会发病并流行为害。尤其是早春定植时昼夜温差大，相对湿度高，易结露，有利于早疫病的发生和蔓延。

（2）茄子发育时期与发病的关系

田间调查表明，茄子早疫病多由结果期开始进入感病阶段，如此时伴随雨季到来，则该病会大流行。

（3）栽培措施与发病的关系

施肥量不足，特别是钾肥不足，植株生长较弱，或整枝时与病株相互接触等，都会引起该病的蔓延。

8.1.8 茄子根腐病

根腐病即通常所说的"烂脖子"病，是茄子的一种重要土传病害，设施栽培发生及为害往往重于露地栽培，随着栽培面积的增加，连作年限的延长，为害有逐年加重的趋势，应引起菜农的重视。

8.1.8.1 症状

主要侵染茄子根部和茎基部。发病初期，植株叶片白天萎蔫，早晚尚可恢复，随病情发展，叶片恢复能力降低，最后失去恢复能力，叶片逐渐变黄干枯。同时，根部及根颈部表皮呈褐色，初生根或支根表皮变褐，皮层遭到破坏或腐烂，毛细根腐烂，导致养分供应不足，下部叶片迅速向上变黄萎蔫脱落，继而根、茎基部表皮变为褐色，茎基部出现暗绿色水渍状稍有凹陷的病斑，病斑环绕一周，茎部缢缩而枯萎。根部表皮呈褐色腐烂，且易剥开，致木质部外露，没有新根发生，继而根系腐烂，植株枯萎死亡。

8.1.8.2 病原

茄子根腐病是由腐皮镰孢 [*Fusarium solani*（Mart.）App. et Wollenw] 侵染引起大面积死秧的病害，属半知菌亚门真菌。大型分生孢子梭形或肾形，无色，透明，两端较钝，具隔膜 2～4 个，以 3 隔居多，大小为（14.0～16.0）μm×（2.5～3.0）μm。小型分生孢子椭圆形至卵形，具隔 0~1 个，大小为（6.0~11.0）μm×（2.5~3.0）μm。

8.1.8.3 侵染循环

病菌主要以厚垣孢子或菌核在土壤中及病残体上越冬，病原菌在土壤中能够存活 5~6 年甚至 10 年，翌年环境条件适宜时，形成分生孢子进行初侵染。在田间传播主要靠雨水、灌溉水、带菌的粪肥，以及人、畜的活动及农具，病菌从植株根部伤口侵入，开始为害皮层细胞，而后进入导管，继而导致毛细根腐烂，养分供应不足，轻微时上部幼嫩叶片呈褪绿色逐渐变黄萎蔫，严重时下部叶片迅速向上变黄脱落，同时在病部产生分生孢子，借雨水或者灌溉水传播，使得病害蔓延直至流行。

8.1.8.4 影响发生因素

病菌通过灌水，在高湿条件下引起发病。发病适宜地温为 10~20℃。酸性土壤及连作地发病重。湿度大、排水不良的地块及其周围易发病。高温高湿的条件有利于发病，连作地、低洼地及黏土地发病严重。

8.1.9　茄子炭疽病

茄子炭疽病是典型的气传病害，主要为害果实，发生受气候影响比较大，常年发生比较轻，个别年份发生较重。

8.1.9.1 症状

主要为害果实，以接近成熟和成熟果实发病较多。果实发病，初期在果实表面产生近圆形、椭圆形或不规则形黑褐色、稍凹陷的病斑。后病斑不断扩大，或汇合形成大病斑，有时扩及半个果面，后期病斑产生黑色斑点，潮湿时溢出赤红色黏性物质，病部皮下的果肉呈褐色、干腐状，严重时可导致整个果实腐烂。该病与茄子褐纹病的区别在于炭疽病病征明显，偏黑褐色或黑色，严重时整个果实腐烂。叶片受害产生不规则形病斑，中间褐黑色至浅褐色，后期病斑上产生小黑点。

8.1.9.2 病原

茄子炭疽病属真菌性病害，是由辣椒刺盘孢［*Colletotrichum truncatum*（Schw.）Andrus et Moore］侵染所致，属半知菌亚门真菌。分生孢子盘大小不一，盘上具密集的黑色刚毛，刚毛具 0~3 个隔膜，下粗上尖，尖端色稍浅，大小为（20.0~135.5）μm×（2.5~7.5）μm；分生孢子无色，新月形或镰刀状，一端尖锐，另一端较钝，单细胞，大小为（12.5~22.5）μm×（2.5~5.0）μm。该菌寄生能力较弱。

8.1.9.3 侵染循环

病菌以菌丝体和分生孢子盘随病残体在土壤中越冬，也可以分生孢子附着在种子表面越冬。翌年由越冬分生孢子盘产生分生孢子，借雨水溅射传播至植物下部果实上引起发病，播种带菌种子萌发时就可以侵染幼苗使其发病。果实发病后，病部产生大量分生孢子，借风、雨、昆虫传播或果实采摘时的人为传播，进行重复再侵染，引起病害流行。

8.1.9.4 影响发生因素

（1）温湿度与发病的关系

茄子炭疽病的发生为害与田间温湿度密切相关，当田间温度为24℃左右、空气相对湿度97%以上时，有利于病害的发生；当气温30℃以上，干旱时，该病停止扩展。因此，低温多雨的年份病害发生严重，烂果多；反之，干旱少雨的年份发生比较轻，烂果少。

（2）栽培管理水平与发病的关系

茄子栽植密度大、田间郁闭、采摘不及时、地势低洼、积水、氮肥量过多，病害发生重；反之，发病较轻。

8.1.10 茄子白粉病

茄子白粉病是茄子常见的病害之一，各菜区都有发生，露地栽培、保护地栽培均可为害，但保护地明显重于露地。主要发生于茄子生长发育的后期，期间若遇温暖、多雨天气发病严重。发病严重时叶片正反面全部被白粉覆盖。

8.1.10.1 症状

白粉病主要为害茄子叶片。病叶正面初生褪绿小黄斑，后叶面出现不定形白色小霉斑，边缘不明显，病斑近乎放射状扩展。随着病情的进一步扩展，霉斑数增多，叶面上的粉状物日益明显，呈白粉斑，粉斑相连合成白粉状斑块，严重时病斑密布，白粉覆满整个叶部的正反面，外观好像被撒上一层薄面粉。

8.1.10.2 病原

茄子白粉病是由单丝壳白粉菌（*Sphaerotheca fuliginea*）侵染所致，属子囊菌亚门真菌。分生孢子产生在直立的分生孢子梗上。闭囊壳偏球形，暗褐色，表面生5～6根丝状附属丝，褐色，有隔膜。子囊扁椭圆形或近球形，无色透明。

8.1.10.3 侵染循环

病菌以闭囊壳在温室蔬菜或土壤中越冬，也可随病残体于地面上越冬。翌春条件适宜时，越冬后产生分生孢子，借助风、雨水和气流传播蔓延。分生孢子萌发一定要有水滴存在。以后又在病部产生分生孢子，成熟的分生孢子脱落后通过气流进行再侵染。近年来随着保护地的发展及长季节栽培茄子的增加，白粉病的发生相当频繁，尤以温室、大棚发生较多。

8.1.10.4 影响发生因素

白粉病的发生与棚室内的温湿度密切相关。在高温高湿或干旱环境条件下易发生，发病适温为20～25℃，相对湿度为25%～85%。温度高、湿度低或空气干燥时，有利于病害的发生流行。同时，种植密度过大、生长旺盛、管理不当都会加快此病扩展。光照充足对该病的扩展有很大抑制作用。

8.1.11 茄子猝倒病

猝倒病是茄子苗期的重要病害之一，为害茄子、番茄、黄瓜、西瓜、菜豆、甘蓝等几乎所有蔬菜，在全国各地均有分布，以冬春季苗床上发生较为普遍，常引起苗床大面积死苗现象，导致有地无苗栽，经济损失较大。

8.1.11.1 症状

该病是茄科蔬菜幼苗期最常见的一种病害。感染幼苗近地面处的嫩茎，并出现淡褐色、不定形的水渍状病斑，病部很快缢缩，幼苗倒伏，此时子叶尚保持青绿，潮湿时病部或土面长出一层较稀疏的白色絮状物，即猝倒病菌的菌丝体。幼苗逐渐干枯死亡。田间常出现成片发病。

8.1.11.2 病原

茄子猝倒病是由鞭毛菌亚门所属的瓜果腐霉菌（*Pythium aphanidermatum*）侵染所致。菌丝体丝状，无隔膜，菌丝上产生不规则形、瓣状或卵圆形的孢子囊。孢子囊萌发产生有双鞭毛的游动孢子。病菌的有性繁殖产生圆球形、厚壁的卵孢子。

8.1.11.3 侵染循环

病菌的腐生性很强，可在土壤中长期存活。病苗上可产生孢子囊和游动孢子，借助雨水和灌溉水的流动重复传播。使用带菌的土肥或用带菌的农具在无病田进行农事操作也可传病。

8.1.11.4 影响发生因素

（1）温湿度与发病的关系

低温高湿的环境条件易诱发猝倒病的发生，病菌生长最适宜的土壤温度为15～16℃，30℃以上时生长受到抑制。同时病菌生长要求较高的湿度，孢子囊的萌发和侵染都需要水分。若土温偏低（低于15～16℃）而床土湿度较大时病害迅速发生。尤其早春育苗时土温偏低，相对湿度大，不利于茄子幼苗的生长发育，而有利于猝倒病菌的侵染为害，常引起猝倒病流行。

（2）幼苗生长状况与发病的关系

幼苗长势弱加速病害流行，研究发现，茄子子叶期或真叶尚未完全展开之前属于易感阶段。此时幼苗子叶中的养分已经耗尽，而新根尚未扎实，幼茎尚未木质化，幼苗营养供应紧张，抗病力差，如此时遇温度偏低，湿度过大，光照不足，幼苗自身营养消耗大于积累，土壤中的病原菌则会乘虚而入，引起病害发生。

(3) 栽培管理水平与发病的关系

苗床管理粗放，土壤或育苗基质未消毒杀菌或消毒杀菌不彻底，施用未经腐熟的肥料，播种过密、分间苗不及时，苗床灌水量大，土质黏重冷凉，保温不良，长期覆盖，通风换气不及时，幼苗受冻或徒长或生长瘦弱，均为引起发病的重要原因。

8.1.12 茄子立枯病

立枯病是茄子育苗期的重要病害之一。在全国各地均有分布，以早春苗床上发生较为普遍，常导致幼苗立枯死亡。

8.1.12.1 症状

苗期发病，一般多发生于育苗的中后期，在病苗的茎基部生有椭圆形暗褐色病斑，严重时病斑绕茎一周，失水后部逐渐凹陷，干腐缢缩，初期大苗白天萎蔫、夜间恢复，后期茎叶萎垂枯死。病苗枯死立而不倒，故称"立枯病"。潮湿时产生淡褐色蛛丝状的霉层，拔起病苗时可见到丝状物与土块相连。

8.1.12.2 病原

茄子立枯病是由立枯丝核菌（*Rhizoctonia solani*）侵染所致，属半知菌亚门真菌。菌丝发达褐色，分枝处缢缩，不远处可见隔膜，以菌丝与基质相连，褐色。

8.1.12.3 侵染循环

病菌以菌丝体或菌核残留在土壤中或病残体中越冬，腐生性强，在土壤中可存活2~3年。在适宜条件下，菌丝直接侵入寄主，通过雨水、流水、农具及带菌农家肥传播。病菌生长适宜温度为17~28℃，地温16~20℃时适宜其发病。

8.1.12.4 影响发生因素

温暖多湿、播种过密、间苗不及时、浇水过多，造成通风不良、湿度过高易诱发病害发生。气温在20~28℃，地温在18℃以上时发病最多。

8.1.13 茄子菌核病

茄子菌核病在各菜区保护地栽培、露地栽培均有发生，但保护地重于露地。除为害茄子外，还为害番茄、甜（辣）椒、黄瓜、豇豆、蚕豆、豌豆、马铃薯、胡萝卜、菠菜、芹菜、甘蓝等多种蔬菜。发病严重时常造成茎、叶枯死，甚至整株枯死，直接影响产量。

8.1.13.1 症状

茄子整个生育期均可发病。苗期发病始于茎基，病部初呈浅褐色水渍状，湿度大时，长出白色棉絮状菌丝，呈软腐状，无臭味，干燥后呈灰白色，菌丝集结为菌核，病部缢缩，茄苗枯死。成株期各部位均可发病，先从主茎基部或侧枝5~20cm处开始，初呈淡褐色水渍状病斑，稍凹陷，渐变灰白色，湿度大时也长出白色絮状菌丝，皮层霉烂，在病茎表面及髓部形成黑色菌核，干燥后髓空，病部表面易破裂，纤维呈麻状外露，致植株枯死；叶片受害也先呈水浸状，后变为褐色圆斑，有时具轮纹，病部长出白色菌丝，干燥后斑面易破；花蕾及花受害，先水渍状湿腐，终致脱落；果柄受害致果实脱落；果实受害端部或向阳面初现水渍状斑，后变褐腐，稍凹陷，斑面长出白色菌丝体，后形成菌核。

8.1.13.2　病原

茄子菌核病是由核盘菌（*Sclerotinia sclerotiorum*）侵染所致，属子囊菌亚门真菌。菌核黑色，圆形或不规则形，鼠粪状。由暗色的皮层和无色的髓部构成。每个菌核可产生 1~9 个子囊盘。子囊盘盘状，初淡黄褐色，后变褐色，有多数平行排列的子囊和侧丝。子囊圆筒形，无色。子囊孢子单胞，椭圆形至梭形。

8.1.13.3　侵染循环

病菌主要以菌核在土壤中及混杂在种子中越冬或越夏，在环境条件适宜时，菌核萌发产生子囊盘，子囊盘散放出的子囊孢子借气流传播蔓延，穿过寄主表皮角质层直接侵入，引起初次侵染。病菌通过病、健株间的接触，进行多次再侵染，加重为害。菌核存活适宜干燥的土壤，可存活 3 年以上，浸在水中约存活 1 个月。

8.1.13.4　影响发生因素

病菌喜温暖潮湿的环境，发病最适宜的条件为温度 20~25℃、相对湿度 85%以上。最适感病生育期为成株期至结果中后期。地势低、排水不良、种植过密、棚内通风透光差及多年连作等的棚室发病重。早春多雨年份发病重。

8.1.14　茄子根霉果腐病

8.1.14.1　症状

主要为害果实。近成熟或成熟后没有及时采收的近地面果实易染病。果实染病后迅速出现大面积软化，产生水浸状病斑，使整个果实颜色变为暗褐色。湿度大时，病部长出较密的白色霉层，经过一段时间后在白色霉层上产生黑蓝色球状的菌丝体，即病菌孢子囊梗和孢子囊，病果迅速腐烂脱落，个别果实缩成僵果留挂在番茄植株上。

8.1.14.2　病原

茄子根霉果腐病是由匍枝根霉菌（*Rhizopus stolonifer*）侵染所致，属接合菌亚门真菌。孢子囊梗丛生在匍匐菌丝上，无分枝，直立，3~4 根簇生，与假根呈反方向生长，顶生球状孢子囊，褐色至黑色，大小为 65~350μm，囊轴球形至椭圆形或不规则形；孢子近球形至卵形或多角形，褐色至蓝灰色，表面具线纹，呈蜜枣状，大小为（5.5~13.5）μm×（7.5~8.0）μm；接合孢子球形或卵形，黑色，具瘤状突起，大小为 160~220μm。

有拟接合孢子，未见厚垣孢子。

8.1.14.3 侵染循环

该菌寄生性弱，分布十分普遍，可在多种多汁的蔬菜、水果的残体上营腐生生活。孢囊孢子可附着在棚室墙壁、门窗及塑料棚骨架、架杆等处越冬，遇有适宜的条件，释放出孢囊孢子，靠风雨传播，病菌从伤口或生活力衰弱或遭受冷害的部位侵入。该菌分泌果胶酶能力强，分泌大量果胶酶，分解细胞间质，致病部位呈糨糊状，软化腐败，破坏力很大。病菌产孢量大，可借气流传播蔓延，进行再侵染。

8.1.14.4 影响发生因素

该菌喜温暖潮湿的条件，适宜生长温度为 24~29℃，适宜相对湿度高于 80%。生产上遇有连续连阴雨天气或棚室浇水过量、湿度大、放风不及时易发病。果实过熟或落地的采种田发病重。

8.1.15 茄子根结线虫病

8.1.15.1 症状

主要为害茄子根部。发病后根部产生大小不一、形状不定的肥肿、畸形瘤状结，后期变成褐色，整个根肿大粗糙，呈不规则形。地上部植株矮小、瘦弱，近底部的叶片极易脱落，上部叶片黄化，类似肥水不足的缺素症状。为害较轻时，植株的地上部分症状不明显。为害较重时，植株的地上部营养不良，植株矮小，叶片变小、变黄，不结实或结实不良，遇干旱则中午萎蔫，早晚恢复。严重受害后，未老先衰，干旱时极易萎蔫枯死，造成绝产。同时，线虫主要通过口针的穿刺作用侵染，而线虫侵入根尖组织后留下的伤口，又成为疫病、立枯病和枯萎病等土传性病原菌侵入的通道，加速根系的腐烂，使植株枯死，造成绝收。

8.1.15.2 病原

茄子根结线虫病是由根结线虫（*Meloidogyne*）侵染引起，是一类低等的无脊椎动物，属于动物界线虫门。种类较多，因区域不同而不同。在陕西设施茄子上发生的根结线虫主要有南方根结线虫（*Meloidogyne incognita*）、爪哇根结线虫（*Meloidogyne javanica*）、北方根结线虫（*Meloidogyne hapla*）和花生根结线虫（*Meloidogyne arenaria*），其中南方根结线虫为优势种。

8.1.15.3 侵染循环

同番茄根结线虫病。不再叙述。

8.1.15.4 影响发生因素

同番茄根结线虫病。不再叙述。

8.2 生理病害

8.2.1 茄子沤根

8.2.1.1 症状特点

不产生新根和不定根,根皮呈铁锈色,而后腐烂,地上部萎蔫,容易拔起,叶片黄化、枯焦。

8.2.1.2 发生原因

地温低于12℃,持续时间较长,且浇水过量或遇连阴雨天,苗床温度过低,幼苗发生萎蔫,萎蔫持续时间长等,均易产生沤根。

8.2.2 茄子畸形花

8.2.2.1 症状特点

茄子畸形花病的主要现象有两种类型:一种畸形花有2~4个雌蕊,具有多个柱头;另一种畸形花雌蕊更多,且排列成扁柱状或带状,这种现象通常被称为雌蕊"带化"。畸形花如不及时摘除,往往结出畸形果。

8.2.2.2 发生原因

主要是花芽分化期间夜温不适所致。花芽分化,尤其第一花序上的花在花芽分化时夜温低于15℃,容易形成畸形花。另外,强光、营养过剩也会导致畸形花。

8.2.3 茄子畸形果

8.2.3.1 症状特点

畸形果各式各样,田间经常见到的畸形果有扁平果、弯曲果等。形成畸形果的花器往往也畸形,子房形状不正。

8.2.3.2 发生原因

畸形果发生的主要原因是在花芽分化及花芽发育时,水肥过量,或氮肥过多,或花芽分化时期缺肥缺水,苗期遇到长期低温寡照等天气均易导致花芽分化不正常而产生畸形果;坐果激素使用不当也易产生畸形果。

8.2.4 茄子裂果

8.2.4.1 症状特点

茄子果实形状不正,产生双子果或开裂,在保护地发生较多,在露地条件下主要发生在门茄坐果期。开裂部位一般始于花萼下端,为害较重。

8.2.4.2 发生原因

裂果的产生主要是受高温、强光和干旱等环境因素的影响,当久旱后突然浇水,植株迅速吸水,使果肉迅速膨大,果皮发育速度跟不上果肉膨大速度而将果皮胀裂。或者是温度低或氮肥施用过量,浇水过多致生长点营养过盛,造成花芽分化和发育不充分而形成多心皮的果实,或雄蕊基部分开而发育成裂果。此外,在棚室保护地条件下,棚室中加热炉燃料燃烧不充分,产生一氧化碳,致果实膨大受抑制,这时浇水过量容易产生裂茄。

8.3 虫 害

8.3.1 温室白粉虱与烟粉虱

温室白粉虱(*Trialeurodes vaporariorum*)和烟粉虱(*Bemisia tabaci*)均属同翅目粉虱科,是设施栽培蔬菜中一类极为普遍的害虫,几乎为害所有蔬菜,茄子是其嗜好作物之一。

8.3.1.1 为害特点

两种粉虱均以成虫和若虫群集在茄子叶片背面,刺吸汁液,成虫善飞,常集中在植株中上部嫩叶背面取食,特别是成虫、若虫能排泄蜜露,使植株易感染煤烟病,直接影响植物的光合作用和生长发育。若虫集中在植株中下部老叶背部固定取食。发生严重时,影响植株生长,污染茄果,降低商品率,被害叶片褪绿黄化,甚至枯死。

8.3.1.2 形态特征

见番茄害虫——温室白粉虱、烟粉虱。

8.3.1.3 生活史

温室白粉虱在陕西等北方温室条件下,每年可发生10~12代。4~6月和8~9月出现两个为害高峰。以各虫态进入温室、大棚越冬并繁殖为害。翌年春,即4月中下旬,日平均气温稳定在10℃以上时,其越冬成虫可以通过通风口、门窗逐渐外迁至阳畦和露地蔬菜上,5月下旬至6月中旬,日平均气温在18℃以上时,该虫的繁殖速度逐渐加快,虫口密度迅速上升;7~8月繁殖速度进一步加快,大量繁殖,8月下旬进入成虫高峰期,8~9月为害严重,9月下旬以后,日平均气温降至18℃以下时,各虫态的密度逐渐下降,部分成虫迁回棚室。冬季温室蔬菜上的温室白粉虱,是春季塑料棚和露地蔬菜的虫源。

烟粉虱在陕西等北方日光温室内1年可发生10~12代,冬季在室外不能存活,以各虫态在温室、大中棚内越冬,在温室内冬季可继续为害。若虫孵化后3天内在叶背可做短距离游走,当口器插入叶组织后就失去了爬行的能力,开始营固着生活。其繁殖的适温为18~21℃,在温室生产条件下,约1个月完成1代。冬季温室作物上的烟粉虱,是露地春季蔬菜上的虫源，通过温室通风口或菜苗向露地移植而使烟粉虱迁入露地，因此，烟粉虱的蔓延，人为因素起着重要作用。烟粉虱的种群数量，由春至秋持续发展，夏季的高温多雨对其抑制作用不明显，到秋季数量达到高峰，集中为害茄子等茄果类蔬菜。在北方由于温室及露地蔬菜生产紧密衔接和相互交替，因此烟粉虱周年发生。

8.3.1.4 影响发生因素

（1）对茄子不同品种的适应性与选择性

烟粉虱的寄主范围广，适应性强，茄子是其嗜好寄主之一。但烟粉虱对茄子不同品种的选择性及适应性有明显差异。选择性最强的有紫长茄、辽茄3号、紫圆茄，选择性最弱的是龙茄1号；B型烟粉虱最喜好选择产卵的品种为黑马紫长茄，最不喜好选择产卵的是龙茄1号。尽管茄子不同品种累积存活率有显著差异，但存活率均较高，最低也达到83.2%。说明茄子是适宜烟粉虱生长发育和繁殖的寄主。

（2）自身因素

温室白粉虱、烟粉虱繁殖力强，在温室条件下，发生数量呈指数曲线增加，即在较短的时间内就能达到很大的数量。寄主丰富，对其生存、繁殖非常有利。世代重叠，粉虱在田间卵、若虫、成虫同时出现，每一次用药都不能将其彻底消灭。另外，粉虱成虫、若虫均在叶片背面为害，具有隐蔽性，逃避药剂对其杀伤能力强。

（3）设施农业种植面积

粉虱在北方地区露地不能越冬，只能借助设施栽培创造的环境条件越冬。粉虱过去在陕西地区发生很轻，近年来随着设施农业种植面积的扩大，发生日趋严重，现在不仅是设施农业发展中的灾害性害虫，而且是花卉、果树及大田作物的重要害虫。陕西棚室蔬菜多镶嵌在农田作物中，棚室作物与露地作物生产相互衔接，镶嵌种植，寄主植物及生态环境多样性，为粉虱提供了丰富的食料及栖息环境，使虫源迅速蔓延，逐年增加。说明设施农业的发展是导致该虫在陕西大面积发生的主要原因之一。

（4）抗药性诱导种群再暴发

由于频繁和不合理地使用农药，烟粉虱和温室白粉虱的抗药性均增长很快。据我们测定，吡虫啉对黄瓜和西葫芦上温室白粉虱的 LC_{50} 值是相应寄主上烟粉虱的 3.2 倍和 2.3 倍，溴氰菊酯对黄瓜和西葫芦上温室白粉虱的 LC_{50} 是相应寄主上烟粉虱的 2.6 倍和 1.7 倍。这表明在不同的寄主上对吡虫啉、溴氰菊酯和氧化乐果的敏感度基本上是烟粉虱大于温室白粉虱，仅在西葫芦上烟粉虱对吡虫啉的敏感度略小于温室白粉虱。这可能与温室白粉虱在我国的发生特点有关。长期以来为害蔬菜的主要是温室白粉虱，长期大量的用药使得温室白粉虱的抗性水平较高，而烟粉虱仅在近几年来才在我省发生并造成为害，用药历史较短，烟粉虱对药剂的敏感度略大于温室白粉虱。烟粉虱对西葫芦的为害较早、较严重，农民应用吡虫啉对其进行防治，造成西葫芦上烟粉虱对吡虫啉的敏感度比温室白粉虱低。目前许多国家应用吡虫啉防治白粉虱均产生了不同的抗药性。美国、以色列由于管理较好,白粉虱的抗性增长较慢。

(5) 天敌不能有效控制

据初步调查,陕西烟粉虱有 19 种寄生性天敌,主要是恩蚜小蜂属(*Encasia*)和浆角蚜小蜂属(*Eretmocrus*);18 种捕食性天敌,主要是瓢虫(Coccinellidae)、草蛉(Chrysopidae)、花蝽(Anthocoridoe);4 种虫生真菌,主要是蜡蚧轮枝菌(*Verticillium lecanii*)、粉虱座壳孢(*Aschersonia aleyrodis*)、玫烟色拟青霉(*Paecilomyces fumosoroseus*)、白僵菌(*Beauveria bassiana*)。天敌种类虽然较多,但大多没形成控制烟粉虱为害的有效种群,在短期内依靠自然天敌还难以控制烟粉虱的为害。

8.3.2 茶黄螨

茶黄螨(*Polyphago tarsonemus* Latus)是近年来棚室茄子种植中新暴发的害虫,属蜱螨目跗线螨科。

8.3.2.1 为害特点

成螨和幼螨以刺吸式口器吸取植物汁液为害,可为害叶片、新梢、花蕾和果实。叶片受害后,变厚、变小、变硬,叶反面茶锈色,油渍状,叶片边缘向下卷曲,嫩茎呈锈色,梢顶端枯死,花蕾畸形,不能正常开花。果实受害后,果面黄褐色粗糙,果皮龟裂,种子外露,严重时呈馒头开花状。具趋嫩性。茶黄螨喜欢在植株的幼嫩部位取食,受害症状在顶部的生长点显现,且叶片变厚而发硬,中下部没有症状;而病毒病除在顶部为害外,有时全株都表现症状,叶片变薄而柔软。

8.3.2.2 形态特征

雌螨体长约 0.21mm,椭圆形,较宽阔,腹部末端平截,淡黄色至橙黄色;表皮薄而透明,因此螨体呈半透明状,体背部有一条纵向白带;足较短,第 4 对足纤细,其跗节末端有端毛或亚端毛。雄螨体长约 0.19mm,前足体有 3~4 对刚毛,腹面后足体有 4 对刚毛,足较长而粗壮,爪退化为纽扣状;卵椭圆形,无色透明,表面具纵列瘤状突起。

8.3.2.3 生活史

茄子茶黄螨每年可发生几十代,主要在棚室中的植株上或在土壤中越冬。棚室中全年均有发生,而露地蔬菜则以 6~9 月受害较重。发育迅速,发育历期与温度密切相关,在 18~20℃温度条件下,7~10 天可发育 1 代;在 28~30℃温度条件下,4~5 天发生 1 代。生长的最适温度为 16~23℃,相对湿度为 80%~90%。以两性生殖为主,也可进行孤雌生殖,但未受精的卵孵化率较低,且均为雄性。单雌产卵量为百余粒,卵多散产于嫩叶背面、果实凹陷处。成螨活动能力强,靠爬迁或自然力扩散蔓延。大雨对其有冲刷作用。

8.3.2.4 影响发生因素

（1）温湿度

茶黄螨是喜温性害虫，在适温、连续阴雨、日照弱的天气条件下，其种群增长快，为害严重。

（2）天敌

茶黄螨的天敌有捕食螨（尼氏钝绥螨、德氏钝绥螨、具瘤长须螨）、蓟马、小花蝽等。

（3）田间环境

与茄科作物、豆类作物间作或混作时，有利于种群发生为害。田间杂草多、郁闭度高或植株生长过旺时发生为害也较重。

8.3.3 西花蓟马

西花蓟马（*Frankliniella occidentalis*）又称苜蓿蓟马，是为害茄子的主要蓟马种类，属缨翅目蓟马科。该虫原产于北美洲，现已广泛分布于美洲、欧洲、亚洲和大洋洲等世界多地。随着西花蓟马的不断扩散蔓延，其寄主种类一直在持续增加，目前已知寄主植物达500余种。对于不同种类的寄主植物，西花蓟马虽有喜好程度的差别，但均能生存且具有相当强的繁殖能力。1997年，西花蓟马被列入我国《潜在的进境植物检疫危险性病、虫、杂草名单》。

8.3.3.1 为害特点

幼虫以锉吸式口器取食叶肉为害，造成叶片上产生白色斑点，为害严重时造成皱缩畸形，此虫还能传播番茄斑萎病毒病等植物病毒病。西花蓟马食性杂，目前已知寄主植物达500余种，主要有李、桃、苹果、葡萄、草莓、茄子、辣椒、生菜、番茄、菜豆、兰花、菊花等，随着西花蓟马的不断扩散蔓延，其寄主种类一直在持续增加，为害性不断加重。

8.3.3.2 形态特征

成虫，雄性体长0.9～1.3mm，雌性略大，长1.3～1.8mm。触角8节，第二节顶点简单，第三节突起简单或外形轻微扭曲。身体颜色从红黄色到棕褐色，腹节黄色，通常有灰色边缘。头、胸两侧常有灰斑。翅发育完全，边缘有灰色至黑色缨毛，在翅折叠时，可在腹中部下端形成一条黑线。冬天的种群体色较深。卵长0.2mm，白色，肾形。若虫黄色，眼浅红色。蛹为伪蛹，白色。

8.3.3.3 生活史

西花蓟马的繁殖能力很强，个体细小，极具隐匿性，一般田间防治难以有效控制。在温室内的稳定温度下，1年可连续发生12～15代，雌虫进行两性生殖和孤雌生殖。在

15～35℃均能发育，从卵到成虫只需 14 天；27.2℃时产卵最多，1 只雌虫可产卵 229 粒，在通常的寄主植物上发育迅速，且繁殖能力极强。西花蓟马远距离扩散主要依靠人为因素。种苗、花卉及其他农产品的调运，尤其是切花运输及人工携带是其远距离传播的主要方式。西花蓟马生存能力强，经过辗转运销到外埠后仍能存活。另外，该害虫很容易随风飘散，易随衣服、运输工具等携带传播。

8.4 茄子病虫害绿色防控技术体系

茄子设施栽培可周年生产，品种繁多，茬口模式多样，生产条件和管理方式各不相同，病虫害发生为害情况也有所不同。因此，应紧密结合生产实际，适时调查病虫害的适宜发生条件和发生情况，及时采取有效措施，控制为害。

8.4.1 育苗期

在茄子育苗期间，猝倒病、立枯病、绵疫病等病害严重影响出苗和幼苗的正常生长。病毒病也可在苗期侵染发生，有时地下害虫也造成严重为害。因此，育苗期防治病虫是培育壮苗、保证茄子优质高效生产的一个重要环节。

（1）品种选择

选择果实发育快、抗病性强、抗逆性好、高产优质的品种，如北京六叶茄、辽茄 1 号、西安绿茄、天津快圆茄、山东长茄、兴城紫圆茄、贵州冬茄、通选 1 号、济南早小长茄、竹丝茄、辽茄 3 号、丰研 1 号、丰研 11 号、青选 4 号、老来黑、长茄 2 号、湘茄 4 号、航茄 1 号、杂圆茄 1 号等。砧木选用托鲁巴姆或刺茄。种子质量纯度95%以上，发芽率 75%以上。

（2）种子处理

茄子的种皮是一种很厚的革质角质层，并附着很多果胶物质，水分和氧气很难进入，而茄子发芽时对氧较为敏感，如果水分过多，种子吸水过度，使种皮更加致密，氧气就难以透过，从而造成种子内部缺氧，延迟发芽时间，发芽势也显著降低。因此，做好茄种子处理，对提高发芽势、发芽率，以及达到苗齐、苗壮至关重要。

1）晒种。播种前将种子在室外晾晒 2～3 天，促进种子后熟，提高发芽势。切记不可在水泥地上晒种，以免烫伤种子，影响发芽率。

2）高温烫种。先用少许凉水浸润处理种子，然后加入 90℃左右的热水，使水温达到 75℃，并保持 5min（温度降低时要补加热水），要边倒热水边迅速搅动，避免烫伤种子，直至水温降至 30℃，置于温室中继续浸种。高温烫种可使种皮迅速软化，裂纹增加，促进胚细胞的呼吸作用。

3）药剂浸种。采用浓度为 5mg/kg 的赤霉素浸种 12h，再用 10%多菌灵和 0.1 亿 cfu/g 多粘类芽孢杆菌细粒剂浸种 1h，捞出种子，晾干表面水分，进行催芽。

4）变温催芽。变温催芽可使种子提早萌芽，种芽粗壮一致，每昼夜 16h 30℃、8h

20℃，交替进行。将种子浸泡 8h，然后控干水分，在纱布上摊晾 8～12h，再浸泡 4～6h，然后再次摊晾 8～12h，至手摸湿爽不黏为准，方可进行催芽。

（3）砧木处理

砧木比接穗提前 20～25 天播种催芽，催芽时用 100mg/kg 的赤霉素溶液浸泡 24h，然后用 1%高锰酸钾或 10%磷酸三钠溶液浸种 20min，清水冲洗，湿毛巾包裹，置于 25～30℃条件下催芽，有少量种子出芽时，在 0～2℃条件下处理 4h，70%种子露白时，即可播种。

（4）选择优质基质

基质是培育壮苗的基础，应具备透气性适中、保肥保水力强、微酸或中性，以及氮、磷、钾配比合理的特点，并杜绝病虫的存活条件。一般要选用正规厂家生产的育苗基质。采用 50～70 孔穴盘育苗。若没有基质育苗条件的地方，可自配营养土育苗，其方法是用未种过茄科作物的肥沃园土 5 份、腐熟有机肥 4 份、过筛细炉渣 1 份、每立方米营养土中加入 1kg 过磷酸钙、5～10kg 草木灰、0.3～0.5kg 尿素、50%多菌灵可湿性粉剂 150g，配制营养土。用塑料薄膜密封 5～6 天，高温灭菌消毒。也可在每立方米营养土中加入 50%多菌灵可湿性粉剂 200g+50%福美双可湿性粉剂 250g+25%甲霜灵可湿性粉剂 200g 处理土壤，可有效控制苗期猝倒病。

（5）嫁接管理

当砧木长到 7～8 片真叶、接穗 4～5 片真叶时采用劈接法嫁接，将接好的幼苗移入小拱棚，浇水并密闭 3 天，温度控制在白天为 28～30℃、夜间为 20～22℃，湿度控制在 95%，3 天后白天控制在 25～27℃、夜间为 17～20℃，早晚逐渐见光，8～10 天后去掉小拱棚。

（6）苗床管理

育苗苗床内温度应控制在 20～30℃，地温保持在 16℃以上，注意提高地温，降低土壤湿度。出苗后尽量不要浇水，必须浇水时应选择晴天洒水，切忌大水漫灌。冬季低温育苗要提温降湿，培育壮苗。发病初期可拔除病株，中午揭开覆盖物后立即将干草木灰与细土混合撒入，控制病害流行。夏季高温季节育苗，应加盖防虫网，防治粉虱、斑潜蝇等的侵入为害，预防病毒病的发生。同时，注意维护棚膜的透光性，避免光照过弱导致幼苗徒长。为促进幼苗健壮生长，视幼苗生长情况，使用一些营养液或生长调节剂，如促进生长喷洒植保素、0.01%芸苔素内酯可溶性粉剂、1.5%硫铜·烷基·烷醇水乳剂，或喷洒爱多收、黄腐酸盐、0.5%尿素+0.2%磷酸二氢钾。高温季节育苗，为防止幼苗徒长，可在 2～3 片真叶时喷洒 15%多效唑可湿性粉剂。

（7）适时炼苗

秧苗锻炼在定植前 5～7 天进行，苗床温度在不低于 7～8℃时，即可将塑料膜揭开，增加养分积累，提高抗逆性。但温度的降低应逐步实施，不可突然降低过多。若秧苗出现徒长或生长过快，外界温度又高时，可通过适当控水，阻止幼苗过旺生长。

（8）苗期用药组合

茄子出苗后至 1 叶 1 心前，重点防治猝倒病，兼顾立枯病等病害。田间如有发病应及时防治，注意治疗剂和保护剂合理混用，并拔除病苗。幼苗 2～7 叶期，应注意防治立枯病、灰霉病、褐纹病、病毒病、粉虱、斑潜蝇。其苗期用药组合见表 8-1。

表 8-1 茄子苗期用药组合方案

防治对象	用药组合	用药方式	兼治对象	备注
猝倒病+根结线虫	①1.8%阿维菌素乳油+10%噻唑膦颗粒剂+70%敌磺钠可溶性粉剂 ②10%噻唑膦颗粒剂+70%五氯硝基苯可湿性粉剂+50%福美双可湿性粉剂	苗床土处理	立枯病	猝倒病在子叶期最易发病，做好土壤处理是控制该病流行的关键
猝倒病	50%多菌灵可湿性粉剂+50%福美双可湿性粉剂+25%甲霜灵可湿性粉剂			
猝倒病	70%甲基硫菌灵可湿性粉剂+25%甲霜灵可湿性粉剂+50%福美双可湿性粉剂	药剂拌种	立枯病	药剂拌种，按种子量的 0.4%拌种，摊开晾干后播种
	50%多菌灵可湿性粉剂+25%甲霜灵可湿性粉剂+50%福美双可湿性粉剂	浸种处理	立枯病	通过浸种 30～40min，可有效杀灭种子表面的病菌
猝倒病+病毒病	50%多菌灵可湿性粉剂+72%霜脲·锰锌可湿性粉剂+10%磷酸三钠溶液	浸种处理		对苗期猝倒病、病毒病效果较好
猝倒病	①25%嘧菌酯悬浮剂 ②25%嘧菌酯水分散粒剂 ③25%恶霉灵可湿性粉剂+68.75%恶唑菌酮·锰锌水分散粒剂 ④25%吡唑醚菌酯乳油+70%代森联干悬浮剂 ⑤10%苯醚甲环唑水分散粒剂+69%烯酰锰锌可湿性粉剂 ⑥53%精甲霜锰锌水分散粒剂+40%腈菌唑水分散粒剂	喷雾	立枯病	出苗后至 1 叶 1 心前，视病情隔 5～7 天喷淋苗床 1 次，与喷雾防治相结合。注意用药剂喷淋后，等苗上药液干后，再撒些草木灰或细干土，降湿保温
猝倒病+立枯病	①3%恶霉甲霜水剂+68.75%恶唑菌酮·锰锌水分散粒剂 ②50%烯酰吗啉可湿性粉剂+10%苯醚甲环唑水分散粒剂+50%福美双可湿性粉剂 ③72.2%霜霉威水剂+50%甲呋酰胺可湿性粉剂+70%代森锰锌可湿性粉剂 ④50%异菌脲可湿性粉剂+75%百菌清可湿性粉剂	喷雾	其他苗期病害	辣椒出苗后，经常发生猝倒病、立枯病、疫病等病害，苗床一旦发现病苗，要及时拔除，然后使用杀菌剂或配方及时防治
立枯病+褐纹病	①68.75%恶唑菌酮·锰锌水分散粒剂+3.3%阿维联苯菊乳油+黄腐酸盐 ②10%苯醚甲环唑水分散粒剂+72.2%霜霉威水剂+10%高效氯氰菊酯乳油 ③325g/L 苯甲醚菌酯悬浮剂+7.5%菌毒·吗胍水剂+10%吡虫啉可湿性粉剂	喷雾	蚜虫 斑潜蝇 病毒病	幼苗 2～7 叶期，应注意防治疫病、病毒病、粉虱、美洲斑潜蝇
粉虱	①15%敌敌畏烟剂 ②20%异丙威烟剂	熏蒸	斑潜蝇	

8.4.2 定植期

8.4.2.1 设置防虫网

定植前 15～20 天盖棚膜时，在通风口及出入口安装 40～50 目防虫网，防止害虫在生长期进入棚室，减少直接为害，尤其对控制在自然条件下不能过冬的斑潜蝇、粉虱最为有效,控制害虫效果达 90%以上。同时,这种方法不污染环境和农产品,具有显著的生态及社会效益。

8.4.2.2 棚室消毒

定植前 15 天左右,选择晴天时关闭通风口,高温闷棚 5~7 天,结合使用敌敌畏及百菌清烟剂熏蒸,可杀死棚室内的大部分病菌及虫源,降低病虫发生基数。也可以利用设施生产棚室相对密闭的特殊环境条件,进行棚室臭氧消毒处理,方法见番茄篇。

8.4.2.3 合理密植

嫁接后 30 天左右选择晴天无风的天气进行定植,南北向开沟,宽行 80cm,窄行 60cm,沟深 5cm,株距 40cm。既能保证丰产,又能确保田间通风透光条件,抑制病害的发生。

8.4.2.4 控湿防病

定植时穴灌定植水,3 天后培土起垄,垄高 10cm,7 天后浇缓苗水,15 天后盖地膜,采取膜下沟灌、滴灌、渗灌等灌水方法,避免大水漫灌,降低棚室内空气湿度,减轻病害的发生。

8.4.2.5 科学施肥

定植前每亩施腐熟有机肥 5000~7500kg,磷酸二铵 25kg,硫酸钾 15kg,硼砂 2kg,硫酸锌、硫酸亚铁各 1kg。

8.4.2.6 定植期用药组合

做好定植前的土壤处理,对预防控制茄子土传病害的发生至关重要(表 8-2)。

表 8-2 茄子定植期用药组合方案

防治对象	用药组合	用药方式	兼治对象	备注
根结线虫+根腐病	①10%噻唑膦颗粒剂+70%甲基硫菌灵水分散粒剂 ②98%棉隆微粒剂+70%敌磺钠可溶性粉剂	土壤施药	枯萎病 晚疫病	在休闲期没进行物理和药剂处理的情况下采用
黄萎病	①50%多菌灵可湿性粉剂+50%福美双可湿性粉剂 ②70%敌磺钠可溶性粉剂			在定植前结合整地使用

8.4.3 生长期

茄子移植缓苗后,植株生长旺盛,多种病害开始侵染,部分病虫开始发生;进入开花结果期,营养生长开始变弱,多种病虫同时发生,混合为害,生理病害的发生比较普遍,病虫直接影响产量和质量;开花结果后期即植株衰老期,植株逐渐衰老,抗病性及病虫为害后自然补偿能力降低,病虫害流行和繁殖速度快,为害重。

茄子整个生长期发生的主要病虫害有绵疫病、褐纹病、枯萎病、黄萎病、炭疽病、病毒病、灰霉病、白粉病、菌核病、根结线虫、白粉虱、烟粉虱、斑潜蝇、茶黄螨、二十八星瓢虫等，生理病害有畸形花、畸形果、裂果等。生产上在充分利用各种非化学防治措施的基础上，适时科学地使用低残毒化学药剂，对确保棚室茄子丰产丰收、提高种植经济效益尤为关键。

8.4.3.1 黄板诱杀

在日光温室内害虫初发期，每亩悬挂30cm×40cm黄板40～50张，黄板的高度以其下缘略高于茄子植株的生长点为宜。

8.4.3.2 摘除病残组织

生长期间及时摘除植株中下部的老叶、病叶和花器，改善株间通风透光条件，减少养分无效消耗和病虫基数。

8.4.3.3 高温闷棚

当田间灰霉病、炭疽病等发生较重时，选择晴天中午闭棚，温度控制在40～42℃，高温闷棚2h，缓慢放风。每隔10天1次，连续2～3次。注意在高温闷棚前一天灌水。

8.4.3.4 生态控病

当棚室温度升温到33℃时开始放风，20℃时开始闭风，使棚内温度以白天20～33℃、夜间15～20℃为宜。3月以后采用隔沟干湿交替灌水技术。

8.4.3.5 用药组合方案

（1）缓苗后至开花坐果期（表8-3）

表8-3 茄子缓苗后至开花坐果期用药组合方案

防治对象	用药组合	用药方式	兼治对象	备注
病毒病+绵疫病	①77%氢氧化铜可湿性粉剂+70%代森锰锌可湿性粉剂 ②20%吗啉胍·乙铜可湿性粉剂+50%福美双可湿性粉剂 ③31%吗啉胍·三氮唑核苷可溶性粉剂+65%代森锌可湿性粉剂 ④5%菌毒清水剂+70%代森锰锌可湿性粉剂 ⑤68.75%嘧菌酯悬浮剂+2%宁南霉素水剂 ⑥70%丙森锌可湿性粉剂+20%叶枯唑可湿性粉剂+7.5%菌毒吗啉胍	喷雾	褐纹病 枯萎病 黄萎病 炭疽病	重点是使用好保护剂，预防病害发生。发现病株后及时防治，交替使用，一般7天喷1次，连续喷4～5次
灰霉病	①45%百菌清烟雾剂 ②20%腐霉利烟剂	熏蒸	褐纹病 炭疽病 灰霉病	傍晚密闭棚室，烟熏过夜，5～7天喷1次
黄萎病	①0.5%氨基寡糖素水剂 ②36%三氯异氰尿酸可湿性粉剂 ③50%琥胶肥酸铜可湿性粉剂	喷雾	枯萎病	均匀喷雾，视病情7～15天喷1次
褐纹病	①30%醚菌酯悬浮剂 ②68.75%噁唑菌酮·锰锌水分散粒剂 ③50%甲硫·硫磺悬浮剂+70%代森锰锌可湿性粉剂	喷雾	绵疫病 炭疽病 枯萎病 灰霉病	

续表

防治对象	用药组合	用药方式	兼治对象	备注
灰霉病	①50%腐霉·百菌清可湿性粉剂 ②40%嘧霉·百菌清可湿性粉剂 ③50%腐霉利可湿性粉剂+75%百菌清可湿性粉剂 ④65%甲硫·霉威可湿性粉剂+70%代森锰锌可湿性粉剂	喷雾	其他真菌病害	
	①50%腐霉利可湿性粉剂 ②50%异菌脲悬浮剂 ③40%嘧霉胺可湿性粉剂 ④2.5%咯菌腈悬浮剂	浸蘸花朵		可加入配制好的保花剂液中浸蘸花朵，防效较好、安全，不影响坐果
茶黄螨	0.5%甲氨基阿维菌素苯甲酸盐微乳剂+20%甲氰菊酯乳油	喷雾	二十八星瓢虫 蚜虫	每隔10天喷1次
粉虱	①1.8%阿维·啶虫脒微乳剂 ②10%吡虫啉可湿性粉剂+20%甲氰菊酯乳油 ③3%啶虫脒乳油+10%氯氰菊酯乳油	喷雾	斑潜蝇 蚜虫	
	①15%敌敌畏烟剂 ②20%异丙威烟剂	熏蒸	斑潜蝇	傍晚密闭棚室，烟熏过夜，5~7天喷1次

（2）开花结果期（表8-4）

表 8-4 茄子开花结果期用药组合方案

防治对象	用药组合	用药方式	兼治对象	备注
病毒病+ 黄萎病	①2%宁南霉素水剂+54.5%恶霉·福可湿性粉剂 ②2.1%烷醇·硫酸铜可湿性粉剂+50%苯菌灵可湿性粉剂 ③25%琥铜·吗啉胍可湿性粉剂+68%恶霉·福美可湿性粉剂	喷雾	褐纹病 枯萎病 炭疽病	发现病株后及时防治，交替使用，一般7天喷1次，连续喷4~5次
灰霉病+ 炭疽病+ 褐纹病	①50%腐霉利可湿性粉剂+70%代森联干悬浮剂 ②50%异菌脲悬浮剂 ③25%嘧菌酯悬浮剂 ④10%苯醚甲环唑水分散粒剂+75%百菌清可湿性粉剂 ⑤70%甲基硫菌灵可湿性粉剂+70%代森锰锌可湿性粉剂	喷雾	其他真菌病害	
绵疫病	①560g/L 嘧菌·百菌清悬浮剂 ②60%锰锌·氟吗啉可湿性粉剂 ③18.7%烯酰·吡唑酯水分散粒剂 ④50%烯酰吗啉可湿性粉剂+75%百菌清可湿性粉剂 ⑤20%唑菌酯悬浮剂+70%代森联干悬浮剂 ⑥60%唑酰·代森联干水分散粒剂	喷雾	炭疽病 枯萎病 灰霉病	均匀喷雾，视病情7~10天喷1次
灰霉病	①50%硫磺·多菌灵可湿性粉剂 ②20%二氯异氰尿酸钠可溶粉剂	喷雾	其他真菌病害	
黄萎病	①0.5%氨基寡糖素水剂 ②36%三氯异氰尿酸可湿性粉剂	喷雾	枯萎病	
茶黄螨	①0.5%甲氨基阿维菌素苯甲酸盐微乳剂+20%甲氰菊酯乳油 ②25g/L 多杀霉素悬浮剂 ③240g/L 虫螨腈悬浮剂	喷雾	二十八星瓢虫 蚜虫 蓟马	每隔10天喷1次
粉虱	①1.8%阿维·啶虫脒微乳剂 ②10%吡虫啉可湿性粉剂+20%甲氰菊酯乳油 ③3%啶虫脒乳油+10%氯氰菊酯乳油 ④25%噻虫嗪水分散粒剂 ⑤25%噻嗪酮可湿性粉剂	喷雾	斑潜蝇 蚜虫	
	①15%敌敌畏烟剂 ②20%异丙威烟剂	熏蒸	斑潜蝇	傍晚密闭棚室，烟熏过夜，5~7天熏蒸1次

8.4.4 休闲期

（1）清洁田园

茄子拉秧后，及时清除棚室内的病残株，集中销毁或深埋。

（2）垄沟式太阳能土壤热力处理

清除前茬作物，深翻后做成波浪式垄沟，垄高 60cm，下宽 50cm，垄上覆盖透明地膜，密闭棚室及通风口进行升温，持续 8 天后，将垄变沟、沟变垄后继续覆膜密闭棚室 8 天。

（3）合理轮作

避免与茄子、番茄、辣椒等茄科蔬菜连作，进行 3 年以上轮作。

第9章 辣 椒

辣椒（*Capsicum annuum* L.）别名牛角椒、长辣椒、菜椒、灯笼椒，属茄科辣椒属一年生或多年生草本植物，原产于中南美洲热带地区。20世纪80年代以后，我国辣椒的商品化生产得到了空前发展，主要栽培模式有露地早春茬、露地越夏茬、露地秋茬、早春大棚、秋延大棚、日光温室早春茬、日光温室秋冬茬等，多样复杂的种植模式使病虫害的发生为害日趋加重，严重影响辣椒的产量及品质。据多年系统调查研究，辣椒病害30余种，生理病害10余种，虫害10余种。其中发生面积大、分布范围广、为害严重的灾害性病虫害主要有：病毒病、类菌原体病害（辣椒丛枝小叶病）、炭疽病、疫病、立枯病、猝倒病、软腐病、疮痂病、灰霉病、日灼病、脐腐病、棉铃虫、烟青虫、蚜虫、温室白粉虱、烟粉虱、茶黄螨、朱砂叶螨、斑潜蝇等。

9.1 病 原 病 害

9.1.1 辣椒病毒病

辣椒病毒病是辣椒生产中的主要病害之一，从苗期至成株期均可侵染为害，一般暴发年份田间发病株率为36.5%～85.4%，病情指数17.8～67.4，造成辣椒大幅度减产，品质下降，损失严重。

9.1.1.1 症状

辣椒病毒病常见有花叶、黄化、坏死和畸形等4种症状：①花叶型，多发生在苗期和初花期，植株顶部叶片呈明显黄绿相间的花叶，有的叶面皱缩，出现明显的浓绿相间的斑驳，发生轻的植株无明显矮化或畸形，不造成落叶。发生严重时除叶片表现褪绿斑驳外，叶面凹凸不平，叶脉皱缩畸形，生长缓慢，果实变小，严重矮化。②黄化型，病叶明显变黄，出现落叶现象。③坏死型，病株顶部叶片基部或沿主脉变褐坏死，有的幼花柄部变褐坏死，引起落叶、落花、落果，顶部形成光秆，表现为条斑、顶枯、坏死环斑等。④畸形，叶片变小或变窄，叶面积不足健叶的1/4，叶脉扭曲呈疙瘩节状，叶色发黄，叶肉变薄而色淡，似缺素症，叶柄极度延长，一般是健株叶柄的2倍左右。发病严重的叶片仅留叶脉，呈线状，植株矮小，分枝极多，呈丛枝状。花器萎落，鳞片发育成小叶，椒果纤细变小，弯曲成环状。有时多种症状可同时在一棵病株上出现，或引起落叶、落花、落果，严重影响甜（辣）椒的产量和品质。

不同生育阶段辣椒病毒病的症状特点表现为：黄瓜花叶病毒苗期发病，植株矮化，叶片增厚，皱缩凹凸不平，病株分枝少，侧根少；蕾期发病，植株矮小，病株顶芽幼叶细长，畸形，叶缘向上卷曲呈"狗耳朵"状，叶脉发黄，透光可见清晰黄绿相间斑驳，病果纤细、短小、弯曲,严重时呈现深浅相间斑驳,有疣状突起,成熟期推迟7~10天;中后期发病,植株变化不明显,中下部叶片及椒果发育正常,仅上部果枝短缩,心叶开张度差,椒角细小歪曲。烟草花叶病毒侵染后表现为花叶及坏死斑,病叶呈明显的深浅相间花叶症状,茎秆及枝条上产生黑褐色坏死斑,或发生顶枯现象。早期出现落叶、落果,次生叶呈蕨叶或白牙形花叶,果实生长慢且畸形。

研究结果表明,不同栽培模式辣椒病毒病的发生不尽相同,早春茬设施栽培发生最轻,日光温室越冬茬发生次之,秋延茬栽培发生较重,越夏茬露地栽培发生最重。其中露地栽培随着辣椒生长期的推进,侵染率依次降低。发病越早对辣椒产量影响越大,6月中旬、7月中旬、8月中旬发病,产量损失分别为83.6%、53.6%和12.1%。且同期发病,其产量损失为地膜栽培相对小于露地栽培(表9-1)。

表9-1　辣椒病毒病发病时间与辣椒产量的关系

发病日期(日/月)	露地辣椒				地膜辣椒			
	测定株数	干椒重(g)	差异	较CK减小(%)	测定株数	干椒重(g)	差异	较CK减小(%)
2/6	101	5.0	a	85.8	103	5.8	a	83.9
12/6	107	5.7	ab	83.6	103	6.9	ab	80.6
25/6	105	7.0	bc	80.1	106	7.9	bc	77.8
5/7	100	9.2	cd	73.7	100	10.4	cd	71.0
15/7	100	16.2	e	53.6	105	18.5	e	48.1
25/7	100	22.4	f	36.1	104	25.9	f	27.5
5/8	106	26.8	fg	23.3	102	28.1	fg	21.3
15/8	101	30.7	gh	12.1	102	32.1	gh	10.1
CK	100	35.0	hi	—	100	35.0	hi	—

注:不同字母表示在0.05水平上差异显著

9.1.1.2　病原特征

世界各地报道导致辣椒病毒病的毒源有10多种,中国各地报道辣(甜)椒病毒病的毒源有7种,包括黄瓜花叶病毒(Cucumber mosaic virus,CMV)、烟草花叶病毒(Tobacco mosaic vinus,TMV)、马铃薯Y病毒(Potato virus Y,PVY)、烟草蚀纹病毒(Tobacco etch virus,TEV)、马铃薯X病毒(Potato virus X,PVX)、苜蓿花叶病毒(Alfalfa mosaic virus,AIMV)、蚕豆萎蔫病毒(Broad bean wilt virus,BBWV)。其中以黄瓜花叶病毒、烟草花叶病毒及马铃薯Y病毒的寄主范围最广,是辣(甜)椒病毒病的主要毒源。

9.1.1.3　侵染循环

我们在20世纪90年代、2006~2009年分别通过汁液摩擦接种、分离物抗性测定、内含体观察和血清学反应试验及病毒悬浮液染色后经电子显微镜(电镜)观察,结果表明,陕西辣椒病毒病的毒源有黄瓜花叶病毒、烟草花叶病毒、烟草蚀纹病毒和马铃薯Y病毒4种。在辣椒苗期TMV占有一定的比例,CMV零星出现,未检测到TEV和PVY。至开花结果期CMV和TMV的比例均有较大提高,而以CMV最为显著,个别田块还出现 TEV 和 PVY，辣椒生长后期以 CMV 和 TMV 混合侵染为主。

黄瓜花叶病毒在田间靠蚜虫传播；烟草花叶病毒靠接触及伤口传播，也可通过种子、土壤、机械或田间操作传播。黄瓜花叶病毒的寄生植物非常广泛，病毒在多年生宿根杂草和保护地蔬菜上越冬，成为翌年初侵染病源。烟草花叶病毒在土壤中的病组织和种子上越冬，经汁液接触传染，如分苗、定植、整枝等都传播病毒。高温干旱有利于发病，多年连作、地势低洼、管理不善等可加重病毒病的发生。5 月中下旬开始发病，6～7 月盛发，高温干旱时病情加重。

9.1.1.4 影响发生因素

（1）传毒媒介与辣椒病毒病发生的关系

桃蚜和菜缢管蚜是田间黄瓜花叶病毒的有效传播介体，带毒率分别为 1.0% 和 0.66%，传毒贡献率分别为 37.8% 和 21.7%。田间病毒病的发病株率随着传毒有效介体（蚜虫）迁入数量的增加而增加，并呈显著的正相关关系（$r=0.842$），蚜虫迁飞高峰过后的 25～30 天出现发病高峰。

（2）定植期与辣椒病毒病发生的关系

研究表明，定植期与露地栽培辣椒病毒病的发生程度密切相关，即在一定时期内，定植期越早，发病越严重（表 9-2）。

表 9-2 辣椒定植期与病毒病发生的关系

年份	4月27日		5月4日		5月11日		5月29日		5月26日	
	发病株率（%）	病情指数	发病株率（%）	病情指数	发病株率（%）	病情指数	发病株率（%）	病情指数	发病株率（%）	病情指数
2006	84.5	34.2	80.1	29.9	67.4	17.8	48.8	11.2	34.2	7.4
2007	75.8	37.8	61.6	28.4	53.2	19.2	36.3	12.6	24.3	4.5
2008	100	50.8	90.4	44.6	81.6	27.3	54.8	16.8	40.5	10.2
2009	52.3	19.8	42.6	11.4	34.8	8.3	24.6	3.6	19.8	0.9
2010	77.0	33.4	69.4	24.5	56.8	16.8	43.3	11.2	31.3	6.7
2011	80.5	35.5	53.9	15.3	38.9	6.9	33.4	5.7	17.5	1.7
平均	78.4	35.3	66.3	25.7	55.5	16.1	40.2	10.2	27.9	5.2

（3）生育期与辣椒病毒病发生的关系

研究表明，辣椒病毒病从苗期到成株期均可侵染为害，但随着生育期的推进，发病株率依次降低，对辣椒产量的影响依次减轻，以 2～4 叶期发病株率最高（表 9-3）。

表 9-3 辣椒不同生育期接毒后的发病株率和病情指数

生育期	毒源	病株数	发病株率（%）	病情指数
2 叶期	CMV	60	100	84.4
	TMV	60	100	82.6
4 叶期	CMV	60	100	73.3
	TMV	59	98.3	73.0

续表

生育期	毒源	病株数	发病株率（%）	病情指数
6叶期	CMV	56	93.3	66.2
	TMV	52	86.7	62.4
8叶期	CMV	48	80.0	62.9
	TMV	46	76.7	56.4
蕾期	CMV	45	75.0	57.9
	TMV	41	68.3	56.4
花期	CMV	40	66.7	49.8
	TMV	37	61.7	47.2
果期	CMV	37	61.7	40.5
	TMV	35	58.3	37.8
盛果期	CMV	36	60.0	29.2
	TMV	33	55.0	30.2

（4）施肥水平与辣椒病毒病发生的关系

研究表明，施肥水平对辣椒病毒病的发生也有一定的影响。有机肥充足，土壤有机质含量高，结构良好，则发病株率低，发病程度轻，而单施氮磷化肥、有机质缺乏的田块发病重。例如，每亩施过磷酸钙 50kg、尿素 25kg 分别与优质有机肥 8000kg、5000kg、2000kg 混合施入，发病株率依次为 7.3%、21.8%和 41.8%，病情指数为 0.8、5.4 和 14.6。每亩施过磷酸钙 100kg、尿素 35kg，发病株率为 89.6%，病情指数为 43.2。施过磷酸钙 150kg、不施氮肥者发病株率为 98.7%，病情指数为 68.4。上述事实说明，混合施肥，尤其增施有机肥能显著减轻病毒病的发生。

近年来，由于有机肥的施用量锐减，化肥用量逐年加大，离子间拮抗作用增加，土壤中微量元素严重缺乏，影响辣椒的正常生长发育。通过对辣椒枝叶微量元素分析，发现病株铁、锌、钠含量均可比健株低。铁病株 143mg/kg，较健株低 31mg/kg；锌病株 22.8mg/kg，较健株低 13.6 mg/kg；钠病株 1.86%，较健株低 25.2%；辣椒病毒病发生越重，病健株之间差异越明显。其原因可能是养分平衡失调，导致辣椒自身抗性降低。

9.1.2 辣椒类菌原体病害

早在 1985 年，我们就注意到陕西线辣椒的丛枝小叶病，经过嫁接和叶蝉传播、荧光显微镜检测和超薄切片的电镜观察等方法的系统研究，将这一辣椒新病害定名为辣椒丛枝小叶病。病原被确认为一种类菌原体（Mycoplasma Like Organism，MLO）。辣椒类菌原体病害由此得名，并在 1992 年被首次报道，成为辣椒病虫领域研究的一个突破，结束了认为辣椒丛枝小叶病是由黄瓜花叶病毒引起的历史，为病害的综合防治提供了理论依据。经在陕西、北京、新疆、湖北、河南调查采样鉴定，该病均有发生，为害有逐年加重的趋势。采用荧光显微镜田间快速检测诊断技术表明，一般田块发病株率在 15%～60%，严重田块达 70%～90%，并常常与辣椒病毒病混合为害，造成严重损失。该病害严重威胁陕西线辣椒的种植经济效益，已成为陕西线辣椒重要的灾害性病害之一。

9.1.2.1 症状

经过介体传毒接种及田间观察,辣椒丛枝小叶病的症状因发病时期不同而不尽相同。

苗期症状:辣椒幼苗染病后,植株矮小,叶色发黄,很少分枝,易形成"单杆枪",不结果或偶尔结 1~2 枚,侧根较少。

蕾期症状:感病植株矮化,一般为健株的 1/2 左右,叶片窄而长,叶面积不足健叶的 1/4,叶脉扭曲呈疙瘩节状。叶色发黄,叶肉变薄而色淡,似缺素症。叶柄极度延长,一般是健株叶柄的 2 倍左右。发病严重的叶片仅留叶脉(辣椒丛枝小叶病由此而得名),枝芽丛生呈"扫帚状"。茎秆带化,花序聚生,花器萎落,鳞片发育成小叶。椒角纤细变小,弯曲成环状。

开花结果期:发病植株矮化不明显,中下部叶片、椒角正常,侧芽较少,中上部叶片狭窄皱缩不平,叶柄伸长,果枝缩短,心叶开张度差。椒角症状似蕾期。

由类菌原体引起的辣椒丛枝小叶病症状与辣椒病毒病小叶型症状相似,因而长期以来一直被误认为是由黄瓜花叶病毒引起的病毒病。

9.1.2.2 病原及侵染循环

通过嫁接和叶蝉传播、荧光显微镜检测、抗生素治疗和超薄切片的电镜观察等一系列研究,发现该病原能通过大青叶蝉(*Tettigella viridis*)及嫁接顺利传播(表 9-4),而不能通过汁液摩擦接种和桃蚜(*Myzus persicae*)传播。罹病辣椒的叶片中脉切片经甲苯胺蓝(TBO)染色后,在荧光显微镜下清晰观察到在韧皮部有枯黄色反应斑,整个维管束组织严重退化变小。超薄切片电镜观察发现辣椒病株筛管中存在的大量 172~311nm 的 MLO,且病株经土霉素溶液(浓度 500mg/kg)灌根处理 3 周后症状开始缓解,而青霉素(penicillin)处理无效。从而证明,该病的病原为类菌原体。同时,在甜椒(*Capsicum frutescens* L.)上也检测到 MLO。泡桐丛枝病原(Paulownia witches' broom MLO)能通过大青叶蝉传播到辣椒上。

表 9-4 大青叶蝉传播病原的特性测定

病原物	供试植物	接毒株数	发病株数	发病株率(%)
在辣椒丛枝小叶病株上饲毒后传播	辣椒	175	171	97.7
	长春花	80	60	75.0
	小麦	90	0	0
直接从辣椒病株捕获叶蝉传播	辣椒	80	58	72.5
	油菜	100	0	0
	小麦	100	0	0
在泡桐丛枝病株上饲毒后传播	辣椒	90	63	70.0
	油菜	90	0	0
	小麦	90	0	0
CK	辣椒	90	0	0
	油菜	90	0	0
	小麦	90	0	0

9.1.2.3 影响发生因素

（1）传毒媒介与辣椒类菌原体病害发生的关系

大青叶蝉是辣椒类菌原体病的有效传播媒介，研究表明，辣椒露地栽培时，在田间靠近畦梁、地边，大青叶蝉虫口密度大，辣椒类菌原体病发病株率高，病情指数大（表9-5）。

表 9-5　大青叶蝉虫口密度与辣椒类菌原体病害发生的关系

地块号	大青叶蝉（头/100株）		发病株率（%）		病情指数	
	靠近畦梁	地中间	靠近畦梁	地中间	靠近畦梁	地中间
1	191	40	88.2	15.3	37.6	4.6
2	51	5	47.6	3.1	13.2	0.6
3	152	62	80.8	33.4	36.6	14.4
4	108	9	60.4	8.3	15.4	1.3
5	142	32	73.5	11.6	29.8	3.2

（2）作物布局与辣椒类菌原体病害发生的关系

以小麦辣椒种植区为例，调查表明，一般辣椒集中产区辣椒类菌原体病害重于辣椒种植分散地区，休闲地辣椒重于麦椒间套田，但间套带型不同，发病差异明显（表9-6）。

表 9-6　不同间套带型与辣椒类菌原体病害发生的关系

带型麦椒行数∶辣椒行数	株高（cm）	发病株率（%）	病情指数	单株结角	单角重（g）
1∶2	88.5	41.1	5.3	34.4	0.76
2∶2	80.8	29.3	2.5	43.7	1.20
3∶2	81.4	15.8	1.2	38.6	1.16
4∶2	78.6	13.2	0.5	36.4	1.10
5∶2	78.1	9.7	0.2	37.3	1.06
纯辣椒	61.0	91.2	78.5	11.2	0.60

另外，辣椒地周围种植泡桐树，辣椒类菌原体病害发生较重。研究发现，辣椒与泡桐树距离越近，辣椒类菌原体病害发病株率越高，病情指数越大。以树冠下最为严重，发病株率高达99.5%，病情指数为47.9；距树冠5m、10m、15m、20m、25m时，辣椒类菌原体病害发病株率依次为73.5%、64.4%、48.8%、32.5%和9.8%，病情指数分别为42.5、30.8、21.4、2.6和0.8。

9.1.3　辣椒疫病

疫病是辣椒生产上的一种毁灭性的土传病害，各地均有发生。随着保护地辣椒栽培面积的逐年上升，尤其是连作面积的增加，辣椒疫病日趋严重，受疫病为害后，轻则落叶，严重的整株死亡，一般损失可达20%～30%，重者毁种绝收，成为辣椒生产上的重要障碍。该病发生周期短，蔓延流行速度快，不仅为害辣椒，还为害番茄、茄子、西葫芦和冬瓜等蔬菜，给防治工作带来很大困难。

9.1.3.1 症状

辣椒苗期、成株期均可受疫病为害，整个生长期茎、叶、果实均可发病。幼苗期发病，病部呈水浸状、缢缩，造成幼苗折倒或湿腐，继而枯萎死亡，即苗期猝倒病。成株期发病，茎部发病多在茎基部和分杈处，最初产生水浸状暗绿色病斑，后扩展成环绕表皮的不规则暗褐色条斑，茎基部常发生黑色软腐、坏死，由土表下向上发展，病部以上枝叶迅速凋萎，引起植株萎蔫，最后枯死，严重时成片枯死。叶片发病，出现暗绿色、水浸状、边缘不明显的圆形大斑，直径 2~3cm，边缘黄绿色，中央暗褐色，天气潮湿时迅速扩大，发展到叶柄。果实多从果蒂部发病，形成暗绿色水渍状不规则形病斑，很快遍及全果，呈暗绿色至暗褐色，病部水浸状凹陷，并很快腐烂，潮湿时病部表面长出白霉。根系被侵染后变褐色，皮层腐烂导致植株青枯死亡。且症状常因发病时期、栽培条件而略有不同。塑料棚或北方露地，初夏发病多，首先为害茎基部，症状表现在茎的各部，其中以分杈处茎变为黑褐色或黑色最常见，且主要为害成株，植株急速凋萎死亡；如被害茎木质化前染病，病部明显缢缩，造成地上部折倒，成为辣椒生产上的毁灭性病害。

9.1.3.2 病原

辣椒疫病是由辣椒疫霉菌（*Phytophthora capsici* Leonian）侵染引起的真菌性土传病害。菌丝丝状，无隔膜，生于寄主细胞间或细胞中，宽 3.75~6.25μm；孢子囊梗无色，丝状；孢子囊顶生，单胞，卵圆形，大小为（28.0~59.0）μm×（24.8~43.5）μm；厚垣孢子球形，单胞，黄色，壁厚平滑；卵孢子球形，直径 25~35μm，游动孢子直径大约 5μm，但有时见不到。

9.1.3.3 侵染循环

病菌主要以卵孢子、厚垣孢子在病残体或土壤及种子上越冬，其中土壤中病残体带菌率高，是主要初侵染源。北方寒冷地区病菌不能在种子上越冬，其主要来源是土壤中和在病残体上越冬的卵孢子。在条件适宜时，越冬后的病菌经雨水飞溅或灌溉水传到辣椒茎基部或近地面果实上，引起发病。发病后产生新的孢子囊和萌发后形成的游动孢子，又借风雨或灌溉水进行再侵染，引起病害迅速蔓延。病菌生长发育适温为 30℃，最高 38℃，最低 8℃。在条件适宜情况下，即田间温度为 25~30℃、高湿（85%以上）连作茬栽培时，自发现病株到全田发病仅 7 天左右，周期短，流行快，发病迅速。

辣椒疫病的病原菌可通过水流、土壤、气流等多种途径传播，卵孢子具有在土壤及病残体中长期存活的特点，使病害具有土传和气传病害双重特点。田间发生时常呈暴发性大面积死苗死秧，损失惨重。

研究表明，在陕西、宁夏等北方地区，由于受自然生态环境的影响，无论是保护地辣椒还是露地辣椒，盛果前发病主要集中在根颈部，占 90%以上；进入盛果期后，辣椒植株封行密闭，湿度大，通风透光条件差，此期枝杈和近地面果实先发病，其中棚室栽培辣椒发病重于露地栽培辣椒。其田间流行表现为暴发和蔓延两种形式。

暴发型是指在适宜的生态环境条件下，越冬的卵孢子萌发侵染根系和地下部分，造成辣椒植株在 10～20 天短期内大面积枯死，辣椒除根系变褐腐烂青枯外，无其他明显症状，即无再侵染过程。在大雨或灌水后土壤积水情况下发生，发病株率在 20%～80%，毁灭性大，损失极为严重。

蔓延型是在田间环境条件适宜时，发病株上产生大量孢子囊，借气流或雨水溅射传播，侵染辣椒地上部分。田间有明显的发病中心，由点到片，由片到面，重复侵染，频繁发生。蔓延型发病部位集中在茎秆或枝杈处，形成黑色条斑。田间出现时间主要在辣椒初果期，且随温度和垄内湿度的提高，蔓延速度加快，高峰期多出现在盛果期。

疫病的暴发和蔓延主要取决于各自受控的环境条件。在一般情况下，暴发过后常伴随着大流行过程，暴发越烈，蔓延流行越重，但不适的环境条件会使蔓延速度减缓或停止。这一点与南方诸省相比存在一定差异。

调查表明，在陕西棚室辣椒由于受小环境气候的影响，发病较早，5 月底至 6 月初见病株，发病盛期的出现则因田间管理条件的不同差异明显，若灌水早、量大、气温高，易暴发流行成灾，高峰多在 6 月下旬出现；灌水迟、量小，高峰期可推迟到 7 月下旬至 8 月上旬。此后随气温下降，病情减缓或停滞。露地栽培时，辣椒疫病在田间流行的时间动态为：发病初期（田间中心病株）在 6 月中下旬，发病盛期在 7 月底至 8 月初（图 9-1），8 月中旬以后出现的发病盛期通常是灌水不当所致。

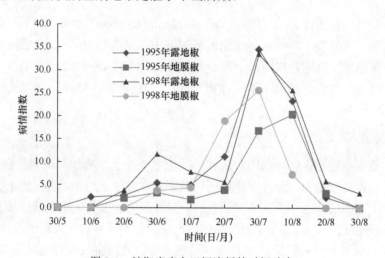

图 9-1　辣椒疫病在田间流行的时间动态

9.1.3.4　影响发生因素

（1）耕作、栽培方式

研究表明，粮椒轮作、麦椒间套田辣椒疫病发病较轻；重茬连年种植，或与茄科蔬菜轮作则发病重。起垄地膜栽培发病较轻；平畦栽培或高密度栽培，田间排水不畅，湿度大时发病重。

（2）温度、湿度

辣椒疫病的发生和流行与温度、湿度呈正相关关系。其中温度是疫病暴发的基本条件，暴雨是辣椒疫病发生的先决条件。一般温度越高，湿度越大，发生流行越重，当旬平均气温在20℃以上时，如突遇大雨或大雨后天气突然转晴，辣椒疫病即可暴发；当旬平均气温在25℃以上、田间湿度在80%以上且辣椒封垄郁闭时，疫病则迅速蔓延流行；土壤湿度95%以上，持续4～6h，病菌即完成侵染，2～3天就可发生1代，因此成为发病周期短、流行速度迅猛异常的毁灭性病害。

（3）灌水

在适宜的温度条件下，灌水方式、灌水量、灌水时间是诱发辣椒疫病的主要因素。单水口、大水漫灌，极易暴发流行；多水口、不上垄小水浅灌发病轻；午间高温灌水发病重于早、晚灌水；雨前雨后或久旱大水漫灌发病重。

（4）品种抗病性

辣椒疫病的发病程度与品种关系密切，如陕椒2001线辣椒和高抗疫病棚室专用型辣椒一代杂种淮椒3号发病轻，而湘研菜用大辣椒系列品种发病重。

9.1.4 辣椒炭疽病

辣椒炭疽病是辣椒、甜椒上的一种重要病害，可引起辣椒幼苗死亡，叶果腐烂，通常病果率为10%左右，严重时病果率达30%～40%，对辣椒的品质、产量均有影响。

9.1.4.1 症状

辣椒整个生育期均可感染发病，以叶片、果实受害严重。叶片受害，先产生水浸状褪绿斑，渐渐变成褐色，病斑近圆形，中央灰白色，周围深褐色，病叶易脱落。病斑若发生在叶缘或受叶脉的限制，形成不规则的斑点。条件适宜流行时，叶上的病斑初呈水渍状，很快向整个叶片扩展，使叶片像水烫过一样的萎蔫，病叶脱落，形成光秆，只剩顶部小叶。果实受害，表面初生水浸状黄褐色病斑，扩大成长圆形或不规则形，凹陷，并有稍隆起的同心轮纹，其上密生无数黑色小点，病斑边缘红褐色，中间灰色到灰褐色。潮湿时，病斑产生浅红色黏稠物质，即分生孢子。干燥时，病斑常干缩，呈膜状，破裂。

9.1.4.2 病原

辣椒炭疽病是典型的真菌性气传病害，是由辣椒刺盘孢菌［*Colletotrichum capsici*（Syd.）Butl. & Bisby］、果腐刺盘孢（*Colletotrichum coccodes*）和辣椒盘长孢状刺盘孢（*Colletotrichum gloeosporioides*）侵染所致，均属半知菌亚门真菌。其中辣椒刺盘孢菌是黑点炭疽病病原，载孢体盘状，多聚生，初埋生后突破表皮，黑色，顶端不规则开裂。刚毛散生在载孢体中，数量较多，暗褐色，顶端色浅，较尖，2～4个隔膜。分生孢子梗具分枝，有隔膜，无色。分生孢子镰刀形，顶端尖，基部钝，大小为（7.8～23.3）μm×（2.3～3.6）μm，单胞无色，内含油球。附着孢棒状，网球形褐色。果腐刺盘孢是黑色炭疽病病原，分生孢子盘生暗褐色刚毛，分生孢子长椭圆形。辣椒盘长孢状刺盘孢是红色炭疽病病原，分生孢子盘无刚毛，分生孢子椭圆形。

9.1.4.3 侵染循环

病菌主要以拟菌核随病残体在土壤中越冬，也可以菌丝潜伏在种子内，或以分生孢子附着在种皮表面越冬，成为翌年初侵染源。越冬后的病菌，在适宜条件下产出分生孢子，借气流、雨水、昆虫传播形成再侵染，传播蔓延，病菌多从伤口侵入，发病后产生新的分生孢子进行重复侵染。适宜发病温度为12~33℃，温度25~28℃、相对湿度95%左右的环境最适宜该病害发生，相对湿度低于70%则不利于病害发生。分生孢子萌发适温为25~30℃，适宜相对湿度在95%以上。一般温暖多雨的年份和地区有利于病害的发生。

9.1.4.4 影响发生因素

高温多雨则发病重。排水不良、种植密度过大、施肥不当或氮肥过多、通风条件差，都会加重此病的发生和流行。久旱遇雨，雨后骤晴及温暖高湿有利于病害流行，损失较重。果实损伤有利于发病，果实越成熟越容易发病。辣椒品种间抗病性有差异，通常甜椒比尖椒感病。

9.1.5 辣椒疮痂病

辣椒疮痂病又称细菌性斑点病。近年来，随着辣椒栽培面积的增加及设施栽培的发展，辣椒疮痂病的为害也日趋严重，发病区调查结果表明，一般地块发病株率为20%~30%，重病地块可达100%，造成受害植株叶片过早脱落，对辣椒产量影响较大。

9.1.5.1 症状

辣椒疮痂病，又名落叶病。可为害叶片、叶柄、茎蔓、果实和果梗。幼苗期发病，先在子叶上产生银白色小点，进而呈水浸状斑点，最后发展成暗褐色凹陷斑，叶片脱落，形成光秆，植株死亡。成株期叶片受害，病叶沿叶脉发生水渍状黄绿色小斑点，斑点处的叶背面隆起，逐渐扩大为圆形或不规则形，边缘暗绿色且隆起，中央色淡且凹陷，表皮呈粗糙的疮痂状。受害重的叶片边缘及叶尖变黄，干枯脱落。如果病斑沿叶脉处发生时，常使叶片变畸形。果梗、茎蔓及叶柄上的病斑为水渍状不规则的条斑，以后边缘暗褐色，中间灰白色隆起，纵裂，扩展后互相连接，病组织木栓化隆起，呈溃疡状疮痂斑。果实上的病斑为暗褐色隆起的小点，后期木栓化，或呈疱疹状，逐渐扩大为1~3mm稍隆起的圆形或长圆形的黑色疮痂斑，边缘有裂口，潮湿时疮痂中间有菌脓溢出。

9.1.5.2 病原

辣椒疮痂病是由油菜黄单胞杆菌辣椒斑点病致病变种（*Xanthomonas campestris* pv. *Vesicatoria*）侵染所致，属细菌。菌体杆状，两端钝圆，有一个长的极生单鞭毛，能游动，大小为（0.6~14.0）μm×（0.5~0.7）μm。菌体排列成链状，有荚膜，革兰氏染色阴性，好气，在洋菜培养基上生成黄色圆形菌落，半透明。据报道此病菌分三个专化型：一型侵染辣椒，二型侵染番茄，三型两者均可侵染。病菌发育适温为27~30℃，最高

40℃，最低5℃，致死温度为56℃下10min。

9.1.5.3 侵染循环

病原细菌在种子上越冬，也可随病残体在田间越冬，成为初侵染源。该菌与寄主叶片接触后从气孔侵入，潜育期3~5天，在细胞间隙繁殖，致表皮组织增厚形成疮痂状；在潮湿情况下，病斑上产生的白色菌脓借雨滴飞溅或昆虫作近距离传播蔓延。发病适温为27~30℃。

9.1.5.4 影响发生因素

（1）连作与发病的关系

辣椒连作种植地发病早而重，且连作时间越长，发病越重。轮作能有效减轻该病的发生。

（2）温湿度与发病的关系

高温高湿是发病的必要条件，以7~8月发生较重，尤其是暴风雨后容易流行，形成发病高峰。高湿持续时间长，叶面结露对该病的发生和流行至关重要。

（3）定植期与发病的关系

温室和塑料大棚辣椒多提早定植，5月中旬辣椒已进入开花结果期，此时外界温湿度条件适宜，而辣椒此时对疮痂病又非常敏感，发病较重。

（4）栽培管理与发病的关系

地势低洼、排水不良、土壤板结、施肥不当，导致辣椒长势较差时，均能促使病害发生加重。

9.1.6 辣椒枯萎病

9.1.6.1 症状

辣椒枯萎病是系统侵染性病害。发病初期植株下部叶片大量脱落，与地面接触的茎基部皮层呈水浸状腐烂，地上部茎叶迅速凋萎；有时病部只在茎的一侧发展，形成一纵向条状坏死区，后期全株枯死。剖检病株地下部根系也呈水浸状软腐，皮层极易剥落，木质部变成暗褐色至煤烟色。在湿度大的条件下病部常产生白色或蓝绿色的霉状物。

9.1.6.2 病原

辣椒枯萎病是由尖镰孢萎蔫专化型（*Fusarium oxysporum* f. sp. *vasinfectum*）侵染引起，属半知菌亚门真菌。病菌的无性繁殖体有3种类型：大型分生孢子具2~6个隔膜，3个隔膜的居多，偶见8个隔膜的；小型分生孢子多为单细胞，细小；厚垣孢子近圆形，壁厚。

9.1.6.3 侵染循环

病菌主要以厚垣孢子在土壤中越冬，或进行较长时间的腐生生活。在田间，主要通过灌溉水传播，从茎基部或根部的伤口、根毛侵入，致使叶片枯萎，也可随病土借风吹往远处。病菌发育适温为 24~28℃，最高 37℃，最低 17℃。该菌只为害甜椒、辣椒，遇适宜发病条件病程 2 周即现死株。

9.1.6.4 影响发生因素

潮湿或田间积水易发病，特别是雨后积水时发病更重。偏施氮肥的地块发病重。

9.1.7 辣椒灰霉病

灰霉病是冬春蔬菜棚室的主要常见病害，20 世纪八九十年代，以番茄、茄子受害严重，近些年来辣椒灰霉病在山东、河北、辽宁、北京、陕西等地有日益加重的趋势，其寄主广、发生期长，流行快，易产生抗药性。该病多在苗期和坐果期发生严重，轻则减产 15%~20%，重则减产 30% 以上，已成为设施栽培辣椒的主要病害。

9.1.7.1 症状

辣椒苗期和成株期均可感染灰霉病，植株的地上部分（包括叶、花、果实、茎）均可受害，不同部位症状的表现不尽相同。

（1）叶片染病

幼苗染病，子叶先端变黄，后扩展到幼茎，致茎缢缩变细，由病部折断而枯死；叶片从叶尖或叶缘发病，病部呈"V"字形褐色病斑，致使叶片灰褐色腐烂或干枯，湿度大时可见灰色霉层，严重时上部叶片全部烂掉。当病花坠落在叶片上后，叶片感染发病，病斑向周围扩展，湿度大时病斑上着生灰色霉层。当温湿度适宜时，掉落的病花还可感染叶柄，初为褐色水渍状病斑，后病斑部分缢缩变细，叶柄部折断。

（2）茎部染病

苗期茎部被侵染时初为条状或不规则水渍状斑，深褐色，后病斑环绕茎部，导致茎秆折断，湿度大时产生较密的灰色霉层，有时植株茎部轮纹状病斑明显绕一周，病处凹陷缢缩，不久即造成病部以上死亡。近年来在保护地蔬菜种植中，茎基部发病日益加重，严重时造成植株死亡。

（3）花器染病

发病初期花瓣呈现褐色小型斑点，后期整个花瓣呈褐色腐烂，花丝、柱头也呈褐色。病花上初见灰色霉状物，随后从花梗到与茎连接处开始，并在茎上下左右蔓延，病斑呈灰色或灰褐色。

（4）果实染病

病菌多从青果残留的花、花托、蒂部、果脐侵染，逐渐向果实和果柄扩展，往往是整个果实染病，侵染处果面呈灰白色水渍状，后发生组织软腐，造成整个果实呈湿腐状变软腐烂，湿度大时部分果面密生灰白色至灰褐色霉层。

（5）果实染病新症状

辣椒果实上出现了类似番茄果实的"花脸斑"，这种现象在我国辣椒果实上尚未被报道，国外称这种果实症状为鬼魂斑（ghost spot）。在近几年我国发现该种症状，病斑圆形，较小，直径为 1~2cm，外缘白色，有晕圈，中央有黑色小点，似鸟眼状，病斑中央凹陷，病斑可以连成片，病斑严重下陷，发病严重的果面呈干腐状，严重影响果实品质。

研究表明，辣椒灰霉病具有以下发病特点。

1) 发病时间长。一般 12 月至翌年 5 月是灰霉病发生和蔓延的时期，发病时间长，时间主要集中在苗期，花期和坐果期均可发病，其中开花坐果期损失最大。早春大棚辣椒的花期是侵染高峰期，果实坐果膨大期是发病高峰期。

2) 病菌寄主广。该病菌除侵染辣椒、番茄、茄子等茄果类蔬菜外，还可为害韭菜、草莓、黄瓜、甘蓝、菜豆、大葱、莴苣等多种蔬菜。病菌可以从开败的花器伤口和坏死组织侵入为害传播，导致花腐、果腐等。

3) 侵染速度快。当温度、湿度条件适宜时，从发病到侵染为害一般只需 7~12 天。

4) 抗药性强。灰霉病的病原菌极易产生抗药性，还具交互抗性。

5) 发生程度有差异。早春大棚重于秋季大棚，大棚重于露地（但露地栽培遇到连续暴雨发病也严重），开花坐果期重于苗期，连茬田块重于新地。

9.1.7.2 病原

辣椒灰霉病是由灰葡萄孢（*Botrytis cinerea* Pers.）侵染所致的真菌性病害，属半知菌亚门真菌。分生孢子梗丛生，具隔，褐色，顶端呈 1~2 次分枝，梗顶稍膨大，呈棒头状，其上密生小柄并着生大量分生孢子，孢梗长短与着生部位有关，大小为（1429.3~3207.8）μm×（12.4~24.8）μm。分生孢子圆形至椭圆形或水滴形，单细胞近无色，大小为（6.25~13.75）μm×（6.25~10.00）μm，在寄主上通常少见菌核，但当田间条件恶化后，则可产生黑色片状菌核。其有性态为 *Sclerotinia fuckeliana*。

9.1.7.3 侵染循环

病菌可形成菌核遗留在土壤中越冬，或以菌丝、分生孢子在病残组织内越冬。分生孢子随气流、雨水及田间农事操作传播蔓延。病菌发育适温为 23℃，最高 31℃，最低 2℃。

9.1.7.4 影响发生因素

湿度是诱发灰霉病的主导因素。病原菌对湿度要求很高，湿度越高，病菌繁殖蔓延越快，当棚室内空气相对湿度高于 75%时，发病重；相对湿度低于 60%时，发病轻或不发病；湿度持续 90%以上的多湿状态时，易发病。30℃以上高温干旱环境中病害发生流行速度减慢。因此，大棚持续高温高湿是造成灰霉病发生和蔓延的主导因素，一般 12 月至翌年 5 月连续湿度 90%以上的多湿状态易发病，尤其在春季易蔓延。另外，植株密度过大,生长旺盛,通风不良,光照不足,管理不当等都会加快此病的扩展。

9.1.8 辣椒白粉病

辣椒白粉病是引起辣椒落叶的一个重要病害。保护地栽培的辣椒极易发病且为害严重。

9.1.8.1 症状

甜椒、辣椒白粉病仅为害叶片,老叶、嫩叶均可染病。病叶正面初生褪绿小黄点,后扩展为边缘不明显的褪绿黄色斑驳。病部背面产生白粉状物,即病菌分生孢子梗及分生孢子。初霉层较稀疏,渐稠密后呈毡状。严重时病斑密布,最终导致全叶变黄。病害流行时,白粉迅速增加,覆满整个叶部,叶柄基部产生离层,大量脱落形成光秆,严重影响产量和品质。其他部位染病,病部表面也产生白粉状霉斑。

9.1.8.2 病原

辣椒白粉病属真菌性病害,是由鞑靼内丝白粉菌(*Leveillula taurica*)侵染所致,属子囊菌亚门真菌。无性阶段称辣椒拟粉孢霉(*Oidiopsis taurica*),属半知菌亚门真菌。菌丝内外兼生;分生孢子梗散生,由气孔伸出,大小为(112~240)μm×(3.2~6.4)μm;分生孢子单生,倒棍棒形或烛焰形,无色透明,大小为(44.8~72.0)μm×(9.6~17.6)μm。

9.1.8.3 侵染循环

病菌可在温室内存活越冬,也可以闭囊壳随病残体于地面上越冬。翌春条件适宜时,病菌产生分生孢子,随气流传播蔓延。分生孢子形成和萌发的适宜温度为15~30℃,侵入和发病的适宜温度为25~28℃。一般25~28℃和稍干燥条件下该病流行。分生孢子的萌发一定要有水滴存在。以后又在病部产生分生孢子,成熟的分生孢子脱落后通过气流传播进行再侵染。近年来随着保护地的发展及长季节栽培辣椒面积的增加,白粉病的发生相当频繁,尤以温室、大棚发生较多。

9.1.8.4 影响发生因素

辣椒白粉病的发生与棚室内温湿度密切相关,温度高、湿度低或空气干燥,有利于病害发生流行。同时,辣椒种植密度过大,生长旺盛,管理不当等都会加快此病扩展。光照充足对该病的扩展有很大抑制作用。

9.1.9 辣椒菌核病

9.1.9.1 症状

苗期染病,茎基部初呈水渍状浅褐色斑,后变棕褐色,迅速绕茎一周,幼苗猝倒,湿度大时长出白色棉絮状菌丝或软腐,但不产生臭味,干燥后呈灰白色,病苗呈立枯状死亡;成株染病,主要发生在距地面5~22cm处茎部或茎分杈处,病斑绕茎一周后向上下扩展，病部出现水渍状淡褐色病斑，湿度大时，表面生有白色棉絮状菌丝体。发病后期，茎部皮层霉烂，髓部解体成碎屑，病茎表面或髓部形成黑色菌核。菌核鼠粪状、圆形或不规则形。干燥时，植株表皮破裂，纤维束外露似麻状，个别出现长4~13cm灰褐色轮纹斑。花、叶、果柄染病也呈水渍状软腐，导致叶片脱落；果实染病，果面先变褐色，呈水渍状腐烂，逐渐向全果扩展，有的先从脐部开始向果蒂扩展至整果腐烂，表面长出白色菌丝体，后形成黑色不规则菌核。

9.1.9.2 病原

辣椒菌核病是由核盘菌（*Sclerotinia sclerotiorum*）侵染所致，属子囊菌亚门真菌。菌核鼠粪状，或圆柱形，或不规则形，大小为（2~4）μm×（3~7）μm，内部白色，外部黑色，萌发时产生子囊盘1~50个，一般4~10个；子囊盘初呈杯状，直径2~8μm，淡黄褐色，盘下具长柄，长短不一。子囊排列在子囊盘表面，内含子囊孢子8个；子囊孢子梭形或圆形，单胞，无色，大小为（8.7~13.6）μm×（4.9~8.1）μm。该菌发育适温为20℃，最高30℃，最低0℃；孢子萌发适温为5~10℃，最高35℃，最低5℃；菌丝的致死温度为55℃下10min，菌核的致死温度为70℃下10min。菌丝喜潮湿，相对湿度高于85%时发育好，湿度低于70%时病菌明显受抑。菌核在干燥土壤中可存活3年以上，在潮湿土壤中则只存活1年。

9.1.9.3 侵染循环

病菌主要以菌核在土壤中或混杂在种子中越夏或越冬，翌年温湿度适宜时，菌核萌发产生子囊盘和子囊孢子，子囊孢子借气流传播到植株上进行初侵染，菌丝从伤口侵入，或其芽管直接穿过寄主失去膨压的表皮细胞间隙，侵入致病。田间的再侵染，主要通过病健株或病健花果的接触，也可通过田间染病杂草与健株接触传染。南方2~4月或10~12月菌核有两次萌发高峰期，北方多在3~5月为菌核萌发高峰期，若3月初辣椒定植在大棚后，棚内土壤中的菌核即萌发，抽出子囊盘，子囊盘成熟后稍遇振动即散出子囊孢子，3月底始见病株，4~5月进入发病高峰，6月以后随气温升高，病情渐趋缓和，但如遇有3天以上的连阴雨，病情又回升，7月下旬至8月上旬辣椒收获时，菌核落入土壤中越夏，如遇适宜寄主，越夏菌核也可在10~12月萌发侵染。越夏或越冬的菌核成为翌年病害初侵染源，成为北方冬春保护地茄科、葫芦科等多种蔬菜的毁灭性病害。

9.1.9.4 影响发生因素

辣椒菌核病的发生与棚室内温湿度密切相关，病原菌在10~30℃均可萌发及生长，而超过30℃时生长受到抑制，这与病害在田间春夏交替易于发病而在高温条件下发病轻的特点相吻合。菌核虽然抗逆能力强，但浸泡45天后即失去萌发能力，可见高温不利于病菌的生长，发病较轻，同时，田间积水可抑制发病。另外，土壤偏碱发病轻，而酸性土壤则有利于辣椒菌核病的发生。在生产上可以通过调节土壤pH控制辣椒菌核病的发生。

9.1.10 辣椒白绢病

辣椒白绢病是一种典型的土传病害，在世界范围内都有发生。在我国南方辣椒种植区发生为害较重，有"南方疫病"之称。近年来，随着设施栽培面积的不断扩大，为白绢病的发生创造了条件，导致发病率逐年上升，为害加重。

9.1.10.1 症状

茎基部和根部被害，初期表现为水浸状褐色斑，然后扩展至绕茎一周，其上长出白色绢丝状菌丝体，集结成束向茎上呈辐射状延伸，顶端整齐，病健部分界明显，病部以上的叶片迅速萎蔫，叶色变黄，最后根茎部褐腐，全株枯死。后期在根茎部生出先白色、后茶褐色菜籽状小菌核，潮湿时病根部产生稀疏白色菌丝体，扩展到根际土表，也产生褐色小菌核。

9.1.10.2 病原

辣椒白绢病是由齐整小核菌（*Sclerotium rolfsii*）侵染所致，属半知菌亚门真菌。有性阶段为 *Athelia rolfsii*，称罗氏阿太菌，属担子菌亚门真菌。具隔膜，小菌核黄褐色圆形或椭圆形。担子无色，单胞，棍棒状。

9.1.10.3 侵染循环

病菌以菌核或菌丝体随病残体在土壤中越冬，或以菌核混在种子中越冬。翌年由越冬病菌长出的菌丝成为初侵染源，从根茎基部直接侵入或从伤口侵入。发病的根茎部产生的菌丝会蔓延至邻近植株，也可借助雨水、农事操作传播蔓延。病菌生长温度为8～40℃，适温28～32℃，最佳空气相对湿度100%。

9.1.10.4 影响发生因素

（1）温湿度与发病的关系

温湿度对辣椒白绢病菌核的萌发和菌丝生长都有显著影响。菌核萌发的最适温度为25～35℃，低于10℃时不萌发，45℃以上高温有抑制或杀死菌核的作用。菌丝在30～35℃生长最快，低于10℃菌丝不生长，10～15℃下菌丝生长缓慢，45℃以上高温对菌丝生长有明显的抑制作用，持续2～3天的高温能控制菌丝生长。相对湿度100%是菌丝生长的最佳湿度。病害发展速度以在较低的土壤含水量（15%）时最快，随土壤含水量增大，病害反而减轻，表明白绢病菌喜高温、高湿。气温低于20℃时，田间不发病；平均气温25～30℃时有利于病害的发生。相对湿度高于85%时有利于病害的发生；低于75%时，病害的发展受到明显抑制。5～6月雨季来临时，土壤湿度大，气温较高，或时晴时雨，有利于病害的发生与蔓延。

（2）连作与发病的关系

辣椒白绢病菌主要以菌核在土壤中越冬，连作地块病害明显比新种植地重。据调查，重茬辣椒地平均病株率为 24.5%，新种植地平均病株率为 10.6%。

（3）地势与发病的关系

通过对不同地形、地势辣椒田白绢病的发生情况调查，地势低洼地平均病株率为 29.8%，地势高的平原地平均病株率为 18.3%，表明地势低洼地发病重。

（4）土质和栽培方式与发病的关系

盆栽试验结果表明，黏土、壤土、砂土的平均病株率分别为 26.1%、15.4%和 8.1%，表明土壤黏重的地块发病相对较重。在调查中还发现，施肥水平高，有机肥和氮、磷、钾配合施用，辣椒生长健壮的田块，发病相对较轻；少施或不施氮、磷、钾肥的田块辣椒长势较差，发病相对较重。另外，不同种植密度的辣椒田调查结果表明，种植过密田块和比较合理田块的平均病株率分别为 18.7%和 8.3%，表明种植密度过大的田块通风透光条件差，发病明显较重。连作重茬辣椒田发病明显重于轮作种植辣椒田。

9.1.11 辣椒软腐病

辣椒软腐病各地都有发生，以夏秋季为害最重，在贮运期间也容易发生，直接影响辣椒的产量和品质。软腐病菌的寄主范围广，能侵染茄科、十字花科蔬菜，对夏辣椒的为害也很严重。

9.1.11.1 症状

该病在辣椒生长期和采后贮藏期均可发生，主要为害辣椒果实。果实染病初呈水渍状，暗绿色，后变暗褐色，后期除果皮外，全部果肉腐烂；汁液外溢，散发出恶臭味并脱落或残留在枝上，逐渐失水而变为白色，仅残留皮层。有时病斑不达全果，病部表皮皱缩，边缘稍凹陷，病健交界处有一不明显的绿缘。

9.1.11.2 病原

辣椒软腐病是由胡萝卜软腐欧文氏菌胡萝卜致病亚种（*Erwinia carotovora* subsp. *carotovora*）侵染所致，属细菌性病害。菌体杆状，周生 2～8 根鞭毛，不产生芽孢，无荚膜，革兰氏染色阴性。生育最适温度为 25～30℃，最高 40℃，最低 2℃，致死温度 50℃经 10min，适宜 pH 为 5.3～9.3，最适 pH 为 7.3。

9.1.11.3 侵染循环

病菌随病残体在土壤中越冬，成为翌年初侵染源。在田间通过灌溉水或雨水飞溅传播，病菌从伤口侵入，染病后病菌又可通过病株、风雨和昆虫传播，进行再侵染，使病害在田间蔓延。

9.1.11.4 影响发生因素

田间低洼易涝，钻蛀性害虫多或连阴雨天气多、湿度大时易流行。6～8 月阴天多雨，天气闷热，病害容易流行。另外，重茬地、排水不良、种植过密时发病较重。

9.1.12　辣椒褐斑病

9.1.12.1　症状

该病主要发生在叶片上，在叶片上形成圆形或近圆形灰褐色病斑，中央有一灰白色小点，四周黑褐色，形似鸟眼。严重时病叶变黄脱落。茎部也可染病，症状相似。

9.1.12.2　病原

辣椒褐斑病是由辣椒尾孢菌（*Cercospora capsici*）侵染所致，属半知菌亚门真菌。分生孢子梗 2～20 根束生，橄榄褐色。尖端色较浅，无分枝，具 1～3 个隔膜，分生孢子无色。

9.1.12.3　侵染循环

病原菌以菌丝体随病株残体在土壤中或以菌丝在病叶上越冬，种子也能带菌越冬，成为翌年初侵染源，借灌溉水、雨水传播。病害常开始于苗床中。

9.1.12.4　影响发生因素

病菌的生长发育适温为 20～25℃，高温高湿持续时间长，有利于该病的发生和蔓延。同时，排水不良，土壤黏重通透性差，植株长势弱的辣椒田发病重。

9.1.13　辣椒立枯病

立枯病又称霉根，是辣椒苗期的主要病害，有时与猝倒病混合发生，成株期也可发病。但此病一般多发于苗期，尤其是幼苗中后期。立枯病除为害辣椒外，还为害番茄、茄子、马铃薯、黄瓜、菜豆、白菜、甘蓝、莴苣、茼蒿等蔬菜。

9.1.13.1　症状

刚出土的幼苗及大苗均能受害，但多发生于育苗中后期。感病幼苗茎基部产生椭圆形暗褐色病斑，早期病苗白天萎蔫，夜晚恢复。以后随着病情发展，病斑逐渐凹陷，扩大后绕茎一周，最后病部收缩干枯，整株死亡。在湿度大时，病部产生淡褐色稀疏丝状体。苗床土壤湿度大时，病害发展迅速，可出现大片死苗。大苗或成株受害，使茎基部呈溃疡状，地上部变黄、衰弱、萎蔫，以至死亡。

9.1.13.2　病原

辣椒立枯病是由立枯丝核菌（*Rhizoctonia solani*）侵染所致，属半知菌亚门真菌。菌丝有隔，初期无色，后期变黄褐色至深褐色，分枝基部稍缢缩，与主菌丝成直角。菌丝成熟后变成一串桶形的细胞，并交织成松散不定形的菌核，浅褐色、棕褐色至暗褐色。

9.1.13.3 侵染循环

病菌以菌丝体或菌核在土壤中或病残体中越冬，腐生性强，在土壤中可存活 2～3 年。在适宜条件下，菌丝直接侵入寄主，也可通过雨水、流水、农具及带菌农家肥传播。病菌对温度要求不严，病菌的适宜生长温度为 24℃，最高温度 40～42℃，最低温度 13～15℃，在 12℃以下或 30℃以上时病菌的生长受到抑制。

9.1.13.4 影响发生因素

温暖多湿、播种过密、间苗不及时、浇水过多，造成通风不良、湿度过高时易诱发病害发生。气温在 20～28℃、地温在 18℃以上时发病最多，忽高忽低的温湿度会加重病情。

9.1.14 辣椒猝倒病

辣椒猝倒病又名绵腐病、卡脖病、小脚瘟，是辣椒苗期的重要病害。除为害辣椒外，还为害番茄、黄瓜、茄子、西瓜、菜豆、甘蓝等，近年来该病有逐年加重的趋势，常常出现整床椒苗枯死，导致有地无苗栽，造成严重的经济损失。

9.1.14.1 症状

辣椒猝倒病多在辣椒育苗的前期发生，幼胚和幼苗均可感染。幼胚感病后，有的因胚茎和子叶腐烂坏死而不能出苗。幼苗受害后，接近地面的茎部先产生水浸状病斑并绕茎扩展，茎缢缩成线状，发生卡脖而倒伏。病情来势猛，从发病到倒苗约 20h，这也就是常常看到的前一天椒苗生长正常，第二天成片死亡的原因。由于苗床中椒苗密度较大，在幼苗倒伏之前不易被人察觉，当发现幼苗倒伏时，已无法挽救。拔起病苗，缢缩的茎基部不变色或稍变为淡黄褐色，子叶仍保持绿色。以后凋萎并变为暗绿色。初发病时，苗床中仅有个别幼苗猝倒，但在苗床内高温高湿的条件下，病苗表面及周围土壤表面长出一层较稀疏的白色絮状物，即猝倒病菌的菌丝体，这些菌丝体迅速侵染周围的幼苗，向四周蔓延，引起成片的幼苗猝倒死亡。

9.1.14.2 病原

辣椒猝倒病是由鞭毛菌亚门腐霉属绵腐菌（*Pythium aphanidermatum*）和疫霉菌（*Phytophthora capsici*）侵染所致，是一种寄生性较弱的真菌。幼苗受害部分长的白色棉絮状霉，就是该菌的菌丝体和孢子囊。

9.1.14.3 侵染循环

病原菌以菌丝体在土壤中的病株残体上以腐生方式越冬，在土壤中可存活 2～3 年，在越冬期间，只要土温不过低仍可继续繁殖。翌春遇到适宜的条件，菌丝上的孢子囊萌发，产生游动孢子，借助雨水和灌溉水的流动传播。使用带菌的土肥或用带菌的农具在无病田进行农事操作也可传病。幼苗发病后，病部不断产生孢子囊，靠雨水传播进行重复侵染。

9.1.14.4 影响发生因素

(1) 低温高湿是发病的关键

病菌的生长要求有较高的湿度，孢子囊的萌发和侵染都需要水分，而床土或育苗基质湿度过大，又会妨碍幼苗根系生长发育而使抗病力降低，发病重。同样，病菌生长最适宜的土壤温度是 15~16℃，30℃以上时生长受到抑制。而辣椒幼苗生长适温是 20~25℃，早春育苗时土温偏低，相对湿度大，则不利于辣椒幼苗的生长发育，而有利于猝倒病菌的侵染为害，常引起猝倒病大量发生。

(2) 辣椒幼苗易感性是发病的内在因素

辣椒幼苗子叶期或真叶尚未完全展开之前属于易感阶段。此时幼苗子叶中的养分已经耗尽，而新根尚未扎实，幼茎尚未木质化，幼苗抗病力差，如遇温度偏低、湿度过大、光照不足、幼苗自身营养消耗大于积累时，土壤中的病原菌则会乘虚而入，引起幼苗发病。

(3) 苗床管理与发病的关系

苗床管理粗放，土壤未消毒杀菌或消毒杀菌不彻底，施用未经腐熟的肥料，播种过密、分间苗不及时，灌水量大，土质黏重冷凉，保温不良，长期覆盖不通风换气及幼苗受冻或徒长或生长瘦弱，都是发病的重要原因。

9.1.15 辣椒叶斑病

辣椒叶斑病过去在我国一般发生较轻，但是 20 世纪 90 年代后有加重发生的趋势，目前已成为辣（甜）椒生产中的重要病害。

9.1.15.1 症状

该病主要为害叶片，发病叶片初期出现黄绿色不规则水渍状斑点，扩大后变为红褐色或深褐色至铁锈色，病斑大小不等，膜质，干燥时多呈红褐色，此病的发生特点是一经侵染，扩展很快。当植株上个别叶片或多数叶片发病时，植株仍可生长，发病严重的大部分叶片脱落。叶斑病病健交界处明显，但不隆起，别于疮痂病。

9.1.15.2 病原

辣椒叶斑病是由假单胞杆菌属细菌甜菜致病变种（*Pseudomonas syringae* pv. *aptata*）侵染引起。细菌大小为（0.8~2.3）μm×（0.5~0.6）μm，具 1~3 根单级或两级生鞭毛。鞭毛长 3.0~10.0μm，菌体短杆状，两端钝圆。革兰氏染色阴性，产生荚膜。病菌发育适温为 25~28℃，最高 35℃，最低 5℃。在金氏 B 培养基上菌落圆形，灰白色凸起，产生水溶性黄绿色荧光色素。对葡萄糖能氧化、不能发酵，不积累聚β-羟基丁酸酯（PHB），不能利用 D-阿拉伯糖。能产生果聚糖，能液化明胶，水解七叶灵，产氨和纤维素酶。不能水解淀粉，无脱氮作用，不产生 H_2S。

9.1.15.3 侵染循环

病菌可在种子及病残体上越冬，在田间借助雨水溅射、灌水、昆虫、农具和农事操作近距离传播，从辣椒叶片伤口处侵入。

9.1.15.4 影响发生因素

高温和叶面长时间有水更有利于病害的发生和发展。植株受侵后，相对湿度85%以上时就能逐渐显症，短时间低温则受抑制，一旦又遇高温，病害可继续发展，因此高温多雨或遇暴风雨时，病害就会加重发生。土壤黏重，耕层浅，排水不良，缺肥或氮肥过多也易发病。辣椒叶片有伤口较易发病。当温湿度适宜时，病株大量出现并迅速蔓延，否则很难找到病株，为非连续性为害。与辣椒、甜菜、白菜等十字花科蔬菜连作地发病重，雨后易见该病扩展。

9.1.16 辣椒叶枯病

9.1.16.1 症状

辣椒叶枯病又称灰斑病。在苗期及成株期均可发生，主要为害叶片，有时为害叶柄及茎。叶片发病初呈散生的褐色小点，迅速扩大后为圆形或不规则形病斑，中间灰白色，边缘暗褐色，直径 2~10mm，病斑中央坏死处常脱落穿孔，病叶易脱落。病害一般由下部向上扩展，病斑越多，落叶越严重，严重时整株叶片脱落成秃枝。

9.1.16.2 病原

辣椒叶枯病是由茄匍柄霉（*Stemphylium solani*）侵染所致，属半知菌亚门真菌。菌丝无色、具隔、分枝；分生孢子梗褐色，具隔，顶端稍膨大，单生或丛生，大小为（30~220）μm×（5~7）μm；分生孢子着生于分生孢子梗顶端，褐色，壁砖状分隔，拟椭圆形，顶端无喙状细胞，中部横隔处稍缢缩，大小为（45~52）μm×（19~23）μm，分生孢子萌发后可产生次生分生孢子。在 PDA 培养基上，菌丝生长温度范围为 4~38℃，最适温度为 24℃。切取 $2mm^2$ 菌丝块移到 PDA 培养基上，置 24℃下培养，24h 后产生直径 13mm 大小的绒毛状白色菌落，48h 后菌落中央部分变为褐色，并开始产生分生孢子，72h 后菌落直径达 38.5mm，菌落背面有褐色素渗入培养基。

9.1.16.3 侵染循环

病菌以菌丝体或分生孢子随病残体在土壤中或以分生孢子黏附在种子上越冬，以分生孢子进行初侵染和再侵染，借气流传播。该病在南方无明显越冬期，全年辗转传播蔓延；在黄河流域4月上中旬叶片上病斑增多，引起苗期落叶，成株期在6月上旬出现中心病株，随着雨水增多，病害迅速发展，6月中下旬进入高峰期，如遇阴雨连绵，造成严重落叶，病菌随风雨在田间传播为害。

9.1.16.4 影响发生因素

施用未腐熟厩肥或用带菌的基质育苗,气温回升后苗床不能及时通风,温湿度过高时,有利于病害发生;田间管理不当,偏施氮肥,植株前期生长过盛,或田间积水等,易发病。

9.1.17 辣椒根腐病

辣椒根腐病是辣椒常见的病害之一,各菜区均有发生,露地栽培、保护地栽培都可发病。春季多雨、梅雨期间多雨的年份发病严重。发病严重时常造成根系腐烂、植株枯死。

9.1.17.1 症状

辣椒根腐病多发生于定植后,起初病株白天枝叶萎蔫,傍晚至次日早晨恢复,反复多日后整株枯死。病株的根颈部及根部皮层呈淡褐色至深褐色腐烂,极易剥离,露出暗色的木质部。病部一般仅局限于根及根颈部。

9.1.17.2 病原

辣椒根腐病是由腐皮镰孢霉[*Fusarium solani*(Mart.)App. et Wollenw]侵染所致,属半知菌亚门真菌。形态特征参见黄瓜根腐病病菌。

9.1.17.3 侵染循环

病菌以厚垣孢子、菌核或菌丝体在土壤中越冬,成为翌年主要初侵染源,病菌从根颈部或根部伤口侵入,通过雨水或灌溉水进行传播和蔓延。

9.1.17.4 影响发生因素

地势低洼、排水不良、田间积水、连作及棚内滴水漏水、植株根部受伤的田块发病严重。春季多雨、梅雨期间多雨的年份发病严重。

9.1.18 辣椒青枯病

辣椒青枯病又名辣椒细菌性枯萎病,是典型的土壤传播的一类细菌性病害,除为害辣椒外,还为害茄子、番茄、马铃薯、烟草、花生等 100 余种植物。

9.1.18.1 症状

一般在成株开花期表现症状,主要为害根部。发病初期自顶部叶片开始萎垂,或个别分枝上的少数叶片萎蔫,后扩展至全株萎蔫,初时白天萎蔫,早、晚可恢复正常,后期不再恢复而枯死,叶片不易脱落。一般从表现症状至全株枯死约 7 天。植株茎基部最先发病,但外部无明显病变,表面粗糙。在潮湿条件时,病茎上常出现水浸状条斑,后变褐色或黑褐色。纵切病茎可见维管束变成褐色。横切病茎,切面呈淡褐色,挤压或保湿后病茎可见有乳白色黏液溢出，别于枯萎病。后期病株茎内中空，病茎基部皮层不易剥离，根系不腐烂。

9.1.18.2　病原

辣椒青枯病是由青枯假单胞杆菌［*Pseudomonas solanacearum*（Smith）Smith］侵染所致，属细菌。病菌形态特征和生理生化见番茄青枯病。

9.1.18.3　侵染循环

病菌主要随病残体在土壤中越冬。翌年春越冬病菌借助雨水、灌溉水传播，从伤口侵入，经过较长时间的潜伏和繁殖，至成株期遇高温高湿条件时向上扩展，在维管束的导管内繁殖，以致堵塞导管或细胞中毒，使水分不能进入茎叶而引起青枯。病菌一经进入维管束，就很难清除，因此，生产上防治青枯病，预防是关键。病菌也可透过导管，进入邻近的薄壁细胞，使茎上出现水浸状不规则病斑。当土壤温度达到20℃时，出现发病中心，25℃时出现发病高峰。久雨或大雨后转晴，气温急剧升高时，病情加重。

9.1.18.4　影响发生因素

土温是发病的重要条件。当土壤温度达到20～25℃、气温30～35℃时，田间易出现发病高峰，尤其大雨或连阴雨后骤晴，气温急剧升高，湿气、热气蒸腾量大，更易促成该病流行。此外，连作重茬地，或缺钾肥，管理不细的低洼排水不良地块，或酸性土壤，均有利于该病的发生。

9.1.19　辣椒白星病

辣椒白星病是辣椒上常见的病害之一，又称斑点病、白斑病。辣椒整个生长期均可发病，受害严重时可造成大量叶片脱落而导致减产。

9.1.19.1　症状

辣椒白星病主要为害叶片，苗期和成株期均可染病。叶片染病，从下部老熟叶片发生，并向上部叶片发展，发病初始产生褪绿色小斑，扩大后病斑呈圆形或近圆形，边缘褐色，稍凸起，病、健部明显，中央白色或灰白色，散生黑色粒状小点，即病菌的分生孢子器。田间湿度低时，病斑易破裂穿孔。发生严重时，常造成叶片干枯脱落，仅剩上部叶片。

9.1.19.2　病原

辣椒白星病是由辣椒叶点霉（*Phyllosticta capsici* Speg.）侵染所致，属半知菌亚门真菌。分生孢子器黑色，近球形，孢子器内生卵圆形、单胞、无色的分生孢子。

9.1.19.3　侵染循环

病菌以分生孢子器随病株残余组织在田间或潜伏在种子上越冬。在环境条件适宜时，分生孢子器吸水后逸出分生孢子，通过雨水反溅或气流传播至寄主植物上，从寄主叶片表皮直接侵入,引起初次侵染。病菌先侵染下部叶片,逐渐向上部叶片发展,经 7~10 天潜育期出现病斑后,在受害的部位产生新生代分生孢子,借风雨传播进行多次再侵染,加重为害。

9.1.19.4 影响发生因素

高温高湿是发病的必要条件。气温 25~28℃、相对湿度大于 85%时,易发病。叶片湿度对该病的发生特别重要,高湿有利于病菌从分生孢子器中涌出,且分生孢子萌发及侵入均需有水滴存在。棚室连作年限长、通风不良时发病较重。栽培上种植过密、通风透光差、植株生长势差的棚室发病重。

9.1.20 辣椒霜霉病

9.1.20.1 症状

辣椒霜霉病主要为害叶片、叶柄及嫩茎。叶片染病,初呈浅绿色不规则形病斑,叶片背面有稀疏的白色霜霉层,病叶变脆并向上卷,后期叶片易脱落。叶柄、嫩茎染病,呈褐色水浸状,病部也出现白色稀疏的霉层。

9.1.20.2 病原

辣椒霜霉病是由辣椒霜霉菌(*Peronospora capsiei*)侵染所致,属鞭毛菌亚门真菌。孢囊梗从气孔伸出,单生或 1~4 枝丛生,无色,长 211~516μm,主干占全长的 1/3~2/3,直径 6.3~9.4μm,基部常稍膨大,顶端叉状分枝 4~8 次,末枝常呈钝角稍弯曲,长 3.0~25.0μm,直径 1.5~3.1μm;孢子囊卵形至椭圆形或圆形至近球形,无色,大小为(9.4~18.8)μm×(9.4~14.1)μm;卵孢子见于叶组织中,黄褐色,球形至近球形,大小为 28~53μm。

9.1.20.3 侵染循环

病菌以卵孢子越冬。潜入期较短,在条件适宜时,只需要 3~5 天即可产生大量游动孢子,借助风雨传播,在生长季节进行反复再侵染,导致病害大流行。

9.1.20.4 影响发生因素

低温高湿是发病的重要条件,棚室内的结露持续时间与病害的发生程度呈正相关,即结露时间越长,辣椒霜霉病发生越重。

9.1.21 辣椒根结线虫病

9.1.21.1 症状

辣椒根结线虫侵染辣椒根系,侧根和须根受害重,侧根和须根上形成大量大小不等、形状不定的瘤状根结(瘿瘤),破坏寄主对营养和水分的吸收能力。后期变成褐色,整个根肿大粗糙,呈不规则形。地上部植株矮小、瘦弱,近底部的叶片极易脱落,上部叶片黄化，类似肥水不足的缺素症状。为害较轻时，植株的地上部分症状不明显。为害较重时，植株的地上部营养不良，植株矮小，叶片变小、变黄，不结实或结实不良，遇干旱则中午萎蔫，早晚恢复。严重受害后，未老先衰，干旱时极易萎蔫枯死，造成绝产。线虫主要通过口针的穿刺作用侵染辣椒，而线虫侵入根尖组织后留下的伤口，又成为辣椒疫病、立枯病和枯萎病等土传性病原菌侵入的通道，进一步加速根系的腐烂，使植株枯死，造成绝收。这种由线虫的侵染而伴随的其他病原物的入侵，往往很少的根结线虫群体就能对寄主造成严重的为害。

9.1.21.2 病原

该病是由根结线虫（*Meloidogyne*）侵染引起，这是一类低等的无脊椎动物，属于动物界线虫门。种类较多，因区域不同而不同。在陕西设施辣椒上发生的根结线虫主要有南方根结线虫（*Meloidogyne incognita*）、爪哇根结线虫（*Meloidogyne javanica*）、北方根结线虫（*Meloidogyne hapla*）和花生根结线虫（*Meloidogyne arenaria*），其中南方根结线虫为优势种。

9.1.21.3 侵染循环

同于番茄根结线虫病。不再叙述。

9.1.21.4 影响发生因素

同于番茄根结线虫病。不再叙述。

9.2 生 理 病 害

9.2.1 辣椒日灼病

9.2.1.1 症状特点

日灼病是强光照射引起的生理病害，主要发生在果实向阳面上。发病初期果实被太阳晒成灰白色或浅白色革质状，病部表面变薄，组织坏死发硬；后期腐生菌侵染，长出灰黑色霉层而腐烂。

9.2.1.2 发生原因

日灼病主要是果实局部受热，灼伤表皮细胞引起，一般叶片遮阴不好，土壤缺水或天气干热过度、雨后暴热，均易引致此病。

9.2.2 辣椒脐腐病

9.2.2.1 症状特点

脐腐病又称顶腐病或蒂腐病，主要为害果实。被害果于花器残余部及其附近初现暗绿色水浸状斑点，后迅速扩大，直径2～3mm，有时可扩到近半个果实。患部组织皱缩，表面凹陷，常伴随弱寄生菌侵染而呈黑褐色或黑色，内部果肉也变黑，但仍较坚实，如遭软腐细菌侵染，引起软腐。

9.2.2.2　发生原因

脐腐在高温干旱条件下易发生，水分供应失常是诱发此病的主要原因。当植株前期土壤水分充足，但在植株进入生长旺盛时水分骤然缺乏，原来供果实的水分被叶片夺取，致使果实突然大量失水，引起组织坏死而形成脐腐；也有研究认为是植株不能从土壤中吸取足够的钙素，致脐部细胞生理紊乱，失去控制水分的能力而发病。此外，土壤中氮肥过多，营养生长旺盛，果实不能及时补充钙也会发病。经测定，若含钙量在0.2%以下时易发病。

9.2.3　辣椒的"三落"

9.2.3.1　症状特点

"三落"是指辣椒生长期间发生的落花、落果、落叶现象。在花柄、果柄、叶柄的基部组织形成离层，辣椒花、果、叶与着生组织自然分离脱落，不是机械或人为的损伤。辣椒"三落"在不同栽培方式、不同栽培茬口都有发生，只是程度不同而已。

9.2.3.2　发生原因

1）温度过高或过低。气温在35℃以上，或者在15℃及以下，地温30℃以上时根系受到损伤，造成花粉发育不良，致使不能正常授粉受精而导致落花落果。

2）水分过多或过于干旱。水分过多时土壤缺氧导致根系生命力下降或者受到损伤，吸收功能减退，或土壤长期缺水干旱，都会造成植株水分供应不协调而引起落花、落果或落叶。

3）光照不足。长期的低温阴雨雾天，或者种植密度过大，株行距配置不合理，造成光照不足，田间郁闭，生长过弱，也会出现落花落果现象。

4）空气湿度过大。在空气湿度过大时，花粉吸水膨胀，不从花药中散出，影响授粉受精，造成落花落果。

5）偏施氮肥过多。在偏施氮肥过多时，植株发生徒长，营养生长过旺，引起坐果不良，发生落花落果。

6）病虫为害。辣椒炭疽病、疮痂病、白星病，以及棉铃虫、烟青虫等为害，都能引起大量落叶、落花和落果。病毒病为害也会导致辣椒大量落叶。

9.2.4　辣椒"虎皮病"

9.2.4.1　症状特点

"虎皮病"就是辣椒生产近收获期或晾干后，椒果表面出现褪色的现象。"虎皮病"

分三种类型：①一侧变白，变白部位边缘不明显，内部不变白或稍带黄色，无霉层，是"虎皮病"主要表现类型，通常占 50%以上；②微红斑果，病果产生褪色斑，斑上稍发红，果内无霉层；③橙黄花斑果，椒果表面呈现斑驳状橙黄色花斑，病斑中有的具有稍变黄色的斑点，其上生黑色污斑，果实内有时可见黑灰色霉层。

9.2.4.2 发生原因

通过对病果病部分离培养和病果诱发试验，结果表明，发生"虎皮病"主要是生理原因，辣椒收获后在室外贮藏时，夜间湿度大或有露水，白天日光强烈，在暴晒下不利于色素的保持，造成褪色。其次是病理原因，是由炭疽病和果腐病菌引起。

9.2.5 辣椒变形果

9.2.5.1 症状特点

变形果即畸形果，如扭曲果、皱缩果、僵果、尖形果等。

9.2.5.2 发生原因

1）受精不完全。辣椒花粉萌发的适温是 20～30℃，高于这一温度时，花粉的发芽率降低，容易产生不正形果。当温度低于 13℃时，不能正常进行受精，出现单性结实，形成僵果。当形成的花是短花柱时，会造成授粉受精不良。

2）肥水不足、果实得到的养分少或不均匀，容易出现变形果。

3）当根系发育不好，或者受到伤害时，辣椒地上部和地下部的平衡被破坏，容易出现先端细小的尖形果。

9.2.6 辣椒沤根

9.2.6.1 症状特点

苗出土或田间定植后，很长时间不长新根，幼根根皮表面呈锈褐色，逐渐腐烂，地上部出现萎蔫，后逐渐干枯死亡，幼苗很容易被提起。

9.2.6.2 发生原因

直接原因是长时间的低温高湿造成的沤根，多发生在早春。早春地温低时，不发根，导致植株吸收不到足够的养分，再加上土壤湿度大，根系进行无氧呼吸，很容易造成根系腐烂。此外，苗床浇水过多，遇上连阴天等是引起辣椒沤根的间接原因。

9.2.7 辣椒高温障碍

9.2.7.1 症状特点

叶片表皮被灼伤，出现黄色至浅黄褐色不规则形病斑，叶缘开始呈现漂白色，后变为黄色，形成永久性萎蔫或干枯。果实受害，出现日灼伤果。

9.2.7.2 发生原因

棚室辣椒栽培时，当白天气温超过35℃或40℃高温持续4h以上时，夜间气温在20℃以上，空气干燥或土壤缺水，未放风或放风不及时，就会造成叶片表皮细胞被灼伤。在此情况下，叶片出现黄色至浅黄褐色不规则形病斑，叶缘开始呈现漂白色，后变为黄色。轻者仅叶缘受伤，重者波及半个叶片或整个叶片，形成永久性萎蔫或干枯。果实受害往往出现日灼伤果。露地栽培时，植株没有封垄，叶片遮盖不好，干旱缺水又遭遇太阳暴晒，也会出现高温障碍。

9.2.8 辣椒生理性卷叶

9.2.8.1 症状特点

发生生理性卷叶时，辣椒叶片纵向上卷，呈筒状，变厚、变脆、变硬。卷叶减少了叶片光合作用面积，对产量有明显影响。

9.2.8.2 发生原因

土壤干旱、空气干燥，过量偏施氮肥，土壤中缺铁、锰等微量元素等，均可引起辣椒生理性卷叶。

9.3 虫　害

9.3.1 蚜虫

蚜虫是辣椒栽培种植中的常发性害虫，发生普遍。常群集于叶背，刺吸叶片汁液，使叶片变黄，造成直接为害。间接为害包括两个方面，其一分泌蜜露，污染叶面，影响光合作用；其二蚜虫作为辣椒病毒病的主要传播媒介，往往间接为害明显大于直接为害。

9.3.1.1 为害特点

成虫、若虫聚集于辣椒幼苗、嫩叶、嫩茎和近地面的叶片上，且多集中于叶片背面、心叶吸取汁液，造成植株严重失水和营养不良；苗期受害则叶片卷缩发黄，并因大量排泄蜜露、脱皮，常导致煤污病，轻则导致植株不能正常生长，重则使植株枯黄而死；花期、果期为害花梗和嫩果基部，可使花梗扭曲、果实畸形，且小而质劣。同时，萝卜蚜、桃蚜除直接取食外，又是辣椒花叶病毒的传播者，引起辣椒病毒病的发生，以至造成严重减产。

9.3.1.2 形态特征

辣椒田蚜虫种类主要包括有萝卜蚜（*Lipaphis erysimi* Kaltenbach）、桃蚜（*Myzus persicae* Sulzer）、棉蚜（*Aphis gossypii* Glover）等。以萝卜蚜、桃蚜发生数量大，为害

重,其形态特征如下。

萝卜蚜 额瘤微隆外倾,中额瘤明显隆起;触角6节;腹管长圆筒形,淡黑色,上具瓦纹,近末端收缢呈瓶颈状;尾片圆锥形,上有横纹,上生曲毛4～6根。无翅孤雌蚜体长2.2～2.4mm,体宽1.2～1.3mm;体卵圆形,体色呈灰绿色、黄绿色或橄榄色,薄披白粉;触角为体长的3/4,第3节无感觉圈,第3～6节上有瓦纹,第6节鞭部长为基部的2倍。有翅孤雌蚜体长2.1～2.2mm,体宽0.19～1.11mm;体长卵形;头胸黑色,腹部黄绿色、绿色,薄披白粉,两侧具黑斑,第1、第2腹节和腹管后各节背面有一明显横纹;触角为体长的3/4,第3节有感觉圈16～26个,第4节有2～6个,第5节有1～4个。

桃蚜 体卵圆形,中额瘤微隆起,显著内倾,触角6节,无翅孤雌蚜和有翅孤雌蚜大小相近,体长2.1～2.6mm,体宽0.9～1.1mm。无翅孤雌蚜体色有绿、淡黄绿、黄绿、紫褐、橘红等,具光泽;触角灰黑色,为体长的4/5,第6节鞭部长为基部的3～5倍;腹管灰绿色,端部黑色,圆筒形向端部渐细,有瓦纹;尾片与体同色,圆锥形,近端部收缩,上生曲毛6～7根。有翅孤雌蚜头胸黑色,腹部淡绿色、橘红色,腹部的横带斑纹和气门片灰黑色至黑色;触角稍短于体长,第6节鞭部长为基部的3～5倍,第3节有感觉圈9～11个,在外缘单行排列,分布于全长;腹管黑色,圆筒形,为体长的2/5;尾片圆锥形,黑色,上生曲毛6根。

棉蚜 体卵圆形,中额隆起、额瘤不显著,触角6节。无翅孤雌蚜体长1.17～2.10mm,体宽0.9～1.1mm;体色变化大,呈黑色、深绿色、蓝黑色、黄绿色或黄色,薄披白粉;触角约为体长的2/3,第1、第2、第6节及第5节端部1/3灰黑色至黑色,第6节鞭部长约为基部的2倍;腹管灰黑色或黑色,长圆筒形,有瓦纹;尾片圆锥形,近中部缢缩,上生曲毛4～5根。有翅孤雌蚜体长1.8～2.1mm,体宽0.6～0.7mm;头胸黑色,腹部深绿色、草绿色及黄色;触角黑色,比体长短,第6节鞭部长为基部的2～5倍,第3节有圆形感觉圈5～8个排成一列;腹管短,仅为体长的1/10;尾片短于腹部一半,有曲毛4～7根。

9.3.1.3 生活史

为害辣椒的蚜虫因种类不同,发生代数为15～25代,但都有有翅型和无翅型变化及孤雌胎生型和两性卵生型变化特点。有的以卵在冬菜的叶柄、根部越冬,有的以无翅胎生雌蚜隐蔽在过冬蔬菜上越冬。越冬卵于翌年3月下旬到4月上旬孵化为干母,孤雌生殖2～3代后,产生有翅蚜,4月中下旬有翅蚜开始迁飞为害。随后繁殖,5～6月进入发生为害高峰,6月下旬以后开始减少。10月下旬产生有翅性母,迁回越冬寄主。在温暖的温室,蚜虫可进行孤雌胎生繁殖,使为害时间延长,为害加重。

9.3.1.4 影响发生因素

(1)温度

辣椒田蚜虫的发生数量与为害程度受温度因子的影响较大。蚜虫发育适温为15～26℃,因此,早春温度低,蚜虫增殖则慢,直到春末夏初,气温在20℃左右的干燥条件下,有翅蚜大量发生，迁移为害。到5~6月繁殖最盛，蚜量猛增，形成为害高峰。但当盛夏气温≥28℃时，蚜虫的生长繁殖明显受到抑制，数量下降。在温室等设施保护条件下，辣椒蚜虫呈现提早发生、拖后结束现象，导致为害期延长。

（2）湿度

湿度是影响辣椒蚜虫种群数量的另一重要因子。蚜虫繁殖为害的适宜相对湿度在70%以下，湿度过大会抑制其种群发展。尤其在夏季暴雨天气，高温高湿对蚜虫的发生十分不利。而春季降雨，一方面会降低温度，减慢蚜虫繁殖速度，另一方面不利于蚜虫有翅蚜的迁飞、转移，也影响种群的发展。

（3）蚜霉菌

蚜霉菌（*Entomophthora fresenii*）是导致蚜虫死亡的一类致病菌，在高温高湿条件下会导致蚜霉菌大流行，从而引起蚜虫大量死亡。

9.3.2 害螨

近年来，随着温室大棚等保护地辣椒栽培面积的扩大，特别是辣椒间作套种栽培，为害螨的发生、繁殖和传播提供了有利条件，导致害螨的发生逐年加重，对辣椒生产构成威胁。

9.3.2.1 为害特点

研究表明，在陕西为害辣椒的害螨有茶黄螨（*Polyphago tarsonemus* Latus）、神泽氏叶螨（*Tetranychus kanzawai* Kishida）和朱砂叶螨（*Tetranychus cinnbarinus* Bois.）3种。其中茶黄螨是近几年新暴发的害虫，属蜱螨目跗线螨科；神泽氏叶螨和朱砂叶螨属蜱螨目叶螨科。

茶黄螨　成螨和幼螨集中在辣椒幼嫩部分刺吸汁液，造成植株畸形。受害叶片背面呈灰褐色或黄褐色，叶片正面叶色变深，叶脉呈"之"字形，叶片边缘向下卷曲变小；受害嫩茎、嫩枝变黄褐色，扭曲畸形，严重者植株顶部干枯；受害的蕾和花，重者不能开花和坐果；果实受害，果柄、果皮变为黄褐色，失去光泽，木栓化。受害严重的植株出现大量落叶、落花、落果现象，造成大幅度减产。另外茶黄螨除刺吸嫩叶汁液外，还传播多种病毒，因此生产上必须引起足够的重视。

神泽氏叶螨　成螨、若螨主要在叶背面栖息为害，叶片受害后常出现褪绿小斑点，发生严重时整个叶片变黄，导致叶片脱落。

朱砂叶螨　成虫、若虫均能刺吸为害辣椒，且群集于叶片背面吸食汁液，植株下部叶片先受害，逐渐向上蔓延，被害叶片呈黄白色斑点，严重时变黄枯焦，直至脱落。

9.3.2.2 形态特征

茶黄螨　雌螨体长约0.21mm，椭圆形，较宽阔，腹部末端平截，淡黄色至橙黄色；表皮薄而透明，因此螨体呈半透明状，体背部有一条纵向白带；足较短，第4对足纤细，其跗节末端有端毛或亚端毛。雄螨体长约 0.19mm，前足体有 3~4 对刚毛，腹面后足体有 4 对刚毛，足较长而粗壮，爪退化为纽扣状；卵椭圆形，无色透明，表面具纵列瘤状突起。

神泽氏叶螨 雌成螨体长 0.52mm，宽 0.31mm。宽椭圆形，红色。须肢端感器柱形，其长为宽的 1.5 倍；背感器小枝状，较端感器短。气门沟末端呈"U"形弯曲。后半体背表皮纹构成菱形图案，具 13 对细长的背毛，毛长于横列间距。雄成螨体长 0.34mm，宽 0.16mm。须肢端感器长约为宽的 2 倍；背感器与端感器近等长。刺状毛稍长于端感器。阳具末端弯向背面形成大端锤，其近侧突起圆钝，远侧突起尖利，背缘近端侧稍有一角度。

朱砂叶螨 成螨体色变化较大，一般呈红色，也有褐绿色等。足 4 对。雌螨体长 0.38~0.48mm，卵圆形。体背两侧有块状或条形深褐色斑纹。斑纹从头胸部开始，一直延伸到腹末后端；有时斑纹分隔成 2 块，其中前一块大些。雄虫略呈菱形，稍小，体长 0.25~0.36mm。腹部瘦小，末端较尖。卵圆形，直径 0.13mm。初产时无色透明，后渐变为橙红色。初孵幼螨体呈近圆形，淡红色，长 0.1~0.2mm，足 3 对。幼螨蜕 1 次皮后为第 1 若螨，比幼螨稍大，略呈椭圆形，体色较深，体侧开始出现较深的斑块。足 4 对，此后雄若螨即老熟，蜕皮变为雄成螨。雌性第 1 若螨蜕皮后成第 2 若螨，体比第 1 若螨大，再次蜕皮才成为雌成螨。

9.3.2.3 生活史

茶黄螨 每年可发生几十代，主要在棚室中的植株上或在土壤中越冬。棚室中全年均有发生，而露地蔬菜则以 6~9 月受害较重。生长迅速，在 18~20℃条件下，7~10 天可发育 1 代；在 28~30℃条件下，4~5 天发生 1 代。单雌产卵量为百余粒，卵散产于辣椒嫩叶背面、幼果凹陷处或幼芽上，经 2~3 天孵化，幼螨期 2~3 天，成螨期 2~3 天。茶黄螨发育繁殖的最适温度为 16~23℃，相对湿度为 80%~90%。成螨活泼，靠爬迁或自然力扩散蔓延，尤其是雄螨，当取食部位变老时，立即向新的幼嫩部位转移。由于这种强烈的趋嫩性，因此有"嫩叶螨"之称。湿度对成螨影响不大，在 40%时仍可正常生活，但卵和幼螨只能在相对湿度 80%以上条件下孵化、发育，因而，温暖高湿有利于茶黄螨的生长与发育。

神泽氏叶螨 在我国北方 1 年发生 10 代左右，以雌成虫在缝隙或杂草丛中越冬。5 月下旬开始发生，夏季是发生盛期，增殖速度很快，冬季在豆科植物、杂草近地面叶片上栖息，全年世代平均天数为 41 天，发育适温为 17~28℃，卵期为 5~10 天，从幼螨发育到成螨需 5~10 天。降雨少，天气干旱的年份易发生。

朱砂叶螨 该虫在陕西等北方地区 1 年发生 12~15 代，以成虫、若虫、卵在寄主的叶片下、土缝中或附近杂草上越冬。温湿度与朱砂叶螨数量的消长关系密切，尤以温度影响最大，当温度在 28℃左右、湿度 35%~55%时，最有利于朱砂叶螨发生，但温度高于 34℃时，朱砂叶螨停止繁殖；低于 20℃时，繁殖受抑。朱砂叶螨有孤雌生殖习性，未受精的卵孵化为雄虫。卵孵化时，卵壳开裂，幼虫爬出，先静伏在叶片上，经蜕皮后进入第 1 龄虫期。幼虫及前期若虫活动少，后期若虫活跃而贪食，有趋嫩的习性，虫体一般从植株下部向上爬,边为害边上迁。

9.3.2.4 影响发生因素

(1) 温度

研究表明,辣椒田害螨在气温达到15℃以上时即开始活动为害,在18~30℃生长繁殖最快。因此,在温室等设施保护条件下,辣椒害螨呈现提早发生、数量较大、为害加重的趋势。

(2) 湿度

害螨喜欢高温低湿的环境条件,在温度适宜、相对湿度为35%~55%时,繁殖最有利。特别是大棚秋延辣椒种植时,一般6~7月采用露地育苗,若这一时期高温少雨,害螨发生较重;反之,若阴雨较多,特别是大风暴雨,则会抑制其发生,减轻为害。

(3) 田间环境

辣椒田周围种植豆类作物或辣椒与豆类作物间作时,有利于害螨发生为害,田间杂草多的辣椒田受害也较重。

9.3.3 粉虱类

温室白粉虱和烟粉虱是设施栽培蔬菜中一类极为普遍的害虫,几乎为害所有蔬菜,辣椒种植也不例外。

9.3.3.1 为害特点

两种粉虱均以成虫和若虫群集在辣椒叶片背面,刺吸汁液,成虫善飞,常集中在植株中上部嫩叶背面取食,特别是成虫、若虫能排泄蜜露,使植株易感染煤污病,直接影响植物的光合作用和生长发育。若虫集中在植株中下部老叶背部固定取食。发生严重时,影响植株生长,污染辣椒产品,降低商品率,被害叶片褪绿黄化,甚至枯死。

9.3.3.2 形态特征

见番茄害虫——温室白粉虱、烟粉虱。

9.3.3.3 生活史

在陕西等北方温室条件下,温室白粉虱每年可发生10~12代。4~6月和8~9月出现2个为害高峰,以各虫态进入温室、大棚越冬并繁殖为害。翌年春,即4月中下旬当日平均气温稳定在10℃以上时,其越冬成虫可以通过通风口、门窗逐渐外迁至阳畦和露地蔬菜上;5月下旬至6月中旬,当日平均气温在18℃以上时,该虫的繁殖速度逐渐加快,虫口密度迅速上升;7~8月繁殖速度进一步加快,大量繁殖,8月下旬进入成虫高峰期,8~9月为害严重,9月下旬以后,日平均气温降至18℃以下时,各虫态的密度逐日下降,部分成虫迁回棚室。冬季温室蔬菜上的温室白粉虱,是春季塑料棚和露地蔬菜的虫源。

烟粉虱在陕西等北方日光温室内 1 年可发生 10~12 代，以各虫态在温室、大中棚内越冬，在温室内冬季可继续为害。若虫孵化后 3 天内在叶背可做短距离游走，当口器插入叶组织后就失去了爬行的能力，开始营固着生活。其繁殖的适温为 18~21℃，在温室生产条件下，约 1 个月完成 1 代。冬季温室作物上的烟粉虱，是露地春季蔬菜上的虫源，通过温室通风口或菜苗向露地移植而使烟粉虱迁入露地，因此，烟粉虱的蔓延，人为因素起着重要作用。烟粉虱的种群数量，由春至秋持续发展，夏季的高温多雨对其抑制作用不明显，到秋季数量达到高峰，集中为害辣椒等茄果类蔬菜。在北方由于温室与露地蔬菜生产紧密衔接和相互交替，因此烟粉虱周年发生。

9.3.3.4 影响发生因素

影响辣椒田粉虱发生为害的因素有很多，其自身繁殖能力强、抗药性导致为害猖獗、设施栽培条件下天敌不能有效控制等有利于种群发生。同时设施栽培面积的不断扩大、寄主多样性及对温湿度适应性强等，也是粉虱发生为害加重的主要影响因素。见番茄篇。

9.3.4 棉铃虫与烟青虫

棉铃虫（*Heliothis armigera* Hvbner）俗名钻心虫，是一种世界性害虫。烟青虫（*Heliothis assulta* Guenee）又名烟草夜蛾，与棉铃虫同属鳞翅目夜蛾科，食性极杂，国内普遍发生。近年来棉铃虫在棉花、蔬菜等作物上发生的数量增大，为害加重，加之保护地蔬菜栽培的迅速发展，为害虫提供了良好的食料和产卵繁衍的环境条件，其发生为害的趋势越来越重。棉铃虫为害番茄、茄子、辣椒、瓜类、甘蓝；烟青虫为害辣椒、南瓜、豆类、甘蓝等。在对辣椒蛀食上，烟青虫比棉铃虫更嗜好、更严重。据在渭南棚室辣椒调查，烟青虫和棉铃虫为害辣椒，其虫蛀果率平均为 6.8%，有时可高达 23.0%，为害十分严重。

9.3.4.1 为害特点

棉铃虫与烟青虫为辣椒中后期主要害虫，两者混合发生，为害特点相似，均以幼虫蛀食辣椒花、蕾、果为主，也可为害幼嫩茎、叶和幼芽。花蕾受害时，苞叶张开，变成黄绿色，2~3 天后脱落。辣椒果实常被啃食果肉和胎座，残留表皮，留下大量粪便，然后换果继续取食，成果虽然只被蛀食部分果肉，但因蛀孔在蒂部，便于雨水、病菌流入引起腐烂，被害果实失去商品价值，降低了椒果的产量和品质，一般减产在 10% 以上。严重时折茎和蛀果率可达 20%~30%。区别是，烟青虫为害辣椒，在番茄上可产卵，但不易存活；棉铃虫为害番茄，有拒绝在辣椒上产卵的习性。烟青虫幼虫 1~2 龄取食嫩叶，3 龄才蛀果为害，也有转果的习性，一生可为害 3~5 个果实，被害辣椒果实腐烂。

9.3.4.2 形态特征

棉铃虫和烟青虫是同属的近似种，形态及色泽很相似，较难识别，其主要区别如下。

成虫：棉铃虫体长 14~18mm，翅展 30~38mm。复眼球形绿色。背及前翅雌虫红褐色，雄虫灰绿色。前翅斑纹模糊，中横线由肾形斑下斜至翅后缘，末端达环形斑中部的正下方。外横线很斜，末端达肾形斑中部下方。亚缘线锯齿较均匀，与外缘近于平行，外缘7个小黑点有白色基底，外围稍大。后翅灰白色，脉黑色透明，沿外缘有黑褐色宽带，在宽带中央有两个相连的灰白色斑不靠边缘，中间为褐色隔开。烟青虫体稍小，复眼黑色。雌雄虫身体背面及前翅为棕黄色到黄褐色。前翅斑纹清晰，中横线略斜至翅后缘，末端不达环形斑下方，外横线较直，仅达肾形斑边缘，亚缘线锯齿参差不齐，下端更为突出，可与外缘线相接，外横线外方有1条褐色宽带，沿外缘7个小黑点无明显白色基底。后翅黄褐色，翅脉与后翅颜色差异不明显，近外缘有一黑褐色带较窄，中央两个灰白色斑靠近外缘不明显，与缘毛相接。

卵：棉铃虫卵半球形，高大于宽，卵壳上纵棱达底部，具纵横网络。烟青虫卵半球形稍扁，高小于宽，纵棱不到底部，不分岔，一长一短呈双序式。

幼虫：棉铃虫老熟幼虫体长40~50mm，背线一般有2条或4条，气门上线（体两侧）可分为不连续的3~4条，体表布满长而尖的小刺，明显较粗糙。烟青虫老熟幼虫体长31~41mm，背线较透明，两根前胸侧毛的连线远离前胸气门下端，体表小刺较短。

蛹：棉铃虫蛹长17~21mm，黄褐色，气门较大，气孔高而突起。烟青虫蛹长17~20mm，黄褐色或黄绿色，蛹体前端粗短，气门小而低，很少突起。

9.3.4.3 生活史

棉铃虫：发生世代因南北气候差异有很大不同。在陕西关中地区1年发生4代，以蛹在寄主根际附近土壤中越冬，翌年当气温20℃时，羽化为成虫。第1代幼虫发生期在4月下旬至6月上旬，数量较小，主要为害阳畦和改良地膜覆盖等提早栽培、长势旺盛的番茄、辣椒，同时为害小麦及春玉米等粮食作物。第2代发生期在6月中旬至7月上旬，这时正是番茄、辣椒开花结果盛期，发生量较大，是主要为害世代。一般露地番茄、辣椒虫蛀果率为5%~10%，严重时可达20%~30%。第3代发生期在7月下旬至8月中旬，集中为害棉花、辣椒、番茄。第4代发生期在8月下旬至9月中旬，数量较小，主要集中为害秋大棚辣椒、番茄，还为害玉米、棉花等作物。有明显的世代重叠现象。老熟幼虫一般9月底、10月初入土化蛹越冬。棉铃虫成虫昼伏夜出，以傍晚活动最盛，具趋光、趋化性，对黑光灯和杨树枝叶趋性最强。成虫选择在生长茂盛、现蕾开花早的植株上产卵，卵散产，且多产在植株顶尖、嫩梢、叶、茎上，具有明显的择嫩性，多分布在植株顶端嫩尖及花序上。研究表明，2代幼虫在辣椒嫩叶正面的产卵量占总产卵量的51.4%，在嫩叶背面的产卵量占总产卵量的31.8%；3代幼虫在辣椒嫩叶正面的产卵量占总产卵量的12.9%，在嫩叶背面的产卵量占总产卵量的71.3%。初孵幼虫先食卵壳，然后取食附近嫩叶、嫩梢。2~3龄幼虫有吐丝下垂转株为害的习性，一头幼虫可为害3~5个辣椒角果。

烟青虫年发生代数各地也很不一致。在陕西关中，1年也可发生4代，发生期与棉铃虫基本一致，稍有推迟。以老熟幼虫入土化蛹，在土壤中做成土室化蛹越冬。烟青虫为害辣椒，卵多产于辣椒的中部叶片正反面叶脉处，以后各代的卵多产于蕾、萼片及幼叶上，部分卵产于幼果上，2龄幼虫开始钻蛀青果、取食胎座及果肉，果内残留虫粪，被害果在干旱时干瘪显白条，遇雨时腐烂脱落。一般每头幼虫可为害5~8个辣椒角果。

1 代为害早熟辣椒，2 代、3 代为害中、晚熟辣椒，造成的损失均较重。

9.3.4.4 影响发生因素

棉铃虫和烟青虫均属喜温喜湿性害虫，其发生与气候、栽培条件及天敌因素息息相关。凡辣椒地植株生长茂密、温湿度适宜时，两虫必定发生严重，一般雨水多的年份不利于其发生，干旱的年份则有利于其发生。两虫的天敌有赤眼蜂、唇齿姬蜂、蜘蛛、瓢虫及草蛉等。天敌对两虫发生数量有一定控制作用，应注意保护利用。另外，虫口基数是发生为害的基础。若露地棉花、棚室春番茄及辣椒面积大，则秋棚室辣椒上虫源多，发生为害重；如果秋棚室周围杨树等植物较多，可招引大量虫源，则辣椒受害更重。

9.4 辣椒病虫害绿色防控技术体系

设施栽培辣椒，周年种植、品种繁多、栽培模式多样，生产条件和管理方式各不相同，病虫害发生为害的情况也有所不同。因此，应紧密结合生产实际，贯彻绿色植保的理念，制定科学有效的辣椒病虫害防治计划，有效控制病虫的为害。

9.4.1 辣椒苗期

在辣椒幼苗期，有些病害严重影响出苗或小苗的正常生长，如猝倒病、炭疽病、灰霉病、疫病等；也有一些病害是通过种子传播的，如菌核病、枯萎病等；另外，如病毒病等也可以在苗期发生，有时也有一些害虫为害。因此，播种期、幼苗期是防治病虫害、培育壮苗、保证生产的一个重要时期。

9.4.1.1 选用抗病虫辣椒优良品种

依据不同种植模式，因地制宜地选用抗逆性强、丰产的辣椒优良品种。例如，冬春季栽培宜选择品种为中椒 5 号、中椒 6 号、中椒 11 号、湘研 3 号、湘研 13 号、福椒 5 号、中椒 2 号等；秋延后栽培则以新丰 4 号、新尖椒 1 号、湘研 11 号、津绿 21 号、津绿 22 号为宜；调味椒应种植 8819、丰力一号、湘辣 1 号、湘辣 9502 等辣椒品种。

9.4.1.2 培育无病壮苗

（1）育苗技术

辣椒多数是育苗移栽，可选用常规育苗和营养钵育苗或穴盘育苗。最好在棚室中育苗，高温季节育苗时应加盖防虫网，以防蚜虫、粉虱类害虫的侵入为害。高温季节育苗，在有根结线虫病史的地区，最好采用无土基质育苗，因此期是根结线虫高发时期。

（2）种子消毒

辣椒种子可携带多种病原菌，对种子进行严格消毒处理，可杜绝病原传播为害。方法是：播种前，先将种子晾晒 2～3 天，然后放入 15～20℃清水中浸 15～20min，除去秕子，再浸 4h 捞出，晾干表皮水分，用 1%硫酸铜溶液浸种 15min，杀灭病原真菌及细菌,清洗后再移入10%磷酸三钠溶液浸种20～30min钝化种带病毒,捞出后反复冲洗5～6次,催芽播种。也可以用70%甲基硫菌灵可湿性粉剂或用50%多菌灵可湿性粉剂+72%霜脲·锰锌可湿性粉剂按种子质量的0.3%拌种,摊开晾干后催芽播种,对苗期猝倒病效果较好。

（3）苗床土消毒

常规育苗,可以结合建床,进行土壤药剂处理。播种前用70%甲基硫菌灵可湿性粉剂或50%多菌灵可湿性粉剂处理土壤,方法是：按每立方米用药250g,掺细土拌均匀。2/3铺床面,1/3覆盖种子上。待辣椒出苗后,每隔10天左右撒施少量药土,可有效控制苗期立枯病、猝倒病等,保障辣椒幼苗生长健壮。

对于经常发生地下害虫、线虫病的苗床、田块,每平方米可用1.8%阿维菌素乳油1ml,稀释2000～3000倍后,用喷雾器喷雾,然后用钉耙混土；或用10%噻唑膦颗粒剂1.5～2.0kg/亩处理土壤。可与70%甲基硫菌灵可湿性粉剂或50%多菌灵可湿性粉剂一同施用。也可用98%棉隆微粒剂3～5kg/亩处理土壤。

营养钵育苗或穴盘育苗,可以每立方米营养土用福尔马林200～300ml加清水30L均匀喷洒到营养土上,然后堆积并用塑料薄膜覆盖,堆闷2～3天,可充分杀灭病菌,然后撤下薄膜,摊开营养土,经过2～3周晾晒,以备育苗使用。也可在每立方米营养土中加入50%多菌灵可湿性粉剂200g+40%五氯硝基苯可湿性粉剂250g+25%甲霜灵可湿性粉剂300～400g处理土壤,可有效控制辣椒苗期猝倒病、立枯病等苗期病害。

（4）加强苗床管理

育苗苗床内温度应控制在20～30℃,地温保持在16℃以上,早春茬辣椒育苗,育苗期正值寒冷季节,选择新膜增强透光性,避免使用旧膜,以免光照过弱导致幼苗生长瘦弱。并注意提高地温,适时通风,降低棚室内的湿度。出苗后一般不需要浇水,必须浇水时应选择晴天洒水,切忌大水漫灌。发病初期可拔除病株,中午揭开覆盖物后立即将干草木灰与细土混合撒入,控制病害流行。越冬茬和秋延茬辣椒育苗在夏季高温季节,应加盖防虫网,防治蚜虫、粉虱、斑潜蝇等的侵入为害,预防病毒病的发生。同时,注意降温控湿,预防辣椒苗徒长。

（5）适时炼苗

秧苗锻炼在定植前5～7天进行,早春茬育苗主要通过温度调控进行炼苗,苗床温度在不低于7～8℃时,即可将塑料膜揭开,扩大昼夜温差,增加养分积累,提高抗逆性,培育壮苗。但温度的降低应逐步加强,不可突然降低过多,以免造成辣椒苗冻害。越冬茬和秋延茬育苗正值高温季节,秧苗往往生长过快,造成徒长,可通过适当控水,阻止幼苗过旺生长,实现培育壮苗的目标。

（6）壮苗标准

日历苗龄,冬春季节为100～110天,夏秋季为60～70天。生理苗龄,株高18～20cm,叶片肥厚,叶色浓绿,9～10片叶,茎粗0.4～0.5cm,带蕾,无病虫为害。

9.4.1.3 辣椒苗期用药组合

播种前做好土壤处理，防治根结线虫、猝倒病等土传病害。辣椒出苗后至 1 叶 1 心前，重点喷药预防猝倒病，并考虑防治立枯病、疫病等病害，田间如有发病应及时喷药防治，注意治疗剂和保护剂合理混用。幼苗 2～7 叶期，应注意防治疫病、病毒病、蚜虫、粉虱、斑潜蝇。其用药组合方案见表 9-7。

表 9-7　辣椒苗期用药组合方案

防治对象	用药组合	用药方式	兼治对象	备注
猝倒病+立枯病+根结线虫	①1.8%阿维菌素乳油+10%噻唑膦颗粒剂+70%敌磺钠可溶性粉剂 ②10%噻唑膦颗粒剂+70%五氯硝基苯可湿性粉剂+50%福美双可湿性粉剂 ③25%甲霜灵可湿性粉剂+50%多菌灵可湿性粉剂+10%噻唑膦颗粒剂	苗床土处理	疫病地下害虫	猝倒病属典型土传病害，在子叶期最易发病，从发病到倒苗仅需 12h，做好土壤处理是控制该病流行的关键。在没有进行药剂处理土壤情况下采用
猝倒病	①95%恶霉灵精品+80%多·福·福锌可湿性粉剂 ②70%甲基硫菌灵可湿性粉剂+3%恶霉·甲霜水剂 ③25%甲霜灵可湿性粉剂+50%福美双可湿性粉剂 ④2.5%咯菌腈悬浮剂+35%甲霜灵拌种剂 ⑤50%多菌灵可湿性粉剂+72%霜脲·锰锌可湿性粉剂	药剂拌种	立枯病疫病	药剂拌种，按种子质量的 0.3%拌种，摊开晾干后播种
	①50%克菌丹可湿性粉剂 ②50%多菌灵可湿性粉剂 ③70%甲基硫菌灵可湿性粉剂 ④25%甲霜灵可湿性粉剂+50%福美双可湿性粉剂	浸种处理	立枯病疫病	通过浸种 20～30min，可有效地杀灭种子表面的病菌
猝倒病+病毒病	50%多菌灵可湿性粉剂+72%霜脲·锰锌可湿性粉剂+10%磷酸三钠溶液	浸种处理	立枯病	对苗期猝倒病、病毒病效果较好
猝倒病+立枯病	①72%霜脲·锰锌可湿性粉剂+50%腐霉利可湿性粉剂 ②69%烯酰·锰锌可湿性粉剂+50%苯菌灵可湿性粉剂 ③53%甲霜·锰锌水分散剂 ④25%嘧菌脂胶悬剂 ⑤50%醚菌酯水分散剂 ⑥50%氟啶胺悬浮剂 ⑦70%恶霉灵可湿性粉剂+68.75%恶唑菌酮·锰锌水分散粒剂	喷雾	疫病	辣椒出苗后至 1 叶 1 心前，视病情隔 7～10 天喷淋苗床 1 次，与喷雾防治相结合。注意用药剂喷淋后，等苗上药液干后，再撒些草木灰或细干土，降湿保温
猝倒病+立枯病+疫病	①72.2%霜霉威水剂+50%腐霉利可湿性粉剂+70%代森锰锌可湿性粉剂 ②70%恶霉灵可湿性粉剂+69%烯酰·锰锌可湿性粉剂+70%甲基硫菌灵可湿性粉剂 ③3%恶霉·甲霜水剂+68.75%恶唑菌酮·锰锌水分散粒剂	喷雾	其他苗期病害	辣椒出苗后，经常发生猝倒病、立枯病、疫病等病害，苗床一旦发现病苗，要及时拔除，然后喷施杀菌剂及时防治
疫病+粉虱	①4%嘧肽霉素水剂+3.3%阿维·联苯菊乳油+黄腐酸盐 ②20%盐酸吗啉胍可湿性粉剂+1.8%阿维菌素乳油+0.2%磷酸二氢钾 ③30%醚菌酯悬浮剂+7.5%菌毒·吗啉胍水剂+10%吡虫啉可湿性粉剂 ④78%代森锰锌可湿性粉剂 600 倍液+5%菌毒清水剂+3%啶虫脒水剂	喷雾	蚜虫斑潜蝇病毒病	幼苗 2～7 叶期，应注意防治疫病、病毒病、蚜虫、粉虱、美洲斑潜蝇。早春茬辣椒育苗期粉虱一般不发生或发生很轻，不作为防治对象，秋延茬和越冬茬育苗期粉虱是主要防治对象，对粉虱防治一定要防早、防少，在早晨露水未干时喷雾防治
粉虱	①15%敌敌畏烟剂 ②20%异丙威烟剂	熏蒸	斑潜蝇蚜虫	
粉虱+病毒病	①25%噻虫嗪水分散粒油+1.5%植病灵乳剂 ②1.8%阿维菌素乳油+0.5%氨基寡糖素水剂	喷雾	蚜虫	

9.4.2 辣椒定植期

9.4.2.1 选择土壤

辣椒最忌连作。因此，无论是苗床还是田间，都应选择 3 年未种植辣椒、茄子、番茄等茄科及瓜类作物的棚室土壤，且最好是非黏性、能灌能排的有机质含量较高的肥沃棚室土壤。

9.4.2.2 设置防虫网

盖棚膜前 5~7 天，先在通风口、出入口等位置架设 40~50 目防虫网，然后盖棚膜。防虫网可以阻隔蚜虫、粉虱、斑潜蝇等害虫入室，降低虫口基数。

9.4.2.3 棚室消毒

移植前半个月，选晴天全封闭高温闷棚 5~7 天，结合使用敌敌畏及百菌清烟剂熏蒸，可杀死大部分病菌及虫源，降低病虫发生基数。也可以利用设施生产棚室相对密闭的特殊环境条件，进行棚室臭氧消毒处理，方法见番茄篇。

9.4.2.4 高温闷棚

对大中小塑料拱棚栽培辣椒，于定植前半个月提前扣棚，封闭通风口升温至 50~60℃，高温闷棚 5~7 天。

9.4.2.5 配方施肥

定植前每亩施腐熟有机肥 10 000~15 000kg（新建棚室生产按高限施入），磷酸二铵 50kg，硫酸钾 40kg，硼砂、硫酸锌、硅酸钾各 1.0~1.5kg，深翻土壤 40~50cm。

9.4.2.6 控湿防病

实行双垄栽培，地膜全程覆盖，膜下灌溉或滴灌、渗灌。改善辣椒根部环境，减轻病害发生，促进壮苗早发。

9.4.3 辣椒结果前期

辣椒定植缓苗后到开花结果期，植株生长旺盛，多种病害开始侵染，部分害虫开始发生，该期是喷药保护、预防病虫的关键时期，也是使用植物激素、微肥调控生长，以及保证辣椒优质与丰产的最佳时期。这一时期经常发生的病害有病毒病、疫病、根腐病、青枯病、灰霉病、炭疽病、白粉病、叶斑病、青枯病等，虫害有蚜虫、粉虱、害螨等，生产上需要多种措施结合，控制病虫发生为害。

9.4.3.1 健身防治

（1）合理灌溉

辣椒根细脆弱，不耐水渍，要求土壤疏松通气。地上部要求通风透光，湿度低。要求严格控水灌溉，实行小水畦灌、沟灌，切忌大水漫灌、串灌。每次灌水量不大于 $10m^3$/亩，并使辣椒地易排水、易灌水,且不能泡水时间太久,以防烂根死苗。

(2) 张挂反光幕

日光温室辣椒冬季低温来临前,在温室靠北墙张挂高 1.5~2.0m 的镀锌膜反光幕,提高棚室温度。

(3) 中耕

操作行由于人员经常走动进行农事操作,土壤板结,通透性差,不利于辣椒根系的发育。因此,每隔 15 天左右应中耕 1 次,中耕深度为 15~20cm,可改善辣椒根系生长环境,促使辣椒生长健壮,中耕时间宜在灌水后合墒进行,切忌中耕后立即灌水。

9.4.3.2 黄板诱杀

黄板诱杀技术是防治辣椒蚜虫、粉虱、斑潜蝇等害虫很好的物理防控方法之一。在害虫发生期张挂黄板,外套透明塑料膜涂机油或粘虫胶诱杀成虫。黄板大小为 30cm×40cm 左右,每 8~10m^2 挂一块,悬挂高度以高出辣椒生长点 5cm 为宜。该技术不仅能监测蚜虫、粉虱等害虫的种群发生动态,有效降低虫口数量,减少繁殖代数,还可减轻蚜虫传播病毒病的发生。该技术具有对环境和农产品无污染、保护天敌、使用方便、防效好、可降解、省工省料、减少劳动力用工、不会造成农药残留等优点,是一种高效环保的虫害防治方法,应在辣椒主产区广泛推广应用。

9.4.3.3 结果前期用药组合(表 9-8)

表 9-8 辣椒结果前期用药组合方案

防治对象	用药组合	用药方式	兼治对象	备注
病毒病+疫病	①25%琥铜·吗啉胍可湿性粉剂+66.8%丙森·异丙菌胺可湿性粉剂 ②1.8%复硝酚钠水剂+25%甲霜灵可湿性粉剂 ③20%病毒A可湿性粉剂+70%乙磷铝锰锌可湿性粉剂 ④1.5%植病灵乳剂+72.2%霜霉威水剂	喷雾	根腐病 青枯病 炭疽病	发现病株后及时防治,交替使用,一般每 7 天喷 1 次,连续喷 2~3 次
炭疽病+叶斑病	①70%甲基硫菌灵可湿性粉剂+72%农用硫酸链霉可湿性粉剂 ②75%百菌灵可湿性粉剂+50%琥胶肥酸铜可湿性粉剂 ③25%甲霜灵可湿性粉剂+72.2%霜霉威水剂	喷雾	白粉病 灰霉病	炭疽病是一种流行性极强的气传病害。在灌水后或雨天过后发现病株及时防治,交替使用,一般 6~7 天喷 1 次,连续喷 2~3 次
蚜虫+粉虱	①10%吡虫啉可湿性粉剂 ②25%噻虫嗪水分散粒剂 ③70%吡蚜酮水分散粒剂 ④10%啶虫脒水分散粒剂	喷雾	害螨	虫害发生较少时,可采用持效期较长的药剂。虫量较大时可施用速效性药剂,每 5~7 天喷 1 次
粉虱	①15%敌敌畏烟剂 ②20%异丙威烟剂	熏蒸	斑潜蝇 蚜虫	
粉虱+病毒病	①25%噻虫嗪水分散粒剂+1.5%植病灵乳剂 ②1.8%阿维菌素乳油+0.5%氨基寡糖素水剂	喷雾	蚜虫	
病毒病	①高锰酸钾+1%过磷酸钙浸出液 ②5%的黄豆粉或皂角粉 ③20%病毒A可湿性粉剂+1.5%植病灵乳剂+3.85%病毒必克可湿性粉剂			发病初期喷施,钝化病毒,提高抗病性。发病期每隔 10~15 天喷施 1 次

9.4.4 辣椒结果期

辣椒进入开花结果期,由营养生长为主转向生殖生长并进时期,植株营养生长变弱,许多病虫开始流行,如炭疽病、灰霉病、菌核病、疫病、疮痂病、病毒病,以及棉铃虫、烟青虫、粉虱类、茶黄螨等病虫时常发生,生产上应加强监测,合理使用多种类型农药进行防治。

9.4.4.1 平衡追肥

辣椒生育期长,能多次开花结果,需磷、钾肥较多,要求氮、磷、钾肥合理搭配,供肥持久,以保证辣椒前期不疯长,植株健壮,抗逆性强;后期抗病不早衰,生长茂盛产量高。当门椒长到3mm左右时,每亩追施尿素10kg,硫酸钾10kg;盛果期每亩追施尿素15kg,磷酸二铵20kg,硫酸钾15kg。

9.4.4.2 中耕

辣椒结果期每隔15天左右中耕1次,中耕深度为结果前期15~20cm,结果后期10~15cm,该方法可改善辣椒根系的生长环境,有效防止辣椒早衰。

9.4.4.3 清除病菌虫源

这一时期应及时清除病虫果及病叶、病株,集中销毁,减少炭疽病、疫病等病菌传染源,控制为害。

9.4.4.4 结果期用药组合(表9-9)

表9-9 辣椒结果期用药组合方案

防治对象	用药组合	用药方式	兼治对象	备注
青枯病+根腐病	①1.05%氮苷·硫酸铜水剂+80%多·福·福锌可湿性粉剂+20%枯叶灵可湿性粉剂 ②0.5%聚烯糖酸剂+30%琥胶肥酸铜悬浮液 ③7.5%菌毒·吗啉弧水剂+1.5%植病灵乳剂+45%代森铵水剂	喷雾 灌根	病毒病 枯萎病	灌根首次用药应提前,每株灌兑好的药液300~500ml
灰霉病+菌核病	①50%腐霉利可湿性粉剂+70%代森锰锌可湿性粉剂 ②50%腐霉·百菌清可湿性粉剂+50%异菌脲悬浮剂 ③68.75%恶唑菌酮·锰锌水剂+45%噻菌灵悬浮剂	喷雾	白绢病 疫病	发现病株后及时防治,交替使用,一般每5~10天喷1次,视病情连续喷2~3次
疫病	①68.75%霜菌威盐酸盐·氟吡菌胺悬浮剂 ②20%唑菌酯悬浮剂+50%福美双可湿性粉剂 ③72.2%霜霉威盐酸盐水剂+10%氰霜唑悬浮剂 ④60%氟吗锰锌可湿性粉剂 ⑤66.8%丙森·异丙菌胺可湿性粉剂	喷雾	炭疽病 褐斑病 根腐病	视病情每隔5~7天喷1次,重点喷果及枝干
粉虱	①15%敌敌畏烟剂 ②20%异丙威烟剂	熏蒸	斑潜蝇	
	①25%噻虫嗪水分散粒剂 ②1.8%阿维菌素乳油 ③10%啶虫脒水分散粒剂	喷雾		

9.4.5 休闲期

9.4.5.1 清洁棚室

收获结束后,应及时清除残枝烂叶,并集中进行无害化处理。

9.4.5.2 垄沟式太阳能土壤热力处理

在前茬作物拉秧清田后到定植前(6月下旬至8月中旬),选择连续晴天,在温室内南北向开挖深60cm、宽50cm相间的垄沟,并在垄面上覆盖地膜,然后闭棚升温使棚温达到55~60℃,持续7~10天,再将沟垄倒翻重复1次。

第 10 章 西 葫 芦

西葫芦又称荛瓜、白瓜或番瓜，属于葫芦科草本植物，原产于北美洲南部，中国于19世纪中叶开始从欧洲引入栽培，世界各地均有分布，是我国北方农民喜欢食用的瓜类蔬菜之一。西葫芦含有较多维生素C、葡萄糖等营养物质，具有除烦止渴、润肺止咳、清热利尿、消肿散结的功效。近年来，由于西葫芦在设施内重茬、连坐，病虫发生危害日趋严重，主要病害有病毒病、白粉病、霜霉病、灰霉病等；主要虫害有蚜虫、叶螨、粉虱等，严重影响了西葫芦的产量和品质。

10.1 病原病害

10.1.1 西葫芦病毒病

西葫芦以嫩果供食，营养丰富，上市早，已成为北方地区棚室的主栽品种，尤其是越冬茬西葫芦栽培技术简单、产量高、效益好。近年来栽培面积呈现快速增加的趋势，然而西葫芦生产也经常受到西葫芦病毒病的为害。其中，病毒病是西葫芦生产中常见的病害，一般发病率为 50%～60%，高者达 90%～100%。在该病的防治方法上，多数农民忽视了发病前的预防措施，等到田间发现病株后再进行药剂防治，防治效果较差。

10.1.1.1 症状

幼苗和成株均可发病，主要表现在叶片和瓜条上。茎上出现明显的褐化坏死条带，茎叶失去正常排列，并伴随有矮化、黄化、褐化等症状。叶面上出现花叶及斑驳症状，细微输导组织变褐坏死，叶脉变成水浸状或变透明状，组织上出现环状黄化环纹；嫩叶出现褪绿斑点，有明脉出现，严重时叶片出现深绿色疱斑，叶片变为畸形，出现蕨叶、线叶，叶肉残缺。病株不结瓜或瓜表面出现瘤状物，严重时瓜皮出现水浸状深绿色斑点或条斑，根系变弱，生长中后期会出现瓜由植株上自动脱落等症状。黄色西葫芦品种有部分病瓜出现黑色斑点，严重时黑色斑点连成一片。

10.1.1.2 病原

此病主要由黄瓜花叶病毒（CMV）、甜瓜花叶病毒（MMV）引起，另外南瓜花叶病毒（SqMV）、西瓜花叶病毒（WMV）及烟草环斑病毒（TRSV）等也可单独或复合侵染。

10.1.1.3 侵染循环

此类病毒可在保护地瓜类、茄果类、芹菜、菠菜及其他多种蔬菜和宿根性杂草上越冬，成为翌年的侵染源。传播途径主要有 3 种方式：一是种子带毒传染；二是带病毒的蚜虫、灰飞虱等传染；三是由农事操作与感病植株接触后，再与无病植株接触，无病植株被感染。黄瓜花叶病毒、甜瓜花叶病毒通过农事操作、汁液摩擦和蚜虫传毒侵染，甜瓜花叶病毒还可通过带毒的种子传播，烟草环斑病毒以汁液或经线虫传播。

10.1.1.4 影响发生因素

（1）品种与西葫芦病毒病发生的关系

目前还没有对西葫芦病毒病表现免疫或极高抗的品种，特别是当前生产上用的花叶西葫芦品种更易感染病毒病。

（2）温度与西葫芦病毒病发生的关系

秋延茬西葫芦苗期适逢高温干旱季节，高温（30℃以上）、少雨、强光照条件下，有利于传毒介体蚜虫、飞虱的繁殖、迁飞，并利于病毒的传播，而不利于西葫芦幼苗的生长。尤其是地温高时，幼苗根系生长弱，抗逆性降低。而且高温缩短了病毒的潜育期，使为害期提前，病情加重。

（3）栽培措施与西葫芦病毒病发生的关系

在棚室内管理粗放，缺水、缺肥，光照强，害虫数量高的情况下，更易发病。

（4）播期与西葫芦病毒病发生的关系

秋季早播使西葫芦幼苗期与蚜虫迁飞高峰期相重叠，造成幼苗感病率高，但秋季病毒病潜育期加长，20天左右才出现明显症状。从9月10日至10月20日随着播期的推迟，病毒病发病率依次降低，出苗后20天发病率分别为63.5%、45.8%、3.4%、0%和0%。出苗后40天发病率分别为100%、100%、13.6%、3.4%和0%；9月20日前播种发病率高，出苗后30天发病率升至100%。9月30日播种发病率迅速下降，苗后40天发病率降至13.6%，10月10日和10月20日发病率逐渐降低到0%（表10-1）。9月20日前播种发病率高的原因，一方面是蚜虫仍在活动，传毒概率大；另一方面是气温仍然偏高，再赶上干旱缺水，幼苗生长不良，容易遭受病毒病的侵染。

表 10-1 不同播期与病毒病发病率的关系

播期 （日/月）	发病率（%）					
	出苗后 10 天	出苗后 20 天	出苗后 25 天	出苗后 30 天	出苗后 35 天	出苗后 40 天
10/9	0	63.5a	89.4a	100a	100a	100a
20/9	0	45.8b	78.6b	100a	100a	100a
30/9	0	3.4c	12.5c	13.6b	13.6b	13.6b
10/10	0	0c	2.8d	3.4c	3.4c	3.4c
20/10	0	0c	0d	0c	0c	0c

注：表中数列后字母不相同者表示在 0.05 水平上差异显著

10.1.2 西葫芦银叶病

西葫芦银叶病是由 B 型烟粉虱（又名银叶粉虱）为害而诱发的一种新病害。近几年在日光温室及大拱棚栽培中普遍发生，尤以秋延茬栽培发生严重，发病后一般叶片失绿发白，植株生长受阻，严重影响西葫芦的产量和品质。

10.1.2.1 症状

被害植株生长势弱，株型偏矮，叶片下垂，生长点叶片皱缩，呈半停滞状态，茎部上端节间短缩，茎及幼叶和功能叶叶柄褪绿。初期表现为叶片出现白色小点，沿叶脉变为银色或亮白色，随后扩大至全叶变为银色，使植株对光的反射增强，在阳光照耀下闪闪发光，似银镜，故名"银叶反应"。严重时全株除心叶外多数叶片布满银白色膜，导致生长减缓，叶片变薄，叶脉、叶柄变白发亮，呈半透明状，且附着叶面，不易擦掉。叶背未见异常，常见有烟粉虱成虫或若虫。西葫芦产生银叶症状后，叶绿素含量降低，严重阻碍光合作用，影响果实的正常成熟。幼瓜、瓜码及花器柄部、花萼变白，半成品瓜、商品瓜也白化，或乳白色，或白绿相间，丧失商品价值，幼瓜易化瓜，造成西葫芦大幅度减产。该病一旦发生，发展过程较快，甚至整棚一夜变白。西葫芦对该病的敏感期为3~4片叶龄。

10.1.2.2 病原

西葫芦银叶病是由属于双生病毒科菜豆金色黄花叶病毒属的 B 型粉虱传双生病毒（Whitefly-transmitted gemini virus，WTG）侵染所致。病毒粒子为孪生颗粒状，大小为 18nm×30nm，基因组为单链环状 DNA，大小为 2.5~3.0kb。大多 WTG 包含 2 个大小相近的 DNA 组分，称 DNA-A 和 DNA-B。DNA-A 与病毒的复制和介体传播有关，DNA-B 与病毒在植株体内的运输和病毒的寄主范围有关。

10.1.2.3 侵染循环

WTG 为广泛发生的一类植物单链 DNA 病毒，在自然条件下均由烟粉虱传播。

10.1.2.4 影响发生因素

（1）品种与西葫芦银叶病发生的关系

不同西葫芦品种对 B 型烟粉虱为害的敏感性存在极大的差异。8 个不同西葫芦品种均表现了银叶症状（表 10-2）。早青一代、001 极早西葫芦和绿宝品种对烟粉虱的为

表 10-2 银叶率与西葫芦品种的关系

品种	银叶率（%）			
	2 级	3 级	4 级	总计
早青一代	20.0	0	25.0	45.0
001 极早西葫芦	16.7	10.1	11.1	37.9
翠玉	8.9	23	0	31.9
珍珠	15.4	12.0	0	27.4
艺农翠宝	18.6	7.1	0	25.7
金玉	15.6	0	0	15.6
纤于 2 号	12.0	13.5	0	25.5
绿宝	20.0	0	29.0	49.0

注：0 级，无银叶症状；1 级，叶脉有些发白；2 级，主脉和部分分支叶脉有发白症状；3 级，叶脉全发白，叶肉出现发白症状；4 级，全叶银白发亮

害反应最敏感,叶片达到4级的银叶率分别为25.0%、11.1%和29.0%。达到3级的有翠玉、珍珠、艺农翠宝和纤手2号品种。达到2级只有金玉品种,仅出现叶脉发白的症状,证明此品种对烟粉虱的为害表现出极大的忍耐性。

(2) 若虫数量与西葫芦银叶病发生的关系

成虫产卵活动、卵及1龄若虫期的发育并没有使早青一代品种叶面上出现银叶症状,当若虫进入2龄时,叶面开始表现出银叶症状,这说明西葫芦银叶病是2龄以上的若虫刺吸为害所造成的。人为控制西葫芦早青一代品种叶上的烟粉虱若虫数量,观察不同若虫数量与银叶症状出现的情况,结果表明,当西葫芦第1片叶上有2头若虫时,第4片叶就出现1级的银叶症状,虫量越多,则出现速度越快,银叶率也越高。当虫量达35头以上时,出现4级的银白发亮的叶片增多,且心叶发黄,严重影响植株的光合作用(表10-3)。

表10-3　早青一代若虫数量与银叶率

若虫数量(头)	银叶率(%)			
	1级	3级	4级	总计
1	0	0	0	0
2	11.4	5.6	0	17.0
4	10.7	7.2	0	17.9
5~10	6.3	23.8	0	30.1
11~25	11.7	26.6	0	38.3
35	0	20.3	22.0	42.3

注:0级,无银叶症状;1级,叶脉有些发白;2级,主脉和部分分支叶脉均有发白症状;3级,叶脉全发白,叶肉出现发白症状;4级,全叶银白发亮。

(3) 不同苗龄与西葫芦银叶病发生的关系

从表10-4可以看出,苗龄越大,发病株率越高。生产调查中还发现凡是定植缓苗后子叶保持完整者,发病株率较轻,而且发病后通过加强水肥管理很快恢复正常;凡是子叶萎蔫者,缓苗时间长,生根困难,发病则较重。

表10-4　不同苗龄定植后对银叶病发病株率的影响

苗龄	发病株率(%)	苗龄	发病株率(%)
直播	1.4	3叶期	25.5
1叶期	1.9	4叶期	71.3
2叶期	8.8		

(4) 不同播期与西葫芦银叶病发生的关系

播期越早,发病株率越重,10月1日以后播种者,发病株率明显减轻(表10-5)。近年来,一般在10月6日前后播种比较安全。

10.1.3　西葫芦白粉病

白粉病为西葫芦生产上的主要病害,分布广泛,各地均有发生,多在结瓜期发病,

表 10-5　不同播期与病毒病发病株率的关系

播期 (日/月)	发病株率（%）					
	出苗后 10 天	出苗后 20 天	出苗后 25 天	出苗后 30 天	出苗后 35 天	出苗后 40 天
20/9	0	63.5a	89.4a	100a	100a	100a
25/9	0	45.8b	78.6b	100a	100a	100a
1/10	0	3.4c	12.5c	13.6b	13.6b	13.6b
10/10	0	0c	2.8d	3.4c	3.4c	3.4c
25/10	0	0c	0d	0c	0c	0c

注：表中数列后字母不相同者表示在 0.05 水平上差异显著

染病叶片常提前枯死，春秋两季发生最普遍，发病株率为 30%～100%，对产量有明显影响，一般减产 10% 左右，严重时可减产 50% 以上。此病除为害西葫芦外，还为害黄瓜、南瓜、冬瓜、丝瓜、甜瓜等多种瓜类作物。

10.1.3.1　症状

白粉病从幼苗到收获期均可发生，以生长中后期受害严重。主要为害叶片，其次为茎、叶柄，果实很少受害。发病初期在叶面或叶背及幼茎上产生白色近圆形小粉斑，叶正面多，逐渐向外围发展成较大粉斑，随病情发展粉斑可布满整个叶片，叶片上的白粉即病原菌的无性子实体——分生孢子。发病后期，白色的霉斑因菌丝老熟变为灰色，在病斑上生出成堆的黄褐色小粒点，后小粒点变黑，即病原菌的闭囊壳，病害严重时，茎蔓和叶柄都可同时产生许多粉状病斑，终致植株早衰死亡。西葫芦银叶病与白粉病都是在连阴大棚内常发生的病害，湿度大时发生并蔓延。两者较相似，但西葫芦银叶病属于病毒病，白粉病属于真菌病害，为害症状也存在差异，两种病害的识别特征见表 10-6。

表 10-6　西葫芦银叶病与白粉病的区别

病害	相似之处	不同之处
西葫芦银叶病	在连阴大棚内湿度大时发生并蔓延；严重阻碍光合作用，造成叶片早衰，降低西葫芦的产量和品质	病毒病，是由烟粉虱传播引起，造成叶片叶绿素合成紊乱，在叶片上叶脉附近产生雪花状的白斑，严重时整个叶片变白，出现明脉症状，无霉层
西葫芦白粉病	在连阴大棚内湿度大时发生并蔓延；严重阻碍光合作用，造成叶片早衰，降低西葫芦的产量和品质	初期在叶面或叶背上产生白色近圆形小粉斑，叶正面多，其后向四周扩展成边缘不明显的连片白粉，严重时整个叶片布满白粉

10.1.3.2　病原

西葫芦白粉病病原为单丝壳白粉菌 [*Sphaerotheca fuliginea* (Schltdl.) Poll.]，属子囊菌亚门真菌。闭囊壳褐色至暗褐色，球形或近球形，直径为 60.0～95.0μm，具 3～7 根附属丝，附属丝着生在闭囊壳下面，长为闭囊壳直径的 0.8～3.0 倍，具隔膜 0～6 个，壳内含 1 个子囊。子囊椭圆形或卵形，少数具短柄，大小为（50.0～95.0）μm×（50.0～70.0）μm，内含 6～8 个子囊孢子。子囊孢子椭圆形或近球形，大小为（15.0～20.0）μm×（12.5～15.0）μm。分生孢子在 10～30℃ 均可萌发，20～25℃ 为最适温度。

10.1.3.3 侵染循环

温室西葫芦拉秧后,病菌以闭囊壳随病残体在土壤中越冬,或在保护地内为害越冬。在南方菜区病菌以菌丝或分生孢子在寄主上为害越冬和越夏。借气流、雨水和浇灌水传播。在秋季再次利用温室种植时,露地瓜类蔬菜上的白粉病分生孢子随气流和灌溉水传入温室中,成为初侵染源,从叶面直接侵入。翌春条件适宜时放射出子囊孢子借气流传播,进行初侵染,落到叶面上的子囊孢子遇有适宜条件,发芽产生侵染丝从表皮侵入,在表皮内长出吸胞吸取营养。叶面上匍匐着的菌丝体在寄主外表皮上不断扩展,产生大量分生孢子进行重复侵染。

西葫芦叶片初染白粉病病斑后的 4 天内,病叶率增加缓慢,在随后的 12 天内,病叶率增加很快,叶片仅正面或背面有病斑向正、背面发展,而且叶面的病斑数增多,病情扩展较快,再过 4 天,病叶率达到 100%。从病叶出现的位置来看,首先是植株中部叶片染病,其次为老叶,最后为前部叶片,而顶端嫩叶很少染病;当叶面(正、背面)的白色粉状病斑扩展到(直径)5~8mm(圆形或近圆形)时,在该病斑周围又可出现单独的小粉斑,后逐渐扩展,互相连接,同时在病叶的其他位置也可出现单独的病斑,扩展连接,使白色粉斑布满叶片。

10.1.3.4 影响发生因素

(1)栽培条件与西葫芦白粉病发生的关系

栽培过密、光照不足、偏施氮肥、植株徒长、早衰等都会促使白粉病严重发生。

(2)温湿度与西葫芦白粉病发生的关系

病菌产生分生孢子的适温为 15~25℃,发病程度取决于湿度和寄主长势。低湿(相对湿度 25%)时可萌发,高湿(相对湿度 85%)时萌发率明显提高。温室大棚前期大水漫灌和后期浇水过少时,白粉病发病重,尤其当高温干旱与高温高湿交替出现时,白粉病极易流行。前茬作物发病重、土壤及病残体病原基数较高、栽植过密、通风透光不良的地块为其发生创造了条件。

(3)寄主营养与西葫芦白粉病发生的关系

葡萄糖、总糖、Vc 等营养成分对病害的影响明显,这些成分在西葫芦健叶中的含量分别是西葫芦病叶中含量的 1.79 倍、2.17 倍和 1.94 倍,此外,西葫芦健叶中的可溶性氮、钙、镁、铁、锰等营养成分含量均高于病叶中的营养成分。因此西葫芦补施一定量的外源光合产物葡萄糖及营养元素,能提高植株的营养水平,增强植株对白粉病的抗性。

10.1.4 西葫芦灰霉病

西葫芦灰霉病是西葫芦生产上的重要病害,每年都有不同程度的发生,给西葫芦生产带来比较严重的损失。北方保护地普遍发生,发病株率可达 30%~40%,每年可造成西葫芦减产20%左右,严重时可达50%以上。

10.1.4.1 症状

灰霉病在西葫芦苗期和成株期都能发生,主要为害茎、叶、花和果实等器官。可为害茄子、番茄、辣椒、莴苣、草莓等多种蔬菜水果作物,以挂果期受害最重。病菌首先从凋萎的雌花开始侵入,侵染初期花瓣呈水浸状,后变软腐烂并生长出灰褐色霉层,造成花瓣腐烂、萎蔫、脱落。果实发病,被害处果面变为灰白色、软腐,潮湿时病部产生灰绿色霉层,摘病果时,会飞散出大量的粉尘物质。幼苗茎部受害,幼茎基部产生水渍状病斑,病部密生灰色霉层,可散出灰色粉末状物质,病苗极易倒伏和枯死。叶片受害,初为水渍状,多从叶尖开始,从叶尖向基部呈"V"形扩展,病斑呈黄褐色,直径达0.2~0.25cm,其边缘较明显,中间有时有灰色霉状物,有时有不明显的轮纹。病部扩大后,可以引起整个叶片枯死,病部也产生较多灰色霉层。成株期茎蔓染病,出现灰白色病斑,绕茎一周后,可造成茎秆折断。

10.1.4.2 病原

西葫芦灰霉病是由灰葡萄孢(*Botrytis cinerea* Pers.)侵染所致,属半知菌亚门真菌。有性世代为[*Sclerotinia fuckeliana*(de Bary)Fuckel],称富克尔核盘菌,属子囊菌亚门真菌。该病菌菌丝在2~31℃条件下均能发育,最适温度为20~23℃。病菌萌发时必须有一定的湿度,相对湿度88%~100%均可以萌发,以92%~95%时最适宜萌发。

10.1.4.3 侵染循环

病菌以菌丝体或分生孢子及菌核附着在病残体上,或遗留在土壤中越冬。越冬、越夏的分生孢子在病残体上可存活4~5个月,成为棚室下茬作物的初侵染源。病菌借助气流、水及农事操作传播蔓延。该病在陕西的发病初期为3月上旬,至4月上旬发病严重,特别在浇水之后,一夜之间病害即可流行。

10.1.4.4 影响发生因素

(1)温湿度与西葫芦灰霉病发生的关系

低温高湿的环境是西葫芦灰霉病发生流行的主要原因。春季阴雨天气较多,光照不足,气温偏低(20℃以下),棚内湿度90%以上,结露持续时间长,放风不及时,是灰霉病发生蔓延的重要条件。

(2)栽培措施与西葫芦灰霉病发生的关系

栽培措施对西葫芦灰霉病的发生影响很大。棚室地势低洼、潮湿,光照不足,氮肥施用过多,植物生长过旺,田间定植密度大,大水漫灌,管理粗放,未及时整枝、打顶、中耕、除草,都会加速病害的蔓延。

(3)田间分布方式与西葫芦灰霉病发生的关系

病株空间分布的基本成分是个体群,病株个体间相互吸引,病株分布存在明显的发病中心。形成这个格局的原因,是病株扩散和环境抑制的共同结果,泰勒幂法则(Taylor's power law)表明田间病株在一切密度下均为聚集分布,且聚集强度随种群密度的升高而增加。应用 Blackith 的种群聚集均数(K)检验了聚集的原因,当样本的平均数低于 2.2579 时,$K<2$,聚集原因是由西葫芦的发育状况、气候条件引起的;当样本平均数高于 2.2579 时,$K>2$,此时聚集原因除了受环境因子影响外,还与灰霉病自身的侵染特性有关。

10.1.5 西葫芦蔓枯病

西葫芦蔓枯病是保护地重要病害之一,一旦发病,蔓延迅速,严重影响棚室西葫芦的产量及效益。其中日光温室发生最为严重,轻者减产 10%左右,重者达 20%以上。

10.1.5.1 症状

西葫芦蔓枯病在各个生育期均可发生,主要为害叶片和茎蔓,果实也可受害。叶片受害多从靠近叶柄附近处或从叶缘开始,形成近圆形或不规则形红褐色坏死大斑,向叶内形成圆形或"V"字形黑褐色病斑,后期在病斑上面散生许多小黑点即病菌分生孢子器,空气干燥时病斑易破裂,病斑轮纹不明显。叶柄染病,呈水浸状腐烂,后期也产生许多小黑点,干缩萎蔫至枯死。茎蔓受害,多发生于节部或近节部,起初在茎基部附近产生水渍状长圆形深绿色斑点,后向上向下扩展成长椭圆形黄褐色病斑,干燥后,呈红褐色,病部干缩纵裂,表面散生大量的小黑点(分生孢子器),当病斑横向绕茎一周时,可造成茎折或死秧。果实受害,先在嫩瓜瓜条中部皮层发生水渍状圆点,后向瓜内部发展,引起瓜肉软腐,瓜皮呈黄褐色水渍状。

10.1.5.2 病原

西葫芦蔓枯病是由瓜类黑腐小球壳菌[*Mycosphaerella melonis*(Passerini)Chiu et Walker]侵染所致,属子囊菌亚门真菌。无性态(*Ascochyta cucumis* Fautr et Roum)称瓜叶单隔孢,属半知菌亚门真菌。瓜类黑腐小球壳菌子实体生在叶表皮下,后半露,子座壁深褐色,子囊平行排列,具少量拟侧丝,子囊成熟后侧丝消失,子囊壳较薄、膜质,大小为(64.0~176.0)μm×(64.0~160.0)μm,具孔口,直径为 9.6~24.0μm;子囊倒棍棒状,无色,大小为(27.9~47.1)μm×(5.9~9.9)μm;子囊孢子无色,双胞,两细胞常一大一小,分隔明显,大小为(5.5~12.5)μm×(2.0~5.0)μm;分生孢子器生于叶面和茎蔓上,多聚生,初埋生,后大部分突破表皮外露,球形或扁球形,器壁浅褐色,膜质,顶部具乳头状突起,孔口明显;孢子器大小为 75.0~150.0μm,孔口直径为 15.0~42.0μm;孢子器无色透明,短圆形至圆柱形,两端较圆,正直,初单胞,后生 1 隔膜,隔膜处无缢缩或偶稍有缢缩,大小为(10.0~17.5)μm×(2.75~4.0)μm。

10.1.5.3 侵染循环

病菌主要以分生孢子器或子囊壳随病残体存在于干土壤中或架材上,种子也可带菌。第二年,病菌通过雨水、流水、田间操作传播,也可从伤口、自然孔口侵入,引起发病。

10.1.5.4 影响发生因素

（1）栽培模式与西葫芦蔓枯病发生的关系

西葫芦主要是春季栽培，分为日光温室和小拱棚 2 种模式。日光温室栽培在 1 月育苗，2 月下旬至 3 月初定植，采用温室、小拱棚加地膜覆盖或温室加地膜覆盖模式，苗期为蔓枯病发病的高峰期。小拱棚栽培于 2 月中下旬育苗，4 月初定植，采用小拱棚加地膜栽培模式，坐果期为发病高峰期。

（2）温湿度与西葫芦蔓枯病发生的关系

该病病菌侵染为害的温度范围为 5～35℃，最适温度 24～28℃。但在 20～30℃ 时，温度越高潜伏期越短。病菌发育适宜相对湿度为 80%～92%，棚室内湿度、露地降雨量和降雨次数是此病发生的主导因素。苗床温度高、湿度大，幼苗易发病。棚室内移栽的西葫芦，一般于 2 月中下旬开始发病，在 8～15℃、湿度 90% 以上时，病害即可发生。

（3）连作年限与西葫芦蔓枯病发生的关系

该病是一种可积累流行的土传、种传病害，连作田发病较重，陕西省大部分种植区域均为老种植区，与新种植区相比，发病较重。

10.1.6 西葫芦根腐病

西葫芦根腐病是近年来冬春茬日光温室内新发生的一种根部病害，也称萎蔫病、烂秧病等。该病主要为害植株的根部，使根部皮层腐烂，一旦发病，迅速蔓延，最后导致植株死亡。由于该病是新发生的一种病害，也缺乏有效的防治方法，因此该病近年来在保护地西葫芦种植区蔓延很快，严重的棚室发病株率高达 70%～90%，损失惨重，成为影响和制约保护地西葫芦种植与发展的重要问题。

10.1.6.1 症状

西葫芦根腐病多于开花期开始显症，然后蔓延，直至拉秧。根部症状初呈水渍状，随后变为浅褐色湿腐状，后期病部往往变褐，韧皮部腐烂，组织破碎，仅留下维管束，多数根部维管束变色，少数植株维管束变色后向上蔓延。苗期主根受害后引起根茎部缢缩，子叶黄化；成株期受害后，不长新根或很少，根茎部不缢缩。病株地上部初期症状不明显，随着病情发展恶化，中午部分叶片开始萎蔫，早、晚又恢复，严重时不能恢复而枯死，病株呈青枯状。成株期受害根茎部不缢缩，新根不发生或很少发生。

10.1.6.2 病原

引起西葫芦根腐病的主要病原有烟草疫霉菌（*Phytophora nicotianae*）和尖孢镰刀菌（*Fusarium oxysporum*）。

疫霉菌的形态特征：在胡萝卜琼脂培养基上菌落呈棉絮状，气生菌丝较茂盛，基生菌丝扭曲，粗细不均，有时呈珊瑚状；孢子囊近球形、卵形，基部钝圆，大小为（30.4～50.1）μm×（19.5～34.1）μm（36.8μm×25.9μm），长宽比值平均为1.42，乳突明显，高3.1～5.2μm（4.2μm）；孢囊梗不分枝或简单合轴分枝，孢囊柄短，长0.6～4.7μm（3.1μm）；孢子囊顶生，常不对称，具脱落性；异宗配合；菌丝生长最高温度36℃。

镰刀菌的形态特征：在蔗糖琼脂培养基（PSA）上25℃、4天后的菌落直径为3.1～3.4cm，气生菌丝为毡状，白色至黄褐色，基物表面白色至绿色，基物不变色；在米饭上为橙黄色；米饭培养基（Bilai's培养基）上气生菌丝稀疏，白色；小型分生孢子数量少，长椭圆形，0～2分隔，大小为（16.3～29.5）μm×（3.5～6.1）μm（22.2μm×4.8μm）；大型分生孢子较直，直筒形，两端细胞弯曲，顶胞渐尖，基胞无足跟，多为3分隔，大小为（31.7～42.2）μm×（4.2～5.9）μm（35.0μm×5.0μm）；产孢细胞类型为单瓶梗产孢；厚垣孢子球形，表面光滑，顶生或串生。

10.1.6.3 侵染循环

病菌主要以卵孢子和菌丝体随病残体潜存在土壤中，而且病原菌主要集中在0～15cm土层中。条件适宜时，卵孢子可直接萌发出长芽管入侵寄主致病，或产生无性态的孢囊梗和孢子囊，孢子囊成熟时释放出游动孢子作为初次侵染接种体，借助灌溉水传播，从根部侵入致病。越冬茬西葫芦根腐病的发生趋势是一个双峰曲线，即由低到高，再回落，然后逐渐上升到顶峰而趋于平稳。第一次高峰出现在12月15～25日，第二次高峰出现在4月中旬左右。

10.1.6.4 影响发生因素

研究结果表明，设施栽培条件下西葫芦根腐病的发生和流行是由寄主（植株）、菌源和环境条件共同作用的结果，但各因素对根腐病的发生及流行的影响权重明显不同。对于根腐病的流行来说，首先环境条件起决定作用，其次是菌源的数量，最后是寄主生长发育状况。在环境条件中，棚室内的土壤湿度又是影响流行程度的主导因素。

（1）品种与西葫芦根腐病发生的关系

从调查结果看出（表10-7），主要栽培品种碧玉、冬玉、纤手2号（法国）、早青一代和绿宝的发病株率分别为9.4%、9.2%、9.6%、10.3%和10.6%；病情指数分别为5.6、5.4、5.3、6.3和5.9。方差分析表明，种植的各品种之间发病株率无显著性差异。

表10-7 不同品种根腐病发生情况

品种	调查株数	发病株率（%）	病情指数
碧玉	150	9.4a	5.6
冬玉	150	9.2a	5.4
纤手2号	150	9.6a	5.3
早青一代	150	10.3a	6.3
绿宝	150	10.6a	5.9

注：同列数据后有不同字母者表示在0.05水平上差异显著

（2）土壤类型与西葫芦根腐病发生的关系

土壤类型不同，西葫芦根腐病的发生轻重不一（表10-8）。根据调查垆土类型的冯村乡发病较重，平均病根率和病情指数分别为14.13%和9.0；绵土类型的埝桥乡次之，平均病根率和病情指数分别为8.13%和3.63。沙土类型的赵渡乡较轻，平均病根率和病情指数分别为3.33%和1.63（表10-8）。因此在同一气候条件下，垆土地西葫芦根腐病较重，绵土地次之，沙土地西葫芦根腐病轻。

表10-8　不同土壤类型西葫芦根腐病为害调查

年份	冯村乡（垆土）		埝桥乡（绵土）		赵渡乡（沙土）	
土壤类型	病根率（%）	病情指数	病根率（%）	病情指数	病根率（%）	病情指数
2009	13.3	8.2	8.5	3.1	3.1	1.3
2010	15.7	9.5	8.2	3.7	2.6	1.1
2011	13.4	9.3	7.7	4.1	4.3	2.5
平均值	14.13	9.00	8.13	3.63	3.33	1.63

（3）连作与西葫芦根腐病发生的关系

通过对越冬茬不同连作年限西葫芦根腐病进行调查，结果表明：连续种植1年、2年、4年、6年和8年的棚室西葫芦发病株率分别为1.2%、5.7%、12.4%、31.6%和36.7%，病情指数分别为0.5、3.7、10.6、21.5和25.8（图10-1）。所以，随着连作年限的增加，西葫芦根腐病的发病株率呈上升趋势，可见连作是根腐病发病的重要原因。

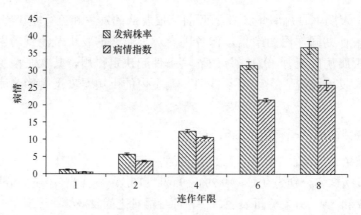

图10-1　不同连作年限西葫芦根腐病的发生情况
图中发病株率单位为%

（4）栽培方式与西葫芦根腐病发生的关系

平畦栽培、起垄不覆膜和起垄覆膜栽培方式下根腐病的发病株率分别为17.63%、11.63%和8.03%（表10-9），且平栽和起垄两种不同的栽培方式对根腐病发病株率的影响存在显著性差异，说明平栽比起垄根腐病的发生要重。膜覆盖和不覆盖两种不同的栽培方式对发病率的影响存在显著性差异，说明地膜覆盖不利于日光温室西葫芦根腐病的发生。

表 10-9 不同栽培方式对西葫芦根腐病发生的影响

栽培方式	发病株率（%）			平均值（%）
	样点 1	样点 2	样点 3	
平畦栽培	12.7	14.5	25.7	17.63±5.38a
起垄不覆膜	9.7	11.8	13.4	11.63±1.29b
起垄覆膜	6.6	7.3	10.2	8.03±1.44c

注：表中数列后字母不相同者表示在 0.05 水平上差异显著

10.1.7 西葫芦绵腐病

西葫芦绵腐病是近年发生的严重病害，在西葫芦生产上，绵腐病主要为害西葫芦叶片、茎蔓和果实，形成叶斑、茎枯和果腐，发病的损失和普遍性已影响到西葫芦种植业的健康发展。在田间，西葫芦生长后期常被误认为疫病而混淆。

10.1.7.1 症状

该病主要为害果实，有时为害叶、茎及其他部位。果实发病初呈椭圆形、水浸状的暗绿色病斑。在空气干燥条件下，病斑稍凹陷，扩展不快，仅皮下果肉变腐，表面产生白色霉层。高温多湿时，病斑迅速扩展，整个果实变褐、软腐，表面布满白色霉层，如湿水棉花，此即为该病病征（病菌菌丝体、孢囊梗及孢子囊），致使病瓜烂在田间。叶片受害，初生暗绿色、圆形或不规则形水浸状病斑，湿度大时软腐似开水烫过一样。

10.1.7.2 病原

西葫芦绵腐病是由瓜果腐霉菌 [*Pythium aphanidermatum* （Eds.）Fitzp.] 侵染所致，属于鞭毛菌亚门真菌。菌丝体生长繁茂，呈白色棉絮状；菌丝无色，无隔膜，直径 2.3～7.1μm。菌丝与孢子囊梗区别不明显。孢子囊丝状或分枝裂瓣状，或呈不规则膨大。泡囊球形，内含 6～26 个游动孢子。藏卵器球形，直径 4.9～9.9μm，雄器袋状至宽棍状，同丝或异丝生，多为 1 个。卵孢子球形，平滑。病菌在 20～35℃均可产生孢子囊，以 25℃为最适；在 pH 为 7 时孢子囊产生量最高；在 24h 光照情况下病菌产生孢子囊数量最大，而 12h 光照、12h 黑暗条件下产生孢子囊量最小。菌丝在以硫酸铵、甘氨酸为氮源的培养基中生长为最适，生长速度显著优于其他培养基，在氮源为脲的条件下不生长；菌丝在 15～35℃均能生长，最适温度为 35℃；菌丝生长 pH 为 4～10，最适为 6～8；光照对菌丝的生长影响较小；菌丝致死温度为 50℃，10min。

10.1.7.3 侵染循环

该病病原以卵孢子在土壤中越冬，适宜条件下萌发，产生孢子囊和游动孢子，或直接长出芽管侵入寄主。后在病残体上产生孢子囊及游动孢子，借雨水或灌溉水传播，侵害果实，最后又在病组织中形成卵孢子越冬。病菌主要分布在表土层内，雨后或湿度大时，病菌迅速增加。土温低、高湿时有利于发病，这种条件易在保护地中出现。

10.1.7.4 影响发生因素

病菌生长适宜地温为15～16℃，温度高于30℃时受到抑制；适宜发病地温为10℃，低温对寄主生长不利，但利于发病。当幼苗子叶养分未基本用完，新根尚未扎实之前是感病期。这时真叶未抽出，碳水化合物不能迅速增加，抗病力弱，遇有雨、雪连阴天或寒流侵袭，地温低，光合作用弱，瓜苗呼吸作用增强，消耗加大，致幼茎细胞伸长，细胞壁变薄，病菌乘机侵入。

10.1.8 西葫芦霜霉病

霜霉病是保护地西葫芦生产过程中的主要病害，一旦发病，传染速度非常快，在西葫芦幼苗期、成株期均可以发病，尤其在生长中后期比较常见，为害严重，主要为害叶片，造成叶片枯黄脱落，影响产量。由于西葫芦霜霉病为害叶片的症状不是很典型，常常与细菌性叶斑病相混淆，因此要注意区分。

10.1.8.1 症状

西葫芦霜霉病可以为害叶片、茎、卷须及花梗，主要为害叶片。西葫芦霜霉病各生育期都可发生，以生长中后期较为常见。发病多从植株下部叶片开始，老叶上产生白色霉层，逐渐向上蔓延。苗期子叶感染，叶背面形成水渍状绿色或者黄色小点，逐渐扩展成多角形浅褐色水渍状斑，以后长出黑紫色霉层，即病菌的孢囊梗和游动孢子囊。叶正面病斑初期褪绿，清晨叶面上有结露或吐水时，病斑呈现水渍状，沿叶脉逐渐变成灰褐色至黄褐色坏死斑，多角形，在棚室湿度较大时，多个病斑相互连接成不规则大斑，全叶黄褐色，叶缘卷缩干枯，像热水烫过一样，终致叶片枯死，严重减产。识别霜霉病时注意叶片正面应为多角形小病斑，叶片背面有褐色霉层，没有霉层的就是细菌性叶斑病。

10.1.8.2 病原

西葫芦霜霉病是由古巴假霜霉菌（*Pseudoperonospora cubensis*）侵染所致，属鞭毛菌亚门真菌。孢囊梗1～2枝或3～4枝从气孔伸出，长度165.0～420.0μm，多为240.0～340.0μm，主轴长105.0～290.0μm，占全长的2/3～9/10，粗5.0～6.5μm，基部稍膨大，上部呈双叉状分支3～6次；末枝稍弯曲或直，长1.7～15.0μm，多为5.0～11.5μm，孢子囊淡褐色，椭圆形至卵圆形，具乳突，大小为（15.0～31.5）μm×（11.5～14.5）μm，长宽比为1.2～1.7；以游动孢子萌发，卵孢子生在叶片组织中，球形，淡黄色，壁膜平滑，直径28.0～43.0μm。

10.1.8.3 侵染循环

西葫芦霜霉病病原菌以菌丝体、卵孢子随病叶越冬或越夏，也可在黄瓜、甜瓜等瓜类作物上为害越冬。条件适宜时病菌产生孢子囊借气流、昆虫传播，形成初侵染。发病后再产生孢子囊飘移扩散，进行再侵染。温暖潮湿有利于发病，叶背结露有利于病菌侵染。

10.1.8.4 影响发生因素

湿度是决定发病与否及流行程度的主导因子,温室内栽培时,通风排湿不及时,导致湿度较大,也容易发病。在形成病斑后,空气相对湿度在85%以上4h即可产生孢子囊,造成病害的流行。

霜霉病病菌的发育温度为15~30℃,孢子囊形成的适宜温度为15~20℃,适宜的相对湿度为85%以上,萌发的适宜温度为15~22℃。在高湿条件下,20~24℃时病害发展迅速而严重。

连作年限较长、前茬作物发病重、土壤及病残体病原基数较高、栽植过密、通风透光不良的地块为其发生创造了条件。

种子带菌、营养土消毒不干净及有机肥未经充分腐熟时容易发病。

10.1.9 西葫芦软腐病

软腐病属细菌性病害,除为害西葫芦外,还为害甜瓜、丝瓜、冬瓜及茄果类蔬菜。近几年随着设施蔬菜的进一步完善,基本上实现了西葫芦周年栽培,致使不同种类的蔬菜病害交互感染。

10.1.9.1 症状

主要为害植株的茎基部及果实。发病初期,根颈部受害,病菌从西葫芦茎基部的表皮或伤口侵入,在离地面3~5cm的茎基部形成不规则水渍状褪绿斑,逐渐扩大后呈黄褐色,向内发展呈软腐状,或从地下根茎部侵入,沿维管束向上侵染。果实受害,在去雄花后形成的伤口处或叶柄伤口处出现水渍状淡褐色病斑,病部向上下扩展,凹陷软化腐烂,湿度大时流出白色黏液并伴有恶臭。后期随着病部扩展直至整株萎蔫死亡,病组织腐烂成麻状。

10.1.9.2 病原

西葫芦软腐病是由胡萝卜软腐欧文氏菌胡萝卜软腐亚种(*Erwinia carotovora* subsp. *Carotovora*)侵染所致。菌株为短杆形,两端钝圆,大小为(1.3~2.8)nm×(0.5~1.0)nm,鞭毛周生,不形成芽孢。其生长发育适温为25~30℃,最高40℃,最低2℃,50℃条件下经10min即可致死。

10.1.9.3 侵染循环

该病病原随病残体在土壤中越冬,翌年借雨水、灌溉水及昆虫传播,由伤口侵入,病菌侵入后分泌果胶酶溶解中胶层,导致细胞分崩离析,致细胞内水分外溢,引起腐烂。阴雨天或露水未干时整枝打杈,农田操作损伤叶片及虫伤,多引起病菌侵染,导致西葫芦软腐病的发生。

10.1.9.4 影响发生因素

1)随着设施连年种植西葫芦,病原细菌逐年积累,若新播种之前未对土壤消毒,易发病。西葫芦软腐病在茎基部发生，也是由于茎基部离地面较近，土壤中病菌浓度很高，首先侵染比较脆弱的茎基部。

2）温棚等保护地的平均温度较高，湿度大，土壤通气性不好，会促进发病，加之有些地方大水漫灌，人为加大了湿度，加速了病菌在温室的流动蔓延。

10.1.10　西葫芦细菌性叶枯病

此病在我国东北、内蒙古均有发生。西葫芦细菌性叶枯病在保护地的发生重于露地。近年来，随种子传播，该病发病范围不断扩大，由于菜农常误认为是真菌性病害，用药不对症，错过防治有利时机，造成较大损失。

10.1.10.1　症状

该病病原主要为害叶片，有时也为害叶柄和幼茎。幼叶染病，叶面现黄化区，但不大明显，叶背面先出现水渍状小点，后变为黄色至黄褐色圆形或近圆形病斑，病斑中间半透明，四周具黄色晕圈，菌脓不明显或很少，有时侵染叶缘，引致坏死。苗期生长点染病，可造成幼苗死亡，扩展速度快。幼茎染病，茎基部有的裂开，棚室经常可见但为害不重。

10.1.10.2　病原

西葫芦细菌性叶枯病是由油菜黄单胞菌黄瓜叶斑病致病变种 [*Xanthomonas campestris* pv. *cucurbitae*（Bryan）Dye] 侵染所致。菌体两端钝圆杆状，大小为 $0.5\mu m \times 1.5\mu m$，极生1根鞭毛，革兰氏染色阴性。对葡萄糖、甘露糖、半乳糖、阿拉伯糖、海藻糖、纤维二糖氧化产酸。不能还原硝酸盐，接触酶和卵磷脂酶阳性，氧化酶和脲酶阴性，水解淀粉和七叶灵，能液化明胶。

10.1.10.3　侵染循环

主要通过种子带菌传播蔓延。该菌在土壤中存活非常有限。发育适温为25~28℃，36℃能生长，40℃以上不能生长，耐盐临界浓度为3%~4%。

10.1.10.4　影响发生因素

棚室保护地常较露地发病重。棚室内湿度大，结露形成的水滴多，且在叶子上飞溅，有利于细菌传播，如条件适宜，流行速度很快，造成大面积叶枯；露地栽培条件下，降雨多而集中时，常常造成该病暴发。

10.2　生理病害

10.2.1　西葫芦畸形瓜

在棚室西葫芦的栽培中，由于天气影响、管理措施、肥水失调及授粉不良等不利因素的影响，常常出现大肚、蜂腰、尖嘴、棱角等畸形瓜，不但影响产量，而且严重降低西葫芦的商品质量。因此应根据畸形瓜形成的原因，采取相应措施，保证西葫芦的丰产、优质。

10.2.1.1 症状

大肚瓜：果实基部生长正常，中部或顶部异常膨大。

蜂腰瓜：果实的一处或多处出现如蜂腰似的形状，将蜂腰瓜剖开，常会发现变细部分果肉已龟裂而成空洞。

尖嘴瓜：瓜条未长成商品瓜，瓜的顶端膨大受到限制，形成后部粗而顶部较细的尖嘴瓜。

棱角瓜：从外表上看，果面有纵向棱沟不圆滑，除有棱部分外，其他部分凹陷。剖开后可见果实中空，果肉龟裂。

10.2.1.2 影响发生因素

大肚瓜形成原因：虽然已经授粉，果实受精不完全时，仅仅在先端形成种子，由于种子发育过程中会吸引较多的养分，因此先端果肉组织优先发育，特别肥大，最终形成大肚瓜。养分不足，供水不均，植株生长势衰弱时，极易形成大肚瓜。在缺钾时更易形成大肚瓜。

蜂腰瓜形成原因：授粉不完全，或受精后植株干物质合成量少，营养物质分配不均匀而造成蜂腰瓜。在高温干燥期生长势减弱时易发生蜂腰瓜。缺硼也会导致蜂腰瓜。也有人认为，缺钾或生育波动时也易发生蜂腰瓜。

尖嘴瓜形成原因：养分供应不足，在瓜的发育前期温度高，或根系受伤，或肥水不足，造成养分、水分吸收受阻；大量使用化肥，土壤含盐量过高导致土壤溶液浓度过高，抑制根系对养分的吸收；浇水过多，土壤湿度过大，根系呼吸作用受到抑制，导致吸收能力降低；植株已经老化，摘叶过多或叶片受病虫为害，茎叶过密，通风透光不良，在肥料、土壤水分不足等情况下，也易产生尖嘴瓜。

棱角瓜形成原因：形成棱角瓜的直接原因是植株供瓜条发育的养分不足。这是由土壤养分不足、生长后期脱肥、植株早衰或生长后期植株老化造成的。

10.2.2 西葫芦化瓜

西葫芦雌花开花时，没有正常开放或者有些雌花能正常开放，但是开花后的果实发育却停在了某一阶段，不能继续膨大，这种情况就属于化瓜现象。化瓜在西葫芦的露地和保护地栽培中都有可能发生，但是在保护地栽培中出现化瓜的比率要远远高于露地栽培。

10.2.2.1 症状

"化瓜"即指西葫芦雌花开放后3~4天，幼果前端褪绿变黄，变细变软，果实不膨大或膨大很少，表面失去光泽，前端萎缩，不能形成商品瓜，最终烂掉或脱落的现象。

10.2.2.2 影响发生因素

1）品种：品种抗病性不同，化瓜的数量和程度就不一样，一般对温光敏感性不高，有一定单性结实能力，苗期内源激素产生多的品种，化瓜就少；相反，对温光敏感性高，单性结实能力差，苗期内源激素产生少的品种化瓜就多。

2）温湿度：保护地生产温湿度不易控制，温度过高，湿度小，白天超过 32℃，夜间高于 20℃，温差小，造成光合作用降低，呼吸作用增强，产生的碳水化合物大量向茎叶输送，造成西葫芦蔓秧徒长，幼果营养不良而产生化瓜。温度过低，湿度大，白天低于 20℃，晚上低于 10℃，根系吸收能力减弱，造成幼果营养饥饿而引起化瓜。

3）光照：冬季均会出现 10~15d 的连阴天气，如正好赶上西葫芦开花，天气昼夜温差小，光照不足，光合作用降低，光合产物少，叶片养分的消耗过多，就会造成植株生长发育不良，发生化瓜。

4）定植密度：密度的大小也是影响化瓜的重要因素之一，栽培密度大，茎叶竞争空间，透光透气性差，光合效率降低，营养消耗增加，化瓜率提高。

5）水肥：肥水不足，根系发育差，吸收能力降低，叶片小而发黄，雌花营养供应不足而引起化瓜；如果在生长过程中营养不均衡特别是氮肥使用过多，植株引起徒长，叶片大而薄，影响通风透光，棚内空气湿度变大引起病害发生，也会使化瓜率提高。

6）授粉：雌花授粉不良，导致胚和胚乳不能正常生长，雌花不能结实而引起化瓜。

10.3 虫 害

10.3.1 西葫芦叶螨

因为叶螨具有很强的繁殖能力，又有很强的抗药性，所以必须以防治为主。叶螨虫害大都在炎热的夏季暴发，所以要在秋冬和春季采取预防措施。

10.3.1.1 为害特点

主要为害瓜类、茄果类、葱蒜类等多种蔬菜，以若螨和成螨在叶背吸取汁液，受害叶片出现灰白色或淡黄色小点，严重时整个叶片呈灰白色或淡黄色，干枯脱落。

10.3.1.2 形态特征

朱砂叶螨（*Tetranychus cinnabarinus*）雌螨体长 417.0~559.0μm，宽 256.0~330.0μm，椭圆形，锈红色或深红色。背部有针状刚毛 13 对。后半体表皮纹构成菱形。卵圆形，直径约 129μm，橙黄色。

10.3.1.3 生活史

在北方 1 年发生 12~15 代，在长江流域 1 年发生 15~18 代。以雌成螨群集在土缝、树皮和田边杂草根部越冬，翌年 4~5 月迁入棚室蔬菜为害，集中在叶背面吐丝结网，栖于网内刺吸植物汁液，并在其内产卵。

10.3.1.4 生活习性

雌成螨能孤雌生殖，每头雌螨产卵百余粒，卵孵化率高达95%以上。成螨、若螨靠爬行或吐丝下垂近距离扩散，借风和农事操作远距离传播。气温29～31℃，相对湿度在35%～55%时最有利于叶螨的发生与繁殖。

10.3.1.5 影响发生因素

影响因素同黄瓜叶螨。

10.3.2 西葫芦粉虱

同黄瓜粉虱。

10.3.3 西葫芦斑潜蝇

同黄瓜斑潜蝇。

10.3.4 西葫芦蚜虫

同黄瓜蚜虫。

10.4 西葫芦病虫害绿色防控技术体系

10.4.1 休闲期

10.4.1.1 清洁田园

西葫芦拉秧后，及时清除棚室内的病残株，集中销毁或深埋。

10.4.1.2 垄沟式太阳能土壤热力处理

清除前茬作物，深翻后做成波浪式垄沟，垄高60cm，宽50cm，垄上覆盖透明地膜，密闭棚室及通风口进行升温，持续8天后，将垄变沟、沟变垄后继续覆膜密闭棚室8天。

10.4.1.3 轮作倒茬

前茬作物收获后，种植玉米或黑豆，待玉米或黑豆长到70～80cm时翻青。

10.4.2 育苗期

10.4.2.1 品种选择

一般选择抗逆性强、耐低温、耐弱光性、瓜条整齐、高产优质的品种。砧木选用黑籽南瓜。种子质量应符合以下标准：种子纯度≥85%，净度≥97%，发芽率≥80%，水分≤9%。可选的品种主要有早青一代、碧玉、冬玉、纤手2号、阿兰一代和绿宝等。

10.4.2.2　种子处理

将种子在阳光下曝晒几小时并精选后，播种前用50℃温水浸泡15min，边浸种边搅拌，待水温降至30℃时继续浸种5h，捞出后用1%高锰酸钾溶液浸泡30min后沥干水分。用纱布包好置于26~28℃条件下催芽，70%以上种子露白时播种。

10.4.2.3　苗床土壤处理

营养土配制可用肥沃大田土6份、腐熟圈肥4份，混合过筛。每立方米营养土加腐熟捣细的鸡粪15kg，过磷酸钙2kg，草木灰10kg，或氮、磷、钾（15∶15∶15）复合肥3kg，50%多菌灵可湿性粉剂80g，充分混合均匀。

10.4.2.4　播种

播种时，先将苗床浇透水，待水渗下后在每个营养钵中播2粒种子，黑籽南瓜种间距1~1.5cm，西葫芦种间距2~3cm，均匀撒播后，覆盖1.5~2cm细土，然后喷施50%辛硫磷800倍液，以防治地下害虫，最后床面盖好地膜，扣上小拱棚。

10.4.2.5　温度控制

苗床畦面覆盖地膜，白天控制温度在25~30℃，夜间控制温度在18~20℃。地温15℃以上、出苗60%以上时，控制白天25℃左右，夜间10~13℃。出现第一片真叶时，控制夜温在10℃左右，炼苗10天，及时通风排湿。

10.4.3　定植期

10.4.3.1　设置防虫网

防虫网防虫是一种物理防治方法，是通过构建人工隔离屏障，切断害虫的传播途径，将害虫"拒之门外"。研究结果表明，定植前15~20天盖棚膜时，在通风口及出入口安装30~40目银灰色防虫网防止害虫在生长期进入棚室，减少直接为害，对控制在自然条件下不能越冬的斑潜蝇、粉虱是最有效的技术措施，控制害虫效果可达90%以上。同时，可以减少害虫的传毒机会，防止病毒病的发生。该技术不污染环境和农产品，不会引起害虫产生抗药性，具有显著的生态及社会效益。

10.4.3.2　低温等离子体杀虫灭菌

定植前每日分2次，每次2~3h释放臭氧（3~5mg/kg），连续2~3天杀虫灭菌，可有效消灭或减轻设施内病虫发生基数。因臭氧在密闭棚室内释放，不与人体直接接触，且臭氧极不稳定，释放后30min即可分解，故对人体及环境不造成伤害和污染。该技术具有无二次污染、安全、有效、不留死角、使用方便等特点，已成为日光温室蔬菜病虫防治新技术之一，丰富了病虫防治内容，为绿色食品蔬菜生产提供了技术支撑。

此外，可配合使用敌敌畏、百菌清闭棚熏蒸，降低棚室残留病虫基数。

10.4.3.3 控湿防病

地膜全程覆盖，膜下沟灌、滴灌、渗灌。降低土壤湿度，有利于减轻土传病害的发生为害，同时降低空气湿度，减轻叶部病害的发生。

10.4.3.4 科学施肥

定植前每亩施腐熟有机肥 5000kg，磷酸二铵 30kg，硫酸钾 30kg，硼砂 2kg，硫酸锌、硫酸亚铁各 1kg。提高植株抗病性，达到控制灰霉病、早疫病、根结线虫病等病害发生的目的。

10.4.4 生长期

10.4.4.1 黄板诱杀

在日光温室内害虫初发期，每亩悬挂 30cm×40cm 黄板 40～50 张，黄板的高度以其下缘略高于西葫芦植株的生长点为宜。

10.4.4.2 银灰膜驱蚜

将银灰膜剪成 10～15cm 宽的膜条，膜条间距 10cm，纵横拉成网眼状。

10.4.4.3 摘除病残组织

西葫芦生长期间及时摘除植株中下部的老叶、病叶和残余的花瓣柱头。

10.4.4.4 温湿度调控

当棚温升到 30℃时开始放顶风。当棚温降至 20～25℃、湿度降到 50%～60%时，关闭通风口，使夜间棚温保持在 12～15℃，湿度保持在 70%～80%。3 月以后采用隔沟干湿交替灌水技术。

10.4.4.5 药剂防治

在非药剂防治不能满足防治效果的要求时，允许使用农药防治。优先选用烟熏法、粉尘法，其次选用喷雾法。喷雾法防治应选择晴天施药，在先一年 4～11 月下午 15:00～17:00 喷施，12 月至翌年 3 月上午 9:00～11:00 喷施。

（1）猝倒病

发病初期，选用 20%乙酸铜可湿性粉剂 3.0～4.5kg/hm² 灌根，或 80%代森锰锌可湿性粉剂 960～1200g/hm²，或 20%乙酸铜可湿性粉剂 3.0～4.5g/hm² 喷雾。

（2）霜霉病

发病初期，选用 722g/L 霜霉威盐酸盐水剂 866.4～1083g/hm² 或 69%烯酰吗啉·锰锌可湿性粉剂 1380~2070g/hm² 叶面喷雾。若遇阴雨天，选用 45%百菌清烟剂 5.25kg/hm² 烟熏 4~6h。

（3）灰霉病

选用 40%嘧霉胺悬浮剂 375~562.5g/hm²，或 50%腐霉利可湿性粉剂 525~750g/hm²，或 10%多抗霉素可湿性粉剂 187.5~225g/hm² 叶面喷施，或 10%百菌清烟剂 1650~2250g/hm² 熏蒸。2,4-D 蘸花时加入 0.3%的 50%腐霉利可湿性粉剂，或 0.1%的 40%嘧霉胺可湿性粉剂，或 0.1%的 50%异菌脲可湿性粉剂。

（4）蔓枯病

发病初期选用 40%双胍三辛烷基苯磺酸盐可湿性粉剂 400~500mg/kg，或 250g/L 嘧菌酯悬浮剂 225~337.5g/hm² 叶面喷施，也可用上述药剂涂茎防治。

（5）根腐病

田间发病初期选用喷雾，可用 20%二氯异氰尿酸钠可溶粉剂 562.5~750g/hm²，或 77%多宁（氢氧化铜）可湿性粉剂 500 倍液，或 58%甲霜灵锰锌可湿性粉剂 500 倍液，或 72.2%普力克水剂 800 倍液等药剂进行交替喷施，连续喷 3~5 次。也可用 20%二氯异氰尿酸钠可溶粉剂 300~400 倍液，50%多菌灵可湿性粉剂 500 倍液，或 58%甲霜灵锰锌可湿性粉剂 500~800 倍液灌根，连灌 3 次，每次间隔 10 天左右。也可每亩用 64%杀毒矾可湿性粉剂 1kg，与适量细土拌匀，撒于植株根际部。

（6）白粉病

在发病前期和发病初期，用 4%嘧啶核苷类抗菌素水剂 100mg/kg 或 10%苯醚甲环唑水分散粒剂 100~125g/hm²，或 30%己唑醇悬浮剂 45~60g/hm²，或 40%腈菌唑水分散粒剂 400~500g/hm² 叶面喷施各 1 次。

（7）病毒病

发病初期选用 20%盐酸吗啉胍·铜（病毒 A）可湿性粉剂 300g/hm²，或 0.5%菇类蛋白多糖 13.5g/hm²，或 0.05%高锰酸钾溶液 350g/hm² 叶面喷施。

（8）根结线虫

执行 DB61/T 542—2012 的规定。

（9）斑潜蝇

选用 1.8%阿维菌素乳油 10.8~21.6g/hm²，或 50%灭蝇胺可湿性粉剂 150~225g/hm² 叶面喷施。

（10）粉虱

于傍晚每亩使用 36%异丙威烟剂 400~500g 闭棚熏蒸，每隔 3 天熏 1 次，或选用 25%噻虫嗪水分散粒剂 3000 倍液，或 25%噻嗪酮可湿性粉剂 1000 倍液，或 24%螺虫乙酯悬浮剂 2500 倍液，或 10%烯啶虫胺水溶性液剂 1000 倍液喷雾。

（11）蚜虫

选用 25%噻虫嗪水分散粒剂 37.5～46.88g/hm² 叶面喷施，或 10%异丙威烟剂 450～600g/hm² 闭棚熏蒸。

（12）叶螨

在发生初期，选用 240g/L 虫螨腈悬浮剂 72～108g/hm² 叶面喷施。

第11章 芹　　菜

芹菜，属伞形科植物，别名旱芹、药芹，原产于地中海沿岸地区，汉代传入我国，作为一种传统蔬菜，芹菜不仅营养丰富，爽脆适口，而且还能治病健身，被誉为"佳蔬良药"，近二三十年来，随着人们生活质量的提高，芹菜消费量不断增加，种植面积不断扩大，现在已成为我国重要的蔬菜种类之一。芹菜斑枯病、软腐病、灰霉病、病毒病、蚜虫、叶螨等病虫害是芹菜生产中重要的生物灾害，随着种植面积的增加，种植年限的延长，病虫为害有逐年加重的趋势。有效控制病虫为害，对确保芹菜产业的可持续安全生产具有重要作用。

11.1 病原病害

11.1.1 芹菜猝倒病

猝倒病是芹菜苗期的主要病害，俗称"倒苗""霉根""小脚瘟"等，主要是由瓜果腐霉属鞭毛菌亚门真菌侵染所致。病菌寄主范围很广，严重时可引起成片死苗。

11.1.1.1 症状

芹菜猝倒病在幼苗出土后、真叶未展开时发病严重，幼苗长大后发病较轻。幼苗未出土时发病，表现为胚茎和子叶腐烂死亡。幼苗发病初期，茎基部呈水浸状病斑，以后病部变黄褐色，并逐渐缢缩变为细线状。幼苗由于地上部分失去支撑能力而倒伏死亡，病叶一般仍保持绿色不萎蔫。在高温高湿条件下，病株残体表面及病菌周围地面长出一层白色、棉絮状的菌丝。

11.1.1.2 病原

芹菜猝倒病是由鞭毛菌亚门真菌瓜果腐霉菌（*Pythium aphanidermatum*）侵染所致。菌落在 CMA 培养基上呈放射状，气生菌丝棉絮状。菌丝发达，分枝繁茂，粗 2.8～9.8μm。孢子囊由膨大菌丝或瓣状菌丝、不规则菌丝组成，顶生或间生，大小为（63～735）μm×（4.9～22.6）μm，平均为 236.9μm×13.8μm；出管长短不一，粗约 4.2μm；泡囊球形，内含 6～25 个或更多的游动孢子；游动孢子肾形，侧生双鞭毛，大小为（13.7～17.2）μm×（12.0～17.2）μm；休止孢子球形，直径为 11.2～12.1μm。藏卵器球形，平滑，多顶生，偶有间生，柄较直，直径为 17～26μm（平均 23.7μm）。雄器袋状、宽棍棒状或屋顶状、玉米粒状或瓢状，间生或顶生，同丝生或异丝生，每一藏卵器有 1～2 个雄器，受精管明显，大小为 13.97μm×11.28μm。卵孢子球形，平滑，不满器，直径为 19～22μm，壁厚 2.3～3.1μm；内含贮物球和折光体各 1 个。

11.1.1.3 侵染循环

病菌以卵孢子随病残体在土壤中越冬，可营腐生生活，在土壤中长期存活。条件适宜时卵孢子萌发，产生芽管，直接侵入幼芽，或芽管顶端膨大后形成孢子囊，以游动孢子借雨水或灌溉水传播到幼苗上，从茎基部侵入。湿度大时，病苗上产生的孢子囊和游动孢子进行再侵染。浇水后积水处或薄膜滴水处最易发病而成为发病中心。

11.1.1.4 影响发生因素

（1）温湿度与猝倒病发生的关系

温度对猝倒病发生的影响较大，病菌在土温 15~20℃时繁殖最快，在 8~9℃低温条件下也可生长，适宜发病地温为 10℃，故当苗床温度低，幼苗生长缓慢，再遇高湿，则感病期拉长，特别是在局部有滴水时，很易发生猝倒病。尤其苗期遇有连续阴雨雾天，光照不足，幼苗生长衰弱时发病重。当幼苗皮层木栓化后，真叶长出，则逐步进入抗病阶段。

（2）幼苗发育阶段与猝倒病发生的关系

芹菜幼苗发育阶段与猝倒病的发生关系密切，幼苗越小，感染概率越高，发病越重。在芹菜真叶出来之前，芹菜苗主要依靠异养生活，幼苗长势弱，易感病；真叶长出之后，进行自养生活，且幼苗茎秆木质化程度也越来越高，抗病性越来越强，发病越来越轻。

（3）育苗密度与猝倒病发生的关系

育苗密度越大发病越重，病害流行速度快。其原因是密度大，幼苗间通风透光程度越差，木质化速度越慢，病原菌越容易感染。

11.1.2 芹菜斑枯病

芹菜斑枯病又名芹菜晚疫病、叶枯病，俗称"火龙""桑叶"等，是冬春保护地及采种芹菜的重要病害，发生普遍而又严重，对产量和质量影响较大。此病不仅在生长期间为害，在采收后、贮运和销售过程中，还可继续为害造成损失。

11.1.2.1 症状

芹菜斑枯病主要为害叶片，其次是叶柄、茎基部和种子。一般老叶先发病，后向新叶发展。叶片上初期病斑为淡褐色油渍状小斑点，扩大后病斑有两种类型。一种病斑较小，直径 2~3mm，多个病斑融合，病斑边缘黄褐色，中间黄白色，病斑外部常有一圈黄色晕圈，在病斑边缘聚生许多小黑点；另一种病斑较大，直径 3~10mm，初为淡褐色油渍状小斑点，后逐渐扩大，中部呈褐色坏死，外缘多为深红褐色且明显。一般没有黄色晕圈，中间散生少量小黑点。叶柄、茎上病斑初为淡褐色油渍状小斑点，后逐渐扩大，中部呈褐色坏死，外缘多为深红褐色，中间散生少量小黑点。植株生长受阻，株高仅为正常植株的一半，食用价值降低。

11.1.2.2 病原

芹菜斑枯病是由芹菜小壳针孢（*Septoria apii* Chest.）和芹菜大壳针孢（*Septoria apiigraveolengin* Dorogin）侵染所致，均属半知菌亚门真菌。分生孢子器埋生于表皮组织下，大小为（87～155.4）μm×（25～56）μm，遇水从器孔口逸出孢子角和器孢子。孢子无色透明，长线形，顶端较钝，具隔膜，0～7个，多为3个，大小为（35～55）μm×（2～3）μm。该菌分生孢子萌发时，隔膜增多或断裂成若干段，发育适温为20～27℃，高于27℃生长发育趋缓。病原菌属专性寄生，只侵害芹菜。

11.1.2.3 侵染循环

病原菌主要以菌丝体在种皮内或病残体上越冬，且可存活1年以上。播种带菌种子，出苗后即染病，产生分生孢子，在育苗畦内传播蔓延。在病残体上越冬的病原菌，遇适宜温、湿度条件时，产出分生孢子器和分生孢子，借助风或雨水飞溅将孢子传到芹菜上，遇有水滴存在，孢子萌发产出芽管，经气孔或直接穿透表皮侵入植株，经5～10天潜育期，病部又产生分生孢子进行再侵染。在陕西日光温室栽培芹菜上，11～12月和第二年3～4月发生严重。在露地栽培芹菜上，主要是9～10月和第二年4～5月发生严重。

11.1.2.4 影响发生因素

（1）温湿度与斑枯病发生的关系

斑枯病的发生和流行需要冷凉多湿的条件。在温度20～25℃，湿度95%以上条件下发病严重。温室环境条件下温度易满足，在灌水过多、放风排湿不及时，造成湿度较大，棚内昼夜温差大、结露多时，均能诱发斑枯病的严重发生。

（2）生长发育阶段与斑枯病发生的关系

芹菜不同生长发育阶段与斑枯病的发生关系密切，成株期以前发病比较轻，在成株期至采收期最易感病。其原因一方面是在芹菜生长发育的前期，植株抗病性比较强；另一方面是前期植株比较小，株间通风透光条件好，湿度比较小。相反，成株期以后，株间通风透光条件比较差，株间湿度比较大，有利于斑枯病的发生。

（3）田间管理水平与斑枯病发生的关系

田间管理粗放，缺肥、缺水，栽植过密，植株生长不良，抗病性下降，发病严重。反之，管理水平比较精细，科学配方施肥，合理密植，发生比较轻。

11.1.3 芹菜早疫病

早疫病别名芹菜叶斑病、芹菜斑点病。分布广泛，发生普遍，暴发性强、为害重，保护地、露地均有发生。一般病株率为20%～30%，严重时病株率可达60%～100%，病株多数叶片因病坏死甚至全株枯死，严重影响芹菜的产量与品质。

11.1.3.1 症状

从苗期到收获期均可发生，但主要在本田发生。主要为害叶片、叶柄和茎。发病初期，叶片上出现黄绿色水浸状病斑，扩大后为圆形或不规则形，褐色，内部病组织多呈薄纸状，周缘深褐色，稍隆起，外围有黄色晕圈。严重时病斑扩大汇合成斑块，终致叶片枯死。茎或叶柄上的病斑椭圆形，暗褐色，稍凹陷。发病严重时全株倒伏。高温多湿时，病斑表面产生白色或紫色霉状物，即病菌分生孢子梗和分生孢子。

11.1.3.2 病原

芹菜早疫病是由芹菜尾孢霉（*Cercospora apii* Fres.）侵染所致，属半知菌亚门真菌。子实体两面生，褐色。分生孢子梗束生，榄褐色，顶端色淡，大小为（30～87.5）μm×（2.5～5.5）μm。分生孢子鞭形，无色，正直或弯曲，顶端较尖，向下逐渐膨大，至基部近截形，具隔膜 3～19 个，大小为（55.9～217.5）μm×（3.1～5.6）μm。病菌生长发育温度为 15～32℃，菌丝发育适温为 25～30℃，分生孢子形成适温为 15～20℃，萌发适温为 28℃。病菌发育需要较高湿度，分生孢子萌发和产生芽管侵入则需要有水滴存在。

11.1.3.3 侵染循环

病原菌以菌丝体附着在种子或病残体及病株上越冬。翌年条件适宜时通过雨水飞溅、风及农机具或农事操作传播，从气孔或表皮直接侵入。在陕西秋延茬芹菜上严重发生期在 9 月，越冬茬主要发生于 10 月，早春茬主要发生于 5 月下旬至 6 月中旬。

11.1.3.4 影响发生因素

(1) 气候因素与早疫病发生的关系

芹菜早疫病为高温高湿病害，病菌发育适温为 25～30℃，分生孢子形成适温为 15～20℃，萌发适温为 28℃。符合该病害发生条件，发病则重。如遇连日降雨天气，则相对湿度大，有利于孢子产生，进行再侵染，若雨后暴晴，则病害暴发成灾，造成茎叶枯死，成片塌圈。此外，芹菜在定植初期如遇连续数天 30℃以上高温干旱天气，会因生长不良而引发病害。

(2) 栽培管理水平与早疫病发生的关系

芹菜定植后不能及时中耕，土壤板结，肥力不足，灌水不及时，造成芹菜长势差，发生严重。在北方地区秋延茬和越冬茬，育苗及定植时恰遇高温天气，若没有采用遮阳网栽培的芹菜发病早、发病重。苗期没有搭架遮阳网栽培的芹菜，一般于定植后 5～7 天就会出现病株，比遮阳网栽培的早发病 15 天左右，且常因病害流行，造成毁苗重新栽植。

(3) 连作与早疫病发生的关系

调查结果表明，连作年限越长，发病越早而重，如连作 0 年、1 年、3 年和 5 年，芹菜早疫病病株率依次为 13.6%、25.5%、68.9% 和 95.1%，病情指数分别为 5.1、7.1、

16.8 和 35.6。其原因一方面是连作年限越长，田间病原积累越多；另一方面是连作年限越长，土壤养分失衡越严重，导致芹菜长势越差，抗病性下降，发病严重。

（4）品种因素与早疫病发生的关系

品种间抗病性差异较大，如芹菜叶柄白绿色、实心、纤维少的品种，高感早疫病。连年大面积种植同一当家品种也是导致芹菜早疫病发生严重的因素之一。

11.1.4 芹菜软腐病

芹菜软腐病又称芹菜腐烂病、"烂疙瘩"，属细菌性病害。除为害芹菜外，还为害白菜、甘蓝、马铃薯、番茄、辣椒、大葱、洋葱、胡萝卜等蔬菜，寄主十分广泛。

11.1.4.1 症状

从苗期到成株期均可发生，主要发生于叶柄基部或茎上。一般先从柔嫩多汁的叶柄基部开始发病，发病初期先出现水浸状，形成淡褐色纺锤形或不规则的凹陷斑，湿度大的环境条件下呈湿腐状，后变黑发臭，仅残留表皮，引起植株死亡。

11.1.4.2 病原

芹菜软腐病是由胡萝卜软腐欧文氏菌胡萝卜亚种（*Erwinia carotovora* subsp. *carotovora*）侵染所致。病菌在培养基上的菌落呈灰白色，圆形或不定形；菌体短杆状，大小为（0.5～1.0）μm×（2.2～3.0）μm。周生鞭毛2～8根，无荚膜，不产生芽孢，革兰氏染色阴性。该菌生长发育最适温度为 25～30℃，最高 40℃，最低 2℃，致死温度 50℃经 10min。在 pH 5.3～9.2 均可生长，其中 pH 7.2 最适宜。不耐光或干燥，在日光下曝晒 2h，大部分死亡。在脱离寄主的土壤中只能存活 15 天左右，通过猪的消化道后则完全死亡。

11.1.4.3 侵染循环

病原菌主要随病残体在土壤中越冬，翌年遇到适宜的温湿度条件时，产生游动孢子，从植株伤口处侵入。由于病菌的寄主很广，因此一年四季均可在各种蔬菜上侵染和繁殖，对各季栽培的芹菜均可造成为害。发病后通过昆虫、雨水、灌溉及各种农事操作等传播，进行再侵染。感病后易受腐败性细菌的侵染，产生臭味。

11.1.4.4 影响发生因素

（1）连作年限与软腐病发生的关系

病原菌主要随病残体在土壤中越冬，连作年限越长，病原积累越多，发病越重。例如，连作 0 年、1 年、3 年和 5 年，病株率分别为 8.5%、18.2%、41.8%和 79.5%。说明连作年限与病株率呈显著正相关关系。

（2）栽培管理与软腐病发生的关系

由于软腐病病原菌首先从植株的伤口处侵入，因此植株伤口是发病的重要因素之一。在定植、中耕、除草等各农事操作过程中及害虫发生严重时，造成芹菜根系或植株伤口多，发生严重。缺水缺肥，灌水过多，通风不良，植株长势弱，发病重。此外，定植过深，培土过高，使叶柄埋入土壤中，大水漫灌，发病也严重。反之，发病比较轻。

（3）温湿度与软腐病发生的关系

温湿度与软腐病的发生关系十分密切，在4～36℃芹菜软腐病均能发生，最适温度为27～30℃。高温多雨时植株上的伤口不易愈合，发病加重，容易蔓延。在北方地区日光温室越冬茬栽培往往高温高湿和低温高湿交替出现，对芹菜的正常生长发育不利，伤口愈合缓慢，往往发病较重。

11.1.5 芹菜菌核病

菌核病是设施栽培芹菜中的主要病害，病株率一般为10%左右。一旦发病，可引起全株腐烂，对产量有一定影响。

11.1.5.1 症状

芹菜菌核病在芹菜全生育期均可发病，主要为害茎和叶。病害常先在叶部发生，发病初期叶片形成暗绿色病斑，潮湿时表面产生白色菌丝层，后向下蔓延，引起叶柄及茎发病。病处初为褐色水渍状，后形成软腐或全株溃烂，表面产生浓密的白霉，最后形成鼠便状菌核，发病严重时叶片枯死。

11.1.5.2 病原

菌核病是由子囊菌亚门真菌核盘菌［*Sclerotinia sclerotiorum*（Lib.）de Bary］侵染所致。子囊盘初为淡黄褐色，盘状，后变为褐色。子囊无色，椭圆形或棍棒形，大小为（91～125）μm×（6～9）μm。子囊孢子椭圆形，单胞，排成一行，大小为（9～14）μm×（3～6）μm。

11.1.5.3 侵染循环

病原菌以菌核形态在土壤中或混在种子中越冬，翌年当条件适宜时病菌产生子囊孢子，借风、雨等传播，侵染生活力衰弱的老叶或花瓣。田间再侵染多通过菌丝进行，菌丝的侵染和蔓延有两个途径：一是脱落的带病组织与叶片、茎接触；二是病叶与健叶、茎直接接触，病叶上的菌丝直接蔓延使其发病。温度15℃左右、相对湿度85%以上时，有利于菌核病的发生和流行。

11.1.5.4 影响发生因素

（1）温湿度与菌核病发生的关系

该病在低温潮湿环境条件下易发生，菌核萌发的温度为5～20℃，最适温度为15℃，相对湿度在85%以上时，有利于菌核病的发生与流行。

（2）芹菜长势与菌核病发生的关系

芹菜菌核病是弱寄生性病害，因此，芹菜长势与菌核病的发生密切相关，即芹菜长势越弱，发病越重；反之，芹菜长势越强，发病越轻。在生产上，通过培育壮苗、施足有机肥、增施磷钾肥、适时中耕松土等栽培管理，促进芹菜健壮生长，可有效抑制菌核病的发生。

（3）栽培模式和茬口与菌核病发生的关系

调查结果显示，露地栽培芹菜菌核病发生较轻，设施栽培菌核病发生比较重。越冬茬发生重于秋延茬，秋延茬重于早春茬，早春茬重于越夏茬。

（4）连作年限与菌核病发生的关系

由于菌核病的病原菌在土壤中度过寄主中断期，因此，土壤中的病原菌累积量与连作年限呈正相关关系。例如，连作1年、3年、5年和7年，菌核病的病株率分别为3.2%、16.5%、32.8%和47.6%，即连作年限越长，发病越重。

11.1.6 芹菜灰霉病

灰霉病在北方地区露地栽培芹菜中几乎不发生，主要发生于冬春茬设施栽培，病株率一般为20%左右，为害严重的棚室病株率可达50%以上，且有逐年加重趋势，现已成为一种北方地区设施栽培芹菜新发生的重要病害。

11.1.6.1 症状

苗期多从幼苗根茎部发病，呈水浸状坏死斑，表面密生灰色霉层。成株期地上部均可发病，一般开始多从植株有结露的心叶或下部有伤口的叶片、叶柄或枯黄衰弱外叶先发病，初为水浸状，后病部软化、腐烂或萎蔫，病部长出灰色霉层，即病菌分生孢子梗和分生孢子。长时间高湿条件下可造成芹菜整株腐烂，造成严重损失。

11.1.6.2 病原

芹菜灰霉病是由灰葡萄孢（*Botrytis cinerea* Pers.）侵染所致，该病原菌属半知菌亚门真菌。有性世代为富氏葡萄孢盘菌［*Botryotinia fuckeliana*（de Bary）Whetzel］。子座埋生在寄主组织内，分生孢子梗细长，从表皮表面长出，直立，分枝少，深褐色，具隔膜6~16个，大小为（880~2340）μm×（11~22）μm，分生孢子梗端先缢缩后膨大，膨大部具小瘤状突起，突起上着生分生孢子；分生孢子单胞无色，近球形或椭圆形，大小为（5~12.5）μm×（3~9.5）μm。病原为弱寄生菌，可在有机物上腐生。

11.1.6.3 侵染循环

病菌以菌核在土壤中或以菌丝及分生孢子在病残体上越冬或越夏。在南方和北方日光温室栽培芹菜中没有越冬现象。翌春条件适宜时，越冬的菌核萌发，产生菌丝体、分生孢子梗及分生孢子。分生孢子成熟后脱落,借气流、雨水或露珠及农事操作等途径进行传播,萌发时产生芽管,从寄主伤口或衰老的器官及枯死的组织上侵入,发病后在病部又产生分生孢子,借气流传播进行再侵染。

11.1.6.4 影响发生因素

(1) 温湿度与灰霉病发生的关系

温湿度是影响芹菜灰霉病发生的重要因素。温湿度均不适合或其中之一不适合,灰霉病的发生受到抑制,反之,若温湿度同时满足其发育,病害则快速流行。研究结果表明,灰葡萄孢发育适宜温度为20~23℃,最高31℃,最低2℃。发病要求有高湿条件,在11月至翌年4月,当棚室内达到气温20℃左右、相对湿度持续90%以上的多湿状态时,芹菜易感染灰霉病。

(2) 栽培管理水平与灰霉病发生的关系

棚室栽培中,灌水次数多、灌水量大,且在阴雪天气来临前灌水,造成棚室湿度大,温度比较低,棚室保温设施差,放风时间太早,在棚内形成了有利于此病原分生孢子的发育适温。施肥水平比较低或偏施氮肥,忽视磷钾肥,栽植过密,造成芹菜生长发育不良、抗性降低,以及施药不合理等,均能引起病害流行。

(3) 连作年限与灰霉病发生的关系

土壤几乎是灰霉病病原菌的唯一越冬场所,因此,连作年限越长,土壤带菌率越高,灰霉病发生越重,二者呈显著的正相关关系,如连作1年、3年、5年和7年,灰霉病病株率分别为5.2%、21.1%、36.8%和52.3%。此外,连作年限越长,发病越早,造成损失越大。连作年限延长引起灰霉病发生加重的另一个原因,是连作导致土壤养分不平衡,使芹菜长势变差,抗性降低。

11.1.7 芹菜细菌性叶斑病

细菌性叶斑病是芹菜的重要病害,设施栽培和露地均有发生。病株率一般为5%~20%,严重时病株率达80%,影响芹菜的产量和品质。

11.1.7.1 症状

细菌性叶斑病从苗期到收获期均可发病,主要为害叶片。初期在叶片上形成较小的浅褐色斑点,受叶脉限制逐渐发展成多角形,病斑可相互融合,导致叶片枯死,该病水渍状斑不明显。

11.1.7.2 病原

细菌性叶斑病是由菊苣假单胞杆菌[*Pseudomonas cichorii*(Swingle)Stapp]侵染所致。菌体杆状,有单极生鞭毛1~4根,大小为(0.2~3.5)μm×0.8μm,革兰氏染色阴性,氧化酶反应阳性,精氨酸双水解酶阴性,金氏B培养基上产生黄绿色荧光色素,菌落圆形、白色、不透明、边缘整齐、微凸、黏稠。不产生果聚糖，能引起烟草过敏反应，不能使马铃薯腐烂，生长适温为30℃，41℃时不生长；具有硝酸还原作用。

11.1.7.3 侵染循环

病原细菌在种子内外或随病残体在土壤中越冬，也可在杂草及其他作物上越冬，成为该病的初侵染源。翌年春天条件适宜时，病原菌从气孔、皮孔、伤口等处侵入，借雨水飞溅、灌溉水、农事操作等途径传播。除为害芹菜外，还可为害白菜、甘蓝、油菜、黄瓜、苋菜、龙葵、马齿苋等作物和杂草。在山东、陕西早春茬芹菜栽培中，细菌性叶斑病于4月中下旬至5月初开始发病，发病高峰期为5月中下旬。夏茬芹菜发病高峰期为8月上旬至9月中旬。

11.1.7.4 影响发生因素

（1）温湿度与细菌性叶斑病发生的关系

温湿度对芹菜细菌性叶斑病发生的影响比较大，尤其是湿度。棚室通风不及时，造成湿度大，叶片结露重、时间长，或田间4月中旬至5月上旬遇到降雨，有利于病害的流行，发生为害严重。

（2）栽培管理水平与细菌性叶斑病发生的关系

管理粗放，底肥不足，追肥不及时，偏施氮肥，导致芹菜长势比较差，抗性降低，发病比较重。此外，栽植密度大，棚室通风不及时，导致植株间湿度大，有利于病害的流行。

11.1.8 芹菜叶点霉叶斑病

11.1.8.1 症状

芹菜叶点霉叶斑病又称西芹叶斑病，主要为害叶片。老叶染病多始于叶尖或叶缘，初现水渍状褪绿小斑点，逐渐扩大成不规则形或半圆形大病斑，中间灰白色，边缘青褐色，湿度大时病斑背面长出子实体，后期病斑上密集黑色小粒点，即病原菌的分生孢子器，严重的病斑连片，致叶片干枯。

11.1.8.2 病原

芹菜叶点霉叶斑病是由半知菌亚门芹菜叶点霉（*Phyllosticta apii* Hals.）侵染所致。病原菌分生孢子器球形或半球形，器上有明显孔口，初埋生在组织中，后外露或仅从孔口表皮露出，不具刚毛状；分生孢子梗短小或无；分生孢子小，卵形或圆筒形，单胞无色或色浅，产孢方式为环痕式。器孢子单细胞，无色至近无色，圆形或椭圆形，透明。

11.1.8.3 侵染循环

病菌主要以分生孢子器在病残体或种子上越冬，成为第二年的初侵染源。翌春条件适宜时,孢子萌发产生芽管直接从寄主表皮侵入,分生孢子借雨水、风、气流、灌溉水、农事作业等传播。7~8月连阴雨多,降雨量集中且大的年份或栽植病苗发病重。

11.1.8.4 影响发生因素

(1) 温湿度与叶点霉叶斑病发生的关系

温湿度影响病原菌的发育和流行程度。病原菌发育的适宜温度为25~30℃,分生孢子形成的适宜温度为15~20℃。空气相对湿度90%以上时有利于病害流行。夏季雨水多的年份发病比较重,秋季由于夜间结露重,持续时间长,有利于病害的发生和流行。

(2) 栽培管理水平与叶点霉叶斑病发生的关系

管理粗放,底肥不足,追肥、灌水不及时,造成缺水、少肥,或灌水过多,造成土壤湿度过大,通气性变差,植株生长不良,发病重。

(3) 种植模式和茬口与叶点霉叶斑病发生的关系

调查结果显示,夏茬芹菜和秋延栽培茬口发生较重,春茬芹菜发生较轻。日光温室栽培发生重于塑料大棚栽培,塑料大棚栽培重于露地栽培。

11.1.9 芹菜黄萎病

芹菜黄萎病是典型的土传病害,在中国北方地区设施栽培芹菜生产中黄萎病的发生有逐年加重的趋势。

11.1.9.1 症状特点

芹菜苗期染病后,表现为生长缓慢,当气温达到20℃以上时,叶色由绿色变为黄绿色,致幼苗萎蔫或枯死。成株染病,在高温季节叶片无光泽,叶色变暗淡,严重时叶片失绿或脉间叶肉出现黄绿相间斑驳,剖开病茎可见维管束变褐色,或根及根颈部、叶柄变为红色,根系腐烂致整株枯死。

11.1.9.2 病原

芹菜黄萎病是由半知菌亚门尖镰孢菌芹菜专化型(*Fusarium oxysporum* f. sp. *cucmrium*)侵染引起。菌丝无色具隔膜;大型分生孢子无色透明,纺锤形,多具3个隔膜;小型分生孢子单细胞,无色透明,多具1个隔膜;厚垣孢子单生或串生,梨形,厚垣孢子多顶生或间生,孢子内生。病菌发育适温为28℃左右。

11.1.9.3 侵染循环

病菌主要以厚垣孢子在土壤中越冬,翌年条件适宜时,病菌从芹菜的幼嫩细根入侵后,致寄主皮层破裂或腐烂。病原菌侵入后多寄生在根或根颈及叶柄维管束中,由于菌丝大量繁殖,致营养物质或水分向上运输受到妨碍,该病潜育期20天左右。

11.1.9.4 影响发生因素

(1) 温湿度与黄萎病发生的关系

研究结果显示,土温高或气温 20~32℃时有利于发病,气温为 28℃时最适宜芹菜黄萎病的流行。低于 7.7℃或高于 36℃时病原菌的发育受到抑制,田间发病比较轻。由于该病是主要侵染输导组织,土壤湿度小或天气干旱时,植株地上组织得不到水分的充分供应,叶片萎蔫,植株病变加快。大水漫灌,有利于田间病害扩散。

(2) 连作年限与黄萎病发生的关系

土壤是芹菜黄萎病病原菌越冬的主要场所,连作年限越长,病原菌累积越多,发病越重。连作 1 年、3 年和 5 年,发病株率分别为 4.5%、18.6%和 54.3%。若与非本病病原菌寄主轮作,发病比较轻。

(3) 栽培管理水平与黄萎病发生的关系

芹菜黄萎病是弱寄生性病害,芹菜长势越强,发病越轻;反之,长势越弱,发病越重。因此,田间管理精细,有机肥施用充足,并能合理追肥灌水,芹菜长势好,发病轻;反之,管理粗放,造成缺水缺肥,芹菜长势差,发病重。

11.1.10 芹菜病毒病

芹菜病毒病,又称花叶病、皱叶病和抽筋病等,发生普遍,世界各地均有不同程度发生。以夏、秋季栽培发病重,严重影响芹菜的产量和品质,是芹菜的主要病害之一。

11.1.10.1 症状

从苗期至成株期均可发病,全株受害。表现的症状类型因病原和寄主发育阶段不同,表现出不同类型的症状。主要症状类型有:①鸡爪状,叶片变长,缺刻变深,呈鸡爪形,具黄绿相间的斑块。②沿脉失绿症,病叶不变形,沿叶脉失绿。③叶丛生症,叶柄变粗短,丛生,新叶极度皱缩,停止生长。④黄化症,整株叶片黄化失绿,外叶较内叶严重。⑤叶缘油渍症,叶正面边缘有油渍状白浆色膜。⑥褪绿圆斑症,病叶呈褪绿圆斑,黄而亮。⑦蚀纹症,叶片黄绿细纹紧密嵌合,呈云丝状分布、波浪式弯曲。⑧矮化症,植株矮化,黄嫩叶及茎梢萎缩成团,茎粗嫩、易折断。⑨黄斑块症,叶具 2~4 个不规则大黄斑块,多呈长方形,黄绿界限分明。⑩赤褐黄化症,叶片赤褐黄化,叶缘色深并带紫色,个别叶有小绿点分布。⑪扭曲畸形症,茎扭曲成 S 形,顶叶明脉,其他叶花叶,侧枝多而细。

11.1.10.2 病原

芹菜病毒病是由芹菜花叶病毒(Celery mosaic virus)和黄瓜花叶病毒(Cucumber mosaic virus)单独或复合侵染引起的系统性病害。

扫描电镜观察显示,芹菜花叶病毒形态为线状粒体,稍弯,属马铃薯 Y 病毒组,长

650～850nm，宽 15～18nm。其致死温度为 50～60℃，稀释限点为 10^{-4}～10^{-3}，体外保毒期 3～4 天。

黄瓜花叶病毒为颗粒球状，病毒粒子为等轴对称的二十面体，无包膜，三个组分的粒子大小一致，直径约 29nm，易被磷钨酸盐降解，有一个直径约 12nm 的电子致密中心，呈"中心孔"样结构。RNA1 和 RNA2 各包裹在一个粒子中，RNA3 和 RNA4 一起包裹在一个粒子中，常存在微卫星 RNA 分子。病毒致死温度为 65～70℃，不耐干燥。

11.1.10.3　侵染循环

芹菜花叶病毒在温室芹菜及杂草等植株上越冬，传播方式为汁液摩擦传毒和蚜虫非持久性传毒。日均温 18℃左右时，桃蚜对曼陀罗的传毒潜育期为 8 天，在芹菜上为 22 天。芹菜蚜比桃蚜的传毒潜育期长 2～3 天。

黄瓜花叶病毒附着在多年生宿根杂草上越冬，由 60 多种蚜虫以非持久性方式传播，易通过机械接种传播，有翅蚜迁飞传到芹菜上，在病株上吸食 2min 即可获毒，在健株上吸食 15～120s 就完成接毒过程。侵染后 24℃条件下，6h 在叶肉细胞内出现，48h 可再侵染，4 天后即可表现症状。

11.1.10.4　影响发生因素

（1）温湿度与病毒病发生的关系

温湿度的高低决定芹菜病毒病发生的轻重。由黄瓜花叶病毒引起的芹菜病毒病，发病适温为 20℃，气温高于 25℃时多表现隐症。在湿度较高情况下，不利于蚜虫迁飞，病毒病发生较轻；反之，湿度低，有利于蚜虫迁飞，病毒病发生重。芹菜花叶病毒喜高温干旱的环境，适宜发病的温度为 15～38℃，最适发病温度为 20～35℃，适宜相对湿度在 80% 以下。在北方日光温室栽培芹菜，由于棚室内温度比较低，湿度比较大，一般芹菜病毒病的发生较轻。

（2）传毒昆虫数量与病毒病发生的关系

无论是由芹菜花叶病毒引起的芹菜病毒病，还是由黄瓜花叶病毒引起的芹菜病毒病，蚜虫是其有效的传毒途径之一。因此，芹菜田蚜虫数量越多，发病越重，反之发病则轻。芹菜田蚜虫迁飞高峰过后 10 天左右，出现病毒病发病高峰。

（3）种植模式和茬口与病毒病发生的关系

调查结果显示，芹菜病毒病发生的轻重与种植模式和茬口的关系也十分密切。日光温室栽培发生轻于塑料大棚栽培，塑料大棚栽培发生轻于露地栽培；早春茬栽培发生轻于越冬茬栽培，越冬茬栽培轻于夏茬栽培。其原因主要是种植模式和茬口不同，芹菜田温湿度等生态环境不同，如越冬茬芹菜田湿度比较高，不利于蚜虫的迁飞和取食。夏茬芹菜田，温度比较高，湿度比较小，传毒昆虫数量比较多，病毒病的发生比较重。

（4）栽培管理水平与病毒病发生的关系

栽培管理粗放、农事操作造成芹菜植株伤口多，杂草丛生，传毒昆虫数量多，多年连作，缺肥，缺水，氮肥施用过多的芹菜田，病毒病发生往往比较重。

11.2 生理病害

11.2.1 芹菜心腐病

芹菜心腐病又称黑心病，属生理病害。多发生在芹菜定植前后。芹菜苗床死亡率一般在10%～30%，严重时可达70%以上。定植田死亡率一般在5%～10%，严重时可达40%以上。因为芹菜心腐病属于生理病害，发病后防治效果极差，因此，在防治策略上要以预防为主。

11.2.1.1 症状

主要为害新叶的生长点，初发病时，芹菜心叶叶缘出现褪绿斑，植株生长变缓，根尖白色部分减少，纵剖短缩茎及根，可看见中间出现一条褐变痕；发病严重时，芹菜生长点死亡，心叶凋萎，外叶呈灰绿色，根尖发黄，最后芹菜根系及部分茎叶也相继死亡。

11.2.1.2 发生原因

芹菜心腐病是一种复杂的生理病害，植株缺钙是引发此病的关键原因。引起芹菜缺钙的主要原因是土壤中钙离子浓度偏低。由于近年来菜农使用农家肥越来越少，偏施化肥如碳酸氢铵、尿素、磷酸二铵和磷酸一铵等，土壤中氮、磷浓度较高，而使用的氮肥又以铵态氮为主，常引起土壤pH短暂增高，在碱性条件下，加快了土壤中钙离子与磷酸根离子的结合，形成不溶于水的磷酸八钙和磷酸十钙，使土壤中的钙离子浓度越来越低。同时，土壤中过多的铵离子降低了植物根系对钙离子的吸收能力，最终导致芹菜植株体内缺钙，引发心腐病。遇到高温干旱或雨涝天气，此病更加严重。或连续阴天，雨过天晴后受阳光直射造成芹菜根对钙、硼等少量元素吸收困难，发生心腐病。

11.2.2 烧心

11.2.2.1 症状

开始时芹菜心叶叶脉间变褐，以后叶缘细胞逐渐死亡，呈黑褐色。生育前期较少出现，一般主要发生在11～12片叶时。

11.2.2.2 发生原因

该病由缺钙引起，一般在高温干旱，施用氮、磷、钾肥过多条件下易发生。高温条件下，芹菜生长加快，促进了植株对氮、钾、镁等元素的吸收，妨碍了对钙的吸收。另外，低温、高温、干旱等不良环境条件均会降低根系活力，减弱根系对钙的吸收能力。

11.2.3 空心

11.2.3.1 症状

该病发生的部位主要是叶柄，症状表现为叶柄髓部和疏导组织细胞老化，细胞液胶质化失去活力，细胞膜发生空隙。空心多从叶柄基部开始向上伸展。在同一植株上，空心现象的出现，外叶先于内叶，由叶基到第一节间发生较早，从叶柄基部向上扩展。空心部位常出现白色絮状木栓化组织。

11.2.3.2 发生原因

空心是一种生理老化现象，发生的原因主要有：①品种，有些实心品种经过多年种植后，品种退化，形成空心，或制种过程中与空心品种隔离距离不够，品种杂交形成空心。②在沙性的土壤中，遇到高温干旱天气容易产生空心。③芹菜旺盛生长阶段，肥水缺乏或病虫害使芹菜叶片光合能力减弱，营养积累不足形成空心。④连阴雨雪天气，棚内光照不足，气温、地温偏低，营养积累少，容易形成空心。⑤收获过晚，叶柄老化，植株生命力减弱，叶片制造的营养物质较少，产生空心。⑥冬季贮藏过程中，温度偏高，呼吸作用加强，消耗的营养物质较多，造成空心。

11.2.4 叶柄开裂

芹菜生长期间，尤其是中后期，多数表现为茎基部连同叶柄同时开裂，不但影响商品品质，而且病菌极易侵染，使芹菜发病霉烂。

11.2.4.1 症状

该病症主要表现为茎和茎基部出现裂缝，呈直线或波浪状爆裂，植株外叶易黄化，幼叶边缘褐变，心叶也坏死。若缺硼，引起纵裂或横裂，叶柄发生劈裂，严重影响商品品质，同时，病菌乘机侵入，致使芹菜发病霉烂。

11.2.4.2 发生原因

多数情况是在低温干旱条件下发生，芹菜生长受到抑制，表皮角质化，此时如果突然遇到高温、多湿环境条件，芹菜植株吸收水分过多，造成组织充水，引起开裂。缺硼也是诱发该病发生的主要原因，我国北方地区大多为碱性土壤，土壤缺硼现象比较普遍，加之菜农施肥时只注重氮、磷、钾等大量元素，忽视了微量元素的使用，导致土壤中硼含量太低，引发芹菜叶柄开裂。

11.2.5 缺硼

11.2.5.1 症状

芹菜缺硼时表现为叶柄异常肥大、短缩，向内弯曲，弯曲部分的内侧组织发生褐色裂纹。幼苗发病时，叶柄由边缘向内变褐、坏死。

11.2.5.2 发生原因

缺硼发生的原因首先是土壤中有效硼缺乏；其次是遇到高温干旱条件，阻碍了植株对硼的正常吸收；最后是土壤中施用氮肥过多，抑制了芹菜对硼的正常吸收。

11.2.6 低温冷害

11.2.6.1 症状

一般冷害发生在棚室通风口处，受害叶片初始早晨叶片似开水烫过，随着温度升高，叶片逐渐恢复正常，反复几天后受害叶片边缘呈黄白色，以后出现干枯、叶柄萎蔫、倒伏症状。

11.2.6.2 发生原因

芹菜虽然是喜冷凉气候，耐寒性强、不耐热的作物，生长期间白天气温以 15~20℃、夜间以 10℃左右为宜，经过低温锻炼的幼苗能耐–10~–7℃的低温，但气温长期低于 0℃，植株就会受到冷害。在北方地区，日光温室栽培芹菜一般在 12 月以后棚膜上未加盖保温被，可造成低温冻害。塑料大棚 11 月以后的芹菜容易受到低温冻害。

11.3 虫　害

11.3.1 芹菜蚜虫

芹菜蚜虫 [*Semiaphis heraclei*（Takahashi）] 又名胡萝卜微管蚜，中国南北各地均有分布，寄主植物比较多，除为害芹菜外，还为害茴香、香菜、胡萝卜、白芷、当归、香根芹、水芹等多种伞形花科植物，以及金银花、黄花忍冬、金银木等药用植物。

11.3.1.1 为害特点

芹菜蚜虫对芹菜的为害分为直接为害和间接为害。直接为害就是以成蚜、若蚜刺吸茎、叶、花的汁液，芹菜被害后呈卷缩状，导致植株生长不良或枯萎死亡。间接为害又分两个方面，一是芹菜蚜虫在刺吸芹菜汁液的同时，分泌蜜露，造成煤污病发生，影响芹菜的光合作用；二是传播芹菜花叶病毒病。在实际生产中，往往间接为害大于直接为害。

11.3.1.2 形态特征

有翅蚜：体长 1.5~1.8mm，宽 0.6~0.8mm。活体黄绿色，有薄粉。头、胸黑色，腹部淡色。第 2 至第 6 腹节均有黑色缘斑，第 5、6 节缘斑甚小，第 7、8 节有横贯全节的横带。触角黑色，但第 3 节基部 1/5 淡色。腿节端部 4/5 黑色。中额瘤突起，额瘤突起不高于中额瘤。触角第 3 节很长，大于第 4、5 节与第 6 节基部之和。触角第 3 节有稍隆起的小圆形至卵形感觉圈 26~40 个，第 4 节有 6~10 个，第 5 节有 0~3 个。翅脉正常。腹管短，弯曲，无瓦纹，无缘突，不及尾片的 1/2。尾片圆锥形，尾板末端圆形，无上尾片。

无翅蚜：体长 2.1mm，宽 1.1mm。活体黄绿色至土黄色，有薄粉。头部灰黑色，胸、腹部淡色。前胸中斑与侧斑合为中断横带，有时与缘斑相接。第 7、8 腹节有背中横带。触角、足近灰黑色，触角第 3、4 节淡色，第 5、6 节及胫节端部 1/6 和跗节黑色。腹管黑色，尾片、尾板灰黑色。前胸背有皱纹，第 7、8 腹节有横网纹。缘瘤不显，背毛尖锐。中额瘤及额瘤平，微隆。触角有瓦纹。腹管光滑，短，弯曲，无缘突和切迹，为尾片的 1/2。其他特征与有翅蚜相似。

11.3.1.3 生活史

发生世代数因地区不同，差异较大，从北向南发生世代数依次增加。在露地栽培条件下，1 年发生 10～20 代，在自然条件下以卵在忍冬属植物金银花等枝条上越冬，越冬的卵于翌年 3 月中旬至 4 月上旬开始孵化，4 月中旬至 5 月为害芹菜，5 月上旬至 6 月下旬是第一个发生高峰期；进入 7 月，随着温度升高，种群数量降低；8 月下旬以后种群数量逐渐增加，8 月下旬至 10 上旬为第二个发生高峰期。10 月中旬有翅蚜和雄蚜由伞形花科植物向忍冬属植物上迁飞。10～11 月雌、雄蚜交配，产卵越冬。在设施栽培条件下无明显越冬现象，只是在冬季发育速度减慢，完成生活周期所需时间比较长，其为害高峰期较露地提前 20～30 天。

11.3.1.4 生活习性

（1）繁殖习性

蚜虫的繁殖力很强，世代重叠现象突出，既可进行两性生殖，又可进行孤雌生殖。

（2）与蚂蚁和谐的共生关系

蚜虫刺吸植物汁液的同时，分泌含有糖分的蜜露，蚂蚁舔食蜜露，为蚜虫提供保护，驱走天敌；蚜虫也为蚂蚁提供蜜露，形成互惠互利的关系。

（3）趋黄性

芹菜有翅蚜对黄色具有强烈的趋性，在生产上可利用这一习性对蚜虫的种群数量进行监测和诱杀防治。

11.3.1.5 影响发生因素

（1）温湿度与蚜虫发生的关系

芹菜蚜虫耐低温，不耐高温，发育适宜温度为 15～24℃，无翅雌蚜能耐 −7℃ 的低温，温度在 38℃ 时，死亡率达 85% 以上。湿度对芹菜蚜虫的影响没有温度明显，但高湿不利于芹菜蚜虫的繁殖和为害，在露地栽培条件下，降雨对蚜虫有冲刷作用。

（2）芹菜长势与蚜虫发生的关系

调查发现，芹菜长势与芹菜蚜虫的发生密切相关。长势好，植株组织幼嫩，蚜虫发生量大，为害严重；相反，长势差，植株组织老化，发生数量少，为害轻。

（3）田间管理与蚜虫发生的关系

在一个棚室内种植多种蔬菜作物及棚室周围杂草丛生，蚜虫食料丰富，偏施氮肥，导致芹菜植株组织幼嫩，蚜虫发生量大，为害重；相反，管理精细，施肥合理，发生量小，为害轻。

11.3.2 根结线虫

根结线虫（*Meloidogyne*）是一种高度专化型的杂食性植物病原线虫。寄主范围很广，可以为害几百种植物。广泛分布于欧洲、非洲、中南美洲、北美洲及亚洲等世界各地。

11.3.2.1 为害特点

芹菜根结线虫主要为害根部的侧根和须根。根部染病，发病初始在侧根或须根上产生大小、形状不一的畸形瘤状根结肿大物，即虫瘿。解剖镜检虫瘿，可见有细长蠕虫状雄虫和梨形雌成虫。在植物组织内寄生的雌虫，分泌的唾液能刺激根部组织形成巨型细胞，使细胞过度分裂引起根部虫瘿。染病植株发病初始地上部分症状不明显，严重时表现植株矮小，叶色暗淡，生长发育不良，但病株很少提早死亡。在天气干旱或水分供应不足时，中午前后地上部分常呈现缺水萎蔫现象。

11.3.2.2 种类及其特征、生活史、影响发生因素

参见黄瓜根结线虫部分。

11.3.3 斑潜蝇

11.3.3.1 种类及为害

芹菜上发生的斑潜蝇种类主要有3种，即南美斑潜蝇（*Liriomyza huidobrensis* Blanchard）、美洲斑潜蝇（*Liriomyza sativae* Blanchard）和三叶斑潜蝇（*Liriomyza trifolii* Burgess）。3种斑潜蝇均以成、幼虫为害。雌成虫以产卵器把植物叶片刺伤，进行取食和产卵，幼虫潜入叶片和叶柄为害，产生不规则蛇形白色虫道，叶绿素被破坏，影响光合作用，受害重的叶片脱落，严重的造成毁苗绝收。

11.3.3.2 种类及其特征、生活史、影响发生因素

参见黄瓜斑潜蝇部分。

11.3.4 叶螨

叶螨隶属蛛形纲叶螨科，是芹菜生产中的重要害螨，在我国华南、西北、西南、东北等地区发生普遍，寄主十分广泛，可为害蔬菜、果蔬、花卉、粮食作物等，其发生有

逐年加重的趋势。

11.3.4.1 种类及为害特点

为害芹菜的叶螨种类主要有朱砂叶螨（*Tetranychus cinnabarinus*）和截形叶螨（*Tetranychus truncatus*），均以成螨或若螨在芹菜叶背面吸食芹菜汁液，并结成丝网，初期叶片正面出现零星褪绿斑点，逐渐变成白色、黄白色或红色小点，发生严重时，叶片变成灰白色，全田枯黄带红色，如火烧一般，常造成植株早衰或早期落叶，一般先从下部受害，逐渐向上蔓延，使质量下降，产量降低。在北方地区越冬茬芹菜育苗期正值高温干旱期，一般育苗田叶螨发生严重，若防治不及时，可造成秧苗枯死，导致有田无苗栽。早春茬芹菜一般不受害或受害较轻；越夏栽培芹菜田容易形成高温低湿的环境条件，叶螨的发生往往比较严重；秋延茬和越冬茬芹菜主要在苗期受害较重，成株期气候转凉，湿度增加，叶螨的发生一般较轻。

11.3.4.2 形态特征、生活史、生活习性、影响发生因素

参见黄瓜叶螨部分。

11.3.5 茶黄螨

茶黄螨是为害蔬菜较重的害螨之一，食性极杂，寄主植物广泛，已知寄主达 70 余种。主要为害黄瓜、茄子、辣椒、马铃薯、番茄、瓜类、豆类、芹菜、木耳菜、萝卜等蔬菜。过去主要分布在华北和长江以南地区，现已成为我国西北地区设施蔬菜上的重要害螨，其为害可引起芹菜减产 10%～20%。

11.3.5.1 为害特点

茶黄螨主要以成螨和幼螨集中在芹菜幼嫩部分刺吸芹菜汁液，造成芹菜植株畸形和植株生长缓慢。被害叶片增厚僵硬，变小或变窄，叶背呈黄褐色或灰褐色，有油浸状或油质状光泽，叶缘向背面卷曲。受害嫩茎变为黄褐色，扭曲畸形，严重者植株顶部枯死。由于茶黄螨虫体极小，肉眼很难识别到虫体，且其为害症状和芹菜缺硼等生理病害及病毒病症状相似，难以及时采取措施防治，因此常因延误防治时机而给蔬菜生产造成损失。

11.3.5.2 形态特征、生活史、生活习性、影响发生因素

参见黄瓜茶黄螨部分。

11.3.6 蛞蝓

蛞蝓（*Agriolimax agrestis* Linnaeus）是设施栽培芹菜上的重要有害生物。在北方地区主要发生于湿度比较大、光线比较弱的设施栽培叶菜类蔬菜上。主要取食芹菜刚萌发的幼芽和幼苗，造成缺苗和断垄，发生严重时可将成片幼苗吃光。芹菜叶片、叶柄被害造成的伤口被其排泄的粪便污染，也可造成病原菌侵染，导致芹菜腐烂。

蛞蝓，属腹足纲柄眼目蛞蝓科，又称水蜒蚰、鼻涕虫，是一种软体动物，过去主要发生于潮湿的南方地区。随着设施蔬菜种植面积的增加，环境条件的变化，蛞蝓现已成为北方地区设施芹菜生产中重要的有害生物。

11.3.6.1 为害特点

蛞蝓是一种食性复杂和食量较大的有害动物，取食芹菜叶片，使叶片出现孔洞，影响植株的光合作用，阻断营养物质的运输。蛞蝓取食芹菜后，一方面直接造成植物组织的机械损伤，导致叶片残缺、孔洞，生理屏障遭到破坏，微生物可直接感染植物内部，大量滋生而堵塞输导组织，且产生的毒素可导致芹菜死亡。另一方面蛞蝓爬行过后留下的黏液带黏附于植物表面，使植物透气和透水性减弱，影响芹菜的正常生长，并且造成内源激素合成量降低、植物生长受限、生理平衡失调、抵抗力降低等。此外，蛞蝓对人类也有较大危害，多种吸虫和绦虫均可以蛞蝓为中间寄主在家畜、家禽或哺乳动物体内寄生。寄生在蛞蝓体内的管圆线虫的幼虫可侵犯人体中枢神经系统，引起嗜酸性粒细胞增多性脑膜炎或脑膜脑炎。

11.3.6.2 形态特征

雌雄同体，成体伸直时体长 30～60mm，体宽 4～6mm；内壳长 4mm，宽 2mm。长梭形、柔软、光滑而无外壳，体表暗黑色、暗灰色、黄白色或灰红色。触角 2 对，暗黑色，下边一对短，约 1mm，称前触角，有感觉作用；上边一对长约 4mm，称后触角，端部具眼。口腔内有角质齿舌。体背前端具外套膜，为体长的 1/3，边缘卷起，其内有退化的贝壳（盾板），上有明显的同心圆线，即生长线。同心圆线中心在外套膜后端偏右。呼吸孔在体右侧前方，其上有细小的色线环绕。黏液无色。在右触角后方约 2mm 处为生殖孔。卵椭圆形，韧而富有弹性，直径 2～2.5mm。白色透明可见卵核，近孵化时色变深。初孵幼体体长 2～2.5mm，淡褐色，体形同成体。

11.3.6.3 生活史

以成体或幼体在芹菜根部湿土下越冬。5～7 月在田间大量活动为害，入夏气温升高时，活动减弱，秋季气候凉爽后，又活动为害。在南方每年 4～6 月和 9～11 月有 2 个活动高峰期，在北方 7～9 月为害较重。喜欢在潮湿处为害。秋雨季节是为害盛期。完成一个世代约 250 天，5～7 月产卵，卵期 16～17 天，从孵化至性成熟约 55 天。成虫产卵期可长达 160 天。蛞蝓雌雄同体，异体受精，也可同体受精繁殖。卵产于湿度大隐蔽的土缝中，每隔 1～2 天产 1 次，1～32 粒，每处产卵 10 粒左右，平均产卵量为 400 余粒。

11.3.6.4 生活习性

（1）避光习性

蛞蝓怕光，强光下 2～3h 即死亡。夜间活动，从傍晚开始出动，晚上 11:00～11:00 达高峰，清晨前又陆续潜入土壤中或隐蔽处。

(2) 喜潮湿

蛞蝓喜阴暗潮湿的环境，在棚室内主要分布于潮湿前沿，靠近北墙由于相对干燥，分布较少。

(3) 耐饥饿能力强

在食物缺乏或不良条件下蛞蝓可不吃不动，存活 150 天左右。

11.3.6.5 影响发生因素

(1) 温湿度与发生的关系

高温干旱（温度高于 30℃，土壤含水量低于 20%）不利于其发生。其发育最适宜温湿度组合是温度 11.5~18.5℃、土壤含水量 20%~30%。

(2) 芹菜栽植密度与发生的关系

调查结果显示，芹菜栽植密度越大，发生为害越重；反之，栽植密度越小，地表裸露面积越大，其发生越轻。其原因是高密度栽植易形成阴暗潮湿的环境，可为蛞蝓创造适宜的生态环境条件。

11.4 芹菜病虫害绿色防控技术体系

11.4.1 休闲期

11.4.1.1 清园

前茬蔬菜收获后及时清理田间的病株残体，集中堆沤或焚毁，并深翻土壤。

11.4.1.2 轮作倒茬

实行严格的轮作制度，与非伞形花科作物实行 3 年以上轮作。

11.4.1.3 垄沟式太阳能土壤热力处理

清除前茬作物，土壤深翻后做成波浪式垄沟（垄高 60cm，垄底宽 50cm），垄上覆盖透明地膜，密闭棚室及通风口进行升温，持续 8 天后，将垄变沟、沟变垄后继续覆膜密闭棚室 8 天。通过高温杀灭根结线虫、地下害虫及不耐高温的病原菌。

11.4.1.4 低温处理土壤

在北纬 36°以北地区，在冬季芹菜收获完毕后，撤下棚膜，深翻土壤做成波浪式垄沟（垄高 60cm，垄底宽 30cm），可有效杀灭土壤中的根结线虫、烟粉虱、斑潜蝇及土壤中的病原菌。

11.4.2 育苗期

11.4.2.1 品种选择

选用抗病虫品种是防治病虫害最为经济有效的方法。品种对比试验和生产实践结果表明,越冬茬芹菜品种宜选用抗寒、耐弱光、长势强、生长快、叶柄长、抗病、丰产的优质实心类型品种;本芹可选用津南实芹1号、棒儿芹、菊花大叶、岚芹、铁杆芹菜等;西芹可选用美国文图拉、意大利冬芹、嫩脆、高犹它52-70、佛罗里等;夏茬栽培芹菜品种要选用耐热、耐强光、抗病品种;早春茬芹菜品种选不易抽薹、耐低温、抗病品种。

11.4.2.2 培育无病壮苗

培育壮苗是丰产的基础,栽植无病壮苗是病害防治的重要措施之一。壮苗培育环节比较多,重点是做好种子处理和育苗密度。

(1) 种子处理

芹菜种子皮厚且有油脂,透气性和透水性差,发芽较困难,尤其在夏季高温季节一般发芽率只有40%~50%。做好种子处理对确保苗期苗壮显得尤为重要。具体处理方法是在播种前5~10天,将种子放进50℃热水中烫种10~15min,捞出晾干表面水分,放在15~18℃的温箱内,12h后将温度升至22~25℃。再经12h后,将温度降至15~18℃,经5~7天,即可出芽播种。夏秋育苗在农村没有温箱,可以将种子放入水井,其深度一般为20~30m。早春育苗,最好将育苗地选择在温室内,苗期经过相对高温阶段,可以避免芹菜过早抽薹。

(2) 苗床准备

苗床面积应根据栽培面积和移栽方式来确定。全移栽方式,苗床与移栽田按照1:10准备苗床;部分移栽方式,苗床与移栽田按照1:2进行安排。苗床应选择地势高、排灌方便、3年内未种过伞形花科作物的地块,苗床的规格为长6~10m、宽1~1.2m,四周培15~20cm挡水埂,防止带线虫的雨水流入苗床。苗床上每平方米施入充分腐熟的有机肥25kg、磷酸二铵100g、多菌灵粉剂50g。

(3) 播种方法及苗床管理

播种前苗床先浇足底水,水渗后覆一层细土,将芹菜种拌细砂混匀撒播于畦面,覆0.5cm厚消过毒的细土。夏季应在下午4时以后或阴天播种。播种后至出苗,应采取遮阳措施,既避免阳光直射,又可防止雨水冲刷。幼苗2~3叶时,保持地表见干见湿浇水,进行蹲苗,培养壮苗,使小苗生长尽量一致。株高15~20cm,有4~6片真叶,茎粗0.5cm,即为壮苗,在土温适宜时即可定植。在苗期叶螨往往为害严重,应注意防治。

11.4.3 定植期

11.4.3.1 合理密植

合理密植，协调好芹菜单株生长发育与群体的矛盾，创造适宜芹菜生长发育而不利于病虫发育的环境。一般西芹株行距以 15cm×25cm 为宜，大株西芹的栽培株行距以 30cm×35cm 为宜，各地定植密度应根据当地气候、土壤条件及栽培习惯等条件确定。

11.4.3.2 设置防虫网

在芹菜棚室通风口及出入口安装 40～50 目防虫网，然后覆盖棚膜。阻止棚室外夜蛾类害虫、烟粉虱、白粉虱、蚜虫、斑潜蝇等害虫迁入，能显著推迟害虫的发生时间，降低发生基数，避免或减轻害虫的为害。

11.4.3.3 棚室消毒

在设置防虫网后至定植芹菜前，进行棚室内消毒，方法主要有两种，一种是使用低温等离子体杀虫灭菌，即每日分 2 次，每次 2～3h 释放低温等离子体（3～5mg/kg），连续 2～3 天。另一种是采取硫黄消毒，即密闭大棚数日后择晴天进行，每立方米空间用硫黄 4g、锯末 8g，于晚上 7 时，每隔 2m 距离堆放锯末，摊平后撒一层硫黄粉，倒入少量乙醇，逐个点燃，24h 后放风排烟。上述两种消毒方法，可操作性强，不留死角，绿色环保，能有效杀灭大棚内的病菌和害虫。

11.4.3.4 施足底肥

施足底肥既能保证芹菜健壮生长，又能预防病害发生，尤其对预防芹菜生理病害的发生效果明显。按照 1000kg 芹菜需要氮 3.6kg、磷 1.5kg、钾 6kg 标准。结合整地每亩施腐熟有机肥 5000kg、复合肥 100kg、硼砂 0.5～1.0kg，作为基肥。

11.4.3.5 浇好缓苗水

秋冬茬芹菜定植以后，气温较高，光照充足，土壤蒸发量也较大。应在定植后间隔 2～3 天灌 2 次缓苗水，促进缓苗和新根发生。早春茬定植后一般灌 1 次缓苗水。

11.4.4 生长期

11.4.4.1 蹲苗

定植至缓苗期要勤浇、轻浇，保持土壤湿润。当芹菜心叶发绿时，芹菜已缓苗，此时应适当控水，土壤见干见湿，松土保墒蹲苗 7～10 天，促使根部下扎，加速心叶分化，使芹菜健壮生长，提高其抗病性。注意蹲苗时间不能过长，否则易造成芹菜空心、劈裂等生理病害的发生。

11.4.4.2 黄板诱杀

在设施栽培芹菜害虫初发期，每亩悬挂 30cm×40cm 黄板 40～50 张，黄板的高度以其下缘略高于芹菜植株的生长点为宜，诱杀烟粉虱、白粉虱、蚜虫、斑潜蝇等害虫。

11.4.4.3 生态防治

任何一种病虫的发生为害都需要适宜的温湿度组合，因此应通过温湿度的调控，创造适宜芹菜生长发育的环境条件，提高芹菜的抗病性。具体调控方法为白天控制温度在15～20℃，高于25℃时要及时通风，夜间温度要控制在10～15℃。当气温低于15℃时，关闭通风口，降到6～8℃时，加盖保温设施，使温室内温度不低于3℃，以免芹菜受冻，降低抗逆性。保温的同时，适时通风排湿，防止棚室内湿度过大。

11.4.4.4 适时追肥

幼苗成活后每隔10～15天追施1次速效性氮肥，浓度由低到高。芹菜生长茂盛，除氮肥外，每次应增施硫酸钾10～15kg，促使有机物质充分转运积累，使心叶柔嫩多汁。叶面每10～15天喷施1次0.3%～0.5%硝酸钙或氯化钙，预防劈裂、空心、心腐病等生理病害的发生。

11.4.4.5 适时适量灌水

芹菜是耗水量比较大的蔬菜之一，其生长期需水量比较大，灌水次数及灌水量因栽培茬口不同，差异较大。日光温室栽培，在越冬前10～15天灌一水，进入冬季一般20～25天灌一水。秋延茬芹菜在生长期7～10天灌一水，早春茬一般10～15天灌一水。

11.4.4.6 及时清除病残组织

在芹菜生长期间，靠近地面的叶片由于得不到充分的光照或病原菌的为害而发黄，失去光合作用，无效地消耗养分，此时应及时将其掰掉，带出棚外，集中沤肥或深埋处理，以利于下部通风透光，恶化病虫的发生条件。

11.4.4.7 药剂防治

（1）药剂使用准则

在非药剂防治方法不能满足防治效果要求时，允许使用以下农药。

1）中等毒性以下植物源农药、动物源农药和微生物源农药。

2）在矿物源农药中允许使用硫制剂、铜制剂。

3）有限度地使用部分有机合成农药，应按 NY/T 1276—2007《农药安全使用规范总则》、GB/T 8321.9—2009《农药合理使用准则（九）》、NY/T 393—2013《绿色食品 农药使用准则》的要求执行，并选用上述标准中列出的低毒农药。每种农药在芹菜生长期内只能使用1次。

4）严禁使用剧毒、高毒、高残留或具有"三致"（致癌、致畸、致突变）毒性的农药。

5）优先选用烟熏法、粉尘法，其次选用喷雾法。喷雾法防治应选择晴天施药，3月以前，在上午9:00～11:00施药，3月以后在下午3:00～5:00施药。

（2）主要病虫药剂防治方案

1. 芹菜猝倒病

①地面喷淋。芹菜出苗后每平方米喷淋72.2%普力克水剂或铜铵制剂400倍液2～3kg。②叶面喷雾防治于病害初始期，间隔7～10天，一般防治1～2次。药剂可选用75%百菌清可湿性粉剂600倍液，或70%代森锰锌可湿性粉剂500倍液，或41%聚砹·嘧霉胺800～1000倍液，或58%甲霜灵·锰锌可湿性粉剂500倍液，或38%噁霜嘧铜菌酯水剂800倍液，或72%霜脲·锰锌可湿性粉剂600倍液，或69%烯酰·锰锌可湿性粉剂或水分散粒剂800倍液。

2. 芹菜斑枯病

用45%百菌清烟剂熏棚，每亩使用110g，分散5～6处点燃，熏蒸1夜。发病初期用10%苯醚甲环唑水分散粒剂30～45g/亩叶面喷雾。

3. 芹菜疫病

未发病田可喷常规保护剂，如80%代森锰锌可湿性粉剂或70%丙森锌（安泰生）可湿性粉剂800倍液、70%甲基硫菌灵可湿性粉剂600倍液；对已发病的芹菜田，宜选用75%百菌清可湿性粉剂600倍加60%噁霜锰锌可湿性粉剂（杀毒矾）600倍液，或10%苯醚甲环唑（世高）1500倍液加50%醚菌酯干悬浮剂（翠贝）1500倍液，在暴发流行期每隔5～7天防治1次，连续防治2～3次。

4. 芹菜软腐病

发病初期喷施72%农用硫酸链霉素可溶性粉剂，或新植霉素3000～4000倍液，或14%络氨铜水剂350倍液，或50%琥胶肥酸铜可湿性粉剂500～600倍液，每7～10天喷1次，连续防治2～3次。在芹菜生长后期，叶面喷洒1次500倍磷酸二氢钾和1000倍九二〇混合液，能明显增强芹菜植株抗软腐病的能力，提高产量和品质。

5. 芹菜菌核病

发病初期及时喷施杀菌剂，杀菌剂可选用40%菌核净可湿性粉剂500倍液、70%甲基硫菌灵可湿性粉剂800倍液、50%异菌脲可湿性粉剂1500倍液、50%速克灵可湿性粉剂1500倍液、75%百菌清可湿性粉剂500倍液，以上药剂之一每隔7～10天喷施1次，连续防治2～3次。

6. 芹菜灰霉病

喷雾防治：于发病初期开始喷洒50%腐霉利可湿性粉剂1000～1500倍液或5%灭霉灵粉尘1kg/亩、50%得益可湿性粉剂600倍液、45%特克多（噻菌灵）悬浮剂3000～4000倍液、50%异菌脲可湿性粉剂1500倍液、60%防霉宝（多菌灵盐酸盐）超微粉600倍液、2%武夷菌素水剂150倍液，每隔7～10天喷1次，共喷2～3次。对上述杀菌剂产生抗药性的地区可改用 65%甲霉灵（硫菌·霉威）可湿性粉剂 1500 倍液或 50%多霉灵（多霉威）可湿性粉剂 1000～1500 倍液，于发病初期使用，隔 14 天左右再防治 1 次，连续防治 2～3 次。采收前 7 天停止用药。

烟雾剂熏蒸：利用设施栽培环境的可控性，可选用 15%腐霉利烟剂 200g/亩或特克多烟剂 50g（1 片）/亩，或 45%百菌清烟剂 250g/亩熏 1 夜，每隔 7～8 天熏 1 次，也可于傍晚喷撒 5%百菌清粉尘剂 1kg/亩，每隔 9 天喷撒 1 次，视病情注意与其他杀菌剂轮换交替使用。

7. 芹菜细菌性叶斑病

发病初期开始喷洒 72%农用硫酸链霉素可溶性粉剂 4000 倍液或 56%靠山水分散微颗粒剂 600～800 倍液、77%可杀得可湿性粉剂 500 倍液、30%氧氯化铜悬浮剂 800 倍液、30%绿得保悬浮剂 400 倍液，每亩喷兑好的药液 60L，每隔 7～10 天喷 1 次，防治 2～3 次。采收前 7 天停止用药。

8. 芹菜叶点霉叶斑病

发病初期开始喷洒 56%靠山水分散微颗粒剂（氧化亚铜）800～1000 倍液或 36%甲基硫菌灵悬浮剂 500 倍液、50%多菌灵可湿性粉剂 600 倍液、60%防霉宝超微可湿性粉剂 800～900 倍液、50%苯菌灵可湿性粉剂 1500 倍液、30%氧氯化铜悬浮剂 800 倍液、30%绿得保悬浮剂 400 倍液，每隔 7～10 天喷 1 次，连续防治 2～3 次。采收前 7 天停止用药。

9. 病毒病

在发病初期及时喷药，可选用的药剂有 1.8%辛菌胺醋酸盐水剂 40～60mg/kg、20%吗胍·乙酸铜可湿性粉剂 360～540g/hm^2，叶面喷雾；或 0.1%高锰酸钾溶液，或 20%病毒灵 1000 倍液，或菇类蛋白多糖 300 倍液，或宁南霉素 400 倍液，或抗毒素 700 倍液，或 5406 细胞分裂素 300 倍液，在发病初期每隔 7 天用药 1 次，连续喷 2～3 次。

10. 根结线虫

定植前用 10%噻唑膦颗粒剂 22 500～30 000g/hm^2 拌细干土撒于土表或均匀撒于畦面，翻入 20～30cm 耕层，进行土壤处理。

11. 斑潜蝇

发生初期选用 1.8%阿维菌素乳油 10.8～21.6g/hm^2 或 50%灭蝇胺可溶粉剂 112.5～150g/hm^2，叶面喷施。

12. 蚜虫

发生初期选用 25%噻虫嗪水分散粒剂 15～30g/hm^2、70%吡蚜酮水分散粒剂 84～126g/hm^2，或 25g/L 高效氯氟氰菊酯乳油 6～10mg/kg，叶面喷施。

13. 叶螨

发病初期，用 25g/L 高效氯氟氰菊酯乳油 6～10mg/kg，或 1.8%阿维菌素乳油 0.9～1.8g/hm^2，或 240g/L 虫螨腈悬浮剂 72～108g/hm^2，喷雾防治，可以有效兼治茶黄螨。

14. 烟粉虱

喷雾防治：用药宜治早、治小，不能让成虫在芹菜上产卵后再用药防治，喷施药剂时间以早晨露水未干前效果最佳。可选用的药剂有 10%扑虱灵乳油，或 25%灭螨猛乳油，或 25%扑虱灵可湿性粉剂，或 10%吡虫啉可湿性粉剂，或 20%灭扫利乳油，或 1.8%阿维菌素乳油，或 2.5%三氟氯氰菊酯乳油，或 25%阿克泰水分散粒剂，加水喷雾防治。

烟雾剂熏蒸：在烟粉虱发生初盛期选用哒螨灵·异丙威 600～900g，或敌敌畏 300～400g，于傍晚进行熏蒸，熏烟后 5～6h 即可开棚通风，一般每隔 7～10 天熏烟 1 次，连熏 2～3 次。

第12章 甘 蓝

甘蓝（*Brassica oleraca* var. *capitata* L.），俗称卷心菜、洋白菜、圆白菜、包心菜、莲花白、大头菜等，属十字花科芸薹属，2年生草本植物。起源于地中海至北海沿岸，是由不结球的野生甘蓝经过长期人工栽培和选择逐渐演化而来的，染色体数 $2n=2x=18$。甘蓝是世界性栽培蔬菜，目前我国每年种植面积在 40 万 hm^2 以上，占全国蔬菜种植面积的 25%～30%，是东北、西北、华北等冷凉地区春、夏、秋季栽培的主要蔬菜，在南方秋、冬、春季也大面积栽培。在陕西的主要栽培模式有保护地和露地。由于甘蓝栽培历史悠久，栽培面积大，重茬连作，病虫已成为甘蓝生产上的重要生物灾害，主要病虫有甘蓝软腐病、霜霉病、根肿病、黑斑病、病毒病、小菜蛾、菜粉蝶、甘蓝夜蛾、蚜虫等。甘蓝也是使用农药比较多、农药残留问题比较突出的蔬菜之一，因此，协调病虫防治与蔬菜食品安全的矛盾显得尤为重要。

12.1 病原病害

12.1.1 甘蓝软腐病

甘蓝软腐病，又称水烂病、烂疙瘩，是甘蓝生长发育后期的主要病害之一，分布广泛，为害严重。近年来发生有加重趋势，严重时造成甘蓝减产 50% 以上，甚至导致绝收，严重影响甘蓝的产量和品质，造成较大的经济损失。软腐病寄生范围较广，除为害十字花科蔬菜外，还可为害番茄、辣椒、菜豆、豌豆、瓜类、胡萝卜、芹菜、葱等非十字花科蔬菜及其他多种作物。

12.1.1.1 症状

主要发生在甘蓝结球期以后，最初外叶或叶球基部出现水浸状病斑，植株外叶中午萎蔫，早晚恢复，数天后外层叶片不再恢复，病部开始腐烂，叶球外露或植株基部逐渐腐烂成泥状，或塌倒溃烂，叶柄或根茎基部的组织呈灰褐色软腐，严重时全株腐烂，病株稍遇外力即可倒伏，容易拔起，有的从外叶边缘或心叶顶端向下扩展，或从叶片虫伤处向四周蔓延，最后造成整个菜头腐烂，病部散发出恶臭味，腐烂叶片在干燥环境下失水变成透明薄纸状，这是细菌性病害的典型症状，可区别于甘蓝黑腐病等真菌病害。

12.1.1.2 病原

该病是由胡萝卜软腐欧文氏菌胡萝卜致病亚种（*Erwinia carotovora* pv. *carotovora* Dye）侵染所致，属薄壁菌门欧文氏菌属。在培养基上的菌落为灰白色，圆形或不定形；菌体短杆状，具 2～8 根周生鞭毛，大小为（0.5～10）μm×（2.2～3.0）μm，无荚膜，不产生芽孢，革兰氏染色阴性，病菌生长发育的最适温度为 25~30℃，不耐干燥和强光，在室内干燥 2min 或在培养基上曝晒 10min 即可死亡；致死温度为 50℃下 10min。在未腐烂寄主组织中可存活较长时间。但当寄主腐烂后，单独只能存活 2 个星期左右。

12.1.1.3　侵染循环

病原细菌主要在病株或病残体组织中越冬。我国周年种植十字花科蔬菜的南方地区及北方日光温室栽培，不存在越冬问题。田间发病的植株、土壤中、堆肥里、遗落窖内的病残组织、带菌的昆虫（如甘蓝蝇等），甚至携带病菌的运输工具和农具，都可成为该病的初侵染来源。春季病菌借风雨、灌溉水、施肥及昆虫（跳甲、小菜蛾、菜青虫等）活动而传播，从伤口、病斑、自然裂口等受伤部位侵入寄主，导致植株发病。病菌从裂口侵入后发展迅速，损失最大，通常以虫伤侵入为主。寄主愈伤能力强、速度快则发病轻，反之则重。甘蓝莲座期以后愈伤能力弱，故软腐病多在包心期后发生。秋甘蓝包心后往往遇多雨天气，伤口不易愈合，有利于病菌的繁殖和传播蔓延，因此发病严重。土壤中残留的病菌还可从幼芽和根毛侵入，通过维管束向地上部转运，或潜伏在维管束中，成为生长后期和贮藏期腐烂的菌源。病菌产生的果胶酶能分解寄主细胞的中胶层，致组织崩解而产生软腐症状；还能分解寄主组织的蛋白质，形成硫化氢而散发恶臭味。

12.1.1.4　影响发生因素

（1）生育期与软腐病发生的关系

试验证明，甘蓝不同生育期的愈伤能力不同，幼苗期受伤，3min 左右伤口即开始木栓化，经 24min 木栓化即可达到病菌不易侵入的程度。而莲座期以后，受伤 12min 才开始木栓化，经 72min 木栓化才能达到不能侵染的程度。由于软腐病菌从伤口侵入，因此寄主愈伤组织形成的快慢直接影响到病害侵染及发生的轻重，这也是甘蓝软腐病苗期发生轻、结球期发生重的主要原因。

（2）伤口与软腐病发生的关系

由于伤口是甘蓝软腐病侵入的主要途径，因此，甘蓝上伤口越多，发病越重。尤其是病原菌由自然裂口侵入，发展迅速，发病率最高，造成的损失最大。在北方地区甘蓝生长发育后期植株上的伤口有自然裂口、虫伤、病伤和机械伤 4 种类型，因此，应根据伤口形成的原因，采取针对性措施预防，以减轻软腐病的发生。

（3）害虫密度与软腐病发生的关系

调查结果显示，害虫密度与软腐病发生的关系十分密切，一般虫口密度越大，软腐病越重。其原因主要是一方面地蛆（萝卜蝇幼虫）、甘蓝夜盗虫、甘蓝夜蛾、金针虫、蝼蛄和蛴螬等害虫为害造成伤口，有利于软腐病菌的侵入；另一方面是黄条跳甲和花菜蜡象的成虫、菜粉蝶和大猿叶虫幼虫的口腔、肠管内都有软腐病病菌，蜜蜂、麻蝇、芫菁叶蜂和小菜蛾等昆虫的体内外均带有病原菌，起到了直接传染和接种病原菌的作用。由此可见，做好害虫防治工作对预防软腐病有极为重要的意义。

（4）气候与软腐病发生的关系

气候条件对甘蓝软腐病的发生具有显著影响，其中以雨水与发病的关系最大。甘蓝结球期以后多雨，往往发病严重。原因是多雨易使气温偏低，不利于甘蓝伤口愈合，多雨也易使叶片吸水膨胀造成裂口，同时雨水多促使害虫钻入甘蓝内部躲藏，软腐病病菌随害虫进入而引起发病。其次是温度，甘蓝不同生育阶段的愈伤能力对温度的反应不同，幼苗期对温度变化的反应不敏感，在15℃和32℃，伤口细胞木栓化的速度差异不明显。成株期的愈伤能力对温度变化的反应很敏感，26~32℃需经6min伤口开始木栓化，15~20℃时需要12min，7℃时则需要24~48min才能达到同等程度。

（5）栽培措施与软腐病发生的关系

1）高畦与平畦：高畦栽培土壤中氧气充足，不易积水，有利于寄主的愈伤组织形成，减少病菌侵入的机会，发病较轻；平畦栽培地面易积水，土壤中氧气供应不足，不利于寄主根系或叶柄基部愈伤组织的形成，有利于病原菌侵染。

2）间作与轮作：甘蓝与大麦、小麦、豆类等作物轮作发病轻，与茄科和瓜类等蔬菜作物轮作发病重。其原因可能是各种作物的根际微生物类群不同，软腐病病菌受某些作物根际微生物的拮抗作用而迅速消亡。茄科、瓜类等蔬菜本身感病，因此其残体上保存有大量菌源，容易传染。有的前作害虫多，容易使甘蓝遭受虫害，造成更多的传染机会。

3）播种期：播种期早，甘蓝包心早，感病期也提早，发病一般都较重。但与当年雨水有关，在雨水多、雨水早的年份，这种效应更为明显。因此在播种前可提早耕翻整地，改进土壤性状，提高肥力和地温，促进病残体腐解，减少病菌和害虫基数。早播易使包心期的感病阶段与雨季相遇，发病重。迟播包心期推迟，不利于发病，但过迟又影响产量，因此，应根据品种特性、气候条件和灌溉条件等掌握适期晚播。

4）施肥：一般重施底肥，增施有机粪，及时追肥，甘蓝生长健壮，后期植株耐水、耐肥，自然裂口少，发病比较轻。氮肥施用过多，叶片含水量过大，甘蓝幼苗期缺水、缺肥、长势不良，后期多雨，叶柄上容易产生自然裂口，发病早而重。

12.1.2 甘蓝霜霉病

甘蓝霜霉病是甘蓝的主要病害之一，在全国各地普遍发生，尤以沿江、沿海和气候潮湿、冷凉地区易流行，设施栽培由于环境湿度大，温度比较低，发生往往重于同一地区的露地栽培。病害流行年份的发病率可达80%~90%，减产20%~30%，且收获的甘蓝不耐贮存。

12.1.2.1 症状

甘蓝霜霉病主要为害叶片，也为害茎、花梗、角果。幼苗发病后在茎叶上出现白色霜状霉层，幼苗逐渐枯死。成株发病，叶片上的病斑为淡绿色，以后病斑的颜色逐渐变为黑色至紫黑色，微微凹陷，病斑受叶脉限制呈不规则形或多角形，叶背上病斑呈现白色霜状霉层；在高温下容易发展为黄褐色的枯斑。发病严重时病斑融合，叶片变黄枯死。

生长期中老叶受害后有时病原菌也能系统侵染进入茎部，在贮藏期间继续发展达到叶球内，使中脉及叶肉组织上出现黄色不规则形的坏死斑，叶片干枯脱落。

12.1.2.2 病原

该病是由鞭毛菌亚门霜霉菌（*Peronospora brassicae* Gäumann）侵染所致。孢囊梗从寄主表皮气孔中伸出，常成对，个别 3 根，粗短，不分枝或少数分枝，顶生 3~4 根小枝，上单生孢子囊。孢子柠檬形或卵形，顶端有一乳头状突起，无色，顶部壁厚，大小为（66.6~99.9）μm×（33.3~59.9）μm，成熟后易脱落，基部留一铲状附属物。起初菌丝体蔓生，后细胞组织中细胞变形，形成浅黄色的卵孢子。初期结构模糊，后清晰可见，成熟卵孢子球形、椭圆形或多角形，大小为（43.5~89.1）μm×（43.3~88）μm，卵孢子壁与藏卵器结合紧密。

12.1.2.3 侵染循环

霜霉病病原菌在北方露地栽培甘蓝中以卵孢子在病残体、土壤中或附在种子表皮上越冬，翌年萌发侵染春甘蓝。南方或北方棚室也可在其他寄主上为害越冬。土壤中的病菌遇到适宜的温湿度条件萌发后直接侵染幼苗或其他十字花科植物，产生大量孢子囊，借风雨、气流传播进行再侵染。在冬季种植过十字花科蔬菜的地方，病菌直接在寄主体内越冬，以卵孢子在病残体、土壤和种子表面越夏，再侵染秋甘蓝。在北方地区设施栽培春季（2~5 月）发生重，露地栽培秋季（8~10 月）发生严重。

12.1.2.4 影响发生因素

（1）温湿度与霜霉病发生的关系

温度在 16~20℃，相对湿度在 80%以上时适于发病。昼夜温差大，多雨高湿或大雾条件，易发病流行。设施栽培早春遇到阴雨天气，通风不及时，导致棚室内空气湿度比较大，饱和或接近饱和湿度持续时间长，发病比较重。

（2）连作与霜霉病发生的关系

大田调查结果表明，十字花科蔬菜连作年限长的棚室，由于土壤菌原量积累多，发病早而重，反之，发病较轻，如连作 1 年、3 年、5 年和 7 年，病情指数分别为 6.9、12.2、23.5 和 42.5。轮作可以降低病原积累，减轻为害。

（3）栽培管理水平与霜霉病发生的关系

田间管理粗放，基肥不足，追肥不及时会导致植株营养不良，抗病力下降。氮肥施用过量、生长茂密或过分密植，通风不良、大水漫灌或灌水后遇到阴雨天气，导致棚室内湿度过大，发病重。

12.1.3 甘蓝黑腐病

黑腐病是十字花科植物上的毁灭性病害，在甘蓝上的为害尤为严重，因此被称为"甘蓝黑腐病"。20世纪70年代在我国已有发生，到20世纪80年代普遍流行，北起黑龙江，南至海南均有分布。近年来，黑腐病在全国范围内均有不同程度的发生，且为害有逐年加重的趋势。

12.1.3.1 症状

黑腐病主要侵染植株的维管束，引起维管束坏死变黑。幼苗被害，子叶呈水浸状，逐渐枯死并能传至真叶，使真叶的叶脉上出现小黑斑点或细条；成株期发病多从叶缘和伤口处开始，病菌聚集在维管束系统，阻碍水分的流动，致使叶缘出现"V"字形的褪绿、坏死的黄褐色病斑。病菌如果从伤口侵入，可在叶片的任何部位形成不规则形的黄褐色病斑。初发病时，叶片褪绿呈灰绿色，在晴天，病斑呈萎蔫状，傍晚或阴天可恢复，持续几天后不再恢复，以后病斑逐渐扩大，叶色逐步变成黄色或褐色。剖开球茎可见到导管变黑色。天气干燥时，叶片病斑干而脆。湿度大时，病部腐烂，但没有臭味，区别于甘蓝软腐病。病菌沿叶脉、叶柄发展，蔓延至茎、根部，致使茎、根部的维管束变黑，最后叶片枯死。甘蓝发病后结球松散，易导致软腐病而随之死亡。花椰菜、青花菜发病后使形成的花球呈灰黑干腐状，失去其食用价值。

12.1.3.2 病原

甘蓝黑腐病是由甘蓝黑腐黄单胞杆菌（*Xanthomonas campestris* pv. *ampestris*）侵染引起。菌体呈杆状，大小为（0.7~3.0）μm×（0.4~0.5）μm，无芽孢，有荚膜，可链生，有极生鞭毛1根。革兰氏染色呈阴性，好气性。病菌适宜在25℃左右高湿度条件下生长，致死温度为51℃下10min，耐干燥，在干燥条件下可存活12个月。在牛肉琼脂培养基上，菌落灰黄色，圆形或稍不规则形，表面湿润有光泽，但不黏滑；在马铃薯培养基上，菌落呈浓厚的黄色黏稠状。

12.1.3.3 侵染循环

黑腐病是一种细菌性病害，病菌附着在种子或在病残体上越冬。带病的种子播种后有时因被害而不能出苗；有时出苗后，病菌由幼苗子叶叶缘水孔侵入，常常导致幼苗发病死亡。病残体上的病菌遗留在土壤中可存活1年以上，当病残体腐烂后不久，病菌即死亡。田间通过雨水、灌溉水、昆虫、农事操作等传播病菌。病菌从伤口或叶缘的水孔侵入，先在薄壁细胞内，后进入导管，再向上向下蔓延，造成系统性侵染。种株被害后，病菌由果柄的导管侵入，再进入果荚和种脐，致使种子内部带菌；病菌也可附着在种子上，造成种子外部带菌。此外，带菌的粪肥也可传播病菌。

12.1.3.4 影响发生因素

（1）温湿度与黑腐病发生的关系

病菌生长的温度范围比较广，5~39℃条件下病菌均可以生长发育，最适温度为25~30℃。湿度高、叶面结露或叶缘吐水，或高温多雨等均有利于病菌的侵入和发生发展。

（2）害虫与黑腐病发生的关系

菜青虫、小菜蛾、甘蓝夜蛾等害虫为害造成的伤口多，利于病菌侵入而导致发病加重。

（3）种子与黑腐病发生的关系

种子对病菌的传播效率极高，如果播种带菌的种子，则无病田变成有病田，引起病害迅速蔓延。

（4）栽培管理与黑腐病发生的关系

十字花科蔬菜重茬、管理粗放，前茬病残组织清理不彻底，播种过早、地势低洼、浇水过多、施带菌的粪肥，或耕作、喷药人为造成的伤口多，往往发病严重。

12.1.4 甘蓝黑斑病

甘蓝黑斑病是甘蓝最常见的病害，为害较重，除了为害甘蓝外，还为害白菜、油菜、芜菁、紫甘蓝等多种十字花科植物。

12.1.4.1 症状

主要为害叶片、花球和种荚。下部至中部的叶片先受害，新叶则较抗病。初时产生黑褐色小斑点，扩展后呈直径 5～30mm 的灰褐色圆形病斑。病斑有轮纹但不太明显，病斑外围有黄色晕环。湿度大时病斑正反两面有较致密的黑色霉状物，即病菌的分生孢子梗和分生孢子。发病严重时病斑常融合成大斑，引致叶片变黄早枯。叶柄、茎、花梗或种荚染病后出现不定形或近椭圆形黑褐色的病斑，潮湿时也长出黑色霉层。

12.1.4.2 病原

甘蓝黑斑病的病原为半知菌亚门芸苔生交链孢 [*Alternaria brassicicola*（Schweinitz）Wilts.]，分生孢子梗淡褐色，单生或 2～6 根成束，不常分枝，有隔膜，上部屈曲，大小为（14～48）μm×（6～13）μm。分生孢子单生或 4 个连成短链，倒棍棒形，淡褐色，大小为（33～147）μm×（9～33μm），有多个纵、横隔膜，孢子顶部有一个较长的喙。

12.1.4.3 侵染循环

该病病原菌有较强的腐生能力，菌丝和分生孢子可在病残体或土壤中越冬、越夏；病荚所结的种子也可以带菌，成为下一生长季发病的初侵染来源。病菌在水中可存活 1 个月，在土壤中可存活 3 个月，在土表可存活 1 年，越冬、越夏后在温湿度条件适宜情况下长出分生孢子，通过气流、风雨传播，分生孢子萌发从气孔或直接穿透表皮侵入进行初侵染。如播种带菌种子，长出幼苗后，条件适宜时即可发病。初侵染发病后又可长出大量新的分生孢子进行再侵染。

12.1.4.4 影响发生因素

（1）温湿度与黑斑病发生的关系

病菌在 10～35℃均可发育，但适温较低，为 17℃左右。相对湿度低于 80%时一般发病很轻或不发病。高湿、多雨是发病的关键因素。

（2）田间管理与黑斑病发生的关系

施足有机肥，增施磷、钾肥，适时追肥、灌水，发病轻。反之，施肥水平低，尤其是土壤贫瘠，在生长中后期肥力不足，植株长势差，抗病性削弱，耕作粗放、菜田低洼、杂草丛生、前茬病残组织清理不彻底等，均可诱发病害的流行。

12.1.5 甘蓝根肿病

甘蓝根肿病是一种世界性病害，也是典型的难于防治的土传病害，所有十字花科植物都能被这一病原菌侵染。在环境条件适宜时可导致十字花科作物的产量和品质大幅降低，而且发生过根肿病的田间、土壤将长期带菌，不再适宜栽培十字花科植物。近些年，我国十字花科作物的发病面积逐年扩大，这严重制约着十字花科蔬菜产业的发展。在我国北至黑龙江，南至广东、广西均有分布。近年来发生面积急剧增加，给甘蓝生产造成较大经济损失。

12.1.5.1 症状

苗期感染，幼苗矮小，叶色逐渐变淡，大苗遇太阳照射后，出现萎蔫症状，病苗根部出现肿瘤。成株期感病，病根组织大量异常增生，在增生部位膨大形成瘤状根，主根肿大，瘤体多靠近上部，组织脆硬，有的根部腐烂，有臭味，作物根系生长和吸收能力降低，引起作物萎蔫、黄化、落叶。

发病初期，地上部往往看不到明显症状，但叶色变淡，生长缓慢，植株矮小。随着病害的发展，叶片自下而上逐渐出现萎蔫，晴天中午加重，初期夜间还可恢复，后期则整株枯萎，病害后期往往伴随发生软腐病。

田间根肿病与根结线虫病的症状类似，在生产中经常难以区分二者的为害症状，因此正确识别二者，对症下药，采取科学有效的防治措施，显得尤为重要。根肿病在土表就可以看到植株的根茎交界处有肿大的瘤体，主根、侧根均可受害，主根肿瘤较大，受害重，侧根多呈大小不一，形似指状、短棒状或球形的瘤体。甘蓝根结线虫病侧根受害严重，并在发病根上形成大小不一、念珠状、相互连接的根瘤。根肿病病部肿瘤大于根结线虫为害形成的根瘤。

12.1.5.2 病原

甘蓝根肿病是由芸薹根肿菌（*Plasmodiophora brassicae* Woronin）侵染所致，属鞭毛菌亚门真菌。在根上，不正常膨大的细胞内长出大量鱼卵状排列的圆形或近圆形休眠孢子，聚合成不坚实的团，休眠孢子囊团淡黄色，单个休眠孢子囊无色，表面不光滑，直径 2.1~4.2μm，平均 2.9μm。扫描电镜放大 10 000 倍时，可见休眠孢子囊并非紧密排列，有时可见到两个细胞中的休眠孢子囊团由一种絮状物连接，这种无色絮状物上有许多大小不一的暗色斑点，似被溶蚀的空洞，休眠孢子囊直径为 2.0~2.5μm。

12.1.5.3 侵染循环

病原菌以休眠孢子囊随病残体在土壤中越冬或越夏，孢子囊遇到适宜条件萌发形成游动孢子，侵染寄主主根 1～3cm 处的根毛和皮层中柱，侵染后由于病菌的刺激作用，其薄壁细胞大量分裂和增大而形成肿瘤，在寄主根部首先产生游动孢子囊，最后形成休眠孢子囊，肿块破裂后，休眠孢子又散入土壤中度过寄主中断期。病菌抗逆性很强，在无寄主条件下能在土壤中存活 7 年以上，最长可达 10 年。病菌借带菌土壤和染病菜苗远距离传播，随灌溉水、雨水、带菌农家肥和被污染的农机具、人畜、昆虫、线虫等在田间传播。在适宜条件下，经 18min 病菌即可完成侵入。菌土接种、蘸根接种、小肿块接种的发病率相比较，以菌土接种发病最严重，发病率为 86.9%，病情指数 53.9。光对休眠孢子萌发有明显抑制作用。

12.1.5.4 影响发生因素

（1）栽培制度与根肿病发生的关系

甘蓝连作栽培，复种指数高，田间根肿病休眠孢子囊不断累积是该病发生和流行的首要条件。

（2）温湿度与根肿病发生的关系

根肿病病原菌孢子囊的生存温度为 9～30℃，气温在 19～25℃有利于发病，最适温度为 24℃，9℃以下或 30℃以上时很少发病。病原菌致死温度为 45℃。土壤含水率 70%～90%时有利于病原孢子的萌发和侵染。

（3）土壤环境与根肿病发生的关系

土壤偏酸（最适 pH 6.0～6.7），缺钙、透气性差，均有利于根肿病的发生。但土壤带菌量较高时，即使土壤为碱性，根肿病也能严重发生。在中国南方红壤土地区的发生重于北方垆土和壤土区。在陕西陕南黄褐土地区甘蓝根肿病的发生重于关中垆土地区，关中垆土地区的发生重于陕北沙壤土地区。低洼及水改旱菜地，若过量施入化肥，易引起酸化，发病重。

12.1.6 甘蓝病毒病

病毒病俗称花叶病，是十字花科蔬菜上为害最严重的病害之一，在全国各地均有分布。该病除为害甘蓝外，还可为害青菜、萝卜、芜菁、荠菜、花椰菜、菠菜、榨菜、雪菜、塔菜等蔬菜。中等流行年份可使甘蓝减产 20%～40%，大流行时会同时引发甘蓝霜霉病与软腐病，造成三病并发，大面积受灾，以致影响整个冬季蔬菜的供应。

12.1.6.1 症状

病毒病从苗期至包心期均能发病。

苗期染病，发病初始先在心叶上表现明脉或沿脉失绿，进而产生淡绿与浓绿相间的花叶或斑驳症状，最后在叶脉上表现出褐色坏死斑点或条斑，重病株还会出现心叶扭曲、皱缩畸形等症状，停止生长，这种病株常在包心前就病死或不能正常包心。

成株期染病，轻病株或后期感病的植株一般能结球，但表现出不同程度的皱缩、矮化或半边皱缩、叶球外叶黄化、内部叶片的叶脉和叶柄上有小褐色斑点,这种病株商品性差,叶质坚硬,不易煮烂,不耐贮藏。若是误把病株作留种株,病株发育迟缓常不能生长到抽薹便死亡,有的即使能抽薹,也表现为花梗短小、弯曲畸形,常有纵裂口,结荚少,籽粒不饱满,发芽率低,即使采到种子也无大的种植价值。

12.1.6.2 病原

引起甘蓝病毒病的病原主要有:芜菁花叶病毒(Turnip mosaic virus)、黄瓜花叶病毒(Cucumber mosaic virus)、烟草花叶病毒(Tobacco mosaic virus)、萝卜花叶病毒(Radish mosaic virus)。

芜菁花叶病毒:粒体线状,大小为(700~800)nm×(12~18)nm,失毒温度55~60℃经10min,稀释限点1000倍,体外保毒期48~72h,通过蚜虫或汁液接触传毒,在田间自然条件下主要靠蚜虫传毒。除侵染十字花科外,还可侵染菠菜、茼蒿、芥菜等。目前已知其分化有若干个株系。

黄瓜花叶病毒:病毒粒子为等轴对称的二十面体($T=3$),无包膜,三个组分的粒子大小一致,直径约29nm,易被磷钨酸盐降解,经醛类固定或用醋酸铀负染后可显示清晰的结构,有一个直径约12nm的电子致密中心,呈"中心孔"样结构。RNA1和RNA2各包裹在一个粒子中,RNA3和RNA4一起包裹在一个粒子中,常存在卫星RNA分子。可由60多种蚜虫以非持久性方式传播,易通过机械接种传播,在19种植物上可以种传,包括一些杂草。

烟草花叶病毒:病毒粒体杆状,大小为300nm×18nm。钝化温度90~93℃经10min,稀释限点1 000倍,体外保毒期72~96h。在无菌条件下致病力达数年,在干燥病组织内存活30年以上。由致病力差异及与其他病毒的复合侵染而造成症状的多样性,主要通过汁液传播。

萝卜花叶病毒:病毒为多角状粒体,直径28~30nm,病毒粒体散生在细胞质内,在液泡中排列成晶状或附着在细胞质内的液泡膜上;致死温度60~65℃。主要依靠黄条跳甲(*Phyllotreta* spp.)和黄瓜11星叶甲(*Diabrotica llndecimpunctata*)传毒。

12.1.6.3 侵染循环

病毒可在寄主体内越冬,翌年春天由蚜虫将毒源从越冬寄主上传到水萝卜、油菜、青菜或小白菜等十字花科蔬菜上。感病的十字花科蔬菜、野油菜等十字花科杂草都是重要的初侵染源。十字花科蔬菜种株采收后,桃蚜、菜缢管蚜、甘蓝蚜等迁飞到夏季生长的小白菜、油菜、菜薹、萝卜等十字花科蔬菜上,又将毒源传到秋菜上,如此循环,周而复始,此外病毒汁液接触也能传毒。最新研究结果表明,芜菁花叶病毒和黄瓜花叶病毒除经蚜虫传毒外,还发现有自然非蚜传株系存在,给防治带来更大困难。

12.1.6.4 影响发生因素

甘蓝病毒病的发生与甘蓝生育期、品种、气候、栽培制度、播种期等因素密切相关。

(1)生育期与病毒病发生的关系

苗期易感病,一般6~7叶期前的幼苗最易感病,随着甘蓝生育期的推进,抗性逐渐增强。连作期以后，即使进行人工接种，一般都不能发病或者发病很轻，对产量也几乎没影响。

（2）温度与病毒病发生的关系

高温干旱尤其是苗期遇到高温干旱有利于甘蓝病毒病的发生，其主要原因是首先，高温首先有利于蚜虫的繁殖和迁飞、辗转为害寄主，传毒频繁；其次，高温干旱不利于秧苗生长发育，植株抗病力下降；最后，温度高，病毒的潜育期短，有利于病害的早发、重发。

（3）栽培管理水平与病毒病发生的关系

间作、连作、地势低洼、排水不良的田块发病较重。移栽菜比原地菜发病重，秋季播期过早、耕作管理粗放、缺有机基肥、缺水、氮肥施用过多的田块发病均比较重。

12.1.7 甘蓝根腐病

甘蓝根腐病又名甘蓝黑胫病、甘蓝黑根子病、甘蓝根朽病。除为害甘蓝外，还为害花椰菜、白菜、茎蓝、紫甘蓝等多种十字花科蔬菜，是甘蓝类蔬菜的重要病害。分布较广，发生普遍，全国各地均有发生。西北、东北、华北地区发病重，保护地、露地种植均有发病。一般病株率在5%～10%，严重地块可达20%以上，明显影响甘蓝生产。

12.1.7.1 症状

甘蓝根腐病多在早春地膜覆盖或在小拱棚、塑料大棚中栽培的甘蓝植株上发病。幼苗期、成株期均可发生，以苗期发病最为严重。

苗期发病，子叶、真叶和幼茎上产生圆形至椭圆形斑，初浅褐色，后变成灰白色，其上产生许多灰褐色颗粒点，重病苗很快死亡。轻病苗移栽后病害沿茎基上下发展蔓延，形成长条状灰褐色至暗褐色病斑，随病情发展，病茎和病根皮层腐朽，露出木质部，致植株萎蔫死亡，后期在病部产生许多灰褐色小粒点，即病菌分生孢子器。成株期发病，多在老叶和成熟叶片上发生，形成不规则坏死斑块，花梗和种荚受害后症状与茎上相似，后期在病部均产生灰褐色颗粒状小点，纵剖根、茎可见维管束变褐。贮藏期发病，使叶球干腐。将病茎或根部纵切，可见到变黑的维管束。

12.1.7.2 病原

该病是由半知菌亚门十字花科黑胫茎点霉真菌 [*Phoma lingam* (Tode ex Schw.) Desm.] 侵染所致。病菌分生孢子器球形至扁球形，无喙，埋生于寄主表皮下，褐色，器壁炭质，有孔口，直径为170～220μm。分生孢子无色透明，椭圆形至圆柱形，内含1～2个油球或多个油球，大小为（2.5～10）μm×（1.2～1.8）μm。

12.1.7.3 侵染循环

病菌以分生孢子器和菌丝体在病残体上越冬，种子的种皮也可带菌。病菌还可在土壤内、肥料中或野生寄主上越冬，在土壤中可存活 3 年。田间以分生孢子借风雨、浇水、施肥及昆虫传播，由植株气孔、皮孔或伤口侵入。种子带菌，病菌可直接侵害幼苗子叶和幼茎，发病后分生孢子可重复侵染使病害蔓延。

12.1.7.4 影响发生因素

（1）温湿度与根腐病发生的关系

高温高湿有利于发病。潮湿、多雨，尤其是雨后高温易引起发病。育苗期雨日多、雨量大，田间高湿，空气湿度大，病害发生严重。

（2）田间环境与根腐病发生的关系

氮肥施用过多，栽培过密，造成株、行间郁闭，通风透光条件差，植株生长衰弱，发病重。此外，地面积水，排水不良，或土质黏重、土壤偏酸等，发病重。

（3）病原基数与根腐病发生的关系

土壤连作年限越长，病原菌累积越多，发病越重。种子带菌未经处理，育苗用的营养土中施用未充分腐熟的带菌有机肥等，发病重。

（4）栽培模式与根腐病发生的关系

设施栽培发生重于露地栽培，其主要原因是设施栽培条件下棚室通风不畅，造成了高温高湿有利于发病的环境条件。

12.1.8 甘蓝枯萎病

甘蓝枯萎病是典型的土传病害，是由尖孢镰刀菌十字花科专化型真菌侵染引起，目前在全球大部分甘蓝种植区均有发生。自 2001 年北京市延庆地区报道了甘蓝枯萎病的发生以来，该病在我国的发生呈蔓延趋势，并逐年加重，该病难以防治，常造成十分严重的经济损失，严重发病田块发病株率达到 100%，甚至导致绝产，严重影响甘蓝的产量和商品品质，已经成为甘蓝生产上的突出问题。

12.1.8.1 症状

主要发生于夏播栽培和秋延栽培，由苗床期直到大田持续发生。定植后的幼苗，最初下部有 2～3 片叶黄变，以主脉为中心，叶片的一侧黄变，主脉向变黄一侧扭曲，叶片畸形。剖检叶柄，变黄侧的维管束变为褐色。病害严重的植株，在结球前枯死。

12.1.8.2 病原

甘蓝枯萎病是由尖孢镰刀菌黏团专化型（*Fusarium oxysporum*）和轮枝样镰刀菌（*Fusarium verticillioides*）复合侵染所致。尖孢镰刀菌在 PDA 培养基上菌落呈棉絮状，正面白色、淡紫色，背面淡紫色。大型分生孢子细长，镰刀形，3～5 个隔，顶细胞似喙状。小型分生孢子多数单胞，无色，个别具 1 隔膜，长椭圆形至短杆状，直或略弯，大小为（6～18）μm×（2.8～4.5）μm；双胞者长约 18μm，下部的细胞较宽，顶端渐尖。厚垣孢子顶生或间生，表面不光滑，球形至长椭圆形，大小为 15μm。该菌除侵染球茎甘蓝外，还可侵染花椰菜、羽衣甘蓝、青花菜、芜菁甘蓝、芜菁、芥菜、白菜、萝卜、油菜等多种蔬菜。

12.1.8.3 侵染循环

病菌在土壤中营兼性寄生，以菌丝体、分生孢子、厚垣孢子随病残体在土壤中或附着在种子上越冬，成为下一季初侵染来源，无寄主状态下可以在土壤中存活 5～6 年。病原菌在土壤中呈垂直分布，主要分布在 0～25cm 耕作层，病菌在土壤中主要通过流水、地下害虫、带菌土壤、农机具、种苗等途径传播，其中灌溉水和带菌农机具成为近距离传播的主要途径。远距离传播主要通过带菌的种苗和土壤，也可通过气流传播，种子传播概率很低。病原菌由根顶端伤口、根尖、侧根生长点及根毛顶端的微孔中侵入，条件适宜时 3 天可以完成侵染，在导管中繁殖，阻碍水分通过，并产生毒素，导致植株枯死。

12.1.8.4 影响发生因素

（1）温度与枯萎病发生的关系

温度是影响甘蓝枯萎病的重要因素之一，分生孢子萌发温度为 8～36℃，最适温度为 28～30℃；菌丝生长温度为 8～34℃，最适温度为 26～28℃。在田间，随着温度升高，病害的发生逐渐加重，当温度达到最适温度 26～28℃时，病害发病最快，为害最重。

（2）灌水方式与枯萎病发生的关系

土壤湿度对甘蓝枯萎病的发生影响较小，但灌水方式对该病的发生影响较大，大水漫灌可加速病原菌的传播，发生流行的速度加快，为害加重；滴灌、渗灌等灌水方式发生较轻。

（3）连作年限与枯萎病发生的关系

由于甘蓝枯萎病病原菌在土壤中越冬，因此，连作年限越长，病原菌积累越多，发病越早，发生为害越重；反之，发生晚，为害轻。例如，连作 0 年、3 年、5 年和 7 年，甘蓝枯萎病的发病株率分别为 3.9%、17.1%、26.8%和 32.5%。

（4）植株营养状况与枯萎病发生的关系

甘蓝枯萎病是一种弱寄生性病害，寄主生长发育越健壮，发生越轻。在生产中施足底肥、增施钾肥、补施微肥的情况下，发生比较轻，一般不出现死苗现象。

（5）土壤环境与枯萎病发生的关系

pH 在 3.0～7.0 时，随着 pH 增加，即土壤酸碱度逐渐降低时，菌丝生长速率急剧增加。当 pH 超过 7.0 时，随着 pH 增加，菌丝生长速率降低。说明该病菌适宜于中性土壤条件下发生，偏酸或偏碱均不利于发病。

12.1.9 甘蓝灰霉病

甘蓝灰霉病是设施栽培甘蓝的主要病害，分布广泛，发生普遍，一般病株率在10%～15%，严重时可达30%～40%，对甘蓝的产量和品质有较大影响。随着保护地栽培面积的增加，栽植年限的延长，其发生有逐年加重的趋势，因此，做好设施栽培甘蓝灰霉病的防治工作显得极为重要。

12.1.9.1 症状

主要为害叶、茎、根。最先多从距地表较近的叶片发病，初发病时病部呈水浸状，湿度大时病部迅速扩大，呈褐色或淡红褐色，引起腐烂，病部生有灰色霉状物。茎基部发病，病部变褐腐烂，生有灰色霉状物，从下向上发展，外叶凋萎，扩大到整个叶球，导致腐烂。发病后期病部有时产生近圆形黑色小菌核。

12.1.9.2 病原

甘蓝灰霉病由半知菌亚门灰葡萄孢（*Botrytis cinerea* Pers.）侵染所致。病菌的孢子梗数根丛生，褐色，顶端具1～2次分枝，分枝顶端密生小柄，其上产生大量分生孢子。分生孢子圆形至椭圆形，单细胞，近无色，大小为（5.5～16）μm×（5.0～9.25）μm，孢子梗的大小为（811.8～1772.1）μm×（11.8～19.8）μm。除为害甘蓝外，还侵染为害黄瓜、番茄、茄子、菜豆、莴苣、辣椒等多种蔬菜。

12.1.9.3 侵染循环

病菌随病株残体在土壤中越冬。翌春环境适宜时，菌核萌发产生菌丝，菌丝上长出分生孢子梗及分生孢子，分生孢子借气流、雨水或农事操作传播，产生芽管侵入寄主为害，又在病部产生分生孢子进行再侵染，当遇到恶劣条件时，又产生菌核越冬或越夏。

12.1.9.4 影响发生因素

（1）温湿度与灰霉病发生的关系

在中国北方地区，设施蔬菜未大面积发展之前，蔬菜灰霉病发生很轻，甚至不发生，设施蔬菜大面积发展后，形成了低温高湿的生态环境，与灰霉病发生所需适宜温湿度组合（温度20℃、相对湿度90%以上）相吻合，从而使灰霉病成为甘蓝生产中的主要防治对象。

（2）植株长势与灰霉病发生的关系

灰霉病是一种弱寄生性病害，其发生与作物长势密切相关。甘蓝长势越好，自身抗性越强，发病越轻；相反，管理粗放，甘蓝长势差，自身抗性低，发病重。

（3）栽植密度与灰霉病发生的关系

调查结果显示，甘蓝合理密植，株间通风透光条件好，湿度小，发病轻；若栽植过密，株间湿度大，光线比较弱，有利于灰霉病的发生。

（4）连作年限与灰霉病发生的关系

随着连作年限的延长，灰霉病发生依次加重，其原因首先是灰霉病病原菌的越冬场所是土壤，连作年限越长，病原菌积累越多，发病早而重；其次是连作年限越长，土壤中的养分越不平衡，导致甘蓝长势变差，抗性降低。

（5）管理水平与灰霉病发生的关系

使用紫光膜，提早扣棚烤田，重视有机肥，增施磷钾肥，栽植壮秧，适当控制灌水量，加强通风排湿，保持棚膜清洁，增加光照，收获后清除病残体彻底，深翻改良土壤等，均能有效减轻甘蓝灰霉病的发生。

12.1.10 甘蓝菌核病

甘蓝菌核病在长江流域和南方沿海各省发生普遍，病菌寄主范围广，除为害十字花科蔬菜外，还侵染番茄、辣椒、茄子、马铃薯、莴苣、胡萝卜、黄瓜、洋葱等共19科71种植物，尤以甘蓝、白菜、油菜受害最重。在北方地区露地栽培发生较轻，而设施栽培条件下甘蓝菌核病发生较重。

12.1.10.1 症状

成株受害多发生在近地表的茎、叶柄或叶片上。受害部初呈边缘不明显的水浸状淡褐色不规则形斑，后病组织软腐，产生白色或灰白色棉絮状菌丝体，并形成黑色鼠粪状菌核。茎基部病斑环茎一周后致全株枯死。采种株多在终花期受害，除侵染叶、荚外，还可引起茎部腐烂和中空，或在表面及髓部产生絮状菌丝及黑色菌核，晚期致茎折倒。花梗染病部呈白色或呈湿腐状，致种子瘦瘪，内生菌丝或菌核，病荚易早熟或炸裂。

12.1.10.2 病原

该病是由子囊菌亚门核盘菌［*Sclerotinia sclerotiorum*（Libert）de Bary］侵染所致。菌丝无色、纤细、具隔。菌核长圆形至不规则形，成熟后为黑色，形状及大小与着生部位有关。菌核球形至豆瓣形或鼠粪状，直径 1～10mm，可产生子囊盘 1～20 个，一般 5～10 个。子囊盘杯形，展开后盘形，开张在 0.2～0.5cm，盘浅棕色，内部较深，盘梗长 3.5～50mm。子囊圆筒形或棍棒状，内含 8 个子囊孢子，大小为（113.8～155.4）μm×（7.7～13）μm。子囊孢子椭圆形或梭形，单胞，无色，大小为（8.7～13.6）μm×（4.9～8.1）μm。菌核由菌丝组成，外层为皮层，内层为细胞结合很紧的拟薄壁组织，中央为菌丝不紧密的疏丝组织。菌核无休眠期，但抗逆力很强，温度 18～22℃，有光照及足够水湿条件时，菌核即萌发，产生菌丝体或子囊盘。菌核萌发时先产生小突起，约经 5 天伸出土面形成子囊盘，开盘经 4～7 天放射孢子，后凋萎。

12.1.10.3 侵染循环

病菌主要以菌核在土壤中或混杂在种子中越冬和越夏。菌核多在 2～4 月及 10～12

月萌发,萌发时产生子囊盘及子囊孢子。子囊盘具柄,初为乳白色小芽,随后逐渐展开呈盘状,颜色由淡褐色变为暗褐色。子囊盘表面为子实层,由子囊和杂生其间的侧丝组成。每个子囊内含有 8 个子囊孢子。子囊孢子成熟后,从子囊顶端弹射出来,借气流传播,首先侵染衰老叶片和残留在花器上或落在叶片上的花瓣,再进一步侵染健壮的叶片和茎。病部产生白色菌丝体,通过接触进行再侵染。发病后期在菌丝部位形成菌核。菌核没有休眠期,在干燥土壤中可存活 3 年,但不耐潮湿,1 年后即丧失其生活力,菌丝不耐干燥,相对湿度高于 85%时发育良好,低于 70%时病害扩展明显受阻。温度在 5~20℃和较高的土壤湿度状况下菌核即可萌发,其中以 15℃左右为最适。子囊孢子在 0~35℃均可萌发,最适萌发温度为 5~10℃,经 48h 后孢子萌发率可达 90%以上。

12.1.10.4 影响发生因素

(1) 温湿度与菌核病发生的关系

温湿度与菌核病的发生关系十分密切。温度在 20℃左右、相对湿度在 85%以上时,有利于病菌生长发育,发病重;湿度在 70%以下时,发病轻。因此,冬、春保护地发生为害严重。早春和晚秋多雨,易引起病害流行。

(2) 连作年限与菌核病发生的关系

研究结果表明,十字花科蔬菜连作与甘蓝菌核病的发生程度呈显著的正相关关系,即连作年限越长,发病越重。而与禾本科作物轮作则发病较轻。其原因主要是首先连作土壤中累积病原多,发生基数大;其次连作容易导致甘蓝生长发育不良,抗性差,发病重。

(3) 田间管理水平与菌核病发生的关系

田间排水不良,偏施氮肥,定植过密,植株徒长,田间通风透光不良,都会加重病害的发生。施足底肥,增施有机肥,补施微肥,尤其是补施硅肥和钙肥,发病轻,即使发病,喷施农药也容易控制其流行。

12.1.11 甘蓝猝倒病

甘蓝猝倒病俗称"倒苗""霉根""小脚瘟",是苗期最常见的典型土传病害,是一种由弱寄生菌侵染引起的真菌性病害,病菌寄主范围十分广泛,严重时可引起成片死苗,导致有地无苗栽的现象。该病除为害甘蓝等十字花科蔬菜外,瓜类、莴苣、芹菜、白菜、甘蓝、萝卜、洋葱等蔬菜幼苗均能受害。

12.1.11.1 症状

甘蓝猝倒病的常见症状有死苗和猝倒两种,死苗一般发生在播种后发芽出土前,种子尚未出土前即遭受病菌侵染的称为死苗;猝倒是指幼苗出土后真叶尚未展开前,幼苗基部出现水浸状病斑,变软,继而缢缩成细线状,导致幼苗地上部失去支撑能力而贴伏地面。病害开始往往仅个别幼苗发病,条件适宜时以这些病株为中心,迅速向四周扩展蔓延,苗床湿度大时,在病苗或其附近床面上常密生白色棉絮状菌丝。

12.1.11.2 病原

甘蓝猝倒病是由瓜果腐霉 [*Pythium aphanidermatum*（Eds.）Fitzp.]、异丝腐霉（*P. diclinum* Tokunaga）、宽雄腐霉（*P. dissotocum* Drechsler）复合侵染所致，均属鞭毛菌亚门真菌。瓜果腐霉菌丝体生长繁茂，呈白色棉絮状；菌丝无色，无隔膜，直径 2.3～7.1μm。菌丝与孢囊梗区别不明显。孢子囊丝状或分枝裂瓣状，或呈不规则膨大。大小为（63～725）μm×（4.9～14.8）μm。泡囊球形，内含 6～26 个游动孢子。藏卵器球形，直径 14.9～34.8μm，雄器袋状至宽棍状，同丝或异丝生，多为 1 个。大小为（5.6～15.4）μm×（7.4～10）μm。卵孢子球形，平滑，不满器，直径 14.0～22.0μm。异丝腐霉菌落在 PDA 培养基上呈外密内疏圈状，在 PCA 培养基上呈近似放射状；孢子囊菌丝状，具膨大或稍膨大的侧枝，顶生或间生；藏卵器球形，顶生或间生，偶见 2～4 个串生，大小为 15～24μm，每个藏卵器具雄器 1～2 个，具柄，异丝生，大小为（7.8～15.2）μm×（5.3～7.5）μm；卵孢子单个存在，大小为 11～18.2μm，不满器。宽雄腐霉在 PDA 培养基上菌丝疏密呈圈状，在 PCA 培养基上呈放射状，无气生菌丝。孢子囊丝状或略膨大呈分枝状，泄管长，顶端形成泡囊。藏卵器球形至亚球形，顶生或间生，顶生时顶端常具 1 段外延菌丝，直径 20～24.5μm，每器具雄器 1～4 个，多同丝生，偶见异丝生，形状为镰刀状至长卵形，具短柄，常见 2 雄器着生在藏卵器柄的同一部位；卵孢子球形至亚球形，壁光滑，不满器至近满器，直径 18.5～22μm。

12.1.11.3 侵染循环

病菌以卵孢子随病残体在土壤中越冬，可营腐生生活。条件适宜时越冬的卵孢子萌发，产生芽管，直接侵入幼芽，或芽管在皮层薄壁细胞中扩展，菌丝蔓延于细胞间或细胞内，顶端膨大后形成孢子囊。苗床湿度大时，病苗上产生的孢子囊和游动孢子借灌溉水或雨水溅射进行再侵染。

12.1.11.4 影响发生因素

（1）温湿度与猝倒病发生的关系

病菌虽喜高温（30～36℃），但土温 15～20℃时繁殖最快，在 8～9℃低温条件下也可生长，故当苗床温度低，幼苗生长缓慢，再遇高湿，则感病期拉长，特别是在局部有滴水时，很易发生猝倒病。尤其苗期遇有连续阴雨雾天，光照不足，幼苗生长衰弱，发病重。

（2）幼苗发育阶段与猝倒病发生的关系

猝倒病发生的轻重与苗龄的关系十分密切，幼苗越小，越容易发病。在真叶未长出之前，由于幼苗组织幼嫩，加之由自养变为异养，长势较弱，抗病性较差，往往发病严重。当幼苗真叶长出之后，植株长势强壮，皮层木栓化，抗病性增强，发病较轻。

（3）栽培管理水平与猝倒病发生的关系

育苗期间，棚室保温措施差，导致苗床温度低，通风不及时使湿度大时，有利于发病。此外，光照不足、播种过密、幼苗徒长等情况下，往往发病较重。浇水后积水处或薄膜滴水处，最易发病而成为发病中心。

12.2 生理病害

生理病害是甘蓝生产中存在的突出问题之一，严重影响着产品的产量及质量，但在生产中容易被忽视。生理病害的表现主要有畸形果、裂果、空洞果、着色不良及日灼、脐腐等。

12.2.1 甘蓝缺钙

甘蓝缺钙俗称"叶烧边""干烧心"，是甘蓝生产中常见的生理病害。分布较广，局部地区地块发生较重，保护地和露地种植均可发病，露地种植受害重。

12.2.1.1 症状

甘蓝缺钙表现症状为心叶生长发育受阻，叶梢向内卷，叶片边缘变为黄褐色至黄白色，接着枯死，叶球内部个别叶片干枯、黄化，叶肉呈干纸状，商品价值明显降低。

12.2.1.2 影响发生因素

甘蓝缺钙属生理病害，即非传染性病害。造成缺钙的原因，一是土壤中钙素不足，导致植株球叶内部缺钙；二是土壤中不缺钙，但高温多湿天气影响植株对钙素的吸收、利用；三是长期施用硫酸铵和其他酸性肥料，导致土壤溶液中阳离子浓度过高，出现反渗现象，抑制了植物对钙的吸收，从而形成缺钙现象。生产中，应根据缺钙的原因，采取相对应的措施。对甘蓝缺钙预防比治疗效果更明显。

12.2.2 甘蓝叶球开裂

甘蓝叶球开裂简称甘蓝裂球，在甘蓝栽培过程中时常发生，影响甘蓝的外观品质和商品性状，主要发生在叶球生长后期。

12.2.2.1 症状

甘蓝叶球开裂最常见的是叶球顶部开裂，有时侧面也开裂，多为一条线开裂，也有纵横交错开裂。为害性决定开裂程度，轻者仅叶球斜面几层叶片开裂，还有食用价值，重者可深至短缩茎，使甘蓝失去食用价值。

12.2.2.2 影响发生因素

甘蓝叶球开裂的主要原因是细胞吸水过多胀裂。甘蓝结球后叶球组织脆嫩，细胞柔韧性小。一旦土壤水分过多，就能造成叶球开裂。尤其是土壤水分不足时，突然降雨或大水漫灌更易造成叶球开裂口。不同品种也影响开裂程度，一般尖头型品种裂球较少，圆头型、平头型品种裂球较多。同一品种，不同成熟度抗裂性也有差异，成熟度越高，越容易开裂。

12.2.3 甘蓝叶疱疹

甘蓝叶疱疹又名甘蓝水肿，俗称"起泡"，在春甘蓝生产中时有发生。

12.2.3.1 症状

甘蓝叶疱疹主要发生在较嫩的外叶上，在叶片上出现许多灰褐色的疣样生长物，大小差异很大，呈椭圆形、梭形至长方形，该症状易被误认为是由沙子或害虫造成叶片损伤而引起的。表面似蜡状，很粗糙，有的表皮破裂露出叶肉，个别在疣样生长物上附有沙粒等。

12.2.3.2 影响发生因素

叶片上出现疣样生长物，是因为植株根系保持较强的吸水能力，叶片吸水大于失水而胀破表皮，致使叶肉细胞暴露出来后木栓化而形成疱疹状。一般情况下都是甘蓝在较温暖气候条件下生长时，突然遇到较大幅度的降温，尤其是夜间受到寒流袭击时，易出现这种情况。因此，做好棚室保温，避免温度剧烈变化，尤其是预防寒流对减轻或避免叶疱疹至关重要。

12.2.4 甘蓝先期抽薹

甘蓝先期抽薹主要发生于早春栽培，夏秋栽培几乎不发生。

12.2.4.1 症状

症状表现主要为甘蓝不结球而抽薹开花，失去食用及商品价值。

12.2.4.2 影响发生因素

首先与品种关系十分密切，不同品种间存在较大差异，如北京早熟、迎春等品种未熟抽薹率为 20%～60%，而中甘 11 号、中甘 8 号、中甘 15 号等品种不易发生未熟抽薹现象。其次与播期密切相关，同一品种播种期越早，通过春化阶段的机会越多，发生未熟抽薹的概率越大。尤其早熟甘蓝如果定植太早，特别是定植后受到"倒春寒"的影响，很容易发生未熟抽薹。最后与定植苗龄有关系，定植时幼苗越大，未熟抽薹率越高。苗期低温会使甘蓝通过春化阶段，发生未熟抽薹。应根据形成的原因，采取相应的预防措施，避免或减轻甘蓝先期抽薹的发生。

12.3 虫　　害

12.3.1 蚜虫

蚜虫俗称腻虫、蜜虫、油旱等，属半翅目蚜总科。体型大小不一，身长从 1～10mm

不等,为刺吸式口器的害虫。其在世界范围内的分布十分广泛,是对植物最具破坏性的害虫之一。目前已经发现的蚜虫有10科约4400种,大约有250种是对农林业和园艺业为害严重的害虫。在甘蓝上发生的优势种为甘蓝蚜。

12.3.1.1 为害特点

蚜虫是甘蓝上发生量最大、为害期最长的害虫,除为害甘蓝外,还为害卷心白菜、花椰菜、萝卜、番茄、黄瓜等几乎所有的蔬菜作物。蚜虫对甘蓝的为害包括三个方面:第一,以成、若虫附着在甘蓝叶片背面、嫩叶、花梗等部位,直接吸食汁液,导致被害组织发黄、卷缩,植株矮化,甚至萎蔫枯死。第二,蚜虫排出的含糖分的蜜露,在湿度较大的条件下诱发煤污病,影响光合作用,并招引蚂蚁等昆虫。第三,蚜虫是多种病毒的传播媒介,可导致甘蓝病毒病的流行,造成甘蓝严重减产。蚜虫对甘蓝的为害性往往是间接为害大于直接为害。

12.3.1.2 形态特征

有翅胎生雌蚜:体长约2.2mm,头、胸部黑色,复眼赤褐色。腹部黄绿色,有数条不很明显的暗绿色横带,两侧各有5个黑点,全身覆有明显的白色蜡粉,无额瘤;触角第3节有37~49个不规则排列的感觉孔;腹管很短,远比触角第5节短,中部稍膨大。

无翅胎生雌蚜:体长2.5mm左右,全身暗绿色,覆有较厚的白蜡粉,复眼黑色,触角无感觉孔;无额瘤;腹管短于尾片;尾片近似等边三角形,两侧各有2~3根长毛。

12.3.1.3 生活史

甘蓝蚜[*Brevicoryne brassicae*(Linnaeus)]在温带以北地区1年发生8~10代,世代重叠。在温带以南及温带以北日光温室内1年发生10~12代。以卵越冬,主要在晚甘蓝上,其次是在球茎甘蓝、冬萝卜和冬白菜上。在长江以南温暖地区及北方日光温室可终年营孤雌生殖而不产越冬卵。在温带以北地区露地甘蓝蚜越冬卵一般在翌年4月开始孵化,先在留种株上繁殖为害,5月中下旬迁移到春菜上为害,再扩大到夏菜和秋菜上,10月即开始产生性蚜,交尾产卵于留种株或贮藏的菜株上越冬,少数成蚜和若蚜也可在菜窖中越冬。甘蓝蚜的发育起点温度为4.5℃,从出生至羽化成蚜所需有效积温,无翅蚜为134.5日度,有翅蚜为148.6日度。生殖力在15~20℃下最高,一般每头无翅成蚜平均产仔40~60头。在设施栽培条件下,蚜虫发生世代增加,为害加重。

12.3.1.4 生活习性

(1) 生殖习性

甘蓝蚜具有两性生殖和孤雌生殖习性,在温暖地区及北方日光温室可以连续孤雌胎生繁殖而不产越冬卵。在北方露地栽培甘蓝上一般10月以后进行交配产卵越冬。

(2) 趋性

甘蓝蚜对黄色、橙色具有正趋性,对银灰色具有负趋性。根据这一习性,在生产上利用黄板进行诱杀和田间动态监测，利用田间悬挂银灰色塑料薄膜网覆盖育苗趋避甘蓝蚜。

（3）对寄主的选择性

甘蓝蚜以留守式完成其生活周期，终年都在十字花科蔬菜上为害。尽管可为害多种十字花科蔬菜，但偏嗜取食叶面光滑蜡质比较多的甘蓝、花椰菜等。

（4）蚜虫与蚂蚁的共生关系

蚜虫以口针刺穿植物的表皮层，吸取养分，然后分泌含有糖分的蜜露，工蚁舔食蜜露。蚂蚁为蚜虫提供保护，蚜虫为蚂蚁提供蜜露，形成共生关系。

12.3.1.5 影响发生因素

（1）温湿度与发生的关系

温度是影响甘蓝蚜繁殖和活动的重要因素。在露地栽培条件下，空气湿度和降雨量是决定蚜虫种群数量变动的主导因素。而在设施栽培条件下，由于棚膜的屏蔽作用，降雨量大小对甘蓝蚜种群数量没有直接作用，影响作用比较大的是空气湿度。在适宜的温度范围内，相对湿度在60%~70%时，有利于大量繁殖；高于80%或低于50%时，对繁殖有明显抑制作用。

（2）天敌因素与发生的关系

甘蓝蚜的天敌包括瓢虫、草蛉、螨类、蜘蛛等捕食性天敌和真菌、细菌等寄生性天敌，它们对甘蓝蚜具有明显的控制作用。不同天敌种类对甘蓝蚜的捕食作用不同，七星瓢虫、异色瓢虫、龟纹瓢虫成虫日捕食蚜虫120~150头，1~4龄若虫平均各龄捕食蚜虫80~120头。各种草蛉日捕食量320~360头，食蚜蝇日捕食量110头左右，大灰食蚜蝇一生捕食蚜虫800~1500头。在条件适宜情况下，蚜霉菌流行，可使甘蓝蚜虫口密度降低95%以上。设施栽培环境相对稳定，有利于捕食性及寄生性天敌的种群繁衍，具有较广阔的应用前景。

12.3.2 菜粉蝶

菜粉蝶（*Pieris rapae* Linne.），别名菜白蝶，幼虫又称菜青虫，属鳞翅目粉蝶科。国内分布普遍，各省均有发生，尤以北方发生最重，是北方十字花科蔬菜上的重要害虫，常暴发成灾，对甘蓝生产构成严重威胁。

12.3.2.1 为害特点

幼虫咬食甘蓝叶片，2龄前仅啃食叶肉，留下一层透明表皮，3龄后蚕食叶片，形成孔洞或缺刻，严重时叶片全部被吃光，只残留粗叶脉和叶柄，造成绝产。菜青虫取食时，边取食边排出大量虫粪，污染叶片和菜心，降低甘蓝质量。3龄前多在叶背为害，3龄后转至叶面蚕食，4~5龄幼虫的取食量占整个幼虫期取食量的97%以上。菜青虫为害造成伤口，易引起甘蓝软腐病的流行。

12.3.2.2 形态特征

菜粉蝶属完全变态发育,分别为受精卵、幼虫、蛹、成虫四个阶段。

卵:竖立呈瓶状,高约 1mm,初产时淡黄色,后变为橙黄色。

幼虫:共 5 龄,体长 28~35mm,幼虫初孵化时灰黄色,后变青绿色,体圆筒形,中段较肥大,背部有一条不明显的断续黄色纵线,气门线黄色,每节的线上有两个黄斑。密布细小黑色毛瘤,各体节有 4~5 条横皱纹。

蛹:长 18~21mm,纺锤形,体色有绿色、淡褐色、灰黄色等;背部有 3 条纵隆线和 3 个角状突起。头部前端中央有 1 个短而直的管状突起;腹部两侧也各有 1 个黄色脊,在第 2、3 腹节两侧突起成角。

成虫:体长 12~20mm,翅展 45~55mm,体黑色,胸部密生白色及灰黑色长毛,翅白色。雌虫前翅前缘和基部大部分为黑色,顶角有 1 个大三角形黑斑,中室外侧有 2 个黑色圆斑,前后并列。后翅基部灰黑色,前缘有 1 个不规则的黑斑,翅展开时与前翅后方的黑斑相连接。常有雌雄二型,更有季节二型的现象,随着生活环境的不同,其色泽有深有浅,斑纹有大有小,通常在高温下生长的个体,翅膀正面上的黑斑色深显著而翅膀背面的黄鳞色泽鲜艳;反之,在低温条件下发育成长的个体则黑鳞少而斑型小,或完全消失。

12.3.2.3 生活史

菜粉蝶年发生世代数因地区和甘蓝栽培模式的不同而差异明显。我国东北、华北、西北地区 1 年发生 4~5 代,上海 1 年发生 5~6 代,长沙 1 年发生 8~9 代,广西 1 年发生 7~8 代。各地均以蛹越冬,越冬场所多在受害菜地附近的篱笆、墙缝、树皮下、土缝里或杂草及残株枯叶间。在北方露地栽培甘蓝,翌年 4 月中下旬越冬蛹羽化,5 月达到羽化盛期。羽化的成虫取食花蜜,交配产卵,第 1 代幼虫于 5 月上中旬出现,5 月下旬至 6 月上旬是春季为害盛期。2~3 代幼虫于 7~8 月出现,此时因气温高,虫量显著减少。至 8 月以后,随气温下降,又是秋甘蓝生长季节,有利于其生长发育。8~10 月是 4~5 代幼虫为害盛期,甘蓝常受到严重为害,10 月中下旬以后幼虫化蛹越冬。在适宜条件下,卵期 4~8 天;幼虫期 11~22 天;蛹期约 10 天(越冬蛹除外);成虫期约 5 天。在北方温室栽培,菜青虫可周年发生,没有明显越冬现象,年发生世代数较露地甘蓝田增加 1~2 代。

12.3.2.4 生活习性

(1)成虫活动产卵习性

菜粉蝶成虫晚上蛰伏,白天活动,尤以晴天中午更活跃。成虫产卵时对十字花科蔬菜具有很强的趋性,尤以厚叶类的甘蓝、花椰菜着卵量最大,夏季卵多产于叶背面,冬季卵多产于叶正面。卵散产,每次只产 1 粒,每头雌虫一生平均产卵百余粒,以越冬代和第 1 代成虫产卵量较大。

(2) 幼虫取食习性

初孵幼虫先取食卵壳，然后再取食叶片。1~2 龄幼虫有吐丝下坠习性，幼虫行动迟缓，大龄幼虫有假死性，当受惊动后可蜷缩身体坠地。幼虫咬食甘蓝叶片，2 龄前仅啃食叶肉，留下一层透明表皮，3 龄后转至叶面蚕食，4~5 龄幼虫进入暴食期。幼虫老熟时爬至隐蔽处，分泌黏液将臀足粘住固定，吐丝将身体包裹，再化蛹。

(3) 食性

菜粉蝶喜食十字花科植物，其次是菊科、旋花科、百合科、茄科、藜科、苋科等 8 科 35 种植物，尤以偏嗜取食含有芥子油苷、叶表光滑无毛的甘蓝和花椰菜。

12.3.2.5 影响发生因素

(1) 温湿度与发生的关系

温湿度与菜青虫的发育关系密切，温度决定菜青虫的发育速率和分布范围，湿度决定菜青虫发生量的大小。在一定范围内，随着温度升高，菜青虫发育速率加快。卵的发育起点温度为 8.4℃，有效积温 56.4 日度；幼虫的发育起点温度为 6℃，有效积温 217 日度；蛹的发育起点温度为 7℃，有效积温 150.1 日度。菜青虫发育的最适温度为 20~25℃、相对湿度 76%左右，与甘蓝类作物发育所需温湿度十分吻合。

(2) 栽培模式与发生的关系

在北方地区，一年四季分明，在露地栽培条件下，冬季低温胁迫，不适宜菜青虫的生长发育，使其进入休眠状态；而在温室栽培条件下，温度完全能满足菜青虫的生长发育，菜青虫可周年发生为害，发生世代数增加，为害期延长，为害加重。

(3) 田间环境与发生的关系

植株栽植密度大，株行间郁闭，通风透光条件差，棚室潮湿时，均有利于菜青虫的发生，氮肥使用过多，生长幼嫩时，菜青虫发生严重。

(4) 天敌与发生的关系

菜青虫的天敌包括捕食性天敌和寄生性天敌。在自然条件下，这些天敌对菜青虫具有明显的控制作用。

捕食性天敌是菜青虫的重要天敌类群，但栽培季节对菜青虫捕食性天敌的影响比较大，不同栽培季节甘蓝田菜青虫的捕食性天敌数量及优势种也不同。一般春甘蓝田天敌种类数较秋甘蓝多，但天敌数量秋甘蓝田较春甘蓝多。调查研究结果表明，春甘蓝田捕食性天敌有 15 种，其中捕食性昆虫 4 种，蜘蛛 11 种。中华跃蛛、八斑球腹蛛、草间小黑蛛、四斑锯螯蛛、拟水狼蛛、异色瓢虫、三突花蛛和龟纹瓢虫数量较多，占捕食性天敌数量的 90%以上。秋甘蓝田捕食性天敌有 10 种，其中捕食性昆虫 2 种，蜘蛛 8 种。八斑球腹蛛、草间小黑蛛、三突花蛛、叶斑圆蛛和拟水狼蛛数量较多。而八斑球腹蛛种群数量极为丰富，占捕食性天敌数量的 60%以上。7~8 月因高温多雨，寄主缺乏，天敌增多，菜青虫虫口数量显著减少。秋季捕食性天敌数量减少，菜青虫数量增多，出现一年中的第二个发生高峰。

寄生性天敌是菜青虫另一重要的天敌类群，主要有广赤眼蜂、微红绒茧蜂及颗粒体病毒、凤蝶金小蜂等。

12.3.3 小菜蛾

小菜蛾［*Plutella xylostella*（L.）］，别名小青虫、两头尖、吊丝虫，属鳞翅目菜蛾科，是世界性迁飞害虫，也是当前生产上化学杀虫剂防治十分困难的典型害虫之一。繁殖能力强、食性较专一，主要为害甘蓝、花椰菜、大白菜、萝卜、油菜等蔬菜，是典型的十字花科蔬菜害虫。由于小菜蛾的自身生物学特点及适宜气候条件、抗药性的增强，小菜蛾的为害呈逐年加重趋势。为害严重时可达到绝产程度，全世界每年因此造成的损失和防治费用已高达40亿～50亿美元。

12.3.3.1 为害特点

初龄幼虫仅取食叶肉，留下表皮，在菜叶上形成一个个透明的斑，即"开天窗"，3～4龄幼虫可将菜叶啃食成孔洞和缺刻，严重时全叶被食成网状。在苗期常集中心叶为害，影响包心。在留种株上，为害嫩茎、幼荚和籽粒。

12.3.3.2 形态特征

卵：椭圆形，稍扁平，长约0.5mm，宽约0.3mm，初产时淡黄色，有光泽，卵壳表面光滑。

幼虫：初孵幼虫深褐色，后变为绿色。末龄幼虫体长10～12mm，纺锤形，体节明显，腹部第4～5节膨大，雄虫可见一对睾丸。体上生稀疏长而黑的刚毛。头部黄褐色，前胸背板上有由淡褐色无毛的小点组成的两个"U"字形纹。臀足向后伸超过腹部末端，腹足趾钩单序缺环。幼虫较活泼，触之则激烈扭动并后退。

蛹：长5～8mm，黄绿色至灰褐色，外被丝茧极薄如网，两端通透。

成虫：体长6～7mm，翅展12～16mm，前后翅细长，缘毛很长，前后翅缘呈黄白色三度曲折的波浪纹，两翅合拢时呈3个接连的菱形斑，前翅缘毛长并翘起如鸡尾，触角丝状，褐色有白纹，静止时向前伸。雌虫较雄虫肥大，腹部末端圆筒状，雄虫腹末圆锥形，抱握器微张开。

12.3.3.3 生活史

小菜蛾在中国北至黑龙江、南至海南均有发生，发生世代数因地区和栽培模式的不同而差异较大。在北方地区露地栽培甘蓝1年发生4～5代，长江流域1年发生9～14代，华南地区1年发生17代。在北方以蛹在残株落叶、杂草丛中越冬；在南方和北方日光温室终年可见各虫态，无越冬和滞育现象。1年内为害盛期因地区的不同而不同，东北、华北、西北地区以5～6月和8～9月为害严重，且春季重于秋季。在新疆7～8月则为害最重。在南方以3～6月和8～11月是发生盛期，且秋季重于春季。雌虫寿命较长，产卵历期也长，尤其越冬代成虫产卵期可长于下一代幼虫期。在适宜条件下，卵期 3~11 天，幼虫期 12~27 天，蛹期 8~14 天，成虫期 11.8~46.4 天。

12.3.3.4 生活习性

（1）趋光性

小菜蛾成虫具有较强的趋光性，昼伏夜出，白昼多隐藏在植株丛，受惊扰时在株间作短距离飞行，日落后开始活动，17:00~23:00 是上灯的高峰期。在生产上可利用这一习性进行灯光诱杀。

（2）避光习性

幼虫具有避光习性，初孵出的幼虫在叶片背面潜伏短暂时间后，随即钻蛀进入叶片的上下表皮之间，蛀食下表皮和叶肉。

（3）产卵习性

成虫羽化后很快即能交配，交配的雌蛾当晚即产卵。卵多产于叶背叶脉附近，卵散产，偶尔 3~5 粒在一起。繁殖能力强，平均每雌产卵 250 粒左右，最多可达约 600 粒。产卵期长，从而造成世代重叠现象，增加了防治难度。

（4）幼虫取食习性

幼虫孵出后潜食叶肉，2 龄后多在叶背取食，留下半透明的上表皮，3 龄后进入暴食期，可将叶片咬成孔洞，严重时仅剩叶脉，使甘蓝失去商品价值。幼虫较活跃，遇惊扰即迅速扭动并倒退或吐丝下坠，但稍静片刻又沿线返回叶片上继续取食。

（5）生态适应性强

冬天能忍耐短期–15℃的严寒，在–1.4℃的环境中还能取食活动，夏天能忍耐 35℃以上酷暑。体小，只需要有少量食物就能存活，易于躲避敌害。幼虫对食料质量的要求极低，在发黄的老叶片上取食也能完成发育。

（6）生活周期短

小菜蛾生活周期较短，在最适温度（28~30℃）条件下，取食甘蓝完成一代最快仅需要 10 天，给防治带来很大困难。

12.3.3.5 影响发生因素

（1）食料条件与发生的关系

随着种植业结构的调整，蔬菜生产发展迅速，尤其十字花科蔬菜种植面积逐年扩大，为食性相对专一的小菜蛾提供了丰富的食料，促使其严重发生。

（2）温湿度与发生的关系

小菜蛾发育的最适温度为 20~30℃，即春、秋两季。在此温度下，小菜蛾卵、幼虫、蛹的存活率及成虫产卵量高。此时正是十字花科作物生长期，十分有利于小菜蛾的暴发。

在露地栽培条件下，降雨量大对小菜蛾的发生有明显的抑制作用，主要表现为雨水的冲刷；而在设施栽培条件下，由于棚膜的屏障，避免了雨水的冲刷，有利于小菜蛾的发生。

（3）栽培模式与发生的关系

在北方地区露地栽培条件下，小菜蛾冬季缺乏食料，温度不适宜，发生期较长江以南地区短；而设施栽培，由于环境的变化，其发生世代数塑料大棚较露地增加2~3代，日光温室增加4~5代。此外，设施栽培小菜蛾越冬死亡率低，翌年发生基数高，发生早而重。

（4）化学农药使用与发生的关系

一般情况下，化学农药使用量越大，使用次数越频繁，对小菜蛾种群杀伤力越大。但小菜蛾对农药易产生抗药性，且随着虫害的发生日益加重，菜农防治小菜蛾的用药量也在不断增加，而小菜蛾抗药性仍在不断地发展，使防治更加困难，形成了用药量不断加大、小菜蛾种群数量随之增长、抗药性更易产生的恶性循环，从而导致了小菜蛾暴发。

12.3.4 甜菜夜蛾

甜菜夜蛾（*Spodoptera exigua* Hübner），俗称白菜褐夜蛾，属鳞翅目夜蛾科，从北纬57°至南纬40°之间都有分布，是一种世界性分布、间歇性暴发的以为害蔬菜为主的杂食性害虫，不同年份发生量差异很大。除为害甘蓝外，对大白菜、芹菜、菜花、胡萝卜、芦笋、大葱、蕹菜、苋菜、辣椒、豇豆、花椰菜、茄子、芥蓝、番茄、菜心、小白菜、青花菜、菠菜、萝卜等蔬菜均可造成严重为害。

12.3.4.1 为害特点

该虫发生为害面积广，受害作物种类多，虫口密度高，世代重叠严重。初孵幼虫群集叶背，吐丝结网，取食叶肉，留下表皮，呈透明小孔，3龄前食量较小。3龄后分散为害，食量大增，可食光叶肉，仅留叶脉和叶柄，若正值甘蓝苗期，可导致甘蓝菜苗死亡，造成缺苗断垄，甚至毁种。若在成株期，取食造成的空洞和缺刻使甘蓝失去商品价值。

12.3.4.2 形态特征

卵圆球状，白色，成块产于叶面或叶背，初产的卵为浅绿色，接近孵化时为浅灰色，卵粒呈圆馒头形，卵块平铺一层或多层重叠，上面覆盖有灰白色绒毛。每雌蛾一般产卵100~600粒，排为1~3层，外面覆有雌蛾脱落的白色绒毛，因此不能直接看到卵粒。

老熟幼虫体长约22mm，体色变化很大，由绿色、暗绿色、黄褐色、褐色至黑褐色，背线有或无，颜色也各异。较明显的特征为：腹部气门下线有明显的黄白色纵带，有时带粉红色，此带的末端直达腹部末端，不弯到臀足上（甘蓝夜蛾老熟幼虫此纵带通到臀足上）。各节气门后上方具一明显的白点。在田间常易与菜青虫、甘蓝夜蛾幼虫混淆。

蛹体长约 10mm，黄褐色。中胸气门显著外突。臀棘上有刚毛 2 根，其腹面基部也有 2 根极短的刚毛。

成虫体长 8～10mm，翅展 19～25mm。灰褐色，头、胸有黑点。前翅灰褐色，基线仅前段可见双黑纹；内横线双线黑色，波浪形外斜；剑纹为一黑条；环纹粉黄色，黑边；肾纹粉黄色，中央褐色，黑边；中横线黑色，波浪形；外横线双线黑色，锯齿形，前、后端的线间白色；亚缘线白色，锯齿形，两侧有黑点，外侧有一个较大的黑点；缘线为一列黑点，各点内侧均衬白色。后翅白色，翅脉及缘线黑褐色。多在夜间 20:00～23:00 取食、交尾和产卵，活动最为猖獗。

甜菜夜蛾与同期发生的棉铃虫的典型区别是：该幼虫腹部气门下线为明显的"黄白色纵带"（有时带粉红色），每节气门上方各有一个明显的"白点"，且虫体表面光滑锃亮、蜡质层较厚，对一般常用农药的抗药性极强。

12.3.4.3 生活史

在陕西关中地区 1 年发生 4～5 代，山东 1 年发生 5 代，湖北 1 年发生 5～6 代，江西 1 年发生 6～7 代，世代重叠现象严重。江苏、河南、山东、陕西等地以幼虫在疏松的 0.5～5cm 土层内筑土室化蛹，土层坚硬时也可在土表植物落叶下化蛹越冬，江西、湖南以蛹在土壤中、少数未老熟幼虫在杂草上及土缝中越冬；冬暖时仍见少量取食。在亚热带和热带地区及北方日光温室可周年发生，无越冬休眠现象。每雌蛾一般产卵 100～600 粒，成虫产卵期 3～5 天，卵期 2～6 天，温度低时约在 7 天孵化成幼虫，幼虫发育历期 11～39 天；蛹发育历期 7～11 天。发育最适宜温度为 20～23℃、相对湿度为 50%～75%。越冬蛹发育起点温度为 10℃，有效发育积温为 220 日度。该虫属间歇性猖獗为害的害虫，不同年份发生情况差异较大，为害呈上升的趋势。秋季是甜菜夜蛾的发生盛期，也是防治的关键时期。

12.3.4.4 生活习性

（1）趋光性

成虫具趋光性，对黑光灯趋性强，趋化性较弱，白天潜伏在草丛或甘蓝叶内，受惊可作短距离频繁迁飞，夜间 20:00～23:00 活动最盛，进行交尾、产卵，黑光灯下成虫雌雄性比为 1：（1.4～1.8）。

（2）取食习性

幼虫昼伏夜出，下午 18:00 开始外出活动，凌晨 3:00～5:00 活动虫量最多，晴天清晨随光照强弱提前或推迟潜入甘蓝叶片的时间，幼虫 3 龄前吐丝结网，群集为害，取食留下表皮，呈透明小孔，食量小；3 龄后，食量大增，分散为害吃光叶肉，仅留叶脉和叶柄。幼虫具多食性，畏强光，具有转株取食、假死性和喜旱惧湿习性。

（3）产卵习性

甜菜夜蛾的卵多产在甘蓝叶中上部，呈块状，卵粒少则几粒，多则百粒以上。初产卵乳白色，后变淡黄色，近孵化时呈灰黑色。一般卵期 2~5 天，室温 32.2℃时，卵块经 36h 左右孵化完毕，清晨 7:00 前孵化最多。初孵幼虫取食卵壳仅留茸毛，多数群集静伏于卵处，一旦受惊便潜逃或吐丝飘移至相邻植株。

12.3.4.5　影响发生因素

（1）虫口基数与发生的关系

研究结果表明，初发代虫口基数大，发生早，当年主害代发生重。田间虫口密度与上代成虫高峰期诱虫量相关性分析，结果显示，二者呈极显著正相关，其相关系数 $r=0.723$（$P_{0.01}=0.708$，$N=12$）。该结果为甜菜夜蛾的发生程度预测提供了一定理论依据。

（2）气候条件与发生的关系

在一定虫口基数下，适宜的气温和降水量是决定甜菜夜蛾发生程度的重要因素。根据田间发生程度与气候条件关系分析，结果显示，甜菜夜蛾发生为害与当年 7~9 月夏秋高温少雨天气关系密切。夏秋 7~9 月温度偏高，降水偏少，有利于害虫暴发为害。夏季低温多雨年份，秋季发生就轻。

（3）天敌与发生的关系

甜菜夜蛾的天敌资源丰富，特别是寄生性天敌种类较多。调查结果显示，其寄生性天敌种类有 80 多种，其中寄生蜂和寄生蝇就有 60 多种，病原物有 10 种，寄生线虫有 10 种。主要有螟蛉悬茧姬蜂 [*Cheroplor biclor*（Szepligeti）]、棉铃虫齿唇姬蜂（*Campoletis chlorideae* Uchida）、姬蜂（*Ichneumon* sp.）、螟蛉绒茧蜂 [*Apanteles ruficrus*（Haliday）]、斑痣悬茧蜂 [*Meteorus pulchricornis*（Wesmael）]、白胫侧沟茧蜂（*Microplitis ablotibialis* Telenga）、沟茧蜂（*Microplitis* sp.）、黑卵蜂（*Telenomus* sp.）、赤眼蜂（*Trichogramma* sp.）、双斑膝芒寄蜂（*Gonia bimaculata* Wiedemann）、埃及等鬃寄蝇（*Peribaea orbata* Wiedemann）、温寄蝇（*Winthemia* sp.）、球孢白僵菌 [*Beaurveria bassiana*（Balsamo）]、甜菜夜蛾核型多角体病毒（SeNPV）、六索线虫（*Hexamermis agrotis*）、白色六索线虫（*H. preris*）和太湖六索线虫（*H. taihvensis*）。常见的捕食性天敌有各种蜻类、蜘蛛类、螳螂、草蛉、步甲、瓢虫等。

（4）栽培管理与发生的关系

连年成片种植甘蓝，为甜菜夜蛾提供了充足的营养食源，发生量大；长期单一用药，盲目增加用药量，导致害虫抗药性增强，防治效果差，为害严重。甘蓝田或周围杂草密度大，为甜菜夜蛾的产卵、繁殖等提供了转主寄主，发生量大，为害重。

12.3.5　斜纹夜蛾

斜纹夜蛾 [*Prodenia litura*（Fabricius）] 属于鳞翅目夜蛾科，又名莲纹夜蛾，俗称夜盗虫、乌头虫等，是一种间隙性发生的暴食性、杂食性世界性害虫。在国内各地都有发生，为害寄主相当广泛，除十字花科蔬菜外，还可为害包括瓜、茄、豆、葱、韭菜、菠菜及粮食、经济作物等近 100 科 300 多种植物。

12.3.5.1 为害特点

以幼虫咬食叶片为害，初龄幼虫啃食叶片下表皮及叶肉，仅留上表皮呈透明斑；4龄以后进入暴食期，咬食叶片，仅留主脉。幼虫还可钻入叶球为害，将内部吃空，并排泄粪便，造成污染，使作物降低甚至失去商品价值。

12.3.5.2 形态特征

卵：半球形，直径约 0.5mm；初产时黄白色，后变为暗灰色，孵化前呈紫黑色，表面有纵横脊纹，数十至上百粒集成卵块，外覆黄白色鳞毛。

幼虫：体长 33～50mm，头部黑褐色，体色多变，一般为暗褐色，也有的呈土黄色、褐绿色至黑褐色，体表散生小白点，背线呈橙黄色，在亚背线内侧各节有近似三角形的半月黑斑一对。

蛹：长 18～20mm，长卵形，红褐色至黑褐色。腹末具发达的臀棘 1 对。

成虫：体长 14～20mm，翅展 35～46mm，体暗褐色，胸部背面有白色丛毛，前翅灰褐色，花纹多，内横线和外横线白色，呈波浪状，中间有明显的白色斜阔带纹，所以称斜纹夜蛾。

12.3.5.3 生活史

中国从北至南 1 年发生 4～9 代。以蛹在土壤中蛹室内越冬，少数以老熟幼虫在土缝、枯叶、杂草中越冬。南方及北方日光温室冬季无休眠现象。发育最适温度为 28～30℃，不耐低温，长江以北地区自然条件下大都不能越冬。每头雌蛾产卵 3～5 块，每块有卵粒 100～200 个，卵多产在叶背的叶脉分叉处，经 5～6 天孵化出幼虫，气温 25℃条件下幼虫期 14～20 天。在含水量 20%左右土壤湿度条件下化蛹，蛹期为 11～18 天。

12.3.5.4 生活习性

（1）成虫活动习性

成虫昼伏夜出，飞翔力较强，具趋光性和趋化性，对糖醋酒等发酵物尤为敏感。卵多产于叶背的叶脉分叉处，以茂密、浓绿的作物产卵较多，堆产，卵块常覆有鳞毛而易被发现。

（2）幼虫活动习性

初孵幼虫具有群集为害习性，取食下表皮及叶肉，仅留上表皮呈透明斑；3 龄开始分散为害，4 龄以后进入暴食期，咬食叶片，仅留主脉。老龄幼虫有昼伏夜出和假死性，白天多潜伏在土缝处，傍晚爬出取食，遇惊吓蜷缩落地呈假死状。当食料不足或不适合取食时，幼虫可成群迁移至附近田块为害，故又有"行军虫"的俗称。

12.3.5.5 影响发生因素

（1）温湿度与发生的关系

斜纹夜蛾的发生与温湿度的关系十分密切，其生长发育的最适宜温度为 28～30℃，相对湿度为 75%～85%。田间温湿度变化是导致斜纹夜蛾在甘蓝田种群上升的重要因素之一，设施栽培温度升高，湿度增加，斜纹夜蛾越冬死亡率降低，翌年发生基数高，发生为害严重。日光温室栽培甘蓝斜纹夜蛾周年发生，塑料大棚栽培斜纹夜蛾发生较露地栽培提前 40～50 天。温度高，斜纹夜蛾产卵集中，生长发育加快，世代周期缩短，幼虫的取食量随着湿度的升高而增加。就全球气候变化而言，由于温室效应，暖冬现象明显，早春温度回升快，也极有利于斜纹夜蛾的发生。

（2）种植业结构调整与发生的关系

随着经济作物（尤其是蔬菜）和设施栽培面积的迅速增扩，丰富了斜纹夜蛾的食料范围，使其繁殖越冬场所扩大，为其在北方地区越冬提供可能。加之斜纹夜蛾是杂食性害虫，在甘蓝、辣椒、棉花、大蒜、番茄、茄子等不同作物上辗转取食为害，存活率高，生长发育加快，产卵量大，而且发生期不整齐，从而影响了防治效果，增加了斜纹夜蛾发生基数，引起斜纹夜蛾的大面积发生。

（3）天敌数量与发生的关系

天敌对斜纹夜蛾具有显著的控制作用。蒋杰贤等 2001 年测定了草间小黑蛛雌成蛛、拟水狼蛛雌成蛛和叉角厉蝽 2 龄若虫对斜纹夜蛾 1～2 龄幼虫的捕食功能反应，其理论最大捕食量分别为 6.1 头、26.0 头和 10.1 头，并运用排除作用控制指数分析了生物因子对斜纹夜蛾种群的自然控制作用。结果表明，低龄（1～3 龄）幼虫的捕食性天敌是影响斜纹夜蛾种群数量动态的重要因子，对第 4 代和第 8 代种群的排除作用控制指数分别为 13.9 和 13.0，如果没有捕食性天敌的作用，下代种群数量将分别增长到当代的 15.1 倍和 74.7 倍。病原微生物是影响第 4 代斜纹夜蛾种群数量的另一重要因子，其排除作用控制指数为 2.473。病毒、细菌、真菌和微孢子虫等病原微生物也是夏季斜纹夜蛾种群数量的重要调节因子，如果没有病原微生物的作用，下代种群数量将是当代的 2.7 倍。

12.3.6 甘蓝夜蛾

甘蓝夜蛾（*Mamestra brassicae* Linnaeus），属鳞翅目夜蛾科，又名地蚕、夜盗虫、菜夜蛾。广泛分布于各地，是一种杂食性害虫，除为害甘蓝、白菜、萝卜、菠菜、胡萝卜等多种蔬菜外，还为害大田作物、果树、野生植物等。寄主达 45 科 100 余种。

12.3.6.1 为害特点

主要以幼虫为害甘蓝的叶片，初孵化幼虫群聚于叶片背面进行为害，白天不活动取食，夜晚活动啃食叶片，仅残留下表皮，4 龄以后进入暴食期，白天潜伏在叶片下、菜心、地表或根周围的土壤等隐蔽处，夜间出来活动。严重时，往往能将叶肉吃光，仅剩叶脉和叶柄，转株迁移为害。幼虫常常还钻入叶球并留下粪便，污染叶球，引起叶球腐烂。

12.3.6.2 形态特征

卵：半球形，底径 0.6～0.7mm，上有放射状的三序纵棱，棱间有一对下陷的横道，隔成一行方格。初产时黄白色，后来中央和四周上部出现褐色斑纹，孵化前变紫黑色。

幼虫：体色随龄期不同而异，初孵化时，体色稍黑，全体有粗毛，体长约 2mm。2 龄体长 8～9mm，全体绿色。1～2 龄幼虫仅有 2 对腹足（不包括臀足）。3 龄体长 12～13mm，全体呈黑绿色，具明显的黑色气门线。3 龄后具腹足 4 对。4 龄体长 20mm 左右，体色灰黑色，各体节线纹明显。老熟幼虫体长约 40mm，头部黄褐色，胸、腹部背面黑褐色，散布灰黄色细点，腹面淡灰褐色，前胸背板黄褐色，近似梯形，背线和亚背线为白色点状细线，各节背面中央两侧沿亚背线内侧有黑色条纹，似倒"八"字形。气门线黑色，气门下线为一条白色宽带。臀板黄褐色椭圆形，腹足趾钩单行单序中带。

蛹：长 20mm 左右，赤褐色，蛹背面由腹部第 1 节起到体末止，中央具有深褐色纵行暗纹 1 条。腹部第 5～7 节近前缘处刻点较密而粗，每刻点的前半部凹陷较深，后半部较浅。臀刺较长，深褐色，末端着生 2 根长刺，刺从基部到中部逐渐变细，到末端膨大呈球状，似大头钉。

成虫：体长 10～25mm，翅展 30～50mm。体、翅灰褐色，复眼黑紫色，前足胫节末端有巨爪。前翅中央位于前缘附近内侧有一环状纹，灰黑色，肾状纹灰白色。外横线、内横线和亚基线黑色，沿外缘有黑点 7 个，下方有白点 2 个，前缘近端部有等距离的白点 3 个。亚外缘线色白而细，外方稍带淡黑色。缘毛黄色。后翅灰白色，外缘一半黑褐色。

12.3.6.3 生活史

甘蓝夜蛾在北方地区 1 年发生 3～4 代，以蛹在土表下 10cm 左右处越冬，当气温回升到 15～16℃时，越冬蛹羽化出土。卵期一般为 4～6 天，卵的发育适温是 23～26℃。幼虫期 30～35 天，蛹期一般 10 天左右，越夏蛹蛹期 50～60 天，越冬蛹蛹期 6 个月左右，蛹的发育温度在 15～30℃。在北方 1 年有 2 次为害盛期，第一次在 6 月中旬至 7 月上旬，以第 1 代幼虫主要为害露地春甘蓝，设施栽培甘蓝由于发育期提前，为害较轻；第二次是在 9 月中旬至 10 月上旬，以第 3 代幼虫为害露地秋甘蓝。设施栽培甘蓝处于包心期以前，为害也十分严重。

12.3.6.4 生活习性

（1）趋性

成虫昼伏夜出，白天潜伏在甘蓝叶背面或阴暗处，日落出来活动。成虫有趋光性，但不强。对糖醋液有较强的趋化性。

（2）产卵特点

成虫产卵期需吸食露水和蜜露以补充营养。卵为块状，每块在 100～200 粒，1 头雌蛾一生可产 1000~2000 粒卵，多产在生长茂密的植株叶背，小植株上全株叶片都可着卵，大植株上多产在上部、中部叶片上。

（3）幼虫习性

孵化后有先吃卵壳的习性，群集叶背进行取食，2~3 龄开始分散为害，4 龄后昼伏夜出进入暴食期。幼虫的密度大时，有自相残杀的现象。

12.3.6.5 影响发生因素

（1）温湿度与发生的关系

甘蓝夜蛾的发生往往出现年代中的间歇性暴发，在冬季、早春温度和湿度适宜时，羽化期早而较整齐，易于出现暴发性为害。当日平均温度在 18~25℃、相对湿度 70%~80%时最有利于甘蓝夜蛾的发育。高温干旱或高温高湿对其发育不利，因此，夏季是明显的发生低潮。

（2）蜜源植物与发生的关系

甘蓝夜蛾成虫需要补充营养。成虫期，羽化处附近若有充足的蜜露，或羽化后正赶上有大量的开花植物，则成虫寿命长，产卵量比较大，可能会暴发。

（3）天敌与发生的关系

甘蓝夜蛾卵寄生蜂有广赤眼蜂、拟澳洲赤眼蜂等；幼虫期寄生蜂有甘蓝夜蛾拟瘦姬蜂、黏虫白星姬蜂、银纹夜蛾多胚跳小蜂等；蛹期有广大腿小蜂等。捕食性天敌主要有步甲、虎甲、蚂蚁、马蜂、蜘蛛，天敌对甘蓝夜蛾种群数量有一定抑制作用。

12.3.7 银纹夜蛾

银纹夜蛾 [*Argyrogramma agnata*（Staudinger）]，俗称黑点银纹夜蛾、豆银纹夜蛾、菜步曲、豌豆造桥虫、豌豆黏虫、豆步曲、豆尺蠖，属鳞翅目夜蛾科。分布于全国各地，食性杂，常以甘蓝、油菜、花椰菜、白菜、萝卜等十字花科蔬菜及豆类作物、葛芭、茄子等植物作为寄主。

12.3.7.1 为害特点

初孵幼虫群集在叶背面剥食叶肉，残留表皮，大龄幼虫则分散为害，蚕食叶片呈孔洞或缺刻，影响作物生长，并排泄粪便污染甘蓝，降低甘蓝的品质，严重时甘蓝失去商品价值。

12.3.7.2 形态特征

卵：直径 0.4~0.5mm，半球形，初产时乳白色，后为淡黄绿色，卵壳表面有格子形条纹。

幼虫：体长 25~32mm，体淡黄绿色，前细后粗，体背有纵向的白色细线 6 条，气门线黑色。第1、2对腹足退化，行走时呈曲伸状。

蛹：长18～20mm，体较瘦，前期腹面绿色，后期全体黑褐色，腹部第1、2节气门孔明显突出，尾刺1对，具薄茧。

成虫：体长15～17mm，翅展32～35mm，体灰褐色。前翅灰褐色，具2条银色横纹，中央有1个银白色三角形斑块和一个似马蹄形的银边白斑。后翅暗褐色，有金属光泽。胸部背面有两丛竖起较长的棕褐色鳞毛。

12.3.7.3 生活史

在北方露地甘蓝田1年发生2～3代，冷棚栽培1年发生3～4代，日光温室栽培1年发生5～6代，杭州1年发生4代，湖南1年发生6代，广州1年发生7代。以蛹越冬。翌年4月可见成虫羽化，羽化后经4～5天进入产卵盛期。卵多散产于叶背。第2～3代产卵最多，6～8月为为害高峰期，在室温下，幼虫期10天左右，老熟幼虫在植株上结薄茧化蛹，在陕西露地甘蓝田11月上中旬、塑料大棚11月底至12月上旬仍可见成虫出现，日光温室周年可见到成虫活动。

12.3.7.4 生活习性

（1）趋性

银纹夜蛾成虫昼伏夜出，白天蛰伏在叶背面，晚上出来活动。对黑光灯具有较强的趋光性，对糖醋液具有较强的趋化性。

（2）假死习性

幼虫共5龄，取食时间多在傍晚及夜间进行，阴雨天白天也常取食，有假死性，受惊后吐丝下垂。在食料缺乏情况下，有较强的迁移能力。老熟幼虫在寄主叶背吐白丝作茧化蛹。

12.3.7.5 影响发生因素

（1）温湿度与发生的关系

银纹夜蛾生长发育的适宜温度为15～35℃，最适温度为20～30℃，适宜的相对湿度为60%～80%。夏秋季节少雨的年份一般发生严重。

（2）栽培管理水平与发生的关系

银纹夜蛾中间寄主多，若管理粗放，杂草丛生，发生重。多年种植十字花科蔬菜的区域发生重，连作田块，虫口基数高，发生重。

12.3.8 油菜潜叶蝇

油菜潜叶蝇（*Phytomyza horticola* Goureau）属双翅目蝇类，俗称拱叶虫、夹叶虫、叶蛆等。是一类多食性害虫，除为害甘蓝外，还可为害豌豆、蚕豆、白菜、莴笋、萝卜等蔬菜植物，其为害可导致植物光合作用受阻，受害严重时导致叶片枯萎脱落，甚至死秧，对蔬菜的产量和商品性影响比较大。

12.3.8.1 为害特点

油菜潜叶蝇主要以幼虫在叶片上下表皮之间潜食叶肉，使叶片正面出现弯弯曲曲的条状潜道，潜道曲折，呈曲线状或麻花状，没有一定的方向，附带有橘黑色和干棕色的板块区，严重的潜痕密布，致叶片发黄、枯焦或脱落。虫道的终端不明显变宽，是该虫与三叶斑潜蝇、南美斑潜蝇、美洲斑潜蝇等其他斑潜蝇相区别的一个重要特征。

12.3.8.2 形态特征

卵：为长卵圆形、灰白色，长0.3mm左右。

幼虫：蛆状，长2.9～3.4mm，初为乳白色，渐转黄色。前端可见黑色口钩，前胸背面和腹末节背面各有1对气门突起，腹末斜行平截，老熟时体长达3.2～3.5mm。

蛹：长卵圆形略扁，长2.1～2.6mm，浅黄色渐转为黄褐色、黑褐色。

成虫：雌虫体长2.3～2.7mm，雄虫体长1.8～2.1mm，体暗灰色，有稀疏刚毛。翅半透明，有紫色反光。

12.3.8.3 生活史

在我国1年发生3～8代，由北向南渐增，在北方日光温室发生代数较露地增加2～3代。完成一代所需时间因温度而异，日平均气温10.5℃时需39天，22.7℃时只需20天。以蛹越冬，在南方及北方日光温室无越冬现象。成虫寿命4～20天，每雌虫一生产卵45～100粒，散产于嫩叶的叶背边缘，卵期4～9天。幼虫孵出后即潜食叶肉，经5～15天老熟，在隧道末端化蛹，蛹期8～21天。潜叶蝇成虫发育的适宜温度为16～18℃，幼虫为20℃左右。该虫世代重叠明显，种群发生高峰期与衰退期极为突出。为害盛期因地区不同而有差异，青海春油菜区在7月上中旬，山东冬油菜区在4月底至5月初，陕西在4月上旬至5月中旬，江苏在4月中旬至5月中旬，湖北、湖南、江西在3月下旬至4月中下旬。

12.3.8.4 生活习性

（1）趋化性

潜叶蝇成虫对红糖液或甘薯、胡萝卜煮出液有较强的趋化性。

（2）成虫活动及产卵习性

成虫活跃，白天活动，吸食花蜜。成虫喜欢选择高大、茂密的植株产卵，且在嫩叶上产卵较多，卵单粒散产，初产卵呈灰白色斑点。

12.3.8.5 影响发生因素

（1）温度与发生的关系

温度对油菜潜叶蝇的发育影响较大，成虫发育的适宜温度为16～18℃，幼虫为20℃左右，高温对油菜潜叶蝇的发育不利，夏季气温高于35℃时幼虫会出现停止生长、化蛹越夏现象。此外，潜叶蝇的世代周期长短也与温度高低变化密切相关，在 13～15℃时 1 个世代 30 天左右，在 23～28℃时仅为 14 天左右。

（2）田间管理与发生的关系

研究结果表明，甘蓝种植密度越大，长势越好，株间越郁闭，油菜潜叶蝇发生数量越大。甘蓝田周围蜜源植物多，杂草丛生，油菜潜叶蝇数量多，为害重。

（3）天敌与发生的关系

调查结果显示，七星瓢虫和寄生蜂对油菜潜叶蝇有较强的控制作用，而龟纹瓢虫、异色瓢虫、蜘蛛、寄生蜂对美洲斑潜蝇有较好的控制效果。

12.3.9 地下害虫

土壤是地下害虫栖息、繁殖和生存的场所，一般在甘蓝全生育期均可受到为害，但以苗期受害最重，可以直接啃食菜籽、苗根、苗茎，又在土壤中钻洞，造成苗根脱离土壤，使甘蓝吸收不到水分而枯萎，此外，它们在甘蓝上造成的伤口又极易被土传病原菌侵染，使甘蓝苗感病死亡，发生严重的可造成缺苗、断垄，影响甘蓝的产量。在甘蓝田发生的地下害虫主要有 4 类，即蛴螬、金针虫、蝼蛄、地老虎。

12.3.9.1 为害特点

蛴螬喜食刚播种的种子、根、茎及幼苗，常造成缺苗、断垄，为害造成的伤口易诱发甘蓝根腐病。金针虫幼虫在土壤中主要为害甘蓝种子及其新萌芽、根、茎，致使甘蓝苗干枯致死，造成大面积缺苗甚至全田毁种。蝼蛄成虫和若虫在土壤中咬食甘蓝刚播下的种子和幼芽，或将幼苗根、茎部咬断，使幼苗枯死，受害的根部呈麻花状。蝼蛄将表土拱起穿成许多隧道，使根部透风和土壤分离、幼苗失水干枯致死，造成缺苗、断垄，甚至毁种。地老虎 3 龄前幼虫多在土表或植株上活动，昼夜取食叶片、心叶、嫩头、幼芽等部位，食量较小。3 龄后分散入土，白天潜伏土壤中，夜间活动为害，常将甘蓝幼苗齐地面处咬断，造成缺苗、断垄。

12.3.9.2 形态特征

（1）蛴螬

蛴螬是金龟子的幼虫，又称为白土蚕、白地蚕、核桃虫、老母虫、粪虫等。老熟幼虫体长 14～45mm，身体柔软多皱褶。静止时弯成 C 形，头部黄褐色，体乳白色。成虫通称为金龟子，体长 6～21mm，体宽 3.4～11mm，长椭圆形，呈棕色或黑褐色、黑色，具光泽，体壁硬，前翅厚，并盖住后翅。

（2）金针虫

金针虫是叩头甲科幼虫的统称，甘蓝田常见的有沟金针虫和细胸金针虫。沟金针虫细长，筒形略扁，体壁坚硬而光滑，黄色，具细毛，前头和口器暗褐色，头扁平，上唇呈三叉状突起，自胸背至第 10 腹节，各叉内侧各有一个小齿。老熟幼虫体长 20～30mm，体节最宽处约 4mm，从头至第 9 节渐宽。细胸金针虫圆筒形，细长，金黄色，光亮。头部扁平，口器深褐色，第 1 胸节较第 2、3 胸节稍短。1～8 节略等长，尾节圆锥形，近基部两侧各有 1 个褐色圆斑和 4 条褐色纵纹，顶端具 1 个圆形突起。

（3）蝼蛄

蝼蛄又称土狗子、地狗子、啦啦蛄、水狗等。成虫体狭长，头小圆锥形，前胸背板椭圆形，背面隆起如盾、较硬，前足呈扁平状、上有齿，有 4 翅，前翅短，后翅长，腹部柔软圆筒形，着生 2 根长尾须，若（幼）虫的外形与成虫基本相似，甘蓝田发生的蝼蛄有 2 种，一种是华北蝼蛄，体长 36～55mm，黄褐色；另一种是东方蝼蛄，体长 30～35mm，灰褐色。

（4）地老虎

对农业生产造成为害的地老虎有 10 余种，在甘蓝田的优势种为小地老虎。小地老虎又名切根虫、夜盗虫，俗称地蚕。成虫体长 16～23mm，翅展 42～54mm；前翅黑褐色，有肾状纹、环状纹和棒状纹，肾状纹外有尖端向外的黑色楔状纹，与亚缘线内侧 2 个尖端向内的黑色楔状纹相对。卵半球形，直径 0.6mm，初产时乳白色，孵化前呈棕褐色。老熟幼虫体长 37～50mm，黄褐色至黑褐色；体表密布黑色颗粒状小突起，背面有淡色纵带；腹部末节背板上有 2 条深褐色纵带。蛹体长 18～24mm，红褐色至黑褐色；腹末端具 1 对臀棘。

12.3.9.3 生活史

蛴螬年发生代数因种、因地而异，是一类生活史较长的昆虫，一般 1 年 1 代，或 2～3 年 1 代，长者 5～6 年 1 代。例如，大黑鳃金龟在陕西关中地区 2 年 1 代，暗黑鳃金龟、铜绿丽金龟在长江以北地区 1 年 1 代，小云斑鳃金龟在青海 4 年 1 代，大黑鳃金龟在四川甘孜地区则需 5～6 年 1 代。蛴螬共 3 龄，第 1、2 龄期较短，第 3 龄期最长。蛴螬终生栖生土壤中，其活动主要与土壤的理化特性和温湿度等有关。在一年中活动最适的土温平均为 13～18℃，高于 23℃时，即逐渐向深土层转移，至秋季土温下降到其活动适宜范围时，再移向土壤上层。因此蛴螬对果园苗圃、幼苗及其他作物的为害主要是春秋两季最重。

沟金针虫和细胸金针虫约需 3 年完成 1 代，以幼虫或成虫在地下 20～85cm 土层中越冬，幼虫期 1～3 年。在陕西关中，3 月下旬至 6 月上旬产卵，卵期平均约 42 天，5 月上中旬为卵孵化盛期。孵化幼虫为害至 6 月底下潜越夏，待 9 月中下旬又上升到表土层活动，为害至 11 月上中旬开始在土壤深层越冬。第 2 年 3 月初，越冬幼虫开始活动，3 月下旬至 5 月上旬为害最重。

蝼蛄在长江流域及其以南各省 1 年发生 1 代，在华北、东北、西北地区 2 年左右完成 1 代。在陕西南部约 1 年 1 代，陕北和关中 1～2 年 1 代。在黄淮地区，越冬成虫 5 月开始产卵，盛期为 6～7 月，卵经 15～28 天孵化，当年孵化的若虫发育至 4～7 龄后，在 40～60cm 深土中越冬。第 2 年春季恢复活动，为害至 8 月开始羽化为成虫。若虫期长达 400 余天。当年羽化的成虫少数可产卵，大部分越冬后至第 3 年产卵。

小地老虎由南向北年发生代数递减,如广西南宁 1 年发生 7 代,华北和江苏一带 1 年发生 3～4 代,江西南昌 1 年发生 5 代,陕西、北京 1 年发生 4 代,黑龙江 1 年发生 2 代,新疆 1 年发生 2～3 代,内蒙古 1 年发生 2 代。小地老虎在 1 月 0℃等温线(北纬 33°附近)以北地区不能越冬;在 1 月 10℃等温线以南地区是国内主要虫源基地,在四川则成虫、幼虫和蛹都可越冬。江淮蛰伏区也有部分虫源,成虫从虫源地区交错向北迁飞为害。在陕西每年 4 月初可见到成虫。

12.3.9.4 生活习性

(1) 趋光性

地下害虫成虫除了金针虫外,地老虎、金龟子、蝼蛄等其他地下害虫对黑光灯均有较强的趋性。

(2) 趋化性

蝼蛄对香味、甜味、酒糟和马粪等有强烈的趋化性,嗜食煮至半熟的谷子、棉籽和炒香的豆饼、麦麸等,喜欢栖息于潮湿环境;小地老虎对糖醋液和萎蔫的杨树枝把趋性很强;金龟子对糖醋液和酸菜汤具有较强的趋性,蛴螬成虫具有假死习性;金针虫对新鲜而略萎蔫的杂草及作物枯枝落叶等腐烂发酵气味有极强的趋性,常群集于草堆下。在生产中,可利用地下害虫的这些习性进行诱杀防治。

(3) 日活动习性

蝼蛄喜昼伏夜出,以晚上 9:00～11:00 活动最盛,特别是在气温高、湿度较大、闷热无风的夜晚,大量出土活动。金龟子除丽金龟、花金龟等少数种类夜伏昼出外,大多昼伏夜出,白天潜伏在土壤中或作物根际杂草丛中,黄昏活动,晚上 8:00～11:00 活动最盛。金针虫白天躲在甘蓝田或周边杂草和土块下,夜晚出来活动。小地老虎成虫和幼虫白天蛰伏,晚上出来活动。喜食花蜜和蚜露。

(4) 地下害虫其他习性

蛴螬成虫、金针虫具有假死习性,小地老虎成虫具有远距离迁飞习性,幼虫具有自残习性;金针虫雄虫飞翔力较强,但雌性成虫不能飞翔。

12.3.9.5 影响发生因素

(1) 温湿度与发生的关系

温湿度与地下害虫的发生关系密切,当 10cm 土温达 5℃时蛴螬开始上升至土表,13～18℃时活动最盛,23℃以上时则往深土中移动,至秋季土温下降到其活动适宜范围时,再移向土壤上层。金针虫越冬成虫在土温 10℃左右时开始出土活动,10cm 土温在 12～15℃时达活动高峰。小地老虎对高温和低温适应性均较差,在温度(30±1)℃或 5℃以下条件下,1～3 龄幼虫大量死亡。平均温度高于 30℃时成虫寿命缩短,一般不能产卵。冬季温度偏高,5 月气温稳定,有利于幼虫越冬、化蛹、羽化,成虫盛发期遇有适量降雨或灌水时常导致暴发。土壤含水量在15%～20%的地区有利于幼虫生长发育和成虫产卵。土壤温度对蝼蛄的影响也非常明显。当气温在12.5～19.8℃、20cm深处地温在15.2～19.9℃时，蝼蛄活动最盛，为害最严重。温度过高或过低，蝼蛄潜入土壤深处。土壤含水量在20%以上时，活动最盛；小于15%时，活动减弱。

（2）土壤环境与发生的关系

凡是湿润、疏松、含腐殖质或有机质多的土壤或沙壤土，适于蝼蛄、蛴螬、金针虫等地下害虫活动，发生多，为害重。黏土不适于蝼蛄的活动，发生较少。另外施用未腐熟有机肥的甘蓝田地下害虫发生重。

（3）前茬作物、田间杂草或蜜源植物与发生的关系

前茬若是禾本科作物，则金针虫、蛴螬、地老虎发生严重；甘蓝田周围蜜源植物多，有利于地下害虫成虫完成补充营养，也有利于幼虫的转移，从而加重发生及为害。

11.3.10 蛞蝓

参见芹菜蛞蝓部分。

12.4 甘蓝病虫害绿色防控技术体系

12.4.1 育苗前及育苗期

12.4.1.1 清洁田园

前茬蔬菜收获后及时清洁田园，将残枝落叶清除出田外，集中销毁或深埋，并深翻土壤，减少病虫发生基数。

12.4.1.2 合理轮作

甘蓝应与禾本科、茄科等蔬菜作物轮作，避免与十字花科蔬菜连作，夏季停止种植小白菜等过渡寄主，一方面减少病原积累，减少病虫发生基数；另一方面轮作有利于甘蓝的生长发育，提高甘蓝的自然补偿能力。

12.4.1.3 选用优良品种及无病种子

早春结球甘蓝选用的品种必须是冬性强、不易发生未熟抽薹的早熟品种，如8398、冬甘1号等优良品种。秋延结球甘蓝选择耐热、抗寒及耐贮藏的早、中、晚熟品种，如中甘11号、中甘16号、中甘17号、夏光、世农200等。留种时要从无病田或无病株上采种，避免种子带菌。

12.4.1.4 培育壮苗

（1）种子处理

1）晾晒：播种前选择晴天将种子晾晒2～3天，促进种子后熟，提高发芽率，增强发芽势，达到出苗整齐一致，有利于培育壮苗。

2）温汤或药剂浸种：将晾晒过的种子用 50℃温水浸种 20～30min，取出经冷水降温并晾干后播种；或用 45%代森锌水剂 200 倍液浸种 15min，取出冲洗 2～3 遍后播种；或用农用链霉素 1000 倍液浸种 2h，也可在 60℃下处理干种子 6h 后播种，杀灭种子表面所带的病原菌和虫卵。

（2）确定适宜的播期

早春结球甘蓝播种过早，幼苗在越冬期常因苗龄过大完成春化作用而抽薹；播种晚，又会影响结球甘蓝的产量，使产值下降。在北方地区早春结球甘蓝以 12 月下旬至 1 月上旬播种为宜；南方地区以 10～11 月播种为宜。春结球甘蓝育苗期 40～50 天，如温室播种育苗时可在 1 月中下旬育苗为宜。秋结球甘蓝品种生育期都比较长，生长期很有限，应根据品种生育期确定适宜播期，可适当提前，不可推后，在南方地区 7～8 月、西北地区 6～7 月播种为宜，适宜苗龄 35～40 天。南方冬甘蓝 9～10 月育苗，适宜苗龄 30～40 天。

（3）育苗方法

采取科学的育苗方法是培育健康壮苗的基础和基本条件。春结球甘蓝采取坐北向南小阳畦育苗，以提温、防冻。秋结球甘蓝采取高畦遮阴育苗，以防晒、防雨、排水降温。采用营养钵无病土育苗，保证有足够的营养面积。每营养钵点播 2～3 粒种子，待出苗后真叶显露时拔除弱病苗，一钵留一苗。

（4）育苗期管理

春甘蓝"先控后促"，3 叶期前温度控制在白天 10～15℃、夜间 5～8℃；3 叶期后白天 20℃、夜间 10℃，以促进根系生长。尽量保证光照充足，适时适当通风排湿，以免发病。在定植前 7～10 天在不受冻害的情况下尽量降低温度，增强幼苗对低温环境的适应性。栽植时要求有 6～8 片真叶，下胚轴和节间短，叶片厚、颜色深，茎粗壮，根系发达。夏秋甘蓝覆遮阳网降温，白天温度 20～25℃，夜间 12～18℃，30℃以上时要通风降温，控制浇水。破心前不浇水，以防徒长。栽植时要求苗高 12～15cm，根系发达，须根多，具 4～6 片真叶，茎粗 0.2～0.3cm，第一节间短，叶片深绿肥厚，颜色深，无病虫害，无机械损伤等。

12.4.2 定植期

12.4.2.1 搭建防虫网

在棚室通风口和进出口设置 40～50 目防虫网，有效阻隔菜青虫、小菜蛾、蚜虫、甜菜夜蛾、斜纹夜蛾、甘蓝夜蛾等害虫的迁入，若防虫网设置技术到位，甘蓝全生育期不受害虫的为害，可实现不使用化学农药的目标。注意设置防虫网的棚室，通风在一定程度上受阻，因此，通风口应适度加大。

12.4.2.2 科学施肥

重施有机肥，增施磷钾肥，补施微肥，避免偏施氮肥，禁用硝态氮肥。每亩施腐熟有机肥 5000kg，磷肥 100kg，硫酸钾 25~30kg，锌肥、硼肥各 1kg（在实际操作中，根据具体日光温室的土壤养分测定结果对施肥方案进行适当调整），均衡土壤营养，促进甘蓝健壮生长，提高其抗病性。

12.4.2.3　高畦栽培

畦高 10~15cm，将甘蓝栽植于垄上。田间灌溉时，达到渗灌，有利于甘蓝根系的生长发育，提高其抗病性，并能增强甘蓝田通风透光，减少甘蓝软腐病、黑腐病、灰霉病、枯萎病等病害的发生及为害。

12.4.3　生长期

12.4.3.1　诱杀防治

利用害虫的趋光性、趋化性等习性进行诱杀防治，属于物理防治范畴，对生态环境及天敌影响小，绿色环保。

（1）黄板诱杀

每 10~15m^2 张挂大小为 0.2m×0.3m 的黄板 1 张，外涂机油或粘虫胶诱杀蚜虫、潜叶蝇、粉虱等成虫，悬挂高度以黄板下缘略高出甘蓝生长点为宜。

（2）糖醋液诱杀

利用小地老虎、金龟子、甜菜夜蛾、甘蓝夜蛾等害虫对糖醋液具有较强趋化性的特点，在其成虫发生盛期进行糖醋液诱杀。糖醋液配制比例一般为糖：醋：酒：水为 1：4：1：16（在实际应用中可根据不同害虫适当调整各组分的比例）。将配制好的糖醋液放入口径 10~15cm 的容器中，悬挂高度以容器上口径略高于甘蓝生长点为宜。定时清除诱集的害虫，每周更换一次糖醋液。

（3）黑光灯诱杀

利用小菜蛾、甜菜夜蛾、甘蓝夜蛾、银纹夜蛾、小地老虎、金龟子等害虫的趋光性，在其发生高峰期在棚室内安装频振式杀虫灯进行诱杀防治。

（4）毒饵诱杀

最常用的是敌百虫毒饵。其配制方法为：先将麦麸、豆饼、秕谷、棉籽饼或玉米碎粒等炒香，按饵料重量 0.5%~1%的比例加入 90%晶体敌百虫（少量温水溶解）搅拌均匀，再根据饵料干湿程度添加适量水至手一攥稍出水即可，制成敌百虫毒饵。每亩施毒饵 1.5~2.5kg，于傍晚撒在已出苗的甘蓝地或苗床的表土上，或随播种、移栽定植时撒于播种沟或定植穴。毒饵药剂也可选用 2.5%辛硫磷胶囊剂，可有效地诱杀地老虎、蝼蛄、蛴螬等害虫。毒饵诱杀蛞蝓可选用 48%地蛆灵乳油或 6%蜗牛净颗粒剂配成含有效成分 4%左右的豆饼粉或玉米粉毒饵，在傍晚撒于田间垄上诱杀。

（5）其他方法诱杀

不同害虫趋化性不同，蝼蛄对酒糟和马粪等有强烈的趋性；地老虎对萎蔫的杨树枝把趋性很强；金龟子对酸菜汤具有较强的趋性；金针虫对新鲜而略萎蔫的杂草及作物枯枝落叶等腐烂发酵气味有极强的趋性；潜叶蝇成虫对红糖液或甘薯、胡萝卜煮出液有较强的趋性，在生产中可利用不同害虫对这些不同物质的趋化性，结合毒饵进行诱杀防治。

12.4.3.2 银灰膜驱蚜

在甘蓝田铺银灰色地膜，或将银灰膜剪成 10～15cm 宽的膜条，膜条间距 10cm，纵横拉成网眼状，趋避蚜虫。

12.4.3.3 加强栽培管理

覆盖地膜栽培，避免大水漫灌，适时滴水灌溉，降低甘蓝植株下部的湿度；田间操作时，避免在甘蓝植株上造成伤口；施用充分腐熟的有机肥，避免大量施用化肥，尤其是硝态氮肥，防止土壤酸化，有条件的在棚室土壤中添加矿灰，改善土壤环境，促进甘蓝健康生长。

12.4.3.4 生物防治

首先，采取合理用药、立体种植、提供庇护场所等措施保护自然天敌，充分发挥自然天敌的控制作用。其次，选用生物制剂进行甘蓝病虫防治。目前生产中应用比较广泛且防治效果好的成功案例有：菜青虫、小菜蛾卵孵化高峰期叶面喷施 BT 乳剂 500～600 倍液（约 1 亿个孢子/ml）；菜青虫卵孵化高峰期喷施菜粉蝶颗粒体病毒，每亩用 20 幼虫单位；甘蓝夜蛾卵孵化高峰期叶面喷施 1.33×10^6～1.33×10^7 核型多角体/ml 病毒悬浮液；斜纹夜蛾卵孵化高峰期叶面喷施 2×10^6～2×10^7 核型多角体/ml 病毒悬浮液。

12.4.3.5 药剂防治

（1）药剂使用准则

在非药剂防治方法不能满足防治效果要求时，允许使用以下农药。

1）中等毒性以下植物源农药、动物源农药和微生物源农药。

2）在矿物源农药中允许使用硫制剂、铜制剂。

3）有限度地使用部分有机合成农药，应按 NY/T 1276—2007《农药安全使用规范总则》、GB/T 8321.9—2009《农药合理使用准则（九）》、NY/T 393—2013《绿色食品 农药使用准则》的要求执行，并选用上述标准中列出的低毒农药。每种农药在甘蓝生长期内只能使用 1 次。

4）严禁使用剧毒、高毒、高残留或具有"三致"（致癌、致畸、致突变）毒性的农药。

5）优先选用烟熏法、粉尘法，其次选用喷雾法。喷雾法防治应选择晴天施药，3 月以前，在上午 9:00～11:00 施药，3 月以后在下午 3:00～5:00 施药。

(2) 主要病虫药剂防治方案

1. 软腐病

发病初期用 50%琥胶肥酸铜可湿性粉剂 400～500 倍液，或 77%氢氧化铜可湿性粉剂 800～1000 倍液，或 60%琥乙磷铝 500～600 倍液。

2. 霜霉病

发病前可喷施 75%可湿性粉剂 800～1000 倍液，或 70%代森锰锌 400～500 倍液等保护剂。发病后叶面可喷施 53%精甲霜灵 600～800 倍液，或 64%噁霜·锰锌 400～500 倍液，或 72%霜脲·锰锌 500～600 倍液。

3. 黑腐病

发病初期及时喷施 72%农用链霉素 4000～5000 倍液，或 25%甲霜灵和 50%福美双 1∶1 混合 500～600 倍液，或 50%多菌灵粉剂 600 倍液，或 70%代森锰锌粉剂 500 倍液。

4. 黑斑病

发病初期叶面喷施 50%异菌脲 1000～1500 倍液，或 40%大富丹 400 倍液，或 80%代森锰锌 600～800 倍液，或 75%百菌清 500～600 倍液，或 40%三乙磷酸铝可湿性粉剂 200～300 倍液。

5. 根肿病

①药剂拌种。病区播前用种子重量 0.15%～0.25%剂量（有效成分）的 80%福美双粉剂拌种。②处理土壤。用 80%福美双处理土壤，按每公顷用有效成分 250～375g 兑细干土 40～50kg，于播种时将药土撒在播种沟或定植穴中。③灌根。20%甲基立枯磷乳油 1000 倍液灌淋根部，每株灌 0.4～0.5kg。

6. 根腐病

甘蓝苗出齐时喷施 70%甲基硫菌灵可湿性粉剂 800～1000 倍液，或 70%代森锰锌可湿性粉剂 400～500 倍液，或 70%敌克松可湿性粉剂 500～1000 倍液，或 47%春雷·王铜可湿性粉剂 800～1000 倍液，或 50%代森锌可湿性粉剂 500～600 倍液。

7. 枯萎病

田间发现病株时选用 50%多菌灵可湿性粉剂 200～300 倍液，或 70%代森锰锌可湿性粉剂，或 50%氯溴异氰尿酸可溶性粉剂，或 30%苯噻氰乳油 1000～1500 倍液进行灌根，每株灌 0.4～0.5kg 药液。

8. 灰霉病

药剂防治可用 50%腐霉利 1500～2000 倍液，或 50%异菌脲 1000～1500 倍液，或 50%农利灵 800～1000 倍液，或 40%多硫悬浮剂 400～600 倍液，或 30%三乙磷酸铝胶悬剂800倍液。保护地密闭时可用3.75kg/hm²10%腐霉利烟剂熏烟,或喷洒15kg/hm²6.5%乙霉威粉尘剂。

9. 菌核病

发病初期叶面喷施50%硫菌灵可湿性粉剂400~500倍液,或70%甲基硫菌灵可湿性粉剂1000~1500倍液,或50%腐霉利可湿性粉剂1500~2000倍液,或40%菌核净可湿性粉剂1000~1500倍液,或30%菌核利可湿性粉剂800~1000倍液。

10. 猝倒病

毒土处理苗床,按照每平方米用38%噁霜嘧铜菌酯0.038~0.076ml,制成毒土,于种子撒播前后各撒一层厚度0.5~1cm毒土。出苗后在发病前用72.2%霜霉威盐酸盐水剂400倍液喷淋,每平方米喷淋药液2~3kg。发病时用75%百菌清可湿性粉剂600倍液,或70%代森锰锌可湿性粉剂500倍液,或58%甲霜灵·锰锌可湿性粉剂500倍液,或38%噁霜嘧铜菌酯水剂800倍液,或72%霜脲·锰锌可湿性粉剂600倍液,为减少苗床湿度,应选择上午喷药。

11. 病毒病

发病初期喷施20%盐酸吗啉胍·铜可湿性粉剂500~700倍液,或1.5%烷醇·硫酸铜800~1000倍液,或5%苦·钙·硫磺800倍液,或5%菌毒清水剂300~500倍液。

12. 蚜虫

可选用的药剂及使用浓度为:2.5%浏阳霉素悬浮剂2000~3000倍液,或25%阿克泰(4-基胺-N-硝基胺)3000~4000倍液,或10%吡虫啉可湿性粉剂2000~3000倍液,或25%噻嗪酮可湿性粉剂1000~1500倍液,或10%吡虫啉1000~1500倍液。

13. 菜粉蝶

幼虫发生盛期,可选用20%灭幼脲悬浮剂500~800倍液,或20%氰戊菊酯2000~3000倍液,或21%增效氰马乳油3000~4000倍液。

14. 小菜蛾

幼虫发生初盛期叶面喷施20%灭幼脲悬浮剂500~800倍液,或25%氰戊·辛硫磷乳油1500~2000倍液,或5%卡死克2000倍液,或10.5%甲维氟铃脲1000~1500倍液。

15. 甜菜夜蛾

幼虫体壁厚,排泄效应快,抗药性强,药剂防治上一定要掌握及早防治,在初孵幼虫未为害前喷药防治,喷药应在傍晚进行。可选用的药剂有:5%卡死克1000~1500倍液,或5%氟啶脲1000~1500倍液。对3龄以上的幼虫,可选用30%虫螨腈悬浮液1000~1500倍液,或50%高效氯氰菊酯乳油1000倍液。

16. 斜纹夜蛾

幼虫发生初盛期叶面喷施 50%氰戊菊酯乳油 3000～4000 倍液, 或 20%氰马或菊马乳油 2000～3000 倍液, 或 2.5%氯氟氰菊酯乳油 2000～3000 倍液, 或 20%甲氰菊酯乳油 3000 倍液, 或 2.5%灭幼脲 1000 倍液, 或 5%卡死克 2000～3000 倍液。

17. 甘蓝夜蛾

90%以上卵孵化, 幼虫多数为 2～3 龄时, 为喷药适宜时期。常用药剂和用量参照菜粉蝶。

18. 银纹夜蛾

3 龄前用药, 喷药时注意叶背均匀受药。常用药剂和用量参照菜粉蝶。

19. 金针虫

①药剂拌种。用 48%乐斯本或 48%毒死蜱拌种, 比例为药剂: 水: 种子=1: (30～40): (400～500)。②撒施毒土。用 48%地蛆灵乳油每亩用量为 200～250g, 50%辛硫磷乳油每亩用量为 200～250g, 加水 10 倍, 喷于 25～30kg 细土上拌匀制成毒土, 顺垄条施, 随即浅锄; 或每亩用 5%甲基毒死蜱颗粒剂 2～3kg, 或每亩用 5%甲基毒死蜱颗粒剂、5%辛硫磷颗粒剂 2.5～3kg 处理土壤。

20. 地老虎

①喷粉。每亩用 2.5%敌百虫粉剂 2.0～2.5kg 喷粉。②撒施毒土。每亩用 2.5%敌百虫粉剂 1.5～2kg 加 10kg 细土制成毒土, 顺垄撒在幼苗根际附近, 或用 50%辛硫磷乳油 0.5kg 加适量水喷拌细土 125～175kg 制成毒土, 每亩撒施毒土 20～25kg。③喷雾。90%晶体敌百虫 800～1000 倍液、50%辛硫磷乳油 800 倍液、2.5%溴氰菊酯乳油 3000 倍液喷雾。

21. 蛴螬

①撒施毒土。每亩用 50%辛硫磷乳油 200～250g, 加水 10 倍喷于 25～30kg 细土上拌匀制成毒土, 或每亩用 2%甲基异柳磷粉剂 2～3kg, 拌细土 25～30kg 制成毒土; 顺垄条施, 随即浅锄, 或将该毒土撒于种沟或地面, 随即耕翻或混入厩肥中施用。②药剂处理土壤。用 3%甲基异柳磷颗粒剂或 5%辛硫磷颗粒剂, 每亩用量为 2.5～3kg 处理土壤。③药剂拌种。用 50%辛硫磷或 20%异柳磷药剂与水和种子按 1: 30: (400～500) 拌种。

22. 蝼蛄

①土壤处理。当甘蓝田蝼蛄发生严重为害时, 每亩用 3%辛硫磷颗粒剂 1.5～2kg, 兑细土 15～30kg 混匀撒于地表, 或在耕耙或栽植前沟施。②灌溉药液。若苗床受害严重时, 用 2.5%溴氰菊酯 100 倍液灌洞灭虫。

23. 潜叶蝇

在成虫盛发期，及时喷药防治成虫，防止成虫产卵。或在刚出现为害时连续喷药 2～3 次防治幼虫。药剂可选用 5%氟啶脲 2000 倍液，或 5%卡死克乳油 2000 倍液，或 20%浏阳霉素 2000～3000 倍液，或每亩用 50%敌敌畏乳油于傍晚进行熏蒸。

24. 蛞蝓

每亩用 8%灭蛭灵颗粒剂 2kg 撒于地面，或于清晨地面喷施 48%地蛆灵乳油 1500 倍液，或 10%多聚乙醛颗粒剂，或 48%乐斯本乳油，或 48%毒死蜱 1500 倍液。

第 13 章 韭 菜

冬春季设施韭菜以春节前后供应市场、经济效益好，近年来种植面积不断扩大，其病虫为害也日趋加重。

13.1 病原病害

13.1.1 韭菜灰霉病

韭菜灰霉病，又称白斑病，俗称"白点病""水火风"，是韭菜的主要病害。近年来，随着保护地韭菜种植面积的不断扩大，棚室内湿度相对较高，造成温室韭菜灰霉病的发生和蔓延，一般年份病叶率为15%～20%，严重年份病叶率达80%以上，严重影响春节上市韭菜的产量与品质，降低了菜农的经济收入。

13.1.1.1 症状

韭菜灰霉病主要为害展开的叶片，常见症状主要有3种类型，即白点型、干尖型和湿腐型，棚室蔬菜多为白点型，占到90%以上。

白点型：叶片被害初期，在正面或叶背产生白色至浅褐色小斑点，由叶尖向下发展逐渐扩大成梭形或椭圆形病斑，大小为（1～3）mm×（1～5）mm，田间湿度过大时，可见浅褐色霉层。后期病斑常相互融合产生大片枯死斑，叶面上部或全叶枯萎，卷曲、枯焦呈"烫发"状，气候潮湿时病斑表面产生稀疏霉层。

干尖型：叶片发病，一般从叶尖向下发展，形成枯叶。也可从收获的切口处侵入，导致植株基部发病，由割茬刀口处向下腐烂，初呈水渍状，逐步变为淡绿色，病斑扩散后多呈半圆形或"V"字形，向下延伸2～3cm，有褐色轮纹，湿度大时，表面生有灰褐色至灰绿色茸毛状霉层，有时在枯死处可见到呈黑褐色或黑色的圆形或不规则菌核。

湿腐型：病害流行、田间湿度大时叶片上不产生白点，枯叶上密生灰色至污绿色茸毛状霉层，且有霉味。在采收贮运期间，病叶继续发展腐烂并呈深绿色，加上韭菜扎成捆，相互污染和传染速度加快，以至完全湿软腐烂，表面产生灰霉，造成严重的经济损失。

13.1.1.2 病原

韭菜灰霉病是由半知菌亚门葡萄孢属真菌（*Botrytiss guamosa* Walker）侵染引起，以葱鳞葡萄孢较为常见，灰葡萄孢也可引起该病的发生。菌丝近透明，直径变化大，中等的5.0μm，具隔，分枝基部不缢缩。分生孢子梗从寄主叶内伸出，在培养基上则由菌核上长出，密集或丛生，直立，衰老后梗渐消失。孢子梗淡灰色至暗褐色，具0～7个分隔，基部稍膨大，表面常有疣状突起，分枝处正常或缢缩，分枝末端呈头状膨大，其上着生短而透明小梗及分生孢子。孢子脱落后，侧枝干缩，形成波状皱折，最后多从基部分隔处折倒或脱落，主枝上留下清楚的疤痕。分生孢子卵形至椭圆形，光滑，透明，浅灰色至褐绿色，一般不残留小梗。田间未发现菌核，在 PDA 培养基上可形成，片状，呈现黑褐色至黑色，厚度 0.5~1.5mm，圆形不整齐。菌丝在 15~30℃均可生长，适宜温度为 21℃左右；高于 27℃时生长受影响，33℃以上不能生长。

13.1.1.3 侵染循环

病菌以菌丝体或分生孢子及菌核附着在病残体上，或遗留在土壤中越冬。越冬、越夏的分生孢子在病残体上可存活 4~5 个月，成为棚室下茬作物的初侵染源。病菌借助气流、水及农事操作传播蔓延。陕西关中地区棚室韭菜灰霉病发病初期在 3 月中旬，4 月中旬至 5 月上旬为发病高峰期，5 月中旬至 6 月上旬为发病末期。

13.1.1.4 影响发生因素

（1）温湿度与韭菜灰霉病发生的关系

该病的发生与温湿度关系密切，菌丝生长适温为 15~21℃，高于 27℃时菌丝停止生长形成菌核，秋末至春季的棚室温度条件非常适合该病的发生。湿度是诱发灰霉病的主要因素，空气相对湿度在 85%以上时分生孢子萌发侵染，在水滴中萌发率最高，发病重，低于 60%则发病轻或不发病，另外夜间韭菜受冻，白天棚膜滴水，韭菜叶面附近有水膜，高温同时湿度又大，适宜其蔓延流行。

（2）水肥管理与韭菜灰霉病发生的关系

韭菜为浅根性、跳根生长的叶菜类，需要土表有充足的水肥。田间调查结果表明，棚室地势低洼潮湿、光照不足，氮肥施用过多，钾肥不足，发病较重。扣棚后浇水过多，增加棚内湿度，促进了灰霉病的发生与流行。

（3）品种与韭菜灰霉病发生的关系

对关中地区栽培的韭菜品种进行了多地多点病害发生程度调查，结果表明，当地栽培的所有品种均不同程度地发病，不同品种的灰霉病发生程度差异显著，其中河南 791、平韭 2 号发病最轻，其病叶率分别为 32.2%和 31.4%，病情指数分别为 18.4 和 17.6，抗病性较强；其次为雪韭、独根红和黄苗，病叶率分别为 62.5%、61.9%和 72.6%，病情指数分别为 35.6、40.3 和 40.9；寿光马蔺韭和汉中冬韭发病较重，病叶率分别为 85.2%和 100%，病情指数分别为 75.8 和 84.6，为易感品种（表 13-1）。

（4）连作年限及收割次数与韭菜灰霉病发生的关系

对不同连作年限的韭菜灰霉病的发生程度进行调查（表 13-2），发现随着连作年限的延长，灰霉病病叶率在增长，病情指数加重，其中连作 1 年、2 年、3 年、4 年和 5 年的第 1 茬收割韭菜灰霉病病叶率分别为 13.9%、15.6%、23.8%、33.3%和 46.2%，病情指数分别为 3.2、3.8、13.2、14.3 和 21.5，在第 2 茬和第 3 茬上病叶率和病情指数也

表 13-1　不同韭菜品种灰霉病的发病情况

品种	总叶数（个）	病叶数（个）	病叶率（%）	病情指数
平韭二号	90	29	32.2	18.4
河南 791	86	27	31.4	17.6
雪韭	88	55	62.5	25.6
独根红	84	52	61.9	40.3
黄苗	84	61	72.6	40.9
寿光马蔺韭	81	69	85.2	75.8
汉中冬韭	88	88	100.0	84.6

表 13-2　不同连作年限及收割茬口韭菜灰霉病发病情况

年限	第 1 茬		第 2 茬		第 3 茬	
	病叶率（%）	病情指数	病叶率（%）	病情指数	病叶率（%）	病情指数
1	13.9±0.7a	3.2±0.6a	31.9±2.3a	8.4±0.8a	34.5±2.3a	12.4±0.8a
2	15.6±1.9a	3.8±0.5a	34.8±1.9a	17.6±2.1b	35.3±1.9a	21.9±1.7b
3	23.8±2.1b	13.2±0.9b	53.8±3.1b	25.6±1.9c	55.4±3.3b	32.8±2.5c
4	33.3±2.7c	14.3±1.2b	83.3±4.5c	40.3±2.8d	98.3±3.2c	53.6±3.6d
5	46.2±3.6d	21.5±1.6c	98.2±4.6d	40.9±2.3d	100c	56.9±2.3e

注：表中数列后字母不相同者表示在 0.05 水平上差异显著

呈现相同趋势。各连作年限中第 1 茬发病较轻，第 2 茬和第 3 茬灰霉病逐渐加重，如第 1 年的第 1～3 茬病叶率分别为 13.9%、31.9% 和 34.5%，病情指数分别为 3.2、8.4 和 12.4；第 5 年的第 1～3 茬病叶率分别为 46.2%、98.2% 和 100%，病情指数分别为 21.5、40.9 和 56.9。这种规律与收割时造成的伤口有密切的关系，其原因是割刀伤口促进了灰霉病的传染。

13.1.2　韭菜白粉病

大棚温度适宜，湿度大，很容易发生白粉病。

13.1.2.1　症状

该病主要为害叶片，初始在叶片的正面或背面长出小圆形白粉状霉斑，病斑处暗绿色，叶片变为黄褐色干枯。

13.1.2.2　病原

韭菜白粉病的病原为（*Erysiphe graminis* f. sp. *tritici*），属子囊菌亚门真菌。

13.1.2.3　侵染循环

病菌可在温室蔬菜上存活而越冬，如产生闭囊壳则可以随同病株残体留在地里越冬。病菌越冬后产生分生孢子，借气流传播。分生孢子萌发后，产生侵染丝直接侵入表皮细胞。菌丝体匍匐于寄主表皮上不断伸展蔓延。

13.1.2.4 影响发生因素

病菌从孢子萌发到侵入 20 多个小时，故病害发展很快，往往在短期内大流行。病菌在 10~30℃均可以活动，最适温度为 20~25℃。相对湿度为 45%~75%时发病快，低于 25%时分生孢子也能萌发引起发病，超过 95%则病情显著受抑制。

13.1.3 韭菜菌核病

韭菜菌核病或称白腐病和白绢病，此病在早春或晚秋保护地容易发生和流行，是韭菜设施生产的主要病害之一，无论苗龄大还是小，新老菜田均可发病，轻者造成缺苗断垄，重者造成绝收，严重影响了韭菜夏季大面积高产栽培。

13.1.3.1 症状

韭菜须根、根状茎及假茎均可受害。须根及根状茎受害后软腐，失去吸收功能，引起地上部萎蔫并逐渐枯死；假茎受害后初期引起外叶枯黄脱落，后期茎秆软腐倒伏死亡。在潮湿条件下，病部及其周围地表均可产生白色绢状菌丝，中后期菌丝集结成白色小菌核。在高温潮湿条件下，病株及其周围地表都可见到白色菌丝及菌核。

13.1.3.2 病原

韭菜菌核病是由半知菌亚门齐整小菌核（*Sclerotium rolfsii* Sacc.）侵染引起的，有性态为 [*Athelia rolfsii*（Curzi）Tu & Kimbrough]，称罗氏阿太菌，属担子菌亚门真菌。菌丝无色，有隔膜，生长的温度范围是 13~40℃，最适 31℃；pH 范围是 2~9，最适 pH 为 6；红光最利于菌丝生长；对山梨醇、蔗糖利用较好，不能利用乳糖；能利用多种氮源，以蛋白胨利用最好。菌丝体集结成油菜籽状的小菌核，球形，直径 1~2mm，萌发的温度范围为 16~40℃，最适 34℃；pH 范围为 2~10，最适 pH 为 3~4；湿度为 100%+水滴的条件下才能萌发；绿光最利于菌核萌发，另外，光照利于菌核产生，白光下产生的菌核数最多。

13.1.3.3 侵染循环

菌核在土壤中或混在种子中越冬或越夏。落入土壤中的菌核能存活 1~3 年，是此病的主要初侵染源。菌核抗逆力很强，温度 18~22℃，有光照及足够湿的条件下，菌核即萌发产生子囊盘，由子囊盘放射出子囊孢子，借风雨传播。菌核也可随种苗或病残体进行传播蔓延。湿度是子囊孢子萌发和菌丝生长的限制因子，相对湿度高于 85%子囊孢子方可萌发，也利于菌丝的生长发育。因此，此病在早春或晚秋保护地容易发生和流行。

13.1.3.4 影响发生因素

（1）温湿度与韭菜菌核病发生的关系

高温、高湿、多雨、日照不足易发病。大棚栽培，往往为了保温而不通风排湿，引起湿度过大，易发病。

（2）耕作条件与韭菜菌核病发生的关系

土壤黏重、偏酸，多年重茬，田间病残体多，氮肥施用太多，生长过嫩，肥力不足，耕作粗放，杂草丛生的田块，植株抗性降低，发病重。

（3）品种与韭菜菌核病发生的关系

在近年国内推介的 46 个韭菜品种中，天津的大黄苗（引自徐州）较易发病，而一些一般表现较强抗病性的品种，如雪里青（江苏）、黑沾韭（陕西榆林）、新疆马蔺韭、兰州小韭（甘肃）、大板青（福建漳州）、雪青韭菜（河南扶沟县蔬菜研究所选育）、平韭二号（河南平顶山农业科学研究所杂交育成）、河南 791、冬韭 2 号（陕西汉中）、扬子洲韭菜（江西）、津引 1 号（天津）、嘉兴白根（浙江）、阜丰 1 号（辽宁）、台湾年花韭（薹韭，台湾）等是否也抗菌核病，有待各地进一步观察确定。

13.1.4 韭菜锈病

该病最大的特点是发展快、来势猛，病情严重时疱斑布满叶片，使韭菜失去食用价值，无法上市销售，造成较大经济损失。

13.1.4.1 症状

主要为害叶片和花梗，初在表皮上产生纺锤形或椭圆形隆起的橙黄色小疱斑，即夏孢子堆。病斑周围具黄色晕环，后扩展为较大疱斑，其表皮破裂后，散出橙黄色夏孢子。叶两面均可染病。后期叶及花茎上出现黑色小疱斑，为病菌冬孢子堆，病情严重时，病斑布满整个叶片，使韭菜失去食用价值。

13.1.4.2 病原

病原为 [*Puccinia allii*（DC.）Rudolphi]，称为葱柄锈菌，异名为香葱柄锈菌 [*P. porri*（Sow.）Wint]，属担子菌亚门真菌。夏孢子椭圆形至圆形，橙黄色，大小为（19.2～32.0）μm×（16.0～25.9）μm。以 28.8μm×23.4μm 居多，壁有微刺，发芽孔分散，不明显。冬孢子堆分散在夏孢子堆之间，冬孢子长筒形，有一个隔膜，分隔处缢缩，顶斜尖，壁厚 2.0μm，大小为（42.0～70.0）μm×（20.0～26.0）μm，柄长 15.0～33.0μm。性孢子器和锈孢子器同时形成，锈孢子球形，直径（19.0～28.0）μm，孢壁黄色。

13.1.4.3 侵染循环

在南方韭菜种植区域，病菌以菌丝体或夏孢子在寄主上越冬或越夏，夏孢子借气流传播蔓延，遇有适宜条件，重复侵染不断进行，一般春、秋两季发病重，冬季温暖有利于夏孢子越冬，夏季低温多雨利于其越夏，夏孢子是主要侵染源。

13.1.4.4 影响发生因素

1）温暖而多湿的天气有利于侵染发病。

2）种植过密，偏施氮肥，钾肥不足，地势低洼排水不良等易发病。

3）品种间抗病性差异尚缺调查。一些一般表现较强抗病性的品种（详见韭菜菌核病中所列）是否也抗锈病，有待于各地进一步观察确定。

13.1.5　韭菜疫病

韭菜疫病是棚室韭菜生产中的主要病害之一，在高温、高湿条件下，韭菜从苗期到移栽后生长期均可发病，一般发病株率在20%左右，严重田达60%以上，若防治不当会造成韭菜叶片大面积死亡，造成严重减产，损失高达50%以上，甚至导致绝收。

13.1.5.1　症状

疫病在韭菜整个生育期均可发生，根、茎、叶、花等部位均可被害，尤以假茎和鳞茎受害最重。发病初期叶鞘上部和叶片基部首先受害，叶片受害初为呈绿色水浸状病斑，病部缢缩，叶片变黄凋萎，天气潮湿时病斑软腐，产生白色霉层；叶鞘受害呈现褐色水浸状病斑软腐，叶剥离，叶鞘容易脱落，湿度大时，也产生灰白色霉层。鳞茎被害时茎盘部呈水浸状浅褐色软腐，纵切可见鳞茎内部组织呈浅褐色，影响植株养分贮存，生长受到抑制，新生叶片纤弱。根部受害呈褐色腐烂，根毛明显减少，影响水分吸收，使根的寿命大减，很少发生新根，生长势明显减弱。为害严重时韭菜大片死亡。

13.1.5.2　病原

此病是由鞭毛菌亚门真菌卵菌纲烟草疫霉菌（*Phytophthora nicotianae* Bred de Haan）侵染所致。该菌产生微小的孢子囊、卵孢子、厚垣孢子等繁殖体，肉眼看不见，但多数孢子囊积聚在一起，形成肉眼可见的灰白色霉层，是重要的诊断特征。该菌在燕麦、葡萄糖、琼脂培养基上菌落圆形，灰白色，绒毛状至棉絮状。气生菌丝较发达。菌丝白色、无隔、有分枝，常见球状物，孢子囊顶生，少数间生，长圆形、倒梨形或卵圆形。顶端乳状突起明显。大小为（28.8~67.5）μm×（17.5~30.0）μm。孢囊梗由气孔伸出，梗长多为100μm。梗上孢子囊单生，长椭圆形，顶端乳头状突起明显。厚垣孢子极易大量产生，圆球形，微黄色，直径为20~40μm。有性器官不易产生。在对峙培养下，经40天左右才可见少量藏卵器。藏卵器球形，淡黄色或金黄色，全部属异宗配合，穿雄生，大小为（21.3~27.5）μm×（22.5~25.0）μm。雄器球形或卵球形，无色或微黄色，直径为12.5~15.0μm。卵孢子球形淡黄色或金黄色，多充满于藏卵器，直径20~22.5μm。烟草疫霉除为害韭菜和其他葱属蔬菜外，还可为害烟草、茄科蔬菜和多种果树。

13.1.5.3　侵染循环

病菌主要以菌丝体、卵孢子及厚垣孢子随病残体在土壤中越冬，翌年条件适宜时，产生孢子囊和游动孢子，借风雨或水流传播，萌发后以芽管的方式直接侵入寄主表皮。发病后湿度大时，又在病部产生孢子囊，借风雨传播蔓延，进行重复侵染。棚室韭菜疫病一般于6月下旬开始零星发生，7月下旬进入盛发期，8月上旬达高峰后多延续到10月下旬。

13.1.5.4 影响发生因素

(1) 温度与韭菜疫病发生的关系

病菌的发育温度为 12~36℃，最适温度为 25~32℃。一般雨季或大雨后天气突然转晴，气温急剧上升时，病害易流行。土壤湿度 95% 以上，持续 4~6h，病菌即完成再侵染，2~3 天就完成一代。该菌在湿热中的致死温度因处理时间而异，在 43℃处理 30min 时对菌丝生长无明显影响，在 50℃处理 5min 时即全部死亡。

(2) 肥水管理与韭菜疫病发生的关系

重茬地，老病地，土质黏重及排水不畅的低洼积水地和大水漫灌地块发病重。植株生长过密，郁闭倒伏，高湿弱光，偏施氮肥，植株徒长或生长差、营养不良等是主要的发病条件。

13.2 生 理 病 害

韭菜在生长过程中因气候因素和管理措施不当，常出现干梢、黄化、根茎腐烂、死株等多种症状，严重影响韭菜的产量和品质。正确判断这些症状发生的原因，是做好防治工作的先决条件。

13.2.1 韭菜黄叶和干尖

13.2.1.1 症状

棚室或露地栽培的韭菜经常发生黄叶或干尖。心叶或外叶褪绿后叶尖开始变成茶褐色，后渐枯死，引起叶片变白或叶尖枯黄变褐。

13.2.1.2 影响发生因素

韭菜黄叶和干尖不是由侵染性病害引起的，而属于生理病害，若大量发生黄叶、干尖现象，严重影响商品质量。

(1) 土壤酸化

韭菜喜中性土壤，长期大量施用粪稀、饼肥、厩肥和硫酸铵、过磷酸钙等酸性化肥，就会引起土壤酸化，使韭菜叶生长缓慢、纤细、外叶枯黄。

(2) 有害气体为害

扣棚前施入大量的碳酸氢铵，或扣棚后地面撒施尿素，或对碱性土壤施用硫酸铵，使保护地内积累过多的氨气，当棚内氨气浓度达 5mg/kg 时，韭菜即可受害。其症状首先是叶片呈水渍状，无光泽，之后叶尖枯黄逐渐变褐色。若土壤中施入大量硝酸铵等肥料，则阻碍了土壤中的硝化作用，使土壤酸化，易形成亚硝酸气体。当棚内亚硝酸气体浓度达到 2~3mg/kg 时，韭菜即可表现中毒症状。

（3）高温、冻害

当棚室内温度长期处于35℃以上，且空气比较干燥时，易引起叶烧。有时连续阴天后骤晴，或高温后有冷空气突然侵入，都会使韭菜叶尖乃至整叶变白或黄枯，以后逐渐枯死，中间叶片变白。

（4）微量元素失调

缺锌心叶黄化；缺钙心叶黄化，部分叶尖枯死；缺镁外叶黄化枯死；缺硼心叶黄化，硼过多则叶尖枯死；锰过剩心叶轻微黄化，外叶黄化枯死。

13.2.2 死株

13.2.2.1 症状

韭菜生长停滞，叶片细弱，萎蔫发黄，最后枯死。

13.2.2.2 影响发生因素

根腐病是造成根株死亡的主要原因。韭菜因根腐病死亡有3种情况：一是窒息性根腐，多在韭菜田里堆放畜禽粪和杂物，引起局部高温，使韭根无氧呼吸，造成乳酸和乙醇积累而中毒。二是积水结冰引起根腐，浇冻水时间偏晚，水量过大，造成地内积水结冰，冻融交替拉断根系，或低温下水浸引起根死亡。三是水污染引起根腐，用被化学物质污染的河水、坑塘水浇灌，也会使土壤遭到破坏或使韭菜直接中毒死亡。

13.2.3 黄撮和黄条

13.2.3.1 症状

叶片黄化为黄撮，半绿半黄为黄条。

13.2.3.2 影响发生因素

主要是营养物质供应不足，同化作用难以正常进行，叶绿素逐渐消失，叶黄素相对地显现较多。造成这种现象的原因很多，主要有以下几种。

1）贪刀：即收割间隔时间过短，大量消耗营养物质，而难以完成必要的营养积累，从而影响根系的发育。据调查，黄撮或黄条的韭菜，不但鳞茎细短，植株矮小，而且鳞茎贮藏根中的养分已消耗殆尽，所有这些根系已停止伸长，而且已变为根冠粗硬的木栓化根，基本丧失了吸收营养物质的机能，地上部的同化作用难以正常进行，叶绿素消失，叶黄素相对显现，即形成黄撮或黄条。

2）狠刀：即在收割时所留叶鞘过短，将贮藏养分的叶鞘基部割得太多，损耗的养分增多，造成营养失调，从而抑制了根系的发育，使根系吸收功能减弱。根系的矿物营养供应不足，就会使光合作用降低甚至停止，必然使叶绿素减少，叶黄素显现，而呈现出黄撮或黄条。

3）水分供应失宜：冻水浇得过早，冬春雨雪少，天气干旱，或在收割期间不适当地浇水，都会使耕作层的土壤水分失调。水分少，土壤中可溶性矿物质营养也少，根系营养补充不足。当鳞茎和贮藏根养分消耗殆尽时，易发生黄撮或黄条现象。

13.2.4 缺素症

13.2.4.1 症状

主要有缺铁症、缺硼症、缺钙症和缺镁症 4 种。缺铁时叶片失绿，呈鲜黄色或淡白色，失绿部分的叶片上无霉状物，叶片外形无变化，一般出苗后 10 天左右开始出现症状；缺硼时整株失绿，发病重时叶片上出现明显的黄白两色相间的长条斑，最后叶片扭曲，组织坏死，发病时间也出现在出苗后 10 天左右；缺钙时造成韭菜心叶黄化，叶尖枯死；缺镁时叶片失绿，首先从外叶、老叶开始，叶肉变黄、变白，叶脉保持绿色。

13.2.4.2 影响发生因素

韭菜属多年生蔬菜，一次播种，多年收获，且新根随分蘖茎上移，因此，土壤中某些微量元素常出现匮缺，这种现象一般在老韭菜田发生普遍。

13.3 虫 害

13.3.1 韭菜迟眼蕈蚊

韭菜迟眼蕈蚊是韭菜的主要虫害，主要分布在我国北方各省区，以及四川、湖北、浙江、江苏等省。

13.3.1.1 为害特点

幼虫生活在土壤表层，群集在韭菜地下部的鳞茎和柔嫩的茎部蛀食为害。初孵幼虫先为害叶鞘基部和鳞茎上端；春秋季主要为害嫩茎，导致根茎腐烂。受害韭菜地上部分生长细弱，叶片发黄萎蔫下垂，最后韭叶枯黄死亡。夏季气温高时，幼虫向下移动，为害韭菜鳞茎，致使整个鳞茎腐烂，严重时整墩韭菜枯死。该虫取食范围较广，可为害百合科、菊科、藜科、十字花科、葫芦科、伞形科等 7 科 30 多种蔬菜，其中北方保护地韭菜受害最重，其次为大蒜、洋葱、瓜类和莴苣，可造成韭菜产量损失 30%～80%，受害严重地块平均幼虫达 89.7 头/m^2。

13.3.1.2 形态特征

韭菜迟眼蕈蚊（*Bradysia odoriphaga* Yang et Zhang），幼虫名为韭蛆，属双翅目长角亚目眼蕈蚊科迟眼蕈蚊属。成虫是一种黑色小蚊子，长 2.0～5.5mm、翅展约 5.0mm，体背黑褐色，复眼相接，触角丝状，16 节，有微毛。前翅前缘脉及亚前缘脉较粗，足细长，褐色，胫节末端有 2 根刺。腹部细长，雄蚊腹部末端具 1 对铗状抱握器，雌虫腹末粗大，有分两节的尾须。卵椭圆形，乳白色，表面光滑，近孵化时一端有黑点。幼虫细长，圆筒形，长 7.0~8.0mm，无足，半透明，头部黑色。蛹为裸蛹，长约 3.0mm，直径 0.5~0.7mm，长椭圆形，初期黄白色，后转黄褐色，羽化前呈灰黑色，头铜黄色，有光泽。

13.3.1.3 生活史

温棚栽培韭菜田中，韭菜迟眼蕈蚊 1 年发生 6 代，比露地增加 1 代。温棚韭菜一般在 12 月上中旬扣棚，3 月陆续揭棚，韭菜迟眼蕈蚊 4 月中旬到 6 月下旬为第 1 代，5 月下旬到 7 月下旬为第 2 代，6 月下旬到 9 月下旬为第 3 代，8 月下旬到 11 月上旬为第 4 代，9 月下旬到翌年 2 月上旬为第 5 代，1 月上旬到 4 月中旬为第 6 代，为越冬代。棚内温湿度适宜韭菜迟眼蕈蚊为害，12 月下旬至 1 月中旬达为害高峰，以越冬代为主。据调查，此期间若不防治，会造成 10%~40% 韭菜的被害，严重地块被害率达 60%；揭棚后，进行浇水管理的田块，韭蛆继续为害，3 月中下旬至 5 月初形成春季为害高峰，以第 2~3 代为主。5~8 月，保护地一般为韭菜养根季节，土壤含水量低，韭蛆发生量小。9 月韭菜田恢复浇水后，韭蛆形成秋季为害高峰，以第 4 代为主。韭菜迟眼蕈蚊以老熟幼虫在韭菜鳞茎内或韭菜根际周围 3~4cm 表土层以休眠方式越冬，在保护地则无越冬现象，可继续繁殖为害。韭菜迟眼蕈蚊发育到蛹期，几乎可以 100% 羽化为成虫。

13.3.1.4 生活习性

成虫飞翔能力差，活动范围为 10m 左右，不取食，喜欢趋腐殖质，喜在弱光环境下生活，有趋光性和趋味性，成虫在上午 9:00~11:00 为活动高峰期，也为交尾高峰，夜间很少活动。雄虫有多次交尾习性，交尾后 1~2 天开始产卵，产卵趋向寄主附近的隐蔽场所，多产于土缝、植株基部与土缝间、叶鞘缝隙，堆产，少数散产，每雌可产卵 100~300 粒，雌虫不经交尾也可产卵但不能孵化，产完卵即刻死亡。幼虫孵出后，为害韭株叶鞘基部和鳞茎的地上部分，而后蛀入地下部分，在鳞茎内为害。老熟幼虫将要化蛹时逐渐向地表活动，多在近土表 1~2cm 处化蛹，少数在根茎内化蛹。田间韭菜迟眼蕈蚊幼虫呈聚集分布，分布的基本成分是个体群，其聚集性随密度的增加而增大。新鲜韭菜植株、大蒜乙醇提取物、大蒜素及多硫化钙对成虫有明显的引诱作用。

13.3.1.5 影响发生因素

（1）温度与韭菜迟眼蕈蚊发生的关系

韭菜迟眼蕈蚊各虫态在适温范围（15~30℃）内，随着温度的升高发育历期缩短，存活率降低，相应的成虫寿命也在逐渐缩短（表 13-3~表 13-5）。在 20℃ 下卵期平均为 5.50 天，幼虫期 10.93 天，蛹期 3.50 天。从总存活率来看，韭菜迟眼蕈蚊在 10℃ 下总存活率较高，为 92.2%；20℃ 和 15℃ 下次之，分别为 78.4% 和 78.6%；25℃ 下总存活率为 73.1%；30℃ 下总存活率最低，只有 49.0%。各温度下其死亡主要集中在卵期、幼虫期。相同温度下雄成虫寿命较雌成虫略长。雄成虫寿命在 10℃ 时最长，为 7.33 天，几乎是 30℃ 时的 4.39 倍，25℃、20℃ 时均为 4.67 天，15℃ 时为 5.33 天。雌成虫在 10℃ 时平均寿命为 7.67 天，几乎是 30℃ 和 25℃ 时的 4.60 倍；20℃、15℃ 时寿命分别为 4.00 天和 4.33 天。单雌产卵量在 20℃ 时平均可达 249.30 粒。高温（30℃ 以上）高湿的环境有的只产几粒卵甚至不产卵便死亡。幼虫的垂直分布随土壤温度的季节变化而变化,春秋上移,冬夏下移,这是春秋季发生严重的原因之一。

表 13-3 不同温度下韭菜迟眼蕈蚊的发育历期 （单位：天）

温度（℃）	卵期	幼虫期	蛹期
30	1.83±0.17d	8.9±0.18c	2.50±0.50c
25	2.50±0.29d	9.40±0.08c	3.00±0.00c
20	5.50±0.29c	10.93±0.05c	3.50±0.58c
15	11.45±0.58b	29.58±0.22b	5.33±2.75b
10	16.67±1.86a	33.47±0.23a	19.33±1.53a

注：表中数列后字母不相同者表示在 0.05 水平上差异显著

表 13-4 韭菜迟眼蕈蚊不同发育历期的存活率 （单位：%）

温度（℃）	卵期	幼虫期	蛹期	总存活率
30	78.4d	60.9d	100.0a	49.0d
25	84.6d	86.4c	100.0a	73.1c
20	82.4c	92.5b	100.0a	78.4b
15	78.6b	100.0a	100.0a	78.6b
10	92.2a	100.0a	100.0a	92.2a

注：表中数列后字母不相同者表示在 0.05 水平上差异显著

表 13-5 韭菜迟眼蕈蚊的成虫寿命及产卵量

温度（℃）	雄虫成寿命（天）	雌成虫寿命（天）	单雌产卵量（粒）
30	1.67±0.33c	1.67±0.33c	143.00±15.59c
25	4.67±0.33b	1.67±0.17c	165.46±7.00b
20	4.67±0.33b	4.00±0.00b	249.30±29.45a
15	5.33±0.33b	4.33±0.33b	143.00±16.26c
10	7.33±0.33a	7.67±0.67a	125.67±16.13d

注：表中数列后字母不相同者表示在 0.05 水平上差异显著

（2）温湿度与韭菜迟眼蕈蚊发生的关系

幼虫喜潮湿,土壤湿度以 20%~24.7%最为适宜。土壤湿度过大和干燥不利于各虫态的存活和发育。同时,土壤温度对韭菜迟眼蕈蚊的发生也较为敏感,其适宜的土壤温度为 12~26℃,过高或过低的温度都对韭菜迟眼蕈蚊有抑制作用。夏季由于高温、土壤干湿不匀,对韭菜迟眼蕈蚊的发生极为不利;冬季如采取薄膜覆盖,土壤温度和湿度适于韭菜迟眼蕈蚊的发生和为害,从而韭菜迟眼蕈蚊在棚室环境下不越冬。

（3）土壤质地和施肥与韭菜迟眼蕈蚊发生的关系

土壤质地和施肥与虫口密度有密切的关系,中壤土发生最多,虫口密度平均达到 200 头/m²;轻壤土 60.7~89.7 头/m²;砂质土壤 36.8 头/m²。凡施用未经腐熟的有机肥特别是饼肥类易发生,施肥水平高的发生也偏重。曾有实验表明,成虫对未腐熟的粪肥没有趋性，因此施肥与韭蛆的发生为害关系尚有待查明。

（4）连作年限与韭菜迟眼蕈蚊发生的关系

韭菜是多年生宿根蔬菜，如果管理得当，可连续采收10年。但连作为害虫提供了丰富的食物，虫量逐渐累积致使为害逐年加重，通常1年和2年的韭菜韭蛆发生较轻，3年以上的韭菜韭蛆为害严重。

13.3.2 韭菜葱斑潜蝇

葱斑潜蝇［*Liriomyza chinensis*（Kato）］隶属双翅目潜蝇科斑潜蝇属，是为害韭菜的主要害虫之一。分布相当广泛，凡有葱属植物栽培的地区几乎都有发生。

13.3.2.1 为害特点

食害大葱、韭菜、洋葱、大蒜等作物，以大葱和韭菜受害最重。该虫主要以幼虫潜食叶片造成为害，另外成虫产卵器还可刺破叶片。据2000年调查结果显示，该虫在山东省葱、韭菜种植区普遍发生且为害严重，受害面积约占种植面积的80%，被害株率常达40%以上。

13.3.2.2 形态特征

成虫：雌虫体长2.0～2.5mm，雄虫体长1.75～2.0mm，雌成虫较雄虫略大。成虫头部黄色，头部内顶鬃着生处黄色，外顶鬃着生于小片黑斑上，其外周黄色，额明显突出于眼，复眼蓝绿色且有金属光泽；触角3节，黄色，第3节背端部突出呈一锐角。胸部灰黑色，仅肩胛、翅基部和背板两侧淡黄色，小盾片黑色，背中鬃2行。足黄色，仅基节基部黑色，跗节端部黑褐色，跗节5节。前翅无色透明，后翅平衡棒黄色，雄虫翅长1.1～1.17mm，雄虫翅长1.14～2.1mm。腹部黑色，节间膜及边缘黄色，长有鬃。雌成虫腹部较肥大。雄虫瘦小，端阳体较大，第9背板后腹角具2～3齿，侧尾叶短圆筒形，无齿，具7根刚毛。

卵：微小，乳白色，稍透明，长椭圆形，长0.25～0.4mm，宽0.13～0.20mm。

蛹：蛆状，体长3.0～4.0mm，宽约0.5mm。

幼虫：初孵幼虫白色，后变浅黄色。老熟幼虫黄色，口钩黑色，身体柔软透明，体表光滑。幼虫腹末端有一对管状的后气门。

伪蛹：椭圆形，长1.75～2.0mm，宽0.8～1.0mm，黄褐色至橙褐色或深褐色，壳坚硬。前气门、后气门位于身体首、尾，均呈管状，前气门较尖，后气门有8个气门孔。

13.3.2.3 生活史

葱斑潜蝇在陕西棚室1年可发生6～7代，发生期在4～11月，盛发期在6～9月，世代重叠明显。以蛹在10cm以上土层内越冬，翌年4月中旬越冬蛹开始羽化，羽化期长达3个多月，羽化高峰集中在5～6月。大棚韭菜田在早春3月下旬即可见到越冬代成虫。4月上旬越冬成虫大量羽化，第1代卵于4月上中旬出现，较露地韭菜田有所提前。4月中旬见幼虫,4月底始见蛹,5月上旬见第1代幼虫。完成第1代约需30天,第2代约20天,第3～5代17～18天,第6代蛹一部分冬季前羽化,一部分越冬,冬季前羽化的完成全代需24天,第7代蛹全部越冬,进入越冬的时间拖得较长,一般从9月中下旬后陆续越冬一直延续到11月上中旬。该虫春季发生严重;夏季气温高时,虫量明显减少;秋季为害又加重,但不如春季虫量大。因此,该虫的发生呈春、秋两个高峰,春季虫量明显大于秋季(图13-1)。

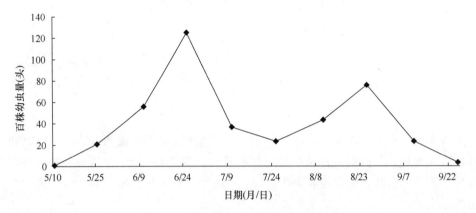

图13-1 葱斑潜蝇种群周年消长动态

13.3.2.4 生活习性

成虫:成虫羽化高峰在早晨6:00～8:00时,性比接近1∶1。羽化后当日即可交配产卵,一次交配可使所有卵受精,交配历时25～93min,交配时间上午、下午均可进行。产卵前期春、夏季一般0～2天,秋季2～6天。产卵期为3～13天,多数6～7天。产卵高峰期为羽化后的2～9天,此期产卵量占总卵量的74.9%。适温下单雌产卵量29～285粒,平均109.3粒。卵多单产于韭菜叶幼嫩部位的叶肉组织中,产卵刻点呈直线排列。雌虫以产卵器刺伤叶片,产生两种不同类型的叶片刺伤点:如果雌虫腹部从一边弯向另一边,则产生一个扇形且较大的刺伤点;若腹部不弯曲,则产生管形的叶片刺伤点,卵就被产在这种管形刺伤点内。成虫需补充营养,雌虫先用产卵器在叶片上刺孔,然后通过刺孔取食,取食孔呈圆形白色斑点,雌虫一生产卵316～1675粒,平均882.7粒。成虫对黄色光有较强的趋性。日活动规律与光照关系密切,黑暗条件下不活动。用黄色诱虫板诱测其飞翔高度,结果是:距地面50cm处诱虫最多,占62.5%;100cm处诱虫量占31.25%;150cm处为5%,250cm处为1.25%;300～400cm处为0,说明葱斑潜蝇成虫多在100cm以下高度处活动。

幼虫:幼虫分3个龄期。初孵幼虫潜道呈细线状,随虫龄加大潜道变宽,粪便排在潜道内。幼虫对韭菜的为害主要在韭白至心叶部分,被害后常造成韭苗腐烂枯死。幼虫取食量及取食速度随虫龄增加而加大。1龄幼虫潜道长度约5mm,宽度0.1～0.25mm;2龄幼虫潜道长10～20mm,宽约0.15mm;3龄幼虫潜道长40～130mm,宽0.6～1.2mm。老熟幼虫脱离叶片入土化蛹,脱叶口多在潜道末端,呈细长缝状。脱叶时间多在早晨8:00前,占91.8%。幼虫脱叶后一般经2～4h化为蛹。

蛹：蛹期长短与季节温度有关，5月一般在4~24h，6~8月在2~10h，多数在2~4h。6~8月幼虫的脱叶化蛹时间较春、秋两季更为集中。老熟幼虫的化蛹率高达93.19%以上。蛹色泽开始较浅，后逐渐变深，羽化前1~4天复眼显露，被寄生的蛹无此特征。蛹在土壤中垂直分布：0~5cm土层占88.5%~93.5%，5~10cm土层占5.4%~11.5%，10~15cm土层占0%~1.1%。表明幼虫化蛹入土深度多在距表土10cm以上土层。

13.3.2.5　影响发生因素

（1）温度与韭菜葱斑潜蝇发育历期的关系

在适温范围（20~32℃）内，卵历期，日平均温度21.4℃为5.11天，27.1℃为2.85天，29.8~32℃为2.34~2.12天；幼虫历期，日平均温度21.1℃为9.71天，27.9℃为5.21天，28.6℃为4.99天，29.5℃为4.45天，30℃为3.93天；蛹历期，日平均温度23.2℃为17.37天，25.5℃为15.7天，27.6~29.2℃为12.61~11.95天，30.5~31℃为11.55~11.13天。成虫寿命，日平均温度20.8~24.0℃为7.5~9.4天，27.8~32.3℃为3.4~5.5天。由此可以看出，各虫态及整个世代的发育历期随温度升高而缩短，发育速率则相应地加快。在室内恒温饲养，设19℃、22℃、25℃、28℃和31℃五组温度，测得各虫态发育历期，用直线回归法求得各虫态的发育起点温度和有效积温，结果如表13-6。

表13-6　葱斑潜蝇的发育起点温度和有效积温（2012年，渭南）

发育阶段	发育起点温度（℃）	有效积温（日度）	相关系数和显著性
卵	11.6±1.9	36.2±4.5	0.9852**
幼虫	7.9±0.9	98.7±4.9	0.9971**
蛹	9.2±4.2	230.4±55.1	0.9472*
整个世代	10.0±1.0	361.6±18.0	0.9761**

*表示在0.05水平上差异显著，**表示在0.01水平上差异极显著

根据测定的发育起点温度和有效积温，结合陕西大荔当地气象资料，全年稳定在10℃以上的时期是4月上旬至11月上旬，总有效积温是2383日度，据此测算，该虫在当地自然条件下，年发生6.6代，与田间调查实际发生6~7代一致。

（2）温度对韭菜葱斑潜蝇成虫活动及繁殖的影响

成虫活动、繁殖与温度的关系密切，在适温范围（20~32℃）内，活动力强，繁殖力高，平均单雌产卵100余粒；高于33℃或低于16℃时活动力减弱，繁殖力降低；35℃以下时成虫取食量很少，不产卵；16℃以下时可活动，少量取食，基本不产卵；10℃以下时不活动，不取食，不产卵；其活动、取食、产卵的最适温度为25~30℃。

（3）湿度对韭菜葱斑潜蝇成虫羽化的影响

相对湿度60%~90%时发育正常，但过高或过低对成虫羽化均不利。土壤含水量3%~25%对幼虫化蛹无不良影响；含水量5%~15%对蛹羽化最为有利，羽化率为83.3%~90.0%；含水量低于3%或高于20%羽化率降低。

13.3.3 韭菜葱蓟马

韭菜葱蓟马［*Thrips alliorum*（Priesner）］，又名韭菜蓟马、葱带蓟马，属缨翅目蓟马科害虫，是一种食性很杂的害虫，在全国各地均有发生，寄主有300多种，常与烟蓟马、花蓟马、稻管蓟马等混生。以成虫和若虫为害韭菜、洋葱、大葱和蒜的心叶及幼叶。葱类蔬菜受害后叶面形成连片的银白色条斑，严重时叶部扭曲变黄。

13.3.3.1 为害特点

葱蓟马的成虫和若虫均可为害韭菜，以锉吸式口器为害寄主植物的心叶和嫩芽，吸食叶片中的汁液，使韭菜产生细小的灰白色或灰黄色长条斑点。严重时韭叶失水萎蔫、发黄、干枯、扭曲，严重影响韭菜的产量和品质，降低食用价值。

13.3.3.2 形态特征

雌成虫体长115.0mm，体深褐色。触角第3节基半部暗黄色，其余褐色。前翅黄色。腹部第2～8背板前缘线黑褐色。头宽略大于长，长于前胸。前单眼前1对鬃在前单眼稍前两侧，接近复眼前内缘；单眼间鬃相当长，是头顶上最长鬃，位于前单眼后外侧的3个单眼外缘连线之外；复眼后鬃3～5对，呈一横列排列。触角8节，第3、第4节上的感觉锥叉状而短。前胸背板前角有1对稍长鬃；前缘4对小鬃；近侧缘有3对小鬃；每后角有1对长鬃；后缘有3对鬃，最内的1对较长。中胸背板布满横线纹；中胸腹板内叉骨有刺，后胸的无刺。前翅前缘鬃23根；上脉鬃不连续，基部鬃7根，端鬃3根；下脉鬃12～14根。腹部第5～8背板两侧有微弯梳；第8腹背板后缘梳缺；第3～7腹节背侧片通常有3根附属鬃；第3～7腹节腹板各有9～14根附属鬃。雄虫短翅型，第3～7腹节腹板各有横腺域。卵长约0.3mm，初期肾形，乳白色，后期卵圆形，黄白色，可见红色眼点。若虫共4龄：1龄体长0.3～0.6mm，触角6节，第4节膨大呈锤状，体色浅黄白色；2龄体长0.6～0.8mm，橘黄色，触角前伸，未见翅芽，性活泼，行为敏捷；3龄体长1.2～1.4mm，触角向两侧伸出，翅芽明显，伸达腹部第3节；4龄体长1.2～1.6mm，触角伸向背面，体色淡褐，少食少动，也称拟蛹。

13.3.3.3 生活史

该虫在内蒙古、山西、宁夏、陕西、山东、河北、河南、辽宁、吉林等北方地区1年发生7～10代，每代历期20天左右，6月下旬至7月下旬是为害盛期；在广东、广西、福建、江西、浙江、四川等南方地区1年发生10～12代，5月下旬至6月中旬是为害盛期。

13.3.3.4 生活习性

在华北地区以成虫越冬为主，也有若虫在葱蒜叶鞘内、土块下、土缝内或枯枝落叶中越冬，尚有少数以蛹在土壤中越冬。在华南地区无越冬现象。翌春开始活动，在越冬寄主上繁殖一段时间后，迁移到早春作物及其他杂草上。4～5月和7～8月为害最重。

各地葱蒜韭上几乎全年为害。成虫极活跃，善飞，怕阳光，早晚或阴天取食，白天在叶腋、心叶集中为害，阴天、早晨、傍晚、夜间在寄主表面分散为害。雌虫可行孤雌生殖，整个夏季几乎见不到雄虫，到秋季才可见到。雌虫产卵时，将产卵管刺入韭菜叶的组织中，每次产卵1粒，平均每雌产卵约50粒（21～178粒）。初孵若虫有群集为害的习性，稍大后即分散，但这时极少能进行叶间转移。若虫成长后爬行植株，或直接落下入土，经历前蛹和蛹期。一般卵期5～7天，若虫期6～7天，前蛹期2天，蛹期3～5天。成虫寿命8～10天。一般在25℃和相对湿度60%以下时有利于葱蓟马发生，高温高湿则不利，暴风雨常会降低其发生数量。

13.3.3.5 影响发生因素

气候是影响葱蓟马发生的最主要条件，葱蓟马喜欢中低温度和较低湿度。气温达25℃、相对湿度在60%以下时，才有利于葱蓟马的发生。高温、高湿、暴雨影响其生长发育和成虫的繁殖，但是湿度过低（低于40%）对其生长发育和成虫的繁殖也不利，这就是夏季高温、高湿发生少，而干旱春、秋和暖冬3季发生多的主要原因。此外，杂草较多、管理粗放土壤瘠薄的地上葱蓟马发生严重。

13.4 韭菜病虫害绿色防控技术体系

13.4.1 育苗期

13.4.1.1 品种选择

不同品种抗病能力有一定差异。保护地栽培最好选耐低温、耐弱光、生长快、叶片直立、植株紧簇，以及抗病虫、适应性广的优质高产品种，如汉中冬韭、嘉兴白根、平韭四号、791雪韭、独根红等。

13.4.1.2 种子

质量纯度98%以上，发芽率90%以上。符合GB 16715.1—2010中的二级以上要求。

13.4.1.3 种子处理

选择晴天晾晒种子2～3天后，用30～40℃温水浸种8～12h，清除杂质和瘪籽，并用粗布搓洗种子表面黏液，然后催芽播种。

13.4.1.4 茬口

选择前茬非葱蒜类蔬菜地种植韭菜。尤其是与百合科蔬菜轮作，容易造成病虫的连续为害，同时吸收营养元素相近或相同，容易造成所需营养元素不足，影响韭菜的生长发育，降低抗病能力。定植后收获年限一般以2～3年为宜，生长年限过长，不但田间病菌积累过多，而且韭菜分蘖跳根会造成营养吸收不足，长势弱，抗病能力下降。

13.4.1.5 底肥

结合整地每亩施腐熟有机肥 4000~5000kg，过磷酸钙 100~120kg，尿素 10~15kg 作底肥。施足有机肥，增施磷钾肥，控施氮肥，使植株生长健壮，增强植株的抗病抗逆能力。

13.4.1.6 播种时间及方法

以春季播种为宜，采用开沟播种，每亩播种 4~5kg。出苗后及时间苗及拔草。

13.4.2 扣棚前

13.4.2.1 清除病残体

韭菜灰霉病及韭菜疫病病原菌均可随病残体越冬或越夏，因此，在扣棚前应彻底清除残留的病叶，并集中深埋或烧毁，降低病原基数，减轻为害。

13.4.2.2 扒土冻根

扒开韭菜根系周围的土壤，露出"韭胡"，冻晒 8~10 天，杀死部分韭蛆。

13.4.2.3 棚室表面处理

棚室棚膜、墙壁、架材、过道、耳房表面等可能传带病菌的地方，定植前需进行表面消毒处理。可采用定植前每日分 2 次，每次 2~3h 释放臭氧（3~5mg/kg），连续 2~3 天。或采用 20%辣根素（EW）1~2L/亩，借助自控常温烟雾施药机或背负式远程超低容量喷雾机喷施熏蒸，或采用百菌清烟剂熏蒸，也可选用百菌清、啶菌噁唑、腐霉利等药剂以适中倍量均匀喷洒棚膜、墙壁、架材、过道、耳房表面，夏季闲置期间也可采用高温闷棚杀灭病菌。

13.4.2.4 药剂灌根

每亩用 48%乐斯本乳油 500ml 顺垄漫灌，或每亩用 250ml 兑水 100kg 顺垄灌根，或用 50%辛硫磷 800~1000 倍液顺垄灌根，或 6mg/kg 臭氧水顺垄灌根，即拨开韭菜根系周围的表土，去掉喷雾器的喷头，对准韭菜根部喷药，喷后随即堰土。或者在韭菜行间开小沟，按亩的用药量随水灌施，然后覆土。

13.4.3 扣棚后

13.4.3.1 生态防治通风换气

在保证温度的前提下，白天控制在 18~24℃，夜间保持在 8~15℃，尽量降低棚内湿度，相对湿度应控制在 80%以下，使韭菜叶面不结露水。早春 2~3 月白天棚室温度达 30℃以上时，应在中午放风 2~3h，尤其是阴雪天，中午后也应适当放风排湿降低湿度，使植株适应环境，生长健壮，提高其抗寒抗病能力。若遇到棚内温度过高时，通风口要缓慢打开，忌通风过猛，以免引起韭菜脱水，影响其生长发育。在韭菜行间铺麦糠、稻草、麦秸等覆盖物，可以保温、降湿，具有一定的防病效果。

13.4.3.2 科学施肥

韭菜属于喜肥蔬菜，对肥料的需求旺盛，生产中应该施足优质有机肥，以鸡粪为最佳，及时追施氮、磷、钾肥，最好做到刀刀追肥。施用有机肥一定要腐熟，切忌使用生粪，同时注意增施磷、钾肥，谨防氮肥过量，避免过多使用生理酸性肥料，引起土壤酸化。合理施肥有利于促进韭菜植株健壮，增强抗病抗逆能力。

13.4.3.3 诱杀成虫

在成虫发生期，温室内设置 1 盏黑光灯或者将糖、醋、酒、水和敌敌畏按 3：3：1：10：0.3 配成溶液，每亩均匀放置 3~5 盆，每盆放置溶液 300~500ml 诱杀成虫。

13.4.3.4 药剂防治

优先选用粉尘法和烟熏法，其次选用喷雾法。

（1）灰霉病

在覆膜前，韭畦浇水后可使用 72%霜脲·锰锌可湿性粉剂 700 倍液或 69%安克锰锌 600 倍液进行灌根预防。烟剂熏棚，每次用 10%速克灵或 45%百菌清烟剂 250~300g/亩，分散点燃，熏烟 1h；粉尘剂喷粉，每亩用 1kg 6.5%万霉灵粉尘剂，7~10 天喷 1 次；药剂喷雾，可选用的药剂有 50%速克灵 1000 倍液、50%扑海因 1000 倍液、65%甲霉灵 1000 倍液、40%施佳乐 1000 倍液，7~10 天喷 1 次。注意各种药剂交替使用，以延缓抗药性的产生。

（2）疫病

发病初期应及时喷药。可选用的药剂有：40%乙磷铝可湿性粉剂 300 倍液，或 25%瑞毒霉可湿性粉剂 500 倍液，或 64%杀毒矾可湿性粉剂 400 倍液，或 75%百菌清可湿性粉剂 600 倍液，每隔 7~10 天喷 1 次，连喷 2~3 次。

（3）锈病

在发病初期应及时喷药。可选用的药剂有：15%粉锈宁可湿性粉剂 1500~2000 倍液，或 70%代森锰锌可湿性粉剂 400~500 倍液，每隔 10 天左右喷 1 次，共喷 2~3 次。

（4）白粉病

发病初期及时用药剂防治，药剂可选用 15%粉锈宁可湿性粉剂 1500~2000 倍液，或 20%粉锈宁乳油 2500 倍液，或 70%甲基硫菌灵可湿性粉剂 800 倍液，或 50%硫黄悬浮剂 300 倍液，或 2%武夷霉素水剂 200 倍液，或农抗 120 水剂 200 倍液，或 30%特富灵可湿性粉剂 3000 倍液。

（5）菌核病

用烟雾法或粉尘法施药，发病初期每亩用 10%腐霉利烟剂 250~300g 熏 1 夜。可喷洒 40%菌核净可湿性粉剂 500 倍液，或 50%乙烯菌核利可湿性粉剂 1000~1500 倍液，或 50%速克灵可湿性粉剂 1500 倍液，或 50%扑海因可湿性粉剂 1500 倍液，或 50%苯菌灵可湿性粉剂 1500 倍液，或 80%多菌灵可湿性粉剂 600 倍液喷雾，每 7~10 天防治 1 次，连续防治 3~4 次。

（6）葱斑潜蝇

在成虫盛发期叶面喷施 2.5%绿色功夫 1000 倍液，或 1.8%阿维菌素 1500 倍液，或 21%增效氰马乳油 1000 倍液。

（7）韭蛆

在成虫羽化盛期，可喷施 50%辛硫磷乳油 1000 倍液，或 2.5%绿色功夫 1000 倍液，喷药时间以上午 9:00~10:00 最好。在幼虫发生盛期，发现韭菜叶片发黄变软并逐渐倒伏时，应立即用 48%乐斯本乳油 500ml 顺垄漫灌，或每亩用 250ml 兑水 100kg 顺垄灌根，或用 50%辛硫磷 800~1000 倍液顺垄灌根，或用 5%辛硫磷颗粒剂 3~4kg 加 10 倍的土或沙均匀撒于韭菜根际。

（8）蓟马

幼苗期、花芽分化期选用 4.5%高效氯氰菊酯乳油 2000 倍液防治 2~3 次。初发期选用 1.8%阿维菌素乳油 2500~3000 倍液防治 3~4 次，每 7 天 1 次。

第14章 菜　　豆

菜豆原产于南美洲，又名四季豆、芸豆，是以嫩荚供食用的一年生蔬菜，我国南北各地均有栽培。除露地栽培外，菜豆可在大棚等保护地设施内生产，近几年菜农种植菜豆的效益较好，种植面积不断增加，由于菜豆生长期处于适温、高湿环境，更易诱发多种病虫害的发生。

14.1　病原病害

14.1.1　菜豆病毒病

菜豆病毒病又称花叶病，是菜豆的重要病害，近年来菜豆的种植面积不断扩大，但病毒病的为害限制了菜豆产量的进一步提高。病毒病是菜豆的系统性病害，在我国各地均有发生，发病严重时直接影响菜豆结荚，导致产量降低，尤以夏（秋）栽培的菜豆发生较重，有时病株率可达50%以上，该病除为害菜豆外，还可为害扁豆、刀豆、毛豆等。

14.1.1.1　症状

菜豆病毒病是由几种病毒单一侵染或混合侵染而发生的，同时种植的菜豆品种不同，受侵染寄主的生长阶段不同，菜豆表现的症状也不相同。主要为害叶片，幼苗至成株期间均可发病，田间症状较为复杂。常见其嫩叶明脉、沿脉褪绿，继而呈现花叶，病叶凹凸不平，深绿色部分往往突起，叶片细长变小，向下弯曲，有时呈扁叶状，叶脉和茎上可产生褐色枯斑或坏死斑。发病严重时，植株矮缩，下部叶片干枯，生长点坏死，开花少并脱落，结果荚少，有时豆荚上产生黄色斑点或出现斑驳，根系变黑，重病株往往提早枯死。

14.1.1.2　病原

引起菜豆花叶病的病毒主要有4种，即菜豆普通花叶病毒（Bean common mosaic virus，BCMV）、菜豆黄色花叶病毒（Bean yellow mosaic virus，BYMV）、黄瓜花叶病毒（Cucumber mosaic virus，CMV）和花生矮缩病毒（Peanut clump virus，PCV），可单一侵染，也可复合侵染。

14.1.1.3　侵染循环

初次传毒侵染主要来自带毒的种子和传染源植株，由蚜虫刺吸传染。蚜虫在病株上吸食1~5min就可带毒，菜豆黄色花叶病毒蚜虫只需刺吸15s就带毒。带毒蚜虫转移到植株上吸食，一般1~5min就传毒。菜豆黄色花叶病毒只需15~30s就被传播。

菜豆普通花叶病毒：寄主范围只限于菜豆附近边缘的豆科植物，种子带病率高达30%～50%，主要由菜蚜和桃蚜等传播。汁液摩擦可以传毒。土壤不带毒传染。菜豆黄色花叶病毒：寄主范围较广泛。传染媒介主要是豌豆蚜、豆蚜和桃蚜等，汁液摩擦传毒。种子不带病，土壤不传毒。黄瓜花叶病毒：寄主范围广泛，主要由蚜虫传播病毒。侵染菜豆的是黄瓜花叶病毒的菜豆病系。种子不带病，土壤不传毒。花生矮缩病毒：由桃蚜、豆蚜传毒。种子传毒率低，土壤不传毒。

14.1.1.4 影响发生因素

(1) 温度与菜豆病毒病发生的关系

气温在 20～25℃时有利于显症，高温地 28℃以上时呈重型花叶、卷叶、矮化。

(2) 品种与菜豆病毒病发生的关系

菜豆品种间存在抗性差异，矮生种较蔓生种抗病。

(3) 生长期与菜豆病毒病发生的关系

病毒病在菜豆生长前期发病株率很低，5 叶期只有 3%，开花以后发病株率剧增，结荚期达到高峰，以后趋于稳定。

(4) 蚜虫与菜豆病毒病发生的关系

病毒病的发生与田间有翅蚜的消长有密切关系，在蚜虫数量高峰后 10 天病株增长最快（图 14-1）。蚜虫与病毒病的这种平行关系和多数病毒均由蚜虫非持久性传播相一致。在调查中也观察到它们之间的关系，如在大荔种植并排三架菜豆，品种、管理一致，由于中间架受两个边架的阻隔，减少了蚜虫传毒，中间架与边架的菜豆发病株率分别为 11.8%和 35.6%。

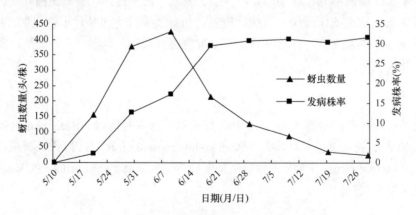

图 14-1 菜豆病毒病的发生与有翅蚜的关系

14.1.2 菜豆炭疽病

菜豆炭疽病是菜豆的重要病害之一，分布广，为害重。植株染病后，豆荚产生大量红褐色凹陷病斑，严重影响菜豆的商品价值，一般可造成减产20%～30%，重者绝产。

14.1.2.1　症状

幼苗期即开始发病，全生育期都能发生。为害叶片、茎蔓及豆荚。幼苗发病，子叶上出现红褐色至黑色圆形病斑，病斑凹陷呈溃疡状，幼茎上产生小锈斑，小锈斑随着幼茎伸长变为细条状，并凹陷、龟裂，有时也可愈合成长条斑，严重时幼茎折断。叶片上的病斑多循叶脉与叶柄发展，且发病多始于叶背，叶脉初为红褐色条斑，逐渐沿叶背的叶脉扩展成三角形或多角的小条斑，后变黑褐色或黑色。叶柄及茎上病斑的形状和幼茎上相似，呈褐锈色细条斑，叶柄受害常造成全叶萎蔫。未成熟的豆荚上产生褐色小点，扩大后病斑呈圆形或椭圆形，直径可达1cm，边缘稍隆起，淡褐色至粉红色，中间凹陷，湿度大时，产生粉红色黏稠物，凹陷处可穿过豆荚扩展到种子上。多个病斑可合并成不规则形大斑。豆荚成熟后病斑颜色较淡，边缘隆起。种子受害，产生明显的不规则形大小不一的溃疡斑，病斑黄褐色至褐色，稍凹陷，病斑一般只发生在种子的表面组织上，有时也可深达子叶甚至胚内。湿度大时病斑上特别是茎和荚上常产生大量粉红色黏稠物。

14.1.2.2　病原

菜豆炭疽病病菌属半知菌亚门真菌腔孢纲黑盘孢目黑盘孢科炭疽菌属（*Colletotrichum lindemuthianum*（Sacc. et Magn.）Br. et Ca.），病菌的无性态为菜豆炭疽病菌（*Colletotrichum lindemuthianum*）。分生孢子盘黑色，埋生于表皮下，后突破表皮外露，圆形或近圆形；盘上散生黑色刺状刚毛；分生孢子梗密集，短小，单孢，无色；分生孢子圆形或卵圆形，单胞，无色，两端较圆，孢子内含1～2个近透明的油滴。病菌的有性态为菜豆小丛壳菌（*Glomerella lindemuthianum*），属于真菌子囊菌亚门小丛壳属。子囊壳球状，壳壁由黑褐色薄壁组织构成；子囊圆筒状；子囊孢子较小，无色，单胞；孢子萌发后形成附着胞。病菌生长发育适温为21～23℃，最高30℃，最低6℃，分生孢子45℃经10min致死。利用MA培养基培养该菌：病菌菌丝在5℃以下不能生长，随着温度升高，生长量逐渐增加，适宜生长温度为20～28℃，最适温度25℃，在35℃条件下生长量明显下降，35℃以上时病菌不能生长。除侵染菜豆外，还侵染扁豆、豇豆、蚕豆、绿豆等。

14.1.2.3　侵染循环

菜豆炭疽病菌主要以潜伏在种子内和附在种子上的菌丝体越冬，播种带菌种子，幼苗染病，在子叶或幼茎上产出分生孢子，借雨水、昆虫传播；该菌也可以菌丝体在病残体内越冬，翌春产生分生孢子，通过雨水飞溅进行初侵染，分生孢子萌发后产生芽管，从伤口或表皮直接侵入，经4～7天潜育出现症状，并进行再侵染。Tu（1983）认为，菜豆炭疽病菌的寿命因环境条件不同而有很大差异。湿度对其寿命起重要作用。感病的风干菜荚和种子保存在4℃下，或将感病植株封在聚乙烯口袋中不与水接触埋在田间，病菌至少可存活5年，而若放在尼龙网口袋中在11月埋于田间，翌年5月中旬后就分离不到该病菌。实验室试验表明，湿干交替处理可使病菌失活，72h潮湿和72h干燥相互交替处理，经 3 个循环后，感病豆荚上的病菌即丧失生存能力。

14.1.2.4 影响发生因素

（1）温湿度与菜豆炭疽病发生的关系

菜豆炭疽病发生的适温为 17℃左右，适宜湿度为 100%，若温度低于 13℃或超过 27℃、湿度低于 92%时，病害则停止发展。因此，多雨、多雾、多露的温凉多湿地区发病重。在温室和实验室控制土壤湿度（田间持水量过饱和）条件下，对菜豆 12 个品种的离体叶片进行接种，结果表明，土壤持水过饱和可增加感病性；此外，植物不同发育阶段抗病性有差异，植物幼苗期到 3 叶期抗性增加；土壤的过饱和会使一些品种的抗性随年龄的增加而下降。Tu（1982）在加拿大研究报道，将接种植株分别置于 12℃、16℃、20℃、24℃、28℃和 32℃温度下保湿 48h，然后置于 20℃下 4 天，结果 12～24℃下植株发病较重，叶片发病严重度最高达 9 级（按 0～9 级计 10 个分级标准）；而在 28～32℃时发病很轻或不发病。反之 20℃下保湿 48h，然后置于上述不同温度处理 4 天，结果 12℃时不发病，20～24℃下发病严重，16℃下发病最轻，28～32℃下严重度大大减轻。上述结果说明，温度对病害发生发展的影响是显著的，尽管在加拿大安大略省 7～8 月白天温度常常可达 25～35℃，但持续时间只有几小时，不足以限制菜豆炭疽病的发生和流行。

（2）生长环境与菜豆炭疽病发生的关系

多年重茬、地势低洼、高湿、密植、底肥不足、窝风、土壤黏重的地块发病重。

（3）品种与菜豆炭疽病发生的关系

品种间抗病性也有差异，一般矮生种和欧洲种抗病性较弱，蔓生种、东北种及朝鲜种抗病性较强。

14.1.3 菜豆细菌性疫病

菜豆细菌性疫病又称火烧病，是菜豆常见的病害之一，而且来势凶猛，发展快，严重时全叶干枯似火烧状，严重影响菜豆的产量和质量，一般减产 20%～30%，重者减产达 50%以上。

14.1.3.1 症状

菜豆从幼苗到收获，植株地上各部分如叶片、茎蔓、豆荚、种子均可受害。叶片发病始于叶尖或叶缘，初为暗绿色油渍状小斑点，后扩展为不规则形病斑，病部变薄，褐色干枯，近透明，周围有黄色，严重时病斑连片。病叶一般情况下不脱落，遇到高湿条件时，有菌脓溢出。茎蔓受害，产生红褐色溃疡状条斑，稍凹陷，导致上部茎叶枯萎。豆荚受害，最初也产生暗绿色油渍状小斑点，后扩大为凹陷的圆形或不规则形病斑，常有黄色菌脓溢出。种子受害，脐部常有黄色菌脓，多数种皮皱缩，产生黑色凹陷斑点。幼苗出土时呈红褐色溃疡状，在第一片真叶的叶柄着生处，或着生小叶的节上产生水渍状病斑，后扩大呈红褐色，病斑绕茎一周，可使幼苗折断或枯死。

14.1.3.2 病原

菜豆细菌性疫病是由地毯草黄单胞菌菜豆致病变种 [*Xanthomonas axonopodis* pv. *Phaseoli*（Smith）Vauterin] 细菌侵染引起。

14.1.3.3 侵染循环

病菌主要在种子内越冬，能存活2～3年，也可随病残体在土壤中越冬。播种带菌种子能引起幼苗发病，并在子叶和生长点上产生菌脓，借风雨或昆虫传播，病菌从气孔或伤口侵入，2～5d后茎叶发病，使病害扩大蔓延。土壤中病残体腐烂后病菌即失去活力。

14.1.3.4 影响发生因素

（1）温湿度与菜豆细菌性疫病发生的关系

菜豆细菌性疫病为高温高湿病害，发病温度在24～32℃，病菌生长适温为28～30℃，气候潮湿时，尤其当寄主受害部位有水滴存在时即可发病，病菌侵染力随温度升高而增加。潜育期一般为2～5天，在高温（30℃左右）遇雨时潜育期只有1天，病害很快蔓延。风雨特别是暴风雨有利于发病，植株的摩擦造成大量伤口，有助于细菌的侵入传播和为害。如果初夏后遇到连续阴雨、多雾、闷热潮湿的天气，有利于病菌的发育为害。温度在36℃以上时，病菌侵染受到抑制。

（2）栽培措施与菜豆细菌性疫病发生的关系

重茬连作年限越长，土表病菌积累越多，因此老产区比新产区发病重。肥水管理、肥料不足、土壤瘠薄、缺乏有机肥或施用未腐熟的基肥，发病重。过度密植、栽培垄过低、雨后积水、大棚内湿度大、天幕滴水，或大水漫灌，易造成病害流行。杂草丛生及红蜘蛛、茶黄螨等发生严重的田块，发病重。雨后或天气潮湿时采摘豆荚，也有利于该病的传播和蔓延。

（3）品种质量与菜豆细菌性疫病发生的关系

易感病品种，种子、种苗质量差，发病重。常规栽培的品种，矮生种如山东老来少和法国芸豆等易感细菌性疫病。

14.1.4 菜豆根腐病

根腐病是菜豆生产中的常见病、高发病，是一种土传病害。苗期染病，幼苗成片枯死；成株期染病，植株瘦弱矮化，叶片由下向上逐渐枯黄，重者整株枯死。特别是近几年随着菜豆种植面积的不断扩大，该病有加重蔓延的势头，一般病田减产20%～40%，重病田减产80%以上。因此，认识菜豆根腐病的为害症状、发生规律，对于菜豆根腐病的防治十分重要。

14.1.4.1 症状

菜豆根腐病从幼苗到采收期均可发生，感病初期症状不明显，开花结荚期症状逐渐明显。主要病症表现在根部和茎基部，苗期出现后即可发病，初期症状不明显，常造成植株生长不良、矮小，下部叶片变黄，从叶片周围开始枯黄；后期病部有时开裂，或呈糟朽状。主根被害后侧根稀少，植株矮化，容易拔出，腐烂或坏死。剖视根茎部，可见维管束变褐色或黑褐色，稍凹陷，病株不发新根。严重时，主根全部腐烂，地上部茎叶萎蔫或枯死。潮湿时，茎基部常产生粉红色霉状物，即病菌的分生孢子。

14.1.4.2 病原

菜豆根腐病是由半知菌亚门真菌菜豆腐皮镰刀菌［*Fusarium solani*（Martius）Apple et Wollenweber f. sp. *phaseoli*（Burkholder）Snyder et Hansen］侵染所致，菌丝具隔膜。分生孢子分大小型：大型分生孢子无色，纺锤形，具横隔膜 3～4 个，最多 8 个，大小为（44～50）μm×5.0μm；小型分生孢子甚少或不产生，长椭圆形或圆柱形，无色，有时具 1 个隔膜，大小为（8～16）μm×（2～4）μm。厚垣孢子单生或串生，着生于菌丝顶端或节间，直径 11μm。生育适温为 29～32℃，最高 35℃，最低 13℃。

14.1.4.3 侵染循环

病菌主要以菌丝体和厚垣孢子在土壤病残体上越冬，其次在厩肥中越冬。带菌土壤、田间的病残体或带菌的厩肥是翌年的初侵染源，借雨水、灌溉水、农事作业传播，从寄主地下伤口侵入使皮层腐烂。发病后病部产生的分生孢子又借助雨水溅射或流水传播，进行重复侵染，致病害蔓延。高温（28～32℃）高湿的环境条件最易诱发病害。设施栽培时，因减少了病原菌越冬的困难，发病更为突出。

14.1.4.4 影响发生因素

（1）温湿度与菜豆根腐病发生的关系

关中地区 5 月下旬至 7 月的高温季节发病严重。5 月以前气温较低，根腐病很少发生，进入 9 月天气转凉，病害蔓延速度显著减弱。5 月下旬至 7 月关中地区平均气温在 22℃以上，适宜菜豆根腐病菌的生长，此期正值主要降水季节，棚室湿度在 80%以上，菜豆根腐病发生较重。

（2）重茬与菜豆根腐病发生的关系

病菌随病残体或厩肥在土壤中存活多年，无寄主时可腐生 10 年以上。重茬种植，可使病原菌在田间积累，导致根腐病的发生逐年加重。

（3）轮作与菜豆根腐病发生的关系

在病田进行土壤接菌，作为系统调查点，与十字花科及葱蒜类轮作。接菌田当年平均病株率 90.7%，病情指数为 76.48，间隔 1 年、2 年、3 年轮作的田块，平均病株率分别为 62.3%、45.1%和 20.9%，病情指数分别为 58.22、36.51 和 14.41。其发病程度随轮作年限的延长而明显减轻。

（4）施肥与菜豆根腐病发生的关系

将带有根腐病病菌的农家肥施入菜田，是导致菜豆根腐病逐年加重的主要原因之一。试验结果表明,每亩施5000kg带病肥,病株率高达70.8%,产量1000kg/亩。而每亩施磷酸二铵50kg、硫酸钾50kg、尿素25kg、饼肥50kg的田块病株率仅为20.3%,病情指数为6.41,产量为2500kg/亩,纯效益高1800余元。

(5)播期与菜豆根腐病发生的关系

分别在早春2月18日、2月26日、3月4日、3月10日4个时期播种,品种为半架菜豆,每一播期为一处理,重复3次。结果表明,各播期均感染病害。2月18日播种的菜豆比2月26日和3月4日播种的菜豆根腐病病株率平均高20%左右,亩产量降低300kg左右。晚播病情虽轻,但影响后期效益。因此,结合关中早春中棚保护条件,防病适宜播期为2月25日至3月5日。

(6)田间管理与菜豆根腐病发生的关系

种植菜豆时整地不严格,地块高低不平,地势低洼、排水不良和土质黏重、疏水性差的菜地通常发病重。施用未腐熟的粪肥,根部有伤口等都可引起发病。雨季或灌水时,导致田间积水,容易形成发病中心,灌水时大水漫灌、串灌,或积水不能及时排出,容易引起发病,造成病原菌田间传播。

14.1.5 菜豆锈病

菜豆锈病以为害叶片为主,也为害叶柄、茎和豆荚,现已成为某些地区菜豆的重要病害。一般发生年减产15%左右,严重流行年减产35%以上,直接影响产量,甚至导致绝产。该病在我国南方地区主要在春季流行,北方地区则在秋菜豆上发病严重,在大流行年份,常常引起大幅度减产,严重影响市场供给。

14.1.5.1 症状

菜豆锈病主要发生在叶片上,严重时也为害叶柄、茎和豆荚。发病初期,叶片被害初生绿色针头大小的黄白色小斑点,小斑点逐渐扩大、变褐,隆起成近圆形的黄褐色小疱斑,后期病斑中央的突起呈暗褐色(夏孢子堆),周围常具黄色晕环,形成绿岛,表皮破裂后散出大量锈褐色粉末(夏孢子)。发病严重时,新老夏孢子堆群集形成椭圆形或不规则锈褐色枯斑,相互连接,引起叶片枯黄脱落。菜豆生长中后期在叶柄、茎蔓、豆荚及叶片上长出椭圆形或不规则黑褐色病斑,表皮破裂,散出黑色粉末(冬孢子)。有时,叶片正面也产生夏孢子堆或冬孢子堆,导致叶片变形早落,直接影响产量。豆荚染病,其食用价值严重降低,甚至不能食用。

14.1.5.2 病原

该病由疣顶单胞锈菌[*Uromyces appendiculatus*(Pers.)Ung]侵染所致,属于担子菌真菌。夏孢子萌发的适宜温度为16~22℃,侵入的适宜温度为15~24℃。日均温24.5℃、相对湿度84%时,潜育期9~12天。

14.1.5.3 侵染循环

在田间,一般春秋两季发生,而保护地为其提供了良好的越冬和繁殖场所。病原菌以冬孢子在病残体上越冬，春暖后或保护地内达到一定温度时萌发，萌发时产生担子和担孢子，担孢子侵入寄主形成锈子腔阶段，产生的锈孢子侵染菜豆并形成夏孢子堆，夏孢子靠气流传播，且重复感染。高温高湿是诱发菜豆锈病发生的主要原因，寄主表面结露及叶面上的水滴是病菌孢子萌发和侵染的先决条件，因此保护地偏重发生。一般在4~5月，大棚菜豆生长中后期发生，苗期一般不发病。在菜豆进入开花结荚期，棚温16~22℃，昼夜温差大，高湿及结露时间长时易流行传播。

14.1.5.4 影响发生因素

（1）品种与菜豆锈病发生的关系

在菜豆中，矮生种比蔓生种较抗病；在蔓生种中，"细花"比"中花"和"大花"较抗病。在近年国内推介的30多个菜豆品种中，对锈病表现抗耐病的品种有：碧丰（蔓生，较早熟，荷兰引入）、江户川矮生菜豆（较强，辽宁引自日本）、意大利矮生玉豆（极早熟，内蒙古引自意大利）、甘芸1号（蔓生，中早熟，辽宁大连）、12号菜豆（蔓生，中早熟，广东广州）、大扁角菜豆（蔓生，中熟，山东滨州）、83-B菜豆（蔓生，早熟，兼抗病毒和炭疽病，辽宁大连）、矮早18号（早熟，兼抗炭疽病，浙江省农业科学院）、芸丰、丰收1号、新秀2号与春丰4号（蔓生，早熟，天津科润蔬菜研究所）等。

（2）温湿度与菜豆锈病发生的关系

2005年、2006年每年的9~11月，我们选择大荔县发病较重的田块，进行定点调查菜豆锈病的发生与温度、湿度的关系。调查结果表明，病菌喜温暖高湿环境，发病最适气候条件为温度15~24℃、相对湿度84%以上，发病率可达70%以上。一般日平均气温24℃，遇上频繁的小到中雨，或降雨时间长，则病害易于流行。

（3）栽培设施与菜豆锈病发生的关系

调查对象为抗病较差的架豆王及耐病较强的碧丰。通过调查分析发现，露地栽培比棚室栽培发病轻，具滴灌设备的棚室栽培比漫灌的棚室栽培发病轻（表14-1）。

表14-1 不同栽培设施条件下菜豆锈病的发生情况

品种	栽培条件	发病率（%）	病情指数
架豆王	露地栽培	45.2a	12.3a
	棚室滴灌栽培	56.7b	15.6b
	棚室漫灌栽培	65.3c	23.7c
碧丰	露地栽培	25.7a	5.6a
	棚室滴灌栽培	35.6b	8.3b
	棚室漫灌栽培	48.2c	10.5c

注：表中数列后字母不相同者表示在0.05水平上差异显著

（4）不同栽培密度与菜豆锈病发生的关系

由表14-2可以看出，各不同田块栽培密度分别为：6000株/亩、7500株/亩、9000株/亩、种植品种为碧丰，其他管理措施相同。结果表明，栽培密度越高，发病越严重。密度为 6000 株/亩，发病率为 12.6%，病情指数为 3.5；密度为 7500 株/亩，发病率为 22.8%，病情指数为 7.8；密度为 9000 株/亩，发病率为 34.3%，病情指数为 14.8。在同一密度下，长势弱的田块发病率高。田间郁闭、附近有其他高秆植物、通风透光条件差的地块发病重，其次随着连作年限的延长，病情也在加重。

表 14-2　不同栽培密度与菜豆锈病的发生情况

栽培密度（株/亩）	发病率（%）	病情指数
6000	12.6	3.5
7500	22.8	7.8
9000	34.3	14.8

14.1.6　菜豆灰霉病

由于连作和冬春茬生产，病菌常年在温室内存活，日光温室种植豆角的病害逐渐加重，尤其是菜豆灰霉病发生严重。该病侵染快，潜伏期长，受温度、湿度环境影响较大，病害反复发作性强，一般棚室发病率都在 30%～40%。因此，采取综合技术措施，加强对该病的防治，对日光温室的发展和菜农的经济收入增加具有重要作用。

14.1.6.1　症状

菜豆的叶片、茎、花和幼果均可发病。幼苗多在接近地面的茎、叶上被侵染，在现蕾前主要为害叶片，进入花期为害花器，结果后为害果实，在果实采收后，如果不及时拉秧，病害会继续在叶片和茎蔓上扩展。灰霉病病斑上生有大量的灰褐色霉菌，只要空气流动，病菌就可以大量地随风传播，进行再次侵染。

茎上染病，先在根颈部向上 11～15cm 处出现纹斑，周缘深褐色，中部淡棕色或浅黄色，产生水渍状小点，后迅速扩展成长椭圆形，潮湿时，表面产生灰褐色霉层，因其木质化较快，一般不引起茎的折断，而仅是表皮腐烂，在干燥时外皮开裂呈纤维状。

叶片染病，多从叶尖开始，病斑呈"V"字形向内扩展，初呈水渍状变软下垂，浅褐色，有不明显的深浅相间轮纹，病斑近圆形，很容易破裂，潮湿时病斑上生有淡灰色稀疏的霉层，即病菌分生孢子梗和分生孢子。在潮湿的条件下病斑不断扩大，以至全叶枯死。

花器被害，一般从初花期即有发生，花瓣及萼片处变软、萎缩腐烂，表面生霉，严重时整个花死亡。

幼果染病，果实多从果柄处或开败的花冠处向果面扩展。致病果皮呈灰白色、软腐，病部长出大量灰绿色霉层，严重时果实脱落，失水后僵化。

14.1.6.2　病原

菜豆灰霉病是由灰葡萄孢（*Botrytis cinerea* Pers.）侵染所致，属半知菌亚门真菌，与金瓜灰霉病和番茄灰霉病相同。分生孢子聚生，无色、单胞，两端差异大，状如水滴或西瓜子，大小为（3.2～12.8）μm×（3.2～9.6）μm。孢子梗浅棕色，多隔，大小为（896～1088）μm×（16～20.8）μm。

14.1.6.3 侵染循环

该病属真菌性病害，在棚内和棚外以菌丝、菌核、分生孢子在土壤中或在病残体上越夏或越冬，越夏、越冬的病菌以菌丝在病残体中营腐生生活，不断产生分生孢子进行再侵染。条件不适宜该病发生时，在感病处可产生大量抗逆性菌核，在田间可存活较长时间，一旦遇到适宜条件，菌丝直接侵入或产生孢子，借气流、雨水、田间操作等传播，也可随病残体、水流及衣物等传播，尤其严重的是腐烂的病果、病叶、病卷须和败落的病花落在健康部分也可导致发病。

14.1.6.4 影响发生因素

菌丝生长温度为4～32℃，最适温度为13～21℃，高于21℃时其生长量随温度升高而减少，28℃以上时生长量锐减。该菌产孢温度为1～28℃，同时需较高湿度；病菌孢子5～30℃均可萌发，最适温度为13～29℃；孢子发芽要求有一定湿度，尤其在水中萌发最好，相对湿度低于95%时孢子不萌发。病菌侵染后，潜育期因条件不同而异，1～4℃接种后1个月产孢，28℃接种后7天即产孢；果实染病条件适宜8h形成孢子；该病的侵染一般先削弱寄主病部的抵抗力，后侵入引致腐烂。

灰霉病对空气湿度的要求高，只有在连续湿度达90%以上时才易发病。节能日光温室等设施栽培，室内空气湿度高，才使其成为发生普遍、为害严重的主要病害。灰霉病菌孢子的萌发须有一定的营养，因此一般病菌的侵染都从寄主死亡或衰弱的部位开始，如菜豆下部的叶片、开败的花瓣、授过粉的柱头，都是灰霉病较易侵染的部位。此外，一些较大的伤口，如采摘时形成的伤口，都可以成为菜豆灰霉病的侵染点。

14.2 生 理 病 害

14.2.1 菜豆缺素症

缺素症是指在菜豆生长过程中缺乏某种营养元素而导致的一些生长异常的症状。

14.2.1.1 症状

1) 缺氮：植株生长差、叶色淡绿、叶小、下部叶片先老化变黄甚至脱落，后逐渐上移，最终遍及全株；座荚少，荚果生长发育不良。

2) 缺磷：苗期叶色浓绿、发硬、矮化；结荚期下部叶黄化，上部叶叶片小，稍微向上挺。

3) 缺钾：在菜豆生长早期，叶缘出现轻微的黄色，在次序上先是叶缘，然后是叶脉间黄化，顺序明显；叶缘枯死，随着叶片不断生长，叶向外侧卷曲，叶片稍有硬化，荚果稍短。

4）缺钙：植株矮小，未老先衰，茎端营养生长缓慢；侧根尖部死亡，呈瘤状突起；顶叶的叶脉间淡绿色或黄色，幼叶卷曲，叶缘变黄失绿后从叶尖和叶缘向内死亡；植株顶芽坏死，但老叶仍绿。

5）缺镁：菜豆在生长发育过程中，下位叶叶脉间的绿色逐渐变黄，进一步发展后，除了叶脉、叶缘残留一点绿色外，叶脉间均黄白化。

6）缺锌：从中位叶开始褪色，与健康叶比较，叶脉清晰可见；随着叶脉间逐渐褪色，叶缘从黄化变成褐色；节间变短，茎顶簇生小叶，株形丛状，叶片向外侧稍微卷曲，不开花结荚。

7）缺硼：植株生长点萎缩，变褐干枯。新形成的叶芽和叶柄浅、发硬、易折；上位叶向外侧卷曲，叶缘部分变褐色，当仔细观察上位叶脉时有萎缩现象。

8）缺铁：幼叶叶脉间褪绿，呈黄白色，严重时全叶呈黄白色干枯状，但不表现坏死斑，也不出现死亡。

9）缺钼：植株生长势差，幼叶褪绿，叶缘和叶脉间的叶肉呈黄色斑状，叶缘向内部卷曲，叶尖萎缩，常造成植株开花不结荚。

14.2.1.2 影响发生因素

1）缺氮发生原因：土壤本身含氮量低；种植前施大量没有腐熟的作物秸秆或有机肥，碳素多，其分解时夺取土壤中的氮；产量高，收获量大，从土壤中吸收氮多而追肥不及时。

2）缺磷发生原因：堆肥施量小，磷肥用量少易发生缺磷症；地温常常影响对磷的吸收。温度低，对磷的吸收就少，大棚等保护地冬春或早春易发生缺磷。

3）缺钾发生原因：土壤中含钾量低，而施用堆肥等有机质肥料和钾肥少，易出现缺钾症；地温低，日照不足，土壤过湿、施氮肥过多等阻碍对钾的吸收。

4）缺钙发生原因：氮多、钾多或土壤干燥，阻碍对钙的吸收；空气湿度小，蒸发快，补水不足时易发生缺钙；土壤本身缺钙。

5）缺镁发生原因：土壤本身含镁量低；钾、氮用量过多，阻碍对镁的吸收。尤其是大棚栽培更明显。

6）缺锌发生原因：光照过强易发生缺锌；若吸收磷过多，植株即使吸收了锌，也表现缺锌症状；土壤 pH 高，即使土壤中有足够的锌，但其不溶解，也不能被作物吸收利用。

7）缺硼发生原因：土壤干燥影响对硼的吸收，易发生缺硼；土壤有机肥施用量少，在土壤 pH 高的田块也易发生缺硼；施用过多的钾肥，影响了对硼的吸收，易发生缺硼。

8）缺铁发生原因：碱性土壤、磷肥施用过量或铜、锰在土壤中过量易缺铁；土壤过干、过湿、温度低，影响根的活力，易发生缺铁。

9）缺钼发生原因：酸性土壤易缺钼；含硫肥料（如过磷酸钙）的过量施用会导致缺钼；土壤中的活性铁、锰含量高，也会与钼产生拮抗，导致土壤缺钼。

14.2.2 菜豆沤根

沤根多发生在幼苗发育前期，几乎所有蔬菜幼苗均可受害，豆类早春苗床发生较重，尤以育苗技术粗放、条件不良的地方极易发生。

14.2.2.1 症状

发生沤根的幼苗，长时间不发新根，不定根少或完全没有，原有根皮发黄呈锈褐色，逐渐腐烂。沤根初期，幼苗叶片变薄，阳光照射后白天萎蔫，叶缘焦枯，逐渐整株枯死，病苗极易从土壤中拔起。

14.2.2.2 影响发生因素

1）苗床土壤有机质含量低，缓冲性差，土壤过湿缺氧。
2）苗床温度长时间低于12℃，甚至超越根系耐受限度，使根系逐渐变褐死亡。
3）遇连阴雨雪天气，光照不足，妨碍根系正常发育。
4）施入肥料未充分腐熟，床土与肥料混合不匀。
5）有机肥施入量少，吸附性差，土壤盐量浓度过高造成干旱缺水。

14.2.3 菜豆僵苗

僵苗又称小老苗，是苗床土壤管理不良和苗床结构不合理造成的一种生理障碍。

14.2.3.1 症状

幼苗生长发育迟缓，苗株瘦弱，叶片黄小，茎秆细硬，并显紫色，虽然苗龄不大，但如同老苗一样，故称"小老苗"。

14.2.3.2 影响发生因素

1）苗床气温低，特别是土壤温度低，不能满足豆角根系生长的基本温度要求。
2）苗床或种植穴施用未经腐熟或未充分掺匀化肥的有机肥而引起烧根或土壤有机肥施入量少，土壤溶液浓度过高而伤根。
3）育苗床土质黏重，有机肥施入量少或肥力低下（尤其缺乏氮肥）或土壤干旱或在土壤湿度大或土壤通气不良造成根的吸收能力差或定植后连续阴雨，僵苗发生尤其严重。
4）定植时苗龄过长，或定植过程中根系损伤过多或整地、定植时操作粗糙，根部架空，根与土壤没有紧密接触，产生吊气伤苗。

14.3 虫　害

14.3.1 菜豆叶螨

六斑始叶螨［*Eotetranychus sexmaculatus*（Riley）］，1993年在陇南白龙江沿岸的武都县汉王镇春播菜豆上发现其为害，为害株率高达91.3%，造成严重损失。由于六斑始叶螨的为害，菜豆叶片早衰，引起大量落叶、落花、落荚，造成大幅度减产。

14.3.1.1 为害特点

六斑始叶螨的成螨、若螨和幼螨群集在菜豆叶片、花瓣及豆荚上吸取汁液为害,以叶片受害最为严重。为害叶片,大多密集于叶背面叶脉附近及叶缘处取食,使叶片正面呈现淡黄色或黄白色,并隆起呈凸形,随后变成褐锈色,与菜豆锈病甚为相似。嫩叶受害,常使叶片变小、扭曲或呈畸形。幼株受害,轻者生长缓慢、矮缩,重者造成整株死亡。为害豆荚,多在正面或背面刺吸汁液,豆荚筋附近很少受害,为害初期豆荚呈斑点状淡黄色,后变成褐锈色斑块,常引起落荚。

14.3.1.2 形态特征

成螨:体长0.35～0.42mm,雌成螨近椭圆形,腹部后端宽钝,足4对;雄成螨近楔形,尾部尖削,体型较小。体色呈橙黄色或黄绿色,越冬的颜色较深。体背面常见6个多角形黑褐色斑纹,中央2个不明显,前后4个较清楚,其中前后足部之间2个,尾区2个。头胸部两侧有橘红色眼点1对。

卵:直径0.12～0.14mm,扁圆形,光滑。初产时乳白色,透明,后变成橙黄色,近孵化时呈灰白色。卵壳顶端有1根中轴。

幼螨:体长约0.17mm,近圆形,足3对。初孵化时淡黄色,背面斑点不明显,后体色转深,可见4个黑斑。

若螨:体型与成螨相似,较小,足4对。

14.3.1.3 生活史

六斑始叶螨在海南、广东一带1年发生23代左右,在四川1年发生17代左右,在陕西1年发生10～11代。以成螨和卵在柑橘叶片和杂草上越冬,或在保护地菜豆等作物上继续为害而无明显的越冬现象。翌年3月中下旬从越冬寄主迁入菜豆田,先在田边点片发生,再向周围植株扩散,4月下旬至5月下旬为害最重,6月后为害渐轻,9月中旬后为害再次加重,一般春季菜豆受害重于秋季菜豆,11月上旬陆续转到越冬寄主上。

14.3.1.4 生活习性

雌成螨出现后即可交配,交配后1～5天产卵,卵多产于叶背中脉、支脉两侧和叶缘。成螨、若螨和幼螨群居取食于叶背,常集中于主脉、支脉附近及叶缘,并张覆丝网,活动、产卵于网下,受惊动后可迅速爬行躲逃。

14.3.1.5 影响发生因素

六斑始叶螨的发生与环境条件有密切关系。在养料充足时,其个体发育速度决定于温度的高低。日平均温度20.2℃时,完成1代需19～21天;26.8℃时,完成1代需11～12天;28℃时,完成1代需10～11天;气温超过30℃时,其生长发育受到抑制。大风、大雨能使虫口下降;雨水过多,湿度增大,气温降低,能抑制虫口增加;越冬期间气温陡降能使其大量死亡。塔六点蓟马、深点食螨瓢虫及纽氏植绥螨对其数量有一定控制作用。此外，其为害程度因地势、树龄、郁闭度和树冠部位不同而异，如低山比高山受害重，沟地比坡地受害重，坡下比山顶受害重，密林比疏林受害重，老树比幼树受害重，树冠下部比上部受害重。

14.3.2　菜豆粉虱

同黄瓜粉虱。

14.3.3　菜豆斑潜蝇

同黄瓜斑潜蝇。

14.4　菜豆病虫害绿色防控技术体系

14.4.1　休闲期

14.4.1.1　清洁田园

菜豆采收拉秧后，及时清除棚室内的病残株，集中销毁或深埋。

14.4.1.2　垄沟式太阳能土壤热力处理

清除前茬作物，深翻后做成波浪式垄沟，垄高60cm、宽30cm，垄上覆盖透明地膜，密闭棚室及通风口进行升温，持续8天后，将垄变沟、沟变垄后继续覆膜密闭棚室8天。

14.4.1.3　轮作倒茬

枯萎病、根腐病、炭疽病发病重的地块要与非豆科作物实行3年以上轮作换茬。

14.4.2　育苗期

14.4.2.1　品种选择

依据设施类型及栽培茬次的不同，因地制宜选用抗病、优质、高产、商品性好、适应性强、符合目标市场消费习惯的品种，如日光温室栽培应选用耐低温、耐弱光、早熟、结荚节位低的矮生或中蔓生菜豆品种。种子质量纯度≥97%、净度≥98%、发芽率≥90%，水分≤12%。

14.4.2.2　种子处理

播前晾晒1~2天。用50~55℃水浸泡15min，并不断搅拌，使水温降至25~30℃浸种2~3h，置于25~30℃条件下催芽，约80%的种子露白时即可播种。

14.4.2.3　营养钵育苗

营养钵直径8~10cm，高12cm。营养土用3年未种过豆类作物的优质田园土6份，加完全腐熟的有机肥 4 份，过筛拌匀，装入营养钵，密排在苗床上。每个营养钵内播种 2～3 粒，覆土 1.5cm，扣小棚保温保湿。

14.4.2.4 苗床土消毒

每立方米苗床用 50%多菌灵 80～100g 与 50%福美双等量混合剂，与 150～300kg 细土混合均匀撒在床面，作床面消毒。

14.4.2.5 温度控制

播种至出苗，白天控制温度为 20～25℃，夜间 15～18℃；出苗后，撤膜降温，控制白天为 15～20℃、夜间 8～10℃。10 天后，提高温度，白天 20～25℃，夜间 15℃左右；定植前 10 天，白天 15～20℃，夜间 12～15℃，进行炼苗、蹲苗。

14.4.3 定植期

14.4.3.1 设置防虫网

在通风口及出入口安装防虫网，然后覆盖棚膜。

14.4.3.2 棚室消毒

对棚室及架材用 80%代森锌可湿性粉剂 800 倍液喷雾消毒。

14.4.3.3 控湿防病

地膜全程覆盖，采用膜下沟灌、滴灌、渗灌等灌水方法，避免大水漫灌，降低棚室内空气湿度，减轻病害的发生。

14.4.3.4 科学施肥

结合整地，每亩施腐熟有机肥 2500～3000kg、尿素 10kg、64%磷酸二铵 10kg。

14.4.4 生长期

14.4.4.1 黄板诱杀

在日光温室内害虫初发期，每亩悬挂 30cm×40cm 黄板 40～50 张，黄板的高度以其下缘略高于菜豆植株的生长点为宜。

14.4.4.2 银灰膜驱蚜

将银灰膜剪成 10～15cm 宽的膜条，膜条间距 10cm，纵横拉成网眼状。

14.4.4.3 温湿度调控

缓苗期温度提高至 24～28℃，缓苗后白天温度保持在 20～24℃，晚上保持在 14～16℃。进入开花结荚期，控制白天温度为 24～26℃，晚上温度为 14～16℃，并及时通风降湿，相对湿度保持在 80%以下，防止茎蔓徒长落花。

14.4.4.4 合理灌溉

3月以前，膜下灌溉或滴灌、渗灌；3月以后，采用隔沟干湿交替灌水技术。

14.4.4.5 药剂防治

在非药剂防治方法不能满足防治效果要求时，严格控制农药安全间隔期，允许使用农药防治，每种农药在作物一个生长期内只使用1次。优先选用烟熏法、粉尘法，其次选用喷雾法。喷雾法防治应选择晴天施药，防治时间在先一年12月至翌年3月上午9:00～11:00，4～11月下午15:00～17:00。

（1）炭疽病

发病初期用70%甲基硫菌灵可湿性粉剂675～900g/hm²，或80%代森锰锌可湿性粉剂960～1200g/hm²喷雾防治。

（2）叶斑病

发病初期可用75%百菌清可湿性粉剂1125～1350g/hm²，或250g/L戊唑醇水乳剂100～125mg/kg喷雾防治。

（3）锈病

发病初期用10%苯醚甲环唑水分散粒剂75～125g/hm²，或三唑酮70～85g/hm²喷雾防治。

（4）疫病

发病初期用4%嘧啶核苷类抗菌素水剂100mg/kg，或70%丙森锌可湿性粉剂1200～1680g/hm²喷雾防治。

（5）花叶病

发病初期用20%吗啉胍·乙铜可湿性粉400倍液，或0.5%氨基寡糖素水剂400～600倍液喷雾防治。

（6）白粉病

在发病初期可选用400g/L氟硅唑乳油45～54g/hm²喷雾防治，或5%己唑醇微乳剂22.5～33.8g/hm²，或20%腈菌唑微乳剂37.5～75g/hm²叶面喷施各1次。

（7）根腐病

350g/L精甲霜灵种子处理乳剂14～28g/100kg种子拌种。田间发病初期选用20%二氯异氰尿酸钠可溶粉剂562～750g/hm²喷雾，或300～400倍液灌根。

（8）枯萎病

用30%恶霉灵水剂375～500mg/kg，或25%络氨铜水剂0.2～0.25g/株灌根；或1.8%

辛菌胺醋酸盐水剂 40～60mg/kg 喷雾防治。

（9）根结线虫

执行 DB61/T 542—2012 或 DB61/T 543—2012 的规定。

（10）斑潜蝇

可选用 1.8%阿维菌素乳油 10.8～21.6g/hm^2，或 50%灭蝇胺可溶粉剂 112.5～150g/hm^2 叶面喷施。

（11）粉虱

于傍晚每亩使用 36%异丙威烟剂 400～500g 闭棚熏蒸，或选用 25%噻虫嗪水分散粒剂 3000 倍液，或 25%噻嗪酮可湿性粉剂 1000 倍液、或 24%螺虫乙酯悬浮剂 2500 倍液，或 10%烯啶虫胺水溶性液剂 1000 倍液喷雾。

（12）叶螨

在发病初期，用 25g/L 高效氯氟氰菊酯乳油 6～10mg/kg，或 1.8%阿维菌素乳油 0.9～1.8g/hm^2，或 14%达螨灵乳油 200g/hm^2，或 24%螺螨酯乳油 35g/hm^2，或 20%炔螨特水乳剂 250g/hm^2 喷雾防治，喷药重点部位为植株上部及其嫩叶背面、嫩茎、未展开心叶及节间嫩芽。

（13）菜豆蚜

选用 70%吡蚜酮水分散粒剂 84～126g/hm^2，或 200g/L 吡虫啉可溶液剂 20～30g/hm^2，或 25%噻虫嗪水分散粒剂 62.5～125mg/kg 喷雾，交替使用。

参 考 文 献

白晨莉. 2010. 芹菜病虫害的综合防治. 西北园艺, (3): 41
蔡岳松, 童南奎, 曲竹蓉, 等. 1990. 甘蓝品种(系)对芜菁花叶病毒和甘蓝黑腐病的抗性鉴定. 西南农业大学学报, 18(2): 19-21
蔡自兴. 2003. 人工智能及其应用. 3版. 北京: 清华大学出版社
藏俊岭, 刘长青, 许孟会, 等. 2006. 黄瓜灰霉病发生适宜的气候条件及防治. 安徽农学通报, 14(24): 45-46
陈爱昌, 魏周全, 黄明, 等. 2012. 防治韭菜灰霉病药剂筛选及田间防效调查. 中国植保导刊, 32(7): 50-51
陈达虎, 张炳欣, 葛起新. 1988. 德里腐霉对黄瓜苗侵染过程的研究. 植物病理学报, (3): 186
陈非洲, 刘树生. 2004. 低温对小菜蛾实验种群的影响. 应用生态学报, 15(1): 99-102
陈树仁, 吴坚. 1988. 第二代菜青虫为害甘蓝损失模型及防治指标的研究. 安徽农学院学报, (1): 41-49
陈文辉, 林抗美, 刘波. 2001. 甜菜夜蛾的发生规律与防治. 中国蔬菜, 1(1): 17-18
陈雯, 张国龙, 王探应. 1998. 西安市菜区韭菜灰霉病的发生与防治. 陕西农业科学, (1): 46-47
陈熙, 鲍建荣, 钟慧敏, 等. 1992. 西瓜蔓枯病研究——病害的消长规律. 浙江农业大学学报, 18 (2): 55-59
陈夜江, 罗宏伟, 黄建, 等. 2001. 湿度对烟粉虱实验种群的影响. 华东昆虫学报, 10(2): 76-80
陈夜江, 罗宏伟, 黄建, 等. 2003. 光周期对烟粉虱实验种群的影响. 华东昆虫学报, 12(1): 36-41
陈永年, 欧阳石文. 1997. 甘蓝上菜青虫的可变强度抽样技术. 湖南农业大学学报, 23(4): 341-346
陈志杰, 梁银丽, 徐福利, 等. 2003. 陕北日光温室黄瓜病虫发生规律及持续控制对策. 西北农业学报, (4): 46-50
陈志杰, 梁银丽, 张淑莲, 等. 2004. 黄土高原日光温室黄瓜病虫害化学防治现状及环境效应//李佩成. 中国西部环境问题与可持续发展国际学术研讨会论文集. 北京: 中国环境出版社: 436-440
陈志杰, 罗广琪, 张淑莲, 等. 2006. 陕西设施蔬菜根结线虫(病)发生现状及环境友好性防治技术研究. 陕西农业科学, (6): 89-91
陈志杰, 张锋, 梁银丽, 等. 2004. 陕西设施蔬菜根结线虫病流行因素与控制对策. 西北农业学报, 14(3): 32-37
陈志杰, 张锋, 张淑莲, 等. 2009. 陕西温室黄瓜根腐病及流行因素研究. 中国生态农业学报, 17(4): 699-703
陈志杰, 张淑莲, 梁银丽, 等. 2004. 果实类蔬菜套袋技术效果评价. 西北植物学报, 24(5): 650-654
陈志杰, 张淑莲, 权清转, 等. 2005. 摘花与套袋防治黄瓜灰霉病效果研究. 中国生态农业学报, 13(2): 65-67
陈志杰, 张淑莲, 张锋, 等. 2006. 温室黄瓜病虫害化学防治现状及其无公害防治对策. 中国生态农业学报, 14(2): 141-143
陈志杰, 张淑莲, 张美荣, 等. 1999. 陕西玉米害螨的发生与生态控制对策. 植物保护学报, 26(1): 7-12
成燕清, 符伟, 魏娟, 等. 2011. 湖南地区秋甘蓝小菜蛾综合防治体系研究. 湖南农业科学, (6): 92-94
程伯瑛, 武永慧, 王翠仙, 等. 2002. 惠丰甘蓝对黑腐病的抗性鉴定研究. 北方园艺, (6): 48-49
褚栋. 2007. 烟粉虱Q型与B型种群动态及其影响因子研究进展. 植物保护学报, 34(3): 326-330
崔洪莹, 郭慧娟, 戈峰. 2011. 烟粉虱的耐寒能力与自然越冬北界分析. 植物保护, 37(1): 65-69
崔瑞峰, 杜娟. 2009. 甘蓝幼苗感染黑腐病后SOD、POD活性的变化. 吉林农业科学, 34(5): 35-37, 40

崔瑞峰, 孙九光, 张光星. 2008. 甘蓝黑腐病苗期抗病性鉴定. 北方园艺, (6): 201-203
崔元英, 张安盛, 李丽莉, 等. 2012. 金龟子绿僵菌乳粉剂防治甘蓝菜青虫和小菜蛾田间药效试验. 山东农业科学, 44(9): 102-103
戴忠良, 孙春青, 潘跃平, 等. 2013. 施氮量对结球甘蓝瑞甘 20 耐裂性的影响. 江苏农业学报, 29(2): 450-452
丁云花, Paul Scholze, 简元才, 等. 2006. 无机营养 N, P, Ca 和 K 对黑斑病菌侵染甘蓝幼苗的影响. 华北农学报, 21(5): 113-117
董开宇. 2008. 棚室芹菜病害的识别及防治技术. 农业工程技术, (5): 37
董忠信, 陈阳, 张晓辉, 等. 2005. 频振式杀虫灯防治甘蓝田小菜蛾应用效果研究. 内蒙古农业科技, (5): 35
杜建雄, 邹岩岩, 姜帅. 2013. 丁虫腈5%悬浮剂防治甘蓝小菜蛾田间药效试验. 江西化工, (6): 103-105
杜雅刚, 禄琳, 王艳艳. 2007. 基于模糊技术的大豆病虫害诊断专家系统. 计算机工程与设计, 28(9): 41-42
冯东昕, 朱国仁, 李宝栋. 2001. 菜豆锈病菌侵染对寄主超微结构的作用及菜豆抗锈病的细胞学表现. 植物病理学报, 31(3): 246-250
冯小红. 2009. 甜菜夜蛾发生规律及综合防治技术. 西北园艺, (5): 5-7
符伟, 成燕清, 王秋丽, 等. 2012. 小菜蛾为害不同生育期秋甘蓝对产量的影响及经济阈值研究. 植物保护, 38(4): 50-53
付立会, 王云梅, 罗晓玲, 等. 2012. 几种生物药剂防治豇豆蚜虫田间药效试验. 西昌农业科技, (2): 5-6
付猛, 付大明, 于静元. 2012. 菜豆细菌性疫病、炭疽病害的识别与防治. 吉林农业, (9): 88
傅淑云, 姚健民, 鄂芳敏. 1984. 白菜霜霉病菌卵孢子接种与萌发. 植物病理学报, (1): 63-64
甘芳. 2002. 温棚芹菜病害的综合防治. 植物医生, 14(11): 17
高俊凤. 2000. 植物生理学实验技术. 西安: 世界图书出版社
高灵旺, 王春荣, 司兆胜, 等. 2010. 黑龙江省农作物病虫测报信息管理与预测系统的开发. 中国植保导刊, 30(2): 7-11
高新章, 立早. 2003. 棚室(大棚和温室)芹菜灰霉病的防治方法. 植物医生, 16(1): 36
耿问好. 2010. 茶黄螨对蔬菜的危害及防治. 中国园艺文摘, 26(3): 129-132
郭国寿. 2012. 甘蓝品种比较试验. 北方园艺, (15): 38-39
郭明霞, 贺运春, 王利勇. 2011. 甘蓝夜蛾幼虫病原镰刀菌的初步鉴定. 吕梁学院学报, 1(2): 69-71
郭永丰, 崔凤霞, 肖方红. 2009. 黄瓜褐斑病的发生与防治. 吉林蔬菜, (2): 40
过七根, 周瑶敏. 2008. 蚜虫防治研究新进展. 江西农业学报, 20(9): 90-91
韩宝瑜, 张钟宁. 2001. 小菜蛾化学生态学研究现状与展望. 昆虫知识, 38(3): 177-181
郝琴庭, 朱传宝, 孙秀芳, 等. 2000. 日光温室越冬西葫芦病毒病防治技术研究. 山东农业科学, (2): 29
郝树芹, 刘世琦, 张自坤, 等. 2010. 银叶病对西葫芦叶片光合特性和叶绿体超微结构的影响. 园艺学报, 37(1): 109-113
郝树芹, 隋静, 郑伟. 2013. 西葫芦银叶病对西葫芦品质的影响. 北方园艺, (5): 114-118
何林, 赵志模, 曹小芳, 等. 2005. 温度对朱砂叶螨发育和繁殖的影响. 昆虫学报, 46(2): 203-207
何娜, 曾会才. 2006. 辣椒疫病防治的研究进展. 现代农业科技, (6): 64-66
洪海林, 曹春霞, 龙同, 等. 2013. 高含量苏云金杆菌可湿性粉剂防治甘蓝鳞翅目害虫试验. 湖北植保, (1): 9-10
侯恒军, 阮庆友, 张建华, 等. 2009. 无公害保护地芹菜病虫害防控技术. 南方农业, 3(1): 20-22
黄奔立, 许云东, 伍烨, 等. 2007. 两个不同抗性黄瓜品种和云南黑籽南瓜根系分泌物对黄瓜枯萎病发生的影响. 应用生态学报, 18(3): 559-563
黄奔立, 许云东, 张顺琦, 等. 2007. 根系分泌物影响黄瓜枯萎病抗性的机理研究. 扬州大学学报, 28(3): 77-81

黄德芬, 李成琼, 司军, 等. 2011. 甘蓝黑腐病生理小种划分及其抗病性鉴定研究进展. 中国蔬菜, 1(18): 6-10
黄芳, 王建明, 徐玉梅, 等. 2007. 西葫芦根腐病的病原鉴定. 山西农业科学, 35(12): 28-30
黄寿山. 1999. 蔬菜害虫的生态控制. 生态科学, 18(3): 47-52
惠学英, 张蜜娥, 张艳宁, 等. 2001. 农作物病虫害诊断专家系统初步研究. 陕西农业科学, (11): 6-8
吉根林, 孙忠信, 张岳峰. 2012. 早春菜豆灰霉病综合防治技术. 西北园艺, (2): 44
简元才. 1994. 甘蓝类蔬菜的黑腐病及其防治. 北京农业科学, 12(6): 19-21
姜艳军, 焉桂义, 孙炀. 2008. 甜菜甘蓝夜蛾的发生与防治技术. 现代农业, (6): 19
蒋杰贤, 梁广文, 庞雄飞. 1999. 斜纹夜蛾天敌作用的评价. 应用生态学报, 10(4): 461-463
金大勇, 吕龙石, 朴锦, 等. 2002. 截形叶螨和二斑叶螨卵的发育起点温度及杀卵剂的药效实验. 吉林农业大学学报, 24(6): 260-263
金玲莉. 2000. 光周期对甘蓝夜蛾夏季滞育诱导和解除的影响. 江西园艺, (5): 39-40
景晓红, 康乐. 2004. 昆虫耐寒性的测定与评价方法. 昆虫知识, 40(1): 7-10
雷蕾, 林清, 刘映红, 等. 1993. 菜青虫对甘蓝为害损失及经济阈值模拟研究. 西南农业学报, 6(3): 75-79
雷蕾, 向光蝉, 林清, 等. 1991. 朱砂叶、侧杂食线螨在茄子、辣椒、豇豆上的空间分布型. 西南农学报, 4(3): 86-90
雷仲仁, 王音, 问锦曾. 1996. 蔬菜上11种潜叶蝇的鉴别. 植物保护, 22(6): 40-43
李宝聚. 2006. 我国蔬菜病害研究现状与展望. 中国蔬菜, (1): 1-5
李保聚, 朱国江, 赵奎华, 等. 1999. 番茄灰霉病在果实上的侵染部位及防治新技术. 植物病理学报, 29(1): 63-67
李长松, 朱汉城. 1990. 山东菜豆病毒病的发生与病原鉴定. 山东农业科学, (3): 35-37
李道亮. 2004. 智能系统: 基础、方法及其在农业中的应用. 北京: 清华大学出版社
李号宾, 马祁, 姚举, 等. 1998. 甘蓝夜蛾在棉田的发生特点及幼虫取食量和生长发育研究. 新疆农业科学, (5): 215-216
李洪伟. 2007. 甘蓝夜蛾的发生与综合防治. 现代农业科技, (24): 78
李经略, 李惠兰, 千正荣, 等. 1994. 甘蓝对TuMV和黑腐病苗期兼抗性平行鉴定研究. 陕西农业科学, (1): 19-20
李经略, 赵晓明, 李惠兰. 1990. 甘蓝苗期黑腐病菌致病性分化研究. 陕西农业科学, (3): 26-27
李景柱, 郢军锐, 袁成明, 等. 2007. 温度对西花蓟马生长发育的影响. 贵州农业科学, 35(5): 13-14
李隆术, 李云端. 1989. 蜱螨学. 重庆: 重庆出版社
李润霞, 刘学敏, 赵祉鹤, 等. 2002. 黄瓜的一种新病害——"绿藻病". 吉林农业大学学报, 22(2): 106-107
李省印, 常杨生, 常宗堂. 2004. 芹菜病毒病症状分析与毒原种类鉴定. 西北农林科技大学学报(自然科学版), 32(7): 85-88, 92
李欣, 白素芬. 2004. 甘蓝植株挥发物对小菜蛾及半闭弯尾姬蜂寄主搜索行为的影响. 河南农业大学学报, 38(2): 203-206
李学锋, 黄华章, 张文吉, 等. 2000. 美洲斑潜蝇和拉美斑潜蝇对三类药剂的敏感性测定. 植物保护学报, 27(2): 179-182
李亚, 程立生. 2009. 二斑叶螨与朱砂叶螨在四季豆上种间竞争力研究. 现代农业科技, (4): 327-328
李艳, 邢星, 于广文. 2007. 岫岩地区甘蓝夜蛾发生规律及综合防治措施研究. 辽宁农业职业技术学院学报, 9(3): 29, 38
李永镐, 徐丽波. 1990. 甘蓝黑腐病苗期抗病性鉴定方法的研究. 东北农学院学报, 21(2): 125-129
李渊博, 龚晓甫, 柳田海, 等. 2011. 山区菜豆炭疽病综合防治技术. 西北园艺, (3): 41
连梅力, 李唐, 张筱秀, 等. 2010. 甘蓝夜蛾卵赤眼蜂种类调查及利用研究. 中国植保导刊, 30(6): 5-7

梁更生. 2007. 天水市大棚韭菜灰霉病的发生及综合防治. 甘肃农业科技, (2): 35

梁广文, 庞雄飞. 1996. 小菜蛾种群生态控制的策略与技术//张芝利. 中国有害生物综合治理论文集. 北京: 中国农业科技出版社: 778

梁荣先, 杜兰花, 景云飞, 等. 2001. 西北黄土高原区甘蓝菜蛾发生消长因素及防治对策. 山西农业科学, 29(4): 66-69

梁银丽, 陈志杰, 徐福利, 等. 2004. 黄土高原设施农业中的土壤连作障碍. 水土保持学报, 18(4): 134-136

廖允成, 王立祥. 1999. 设施农业与中国农业现代化建设. 农业现代化研究, 20(1): 5-6

林抗美, 胡奇勇. 2003. 高效生物杀虫 BtA 防治豇豆蚜虫试验及其残留分析. 武夷科学, 19(1): 29-32

林莉, 吴建辉. 2006. 烟粉虱的分类及其寄生性天敌资源概述. 广东农业科学, (1): 39-41

刘波, 桂连友. 2007. 我国朱砂叶螨研究进展. 长安大学学报, 4(3): 9-13

刘德, 吴凤芝, 栾非时, 等. 1998. 不同连作年限土壤对大棚黄瓜根系活力及光合速率的影响. 东北农业大学学报, 29(3): 219-223

刘根深, 刘康德. 2002. 热带作物病虫害诊断专家系统的开发研究. 热带作物学报, 23(1): 72-78

刘广利. 2003. 基于支持向量机的经济预警方法研究. 北京: 中国农业大学博士学位论文

刘海林, 季克震, 唐小兰. 2001. 甘蓝夜蛾发生特点及药剂防治试验. 青海农林科技, (3): 8-9

刘辉, 张恩慧, 许忠民, 等. 2009. 3 个主要栽培因子对春甘蓝叶球裂球性的影响. 西北农林科技大学学报(自然科学版), 37(11): 120-124

刘佳冯, 兰香, 蔡少华, 等. 1988. 结球甘蓝对 TuMV 和黑腐病的抗性鉴定. 植物保护, (6): 9-11

刘奎, 许江, 林上统, 等. 2010. 防治豇豆蚜虫和美洲斑潜蝇的田间药效试验. 中国蔬菜, 14(6): 63-66

刘丽娟, 孙宝山. 1999. 棉隆、根病灵防治菜豆根腐病及辣椒和甜椒疫病的药效试验. 辽宁农业科学, (1): 9-11

刘明辉, 沈佐锐, 高灵旺, 等. 2009. 基于 WebGIS 的农业病虫害预测预报专家系统. 农业机械学报, (7): 180-186

刘鸣韬, 徐瑞富, 武庆顺, 等. 1998. 黄瓜嫁接防治根结线虫病. 中国蔬菜, (5): 36

刘庆元, 张穗, 李久禄, 等. 1993. 黄瓜品种对霜霉病的抗性机理. 华北农学报, (1): 70-75

刘书华, 杨晓红. 2003. 基于 GIS 的农作物病虫害防治决策支持系统. 农业工程学报, 19(4): 147-150

刘伟, 李慧敏, 王亚娣. 2011. 不同十字花科植物对十字花科黑腐病病原菌抗病性的研究. 通化师范学院学报, 32(4): 44-45

刘兴海. 2011. 韭菜主要病虫害的发生与防治. 现代农业科技, (22): 180, 185

刘雪英. 2011. 番茄灰霉病病原菌毒素致病机理及其钝化的研究. 淄博: 山东理工大学硕士学位论文

刘玉萍, 张明娜. 2002. 入世后我国蔬菜产业面临的形势及对策. 中国蔬菜, (1): 1-3

刘悦秋, 江幸福. 2002. 甜菜夜蛾生物防治. 植物保护, 28(1): 54-56

卢巧英, 张文学, 郭卫龙, 等. 2006. 韭菜迟眼蕈蚊幼虫田间分布型及抽样技术研究初报. 西北农业学报, 15(2): 75-77

卢巧英, 张文学, 郭卫龙, 等. 2012. 韭菜迟眼蕈蚊防治阈值研究. 西北农业学报, 17(2): 279-284

陆家云, 龚龙英. 1982. 南京地区黄瓜疫病菌的鉴定及生物学特性的研究. 南京农业大学学报, 5(3): 27-38

陆宁海, 吴利民, 田雪亮. 2006. 黄瓜褐斑病菌侵染条件及致病性研究. 安徽农业科学, 34(10): 2166-2167

陆自强, 陈丽芳, 祝树德. 1988. 温度对小菜蛾发育和繁殖的影响. 昆虫知识, 25(3): 147-149.

吕建华, 刘树生. 2007. 欧洲山芥植株挥发物对小菜蛾雌成虫选择行为的影响. 植物保护学报, 34(4): 415-419

罗丰, 孔祥义, 刘勇, 等. 2012. 大棚与露地豇豆病虫害发生情况比较. 南方农业学报, 43(3): 332-335

罗进仓, 陈海资. 1992. 甘蓝夜蛾卵的空间分布型与抽样技术研究初报. 中国甜菜, (2): 20-24

罗菊花, 黄文江, 韦朝领, 等. 2008. 基于 GIS 的农作物病虫害预警系统的初步建立. 农业工程学报, 24(12): 127-131

罗开珺, 古德祥, 张古忍, 等. 2004. 十字花科蔬菜主要害虫四种夜蛾的寄生蜂. 中国生物防治, 20(3): 211-214

马柏壮, 李莹, 张艳菊, 等. 2013. 我国现行推广黄瓜品种及种质资源对细菌性角斑病的抗性评价. 中国蔬菜, (18): 72-80

马敏, 王超, 许一荣. 1995. 春结球甘蓝裂球分级新标准. 安徽农业科学, 37(23): 10951-10952

马青, 孙辉, 杜昱光, 等. 2004. 寡聚糖诱导黄瓜对白粉病抗病反应的超微结构研究. 植物病理学报, 34(6): 525-530

马享优, 宋治文, 王建春, 等. 2010. 天津设施农业中病虫害预测预报专家系统应用分析. 天津农业科学, 16(4): 117-119

马艳玲, 吴凤芝, 刘守伟. 2008. 抗感枯萎病黄瓜品种的病理组织结构学研究. 植物保护, 34(1): 81-84

梅增霞, 李建庆. 2012. 韭菜迟眼蕈蚊幼虫的空间格局及抽样技术. 湖北农业科学, 51(6): 1128-1130

孟和生, 王开运, 姜兴印. 2001. 二斑叶螨发生危害特点及防治对策. 昆虫知识, 36(1): 254-259

孟瑞霞, 庞保平, 刘茂荣, 等. 2001. 截形叶螨的密度效应. 内蒙古农业大学学报, 22(4): 61-64

孟宪国. 2012. 韭菜生理性病害发生原因及防治技术. 安徽农学通报, 18(22): 38-39

缪勇, 高希武, 马小蕊. 2013. 3 种生物农药对春甘蓝田菜青虫及节肢动物群落的影响. 中国农学通报, 29(6): 195-198

牛贞福, 杨信廷, 寿森炎, 等. 2004. 黄瓜病虫害诊断专家系统知识组织的研究与设计. 农业系统科学与综合研究, 20(1): 33-36

潘爱东. 2008. 西葫芦灰霉病的发生规律与综合防治. 上海蔬菜, (4): 77

潘秀美, 姜官恒, 李法孟. 2000. 葱斑潜蝇发生规律及防治研究. 山东农业科学, (1): 36-38

庞保平, 邢莉, 王振平, 等. 1999. 小菜蛾空间分布格局及抽样技术的研究. 内蒙古农业科技, (6): 12-14

庞淑婷, 董元华. 2013. 不同叶面肥对番茄植株生理生化及烟粉虱种群生态的影响. 中国生态农业学报, 21(4): 465-473

彭化贤, 刘波微, 李薇. 2005. 四川辣椒疫霉菌生物学特性和辣椒抗霉疫病性鉴定方法初探. 云南农业大学学报, 20(1): 140-144

彭锐, 雷建军. 1988. 甘蓝抗黑腐病研究现状. 西南园艺, (3): 29-31

戚佩坤, 白金恺, 朱桂香. 1966. 吉林省栽培植物真菌病害志. 北京: 科学出版社

戚仁德, 丁建成, 高智谋, 等. 2006. 安徽省辣椒疫霉对甲霜灵的抗药性监测. 植物保护学报, 35(3): 245-250

祁之秋, 纪明山, 陆田, 等. 2009. 黄瓜褐斑病防治药剂的离体活性筛选. 植物保护, 39(2): 140-143

齐孟文, 崔秀兰. 1986. 甘蓝夜蛾成虫期生物学特性的研究. 山东农业大学学报, 17(3): 67-73

曲鹏, 谢明, 岳梅, 等. 2005. 温度对 B 型烟粉虱试验种群的影响. 山东农业科学, (4): 36-37, 46

汝学娟, 李成琼, 任雪松. 2008. 结球甘蓝抗裂球机理及防治措施研究进展. 长江蔬菜, (10b): 4-6

沈斌斌, 任顺祥. 2003. 黄板诱杀及其对烟粉虱种群的影响. 华南农业大学学报(自然科学版), 24(4): 40-43

沈斌斌, 任顺祥. 2007. 几种生态因子对烟粉虱种群的影响. 安徽农业科学, 35(3): 756-759

沈阳. 2006. 甘蓝田捕食性天敌群落结构及菜青虫捕食性天敌优势种评价研究. 合肥: 安徽农业大学硕士学位论文

宋建, 郑方强, 李照会, 等. 2004. 韭菜迟眼蕈蚊幼虫消化系统的解剖学和组织学. 华东昆虫学报, 13(1): 42-47

宋英, 张国芹, 刘凤军. 2012. 不同黄瓜品种对枯萎病、白粉病及霜霉病的抗性鉴定. 江苏农业科学, 40(7): 121-122

苏建亚. 1997. 甜菜夜蛾的天敌和生物防治问题. 昆虫天敌, 19(4): 180-187

苏彦宾, 刘玉梅, 方智远, 等. 2012. 结球甘蓝耐裂球性状遗传分析. 园艺学报, 39(8): 1482-1490

隋媛媛, 于海业, 张蕾, 等. 2012. 温室黄瓜蚜虫害荧光光谱监测与预警. 光谱学与光谱分析, 3(7): 1634-1637

孙从法, 潘兆福, 董勤成, 等. 2002. 黄瓜根结线虫病的综合防治技术. 北方园艺, (5): 67-68

孙殿明, 潘恕, 张骞, 等. 1987. 济南地区豇豆病毒病的综合防治研究. 植物保护学报, 14(1): 71-72

孙庆田, 孟昭军. 2001. 危害蔬菜的朱砂叶螨生物学特性研究. 吉林农业大学学报, 23(2): 24-26

孙树卓, 李伟, 王红霞. 1998. 日光温室西葫芦蔓枯病药剂防治试验. 中国蔬菜, 1(3): 32-33

孙忠富, 杜克明, 尹首一. 2010. 物联网发展趋势与农业应用展望. 农业网络信息, (5): 5-8

孙忠富, 张志斌, 仝乘风, 等. 2001. 温室番茄生产实时在线辅助决策支持系统的研制. 农业工程学报, 17(4): 75-78

谭周进, 谢丙炎, 肖启明, 等. 2004. 烟粉虱与温室白粉虱内共生菌的分子比较研究. 核农学报, 18(3): 237-240

滕藏, 柳琪, 郭栋梁. 2003. 我国蔬菜病虫害的基本概况及对蔬菜安全质量的影响分析. 食品研究与开发, 24(5): 3-5

田淑慧. 2011. 黄瓜立枯病的发生与防治进展. 中国果菜, (2): 29-31

田文华, 康建军. 2009. 保护地蔬菜病虫害发生特点及其综合治理. 中国果菜, (1): 27

田耀辉, 冯小燕, 侯树银. 1998. 六斑始叶螨在菜豆上的发生与防治. 中国蔬菜, (2): 28

童有为, 陈淡飞. 1991. 温室土壤次生盐渍化的形成和治理途径研究. 园艺学报, 16(2): 159-162

王爱英. 2003. 黄瓜白粉病流行主导因素及病害防治的初步研究. 保定: 河北农业大学硕士学位论文

王风敏, 谌国鹏, 张鲁刚. 2010. 大白菜感染甘蓝链格孢后三种抗氧化酶活性的变化. 北方园艺, (9): 164-166

王风敏, 张鲁刚, 刘静, 等. 2007. 春夏大白菜黑斑病病原鉴定和抗性鉴定方法比较. 植物保护学报, 34(6): 614-618

王拱辰, 郑重, 叶琪明, 等. 1996. 常见镰刀菌鉴定指南. 北京: 中国农业出版社

王惠哲, 李淑菊, 马德华, 等. 2003. 黄瓜根腐病致病病原的鉴定. 华北农学报, 16(2): 74-77

王慧哲. 2003. 黄瓜根腐病病原菌的分离鉴定及室内药剂筛选. 保定: 河北农业大学硕士学位论文

王家和, 唐嘉义. 2001. 云南蚕豆枯萎病流行的时间动态规律研究. 云南农业大学学报, 16(3): 182-184

王家和, 王崇德. 2003. 蚕豆枯萎病病株田间分布型及调查取样技术研究. 云南农业大学学报, 18(4): 343-345

王健立, 王俊平, 郑长英. 2011. 西花蓟马与烟蓟马生物学特性的比较研究. 应用昆虫学报, 48(3): 513-517

王金利, 张学勇. 2009. 秋冬季日光温室芹菜病虫害防治技术. 中国园艺文摘, 25(10): 103

王立霞, 张永军, 蒋玉文. 2000. 葱斑潜蝇的生物学特性. 昆虫知识, 37(4): 214-217

王娜, 马雅军, 代光辉, 等. 2007. 黄瓜霜霉病和白粉病病原菌的rDNA-ITS序列分析. 西北农林科技大学学报(自然科学版), 35(10): 155-158

王述彬, 濮祖芹. 1993. 南京芹菜病毒病毒源鉴定. 上海农业学报, 9(3): 76-82

王素. 1994. 菜豆资源根腐病和病毒病的抗性鉴定简报. 作物品种资源, (3): 246-250

王天文, 李桂莲, 李德友, 等. 2008. 黔西北地区夏秋反季节甘蓝菜青虫消长调查及防治. 长江蔬菜, (8b): 64-66

王天文, 文林宏, 李桂莲, 等. 2008. 夏秋反季节甘蓝菜青虫田间消长调查及无公害防治. 西南农业学报, 21(3): 664-666

王香萍, 张钟宁. 2008. 性诱剂迷向法防治高山甘蓝田小菜蛾研究. 植物保护, 34(5): 110-113

王晓容, 黎永栈, 卢辉红. 1995. 甜菜夜蛾研究进展. 仲恺农业工程学院学报, 8(2): 87-93

王晓云. 2006. 菜豆锈病的发生及防治. 安徽农学通报, 12(3): 108

王兴兰, 王淑萍, 王研效. 1993. 蔬菜根结线虫病的发生与综合防治. 山东农业科学, (6): 35

王音, 雷仲仁, 问锦曾, 等. 2000. 温度对美洲斑潜蝇发育、取食、产卵和寿命的影响. 植物保护学报, 27(3): 210-214.

魏国先, 王忠武, 李文羽. 2001. 葱斑潜蝇发生危害与防治. 植物保护, 27(5): 53

温亮宝, 吴保国. 2006. 基于规则推理的林木病害诊断专家系统. 农业网络信息, (8): 19-20, 32

吴凤芝, 刘德, 栾非时, 等. 1999. 大棚土壤连作年限对黄瓜产量及品质的影响. 东北农业大学学报, 30(3): 245-248

吴千红, 杨国平, 经佐琴, 等. 1995. 朱砂叶螨自然种群动态研究. 应用生态学报, 5(3): 255-256

吴千红, 钟江, 许云敏. 1988. 温度和光照对朱砂叶螨实验种群的综合效应. 生态学报, 6(1): 66-77

吴青君, 张友军, 徐宝云, 等. 2005. 入侵害虫西花蓟马的生物学、危害及防治技术. 昆虫知识, 42(1): 11-14

吴青君, 朱国仁, 徐宝云, 等. 2011. 小菜蛾在春茬甘蓝上的分布及其防治研究. 植物保护, 37(2): 162-166

吴松. 2007. 豇豆锈病发生规律与防治技术研究. 上海蔬菜, (5): 99-100

吴玉萍, 董锁成, 徐民英. 2002. 面向21世纪可持续发展的世界经济动向——绿色经济. 中国生态农业学报, 10(2): 1-3

武晓云, 程晓非, 张宏瑞, 等. 2006. 西花蓟马(*Frankliniella occidentalis*)研究进展. 云南农业大学学报, 21(3): 51-56

西安市农业科学研究所. 1978. 黄瓜腐霉根腐病的防治研究. 微生学通报, 5(1): 5-6

席景会, 潘洪玉, 李国勋. 1998. 甘蓝夜蛾核型多角体病毒连续传代的研究. 吉林农业大学学报, 20(4): 26-28

席亚东, 刘波微, 孙常伟, 等. 2009. 不同黄瓜品种(材料)抗白粉病性研究. 西南农业学报, 22(6): 1605-1609

肖长坤, 李勇, 李健强. 2003. 十字花科蔬菜种传黑斑病研究进展. 中国农业大学学报, 8(5): 61-68

肖崇刚, 刘灼均, 蔡岳松. 1996. 甘蓝黑腐病菌细菌学研究. 西南农业学报, 18(2): 162-164

肖敏玲. 2011. 甘蓝夜蛾特征特性及防治技术. 现代农业科技, (7): 168

肖炎农, 王明祖, 付艳平, 等. 2000. 蔬菜根结线虫病情分级方法比较. 华中农业大学学报, 19(4): 336-338

谢永辉, 李正跃, 张宏. 2011. 烟蓟马研究进展. 安徽农业科学, 39(5): 2663-2665

熊立钢, 吴青君, 王少丽. 2010. 小菜蛾越冬生物学特性研究. 植物保护, 36(2): 90-93

徐明, 李海涛, 张子君, 等. 2009. 番茄灰霉病病原菌生物学特性的研究. 贵州农业科学, 37(3): 68-71

徐孙明, 杜一新. 2010. 浅谈长豇豆蚜虫综合治理技术措施. 广西植保, 23(1): 22-23

许光辉, 郑洪元. 1966. 土壤微生物分析方法手册. 北京: 农业出版社

许远, 张子君, 邹庆道, 等. 2000. 黄瓜褐斑病的药剂防治研究. 辽宁农业科学, (6): 47-48

许忠民, 张恩慧, 程永安, 等. 2009. 抗病优质圆球型甘蓝新品种秦甘55选育与优质性鉴定. 西北农业学报, 18(4): 137-139

杨帆, 廖桂平, 李锦卫, 等. 2008. 无线传感器网络在农作物环境信息监测中应用. 农业网络信息, (3): 20-23

杨丽梅, 方智远, 刘玉梅, 等. 2011. 抗枯萎病耐裂球秋甘蓝新品种'中甘96'. 园艺学报, 38(2): 397-398

杨振华. 2005. 为害罂粟的两种主要害虫的生物学习性初步观察. 昆虫知识, 42(3): 319-321

姚良琼, 魏峰, 强刚. 2014. 西葫芦白粉病的研究农业灾害研究. 农业灾害研究, 4(5): 21-24

姚士桐, 郑永利. 2006. 烟粉虱成虫对不同色彩的趋性差异及其在色板上的分布研究. 上海农业学报, 24(1): 65-66

易图永, 谢丙炎, 张宝玺, 等. 2002. 辣椒疫病防治研究进展. 中国蔬菜, (4): 52-55

易旸, 孙成虎, 尚庆茂, 等. 2009. 黄连、黄芩提取液与二氧化氯复配对结球甘蓝种传黑斑病的抑菌效果研究. 北方园艺, (5): 51-53

于洪春, 邓佳佳, 王雨薇. 2013. 温度与光周期对甘蓝夜蛾哈尔滨种群滞育诱导的影响. 东北农业大学学报, 44(1): 133-136

于清磊, 许恺, 刘玉霞, 等. 2006. 10.5%啶虫脒乳油防治黄瓜蚜虫药效试验. 河北农业科学, 12(9): 40-41

喻景权, 杜尧舜. 2000. 蔬菜设施栽培可持续发展中的连作障碍问题. 沈阳农业大学学报, 31(1): 124-126

苑战利, 付丽. 2009. 菜豆细菌性疫病的发生及防治. 北方园艺, (3): 159

曾爱松, 刘玉梅, 方智远, 等. 2004. 甘蓝耐裂球性与叶表面微形态及细胞组织结构的关系研究. 华北农学报, 24(增刊): 41-45

曾爱松, 刘玉梅, 方智远, 等. 2009. 甘蓝结球过程中内源激素含量与裂球性的关系. 中国蔬菜, 1(20): 11-16

曾爱松, 刘玉梅, 方智远, 等. 2011. 结球甘蓝耐裂球研究进展. 植物遗传资源学报, 12(2): 307-310

张春梅, 白和盛, 陆玉荣, 等. 2009. 保护地蔬菜蚜虫生态综合防治技术. 湖北农业科学, 48(12): 3027-3029

张春雨, 刘孟军, 周桂红, 等. 2003. 红枣病虫害诊断咨询专家系统. 河北农业大学学报, 26(3): 97-101

张恩慧, 程永安, 许忠民, 等. 2001. 甘蓝3种病害抗源筛选及抗病品种选育研究. 西北农林科技大学学报(自然科学版), 29(6): 30-33

张恩慧, 马勇斌, 程永安, 等. 2010. 灌水频率对甘蓝抗病性及品质和产量的影响. 西北农林科技大学学报(自然科学版), 38(8): 138-142, 150

张恩慧, 许忠民, 程永安, 等. 2005. 甘蓝多抗性抗源筛选及抗病品种选配鉴定分析. 中国农学通报, 21(10): 259-261

张丽莉, 马晓勇, 万开军. 1995. 菜青虫危害春甘蓝的产量损失及防治指标研究. 河南农业科学, (9): 26-27

张丽萍, 张贵云, 刘珍, 等. 2005. 不同寄主植物烟粉虱种群数量消长及空间动态变化研究. 中国生态农业学报, 13(3): 147-149

张青文, 蔡青年, 丁军. 1997. 北方蔬菜病虫害识别与防治新技术. 北京: 中国农业大学出版社

张筱秀, 贺沛芳, 周运宁, 等. 2011. 甘蓝夜蛾天敌种类调查与优势种利用研究. 农业技术与装备, (18): 69-70

张筱秀, 连梅力, 李唐. 2007. 甘蓝夜蛾生物学特性观察. 山西农业科学, 35(6): 96-97

张筱秀, 连梅力, 李唐, 等. 2008. 甘蓝夜蛾发生特点及赤眼蜂利用研究. 山西农业科学, 36(4): 25-26

张筱秀, 连梅力, 李唐, 等. 2008. 山西中部地区甘蓝夜蛾发生规律及为害特点调查研究. 山西农业大学学报(自然科学版), 28(4): 442-443, 477

张兴国. 2012. 甘蓝夜蛾危害与防治技术. 现代农业科技, (16): 28

张植敏, 郑伦楚. 2005. 高海拔地区结球甘蓝菜青虫发生为害动态观察. 湖北植保, (2): 7-8

张志武. 2010. 芹菜病虫害防治技术. 天津农林科技, (6): 39-40

赵爱玲, 马国春, 禹华蓉, 等. 2004. 黄瓜细菌性角斑病发生特点棚室及影响因子分析. 湖北植保, (6): 24-25

赵海燕, 丛斌, 滕晓改. 2009. 韭菜迟眼蕈蚊发育起点温度与有效积温. 吉林农业科学, 34(1): 34-35

赵建伟, 何玉仙, 翁启勇, 等. 2009. 寄主植物对B型烟粉虱选择行为和生物学参数的影响. 应用生态学报, 20(9): 2249-2254

赵婧, 崔世茂, 吴迪, 等. 2011. 不同温度对黄瓜灰霉病和霜霉病的影响研究. 内蒙古农业大学学报(自然科学版), 32(3): 322-324

赵培宝, 任爱芝. 2003. 蔬菜田微小害虫的发生与防治. 现代化农业, (12): 40-41

赵同芝, 徐金兰. 2008. 大豆朱砂叶螨发生规律及综合防治技术. 中国农技推广, 24(8): 38-39

赵毓潮. 2001. 小菜蛾幼虫在结球甘蓝各叶龄、叶位上的为害分布. 湖北植保, (6): 12-13

郑成才. 2010. 芹菜病害的发生及防治. 现代农业科技, (13): 191

郑小波. 1997. 疫霉菌及其研究技术. 北京: 中国农业出版社

钟平生, 田明义, 曾玲. 2002. 小菜蛾生态控制措施对十字花科蔬菜节肢动物群落影响. 武夷科学, 18(1): 99-103

周福才, 胡其靖, 江解增, 等. 2012. 温湿度和覆土对小菜蛾羽化的影响. 中国生态农业学报, 20(12): 1621-1625

周福才, 王勇, 李传明. 2007. 寄主种类、距离和种群密度对烟粉虱扩散的影响. 生态学报, 27(11): 4913-4916

周桂珍, 王兰芳. 2006. 芹菜叶斑病的发生与综合防治. 福建农业科技, (3): 50-51

朱德九, 赵永梅. 2006. 大棚芹菜主要病害的发生与综合防治技术. 现代农业科技, (10): 74

朱书生, 刘西莉, 刘鹏飞, 等. 2007. 新型杀菌剂氟吗啉对黄瓜疫霉病菌细胞壁主要组分合成及分布的影响. 高等学校化学学报, 26(4): 656-662

朱妍, 王超. 2010. 利用 SSH 技术分离甘蓝抗黑腐病相关基因的研究. 中国蔬菜, 1(10): 20-24

庄木, 张扬勇, 方智远, 等. 2009. 结球甘蓝耐裂球性状的配合力及遗传力研究. 中国蔬菜, 1(2): 12-15

庄乾营, 张安盛, 于毅, 等. 2009. 东亚小花蝽成虫对西花蓟马的捕食功能反应与搜寻效应. 山东农业科学, (5): 70-72

Bristow P R, McNicol R J, Williamson B. 1996. Infection of strawberry by *Botrytis cinerea* and its relevance to grey mould development. Ann APP Boil, 109(3): 545-554

Gonzalez-Andujar J L, Garcia-de Ceca J L, Fereres A. 1993. Cereal aphids expert system (CAES): identification and decision making. Computers and Electronics in Agriculture, 8(4): 293-300

Gussow H T. 1906. Uber eine neue Krankheit an Gurken in England (*Corynespora mazei*, Gussow gen. et spec. nov.). Zeitschrift Für Pflanzenkrankheiten, 16(1): 10-13

Hanna H Y, Colyer P D, Kirkpatrick T L, et al. 1994. Feasibility of improving cucumber yield without chemical control in soils susceptible to nematode buildup. Hortscience, 29(10): 1136-1138

Hu C H, Tsai T K, Yang T T. 1972. Effect of solar radiation and high temperature on survival of nematodes in sugarcane fields. Taiwan Sugar Exp Sta Rep, 55: 91-102

Janoudi A K, Winders I E, Flore J A. 1993. Water deficits and environmental facts affect photosynthesis in leaves of cucumber. J. Amer. Soc Hart Sci, 116(3): 366-370

Nijs A P M den, Hofman K. 1983. An efficient procedure to screen for resistance to root-knot nematode in cucurbits. Cucurbit Genetics Coop, (6): 96-98

Parkman P, Dusky J A, Waddill V H. 1969. Biological studies of *Liriomyza sativae* on castor bean. Environ Entomol, 16(5): 766-772

Schmoldt D L, Rauscher H M. 1994. A knowledge management imperative and six supporting technologies. Computers and Electronics in Agriculture, 10(1): 11-30

Shaul O, Elad Y, Krrshner B, et al. 1992. Control of Botrytis cinerea in cut rose flowers by gibberellic acid, ethylene inhibitors and calcium. In: Verhoeff K. Proceedings of the 10th International Botrytis Symposium. Wageningen: Pudoc Scientific Publishers: 257-261

Tu J C. 1982. Effect of temperature on incidence and severity of anthracnose on white bean. Plant Disease, 66(9): 781-783

Tu J C. 1983. Epidemiology of anthracnose caused by *Colletotrichum lindemuthianum* on white bean (*Phaseolus vulgaris*) in southern Ontario: Survival of the pathogen. Plant Disease, 67: 402-404

Winstead N N, Person L H, Riggs R D. 1957. Cercospora leaf spot on cucumber in North Carolina. Plant Dis Reporter, 41(9): 794

Yu J Q, Matsui Y. 1994. Phytotoxic substances in root exudates of cucumber (*Cucumis sativas* L.). J Chem Ecol, 20(1): 21-30

Zehnder G W, Trumbie T T. 1964. Host selection of *Liriomyza* species (Diptera; Agromyzidae) and associated parasites in adjacent plantings of tomato and celery. Environ Entomol, 13(2): 492-496

附录1 设施蔬菜常用农药简介

农药类别	通用名	商品名	主要剂型或产品	特点与作用机制	防治对象
拟除虫菊酯类	氯氟氰菊酯	高效氯氟氰菊酯、功夫、攻夫、功干、功劲、功床、功锐、功星、功令、功特、攻猎、功将、功倒、功素、攻害、功力、功灿、功卡、功友、展功、领功、稳功、爱功、极功、硬功、迅功、神功、至功、胜功、绞功、玄宝功、傲功、扑功、强攻、强发、弩、当头、飞弹、红箭、惊彩、日尚防、高发、高兰、共福、泰龙、劲彤、喷彩、高瑞、连斗、斗魁、雷帅、雷星、铁骑、金登、金菊、鑫碧、氟虎、万祥、美腕、赛骠、万凯、万巧	2.5%乳油、水乳剂、微胶囊剂；0.6%增效乳油；10%可湿性粉剂及与其他杀虫剂的复配制剂等	高效、广谱、速效拟除虫菊酯类杀虫杀螨剂，以触杀和胃毒作用为主，无内吸作用。其作用机制主要是影响轴突传导的改变，阻断、抑制了离子通道，膜的通透性发生异常，使神经传导受到抑制，最后达到麻痹而死亡	棉铃虫、烟青虫、菜青虫、甜菜夜蛾、守瓜类等咀嚼式口器害虫
	甲氧菊酯	灭扫利、杀螨菊酯、灭虫螨、芬普宁、速灭杀丁、播星、高标、鸣杀、顺斩、锁蚜、绿友、莱棒、凌丰、正安、稳击扑击、标榜、夯击、银击、好夯、赛进、百灵鸟、稳化利、车成利、太徒通、万丁死、速克死、快灭功、悦联杀灭、虎净	10%、20%乳油、10%微乳剂；20%可湿性粉剂；20%水乳剂及与其他杀虫剂的复配制剂等	拟除虫菊酯类杀虫杀螨剂，具有触杀、胃毒和一定的驱避作用，无内吸、熏蒸作用。其属于神经毒剂，作用于昆虫的神经系统，使昆虫过度兴奋麻痹而死亡	叶螨、棉铃虫、烟青虫、斜纹夜蛾、甘蓝夜蛾、甜菜夜蛾、斑潜蝇、蚜虫等害虫
	氯氰菊酯	安绿宝、赛灭丁、桑米灵、桑米特、绿氰全、天百可、兴棉宝、阿锐可、韩乐宝、兑虫威	10%、20%乳油	具有触杀和胃毒作用，无内吸作用。其作用机制主要是作用于昆虫的神经系统，通过与钠通道作用来扰乱昆虫的神经功能	菜蚜、蓟马、棉铃虫、菜青虫等害虫
	氰戊菊酯	速灭杀丁、播猎、高标、鸣杀、鸣标、顺杆、锁蚜、奇治、绿友、凌丰、正安、速夺、速击、扑击、力龙、标榜、夯击、银佳、百灵鸟、稳化利、赛进、喷壳、欣祝、太徒通、车成利、速克死、快灭杀、安霍特、关功刀、悦联杀灭、辉丰虎净	20%、25%、40%乳油；20%、30%水乳剂；5%、10%高渗乳油；5%、8%增效乳油	广谱、高效杀虫剂，作用迅速，击倒力强，以触杀为主，也有胃毒、杀卵和忌避作用，无熏蒸和内吸作用。其作用机制同甲氰菊酯	棉铃虫、烟青虫、甘蓝夜蛾、小地老虎、菜蚜、斜纹夜蛾、蓟马、守瓜类等害虫

续表

农药类别	通用名	商品名	主要剂型或产品	特点与作用机制	防治对象
拟除虫菊酯类	S-氰戊菊酯	来福灵、强福灵、强力灵、双爱士、菊露、高效氰戊菊酯、高氰皮菊酯、霹杀高	5%、20%乳油	是一种活性较高的拟除虫菊酯类杀虫剂。以触杀为主，兼有胃毒作用机制，药效特点与氰戊菊酯相同，其杀虫活性比氰戊菊酯高出4倍	菜青虫、小菜蛾等害虫
	联苯菊酯	天王星、虫螨灵、毕芬宁、三氟氯甲菊酯、脱螨达	2.5%、10%乳油及与其他杀虫剂的复配制剂等	是一种新型的拟除虫菊酯类杀虫杀螨剂，具有很强的触杀、胃毒作用，无内吸、熏蒸作用，杀虫谱广，作用迅速。在土壤中不移动，对环境较为安全，残效期较长。其作用机制同上	棉铃虫、烟青虫、菜青虫、叶螨、蓟马、粉虱、斑潜蝇等害虫和害螨
	顺式氯氰菊酯	高效灭百可、高效安绿宝、高效氯氰菊酯、甲体氯氰菊酯、百事达、快杀敌等	3%、5%、10%乳油；5%可湿性粉剂；1.5%、5%悬浮剂	具有触杀和胃毒作用，无内吸作用。其作用机制主要是作用于昆虫的神经系统，扰乱昆虫的神经功能，致其死亡	菜蚜、菜青虫、小菜蛾、守瓜等害虫
	溴氰菊酯	敌杀死、凯素灵、第灭宁、敌卡菊酯、氟苯菊酯、克敌、扑虫净、天马、骑士、金能、保棉丹、增效百虫灵、胜笏、节多多、抗虫菊、陈敌灵、百龙得、勇哇、旺服、富杂、扑虫净、鲛蛉敌、杀的死、虫赛死、果虫无、棉达	2.5%乳油、0.5%、1.5%、5%超低容量喷雾剂；2.5%、5%可湿性粉剂；0.5%、0.6%增效乳油；25%水分散粒剂	具有触杀和胃毒作用，触杀作用迅速，击倒力强，在低浓度下对一些害虫有驱避作用。其作用机制与氯氟氰菊酯相类似	蚜虫、棉铃虫、菜青虫、菜蛾、斜纹夜蛾、甘蓝夜蛾、潜叶蝇、守瓜、甜菜跳甲等害虫
	氟菊酯	多虫畏、杀虫菊酯、中西除虫菊酯、皮醚醚菊酯、皮醚菊酯、S-5439	20%乳油	新型的拟除虫菊酯类杀虫剂，以触杀作用为主，兼有胃毒、拒避作用	棉铃虫、菜青虫、叶螨等害虫和害螨
	氯氟菊酯	二氯苯醚菊酯、苄氯菊酯、百灭宁、百灭灵	95%原药、10%乳油	以触杀和胃毒作用为主，无内吸、熏蒸作用。杀虫谱广，在碱性介质中及土壤中易分解失效。其作用机制与氯氟氰菊酯相似	菜青虫、蚜虫、棉铃虫、斜纹夜蛾、棉蚜、守瓜等害虫
	氟氯氰菊酯	百树得、百树菊酯、百治菊酯、氟氯氰醚菊酯、百飞克	2.5%、10%可湿性粉剂；0.6%、2.5%氟乳油；2.5%水乳剂、1.5%悬浮剂；2.5%氯氟微胶囊剂	具有触杀和胃毒作用，持效期长。其作用机制同氯氟氰菊酯	棉铃虫、烟青虫、菜青虫、地老虎等害虫
有机磷杀虫剂	敌百虫	三氯松、毒菊、必坏、虫决杀	80%、90%晶体；50%、80%可湿性粉剂；2.5%粉剂	高效、低毒、低残留、广谱杀虫剂，具胃毒兼触杀作用，对植物具有渗透性、无内吸传导作用。其作用机制主要是抑制害虫体内的乙酰胆碱酯酶活性，破坏神经系统的正常传导，引起一系列神经系统中毒症状，直到死亡	潜叶蝇、守瓜、棉铃虫、斜纹夜蛾、甘蓝夜蛾、小菜蛾、菜青虫等害虫
	二嗪磷	二嗪农、默克擒拿手、佳善、勤衣、明鸣、深泽、除害、撒扑、巴杀、忽加、快叮、地友	50%乳油、25%可湿性粉剂	具有触杀、胃毒、熏蒸和一定的内吸作用。其作用机制主要是抑制昆虫体内的乙酰胆碱酯酶合成	刺吸式口器害虫和食叶害虫

续表

农药类别	通用名	商品名	主要剂型或产品	特点与作用机制	防治对象
有机磷杀虫剂	丙溴磷	菜乐康、布飞松、多虫猛、克捕灵、溴氯磷、克捕荣、库龙、速灭抗	25%、40%乳油	具有触杀和胃毒作用，无内吸作用，杀虫谱广。其作用机制主要抑制昆虫体内的胆碱酯酶合成，破坏正常的神经传导，引起一系列中毒反应	棉铃虫、蚜虫、菜蛾、韭蛆等害虫
	倍硫磷	芬杀松、番硫磷、百治屠、拜太斯、倍太克斯	50%乳油	具有触杀和胃毒作用，渗透性较强，有一定的内吸作用，是残效期长的杀虫剂和杀螨剂。其作用机制主要是胆碱酯酶抑制剂	菜青虫、菜蚜、叶螨等害虫和害螨
	杀螟硫磷	速灭虫、杀螟松、扑灭松、速灭松、杀虫松、诺发松、杀螟磷、弗拉硫磷、杀螟硫磷、天妣磷等	95%原药；45%、50%乳油复配剂	具有触杀和胃毒作用，无内吸和熏蒸作用，残效期中等。其作用机制主要是抑制线粒体内的氧化磷酸化作用	对鳞翅目幼虫有特效，也可防治半翅目、鞘翅目等害虫
	哒嗪硫磷	杀虫净、必芬松、哒净松、打杀磷、哒净硫磷、苯哒嗪硫磷等	20%乳油、2%粉剂	高效、低毒、低残留，广谱性的有机磷杀虫剂。具有触杀和胃毒作用，但无内吸作用，且有一定杀卵作用。具有低毒、低残留、不易诱发害虫抗药性等特点。其作用机制不明确	叶螨、蓟马、粉虱等害虫
	乙酰甲胺磷	杀虫磷、杀虫灵、益土磷、高灭磷、酰胺磷、欧杀松	1%饵剂；30%、40%乳油；25%可湿性粉剂；75%可溶性粉剂	具有胃毒和触杀作用，并可杀卵，有一定的熏蒸作用，是缓效型杀虫剂。其主要作用机制是抑制体内胆碱酯酶活性，造成神经生理功能紊乱	多种咀嚼式、刺吸式口器昆虫和叶螨等害虫和害螨
	辛硫磷	铁剪、无敌手、菁夸磷、虫朋、抑扑、粽宝、攻磕、立贝克、威必克、快杀、获丰、蒙龙1号、三猛、速佳、钤、仓虫净、站天斗地、刻虫、捷施等	3%、5%颗粒剂；30%、35%微胶囊剂；40%、50%乳油	高效低毒有机磷类杀虫剂，以触杀和胃毒作用为主，无内吸作用，杀虫谱广，击倒力强，持效期短，残留风险性极小。其杀虫机制是抑制害虫体内乙酰胆碱酯酶的活性，使害虫过度兴奋麻痹而死亡	蚜虫、飞虱、叶蝉、蓟马、尺蠖、卷叶螟、刺蛾、麦叶蜂、黏虫、菜青虫、烟青虫、棉铃虫、红铃虫、地老虎、蚜蟥、蝼蛄、金针虫、根蛆等多种害虫
拟烟碱类	吡虫啉	蚜虱净、一遍净、大功臣、咪蚜胺、艾美乐、一扫净、灭虫净、扑虱灵、灭虫丹、灭达胺、康福多	1.1%胶饵；2.5%、10%可湿性粉剂；5%浮油；20%可溶性粉剂	拟烟碱类超高效广谱、低毒、低残留杀虫剂。胃毒和内吸作用强，具有触杀、熏蒸和内吸作用。其作用机制是使害虫中枢神经正常传导受阻，使虫麻痹死亡	蚜虫、烟粉虱、叶蝉、蓟马、斑潜蝇等刺吸式口器昆虫
	抗蚜威	辟蚜雾、灭定威、比加普、麦丰得、俘蚜、灭定威、辟蚜威	50%可湿性粉剂；50%可分散粒剂、10%发烟剂；10%浓乳剂、10%气雾剂	具有触杀、熏蒸和叶面渗透作用，是选择性强的杀蚜虫剂。其作用机制为抑制蚜虫胆碱酯酶	除桃蚜外各种蚜虫

续表

农药类别	通用名	商品名	主要剂型或产品	特点与作用机制	防治对象
拟烟碱类	吡虫啉	比虫清、乙虫脒、力杀死、蚜克净、乐百农、赛特生、农家盼、莫比朗、金尊、喜蚜干、蚜牙、蚜终、蚜跑、蚜冠、蚜泰、蚜服、美嘉、蚜渍、蚜古、雅摄、雅杰、雅歌、毕达、野田蚜清、中科蚜净、蚜得身、三元思隆、斗蚜翻一翻、野金嫁蚜、金穗敌锐杀	3%、5%乳油；1.8%、2%高渗乳油；3%、5%、20%、40%可湿性粉剂；20%、40%可溶粉剂；3%吡虫啉微乳剂	属于氯化烟碱类化合物，是一种新型杀虫剂。具有触杀、胃毒和较强的渗透作用，杀虫速效、用量少、活性高、杀虫谱广、持效期长，环境相容性好。其作用机制是作用于昆虫神经系统突触后膜的乙酰胆碱受体，干扰昆虫神经系统的刺激传导，引起神经系统通路阻塞，造成神经递质乙酰胆碱在突触部位的积累，从而导致昆虫麻痹，最终死亡	粉虱、斑潜蝇、蚜虫、蓟马等害虫
	异丙威	叶蝉散、灭扑威、灭扑散、叶蝉散、速死威、杀虱蚜、瓜舒、棚杀、天赐力、冲杀、行农、棚蚜愁、蚜虱毙、蚜虫清、打灭、易死、凯丰、稻开心、大纵杀、虫迷踪、蚊涤、益扑、贴稻战、蝉虱怕等	2%、4%、5%、10%粉剂；2%散粉剂；50%、75%可湿性粉剂；5%颗粒剂；4%、5%颗粒；20%乳油；8%增效乳剂；10%、15%、20%烟剂；20%悬浮剂	具有触杀和胃毒作用的杀虫剂。其作用机制是胆碱酯酶抑制剂	粉虱、蓟马、斑潜蝇、蚜虫等害虫
	噻虫嗪	阿克泰、锐胜	25%、50%水分散粒剂；70%种子处理可分散粒剂	全新结构的第二代烟碱类高效低毒杀虫剂。对害虫具有胃毒、触杀及内吸活性。其作用机制是选择性抑制昆虫中枢神经系统的烟酸乙酰胆碱酯酶受体，进而阻断昆虫中枢神经系统的正常传导，造成害虫出现麻痹死亡	各种蚜虫、叶蝉、飞虱类、粉虱、金电子幼虫、马铃薯甲虫、线虫、地面甲虫、潜叶蛾等害虫
	烟碱	五丰黑鹰克、绿色剑	90%、95%、98%、99%、99.5%、99.9%的高纯度烟碱；40%硫酸烟碱制剂	具有高效、广谱、内吸、触杀、胃毒和趋避作用，对软体昆虫的灭杀效果尤佳。对哺乳动物毒性低，对环境安全。其作用机制主要是对中枢神经和胆碱能神经的双相作用N-胆碱反应系统有先短暂兴奋，后抑制麻痹的作用	棉蚜、蓟马、飞虱等害虫
	氯噻啉		10%可湿性粉剂	新烟碱类的低毒、广谱杀虫剂。具有胃毒、触杀及强内吸活性。成为继有机磷、氨基甲酸酯和拟除虫菊酯类杀虫剂之后的第四大农药新品种。其作用机制是阻断害虫的突触受体神经传导	蚜虫、小绿叶蝉、飞虱、粉虱等害虫
	丁硫克百威	丁硫威、好年冬、丁呋丹、克百丁威、好安威、丁基加保扶、安棉特	15%、20%、30%乳油；5%颗粒剂；35%种子处理干粉剂及各种复配剂	具有胃毒及触杀作用。脂溶性、内吸性好、渗透力强，作用迅速、残留低、残效长，使用安全。其作用机制是乙酰胆碱酯酶和羧酸酯酶的活性。造成昆虫乙酰胆碱的积累，影响昆虫正常的神经传导而致死	棉铃虫、烟青虫、叶蝉、蓟马、小绿叶蝉、壳虫、潜叶蛾、介壳虫等害虫和害螨，对蚜虫的防治效果尤为优异

续表

农药类别	通用名	商品名	主要剂型或产品	特点与作用机制	防治对象
拟烟碱类	噻虫胺	安绿丹、威远护净	50%水分散粒剂；20%、48%悬浮剂；1%颗粒剂	新烟碱类中的一种新型杀虫剂。具有触杀、胃毒和内吸活性及高效、广谱、毒性低、用量少、药效持效期长、对作物无药害、使用安全、无交互抗性等优点。其作用机制是结合位于突触后神经突触后神经系统位点的烟碱乙酰胆碱受体	蚜虫、叶蝉、蓟马、飞虱
	烯啶虫胺	诺普星	10%水剂；50%可溶性粉剂；50%可湿性粉剂；5%超低容量液剂	高效、广谱，新型烟碱类杀虫剂。具有卓越的内吸和渗透作用。具有用量少、毒性低、持效期长、对作物安全无药害等优点。其作用机制为具有神经阻断作用，对昆虫的轴突触突触电位通道刺激消失，致使害虫麻痹死亡	烟粉虱、白粉虱、蚜虫、叶蝉、蓟马等害虫
昆虫几丁质合成抑制剂	灭幼脲	扑蛾丹、蛾杀灵、劲杀幼、一氯苯隆、苏脲1号、灭脲1号、速顺宝、折三虫、钻、汤漆、韶园、俏卡	25%悬浮剂	为昆虫激素类农药，对鳞翅目幼虫表现为很好的杀虫活性。其作用机制主要是抑制昆虫几丁质合成，导致昆虫不能正常蜕皮而死亡	菜青虫、甘蓝夜蛾、夜蛾类等害虫
	氟啶脲	抑太保、定虫隆、定福隆、克福隆、IKI7899、氟伏虫脲、氟啶脲、方通蛾、抑太保、莱得隆、保胜、顶益旺、抑旋、赢信、夺众、奎灰、力成、顶结、星、卷歌、雷敌、搏魁、瑞照、标正美雷	5%、50g/L、50%乳油；20%水分散粒剂	昆虫生长调节剂类低毒杀虫剂。以胃毒作用为主，兼有触杀作用，无内吸作用。其作用机制主要是抑制昆虫几丁质合成，阻碍昆虫正常蜕皮，最终导致昆虫死亡	小菜蛾、甜菜夜蛾、莱青虫、银纹夜蛾、斜纹夜蛾、烟青虫、稻铃虫、烟青虫等害虫
	除虫脲	灭幼脲1号、伏虫脲、除虫脲、伟除、特代克、斯迪克、斯盖特、脱皮、卫扑、易凯、雄威	20%悬浮剂；5%、25%、75%可湿性粉剂；5%乳油	具有胃毒和触杀作用，对鳞翅目害虫有特效。其作用机制是抑制昆虫表皮的几丁质合成，阻碍昆虫正常蜕皮变态	菜青虫、小菜蛾、甜菜夜蛾、金纹细蛾等害虫
	噻嗪酮	尼索朗、除螨威、合笨多、异噻唑	5%乳油；5%可湿性粉剂	昆虫生长调节剂，选择性强。其作用机制为抑制昆虫几丁质合成和干扰新陈代谢，致使若虫不能蜕皮、致使成虫不育或畸形，或蜕皮畸形而缓慢死亡	飞虱、叶蝉、粉虱、蚧壳虫、叶螨若螨等害虫，对成螨无效
	噻嗪酮	扑虱灵、优得乐、稻虱净、金泽灵1号、格虱、介茅、介飞衣、美扑、虱乐、飞斗	90%、95%、97%原药及25%可湿性粉剂	杂环类昆虫几丁质合成抑制剂。不杀成虫，有渗透性，但可减少产卵并阻碍卵孵化。其作用机制是破坏昆虫的新生表皮形成，干扰昆虫的正常生长发育，引起虫死亡	飞虱、叶蝉、粉虱、蚧壳虫、叶螨（卵、若螨）、幼螨，对成螨无效。对天敌十分安全
昆虫生长调节剂	抑食肼	虫死净	20%、25%可湿性粉剂；20%、239.7g/L胶悬剂；5%胶悬剂颗粒剂	昆虫生长调节剂，以胃毒作用为主，持效期长，无残毒。其作用机制主要是对幼虫具有抑制进食、加速蜕皮和减少产卵的作用	对鳞翅目、鞘翅目、双翅目等害虫有良好的防治效果

续表

农药类别	通用名	商品名	主要剂型或产品	特点与作用机制	防治对象
昆虫生长调节剂	氯虫酰肼	米螨	10%、20%微乳剂	非甾族新型昆虫激素类生长调节剂。杀虫活性高，选择性强。其作用机制主要是通过干扰昆虫的正常发育使害虫蜕皮而死	蔬菜上的蚜科、叶蝉科、叶螨科、根螨线虫属、鳞翅目甜菜夜蛾、甘蓝夜蛾等害虫
	灭蝇胺	环丙氨腈、蝇得净、赛诺玛嗪、环丙胺嗪	99%原药；50%、75%可湿性粉剂；10%水剂；50%可溶性粉剂	昆虫生长调节剂类低毒杀虫剂，有非常强的选择性，并有强内吸传导性，持效期较长，作用速度较慢。其作用机制是诱使双翅目幼虫和蛹在形态上发生畸变，成虫羽化不全或受抑制。对人、畜无毒副作用，对环境安全	各种斑潜蝇和家蛆
	吡丙醚	灭幼宝、蚊蝇醚	0.5%颗粒剂；10%可汗乳油	保幼激素类似物的新型杀虫剂，有内吸转移活性。杀虫活性高，对生态环境影响小的特点。其作用机制是加速昆虫前胸腺向胸腔激素的分泌，干扰表皮中蜕皮激素的生物合成，使其畸形或死亡；产生没有生活力的卵或抑制卵的孵化	烟粉虱、温室白粉虱、桃蚜、矢尖蚧、饮棉蚧、红蜡蚧、棕榈蓟马、小菜蛾、家蝇、蚊子、红火蚁和家白蚁等害虫
	虫酰肼	米满、蜕敌、戒兴、莱满、深杀、宣满、切中、弃蛾、博星、蛾冠、拌动、金米、三元达诺、峨星、峨敌、道高	20%乳油；20%、24%、30%悬浮剂	非甾族新型蜕皮激素类昆虫生长调节剂。杀虫活性高，选择性强，对生态环境十分安全。其作用机制主要是通过干扰昆虫的正常发育使害虫蜕皮而死	对所有鳞翅目幼虫均有效，对抗性害虫棉铃虫、莱青虫、小菜蛾、甜菜夜蛾等有特效。有极强的杀卵活性
	甲氧虫酰肼	氧虫酰肼、雷通、美满	24%悬浮剂	第2代双酰肼类选择性昆虫生长调节剂。对鳞翅目害虫具有高度选择性和杀卵活性，没有渗透作用及卵内吸活性。具有触杀和胃毒作用。其作用机制是一定的停止取食，加快蜕皮进程，使害虫在成引起鳞翅目幼虫早蜕皮而致死	甜菜夜蛾、甘蓝夜蛾、斜纹夜蛾、莱青虫、棉铃虫、金纹细蛾、美国白蛾、甜菜夜蛾、尺蠖等害虫
	呋喃虫酰肼	忠臣、福先	10%悬浮剂	双酰肼类昆虫生长调节剂。以胃毒作用为主，有一定的触杀作用，无内吸性。其作用机制主要是刺激昆虫蜕皮后抑制，使其无法完成正常蜕皮导致昆虫死亡	小菜蛾、甜菜夜蛾、斜纹夜蛾、豆荚螟、棉铃虫等害虫
	环虫酰肼		5%悬浮剂；5%乳油；0.3%粉剂	昆虫生长调节剂。以胃毒作用为主，有一定触杀作用。其作用机制是调节昆虫的幼体荷尔蒙和蜕皮激素活动，干扰昆虫正常蜕皮过程，引起昆虫的过早蜕皮死亡	棉铃虫、甜菜夜蛾、甘蓝夜蛾、鳞翅目害虫

附录1 设施蔬菜常用农药简介 | 477

续表

农药类别	通用名	商品名	主要剂型或产品	特点与作用机制	防治对象
其他	阿维菌素	爱福丁、阿维虫清、齐螨素、灭虫灵、螨虫素、虫螨齐克、害极灭、7051杀虫素、阿弗菌素、阿巴丁、阿维兰素、莱福丁、杀虫丁、阿巴菌素、齐螨素	0.5%、0.6%、1.0%、1.8%、2%、3.2%、5%乳油；0.15%、0.2%、0.5%高渗乳油；1%、1.8%可湿性粉剂；2%、10%水分散粒剂	广谱杀虫杀螨剂。具有胃毒和触杀作用，不能杀卵。其作用机制主要是干扰神经生理活动，刺激释放γ-氨基丁酸（GABA），对节肢动物的神经传导有抑制作用	棉铃虫、烟青虫、斜纹夜蛾、斑潜蝇、蚜虫、叶螨、蓟马等咀嚼式和刺吸式害虫
	多杀霉素	菜喜、多杀菌素、刺糖菌素	2.5%、48%悬浮剂	具有快速的触杀和胃毒作用，有较强的渗透作用，增加其自发活性，导致非功能性的肌收缩、衰竭，并伴随颤抖和麻痹	小菜蛾、甜菜夜蛾、蓟马等害虫
	杀螺胺	百螺杀、贝螺杀、氯螺消	25%、50%、70%、80%可湿性粉剂；4%粉剂	具有触杀、胃毒作用。其作用机制主要是通过阻止螺体对氧的摄入而降低其呼吸作用，使其窒息死亡	田螺、蜗牛、蛞蝓
	苏云金杆菌	苏力菌、灭蛾灵、先得力、先得利、虫菌1号、敌宝、力宝、康多惠、快来顺、杀敌、菌杀敌、都来施、苏得利	100亿芽孢/g可湿性粉剂；100亿孢子/ml Bt包乳剂	是一种包括许多变种的产孢芽孢杆菌微生物源低毒杀虫剂。以胃毒作用为主。其作用主要是菌体产生毒晶体和外毒素，使虫停止取食，因饥饿而死亡。外毒素能抑制依赖于DNA的RNA聚合酶	对直翅目、鞘翅目、膜翅目特别是鳞翅目的多种害虫有特效
	棉铃虫核型多角体病毒	环业一号、领钾、常青、棉烟灵、虫净、农素蚀、绿洲4号	600亿PIB/g的棉铃虫核型多角体病毒水分散粒剂	世界上第一个登记注册的昆虫病毒生物农药。其作用机制主要是害虫通过取食感染棉铃虫核型多角体病毒，而后病毒在害虫体内增殖，陆续侵染至虫体全身，最终导致害虫死亡	棉铃虫、烟青虫、甜菜夜蛾等害虫
	虫螨腈	除尽、溴虫腈	10%、24%、30%悬浮剂	新型吡咯类化合物，具有触杀及胃毒作用，叶面渗透性强，有一定的内吸作用，杀虫谱广、防效高、特效长，对作物安全。其作用机制主要是抑制三磷酸腺苷（ADP）向三磷酸腺苷（ATP）的转化	小菜蛾、菜青虫、甜菜夜蛾、斜纹夜蛾、菜蚜、菜螨、蓟马等多种害虫和软体动物
	稻丰散	爱乐散、益尔散	50%、60%乳油；40%水乳剂	高效、广谱的有机磷杀虫、杀螨剂。具有触杀、胃毒作用，无内吸作用、残效期长，速效性强，对作物安全	蚜虫、菜青虫、蓟马、斜纹夜蛾、蓟马等多种害虫和软体动物
	氟虫腈	锐劲特	5%悬浮剂；3%颗粒剂；5%拌种剂	具有触杀、胃毒和中度内吸作用，杀虫谱广。其作用机制是阻碍昆虫γ-氨基丁酸控制的氯化物代谢，为GABA-氯通道抑制剂	蚜虫、叶螨、飞虱、金针虫、地老虎、小菜蛾、菜粉蝶、蓟马等害虫
	苦参碱	母菊碱、苦甘草、苦豆草、苦豆根、西豆根、苦豆子、野槐根、千人参、苦平一号、绿宝灵、绿绿特、宝清、百草一号、百草清、维绿特、蓟宝	0.2%、0.3%水剂；1%醇溶液；1.1%粉剂；1%可溶性液剂	天然植物性农药，对人畜低毒，是广谱杀虫剂。其作用触杀和胃毒作用。其作用机制是麻痹中枢神经，使害虫经杀、呼吸停止而死亡	菜青虫、蚜虫、叶螨等害虫

续表

农药类别	通用名	商品名	主要剂型或产品	特点与作用机制	防治对象
其他	吡螨胺	统治、治螨特	10%可湿性粉剂；20%乳油；30%悬浮剂	高效的新型吡唑酰胺类杀螨剂。持效期长，无内吸性，但具有渗透性。对目标作物有极佳选择性。其作用机制是在位点Ⅰ处抑制电子传递，抑制昆虫粉体呼吸	蔬菜上各类叶螨及蚜虫、粉虱等害虫
	哒螨灵	哒螨酮、扫螨净、速螨酮、哒螨净、灭螨灵、牵牛星、速螨杀、达螨灵、螨必死、螨净尽	6.5%、10.2%、15%、20%乳油；15%、20%可湿性粉剂	新型高效、低毒触杀性杀螨剂。具有杀虫快、其杀虫机制独特，防治效果好等特点。与现有杀螨剂之间无交互抗性	对螨卵、幼螨、若螨和成螨都有很好的防治效果
	印楝素	绿晶、虫飞、大印挡虫、爱禾、全敌	10%、12%、20%、40%原药；0.3%、0.5%、0.6%、0.7%乳油；0.3%水剂	广谱、高效、低毒、易降解、无残留。具有拒食、忌避、触杀、胃毒等作用。植物源杀虫剂，且没有抗药性。其作用机制是抑制脑神经分泌细胞对促前胸腺激素（PTTH）的合成与保幼激素对保幼激素分泌细胞类、同时影响昆虫体内激素平衡，从而干扰昆虫的生长发育	斜纹夜蛾、蚜虫、小菜蛾、烟粉虱、白粉虱、菜青虫、蓟马、红蜘蛛、茶尺蠖、小地老虎、蝼蛄、斑潜蝇、叶螨等害虫和害螨
	鱼藤酮	施绿宝、环宝一号、绿易、欧美德	2.5%、4%、7.5%、10%乳油	具有强烈的触杀和胃毒作用。其作用机制是呼吸困难和惊厥等呼吸系统中毒出现抑制线粒体呼吸链，导致害虫出现呼吸困难、行动迟缓、麻痹而死	蚜虫、飞虱、黄条跳甲、蓟马、黄守瓜、猿叶虫、菜青虫、斜纹夜蛾、甜菜夜蛾、小菜蛾等害虫
	浏阳霉素	浏阳霉素、绿生、华秀绿	2.5%悬浮剂；10%好乳油；20%复方浏阳霉素乳油	低残毒广谱杀螨剂，具有良好的触杀作用，无内吸性。其作用机制是药剂接触螨体后与Na⁺、K⁺等金属离子结合，导致螨体内的Na⁺、K⁺等金属离子渗出细胞外，破坏细胞内外金属离子浓度的平衡，使螨类因呼吸障碍而死亡	各种叶螨、小菜蛾、甜菜夜蛾、蓟马、蚜虫等害螨和害虫
	除虫菊素	云菊、菊灵	3%乳油；1.5%水乳油	具有触杀、胃毒和驱避作用、击倒力强、杀虫谱广，使用浓度低，对人、畜低毒，对植物及环境安全。其作用机制主要是直接作用于兴奋膜，干扰神经膜的钠通道，使钠通时钠离子传导增加而消失过程延缓，致使跨膜的钠离子流延长，引起感觉神经纤维和运动神经反复活动，短暂的神经细胞去极化和持续的肌肉收缩	蚜虫、叶蝉、守瓜、粉虱、叶甲等害虫
	硫磺	果腐宁、园如丰、欧标、赢利、百愁、普菌富、双立胜、红远、先灭、螨固净、成标、园如丰	25%、50%可湿性粉剂；50%悬浮剂；80%水分散粒剂	无机硫杀菌剂，兼有一定的杀螨作用。硫磺接触昆虫体后，起后生成硫化氢，表现在生成硫化氢，起抗杀虫作用。对细菌、真菌引起的多种病害有良好的防治效果	叶螨、蚜虫、白粉病、霜霉病、炭疽病、芽枯病、褐斑病、锈病等病虫

续表

农药类别	通用名	商品名	主要剂型或产品	特点与作用机制	防治对象
保护性杀菌剂	百菌清	达科宁、打克尼太、大克灵、四氯异苯腈、克劳优、霉必清、桑瓦特、顺天星1号	40%悬浮剂；50%、75%可湿性粉剂；75%水分散粒剂；10%油剂；5%、25%颗粒剂；2.5%、10%、30%、45%烟剂；5%粉剂	高效、广谱杀菌剂，具有保护作用，没有内吸传导作用。其作用机制是与真菌细胞中的3-磷酸甘油脱氢酶发生作用，与该酶中含有半胱氨酸的蛋白质结合，破坏真菌的活力，使真菌细胞的新陈代谢受到破坏而丧失生命力	霜霉病、白粉病、炭疽病、疫病、早疫病、晚疫病、灰霉病、叶霉病、黑星病等病害
	代森锌	国光乙刻、新蓝粉、蓝亚、蓝博、夺菌命、惠乃滋	65%、80%可湿性粉剂	保护性杀菌剂。其作用机制主要是对病原体内的含—SH的酶有强烈的抑制作用，并能直接杀死病菌孢子萌发，防止病菌侵入生物体	霜霉病、炭疽病、疫病、蔓枯病、灰霉病、黑斑病等多种真菌性病害。对白粉病效果较差
	丙森锌	安泰生	65%、70%可湿性粉剂	广谱、速效的保护性杀菌剂。其杀菌机制为抑制病原菌体内丙酮酸的氧化	霜霉病、炭疽病、轮纹病、褐斑病、疮痂病等病害
	敌磺钠	敌克松、地克松、地溴	45%可湿性粉剂；50%、75%、95%可溶性粉剂；5%颗粒剂；55%膏剂；2.5%粉剂	具有一定的内吸渗透保护性杀菌剂。对作物兼有生长刺激作用	种子和土壤处理剂。防治猝倒病、立枯病、枯萎病等病害
	代森锰锌	新万生、大生、大生富、喷克、大丰、山德生、速克净、百乐、锌乐、锌锰乃浦	70%、80%可湿性粉剂	保护性低毒杀菌剂，杀菌范围广，不易产生抗性。其作用机制是抑制菌体内丙酮酸的氧化	瓜菜类疫病、霜霉病等病害
	霜脲锰锌	霜脲、锰锌、克露、克抗灵、霜霉氟、霜霉敌、霜疫清、霜溜、霜可湿、霜溜、霜露、霜泰、霜洗、霜隐、霜拓、霜标、霜克、霜剑、歧菌、退霜、阻崩、无霜、弃莓、寒露、德露、宁露、胜露宝、凯克灵、美尔乐、速灭净、雷露、百恩特、托加多、诺万泽、棠登乐、蔬索克、威克、霜通	72‰、36%可湿性粉剂；36%悬浮剂	低毒、低残留二元广谱保护性杀菌剂。具有保护、治疗双重作用及很强的内吸作用。其主要作用机制是通过抑制病原菌体内丙酮酸的氧化而达到杀菌效果，且病菌极难产生抗药性	瓜类霜霉病、茄科类疫病等病害
	噁霜·锰锌	杀毒矾、噁霜灵锰锌	64%可湿性粉剂	具有保护和治疗作用，持效期长。其作用机制主要抑制RNA聚合酶，从而抑制了RNA的生物合成	猝倒病、白粉病、霜霉病、炭疽病等病害
	氟啶霜霉腈		10%乳油	广谱内吸性杀菌剂，具有长效性、速效性特点。其作用机制主要是抑制线粒体呼吸	几乎所有真菌性病害
	代森胺	阿巴姆、铵乃浦	60%、65%、80%可湿性粉剂；45%、50%水溶液	有机硫杀菌剂，具有保护作用，兼有治疗作用。其作用机制主要是抑制病菌体内丙酮菌的氧化	青枯病、枯萎病、霜霉病、疫病等病害，白粉病、疫病等病害

续表

农药类别	通用名	商品名	主要剂型或产品	特点与作用机制	防治对象
保护性杀菌剂	甲基立枯磷	利克菌、立枯磷	50%可湿性粉剂；5%、10%、20%粉剂；20%乳油；25%胶悬剂	广谱内吸保护性杀菌剂。其吸附作用强，不易流失，持效期较长。其作用机制可能是对儿丁质的合成有影响	立枯病、猝倒病、枯萎病、菌核病等病害
	乙烯菌核利	灰霉利、烯菌酮、农利灵、免克宁	50%水分散剂；50%、75%可湿性粉剂	广谱保护性和触杀性杀菌剂。其作用机制主要是阻止病菌孢子萌发后的芽管生长，干扰细胞核功能，改变膜的通透性，使细胞破裂	白粉病、黑斑病、灰霉病等病害
	己唑醇	安福、叶秀、珍绿、同喜、翠丽	5%微乳剂；25g/L 水乳剂；25%乳油；25%可湿性粉剂；43%悬浮剂；80%水分散粒剂	甾醇脱甲基化抑制剂，具有内吸、保护和治疗作用。其作用机制主要是破坏和阻止病菌的细胞膜中麦角甾醇的生物合成，使病菌死亡	白粉病、锈病、黑星病、炭疽病等病害
	腈菌唑	信生、势冠、世福、纯通、倾止、剔丽、世佼、春晴、浩歌	5%、12.5%、25%乳油；40%可湿性粉剂	具有保护和治疗活性的内吸性三唑类杀菌剂。其作用机制主要是对病原菌甾醇的生物合成起抑制作用	白粉病、褐斑病等病害
	苯醚菌酯		10%、50%悬浮剂	预防兼治的高效、低残留甲氧基丙烯酸酯类杀菌剂。杀菌谱广，活性高，耐雨水冲刷，持效期长。其作用机制主要是抑制孢子萌发、叶内菌丝体的生长及乙烯的生物合成，显著提高作物抗病毒中蛋白质的活性，加速抵抗病毒中蛋白质的形成	白粉病、霜霉病、炭疽病等病害
	双胍三辛烷基苯磺酸盐		40%可湿性粉剂	触杀性预防性杀菌剂，杀菌谱较广。其作用于病原菌类醋类的合成和细胞膜机能，抑制孢子萌发、芽管伸长及附着孢和菌丝的形成	炭疽病、黑星病、黑斑病、纹枯病、白粉病、灰霉病等病害
	氟吡菌酰胺	银法利	687.5g/L、500g/L悬浮剂	酰胺类广谱杀菌剂。对卵菌纲病菌有很高的生物活性，具有保护和治疗作用，有较强的渗透性。其作用机制主要是抑制于线粒体呼吸链电子传递链上的琥珀酸脱氢酶或琥珀酸辅酶Q还原酶	灰霉病、白粉病、菌核病、霜霉病等病害
	啶酰菌胺	凯泽	50%水分散粒剂	新型烟酰胺类杀菌剂，具有保护和治疗作用。其作用机制主要是线粒体呼吸链中琥珀酸辅酶Q还原酶抑制剂，对孢子的萌发有很强的抑制能力，且与其他杀菌剂无交互抗性	白粉病、灰霉病、各种腐烂病、褐腐病和根腐病等病害
	噻霉酮	菌立灭	30%微乳剂；1.6%涂抹剂；3%可湿性粉剂	新型、广谱杀菌剂，对真菌病害具有预防和治疗作用。其作用机制主要是破坏病菌细胞结构，使其失去中心膜部位，干扰病菌细胞的新陈代谢，导致其死亡	霜霉病、黑星病、疮痂病、炭疽病等病害

续表

农药类别	通用名	商品名	主要剂型或产品	特点与作用机制	防治对象
保护性杀菌剂	异菌脲	朴海因、桑迪恩、依普同、异普咪	50%可湿性粉剂；50%悬浮剂；5%、25%悬浮剂	高效广谱、触杀保护性杀菌剂，同时具有一定的治疗作用。其作用机制主要是抑制蛋白激酶，控制许多细胞功能的细胞内信号，包括碳水化合物结合进入真菌细胞组分的干扰作用	灰霉病、早疫病、黑斑病、菌核病、斑点病、茎枯病等病害
内吸治疗杀菌剂	多菌灵	苯并咪唑44号、稻麦灵、贝芬替、枯菌立克、菌立安、防霉宝、富生、果沉沉、旺尔、冠灵、苔品、银多、旺品、统旺、佳典、八斗、凯森	12.5%可溶液剂；25%、50%可湿性粉剂	高效低毒内吸性杀菌剂，具有内吸治疗和保护作用。其作用机制主要是干扰菌的有丝分裂中纺锤体的形成，从而影响细胞分裂	瓜类炭疽病、灰霉病、菌核病等病害
	阿米西达		25%悬浮剂；50%水分散粒剂及复配剂	具有保护、治疗、内吸及铲除作用。其作用机制主要是抑制线粒体呼吸	炭疽病、霜霉病、灰霉病等几乎所有真菌性病害
	嘧菌酯	灰喜利、施佳乐、甲基嘧菌胺	10%乳油；40%悬浮剂	具有保护、治疗、铲除、叶片穿透及根部内吸活性。其作用机制主要是抑制真菌水解酶分泌和蛋白氨基酸的生物合成	白粉病、炭疽病、黑斑病等病害
	嘧霉胺				
	菌毒清	菌必清、灭净灵、环中菌毒清	5%水剂；20%可湿性粉剂	氨基酸类内吸性杀菌剂。具有高效、低毒、无残留等特点，并有较好的防伐病的渗透性。其作用机制对侵入植物内的广谱有一定的铲除作用。其作用机制主要是凝固菌蛋白质、破坏病菌细胞膜、抑制病菌呼吸、使病菌酶系变性，从而杀死病菌	角斑病、霜霉病、病毒病、枯萎病、根腐病、疮痂病、叶斑病等病害
	甲基托布津、甲基硫菌灵	甲基托布律、利病欣、纳米病欣、套袋保、百宁、托派、爱蔡、翠艳、捕救、翠晶白、托、禾托、树康	50%、70%可湿性粉剂；40%、50%胶悬剂；36%悬浮剂	广谱内吸低毒杀菌剂。其主要作用机制是干扰病原质的有丝分裂中纺锤体的形成，使病菌孢子萌发长出的芽管细胞壁扭曲异常，从而使病菌不能正常生长	白粉病、炭疽病、灰霉病、对叶螨和病原线虫有抑制作用
	辛菌胺	杀菌优	5.9%辛菌胺·吗啉胍水剂；1.2%、1.26%、1.8%辛菌胺醋酸盐	具有内吸性和渗透性及双向传导作用的广谱杀菌剂。具有保护、治疗、铲除、调茅等特点。其杀菌机制主要是凝固病菌蛋白质，使病菌酶系变性，加上聚合物形成的薄膜堵塞离子通道，使其窒息死亡	病毒病、细菌性叶斑病、枯萎病等病害
	甲霜灵	甲霜安、瑞毒霉、瑞霉霜、灭达乐、阿普隆、雷多尔	5%颗粒剂；25%可湿性粉剂；35%拌种剂及各种复配剂	内吸性特效杀菌剂。具有保护和治疗作用，可被植物的根茎叶吸收，转移到植物的各器官。其作用机制主要是核糖体RNA I 的合成抑制剂	瓜类霜霉病、疫病等病害

续表

农药类别	通用名	商品名	主要剂型或产品	特点与作用机制	防治对象
内吸治疗杀菌剂	霜霉威	普力克、普而富、扑霉特、免劳露、疫霜净、破霜、蓝霜、挫霜、亮霜、霜敏、霜灵、霜妥、霜露、普霜、普佳、杰、上宝、欣悦、霜佳、广霉、菇尔、病达、双达、疫达、惠霜、劳恩、拮霜侵、宝力克、普生、疫格、卡普多、霜普克、霜霉先灭、霜霉克星	33.5%、40%、66.5%、72.2%水剂	属氨基甲酸酯类低毒杀菌剂。具有局部内吸作用的特点。对卵菌纲真菌有特效。其作用机制主要是抑制病菌细胞膜成分磷脂和脂肪酸的生物合成，进而抑制菌丝生长及孢子囊的形成和萌发	霜霉病、疫病、猝倒病、立枯病等病害
	霜霉威盐酸盐	普力克、霜霉威、丙酰胺	35%、40%、66.5%、72.2%水剂	内吸性杀菌剂，具有保护和治疗作用，传导性好。其作用机制主要是抑制病菌细胞膜成分磷脂和脂肪酸的生物合成，进而抑制菌丝生长及孢子囊的形成和萌发	霜霉病、白粉病、蔓枯病、猝倒病、立枯病等病害
	三乙膦酸铝	乙磷铝、疫霜灵、霜谢、霜安、霜巧、霜敏、霜崩、允青、绿杰、蓝博、敏佳、扫霜、创丰、欢收、牢固、日宝、凯素、可靠、利坏、财富、正保、绿夫、用喜、准能、霜尔欣、艾科、斩菌首、氟菌晴、霜爽特、达尔克、百菌清、Amiral	40%、80%、90%可湿性粉剂；30%胶悬剂	高效、广谱、内吸性低毒杀菌剂。兼有保护和治疗作用。内吸渗透性强，持效期较长。其作用机制是刺激寄主植物的防御系统而防病	霜霉病、疫病、白粉病、猝倒病、炭疽病、黑斑病、褐斑病、枯萎病、叶斑病、茎枯病等多种真菌性病害
	三唑酮	百理通、百菌酮、粉锈宁	5%、15%、25%可湿性粉剂；10%、20%、25%乳油；20%、25%胶悬剂；0.5%、1%、10%粉剂；15%烟雾剂	高效、低毒、低残留、持效期长，保护、铲除、内吸性强，具有一定的熏蒸作用。其作用机制主要是抑制菌体附着胞及孢子麦角甾醇的发育、菌丝的生长及孢子的形成	白粉病、炭疽病等病害
	乙霉威	甲流霉威、硫菌霉威、万霉灵、甲霜灵、灰霉菌克、抑霉素	50%可湿性粉剂：6.5%硫菌霉威、65%克得灵可湿性粉剂	有内吸治疗和保护作用。与多菌灵有副交互抗性的杀菌剂。其作用机制主要是抑制病原菌芽孢纺锤体的形成	灰霉病、褐斑病等病害
	腐霉利	速克灵、扑灭宁、二甲菌核利、杀霉利	50%可湿性粉剂：30%颗粒熏蒸剂；25%流动性粉剂；25%胶悬剂、10%、15%烟剂；20%悬浮剂	新型杀菌剂，具有保护和治疗作用，具有双重作用。主要是抑制菌体内甘油三酯的合成	灰霉病、菌核病等病害
	硫菌·霉威	抗霉威、甲霉灵、抗霉灵	50%可湿性粉剂	具有保护和治疗作用，可通过叶和根吸收。其作用机制主要是使病原菌得到抑制	灰霉病
	苯醚甲环唑	思科、世高、恶醚唑、显粹	3%悬浮种衣剂；10%水分散粒剂；25%乳油；30%悬浮剂；37%水分散粒剂；10%可湿性粉剂	甾醇脱甲基化抑制剂。内吸性杀菌剂，杀菌谱广。其作用机制主要破坏病原菌入侵病原菌的细胞壁	黑星病、白粉病、早疫病、枯病、锈病、炭疽病等病害

续表

农药类别	通用名	商品名	主要剂型或产品	特点与作用机制	防治对象
内吸治疗杀菌剂	戊唑醇	立克秀、好力克、欧利思、秀丰、益秀、皮康、得意、科胜、翠普、金海、爱普、普果、黑老包、剑力通、皮净共	125g/L 水乳剂；25%乳油；25%可湿性粉剂；43%悬浮剂；80%水分散粒剂	是一种高效、广谱、内吸性三唑类杀菌药剂，治疗、铲除三大功能，菌谱广，持效期长。其作用机制主要是抑制真菌的麦角甾醇的生物合成	锈病、根腐病、白粉等病害
	醚菌酯	翠贝、苯氧菌酯	10%水乳剂；25%、50%干悬浮剂	具有保护、治疗和铲除活性，也具有很好的渗透及局部内吸活性，持效期长。其作用机制主要为阻止线粒体呼吸抑制剂，即在细胞色素合成中阻止电子转移	白粉病、黑星病、炭疽病、疫病、叶霉病等病害
	烯酰·锰锌	烯酰·锰锌、安克锰锌、烯酰吗啉·锰锌、好除露、霉克特、富利霜、安格、旺克、园星、质高、爱诺易得施	5%、69%、80%可湿性粉剂；69%水分散粒剂	是一种混配低毒杀菌剂，内吸性强，耐雨水冲刷，持效期较长。其杀菌机制主要是破坏病菌细胞壁膜的形成，引起细胞子囊的分解，而使病菌死亡	霜霉病、早疫病、晚疫病、根核病等病害
	二氯异氰尿酸钠	优氯净、消杀威	20%可溶粉剂	高效、广谱，新型内吸性杀菌剂，有极强的杀菌作用。其作用机制主要是在作物表面缓慢释放次氯酸，使菌体蛋白质变性，改变膜通透性，干扰酶系统生理生化反应影响DNA合成等过程，导致病原菌迅速死亡	霜霉病、灰霉病、早疫病、腐病等病害
	多·福·溴菌腈		40%可湿性粉剂	三元复配混剂，具有保护、治疗和内吸作用。其作用机制主要是干扰病原菌的有丝分裂中纺锤体的形成，从而影响细胞分裂	炭疽病、早疫病、白粉病、枯萎病等病害
	甲霜·锰锌	康正雷、宝大森、露速净、农丰营、农土旺、普霜霖、霜必康、霜即搭、霜太克、诺毒霉、瑞森毒、瑞利德、速治宁、雷克宁、波霜登、菌统思、蓝兴隆、高乐尔、倍得丰、稳好、剌霜、欧霜、医霜、博霜、霜伏、霜蓝、瑞息、霜安、菌息、菌益、病飞、激活、克瑞、驱逐、润蔬、消灵、劳特、和乐、亮复、辣雷、超除、冠盖、佳信、亮蔺、叶佳、高小叭、福门、舒坦、剑诺、强诺、万歌、进金、毒愈、毒霉、国光艾德、瑞贸、毋贸、风潮、金诺、前程、雷多米·锰锌	58%、60%、70%、72%可湿性粉剂；36%悬浮剂	具有保护和治疗作用的内吸型杀菌剂，低毒高效。其作用机制主要是抑制菌体内丙酮酸的氧化及核糖体RNAⅠ的合成	霜霉病、疫病、猝倒病、炭疽病、灰霉病等病害
	乙霉·多菌灵	多霉清、汰霉净、钉霉、匿霉、困霉、欣苔、采劝、野田霉克	37.5%、50%、60%可湿性粉剂	氨基甲酸酯类复合型广谱低毒杀菌剂，具有治疗和保护双重作用。其作用机制主要通过抑制病菌细胞分裂过程中纺锤体的形成，使细胞不能分裂而导致病菌死亡	灰霉病、菌核病、褐腐病、花腐病、轮纹病、炭疽病、叶霉病、叶斑病、白粉病、炭疽病等病害

续表

农药类别	通用名	商品名	主要剂型或产品	特点与作用机制	防治对象
内吸治疗杀菌剂	硅唑·咪鲜胺		20%水乳剂	三唑类杀菌剂，具有内吸、治疗和铲除作用。其作用机制主要是破坏和阻止病菌中麦角甾醇的生物合成，导致细胞膜不能形成，使病菌死亡	黑星病、白粉病、叶斑病、锈病、炭疽病、黑斑病、蔓枯病、斑点病等病害
	烯唑醇		25%、50%乳油；0.1%涂抹剂	高效、广谱，低毒内吸性杀菌剂。具有预防、保护、治疗作用。其作用机制主要是通过影响细胞膜的通透性、生理功能和脂类合成破坏病菌的细胞膜的形成	叶霉病、炭疽病、绿霉病、青霉等病害
	抑霉唑	克枯星、衣欢、瑞苗清	3%、30%水剂；45%可湿性粉剂	新型内吸性土壤真菌杀菌剂和植物生长调节剂。具有内吸、广谱、高效、持久等特点。其作用机制主要是在植物体内代谢生成O-葡萄糖及N-葡萄糖，前者和甲霜·噁霉灵同样促进甲霜·噁霉灵的生理活性	立枯病、猝倒病、疫病、枯萎病、芥菜病、黄萎病、灰霉病、蔓枯病等病害
	甲霜·噁霉灵			保护性杀菌剂。其作用机制主要是使Cu²⁺与病原菌细胞膜表面上的K⁺和H⁺等阳离子交换，使病原菌细胞膜上的蛋白质凝固，同时部分Cu²⁺渗透入病原菌细胞内与某些酶结合，影响其活性	细菌性病害、霜霉病、白粉病、褐斑病、炭疽病等病害
铜制剂	氢氧化铜	丰护安、根灵、可杀得、冠菌铜	77%可湿性粉剂；53.8%、61.4%悬浮剂		
	琥胶肥酸铜	琥珀肥酸铜、琥珀酸铜、二元酸铜、滴涕、DT、丁戊己二元酸铜	30%悬浮剂；30%、48%、50%可湿性粉剂	保护性杀菌剂。其作用机制同上	细菌性病害
	络氨铜	硫酸甲氨络合铜、胶氨铜、消病灵、增效抗枯霉	14%、23%、25%水剂	广谱性杀菌剂，内吸性强。以保护作用为主，并有一定的铲除作用。其作用机制同上	细菌性病害
	琥铜·乙磷铝	百菌通、琥乙磷铝、羧酸磷铜、DTM、DTNZ	48%、50%可湿性粉剂	具有保护、治疗和内吸作用。其作用机制同上	细菌性角斑病、叶霉病、蔓枯病等病害
	络氨铜锌	抗枯宁、抗枯灵	20%、25.9%水剂	具有保护作用，有一定的渗透性、内吸治疗效果大佳。其作用机制同上	细菌性病害、枯萎病等病害
	琥铜·霜脲腈		30%、48%、50%可湿性粉剂；50%水分散粒剂	保护性杀菌剂。其作用机制主要是Cu²⁺与病原菌细胞膜表面上的阳离子K⁺、H⁺交换，导致病原菌细胞膜上的蛋白质凝固，同时有部分Cu²⁺渗透入病原菌细胞内与某些酶相结合，影响其活性	细菌性角斑病、溃疡病、叶斑病、枯萎病、白粉病、霜霉病、早疫病、炭疽病、蒂腐病等病害

续表

农药类别	通用名	商品名	主要剂型或产品	特点与作用机制	防治对象
生物杀菌剂	嘧啶核苷类抗生素	抗霉菌素120、农抗120	2%、4%水剂	具有保护和治疗作用，提高作物的抗病能力和免疫能力。其作用机制主要是直接阻碍病菌蛋白质的合成，导致病菌的死亡	枯萎病、炭疽病、白粉病等病害
	多抗霉素	多氧霉素、多效霉素、保利霉素、科生霉素、宝丽安、兴农606、灭腐灵、多克菌	1.5%、2%、3%、10%可湿性粉剂；1%、3%水剂	广谱性抗生素类杀菌剂。具有较好的内吸传导作用。其作用机制主要是干扰真菌细胞壁几丁质的生物合成，使病斑不能扩展	黑斑病、灰霉病、褐斑病等病害
	春雷霉素	加收米、春日霉素、嘉赐霉素	0.4%粉剂；2%水剂	属内吸抗生素，放线菌产生的代谢产物。兼有治疗和预防作用。其作用机制主要是干扰菌体酯酶系统的氨基酸代谢，影响蛋白质的合成，起到控制病斑扩展和新病灶形成的作用	疮痂病、叶斑病等细菌性病害
	几丁聚糖		2%水剂	具有预防杀菌治疗作用，兼有植物生长调节剂作用。其主要作用机制是诱导作物产生抗性	白粉病、霜霉病、病毒病、褐斑病、枯萎病等病害
	枯草芽孢杆菌	八佰莹电粉	1000亿活孢子/g、10亿活孢子/g可湿性粉剂	是一种嗜温性的好氧产芽孢的G杆状细菌，极易分离出培养。其作用机制主要是营养和生态位的竞争，溶菌和抑菌、分泌抗物质和诱导作物产生抗性	白粉病、灰霉病、根腐病、枯萎病等病害
	木霉菌		2亿活孢子/g可湿性粉剂，1亿活孢子/g水分散粒剂	微生物杀菌剂，具有保护和治疗双重功效。其作用机制主要是通过营养竞争、微寄生，细胞壁分解酶素及诱导植物产生抗性	根腐病、立枯病、猝倒病、枯萎病等土传病害、灰霉病、腐霉菌、丝核菌、炭疽菌、镰刀菌、菌核病等病害
杀线剂	棉隆	隆鑫、迈隆、必速灭、二甲噻嗪、二甲硫嗪	98%微粒剂	高效、低毒、无残留的环保型广谱土壤熏蒸消毒剂。其作用机制主要是分解成有毒的异硫氰酸甲酯、甲醛和硫化氢等，迅速扩散至土壤颗粒间，有效地杀灭土壤中各种线虫、病原菌	线虫、黄萎、细菌等各种土传病害、地下害虫和杂草
	克线磷	苯胺磷、虫胺磷、芬灭松、苯线磷、芬胺磷、线畏磷、废线胺磷、异灭克磷、力满库、线威磷	10%颗粒剂；40%、90%乳油	具有触杀和内吸性的有机磷杀虫剂，在植物体内可以上下传导，对作物安全。其作用机制主要是抑制胆碱酯酶	根结线虫
	硫线磷	克线丹、丁线磷	10%颗粒剂；25%乳油	当前较理想的杀线虫剂。广谱性、触杀杀线虫剂，无熏蒸作用	线虫
	噻唑磷	福气多、伏石宝、伐线仿	10%颗粒剂；10%乳油；20%水乳剂	具有触杀和内吸作用的非熏蒸型高效、低毒、广谱、安全的有机磷杀线虫剂，有向上传导特性。其作用机制主要是抑制根结线虫中乙酰胆碱酯酶的合成	线虫、蚜虫

续表

农药类别	通用名	商品名	主要剂型或产品	特点与作用机制	防治对象
杀线剂	威百亩	维巴姆、保丰收、硫威钠、线克	35%、42%水剂	具有熏蒸作用的二硫代氨基甲酸酯类杀线虫剂。其在土壤中降解成异氰酸甲酯发挥熏蒸作用。其作用机制是通过抑制生物细胞分裂、DNA、RNA 和蛋白质的合成，以及造成生物呼吸受阻。杀灭有害生物	线虫、地下害虫、根腐病、枯萎病、猝倒病及马铃薯病、莎草等病虫和杂草
病毒制剂	盐酸吗啉胍	病毒灵、吗啉胍、盐酸吗啉双胍	20%可湿性粉剂；80%水分散粒剂	对DNA病毒、RNA病毒增殖周期各阶段都有明显抑制作用。对游离病毒颗粒无直接作用。其作用机制主要是抑制病毒的 DNA 和 RNA 聚合酶	番茄、辣椒等蔬菜病毒病
	吗啉胍·乙铜	毒克星、病毒A、毒安克、病毒特、病毒净、病毒克星、病毒败、病毒特杀、病毒毙、病毒速净、病毒丹、病毒速、病毒速杀、克毒、病毒宝、拔毒丹、灭毒灵、灭毒尽、克冶毒、毒宝、败毒灵、小叶灵、毒逸、毒圣、小叶敌灵等	20%可湿性粉剂；20%、25%可溶性粉剂；60%片剂；1.5%、15%水剂	是一种广谱、低毒病毒防治剂。其作用机制主要是抑制和破坏核酸和蛋白质合成，阻止病毒复制	蔬菜病毒病
	弱毒疫苗N_(14)	弱病毒、弱株系	提纯浓缩水剂；病毒疫苗	是一种病原致病力减弱但仍具有活力的完整病原弱毒株，也就是用人工致弱或自然筛选的弱毒株，经稀释后制备的疫苗。免疫期长，成本低，使用方便。其作用机制是通过基因组在 2670~2672 核苷酸位点的乳石突变使其复制酶翻译提前终止而致弱	预防番茄、辣椒等蔬菜烟草花叶病毒病
植物生长调节剂	萘乙酸	A-萘乙酸、NAA	70%钠盐原粉；80%粉剂；2%钠盐水剂	是一种内源植物生长调节剂，能促进细胞分裂与扩大，诱导形成不定根，增加坐果，防止落果，改变雌、雄花比率等。低浓度刺激植物生长发育，高浓度抑制生长。其作用机制是具有内源激素生长素吲哚乙酸的作用特点和生理功能	防止番茄、辣椒、西甜瓜等菜花落果
	2,4-滴丁酯	2,4-D、2,4-二氯苯氧乙酸	98%原药；72%乳油	禾本科作物除草剂。在蔬菜上也能有效地调节坐果率、保花保果。其作用机制主要是干扰植物体内激素平衡，破坏核酸与蛋白质代谢，促进或抑制某些器官生长，使杂草茎叶扭曲、茎基变粗、肿裂等	用于除草剂、植物生长剂，常见 2,4-D 点花、提高蔬菜的坐果率
	乙烯利	乙烯灵、乙烯磷、一试灵、益收生长素、健壮素、2-氯乙基磷酸、CEPA 艾斯勒尔、玉米	40%水剂	具有植物激素增强乙烯效应。其作用机制主要是增强细胞中核糖核酸合成的能力，促进蛋白质合成，促进开花的生理效应，加速成熟、脱落、衰老及促进开花分泌	增加瓜类作物雌花生长，提高坐瓜率，抑制营养

续表

农药类别	通用名	商品名	主要剂型或产品	特点与作用机制	防治对象
植物生长调节剂	赤霉素	赤霉酸、奇宝、九二O、GA3	4%乳油；6%水剂；40%颗粒剂；20%可溶性片剂；75%、85%结晶粉	加速细胞的伸长，对细胞的分裂有促进作用或抑制成熟等生理作用。其作用机制是经叶片、嫩枝、花、种子或果实进入植株内，然后传导到生长活跃的部位发生作用	主要用于打破休眠，促进作物发芽、开花、结果
	矮壮素	三西、西西西、CCC、稻麦立、氯化氯代胆碱	50mg/L矮壮素水剂	优良的植物生长调节剂。其特点是由叶片、幼枝、芽、根系和种子进入植株体内，促进生殖生长、增加叶绿素含量，促进光合作用，提高坐果率，主要是阻碍内源赤霉素的生物合成，从而延缓细胞伸长，使植株矮化	抑制植株的营养生长，促进植株的生殖生长，缩短节间，增强光合作用，提高植株抗旱性、抗寒性和抗盐碱的能力
	甲哌鎓	缩节胺、助壮素、调节啶、缩节灵、壮棉素、棉壮素	20%微乳剂；25%水剂	新型植物生长调节剂，对植物有较好的内吸传导作用。能促进植物的生殖生长，抑制茎叶疯长，控制侧枝，塑造理想株形，提高根系数量和活力，使果实增重，品质提高	广泛应用于蔬菜、瓜果、花卉、粮食作物等
	多效唑	氯丁唑	95%原药；10%、15%可湿性粉剂；25%悬浮剂	三唑类植物生长调节剂，是内源赤霉素合成的抑制剂。具有延缓植物生长，抑制茎秆伸长，缩短节间，促进植物矮化，促进花芽分化，增加植物抗逆性能，提高产量等效果。其作用机制是可使植株根、茎、叶的细胞变小，各器官的细胞层数增加，低浓度时促进植株光合效率，高浓度时抑制光合效率	应用于蔬菜、瓜果、花卉、粮食作物等

附录 2　农药浓度、稀释与计算

1. 农药浓度的表示方法

目前我国在生产上常用的农药浓度表示法有倍数法、百分浓度（%）和百万分浓度法 3 种，其次还有波美度法和量式与倍数组合法。

1）倍数法：是指农药中稀释剂（水或填料）的用量为原药剂用量的多少倍或药剂稀释多少倍的表示法，此种表示法在生产上最常用。生产上往往忽略农药和水的密度的差异，即把农药的密度看作 1。稀释倍数越大，误差越小。生产上通常采用内比法和外比法 2 种配法。用于稀释 100 倍（含 100）以下时用内比法，即稀释时要扣除原药剂所占的 1 份。如稀释 10 倍药液，即使用原药剂 1 份加水 9 份。用于稀释 100 倍以上时用外比法，计算稀释量时不扣除原药剂所占的 1 份。如稀释 1000 倍药液，即可用原药剂 1 份加水 1000 份。

2）百分浓度（%）法：是指 100 份药剂中含有多少份药剂的有效成分。百分浓度又分为重量百分浓度和容量百分浓度。固体与固体之间或固体与液体之间常用重量百分浓度，液体与液体之间常用容量百分浓度。

3）百万分浓度（10^{-6}）法：是指 100 万份药剂中含有多少份药剂的有效成分。一般植物生长调节剂常用此浓度表示法。

4）波美度（°Bé）法：专门用于石硫合剂浓度的表示方法。

5）量式与倍数组合法：专门用于波尔多液浓度的表示方法。

量式指的是硫酸铜与生石灰的比例，即 $1:X$。倍数指的是硫酸铜与水的比例，组合起来表示方法有 3 种：等量式（1∶1）、半量式（1∶0.5）、倍量式（1∶2）。

例如：

150 倍等量式波尔多液表示为 1∶1∶150

150 倍半量式波尔多液表示为 1∶0.5∶150

150 倍倍量式波尔多液表示为 1∶2∶150

2. 浓度之间的换算方法

（1）百分浓度与百万分浓度之间的换算：百万分浓度（10^{-6}）=百分浓度（不带%）×1000

（2）倍数法与百分浓度之间的换算：百分浓度（%）=原药剂浓度（不带%）/稀释倍数

3. 农药的稀释计算方法

（1）按有效成分计算

求用水量（稀释剂）：原药剂浓度×原药剂重量（容积）=稀释剂浓度×稀释剂重量（容

积)求稀释剂重量。

计算 100 倍以下时：稀释剂重量=[原药剂重量(原药剂浓度–稀释药剂浓度)]/稀释药剂浓度。

例如：用 40%烯酰吗啉水分散粒剂 10kg 配成 2%稀释液，需加水多少？

计算：10×(40%–2%)÷2%=190(kg)

计算 100 倍以上时：稀释剂重量=(原药剂重量×原药剂浓度)/稀释药剂浓度。

例如：用 100ml 80%敌敌畏乳油稀释成 0.05%浓度，需加水多少？

计算：100×80%÷0.05%=160(kg)

求用药量：原药剂重量=(稀释药剂重量×稀释药剂浓度)/原药剂浓度。

例如：配置 0.1%吡虫啉药液 1000ml，求 70%吡虫啉水分散粒剂用量。

计算：1000×0.1%÷70%=1.4(g)

(2) 按稀释倍数计算

求稀释倍数：稀释倍数=稀释剂用量/原药剂用量。

计算 100 倍以下时：稀释药剂重量=原药剂重量×稀释倍数–原药剂重量

例如：用 2%甲维盐乳油 10ml 加水稀释成 50 倍药液，求稀释液(水)用量。

计算：10×50–10=490(ml)

计算 100 倍以上时：稀释药剂重量=原药剂重量×稀释倍数

例如：用 12.5%腈菌唑乳油 10ml 加水稀释成 3000 倍药液，求稀释液(水)用量。

计算：10×3000=30 000(ml)

(3) 多种药剂混合后的浓度计算

设第一种药剂浓度为 $N1$，重量为 $W1$；第二种药剂浓度为 $N2$，重量为 $W2$；……；第 n 种药剂浓度为 Nn，重量为 Wn，则混合药剂浓度(%)=$\sum Nn \cdot Wn$(浓度不带%)/$\sum Wn$。

例如：将 70%丙森锌可湿性粉剂 2kg 与 50%醚菌酯水分散粒剂 4kg 及 10%多抗霉素可湿性粉剂 2kg 混合在一起，求混合后药剂的浓度。

计算：(70%×2+50%×4+10%×2)/(2+4+2)=45.0(%)

另外，若农药是液体成分的，体积单位是 ml，计算方法和上面公式相同。

附录3 设施蔬菜禁用、限用农药种类

按照2001年《中华人民共和国农药管理条例》规定,任何农药产品都不得超出农药登记批准的使用范围。剧毒、高毒农药不得用于防治卫生害虫,不得用于蔬菜、瓜果、茶叶和中草药材。《中华人民共和国食品安全法》(2015年)第四十九条规定:禁止将剧毒、高毒农药用于蔬菜、瓜果、茶叶和中草药材等国家规定的农作物;第一百二十三条规定:违法使用剧毒、高毒农药的,除依照有关法律、法规规定给予处罚外,可以由公安机关依照规定给予拘留。

序号	药剂名称	限定范围	禁用、限用原因	实施年份
1	六六六	禁止生产和使用	高残留	2002
2	滴滴涕	禁止生产和使用	高残留	2002
3	毒杀芬	禁止生产和使用	高残留	2002
4	二溴氯丙烷	禁止生产和使用	致突变、致癌、致男性不育	2002
5	杀虫脒	禁止生产和使用	致癌	2002
6	二溴乙烷	禁止生产和使用	致畸、致癌、致突变	2002
7	除草醚	禁止生产和使用	致畸、致癌、致突变	2002
8	艾氏剂	禁止生产和使用	高残留	2002
9	狄氏剂	禁止生产和使用	高残留	2002
10	汞制剂	禁止生产和使用	蓄积毒性	2002
11	砷类	禁止生产和使用	高毒	2002
12	铅类	禁止生产和使用	高毒、降解慢	2002
13	敌枯双	禁止生产和使用	致畸	2002
14	氟乙酰胺	禁止生产和使用	剧毒	2002
15	甘氟	禁止生产和使用	剧毒	2002
16	毒鼠强	禁止生产和使用	剧毒	2002
17	氟乙酸钠	禁止生产和使用	剧毒	2002
18	毒鼠硅	禁止生产和使用	剧毒	2002
19	甲拌磷	蔬菜、果树(199)、茶叶、中草药材上禁用	高毒	2002
20	甲基异柳磷	蔬菜、果树(199)、茶叶、中草药材上禁用	高毒	2002
21	内吸磷	蔬菜、果树、茶叶、中草药材上禁用	高毒	2002
22	克百威	蔬菜、果树、茶叶、中草药材(柑橘树)上禁用	高毒	2002
23	涕灭威	蔬菜、果树、茶叶、中草药材(苹果树)上禁用	高毒	2002
24	灭线磷	蔬菜、果树、茶叶、中草药材上禁用	高毒	2002
25	硫环磷	蔬菜、果树、茶叶、中草药材上禁用	高毒	2002
26	氯唑磷	蔬菜、果树、茶叶、中草药材上禁用	高毒	2002
27	三氯杀螨醇	茶树上禁用	高毒	2002
28	氰戊菊酯	茶树上禁用	高毒	2002

续表

序号	药剂名称	限定范围	禁用、限用原因	实施年份
29	丁酰肼	花生上禁用	高毒	2002
30	甲胺磷	禁止生产和使用	高毒	2008
31	甲基对硫磷	禁止生产和使用	高毒	2008
32	对硫磷	禁止生产和使用	高毒	2008
33	久效磷	禁止生产和使用	高毒	2008
34	磷胺	禁止生产和使用	高毒	2008
35	氟虫腈	仅在卫生、玉米等旱地做种子包衣剂	对甲壳类和蜜蜂高毒，环境降解慢	2009
36	氧乐果	甘蓝、柑橘树上禁止使用	高毒	2011
37	水胺硫磷	柑橘树上禁止使用	高毒	2011
38	灭多威	柑橘树、苹果树、茶树、十字花科蔬菜上禁止使用	高毒	2011
39	硫丹	苹果树、茶树上禁止使用	高毒	2011
40	溴甲烷	草莓、黄瓜上禁止使用	高毒	2011
41	苯线磷	禁止生产和使用	高毒	2011
42	地虫硫磷	禁止生产和使用	高毒	2011
43	甲基硫环磷	禁止生产和使用	高毒	2011
44	磷化钙	禁止生产和使用	高毒	2011
45	磷化镁	禁止生产和使用	高毒	2011
46	磷化锌	禁止生产和使用	高毒	2011
47	磷化铝	禁止生产和使用	高毒	2011
48	硫线磷	禁止生产和使用	高毒	2011
49	蝇毒磷	禁止生产和使用	高毒	2011
50	治螟磷	禁止生产和使用	高毒	2011
51	特丁硫磷	禁止生产和使用	高毒	2011
52	甲磺隆	禁止在国内销售和使用	长残效、后茬药害	2015
53	氯磺隆	禁止在国内销售和使用	长残效、后茬药害	2015
54	胺苯磺隆	禁止在国内销售和使用	长残效、后茬药害	2015
55	福美胂	禁止在国内销售和使用	高残留	2015
56	福美甲胂	禁止在国内销售和使用	高残留	2015
57	毒死蜱	蔬菜上禁止使用	残留超标	2016
58	三唑磷	蔬菜上禁止使用	残留超标	2016
59	百草枯	水剂禁止使用	中毒后无解救措施	2016
60	胺苯磺隆复配制剂	禁止在国内销售和使用	长残效、后茬药害	2017
61	甲磺隆复配制剂	禁止在国内销售和使用	长残效、后茬药害	2017

附录4 设施蔬菜农药使用误区

农药作为重要的生产资料，其在农业生产中的地位越来越高，尤其在设施蔬菜生产中作用更大，在未来相当长一段时间内其他措施无法替代，如设施栽培番茄、黄瓜在非化学防治措施都使用的情况下，不使用化学防治，番茄、黄瓜平均产量分别降低70%和80%左右，其他设施蔬菜产量降低30%~70%，由于化学农药具有防效高、投资少、使用方便等优点，菜农过分依赖化学农药，加之菜农对农药知识掌握程度和病虫防治技术认识有限，在设施蔬菜生产中使用农药存在种种误区，农药的使用量逐年增加，对环境和蔬菜产品的污染加剧。目前设施蔬菜化学农药存在的误区主要表现在以下几个方面。

1. 重治疗、轻预防，错过防治适期

一般情况下，低龄幼虫对农药的抵抗力差，随着虫龄的增长其抗药性也随之增强。因此，对害虫防治的最佳时期应掌握在3龄前的幼龄阶段，以及虫量小、尚未开始大量取食为害之前。而一些菜农往往在害虫已暴发时才开始用药，既造成一定危害，同时药效又难以达到理想效果。在蔬菜病害的防治中，应在病害初侵染前或发病中心尚未蔓延流行之前进行。而有的菜农不了解杀菌剂的作用机制，无论使用保护性杀菌剂，还是使用治疗性杀菌剂，都要等病害发生和流行时才施药，这样对黄瓜霜霉病、白粉病、番茄疫病等流行性极强的病害，药剂很难控制病害的流行，既加大了化学农药的使用量，又造成了经济损失。

2. 打保险药，增加防治成本

病虫害的发生都有其规律性，只有达到了防治指标并掌握最佳防治适期用药，才能既能有效控制病虫为害，达到最理想的防治效果，又能减少化学农药的使用量，节省成本。如果未达到防治指标就没必要用药剂防治，即使用药，也要有选择性地使用生物制剂进行预防，以减少化学农药使用次数，降低防治成本，减轻对天敌的杀伤。而部分菜农形成惯性，不管病虫发生轻重，甚至不管病虫是否会发生，定期打"保险药"，人为增加防治成本。

3. 缺乏准确用量概念，随意加大用量

农药配制时不按使用说明书，不按照稀释倍数，不用吸管或量筒等专门用药量具，贪求简单方便，使用瓶盖和其他非标准器皿，没有数量概念，一般都超过规定浓度，不但造成浪费，而且易发生药害，影响蔬菜的正常生长发育。同时加大选择压，加快了产生抗药性。有的菜农认为农药使用浓度越大,对病虫的防效越高。然而在农药使用中,决定防效高低的,农药施用量仅仅是一个方面,除此之外,充足的用水量(溶剂量)十分重要,因为很多虫卵、病菌多分布于叶正面、背面、茎秆等多部位,施药时用水量达不到合理用量时,很难做到喷药均匀,发病部位或虫卵分布区域未见到药,病虫很容易再次暴发。有些菜农过量施用农药,用量是常用药量的几倍甚至十几倍,过分加大农药的使用浓度还能加快病菌、害虫产生耐药性,超过安全浓度还有可能发生药害,影响蔬菜的正常生长。叶面肥在高浓度使用时,不但不能被作物吸收,反而使作物体液外渗,造成生理干旱。激素类农药使用浓度过高时,起到反作用或使作物畸形。因此,单纯提高农药使用浓度,往往得到的是适得其反的结果。

4. 单一用药,不重视交替使用

一种农药在防治同一种病虫时,若连续使用次数过多,极易使病虫产生耐药性或抗药性,导致防治效果逐渐降低甚至无效,缩短化学农药使用寿命。而菜农在使用中若认定某种农药效果好,就长期使用,即使发现了该药对病虫防治效果下降,也不更换品种,而是采取加大用药量的错误办法,认识不到病虫已经产生抗药性,结果用药量越大,病虫抗性产生越快,造成恶性循环。

5. 注重速效,忽视生防制剂

很多菜农在选择使用农药时,总是注重选择速效性的化学农药,评价农药药效高低只考虑农药使用短期的效果,更有甚者认为药剂喷到害虫虫体瞬间死亡,即"好农药"。尽管有些生物农药效果不错,但由于效果表现慢,在施药 3~5 天后才有较好的防治效果,反被菜农不认同。例如,苏云金杆菌、棉铃虫核型多角体病毒、除虫脲等,由于只是杀死虫卵、抑制昆虫蜕皮或使昆虫患病,往往见效慢,药剂喷施后短期内不易表现出防治效果,而被菜农所忽视。菜农片面追求速效性最严重的后果,使生产出的产品检出某些高毒或剧毒农药或农药残留量严重超标。

6. 追新求异,过于相信农药

目前市场上的农药种类较多,其中还有一部分"三证"不全的农药。有的菜农喜欢选用新的农药,新农药的使用在一定程度上可避免某些病虫害出现抗药性,但因为目前很多农药以混配剂为主,在不了解农药有效成分的情况下,几种农药混用,加大用量,产生药害。同时有些农药产品还在试验示范阶段,未进行推广,对其防治方法及应注意的问题了解不全面,容易出现药效不佳或药害产生等问题。每种农药都有其适用范围,但很多菜农在购买农药时,只要是标注作用多的、范围广的,便会买来使用,认为只要是化学农药都会有很好的防治效果。喜欢选购标注防治范围广的农药,如标注可治真菌、细菌、病毒等多种病害,便会被当作好农药而购买。

7. 诊断有误，不能对症用药

蔬菜病虫种类十分繁多，且有些病虫种类之间症状或形态特征十分相似，尤其病害症状特点受侵染时间、作物发育阶段、环境条件诸多因素的影响，在田间诊断十分困难，加之很多菜农缺乏必要的植保知识和防治经验，出现病状后不能准确诊断病虫种类，从而盲目用药，极易贻误防治时机，造成不必要的经济损失，这是目前设施蔬菜病虫防治中存在的普遍问题。

8. 缺乏常识，认为高毒即高效

目前农药发展方向是高毒农药低毒化、低毒农药微毒化、微毒农药无毒化，目标是高效、低毒、低残留。但不少菜农误认为高毒农药即高效农药，毒性越高农药效果越好，毒性越低防治效果越低，对低毒高效农药缺乏全面的了解。在使用化学农药时，也不按农药安全标准使用。有的菜农还使用禁止在蔬菜上使用的农药，造成人为中毒事件的发生。

9. 只认农药，缺乏生防意识

当害虫较少而天敌较多时，可不喷药，害虫较多，非喷药不可的，尽可能用高效低毒对天敌影响不大的农药。而大多菜农在喷施化学农药时从未考虑保护和利用自然天敌，在治虫的同时也大量杀死了天敌，结果使大多菜田成为荒芜之地，使害虫失去自然控制，形成越用药防治、害虫发生越严重的恶性循环。

10. 不明成分，多种农药混用

现在农药市场上所销售的农药产品，种类繁多，且以混剂占大多比例，菜农在选用时，不注意所购农药产品的有效成分，盲目将多种药剂混用，造成浓度过高，导致药害的产生。也有不少菜农不注意一些药剂的特性，将多种杀菌剂与微肥、杀虫剂、杀病毒剂等混用，不仅影响药效，还会产生药害，影响作物生长。

11. 防治一次，效果一劳永逸

杀虫剂、杀菌剂在病虫害发生盛期，防治一次虽能取得明显效果，但随着农药的流失和分解失效，以及受邻近地块的影响，仍有发生的隐患，尤其对再侵染频繁的病害或世代重叠的害虫，应间隔7~15天再次用药，才能达到预期效果。叶面肥、激素类农药喷施后，植物只能从叶面微量吸收，宜在适用期"少量多次"喷施，才能达到理想效果，但有些菜农喷施一次就希望达到一劳永逸，没达到效果，还怀疑药剂质量有问题。